DELIUS KLASING

MIX
Papier aus verantwortungsvollen Quellen
Paper from responsible sources
FSC® C105338
FSC
www.fsc.org

WARTUNG UND REPARATUR

Alan Ahlstrand / John H. Haynes

YAMAHA

XJ 600 S Diversion/Secca II und XJ 600 N

Modelle:

Yamaha XJ 600 S	Diversion	598 cm³	von 1992 bis 1999
Yamaha XJ 600 S	Seca II	598 cm³	von 1992 bis 1999
Yamaha XJ 600 N		598 cm³	von 1995 bis 1999

Delius Klasing Verlag

Originaltitel:
»Haynes Service and Repair Manual« Yamaha XJ 600 S & XJ 600 N

Bibliografische Information der Deutschen Nationalbibliothek
Die Deutsche Nationalbibliothek verzeichnet diese Publikation in der Deutschen Nationalbibliografie; detaillierte bibliografische Daten sind im Internet über »http://dnb.dnb.de« abrufbar.

4. Auflage
ISBN 978-3-667-10993-4
Die Rechte für die deutsche Ausgabe liegen beim
Verlag Delius Klasing & Co. KG, Bielefeld

Übertragen und bearbeitet von Udo Stünkel
Einbandgestaltung: Ekkehard Schonart
Gesamtherstellung: Books on Demand, Norderstedt
Printed in Germany

Delius Klasing Verlag, Siekerwall 21, D-33602 Bielefeld
Tel.: 0521/559-0, Fax: 0521/559-115
E-Mail: info@delius-klasing.de
www.delius-klasing.de

Inhalt

Yamaha

Von Musikinstrumenten zu Motorrädern

Die Yamaha Motor-Gesellschaft

1889 entstand der Firmenname Yamaha, als Torakusu Yamaha die Yamaha Orgelfabrik gründete. Der Erfolg war so groß, dass daraus 1897 die Nippon Gakki GmbH hervorging, die Pfeifenorgeln und Klaviere im großen Stil herstellte. Während des Zweiten Weltkrieges nutzte die Regierung die Fabrikeinrichtungen von Nippon Gakki zur Fertigung von Propellern und Benzintanks für die Flugzeugindustrie. Am Ende des Krieges entstand eine große Nachfrage nach preiswerten Fahrzeugen. So verwandten viele Firmen ihre überholten Flugzeugbaumaschinen zur Produktion von Motorrädern. Das erste Motorrad von Nippon Gakki kam im Februar 1955 unter dem Namen 125 YA-1 Red Dragonfly auf den Markt. Diese Maschine war ein Nachbau der deutschen DKW RT 125 mit einem Einzylinder-2-Takt-Motor und einem Vier-Gang-Getriebe. Aufgrund des großen Erfolges dieses Modells wurde der Motorradbereich im Juli 1955 von Nippon Gakki getrennt und die Yamaha Motor Company gebildet.

Die YA-1 wurde auch als Sieger in zwei der größten Straßenrennen Japans gefeiert, dem Fuji-Bergrennen und dem Asama-Vulkan-Rennen. Die gleichbleibend hohe Nachfrage nach der YA-1 führte zur Entwicklung einer ganzen Serie von Ein- und Zweizylinder-Zweitakt-Maschinen.

Nachdem Yamaha sich auf dem Heimatmarkt einen guten Namen gemacht hatte, wurden Yamaha-Motorräder ab 1958 in die USA und ab 1962 nach Europa exportiert. Zu dieser Zeit hatte die Konkurrenz zwischen den zahlreichen japanischen Motorradherstellern deren Zahl erheblich reduziert, und gegen Ende der 60er Jahre gab es nur noch die vier großen, heute noch bekannten Firmen.

1968 wurde Yamaha Europa gegründet und in Holland eingerichtet. Obwohl ursprünglich als Vertrieb für Wassersportprodukte geplant, ist die holländische Niederlassung jetzt offizielle europäische Zentrale und Vertriebszentrum. Yamaha Motorräder werden in Werken in Holland, Dänemark, Norwegen, Italien, Frankreich, Spanien und Portugal hergestellt. Mitsui und Co., zunächst ein Handelshaus für den Transport und den Vertrieb japanischer Produkte in westlichen Ländern, entwickelte sich schließlich zum Verantwortlichen für Yamaha Motorräder und Außenbordmotoren.

Auf die Technologie des Motorradbereiches aufbauend, stellte Yamaha viele andere Produkte her: PKW- und Leichtflugzeugmotoren, Schiffsmotoren und Boote, Generatoren, Pumpen, Geländefahrzeuge, Snowmobile, Golfkarren, Industrieroboter, Rasenmäher, Swimmingpools und Bogenschützenausstattung.

FS 1-E: beliebtes Einstiegsmodell der 50 cm³-Klasse

Zuerst kamen Zweitakter

Einen großen Anteil am Erfolg von Yamaha hatte eine ganze Reihe von Neuentwicklungen auf dem Zweitaktsektor. Getrenntschmierung, »Monocoque« Pressstahlrahmen, Elektrostarter, Multikanalspülung, Membraneinlasssteuerung und »Powervalves« (Walzendrehschieber) hielten die Yamaha-Zweitakter an der Spitze der Technologie.

In den 60er und 70er Jahren bildeten die Zweitakt-Maschinen YAS3 125, YDS1 bis YDS7 250 und YR5 350 das Herzstück des Yamaha-Angebotes. Bis zur Mitte der 70er Jahre wurden sie durch RD (Race-Developed) 125, 250 und 350 ersetzt. Diese Zweitakt-Twin-Reihe hatte eine verbesserte Sieben-Kanal-Spülung mit Membraneinlasssteuerung. Das Bremsverhalten wurde mittels der hydraulischen Vorderradbremse der DX-Modelle anstelle der vorher genutzten Trommel verbessert. Alugussräder waren im Vorgriff auf spätere RD-Modelle erhältlich. 1976 wurde die RD 350 von der RD 400 abgelöst.

Neben den RD-Twin-Modellen lief eine Reihe von Einzylinder-Zweitakt-Modellen. Neben einigen anderen Fahrgestellen wurde der Motor für das beliebte 50-cm^3-Moped FS1-E, RS 100 und 125 und in der DT-Off-Road-Reihe verwandt.

Die luftgekühlten Ein- und Zweizylinder-Modelle wurden 1980 schließlich durch die LC-Reihe mit wassergekühlten Motoren, komplett neuem Äußeren, säbelförmigen Gussspeichenrädern und Cantilever-Rahmen (Yamahas Monoshock) ersetzt. Den größten Eindruck hinterließ die RD 350 LC, später RD 350 R.

Spätere Modelle hatten den YPVS (Yamaha Power-Valve-System), der im Grunde aus einer Walze in der Auslassöffnung bestand, die elektronisch gesteuert wurde, um die Durchflusszeiten so zu verändern, dass ein Maximum an Energieausbeute erzielt wurde. Die RD 500 LC war der größte Zweitakter von Yamaha und unterschied sich von den anderen LC-Modellen, durch den Einsatz von einem V-Vierzylinder-Motor.

Mit Ausnahme der RD 350 R, die heute in Brasilien produziert wird, wurde die LC-Reihe eingestellt. Zweitaktmotoren haben dem Umweltdruck nachgegeben und werden mit wenigen Ausnahmen nur noch in Rollern und Kleinkrafträdern verwandt.

Lackierung und Form der RD-Modelle waren markant.

Viertakt

Bis 1970 konzentrierte Yamaha sich ausschließlich auf die Fertigung von Zweitakt-Modellen. Dann wurde mit der XS1 das erste Yamaha Viertakt-Motorrad hergestellt. Vielleicht war es der Erfolg im Zweitaktbereich, der einen früheren Einstieg in den Markt mit Viertakt-Motorrädern verhinderte, obwohl die Zusammenarbeit mit Toyota in den 60er Jahren eine gesunde Basis an Viertakt-Technologie für Yamaha geschaffen hatte.

Die XS 1, die später als XS 650 bekannt wurde und auch in der Chopper-Version als SE auftrat, hatte einen 650 cm^3 Zweizylindermotor.

1976 führte Yamaha die XS 750 mit einem 750 cm^3 Dreizylindermotor in einem Sport-Tourer-Rahmen ein. Die XS 750 machte sich selbst einen guten Namen in der Sport-Tourer-Klasse und blieb bis zur Erweiterung auf 850 cm^3 1980 nahezu unverändert.

Die XS 650 führte die Viertakt-Reihe von Yamaha an.

1976 folgten mit der XJ Zweizylinder-Reihe die 250, 360, 400, die 1978 durch die Vier-Zylinder-Maschine XJ 1100 verstärkt wurden.

1976 wurde mit der XT 500 der Vorgänger des Dauerläufers SR 500 (ab 1978 bis 1999) in den Verkauf gebracht.

In den 80er Jahren kam eine neue Familie Viertakter mit den Modellen XJ 550, 650, 750 und 900 Four auf den Markt. Gegenüber der XJ-Reihe zeigten diese Verbesserungen in Form eines »schlankeren« DOHC-Motors, da die Lichtmaschine hinter die Zylinder platziert werden konnte, einer elektronischen Zündung und verbesserter Brems- und Fahrwerksysteme. Das erste Yamaha-Modell mit einem Turbolader war die XJ 650 T. Diese nicht mehr produzierten XJ-Modelle hatte deutliche Auswirkungen auf die XJ 600 S und die XJ 900 S Diversion (Seca II) Modelle.

Unter den FZR-Vorgängern befinden sich die reinen Sportmodelle von Yamaha. Mit Ausnahme der FZR 400 und FZR 600 mit 16 Ventilen wurden in der FZR-Reihe 20-Ventil-Motoren eingesetzt: zwei Auslass- und drei Einlassventile pro Zylinder. Dieses Konzept, Genesis genannt, verbesserte den Gasfluss im Kompressionsraum. Weitere Merkmale des neuen Motors waren die Fallstromvergaser und der stärker geneigte Winkel des Motors im Rahmen sowie der Wechsel zur Wasserkühlung. Ein besseres Handling wurde durch einen leichten Deltabox-Aluminiumrahmen und ein verbessertes Fahrwerk erreicht. Der Genesis-Motor wird in den YZF 750 und 1000 Modellen weiter verwandt.

Der V-Zweizylinder ist das Hauptmerkmal der XV-Virago-Modelle. Seit 1980 wurden XV-Modelle mit demselben Basismodell eines luft-

Die Yamaha XS 750 wurde von 1976 bis 1982 hergestellt, ab 1980 auf 850 cm³ erweitert.

gekühlten OHC-V-2-Motors in den Größen 535, 700, 750, 920, 1000 und 1100 cm³ und neuerdings auch mit 125 und 250 cm³ versehen.
Weiter wurden V-Motoren in der XZ 550 der frühen 80er Jahre, der XVZ 12 Venture und der mächtigen VMX-12 V-Max eingesetzt. ABS, Leistungsverbesserungen, Katalysatoren Achsschenkellenkung sind alles Merkmale der heutigen Modelle. Sie sorgen dafür, dass Yamaha-Motorräder weiterhin in der Technologie »up to date« bleiben.

Die XJ 600 S und XJ 600 N

Yamahas XJ-Reihe geht auf die XJ 650 von 1980 zurück, mit der die veraltete XS-Serie als erste Viertakt-Generation abgelöst werden sollte. Später kamen XJ-Modelle mit 550, 600, 750 und 900 cm³ Hubraum hinzu. Für den japanischen Inlandsmarkt gab es zusätzlich eine 400er.
Die XJ 600 S »Diversion« (Zerstreuung, Zeitvertreib) trägt eine kleine Halbschalenverkleidung, während die XJ 600 N (ohne Diversion) nackt bleibt. Beide sind keine Retroversionen der alten XJ- oder XS-Modelle, aber unkomplizierte und erschwingliche Mittelklasse-Motor-

1980 wurde mit der Einführung der XJ-Reihe eine neue Serie von Viertaktern herausgebracht.

räder. 1992 eingeführt, etablierte sich die neue XJ-Reihe bei Kunden, die ein gutes Allround-Motorrad mit geringen Unterhaltskosten haben wollten, schnell zu einem großen Favoriten. Der Erfolg war so groß, dass es nicht lange dauerte, bis auch andere Hersteller an diesen Erfolg anknüpfen wollten, hier ist besonders Suzukis populäre 600er Bandit zu nennen. Yamaha setzte die Diversion-Formel 1994 beim Ersetzen der alten 900er XJ fort.

Die XJ (in den USA heißt sie »Seca II«) ist wie das Vorgängermodell mit einem luftgekühlten DOHC-Zweiventil-Reihenvierzylindermotor ausgerüstet, doch wurde die Zylinderbank um 35° nach vorne gekippt, um den Schwerpunkt zu verbessern und einen graden Ansaugtrakt mit Mikuni-Fallstromvergasern zu ermöglichen, wie es bei Yamaha seit der FZ-Reihe von 1985 Standard wurde. Eine der charakteristischen Merkmale dieses Motors ist die verschlungene Krümmeranlage, bei der die Rohre der mittleren Zylinder nach rechts und die der äußeren Zylinder zusammen zum linken Schalldämpfer geführt werden.

Ohne eine komplexe Wasserkühlung oder einen Multiventil-Zylinderkopf stellt die Diversion einen Traum des Hobby-Schraubers dar: sie ist einfach zu warten, und alle Teile sind leicht zugänglich. Über ein Sechsganggetriebe und eine O-Ring-Kette wird die Kraft auf das Hinterrad übertragen. Die Dreispeichen-Gussräder in den Größen 17 Zoll vorne und 18 Zoll hinten sind mit schlauchlosen Reifen bestückt. Die Federung arbeitet vorne mit einer Teleskopgabel, diese wuchs 1998 im Durchmesser von 38 auf 41 mm. Hinten arbeitet ein Mono-Stoßdämpfer mit einstellbarer Federvorspannung gegen die Schwinge aus Ovalrohr. Die Bremsanlage wurde 1998 um eine dritte Scheibe erweitert. Der Motor ist halbstarr im

Das XJ-600-S-Diversion-Modell

Doppelschleifenrahmen aus Stahlrohr aufgehängt, welcher zumeist in der Fahrzeugfarbe gehalten ist.

Ein Jahr nach dem Erscheinen der verkleideten Diversion erschien die nackte XJ 600 N – sehr extrovertiert in gelb mit einem ebenso lackierten Rahmen. Der einzige Unterschied zwischen den beiden Modellen lag darin, dass die Halbverkleidung durch einen klassischen Rundscheinwerfer und verchromte Instrumentenhalter ersetzt wurde. Trotz des allgemeinen Trends zum nackten Motorrad blieb die S-Version aufgrund des guten Windschutzes weiterhin erfolgreich.

Außer den üblichen Farbänderungen wurde bei den XJ-Modellen bis 1996 nicht viel geändert. Jetzt bekamen beide Maschinen neue Seitendeckel und ein Fach unter der Sitzbank, außerdem elektrisch beheizte Vergaser mit Drosselklappensensor, eine Benzinpumpe, einen Ölkühler und den Choke-Knopf an den Lenker. Die Diversion erhielt zudem eine überarbeitete Verkleidung. 1997 erhielten alle Maschinen eine komfortablere Sitzbank, Standrohrprotektoren und eine Warnblinkanlage. 1998 wurden schließlich die oben beschriebenen Modifikationen der Gabel und Vorderradbremse vorgenommen.

Danksagung

Wir danken den Firmen Mitsui Machinery Sales (UK) Ltd. für die Erlaubnis zum Abdruck verschiedener Illustrationen, Yamaha Motor Deutschland für technische Daten, der Cooper-Avon Reifen-Company für die Unterstützung und technische Beratung zum Thema Reifen sowie der NGK Spark Plugs (UK) Ltd., die uns beim Thema Zündkerzen weitergeholfen hat.

Dank auch an Doreen DeMello, die uns ihre Maschine für die Fotografien zur Verfügung gestellt hat, an Dave Jewell für die Organisation und die Durchführung der Maschinen-Zerlegung und auch an Denny Jewell für die technische Begutachtung, die bei beiden aus vielen Jahre Motorrad-Schrauberei und Rennfahrerei entstanden ist.

Schließlich möchten wir noch Taylors Motorcycles aus Misterton, Crewkerne danken, die uns ein späteres XJ-600-S-Modell zur Verfügung gestellt haben.

Über dieses Handbuch

Der Sinn dieses Buches ist es, Ihnen zu helfen, mit Ihrem Motorrad viel Freude zu haben. Diese Hilfe kann auf verschiedenen Wegen geschehen: Sie können entscheiden, welche Arbeiten erledigt werden müssen und was Sie davon selbst ausführen können; Ihnen werden Informationen zur Instandhaltung und Pflege Ihrer Maschine gegeben; es werden Ihnen Diagnosen und Reparatur-Reihenfolgen angeboten, um Störungen zu beseitigen.

Wir wünschen uns, dass Sie mit diesem Handbuch viele Arbeiten selber erledigen können. Bei vielen simplen Arbeiten kann es einfacher sein, sie selber auszuführen, als einen Werkstatttermin auszumachen und das Motorrad zum Händler zu bringen und wieder abzuholen. Noch wichtiger ist, dass man schon viel Geld sparen kann, wenn man auch nur einige Vorarbeiten erledigt, noch mehr, wenn man alle Reparaturen selber erledigt. Ebenfalls ein wichtiger Punkt ist das gute Gefühl, das entsteht, wenn Sie eine Arbeit erfolgreich zu Ende gebracht haben.

Alle Bezeichnungen für rechts und links beziehen sich auf die Einbaulage in Fahrtrichtung.

Obwohl wir sehr bemüht gewesen sind, die Richtigkeit der Informationen in diesem Buch zu gewährleisten, kommt es immer wieder vor, dass Motorradhersteller während der Produktion technische Veränderungen vornehmen, von denen wir nichts wissen. Autor und Verlag können deshalb keine Verantwortung für Fehlinformationen übernehmen, die dem Kunden Schaden oder Verletzungen zugefügt haben.

Da in Europa auch für die USA vorgesehene Maschinen verkauft und gefahren werden, haben wir einige Spezifikationen der amerikanischen Modelle in das Buch mit aufgenommen – und besonders gekennzeichnet.

Sicherheit geht vor!

Asbest

• Bestimmte Abriebe, Isolierungen, Versiegelungen und andere Gegenstände, wie Bremsklötze, Kupplungsbeläge und Dichtungen, enthalten Asbest. Äußerste Vorsicht sollte aufgebracht werden, um den Staub solcher Produkte nicht einzuatmen, da dies äußerst gesundheitsschädlich sein kann. Im Zweifelsfall sollten Sie lieber annehmen, dass Asbest enthalten ist.

Feuer

• Seien Sie sich stets bewusst, dass Benzin leichtentzündlich ist. Niemals sollten Sie bei der Arbeit an einem Fahrzeug rauchen oder eine offene Flamme benutzen. Aber damit ist das Feuerrisiko noch nicht gebannt: Ein Funke durch einen Kurzschluss, das Aufeinanderschlagen zweier Metallgegenstände, den unbedachten Umgang mit Werkzeug oder sogar eine statische Aufladung Ihres Körpers oder Ihrer Kleidung kann Benzindämpfe zünden, die in geschlossenen Räumen hochexplosiv sein können. Verwenden Sie Benzin niemals als Reinigungsmittel. Verwenden Sie als sicher geprüfte Lösungsmittel.
• Klemmen Sie stets die Batterie ab, bevor Sie an benzinführenden oder elektrischen Teilen arbeiten. Lassen Sie niemals Benzin auf den heißen Motor oder Auspuff gelangen.
• Es ist sehr empfehlenswert, einen Feuerlöscher, der speziell für das Löschen von Benzin- oder Elektrobränden geeignet ist, in der Garage oder Werkstatt griffbereit zu haben. Löschen Sie niemals ein Benzin- oder Elektrofeuer mit Wasser!

Dämpfe

• Manche Dämpfe sind hochgiftig und können schnell Bewusstlosigkeit oder sogar Tod verursachen, wenn sie in einer bestimmten Konzentration eingeatmet werden. Benzindämpfe gehören dazu, genauso Dämpfe von manchen Lösungsmitteln und Trichloräthylen. Jeder Umgang mit diesen leicht flüchtigen Stoffen sollte nur in gut belüfteten Räumen geschehen.
• Bei der Anwendung von Reinigungs- oder Lösungsmitteln sollten Sie stets die Anwendungshinweise lesen und beachten. Verwenden Sie niemals Stoffe aus unmarkierten Behältern, sie könnten giftige Dämpfe freisetzen.
• Lassen Sie niemals einen Verbrennungsmotor in geschlossenen Räumen laufen. Auspuffgase enthalten Kohlenmonoxid, das hochgiftig ist. Wenn Sie den Motor laufen lassen müssen, sollten Sie dies außerhalb des Gebäudes tun oder zumindest das Heck des Fahrzeuges so stellen, dass es sich außerhalb der Werkstatt befindet.

Batterie

• Vermeiden Sie es, offenes Feuer in die Nähe der Batterie zu bringen oder dort Funken zu erzeugen. Die Batterie gibt Wasserstoff ab, der hochexplosiv ist.
• Klemmen Sie stets die Batterie ab, wenn Sie an benzinführenden oder elektrischen Teilen (außer, wenn es ausdrücklich vorgesehen ist) arbeiten.
• Wenn es möglich ist, öffnen Sie die Einfüllvorrichtungen der Batterie, wenn Sie sie laden. Überladen Sie die Batterie nicht, sonst könnte sie platzen.
• Füllen, reinigen und tragen Sie die Batterie vorsichtig. Die Batteriesäure ist auch in verdünntem Zustand stark ätzend. Augen- und Hautkontakt sollte durch das Tragen von Gummihandschuhen und Brille oder Gesichtsschutz vermieden werden. Sollten Sie die Batteriefüllung selber vornehmen wollen, geben Sie die Säure vorsichtig in das Wasser, niemals das Wasser in die Säure.

Strom

• Versichern Sie sich beim Einsatz von Elektrowerkzeugen, Werkstattleuchten usw. immer, dass der Gerätestecker fest in der Steckdose sitzt und der Anschluss, wo es notwendig ist, gut geerdet ist. Solche Gerätestecker nicht in feuchter Umgebung benutzen und das Erzeugen von Funken im Bereich von Benzin und Benzindämpfen vermeiden. Beachten Sie stets, dass die Stecker und Dosen den Sicherheitsstandards entsprechen.
• Einen starken elektrischen Schlag kann man sich beim Berühren bestimmter Bereiche des elektrischen Systems zuziehen, etwa am Zündkabel (Hochspannungskabel), wenn der Motor läuft oder gestartet wird, speziell wenn die Bauteile feucht sind oder die Isolierung defekt ist. Bei elektronischen Zündsystemen ist die Sekundärspannung erheblich höher und könnte sich als fatal erweisen.

Niemals ...

✗ die Maschine starten, ohne zu überprüfen, ob der Leerlauf eingelegt ist.
✗ die Druckkappe plötzlich von einem heißen Kühlsystem entfernen – die Kappe mit einem Tuch abdecken und zunächst nach und nach den Druck entweichen lassen, sonst könnten Sie sich durch austretendes Kühlmittel verbrühen.
✗ versuchen, Öl abzulassen, ohne sicher zu sein, dass es genügend abgekühlt ist, um Verbrühungen zu vermeiden.
✗ irgendeinen Teil des Motors oder des Auspuffsystems anfassen, ohne sicher zu sein, dass es kalt genug ist, um sich nicht zu verbrennen.
✗ Bremsflüssigkeit oder Frostschutzmittel auf die Lackierung oder Kunststoffteile gelangen lassen.
✗ giftige Flüssigkeiten wie Benzin, Hydrauliköl oder Frostschutzmittel mit dem Mund ansaugen oder auf die Haut gelangen lassen.
✗ Staub einatmen, da er gesundheitsschädlich sein könnte (s.o. »Asbest«).
✗ verschüttetes Öl oder Fett zurücklassen. Entfernen Sie es sofort, damit niemand ausrutscht.
✗ ausgeleierte Schlüssel oder andere Werkzeuge benutzen, da sie abrutschen und Verletzungen verursachen können.
✗ ein Gewicht anheben, das zu schwer für Sie sein könnte – Hilfe hinzuziehen.
✗ hetzen, um eine Arbeit durchzuführen oder die Arbeit auf unsicherem Weg abkürzen.
✗ Kindern oder Tieren die Möglichkeit geben, sich unbeobachtet in oder an Fahrzeugen aufzuhalten.
✗ einen Reifen über den empfohlenen Druck aufpumpen. Durch die Belastung der Karkasse kann der Reifen in Extremfällen platzen.

Stets ...

✓ sicherstellen, dass die Maschine immer einen festen Stand hat. Dies ist besonders wichtig, wenn das Motorrad hochgebockt ist, um Rad oder Gabel auszubauen.
✓ vorsichtig an das Lösen einer festsitzenden Mutter oder Schraube gehen. Es ist grundsätzlich besser, an einem Schraubenschlüssel zu ziehen, als ihn zu drücken, damit Sie beim Abrutschen von der Maschine weg, anstatt auf sie fallen.
✓ bei Arbeiten wie Bohren, Schleifen, Drehen usw. Augenschutz tragen.
✓ speziell bei Schmutzarbeiten die Hände durch eine Creme vor Infektionen schützen. Das erleichtert auch das Entfernen der Schmutzschicht. Der Langzeitkontakt mit gebrauchtem Motoröl kann ein Gesundheitsrisiko sein. – Achten Sie aber darauf, dass Ihre Hände nicht durch die Creme rutschig werden.
✓ lose Kleidung (Ärmel, Halstücher usw.) und lange Haare außerhalb des Bereichs von beweglichen Teilen halten.
✓ Ringe, Uhren usw. vor der Arbeit ablegen, speziell bei Arbeiten an der Elektrik.
✓ den Arbeitsbereich sauber und ordentlich halten, weil man nur zu leicht über herumliegende Gegenstände fallen kann.
✓ beim Zusammendrücken von Federn zum Ein- oder Ausbau Vorsicht walten lassen. Stellen Sie sicher, dass durch den Gebrauch von zweckmäßigem Werkzeug kontrolliert ge- und entspannt werden kann und die Möglichkeit ausgeschlossen wird, dass die Feder plötzlich wegspringt.
✓ sicherstellen, dass Flaschenzüge oder Hebevorrichtungen genügend Tragkraft für die zu verrichtende Arbeit haben.
✓ jemanden in regelmäßigen Abständen bitten, die Arbeiten zu überprüfen.
✓ die Arbeit in einer logischen Reihenfolge durchführen und anschließend überprüfen, ob alles richtig zusammengebaut befestigt ist.
✓ daran denken, dass die Sicherheit Ihres Fahrzeuges auch Ihre und die von anderen beeinflusst. Daher sollten Sie in jedem Zweifelsfall einen Fachmann zu Rate ziehen.

• Falls Sie sich verletzt haben, suchen Sie so bald wie möglich einen Arzt auf.

Fahrzeug-Identifikation

Rahmen- und Motornummern

Die Rahmennummer ist auf der rechten Seite des Lenkkopfes eingeschlagen und findet sich wieder auf dem daneben liegenden Typenschild. Die Motornummer ist hinter dem Zylinderblock oben rechts auf dem Kurbelgehäuse eingeschlagen. Auch die Vergaser haben jeweils auf ihrem Gehäuse eine Identifikationsnummer. Die Rahmennummer steht im Fahrzeugschein und -brief. Um der Polizei das Wiederfinden einer gestohlenen Maschine zu erleichtern, sollte man sich auch die Motor- und Vergasernummern notieren.

Ersatzteile

Sobald Sie Rahmen- und Motornummer gefunden haben, zeichnen Sie sie auf, um den Kauf von Ersatzteilen zu erleichtern. Da Hersteller und Zulieferer Daten und Modelle verändern, ist das Bereithalten der Nummern der sicherste Weg, die richtigen Teile geliefert zu bekommen.

Wenn möglich, nehmen Sie das defekte Teil zum Händler mit, damit Sie es mit den Abmessungen des neuen vergleichen können. Auf dem Weg vom Hersteller zum Lager gibt es viele Möglichkeiten, dass die Ersatzteilnummer verwechselt werden kann.

Neue Teile können Sie von zwei Stellen beziehen: Vom Vertragshändler und von unabhängigen Geschäften oder Versandhäusern. Die Art der Ersatzteile unterscheidet sich dabei: Während der Vertragshändler praktisch jedes Teil besorgen kann, das der Importeur oder Hersteller am Lager hat, ist der unabhängige Laden üblicherweise – nicht immer! – begrenzt auf solche Dinge wie Stoßdämpfer, Tuningteile, Dichtungen, Bowdenzüge, Bremsbacken usw. Darüber hinaus bekommen Sie in solchen Geschäften oft Zubehör wie verstärkte Getriebeteile, Federn, größere Zylinder und andere wesentliche Teile.

Gebrauchte Ersatzteile sind für etwa den halben Preis von neuen erhältlich, doch weiß man nicht immer, was man da bekommt. Nochmals: Nehmen Sie das defekte Teil zu Vergleichszwecken mit zum Gebrauchtteilehändler. Sinnvollerweise wendet man sich in jedem Fall an jemanden, der sich auf Yamaha-Motorräder spezialisiert hat.

Die Motornummer ist hinter dem Zylinderblock oben rechts auf dem Kurbelgehäuse eingeschlagen.

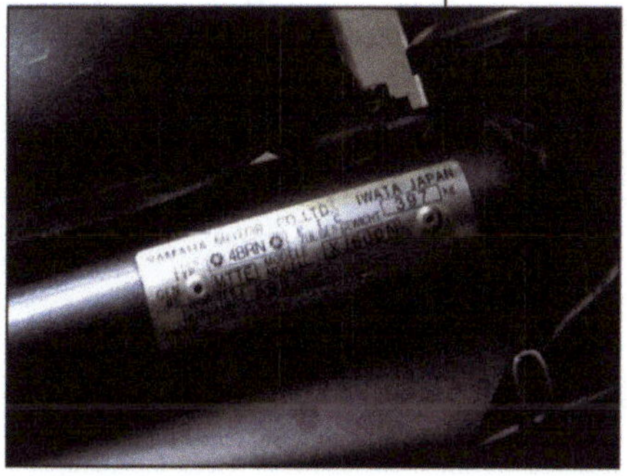

Die Rahmennummer findet sich auf dem Typenschild . . .

. . . und ist auf der rechten Seite des Lenkkopfes eingeschlagen.

Vor jeder Fahrt / Tägliche Kontrolle

Anmerkung: *Die täglichen Kontrollen, wie sie auch in der Betriebsanleitung aufgeführt sind, sollten vor jeder Fahrt durchgeführt werden.*

1 Ölstand Motor/Getriebe

Vor Beginn

✓ Starten Sie jetzt den Motor, und bringen Sie ihn auf Betriebstemperatur.

Achtung: Lassen Sie den Motor nicht in geschlossenen Räumen laufen!

✓ Stellen Sie den Motor ab, und lassen Sie das Motorrad für etwa fünf Minuten aufrecht stehen, ohne es zu bewegen. Stellen Sie die Maschine (falls vorhanden) auf den Hauptständer.

Vorsichtsmaßnahmen

- Wenn Sie regelmäßig Öl nachgießen müssen, sollten Sie nach den Gründen des Ölverlustes suchen. Wenn keine Anzeichen von Lecks an Verbindungen und Dichtungen festzustellen sind, wird das Öl vom Motor verbrannt (siehe *Fehlersuche*).

Das richtige Öl

- Moderne hochdrehende Motoren stellen große Anforderungen an ihr Motoröl. Es ist deshalb sehr wichtig, dass Sie für ihr Motorrad das korrekte Öl benutzen.
- Benutzen Sie von den angegebenen Öltypen und Viskositäten immer gutes Qualitätsöl, und füllen Sie den Motor nicht zu voll.

Öltyp	API-Klasse SE, SF oder SG
Ölviskosität unter 15°C	SAE 10W/30
Ölviskosität über 5°C	SAE 20W/40

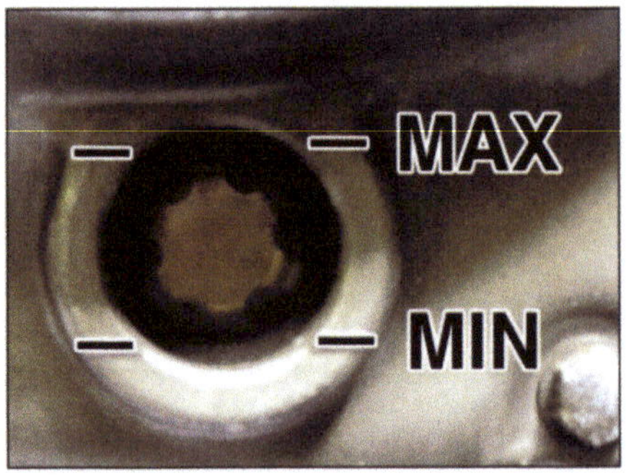

1 **Bei abgeschaltetem Motor wird im Sichtfenster rechts unten am Motor der Ölstand kontrolliert. Der Pegel muss zwischen der MAX- und MIN-Markierung stehen.**

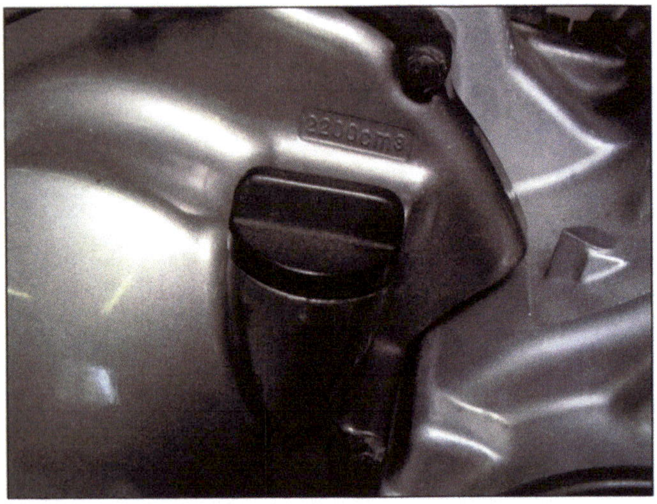

2 **Wenn sich der Ölstand unterhalb der MIN-Linie befindet, muss der Einfüllstutzen rechts am Motor geöffnet werden.**

3 **Füllen Sie den Motor mit dem vorgeschriebenen Öl auf. Füllen Sie nicht höher als bis zur MAX-Markierung auf.**

2 Bremsflüssigkeitsstand

> ⚠ ***Warnung:** **Bremsflüssigkeit kann zu Augenverletzungen führen und Lackoberflächen angreifen, bewahren Sie deshalb beim Umgang hiermit größte Sorgfalt. Beim Eingießen sollten gefährdete Teile mit Lappen verdeckt sein. Benutzen Sie keine Bremsflüssigkeit, die längere Zeit offen gestanden hat, da sie Feuchtigkeit aus der Luft absorbiert, was zu einem gefährlichen Verlust an Bremswirkung führen kann.***

Vor Beginn

✓ Stellen Sie das Motorrad gerade, gegebenenfalls auf den Hauptständer. Drehen sie den Lenker so, dass der Deckel des Hauptbremszylinders so waagerecht wie möglich steht.

✓ Stellen Sie sicher, dass Sie die richtige Bremsflüssigkeit haben – DOT 4 ist vorgeschrieben. Mischen Sie nicht verschiedene Bremsflüssigkeiten zusammen, diese vertragen sich nicht.

✓ Bevor der Vorderrad-Bremsflüssigkeitsbehälter geöffnet wird, muss ein Lappen über den Kraftstofftank gelegt werden, um Lackschäden durch Spritzer zu vermeiden. Wischen Sie jeglichen Staub und Schmutz um den Bereich des Deckels ab.

✓ Entfernen Sie den rechten Seitendeckel, um den Flüssigkeitsstand im hinteren Behälter kontrollieren zu können (siehe Kapitel 7).

Vorsichtsmaßnahmen

- Der Flüssigkeitstand im vorderen und hinteren Hauptbremszylinder nimmt mit zunehmendem Verschleiß der Bremsbeläge ab.
- Wenn ein Flüssigkeitsbehälter wiederholt nachgefüllt werden muss, ist dies ein Indiz für ein Leck im Bremssystem, welches sofort zu reparieren ist.
- Achten Sie auf Beschädigungen oder Risse an den Hydraulikschläuchen und Komponenten – falls Schäden gefunden werden, müssen die Teile unverzüglich ersetzt werden.
- Checken Sie die Funktion beider Bremsen, bevor Sie mit der Maschine fahren. Wenn Luftblasen im System sind (schwammiges Gefühl im Hebel oder Pedal), muss es entlüftet werden (siehe Kapitel 6).

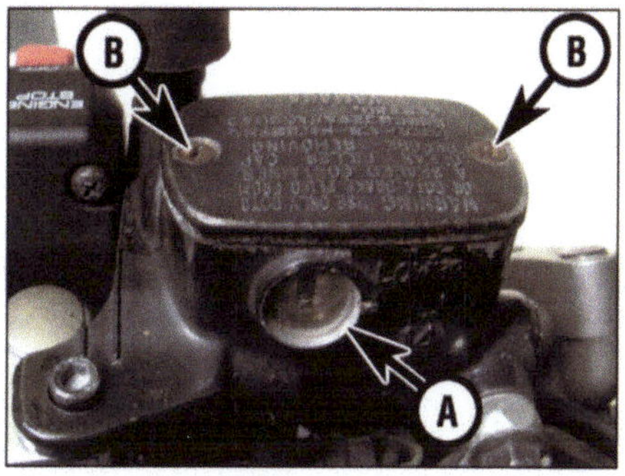

1 Der Bremsflüssigkeitsstand im vorderen Hauptbremszylinder ist durch das Schauglas am Behälter sichtbar – der Pegel muss über der LOWER-Markierung stehen (A). Wenn der Pegel zu niedrig ist, müssen die Schrauben (B) gelöst . . .

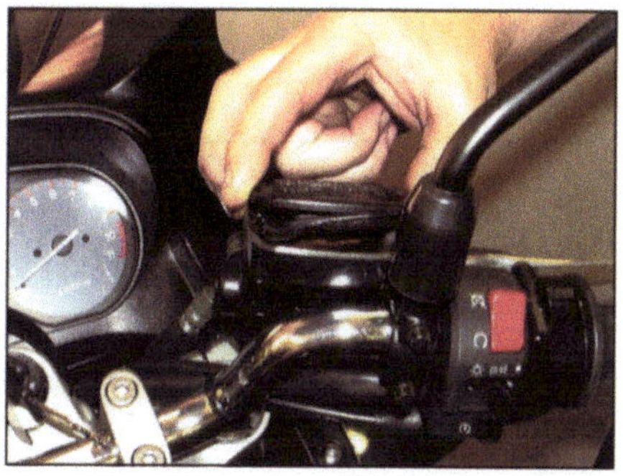

2 . . . und der Deckel sowie die Gummimembrane abgehoben werden.

3 Füllen Sie neue saubere Bremsflüssigkeit auf.

4 Achten Sie beim Einbau der Gummimanschette auf ihren korrekten Sitz, . . .

5 . . . bevor Sie die Platte aufsetzen und mit den Schrauben festziehen.

6 Der hintere Flüssigkeitsstand kann durch den transparenten Behälter kontrolliert werden. Der Pegel muss über der LOWER-Markierung stehen.

3 Federung, Lenkung und Antriebskette

Federung und Lenkung

- Überprüfen Sie, ob die Vorderrad- und Hinterradfederung weich und ohne zu haken arbeitet.
- Kontrollieren Sie, ob die Hinterradfederung auf ihre momentanen Erfordernisse eingestellt ist.
- Überprüfen Sie, ob die Lenkung sich weich von Anschlag zu Anschlag bewegt.

Antriebskette

- Überprüfen Sie, ob die Kettenspannung korrekt ist. Wie sie einzustellen ist, wird in Kapitel 1 beschrieben.
- Wenn die Kette trocken ist, muss sie geschmiert werden (siehe Kapitel 1).

4 Ordnungsgemäßer Zustand und Sicherheit

Licht und Signale

- Kontrollieren Sie, ob Scheinwerfer, Rücklicht, Bremslicht, Instrumentenbeleuchtung und Blinker korrekt funktionieren.
- Prüfen Sie die Funktion der Hupe.
- Ein funktionierender Tacho ist gesetzlich vorgeschrieben.

Sicherheit

- Überprüfen Sie, ob der Gasgriff leichtgängig ist und jederzeit von alleine wieder schließt. Kontrollieren Sie dieses bei nach rechts und links eingeschlagener Lenkung.
- Testen Sie, ob der Motor ausgeht, wenn man den Not-Schalter betätigt.
- Kontrollieren Sie, ob der Kupplungshebel sich leicht bewegen lässt und das Kupplungsspiel korrekt eingestellt ist.
- Checken Sie, ob die Federn des Seitenständers und des Hauptständers diese im eingeklappten Zustand sicher an der Maschine halten.

Kraftstoff

- Es mag überflüssig klingen, aber überprüfen Sie, ob Sie genug Benzin für die bevorstehende Fahrt im Tank haben. Wenn irgendwo Kraftstoff ausläuft, müssen die Ursachen hierfür sofort beseitigt werden.
- Vergewissern Sie sich, dass Sie die richtige Sorte Benzin benutzen – Yamaha schreibt bei allen Modellen bleifreies Benzin mit mindestens 91 Oktan (Normal) vor.

5 Reifen

Der richtige Reifendruck

- Der Luftdruck muss bei **kaltem** Reifen überprüft werden, nicht direkt nach der Fahrt. Hierbei wird der Reifen warm und der Luftdruck steigt. Extrem niedriger Reifenluftdruck kann den Reifen auf der Felge rutschen oder sogar abspringen lassen. Zu hoher Luftdruck sorgt für hohen Verschleiß auf der Lauffläche und unsicheres Handling.
- Benutzen Sie ein genaues Messgerät.

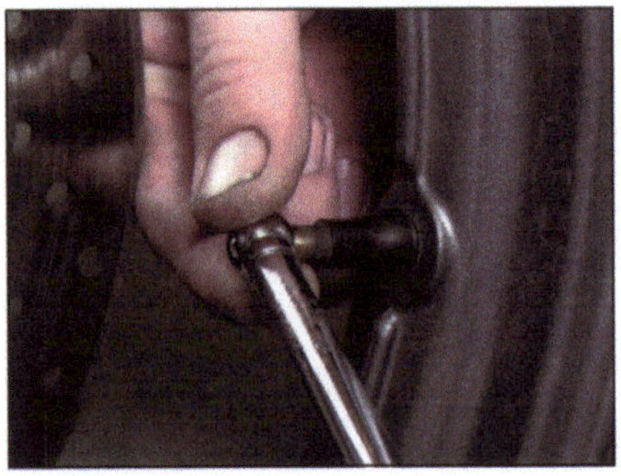

1 Kontrollieren Sie den Luftdruck nur bei kaltem Reifen, und füllen Sie nur bis zum empfohlenen Druck.

- Ein richtiger Luftdruck erhöht die Lebensdauer der Reifen und sorgt für beste Fahrstabilität sowie Fahrkomfort.

Vorsichtsmaßnahmen

- Kontrollieren Sie die Reifen sorgfältig auf Risse, Schnitte, eingedrungene Nägel oder andere scharfe Dinge sowie starke Abnutzung. Die Benutzung von Motorrädern mit stark abgefahrenen Reifen ist extrem gefährlich, auch die Straßenlage und Traktion verschlechtern sich stark.
- Checken Sie den Zustand der Reifenventile, und achten Sie auf festsitzende Schutzkappen.
- Entfernen Sie alle Nägel und Steine, die sich in das Reifenprofil gesetzt haben. Wenn sie dort belassen werden, können sie sich durch den Reifen drücken und ein Loch verursachen.
- Wenn eine Beschädigung offensichtlich ist oder ungewöhnlich hoher Druckverlust auftritt, suchen Sie sofort Rat bei einem Reifenspezialisten.

Reifenprofiltiefe

- Zurzeit muss ein Reifen laut Gesetz eine Mindestprofiltiefe von 1,6 mm aufweisen. Viele Fahrer bevorzugen aus Sicherheitsgründen ein Limit von 2 mm.
- Viele heutige Reifen besitzen Profiltiefen-Indikatoren, auf die an den Flanken mit Dreiecken oder der Bezeichnung TWI hingewiesen wird. Ist das Profil bis auf diese Erhebungen abgefahren, sollte der Reifen gewechselt werden.

Last/Geschwindigkeit	vorne	hinten
nur Fahrer	2,0 bar	2,25 bar
mit Beifahrer oder Hochgeschwindigkeit	2,0 bar	2,50 bar

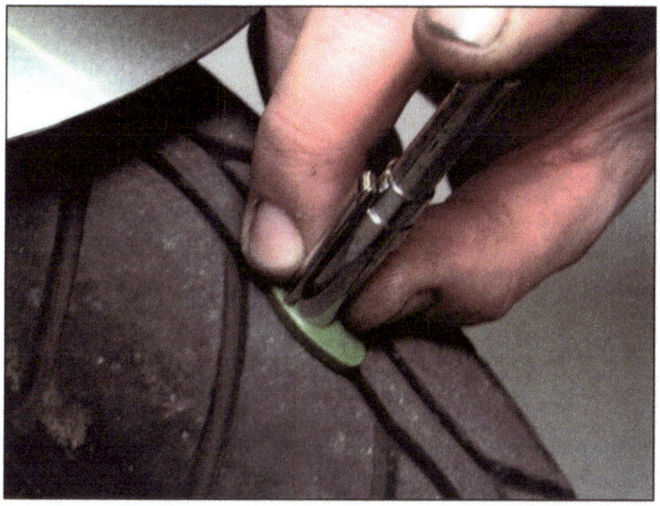

2 Die Profiltiefe wird mithilfe eines Profiltiefenmessers in der Mitte des Reifens gemessen.

3 Profiltiefen-Indikatoren können je nach Reifenmarke als Pfeile, Dreiecke oder TWI-Hinweise (TWI = Treat Wear Indikator) auf der Reifenflanke (Pfeile) ausführt sein.

Notizen

Kapitel 1
Routine-Instandhaltung und Kontrolle

Inhalt (in alphabetischer Reihenfolge, die Zahlen geben die Nummerierung in den grauen Feldern wieder)

Schwierigkeitsgrade

Leicht. Für Anfänger mit wenig Erfahrung geeignet.	**Relativ leicht.** Für Anfänger mit etwas Erfahrung geeignet.	**Relativ schwierig.** Geeignet für geübte Selbstschrauber.	**Schwer.** Geeignet für Mechaniker mit Erfahrung.	**Sehr schwer.** Geeignet für Experten und Profis.

Technische Daten

Motor

Zündkerzen	
Typ	
US-Modelle	NGK CR7E oder CR8E, ND U22ESR oder U24ESR-N
EU-Modelle	NGK CR7E, CR8E oder CR9E, ND U22ESR-N, U24ESR-N oder U 27ESR-N
Elektroden-Abstand	0,7 bis 0,8 mm
Ventilspiel (**kalter** Motor)	
Einlassventile	0,11 bis 0,15 mm
Auslassventile	0,21 bis 0,25 mm*
Leerlaufdrehzahl	
US-Modelle	1200 bis 1400/min
EU-Modelle bis 1995	1150 bis 1250/min
EU-Modelle ab 1996	1200 bis 1300/min
Zylinder-Kompressionsdruck (auf Meereshöhe)	10,6 bar
Vergaser-Synchronisation	
Einlass-Unterdruck bei Leerlaufdrehzahl	
US-Modelle	280 bis 300 millibar
EU-Modelle bis 1995	340 bis 350 millibar
EU-Modelle ab 1996	300 millibar
max. Different zwischen Vergasern	13 millibar
Zylinder-Identifikation (von links nach rechts)	1-2-3-4

Fahrzeugteile

Bremsbelagstärke	
vorne	
Standard – EU-Modelle bis 1997, alle US-Modelle	6,2 mm
Standard – EU-Modelle ab 1998	5,5 mm
Minimum	0,8 mm
hinten	
Standard	5,5 mm
Minimum	0,8 mm
Bremspedal-Position (über Fußrasten-Oberseite)	40 mm
Spieleinstellung	
Gasgriff	3–7 mm
Kupplungsgriff	
EU-Modelle bis 1995, US-Modelle bis 1996 (am Hebelhalter)	2–3 mm
EU-Modelle ab 1996, US-Modelle ab 1997 (am Hebelende)	10–15 mm
Vorderrad-Bremshebel	siehe Text
Antriebsketten-Durchhang	30 bis 40 mm

Drehmomente

Ölablassschraube	43 Nm
Ölfilter	17 Nm
Zündkerzen	12,5 Nm
Auspuffkrümmer-Flanschmuttern	15 Nm**
Lenkkopflager-Ringmutter	
erster Anzug	52 Nm***
endgültiger Anzug	18 Nm***
Ventildeckelschrauben	10 Nm
Gabel-Verschlusskappen	23 Nm

Empfohlene Schmiermittel und Flüssigkeiten

Motor/Getriebe

Typ	API SE, SF oder SG Motoröl
Viskosität	
bis + 15°C	SAE 10 W/30
ab + 5°C	SAE 20 W/40
Füllmenge – alle US-Modelle, EU-Modelle bis 1995	
bei Ölwechsel	2,2 Liter
Öl- und Filterwechsel	2,5 Liter
Füllmenge – alle EU-Modelle ab 1996	
bei Ölwechsel	2,3 Liter
Öl- und Filterwechsel	2,6 Liter

Bremsen

Bremsflüssigkeit	DOT 4 (nur im Notfall DOT 3)

Telegabel

Typ	SAE 10 W Gabelöl
Füllmengen	
EU-Modelle bis 1995, US-Modelle bis 1996	379 cm^3
EU-Modelle ab 1996, US-Modelle ab 1997	375 cm^3
Ölpegel	
EU-Modelle bis 1995, US-Modelle bis 1996	111 mm****
EU-Modelle ab 1996, US-Modelle ab 1997	116 mm****

Fahrzeugteile

Antriebskette	O-Ring-verträgliches Kettenspray
Rad- und Lenkkopflager	wasserfestes Lithium-Radlagerfett
Schwingbolzenlager	wasserfestes Lithium-Radlagerfett
Hauptständer/Seitenständerbolzen	Lithium-Mehrzweckfett
Bremspedal/Schalthebelbolzen	Kettenfett oder dünnes Motoröl
Gasgriff	Mehrzweckfett oder Trockenfilm

Anmerkungen

* *Zur Minimierung der Ventilgeräusche ist es erlaubt, das Auslass-Ventilspiel auf 0,18 mm zu reduzieren.*

** *Versehen Sie die Gewinde zum Korrosionsschutz mit Kupferpaste.*

*** *Verwenden Sie den Yamaha-Ringschlüssel YU-33975, und setzen Sie einen Drehmomentschlüssel im rechten Winkel zur Ringmutter an.*

**** *Der Gabelöl-Pegel wird vom oberen Standrohrrand aus gemessen, nachdem das Distanzrohr, der Federsitz und die Feder entnommen und die Gabel vollständig komprimiert wurde.*

Instandhaltungsplan

Anmerkung: *Die täglichen Kontrollen, wie sie auch in der Betriebsanleitung aufgeführt sind, sollten vor jeder Fahrt durchgeführt werden. Außerdem sind sie Bestandteil aller größeren Inspektionen. Die unten aufgeführten Intervalle sind vom Hersteller für die verschiedenen Modelljahre vorgeschrieben worden. Trotzdem kann es passieren, dass in Ihrem Handbuch für bestimmte Kontrollen andere Zeitabstände vorgeschrieben sind. Kontaktieren Sie im Zweifelsfall einen Yamaha-Händler.*

Täglich (vor jeder Fahrt)

- ☐ Siehe unter *Tägliche Kontrolle* am Anfang dieses Handbuches.

Nach den ersten 1.000 km

Anmerkung: *Normalerweise wird die Erstinspektion nach 1.000 km durch eine Yamaha-Fachwerkstatt durchgeführt. Danach werden große Inspektionen in den im Plan vorgesehenen Intervallen vorgenommen.*

Alle 800 km

- ☐ Kontrolle, Einstellung und Schmierung der Antriebskette (Sektion 1)

Alle 6.000 km oder sechs Monate (je nachdem, was eher eintritt)

Zusätzlich zu den oben beschriebenen Kontrollen

- ☐ Wechsel des Motoröls (Sektion 2)
- ☐ Reinigung des Luftfilterelementes – gegebenenfalls ersetzen (Sektion 3)
- ☐ Reinigung und Einstellung der Zündkerzen (Sektion 4)
- ☐ Kontrolle und Einstellung der Motor-Leerlaufdrehzahl (Sektion 5)
- ☐ Kontrolle/Einstellung der Vergasersynchronisation (Sektion 6)
- ☐ Kontrolle der Bremsscheiben und der Bremsbeläge (Sektion 7)
- ☐ Schmierung der Bremsbelagkanten und Bremssattel-Hohlräume* (Sektion 7)
- ☐ Kontrolle/Einstellung der Bremshebelpositionen und Kontrolle des Bremslichtschalters (Sektion 8)
- ☐ Kontrolle des Kupplungsbowdenzug-Spiels (Sektion 9)
- ☐ Schmierung der Kupplungs- und Bremshebelbolzens (Sektion 10)
- ☐ Schmierung der Schalt- und Bremshebellagerung und der Seiten- und Hauptständerlagerung (Sektion 10)
- ☐ Schmierung der Bowdenzüge (Sektion 10)
- ☐ Kontrolle der Telegabel auf Funktion und Undichtigkeit (Sektion 11)
- ☐ Kontrolle des Hinterradstoßdämpfers (Sektion 11)
- ☐ Kontrolle der Räder und Reifen (Sektion 12)
- ☐ Kontrolle des Auspuffsystems auf Undichtigkeiten (Sektion 13)
- ☐ Kontrolle der Festigkeit aller Muttern, Schrauben und Befestigungen (Sektion 14)

* *Empfohlen bei der Benutzung auf gesalzenen Straßen*

Alle 6.000 km oder sechs Monate (je nachdem, was eher eintritt)

- ☐ Kontrolle des Kraftstoffsystems und der Leitungen (Sektion 15)
- ☐ Kontrolle des Motorentlüftungssystems (Sektion 16)
- ☐ Kontrolle des Seitenständerschalters (Sektion 17)

Alle 12.000 km oder zwölf Monate (je nachdem, was eher eintritt)

Zusätzlich zu den 6.000-km-Kontrollen

- ☐ Wechsel des Motoröls und des Ölfilters (Sektion 18)
- ☐ Kontrolle und Einstellung des Lenkkopflagerspiels (Sektion 19)

Alle 12.000 km oder 18 Monate (je nachdem, was eher eintritt)

Zusätzlich zu den 6.000-km-Kontrollen

- ☐ Kontrolle des Kraftstoff-Verdunstungssystems (nur Kalifornien-Modelle) (Sektion 20)

Alle 24.000 km oder zwei Jahre (je nachdem, was eher eintritt)

Zusätzlich zu den 12.000-km-Kontrollen

- ☐ Wechsel der Bremsflüssigkeit (Sektion 21)
- ☐ Überholung der Hauptbremszylinder und Bremssättel (Sektion 22)
- ☐ Reinigung und Neu-Schmierung der Lenkkopflager (Sektion 23)
- ☐ Schmierung der Schwinge und Stoßdämpfer-Lagerung (Sektion 24)
- ☐ Einstellung des Ventilspiels (Sektion 25)

Kontrollen ohne Intervallvorgaben

- ☐ Kontrolle der Batterie (Sektion 26)
- ☐ Messen der Zylinderkompression (Sektion 27)
- ☐ Wechsel des Gabelöls (Sektion 28)

Wo befindet sich was?

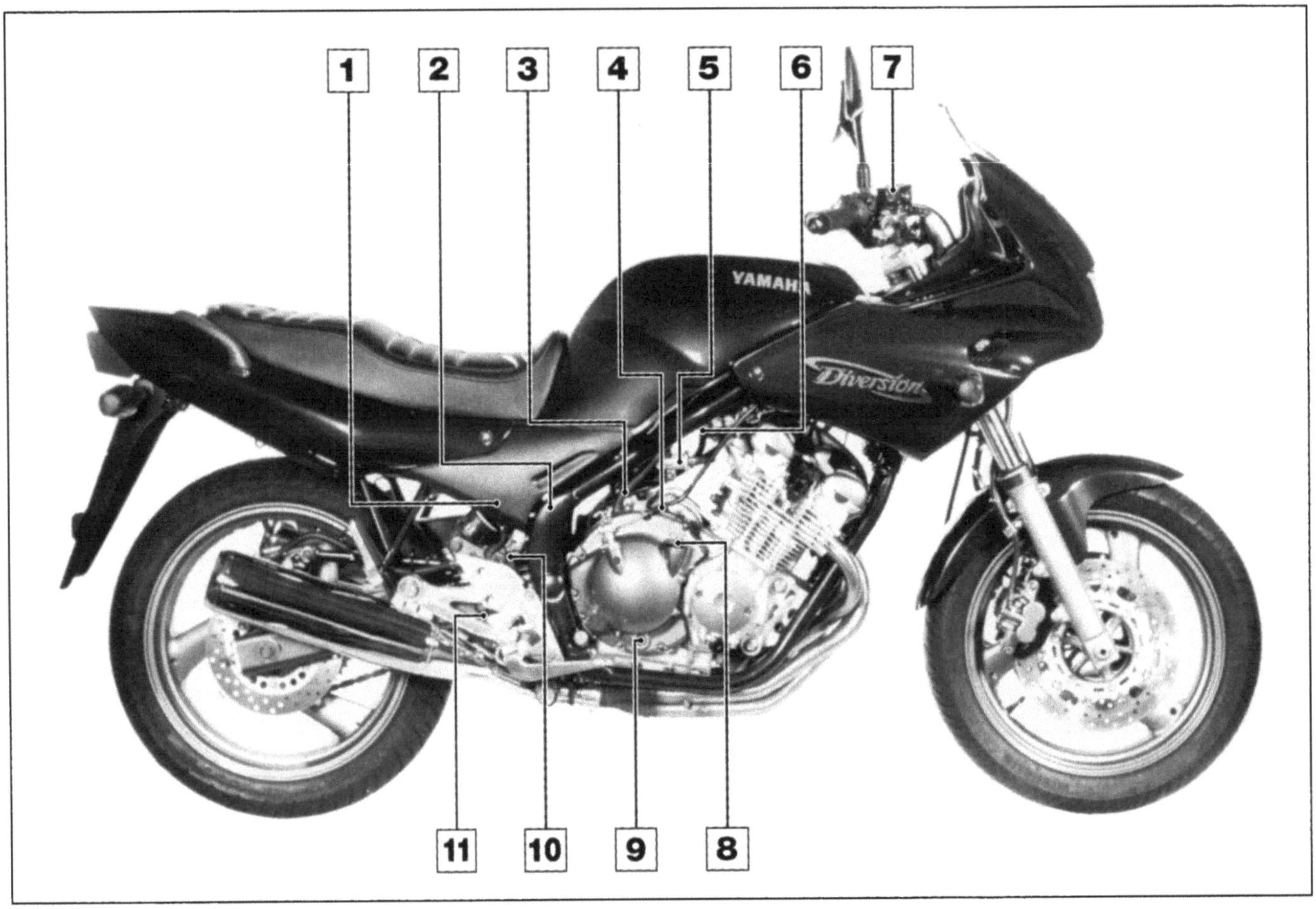

Baugruppen an der rechten Seite

1 Hinterrad-Bremsflüssigkeitsbehälter
2 Kraftstoff-Verdunstungsbehälter (nur Kalifornien-Modelle)
3 Motor-Entlüftungsschlauch
4 unterer Kupplungsbowdenzugeinsteller
5 Kraftstofffilter
6 Standgas-Einsteller
7 Vorderrad-Bremsflüssigkeitsbehälter
8 Öleinfüllstutzen
9 Ölstandskontrollfenster
10 Hinterrad-Bremslichtschalter
11 Bremspedal-Höheneinsteller

Baugruppen an der linken Seite

1 Oberer Kupplungsbowdenzugeinsteller
2 Lenkkopflager
3 Luftfilter
4 Batterie
5 Antriebskette
6 Seitenständerschalter
7 Ölablassschraube
8 Ölfilter
9 Zündkerzen
10 Gabeldichtungen

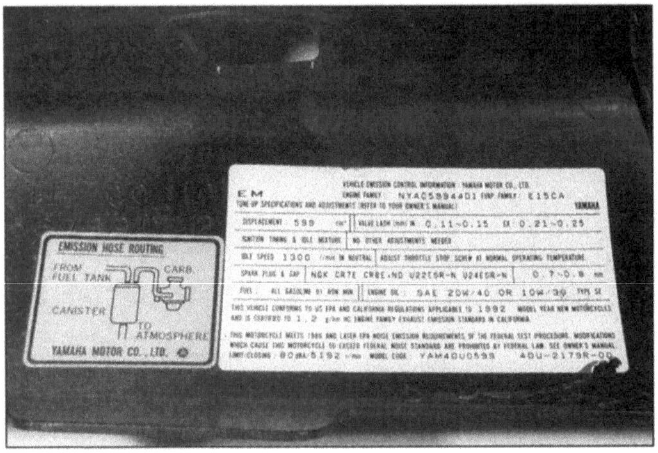

Auf Wartungshinweisaufklebern am Motorrad sind Ölsorten, Einstellungen, ...

... und Maximalbelastungen beschrieben.

Wartungsintervalle

1 Dieses Kapitel soll dem Hobbyschrauber helfen, sein Motorrad immer in einem sicheren und technisch guten Zustand zu halten, sodass es immer voll leistungsfähig ist und ein langes Leben hat.

2 Die Entscheidung, wo und wann man mit den Routinekontrollen anfangen soll, hängt von verschieden Faktoren ab. Wenn die Garantieperiode ihrer Maschine gerade abgelaufen ist, und wenn bisherige Inspektionen von einer Werkstatt vorgenommen wurden, kann man mit der nächsten Routinekontrolle bis zum nächsten vorgeschriebenen Kilometerstand oder Zeitablauf warten. Wenn Sie die Maschine schon einige Zeit haben, aber schon lange keine Inspektion haben machen lassen, sollten Sie mit dem nächsten Intervall beginnen und einige zusätzliche Kontrollen vornehmen, um sicherzugehen, das nichts Wichtiges übersehen wurde. Wenn Sie gerade eine große Motorüberholung hatten, sollten Sie die Service-Intervalle von Anfang an beginnen. Wenn Sie eine gebrauchte Maschine erworben haben und kein Wissen über ihre Geschichte und Wartung haben, sollten Sie sich für eine Komplettkontrolle aller Punkte entscheiden und dann mit den normalen Intervallen weitermachen.

3 Vor Beginn jeglicher Wartungsarbeiten sollte das Motorrad sorgfältig gereinigt werden, besonders um den Ölfilter, die Zündkerzen, Ventildeckel, Seitendeckel, Vergaser usw. Saubere Teile schützen vor während der Arbeit in den Motor eindringenden Schmutz und lassen außerdem Verschleiß und Beschädigungen besser erkennen.

4 Wichtige Wartungshinweise sind oft auf Aufklebern vermerkt, die am Motorrad angebracht sind. Wenn diese Informationen sich von den in diesem Buch angegeben unterscheiden, richten Sie sich nach denen am Motorrad (siehe Abbildung).

Alle 800 km

1 Antriebskette und Ritzel
Kontrolle, Einstellung und Schmierung

Kontrolle

1 Eine vernachlässigte Antriebskette hat ein kurzes Leben und kann schnell Ritzel und Kettenrad zerstören. Eine regelmäßige Einstellung garantiert Ihnen maximale Lebensdauer aller Komponenten.

2 Stellen Sie das Motorrad auf den Hauptständer (falls vorhanden) oder stellen Sie es sicher in eine aufrechte Position. Legen Sie den Leerlauf ein, und stellen Sie sicher, dass die Zündung ausgeschaltet ist.

3 Drücken Sie den unteren Kettentrum nach oben, und messen Sie in der Mitte den Durchhang der Kette (siehe Abbildung), vergleichen Sie den ermittelten Wert mit den *Technischen Daten* in diesem Kapitel. Eine Kette verschleißt mit der Zeit und wird länger. In einigen Fällen kann mangelnde Schmierung dafür sorgen, dass die Wirkung der O-Ringe nachlässt, und Korrosion und Abrieb bewirken, dass die Glieder sich nicht mehr frei bewegen können – was bei den Messungen eine stramme Kette vortäuschen kann. Wenn die Kette zwischen Ritzel und Kettenrad straff und fest sitzt, verrostet oder geknickt ist, Bolzen lose oder Rollen beschädigt sind, ist es Zeit, eine neue Kette einzubauen.

1.3 Drücken Sie den unteren Kettentrum nach oben und messen Sie den Durchhang der Kette – wenn er nicht den *Technischen Daten* entspricht, muss die Kettenspannung eingestellt werden.

Anmerkung: *Da die Kette selten gleichmäßig abnutzt, sollte man das Spiel an verschiedenen Stellen der Kette messen. Schieben Sie dazu das Motorrad ein Stück weiter, und führen Sie verschiedene Messungen durch. Wenn Sie eine straffe Stelle finden, markieren Sie diese mit Filzstift oder Farbe, und wiederholen Sie die Prüfung nach einer kurzen Fahrt. Wenn die*

1.4a Der Kettenschutz wird vorne und hinten mit je einer Schraube (Pfeile) gesichert.

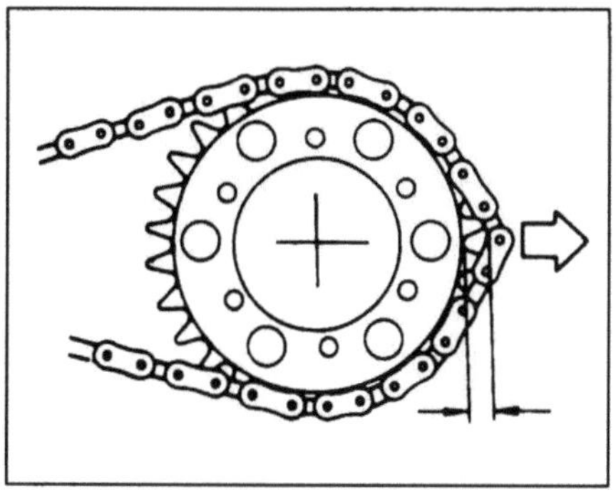

1.4b Wenn die Kette mehr als eine halbe Zahnlänge vom Kettenrad abgehoben werden kann, sind Kette und Kettenrad verschlissen und müssen ersetzt werden.

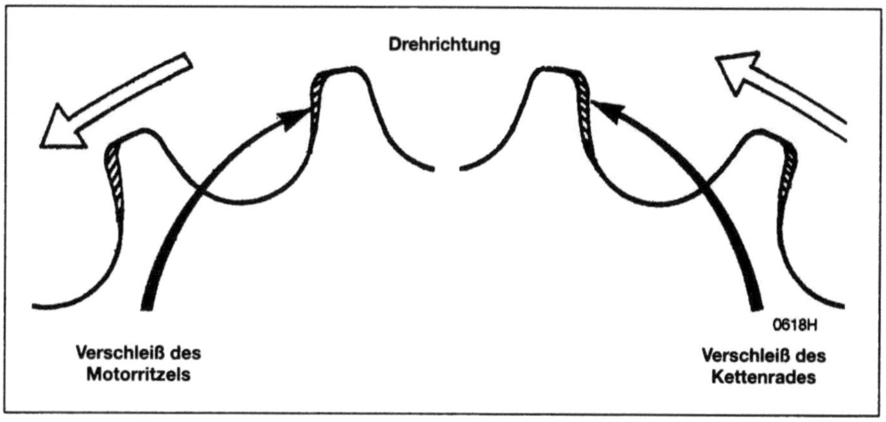

1.5 Kontrollieren Sie die gezeigten Bereiche der Ritzel auf Verschleiß.

Kette immer noch an der gleichen Stelle stramm ist, wird sie verschlissen oder beschädigt sein. Weil eine feste oder geknickte Antriebskette starken Einfluss auf die Lebensdauer des Getriebeausgangslagers hat, ist es keine schlechte Idee, die Kette zu wechseln.

4 Entfernen Sie den Kettenschutz (siehe Abbildung). Kontrollieren Sie die Kette auf der ganzen Länge auf beschädigte Rollen sowie lockere Laschen und Bolzen und fehlende O-Ringe. Ziehen Sie die Kette in der Mitte des Kettenrades nach hinten (siehe Abbildung). Wenn sie sich mehr als eine halbe Zahnlänge abheben lässt, ist die Kette verschlissen und muss erneuert werden. Drehen Sie das Rad, und wiederholen Sie die Messung an verschiedenen Stellen der Kette, da sie sich ungleichmäßig längt.

Anmerkung: *Montieren Sie niemals eine neue Kette auf alte Ritzel, und benutzen Sie niemals die alte Kette weiter, wenn Sie neue Ritzel montiert haben – ersetzen Sie immer Kette und Ritzel als Satz.*

5 Entfernen Sie den Ritzeldeckel am Motor (siehe Kapitel 5). Kontrollieren Sie den Zustand der Zähne am Ritzel und Kettenrad (siehe Abbildung).

Einstellung

6 Drehen Sie das Hinterrad, bis die Kette am strammsten ist.

7 Entfernen Sie den Sicherungssplint aus der Achsmutter, und lockern Sie die Mutter (siehe Abbildung).

8 Lockern Sie die Kontermuttern der Einsteller, und drehen Sie sie zurück.

9 Drehen Sie die Einstellmuttern auf beiden Seiten bis eine saubere Kettenspannung sichergestellt ist (stellen Sie zuerst den Einsteller auf der Kettenseite ein, dann den auf der Bremsenseite). Stellen Sie sicher, dass die Einsteller gleichmäßig angezogen werden, um das Hinterrad in Flucht laufen zu lassen. Wenn die Einsteller sich nicht mehr weiter hinausdrehen lassen, ist die Kette extrem verschlissen und muss durch ein Neuteil ersetzt werden (siehe Kapitel 6).

10 Wenn die Kette das korrekte Spiel hat, muss sichergestellt sein, dass die Markierungen auf beiden Seiten der Schwinge gleich sind (siehe Abbildung 1.7). Ziehen Sie die Achsmutter mit dem in den *Technischen Daten* von Kapitel 6 beschriebenen Drehmoment an. installieren Sie einen neuen Splint und biegen Sie seine Enden um (siehe Abbildung). Falls nötig, muss die Mutter – in Anzugsrichtung – etwas gedreht werden, um die Splintbohrung der Achse mit der Krone fluchten zu lassen.

11 Ziehen Sie die Kontermuttern der Einsteller an.

Schmierung

Anmerkung: *Wenn die Kette extrem schmutzig ist, sollte sie ausgebaut und gereinigt werden, bevor sie geschmiert wird (vgl. Kapitel 5).*

12 Die beste Zeit zum Schmieren der Kette ist direkt nach der Fahrt, wenn sie warm ist. Der Schmierstoff dringt dann besser zwischen die Glieder als im kalten Zustand. Wenn Sie ein Kettenspray benutzen, achten Sie darauf, dass es für O-Ringketten geeignet ist.

13 Geben Sie den Ketten-Schmierstoff auf die Stellen, wo sich die Laschen überlappen, nicht auf die Rollen. Lassen Sie das Öl in Ruhe einziehen und wischen Sie Reste ab.

Praxis TiPP ***Geben Sie den Kettenschmierstoff auf die Innenseite der Kette, sodass er von der Fliehkraft nach außen gezogen wird, wenn das Motorrad gefahren wird.***

1

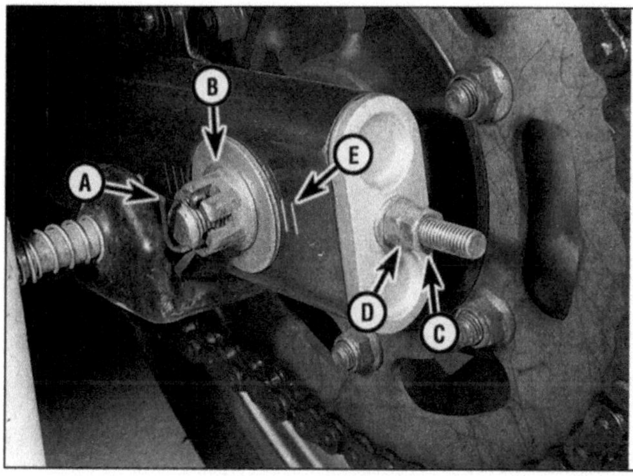

A Sicherungssplint
B Achsmutter
C Kontermutter
D Einstellmutter
E Einstellmarkierung

1.7 Entfernen Sie den Sicherungssplint und lockern Sie die Achsmutter

1.10 Der Sicherungssplint wird so auseinandergebogen – benutzen Sie nach jedem Entfernen einen neuen Splint.

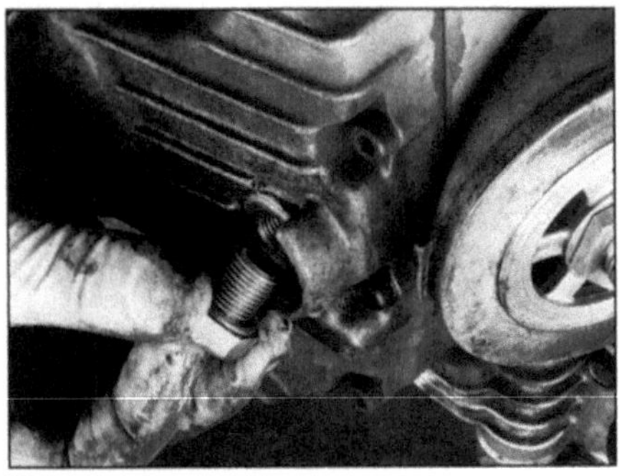

2.5 Entfernen Sie die Ölablassschraube

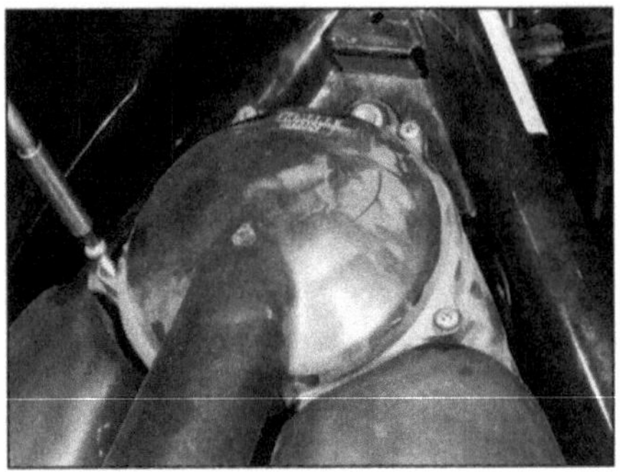

3.2 Entfernen Sie die Deckelschrauben und heben Sie den Deckel ab, . . .

3.3 . . . beachten Sie die Position des O-Rings (A) und entfernen Sie das Filterelement.

Alle 6.000 km oder sechs Monate

2 Motor/Getriebe
Ölwechsel

1 Ein regelmäßiger Ölwechsel ist die wichtigste Wartungsarbeit für den Erhalt eines Motorrades. Das Öl ist nicht nur zur Schmierung der Motorinnereien, Kupplung und Getriebe da, sondern auch zur Kühlung, Reinigung, Abdichtung und zum Materialschutz. Aufgrund dieser Anforderungen trägt das Motoröl einen hohen Grad an Verantwortung für die Funktion des Motors und sollte deshalb regelmäßig ersetzt werden. Der geringe Preisunterschied zwischen einem guten und einem billigen Öl macht sich bei einem Motorschaden auf keinen Fall bezahlt. Der Ölfilter sollte bei jedem zweiten Ölwechsel ausgetauscht werden.
2 Wärmen Sie den Motor zunächst auf, damit das Öl besser abfließt.

Warnung: Seien Sie beim Öablassen vorsichtig. Heißes Motoröl, heiße Motoren und Auspuffrohre können zu schweren Verbrennungen führen.

3 Stellen Sie das Motorrad auf den Hauptständer (oder eine geeignete Stütze) und positionieren Sie darunter einen geeigneten sauberen Behälter, der die entsprechende Menge Altöl aufnehmen kann. Öffnen Sie den Öl-Einfülldeckel oben am Motor, um ihn zu belüften – und zur Erinnerung daran, dass sich kein Öl im Motor befindet.
4 Wenn Ihr Motorrad mit einem Verkleidungsunterteil ausgerüstet ist, muss dieses entfernt werden (siehe Kapitel 7).
5 Schrauben Sie als nächstes die Öl-Ablassschraube am Boden des Motors heraus (siehe Abbildung) und lassen Sie das Öl in den Behälter fließen. Ersetzen Sie die Dichtscheibe in jedem Fall.
6 Kontrollieren Sie vor dem Befüllen des Motors sorgfältig das alte Motoröl.
7 Wenn die Kontrolle des Altöls keine Besonderheiten ergeben hat, wird die Ablassschraube unter Verwendung einer neuen Dichtung eingesetzt und vorschriftsmäßig angezogen. Füllen Sie das vorgeschriebene Öl bis zum korrekten Pegel auf und drehen Sie den Einfüllstopfen fest (siehe *Tägliche Kontrolle*). Starten Sie den Motor und lassen Sie ihn zwei bis drei Minuten laufen. Stellen Sie den Motor ab und kontrollieren Sie nach etwa einer Minute den Ölstand. Wenn nötig, füllen Sie Öl bis zur oberen Markierung am Schauglas nach. Kontrollieren Sie die Ablassschraube auf Undichtigkeiten.
8 Das alte Motoröl kann nicht mehr verwendet werden und sollte in einen auslaufsicheren Behälter gefüllt werden. Jeder Händler, der technische Öle verkauft, ist auch dazu verpflichtet, entsprechende Mengen Altöl »umzutauschen« und zur fachgerechten Entsorgung oder zum Recycling zu bringen. Lassen Sie nie Altöl in die Kanalisation gelangen oder im Boden versickern!

3 Luftfilterelement
Wartung

1 Entfernen Sie den Kraftstofftank (siehe Kapitel 3).
2 Entfernen Sie die Deckelschrauben und heben Sie den Deckel ab (siehe Abbildung). Begutachten Sie den Deckel-O-Ring und ersetzen Sie ihn, falls er beschädigt ist.
3 Entfernen Sie das Filterelement (siehe Abbildung). Wischen Sie das Filtergehäuse mit einem sauberen Lappen aus.
4 Klopfen Sie das Element auf eine harte Oberfläche, um den groben Schmutz zu lösen, blasen Sie den Filter wenn möglich mit Druckluft von außen durch. Wenn der Filter zerrissen ist oder nicht mehr zu reinigen ist, muss er ersetzt werden.
5 Setzen Sie das Filterelement ein, gehen Sie sicher, dass es korrekt sitzt, bevor Sie den Deckel montieren.

Praxis TiPP ***Kontrollieren Sie sorgfältig Ihr Altöl – wenn es stark metallisch schimmert, können es Spuren vom Einfahren eines neuen Motors sein oder aber Anzeichen ungenügender Schmierung. Wenn kleine Metallbrocken oder Splitter im Öl sind, läuft in Ihrem Motor etwas entschieden falsch, und die Maschine muss zur Inspektion und Reparatur zerlegt werden. Wenn Sie faserartiges Material vorfinden, weist das auf extremen Kupplungsverschleiß hin.***

4 Zündkerzen
Ersetzen

Anmerkung: *Elektronische Zündanlagen sind sehr empfindlich! Lassen Sie nie den Anlasser oder den Motor laufen, und schalten Sie nie die Zündung ein oder aus, wenn Zündkerzen und/oder Kerzenstecker nicht installiert sind. Neben schmerzhaften Stromschlägen können teure Defekte an der Zündung die Folge sein.*

1 Stellen Sie sicher, dass Ihr Zündkerzenschlüssel die richtige Größe hat – ein passender

4.2 Zündkerzen verlangen einen geeigneten Schlüssel (Bordwerkzeug).

4.6a Mit einem solchen Messgerät kann man den Elektrodenabstand der Zündkerzen messen.

16-mm-Schlüssel ist dem Bordwerkzeug (unter der Sitzbank) beigefügt.

2 Ziehen Sie die Zündkerzenstecker von den Kerzen, kontrollieren Sie sie auf Brüche und Risse. Reinigen Sie – wenn möglich mit Druckluft – den Bereich um die Zündkerzen, damit kein Dreck in die Brennräume fallen kann. Schrauben Sie die Zündkerzen heraus (siehe Abbildung).

3 Inspizieren Sie die Elektroden auf Verschleiß. Sowohl die Mittel- als auch die Masseelektrode sollten nicht abgerundet sein, Letztere sollte auch eine gleichmäßige Dicke aufweisen. Achten Sie auf starke Ablagerungen und Anzeichen eines gebrochenen oder abgesplitterten Isolators rund um die Mittelelektrode. Vergleichen Sie Ihre Zündkerzen mit den farbigen Zündkerzenbildern auf der Innenseite des Rückumschlags dieses Buches. Kontrollieren Sie das Gewinde, den Dichtring und den Keramikisolator auf Brüche und andere Beschädigungen.

4 Wenn die Elektroden nicht extrem verschlissen sind, die Ablagerungen leicht mit einer Drahtbürste zu entfernen sind und keine Isolatorschäden festzustellen sind, können die Kerzen nach Einstellung des Elektrodenabstands wiederverwendet werden. Bei Zweifeln über den Zustand müssen sie gewechselt werden – Zündkerzen sind nicht teuer.

5 Das Reinigen der Zündkerzen durch Sandstrahlen ist nur erlaubt, wenn man sie danach mit einem Lösungsmittel reinigt.

> **Praxis TiPP** ***Zündkerzen können für viele Symptome verantwortlich sein: schlechtes Anspringen, unrundes Standgas, Fehlzündungen, hoher Verbrauch, mangelnde Leistung usw. Ein Kerzenwechsel wirkt hier oft Wunder.***

6 Vergewissern Sie sich vor dem Einbau der Zündkerzen, dass sie von richtigen Typ sind und den korrekten Wärmewert haben. Kontrollieren Sie den Abstand der Elektroden – besser mit einem Drahtfühler als mit einer Fühlerlehre (siehe Abbildungen). Vergleichen Sie das Ergebnis mit den vorgeschriebenen Werten und stellen Sie gegebenenfalls nach. Hierbei darf nur die Masseelektrode gebogen werden – und auch nur sehr vorsichtig (siehe Abbildung). Stellen Sie sicher, dass jede Zündkerze einen Dichtring hat.

4.6b Der Abstand wird durch Verbiegen der Masseelektrode eingestellt.

7 Seit Zylinderköpfe aus Aluminium hergestellt werden, muss bei diesem weichen Material sehr auf Beschädigung der Kerzengewinde geachtet werden. Drehen Sie deshalb die Kerzen per Hand in den Motor.

> **Praxis TiPP** ***Da die Zündkerzen schlecht zugänglich sind, kann ein Stück Schlauch über den Isolator geschoben werden, um sie hiermit einzuschrauben. Der Schlauch sitzt fest genug, die Kerze einzudrehen, wird aber rutschen, wenn das Gewinde verkantet. Hierdurch wird das Kerzengewinde geschützt. Ausgerissene Kerzengewinde können mit Gewindeeinsätzen wieder repariert werden. Beachten Sie sich hierzu die Werkzeug- und Werkstatt-Tipps im Anhang dieses Buches.***

8 Nachdem sie handfest gezogen sind, werden sie mit dem Schlüssel weiter angezogen. Wenn ein Drehmomentschlüssel zur Hand ist, sollten Sie die Kerzen damit bis zum vorgeschriebenen Drehmoment anziehen. Ist kein Drehmomentschlüssel vorhanden, muss die Kerze nach dem handfesten Anziehen eine viertel bis halbe Umdrehung weiter angezogen werden. Zu fest gezogene Kerzen können schnell das Gewinde ausreißen.

9 Vergewissern Sie sich, dass die Kerzenstecker nicht vertauscht sind und stecken Sie sie auf die Zündkerzen. Montieren Sie alle entfernten Bauteile.

5 Leerlaufdrehzahl und Gasbowdenzugspiel
Kontrolle und Einstellung

Leerlaufdrehzahl

1 Das Standgas sollte vor und nach der Synchronisation der Vergaser kontrolliert und eingestellt werden, außerdem, wenn es offensichtlich zu niedrig oder zu hoch ist. Vor der Kontrolle der Leerlaufdrehzahl müssen das Ventilspiel und der Elektrodenabstand der Zündkerzen überprüft sein. Drehen Sie den Lenker von links nach rechts und kontrollieren Sie, ob sich die Drehzahl verändert, überprüfen Sie außerdem, ob sich die Leerlaufdrehzahl nach der Betätigung des Gasgriffes verändert. Wenn dieses der Fall ist, kann das an einer falschen Einstellung oder am Verschleiß des Gasbowdenzuges liegen. Dieses kann zu gefährlichen Situationen beim Fahrbetrieb führen und muss sofort repariert werden.

2 Die Maschine sollte auf Betriebstemperatur sein, wie sie normalerweise nach 10 bis 15 Minuten Stadtfahrt auftritt. Stellen Sie das Motorrad auf den Hauptständer oder eine geeignete Stütze und vergewissern Sie sich, dass das Getriebe im Leerlauf ist. Entfernen Sie gegebenenfalls die Verkleidung, um an die Leerlaufgemischschraube (bei US-Modellen an die Leerlaufschraube) zu gelangen.

3 Wechseln Sie nach Kapitel 3, um die Leerlaufgemischschraube einzustellen (bei US-Modellen muss dafür deren Abdeckung entfernt werden).

4 Bei im Standgas laufendem Motor wird an der Anschlagschraube Einstellschraube der Gaszugbetätigung gedreht (siehe Abbildung 6.9), bis die in den *Technischen Daten* angegebene Drehzahl erreicht ist.

5 Betätigen Sie den Gasgriff einige Male und kontrollieren Sie erneut. Wenn nötig, wiederholen Sie die Einstellung.

6 Wenn es nicht möglich ist, einen weichen und gleichmäßigen Leerlauf einzustellen, kann das Benzin-/Luft-Gemisch unkorrekt eingestellt sein. In Kapitel 3 erhalten Sie Informationen zur Einstellung der Vergaser.

7 Nach der Leerlaufeinstellung muss das Bowdenzugspiel kontrolliert werden.

Gasgriff

Kontrolle

8 Stellen Sie sicher, dass der Gasgriff sich bei jeder Lenkerstellung leicht öffnen und schließen lässt. Wenn er hakt, muss die Bowdenzughülle auf Brüche oder Knicke überprüft werden, außerdem muss der Zug heil und sauber sein.

9 Prüfen Sie, ob das Spiel am Gasgriff mit dem Wert in den techischen Daten übereinstimmt (siehe Abbildung). Wenn eine Einstellung nötig ist, muss zunächst die Leerlaufdrehzahl eingestellt werden.

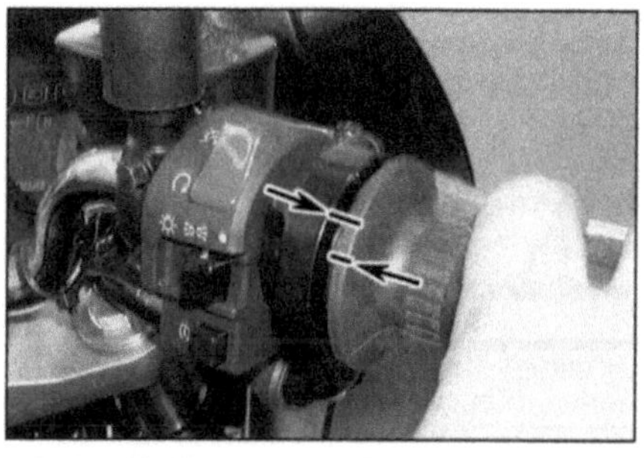

5.9 Das Gasbowdenzug-Spiel wird am Bund des Gasgriffs gemessen.

5.13 Um das Gasbowdenzugspiel einzustellen, muss die Gummiabdeckung vom mittleren Einsteller abgezogen werden. Die Kontermutter wird gelockert, der Einsteller (Pfeil) gedreht und die Kontermutter wieder angezogen.

5.14 Lockern Sie die Kontermutter (Pfeil), um den Bowdenzug am Vergaser einstellen zu können.

Gasbowdenzug

Einstellung

10 Das Gasgriffspiel kann am Lenkerende des Öffnungsbowdenzuges eingestellt werden, indem der im Zug befindliche Einsteller benutzt wird; außerdem kann das Spiel am Vergaser justiert werden. Der Schließerzug ist nicht einstellbar.

11 Stellen Sie sicher, dass der Gasgriff vollständig zurückgedreht ist.

12 Stellen Sie sicher, dass die Drosselklappenbetätigung in diesem Zustand die Anschlagschraube berührt.

13 Lösen Sie am Lenkerende die Kontermutter am Einsteller (siehe Abbildung). Drehen Sie den Einsteller, bis das vorgeschriebene Spiel erreicht ist und ziehen Sie dann die Kontermutter wieder an.

Warnung: Bei im Leerlauf arbeitendem Motor wird nun der Lenker von Anschlag zu Anschlag bewegt. Der Motor darf dabei an keiner Stelle höher drehen, falls doch, ist der Bowdenzug falsch verlegt. Korrigieren Sie diesen Zustand unbedingt, bevor sie mit dem Motorrad fahren.

14 Wenn am Gasgriff keine Korrekturen mehr vorgenommen werden können, wird eine Kontermutter der Anschlagschraube am Vergaser gelöst (siehe Abbildung) und das Spiel korrekt eingestellt, danach werden die Muttern wieder angezogen.

6 Vergaser
Synchronisation

Warnung: Benzin ist sehr leicht entflammbar, treffen Sie deshalb besondere Vorsichtsmaßnahmen, wenn Sie am Kraftstoffsystem arbeiten. Rauchen Sie nicht, und lassen Sie keine offenen Flammen oder Glühbirnen in die Nähe. Arbeiten Sie nicht in Garagen, in denen ein Gasheizgerät läuft. Sollte Benzin auf die Haut geraten, muss die Stelle sofort mit Wasser und Seife abgewaschen werden. Tragen Sie bei Arbeiten an der Kraftstoffanlage immer eine Schutzbrille und stellen Sie einen Feuerlöscher, der für brennende Flüssigkeiten ausgelegt ist, bereit.

1 »Vergasersynchronisation« nennt man das Justieren der Vergaser, sodass sie die gleiche Menge des gleichen Benzin-/Luft-Gemisches an jeden Zylinder abgeben. Dieses wird durch das Ermitteln des produzierten Unterdrucks jedes Zylinders eingestellt. Die Synchronisation der Vergaser verschlechtert sich langsam über lange Zeit und äußert sich in steigendem Benzinverbrauch, höherer Motortemperatur, schlechter Gasannahme und starken Vibrationen. Vor dem Synchronisieren der Vergaser muss ein korrektes Ventilspiel sichergestellt sein.

2 Für die saubere Synchronisation der Vergaser brauchen Sie für jeden Zylinder ein Messgerät oder ein Manometer, das normalerweise aus mit Quecksilber gefüllten kalibrierten Röhrchen besteht, deren Säulen den jeweiligen Unterdruck eines Zylinders anzeigen. Wenn Sie ein solches Gerät benutzen, müssen Sie besonders darauf achten, es nicht zu beschädigen, da Quecksilber hochgiftig ist. Wegen der Schwierigkeit der Synchronisation und mangelndem Spezialgerät überlassen viele Besitzer diesen Arbeitsschritt einer Yamaha-Werkstatt.

3 Entfernen Sie die Sitzbank und die Seitendeckel (siehe Kapitel 7).

4 Demontieren Sie den Benzintank, um Zugang zu den Vergasern zu erlangen (siehe Kapitel 3). Positionieren Sie den Tank auf einer Bank neben dem Motorrad (in normaler Bauhöhe) und schließen Sie ihn mit längeren Schläuchen an die Kraftstoff- und Unterdruckstutzen an.

5 Starten Sie den Motor, und lassen Sie ihn Betriebstemperatur erreichen, schalten Sie ihn dann ab.

6 Entfernen Sie die Schrauben aus den Unterdruckanschlüssen der Ansaugstutzen, und installieren Sie die Unterdruckschläuche (siehe Abbildungen), hängen Sie die Unterdruckmessgeräte entsprechend der Herstellerangaben auf. Stellen Sie sicher, dass die Verbindungen dicht sind, da es sonst zu verfälschten Ergebnissen kommen kann.

7 Starten Sie den Motor, und lassen Sie ihn mit Standgasdrehzahl laufen. Stellen Sie es gegebenenfalls ein (siehe Sektion 5).

8 Die Unterdruckwerte aller Zylinder sollten gleich sein oder im Toleranzbereich der *Technischen Daten* liegen. Wenn sie sich stärker unterscheiden, ist eine Einstellung notwendig.

9 Die Einstellung der Vergaser erfolgt paarweise, d.h. sie werden durch Verstellen der jeweils zwischen ihnen sitzenden Synchronisationsschraube synchronisiert (siehe Abbildung). Wenn die Vergaser 1 und 2 gleiche Werte erreicht haben, öffnen und schließen Sie den Gasgriff zwei- bis dreimal schnell, dass sich die Vergaserbetätigung setzen kann. Kontrollieren Sie die Einstellung erneut, und justieren Sie eventuell nach.

10 Als nächstes werden die Vergaser 3 und 4 auf gleiche Weise synchronisiert (s. Abb. 6.9).

11 Stellen Sie schließlich die zentrale Synchronisationsschraube zwischen den Vergaserpaaren ein.

12 Nach Beendigung der Einstellung muss die Leerlauf mit der Einstellschraube wieder auf den vorgeschriebenen Wert eingestellt werden. Entfernen Sie die Behelfsbenzinversorgung. Entfernen Sie die Messgerätschläuche, und stecken Sie die Anschlusskappen und Schläuche wieder auf.

6.6a Entfernen Sie die Schrauben aus den Unterdruckanschlüssen der Ansaugstutzen, . . .

6.6b . . . und installieren Sie die Unterdruckschläuche der Messgeräte (nur an zwei Vergasern gezeigt).

6.9 Die Gaszuganschlagschraube und Synchronisationsschrauben sind von der Rückseite der Vergaser-Baugruppe her zugänglich.

A Drosselklappenanschlagschraube
B Synchronisationsschraube für Vergaser 1 und 2
C Synchronisationsschraube für Vergaser 3 und 4
D zentrale Synchronisationsschraube

7.2 Vorderrad-Bremssattel – wenn das Belagmaterial fast oder ganz bis auf die Nuten (Pfeile) verschlissen ist, müssen die Beläge ersetzt werden.

7 Bremsbeläge
Kontrolle

Anmerkung: *Neben der in dieser Sektion durchgeführten Sichtkontrolle muss die minimale Bremsbelagstärke von 0,8 mm beachtet werden.*

1 Alle Bremsbeläge haben eine Verschleißgrenze, die normalerweise ohne Demontage sichtbar sind.

2 Kontrollieren Sie die vorderen Beläge, indem Sie die Bremse betätigen und dabei die Nuten der Beläge betrachten (siehe Abbildung).

3 Wenn die Nuten kaum noch oder gar nicht mehr sichtbar sind, müssen die Beläge ersetzt werden (siehe Kapitel 6).

4 Bei einigen Hinterradbremsbelägen sind die Trägerbleche der Bremsbeläge als Indikator umgebogen – wenn sie fast die Bremsscheibe erreichen, müssen die Beläge gewechselt werden. Die Kanten sind an der Unterseite der Beläge sichtbar (siehe Abbildung). Andere Bremsbeläge sind mit ähnlichen Nuten wie vorne ausgerüstet. Lassen Sie gegebenenfalls einen Assistenten die Bremse betätigen, wenn Sie die Kontrolle durchführen. Wenn die Kanten nahe der Bremsscheibe oder die Nuten kaum noch oder gar nicht mehr sichtbar sind, müssen die Beläge ersetzt werden (siehe Kapitel 6).

5 Bei Maschinen, die im Winter gefahren werden, müssen die Beläge ausgebaut und ihre Kanten sowie die Bohrungen in den Sätteln mit Kupferpaste eingeschmiert werden (siehe *Bremsbelag – Ersetzen* in Kapitel 6).

8 Bremssystem
Kontrolle und Reinigung

Vorderrad-Bremshebel

1 Der Vorderradbremshebel kann eingestellt werden, sodass sein Abstand zum Lenker individuell der Handgröße angepasst werden. 1

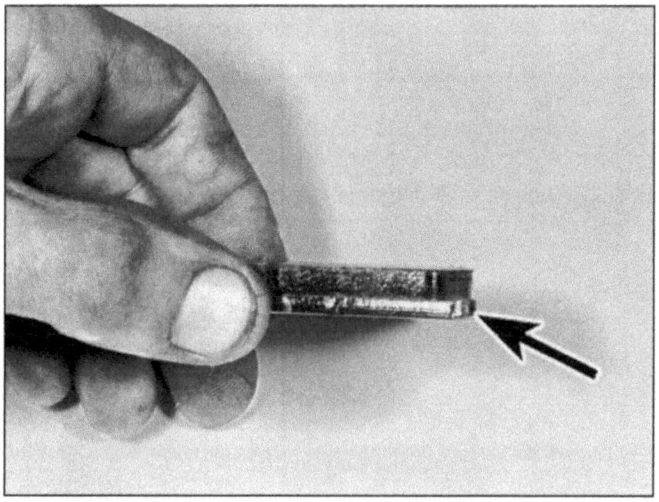

7.4a Hinterrad-Bremssattel – wenn die Metallplatte mit einer umgebogenen Kante ausgerüstet ist, und diese sich nahe an der Bremsscheibe befindet, sind die Beläge verschlissen.

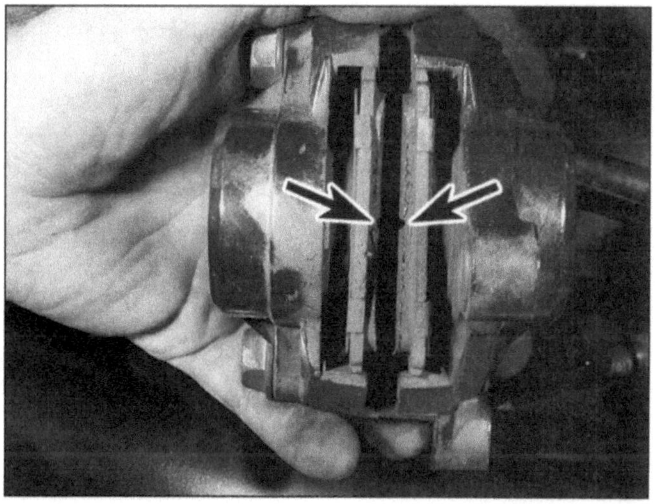

7.4b Hinterrad-Bremssattel – wenn das Belagmaterial fast oder ganz bis auf die Nuten (Pfeile) verschlissen ist, müssen die Beläge ersetzt werden.

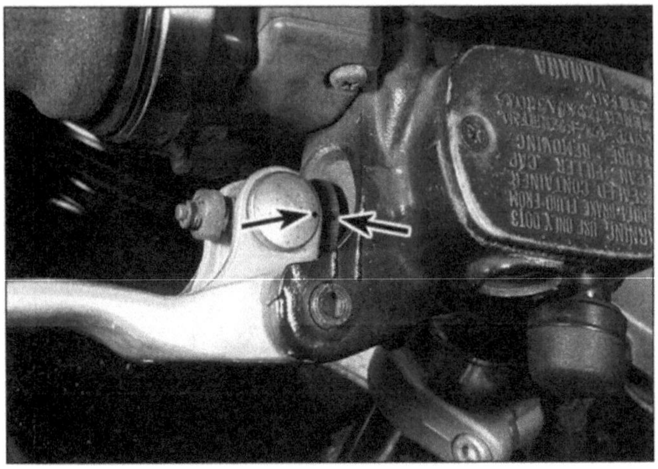

8.2 Zur Einstellung des Vorderrad-Bremshebels muss eine der beiden Einstellernuten mit der Markierung am Hebelhalter fluchten.

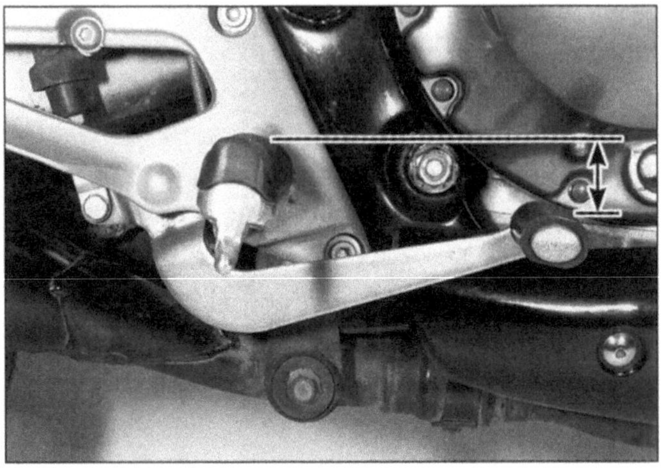

8.3a Messen Sie die Bremspedalhöhe vom oberen Rand der Fußraste aus.

2 Drücken Sie den Hebel nach vorne und drehen Sie gleichzeitig den Einsteller, sodass eine seiner Nuten mit der Markierung am Hebelhalter fluchtet (siehe Abbildung). Es gibt zwei Nuten, die sich direkt gegenüber liegen.

Hinterrad-Bremshebel

3 Kontrollieren Sie die Pedalhöhe (gemessen von der Oberseite der Fußraste zur Oberseite des Pedals), der Wert sollte etwa 40 mm betragen (siehe Abbildung). Stellen Sie das Pedal ggf. mit der Einstellschraube nach dem Lockern der Kontermutter ein, ziehen Sie diese anschließend wieder an (siehe Abbildung).
4 Falls nötig, muss der Bremslichtschalter eingestellt werden (siehe Sektion 8).

Allgemeine Kontrollen

5 Eine routinemäßige Generalkontrolle des Bremssystems soll sicherstellen, dass jedes Problem erkannt und behoben wurde, bevor die Sicherheit des Fahrers gefährdet ist.
6 Kontrollieren Sie den Bremshebel und das Pedal auf lockere Verbindungen, unsaubere oder raue Bewegungen, übermäßiges Spiel, Verbiegungen und andere Beschädigungen. Ersetzen Sie alle beschädigten Teile durch neue (siehe Kapitel 6).

7 Gehen Sie sicher, dass keine Bremsenbefestigungen locker sind, Prüfen Sie die Bremsbeläge auf Verschleiß und vergewissern Sie sich, dass die Bremsflüssigkeit in beiden Behältern den vorgeschriebenen Pegel hat (siehe unter *Tägliche Kontrolle*). Achten Sie auf Lecks an den Schlauchbefestigungen und Brüche an den Schläuchen (siehe Abbildung). Wenn der Hebel oder das Pedal sich schwammig anfühlt, muss die entsprechende Bremse entlüftet werden (siehe Kapitel 6).

8 Stellen Sie sicher, dass das Bremslicht kurz vor der Wirkung der Bremse zu leuchten beginnt, wenn der Bremshebel oder das Bremspedal betätigt wird.

9 Wenn eine Einstellung nötig ist, halten Sie den Schalter und drehen Sie den Einstellring am Schalter, bis die Einstellung stimmt (siehe Abbildung). Wenn der Schalter nicht richtig funktioniert, muss er kontrolliert werden (siehe Kapitel 8).

10 Der vordere Bremslichtschalter ist nicht einstellbar. Wenn er nicht richtig funktioniert, muss er kontrolliert und ggf. ersetzt werden (siehe Kapitel 8).

9 Kupplung
Kontrolle

1 Das Spiel des Kupplungsbowdenzuges wird am Kupplungshebel gemessen (siehe Abbildung). Bei Modellen bis 1995 wird der Hebel leicht gezogen, bis jegliches Spiel aus dem Zug genommen und dieser stramm ist. Dann wird der Abstand zwischen Hebel und Halter gemessen. Ist dieser nicht korrekt, muss das Spiel eingestellt werden. Bei Modellen ab 1996 wird bei gleicher Vorgehensweise der Abstand zwischen Lenkerende und Kugelende gemessen.
2 Beginnen Sie am Hebelende des Zuges, lockern Sie die Kontermutter, und drehen Sie den Einsteller entsprechend hinein oder heraus (siehe Abbildung).

8.3b Zur Einstellung der Bremspedalhöhe wird die Kontermutter gelockert und die Einstellschraube gedreht.

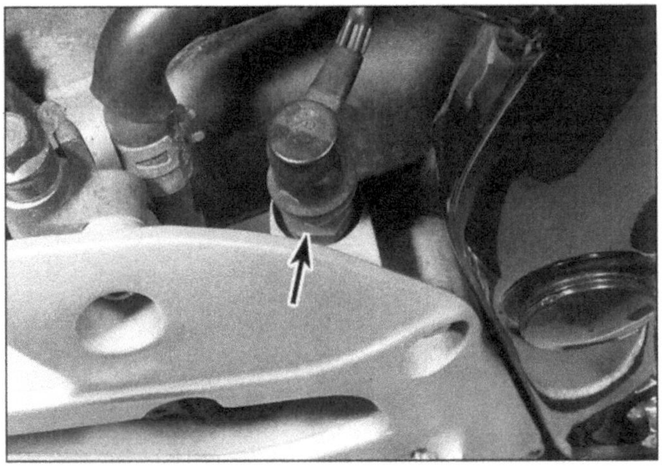

8.9 Halten Sie das Schaltergehäuse und drehen Sie die Kunststoffmutter (Pfeil), um den Schalter einzustellen.

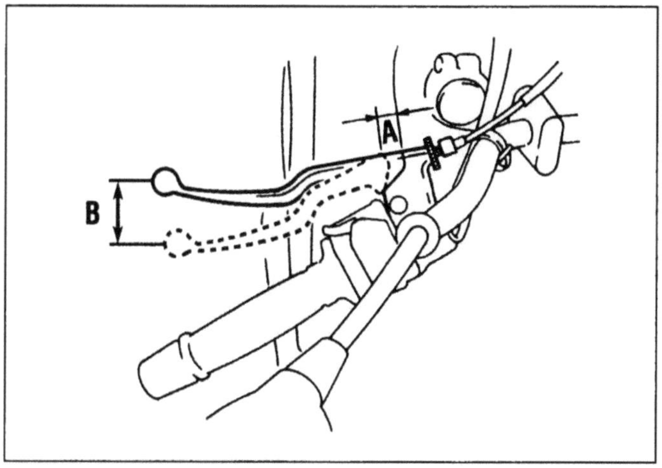

9.1 Messpunkte zur Einstellung des Kupplungsbowdenzug-Spiels

A EU-Modelle bis 1995, US-Modelle bis 1996
B EU-Modelle ab 1996, US-Modelle ab 1997

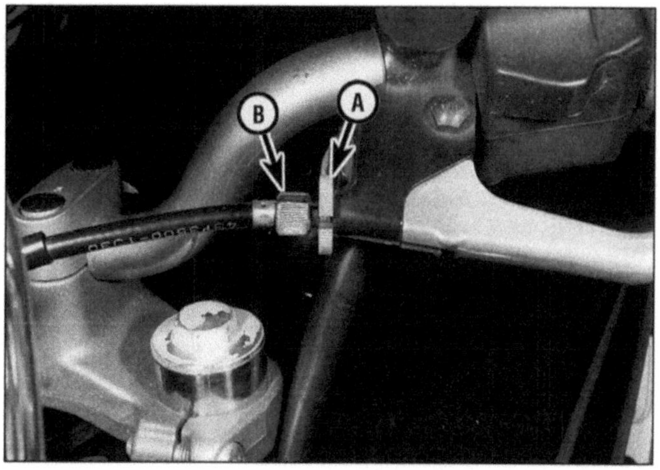

9.2 Ziehen Sie die Gummiabdeckung zurück, um an den oberen Einsteller zu gelangen. Lockern Sie das Konterrad (A) und drehen Sie den Einsteller (B), ziehen Sie das Konterrad wieder an.

3 Stellen Sie den Einsteller nicht zu weit heraus. Wenn sich das Spiel am oberen Einsteller nicht weit genug einstellen lässt, müssen die beiden Muttern am unteren Ende gelöst und der Zug dort eingestellt werden. Verkontern Sie die Muttern anschließend wieder (siehe Abbildung).

4 Starten Sie das Motorrad und prüfen Sie, wann die Kupplung zu greifen beginnt. Wenn dieser Punkt bei korrekt eingestelltem Spiel zu nahe am Griff liegt, müssen der Bowdenzug und die Kupplungsbauteile auf Verschleiß und Schäden begutachtet werden (siehe Kapitel 2).

10 Schmierung
Allgemeines

1 Da die Bedienungselemente, Bowdenzüge oder andere Komponenten des Motorrades stark äußeren Einflüssen ausgesetzt sind, sollten sie regelmäßig geschmiert werden, um eine problemlose Funktion sicherzustellen.

2 Die Fußrasten, Kupplungs- und Bremshebel, Bremspedal, Schalthebel und Seitenständer sollten regelmäßig geschmiert werden. Je nach Art des Schmierstoffes kann es das Beste sein, die Komponenten vorher zu zerlegen, um die wichtigsten Stellen zu erreichen. Wenn jedoch z.B. Kettenöl verwendet wird, reicht es, wenn man die Verbindungsstellen einschmiert, es kriecht dann von alleine an die Stellen, wo die Reibung auftritt. Bei der Verwendung von Motoröl und dünnem Fett sollte auf Sparsamkeit geachtet werden, da Schmutz daran haften bleibt, der die Funktion der Bedienungselemente nach kurzer Zeit stark beeinträchtigen kann.

Anmerkung: *Einer der besten Schmierstoffe für Bedienungshebel ist Trockenfilm, der unter verschiedenen Namen (z.B. Teflon) auf dem Markt angeboten wird.*

3 Bowdenzughüllen sind meistens innen mit Teflon beschichtet, welches bei Kontakt mit Öl oder Fett aufquillt und den Bowdenzug zerstört. Hier darf nur Silikonspray oder Balistol-Waffenöl verwendet werden. Um die Züge zu schmieren, lösen Sie den entsprechenden am oberen Ende, und lassen Sie vorsichtig Öl einlaufen. Ein mit Spray zu betreibender Bowdenzugöler erleichtert diese Arbeit (siehe Abbildung). Sehen Sie zur Demontage des Kupplungszuges in Kapitel 2 und für den Ausbau der Gas- und Choke-Bowdenzüge in Kapitel 3 nach.

Anmerkung: *Yamaha empfiehlt, den Gasgriff bei jeder Schmierung der Gasbowdenzüge ebenfalls zu demontieren und zu schmieren. Näheres erfahren Sie, wenn Sie zu der Lenkersektion in Kapitel 5 wechseln.*

4 Die Tachometerantriebswelle sollte ausgebaut und die biegsame Welle mit Motoröl geschmiert werden, aber nicht ganz bis oben, da das Öl in das Instrument eindringen und es beschädigen kann.

1

9.3 Unterer Kupplungszug-Einsteller
Lockern Sie die Muttern, um den Zug zu verstellen.

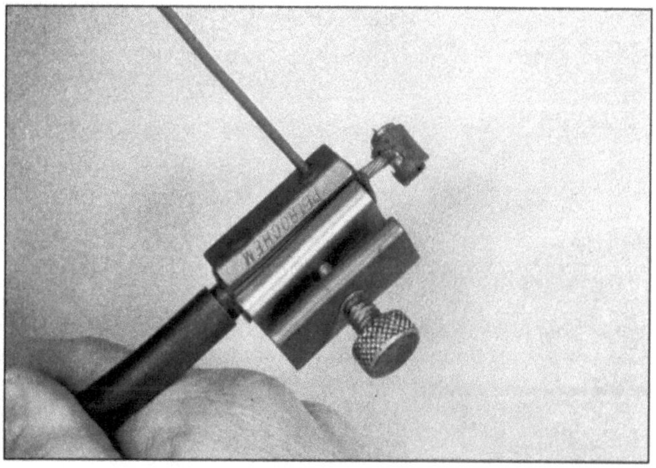

10.3 Schmieren Sie den Bowdenzug mit einem Bowdenzugöler. Verwenden Sie zur Schmierung nur säurefreies Öl.

11 Federung
Kontrolle

1 Alle Elemente der Federung müssen sich in gutem Zustand befinden, um die Sicherheit des Fahrers zu gewährleisten. Lockere, verschlissene oder beschädigte Komponenten vermindern die Stabilität und Kontrolle über die Maschine.

Vorderradfederung

2 Stellen Sie sich neben die Maschine und drücken Sie mit betätigter Bremse den Lenker mehrmals nach unten. Klemmt die Gabel und federt nicht weich ein und aus, sollte sie demontiert und begutachtet werden (siehe Kapitel 5).
3 Inspizieren Sie den Bereich über den Staubkappen auf Ölspuren. Heben Sie die Kappen vorsichtig mit einem flachen Schraubenzieher hoch und begutachten Sie den Bereich um die Gabelsimmeringe (siehe Abbildung). Wenn Ölundichtigkeiten festzustellen sind, müssen die Dichtringe ausgewechselt werden (siehe Kapitel 5).
4 Kontrollieren Sie alle Schrauben und Muttern an der Federung auf Festigkeit.

Hinterradfederung

5 Kontrollieren Sie den hinteren Stoßdämpfer auf Undichtigkeit sowie Festigkeit. Wenn ein Leck festgestellt wird, sollte der Dämpfer von einen Spezialisten kontrolliert und gegebenenfalls ersetzt werden.
6 Stellen Sie das Motorrad auf den Hauptständer oder eine geeignete Abstützung, sodass das Hinterrad in der Luft ist. Greifen Sie nun die Schwinge, und drücken Sie sie seitlich hin und her. Hinten sollten keine erkennbaren Bewegungen festzustellen sein. Bei leichtem Spiel oder leichtem Klicken sollten alle Befestigungen der Hinterradfederung überprüft werden. Kontrollieren Sie jetzt das Schwingenspiel noch einmal. Ist immer noch Spiel feststellbar, muss die Schwinge ausgebaut und deren Lager ersetzt werden (siehe Kapitel 5).
7 Prüfen Sie, ob alle Befestigungen der Hinterradfederung fest angezogen sind.

12 Räder und Reifen
Allgemeine Kontrolle

Räder

1 Die Gussräder, die an diesen Modellen verwendet werden, sind praktisch wartungsfrei, sollten aber regelmäßig gereinigt und auf Brüche und andere Beschädigungen untersucht werden. Es darf niemals der Versuch unternommen werden, ein beschädigtes Gussrad zu reparieren, da es immer durch ein neues ersetzt werden muss.
2 Kontrollieren Sie das Ventilgummi auf Beschädigung und Alterung, und ersetzen Sie es,

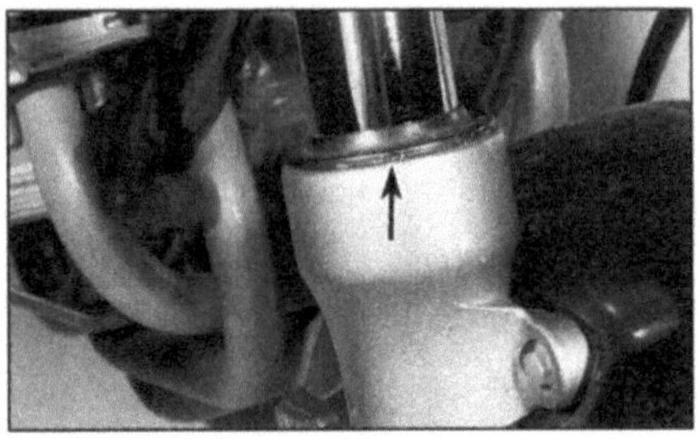

11.3 Prüfen Sie die Gabel an den Dichtringen auf Undichtigkeiten.

wenn nötig. Gehen Sie sicher, dass jedes Ventil mit einer festsitzenden Kappe ausgerüstet ist.

Reifen

3 Kontrollieren Sie sorgfältig den Zustand und die Profiltiefe - siehe unter *Tägliche Kontrolle*.

13 Auspuffsystem
Kontrolle

1 Kontrollieren Sie periodisch alle Verbindungsstellen der Auspuffanlage auf Undichtigkeiten, dazu muss gegebenenfalls das untere Verkleidungsteil entfernt werden (siehe Kapitel 7). Wenn das Anziehen der Befestigungen nicht ausreicht, müssen die Dichtungen ersetzt werden, was allerdings die Zerlegung der Anlage erfordert.
2 Die Krümmerflanschmuttern am Zylinderkopf lockern sich besonders gerne, andererseits sind sie auch stark der Korrosion ausgesetzt. Kontrollieren Sie sie regelmäßig und schmieren Sie die Gewinde mit Kupferpaste ein (siehe Kapitel 3).

14 Schrauben und Muttern
Festigkeitskontrolle

1 Da sich durch die Vibrationen des Motorrades Befestigungen lockern können, sollten alle Muttern, Schrauben und Bolzen regelmäßig auf Festigkeit kontrolliert werden.
2 Beachten Sie besonders die folgenden Befestigungen:

Zündkerzen, Ölablassschraube, Ölfilter
Schalthebel, Fußrasten, Seitenständer und Hauptständer (falls vorhanden)
Motorhalterungen, Stoßdämpferbefestigungen
Vorderradachse und Klemmschrauben
Hinterradachsmutter, Schwingenachsenmutter

3 Es ist sinnvoll, einen Drehmomentschlüssel zu benutzen und sich an die Drehmomentangaben am Anfang dieses oder eines anderen Kapitels zu halten.
4 Wenn Sie Befestigungen finden, die sich regelmäßig lockern, sollte Sie deren Gewinde mit dauerelastischer Schraubensicherungspaste einschmieren, bevor Sie sie anziehen.

15 Kraftstoffsystem
Kontrolle und Filterwechsel

Warnung: Benzin ist sehr leicht entflammbar, treffen Sie deshalb besondere Vorsichtsmaßnahmen, wenn Sie am Kraftstoffsystem arbeiten. Rauchen Sie nicht, und lassen Sie keine offenen Flammen oder Glühbirnen in die Nähe. Arbeiten Sie nicht in Garagen, in denen ein Gasheizgerät läuft. Sollte Benzin auf die Haut geraten, muss die Stelle sofort mit Wasser und Seife abgewaschen werden. Tragen Sie bei Arbeiten an der Kraftstoffanlage immer eine Schutzbrille und stellen Sie einen Feuerlöscher, der für brennende Flüssigkeiten ausgelegt ist, bereit.

1 Überprüfen Sie den Tank, den Benzinhahn, die Leitungen und die Vergaser auf Anzeichen von Leckagen, Porösität und Beschädigungen.
2 Wenn die Dichtungen an den Vergasern lecken, können nach deren Demontage neue Dichtungen eingesetzt werden (siehe Kapitel 3).
3 Wenn der Benzinhahn leckt, müssen die Schrauben der Baugruppe nachgezogen werden. Wenn die Undichtigkeit anhält, muss der Hahn zerlegt und repariert oder durch einen neuen ersetzt werden (siehe Kapitel 3).
4 Benzinschläuche werden mit der Zeit brüchig und härten aus, sie müssen deshalb gelegentlich ausgewechselt werden.
5 Prüfen Sie die Unterdruckleitung am Benzinhahn. Wenn Sie brüchig oder beschädigt ist, muss sie durch eine neue ersetzt werden.

15.6a Lage des Kraftstofffilters - EU-Modelle bis 1995, alle US-Modelle.

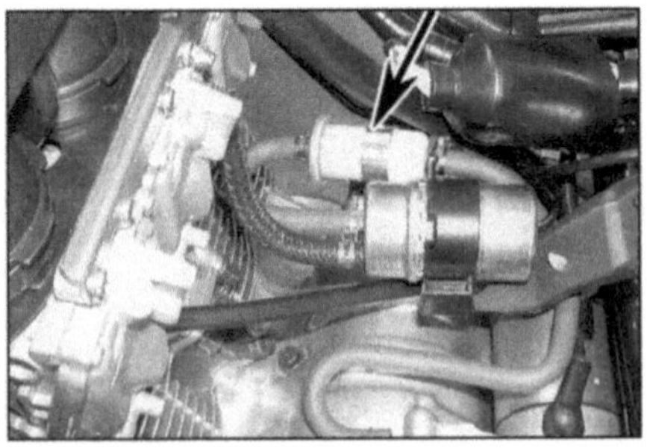

15.6b Lage des Kraftstofffilters - EU-Modelle ab 1996.

6 Der Benzinfilter sollte regelmäßig ersetzt werden. Dazu werden die Schellen der Kraftstoffleitungen gelockert und vom Stutzen des Filters geschoben. Ziehen Sie die Schläuche vom Filter, und wechseln Sie ihn aus (siehe Abbildungen).

7 Prüfen Sie die Kraftstoffpumpe auf Undichtigkeiten. Prüfen Sie die Festigkeit der Kraftstoffleitungen, bei älteren Modellen müssen auch die Unterdruckschläuche kontrolliert werden.

16 Motorentlüftung
Kontrolle

1 Entfernen Sie den Kraftstofftank (siehe Kapitel 3), und trennen Sie den Schlauch der Motorentlüftung hinten am Motorgehäuse (siehe Abbildung 12.2c in Kapitel 3). Trennen Sie das andere Ende des Schlauchs rechts oben am Motorgehäuse (siehe Abbildung 5.8 in Kapitel 2).

2 Blasen Sie den Schlauch durch, um jegliches emulgierte Öl und Schlamm zu entfernen. Kontrollieren Sie, ob der Schlauch nicht geknickt oder beschädigt ist – ersetzen Sie ihn gegebenenfalls. Schließen Sie den Schlauch wieder an, und sichern Sie ihn mit der Federklemme.

3 Verfolgen Sie den Ablassschlauch links vom Boden des Luftfiltergehäuses (siehe Abbildung 12.2a in Kapitel 3), und stellen Sie sicher, dass er sauber ist. Einige Modelle sind mit einem Filter im Schlauch ausgerüstet – achten Sie darauf, dass dieser nicht verstopft ist.

17 Seitenständerschalter
Funktionskontrolle

1 Der Seitenständer ist mit einem Schalter ausgerüstet, der verhindern soll, dass das Motorrad mit eingelegtem Gang und/oder ausgeklapptem Seitenständer gestartet wird. Führen Sie den folgenden Test durch, um zu prüfen, ob Seitenständerschalter und Kupplungsschalter funktionieren.

2 Zum Test muss die Zündung angeschaltet und sichergestellt sein, dass der Not-Aus-Schalter in RUN-Position ist. Setzen Sie sich auf das Motorrad, und klappen Sie den Seitenständer ein, legen Sie dann einen Gang ein. Ziehen Sie die Kupplung, und drücken Sie den Startknopf. Der Motor sollte anspringen – falls nicht, muss der Kupplungsschalter kontrolliert werden (siehe Kapitel 8). Wenn der Motor läuft und die Kupplung gezogen ist, wird der Seitenständer ausgeklappt – der Motor sollte ausgehen. Macht er das nicht, muss der Ständerschalter kontrolliert werden. Wechseln Sie zu Kapitel 8, um einen Test des Schalters durchzuführen.

Alle 12.000 km oder zwölf Monate

18 Motor/Getriebe
Ölwechsel

1 Ein regelmäßiger Ölwechsel ist die wichtigste Wartungsarbeit für den Erhalt eines Motorrades. Das Öl ist nicht nur zur Schmierung der Motorinnereien, Kupplung und Getriebe da, sondern auch zur Kühlung, Reinigung, Abdichtung und zum Materialschutz. Aufgrund dieser Anforderungen trägt das Motoröl einen hohen Grad an Verantwortung für die Funktion des Motors und sollte deshalb regelmäßig ersetzt werden. Der geringe Preisunterschied zwischen einem guten und einem billigen Öl macht sich bei einem Motorschaden auf keinen Fall bezahlt. Der Ölfilter sollte bei jedem zweiten Ölwechsel ausgetauscht werden.

2 Wärmen Sie den Motor zunächst auf, damit das Öl besser abfließt.

Warnung: Seien Sie beim Ölablassen vorsichtig. Heißes Motoröl, heiße Motoren und Auspuffrohre können zu schweren Verbrennungen führen.

3 Stellen Sie das Motorrad auf den Hauptständer (oder eine geeignete Stütze), und positionieren Sie darunter einen geeigneten sauberen Behälter, der die entsprechende Menge Altöl aufnehmen kann. Öffnen Sie den Öl-Einfülldeckel oben am Motor, um ihn zu belüften – und zur Erinnerung daran, dass sich kein Öl im Motor befindet.

4 Wenn Ihr Motorrad mit einem Verkleidungsunterteil ausgerüstet ist, muss dieses entfernt werden (siehe Kapitel 7).

5 Schrauben Sie als nächstes die Öl-Ablassschraube am Boden des Motors heraus (siehe Abbildung 2.5), und lassen Sie das Öl in den Behälter fließen. Ersetzen Sie die Dichtscheibe in jedem Fall.

6 Stellen Sie den Auffangbehälter unter den Filter, lösen Sie diesen dann – am besten mit einem Filterschlüssel und einer Ratsche, da die Krümmerrohre sehr hinderlich sind (siehe Abbildungen). Wenn noch andere Arbeiten am Motorrad durchgeführt werden müssen, sollten Sie diese jetzt erledigen, um dem Öl genügend Zeit zum Ablaufen zu lassen.

7 Schmieren Sie die Gummidichtung des neuen Ölfilters mit Motoröl ein (siehe Abbildung), und drehen Sie ihn auf seinen Stutzen. Ziehen Sie ihn handfest, höchstens mit 17 Nm, an.

8 Die Ablassschraube muss unter Verwendung einer neuen Dichtung eingesetzt und vorschriftsmäßig angezogen werden – nicht zu fest, da das Gehäuse leicht zerstört wird.

9 Kontrollieren Sie sorgfältig das alte Öl, bevor Sie neues Öl auffüllen (siehe Sektion 2).

10 Wenn die Kontrolle keine Besonderheiten ergeben hat, wird das vorgeschriebene Öl bis zum korrekten Pegel aufgefüllt und der Einfüllstopfen festgedreht. Starten Sie den Motor, und lassen Sie ihn zwei bis drei Minuten laufen. Stellen Sie den Motor ab, und kontrollieren Sie nach etwa einer Minute den Ölstand. Wenn nötig, füllen Sie Öl bis zur oberen Markierung am Schauglas nach. Kontrollieren Sie den Bereich um den Filter und die Ablassschraube auf Undichtigkeiten.

11 Das alte Motoröl sollte vorschriftsmäßig entsorgt werden (siehe Sektion 2).

19 Lenkkopflager
Kontrolle und Einstellung

1 Die an diesen Motorrädern verwendeten in Käfigen geführten Kugellager können sich auch

18.6a Der Ölfilter kann mit einem solchen Schlüssel gelockert werden, . . .

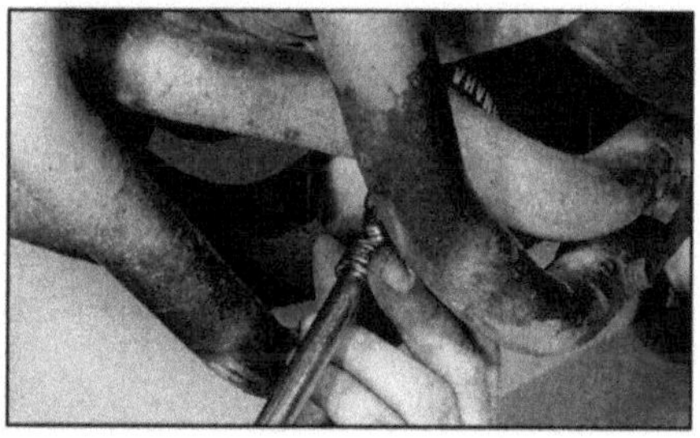

18.6b . . . allerdings wird eine Verlängerung benötigt, um den Filter durch die Krümmerrohre zu erreichen.

18.7 Schmieren Sie die Gummidichtung mit Motoröl ein.

19.4 Greifen Sie dann unten an die Gabel, und versuchen Sie, sie vor- und rückwärts zu bewegen. Wenn Lagerspiel festgestellt wird, sollte der Lenkkopf nachgestellt werden.

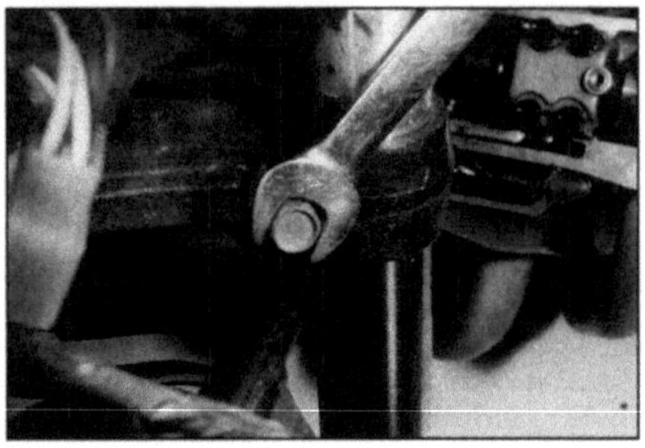

19.5 Lockern Sie die unteren Gabelbrücken-Klemmschrauben.

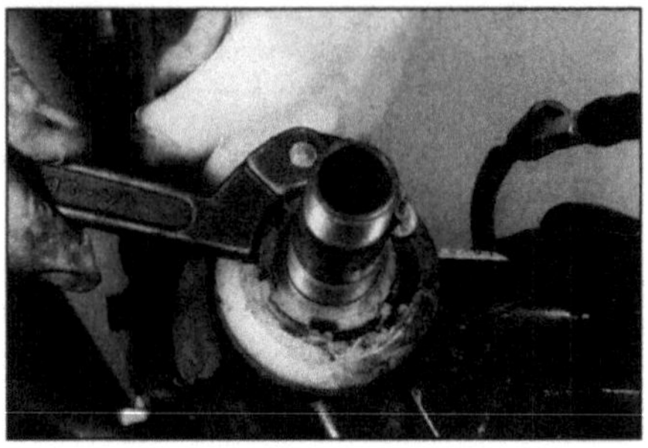

19.7 Die Ringmutter kann mit einem Hakenschlüssel angezogen werden.

im normalen Betrieb eindrücken und lockern oder rau laufen. In Extremfällen können verschlissene oder lockere Steuerkopflager gefährliches Lenkerflattern verursachen.

Kontrolle

2 Stellen Sie das Motorrad auf den Hauptständer oder eine entsprechende Stütze, und stützen Sie den Motor so ab, dass das Vorderrad vom Boden frei ist.

3 Stellen Sie das Vorderrad geradeaus, und bewegen Sie den Lenker ganz langsam hin und her. Wenn das Lager Druckstellen hat oder rau läuft, ist das dadurch zu spüren, dass der Lenker sich nicht weich und frei bewegen lässt.

4 Greifen Sie dann unten an die Gabel, und versuchen Sie sie vor- und rückwärts zu bewegen (siehe Abbildung). Jede Lockerung des Lenkkopflagers kann man durch die Bewegung der Gabel erfühlen. Wenn Lagerspiel festgestellt wird, sollte der Lenkkopf wie folgt nachgestellt werden.

Einstellung

5 Lockern Sie die Klemmschrauben der unteren Gabelbrücke (siehe Abbildung). Dadurch wird eine vertikale Bewegung des Lenkrohres zu den Gabelrohren ermöglicht.

6 Entfernen Sie den Lenker, die Lenkrohrmutter (bei späteren Modellen samt Scheibe), die obere Gabelbrücke, den Konterring, die obere Ringmutter und die Gummischeibe (siehe Abbildung 7.4 in Kapitel 5, Bauteile 12, 11, 3, 4 und 5). Stellen Sie das Spiel wie in Schritt 7 oder 8 beschrieben ein.

7 Ziehen Sie vorsichtig die untere Ringmutter an, um jegliches Spiel zu eliminieren, jedoch nicht so stark, dass die Lager unter Last stehen (siehe Abbildung). Nach der Einstellung muss sichergestellt werden, dass die Lenkung sich von Anschlag zu Anschlag leicht bewegen lässt und kein Spiel hat.

8 Wenn das Yamaha-Spezialwerkzeug (Teile-Nr. 90890-01403) zugänglich ist, kann dieses mit einem in den Vierkant gesteckten Drehmomentschlüssel an die untere Ringmutter gesetzt werden, der Schlüssel muss dabei im Winkel von 90° zum Werkzeug stehen. Ziehen Sie die Mutter zunächst mit dem ersten Anzugs-Drehmoment von 52 Nm an. Der untere Ring wird dann eine volle Umdrehung gelöst und mit dem zweiten Schritt von 18 Nm angezogen. Nach der Einstellung muss sichergestellt werden, dass die Lenkung sich von Anschlag zu Anschlag leicht bewegen lässt und kein Spiel hat.

9 Drehen Sie die Lenkung von Anschlag zu Anschlag, und prüfen Sie sie auf Klemmung. Wenn die Lenkung klemmt, müssen die Lager zur Kontrolle ausgebaut werden (siehe Kapitel 5).

10 Installieren Sie die Gummischeibe und die obere Ringmutter. Drehen Sie die Ringmutter von Hand soweit an, bis die Nuten mit der unteren Ringmutter fluchten. Fluchten Sie nicht, muss die untere Ringmutter mit einem Hakenschlüssel gehalten und die obere Mutter dagegen angezogen werden – achten Sie darauf, nicht das Lagerspiel zu verstellen. Drücken Sie die Laschen der Sicherungsscheibe in die Nuten der Ringmuttern (siehe Abbildung 7.5a in Kapitel 5), und montieren Sie die obere Gabelbrücke, die Lenkrohrmutter (bei späteren Modellen samt Scheibe) und den Lenker (siehe Kapitel 5).

11 Kontrollieren Sie erneut das Lenkkopflagerspiel (siehe Schritt 4). Der Lenker sollte sich durch leichtes Anschieben von Anschlag zu Anschlag bewegen lassen. Falls nötig, muss die Einstellung wiederholt werden. Ziehen Sie die Lenkrohrmutter, die Gabelbrücken-Klemmschrauben und die Lenkerbefestigungen mit den vorgeschriebenen Drehmomenten an.

Alle 12.000 km oder 18 Monate

20 Kraftstoff-Verdunstungssystem (nur Kalifornien-Modelle) Kontrolle

1 Dieses nur für den kalifornischen Markt bestimmte Modelle eingebaute System hilft die dort geltenden strengen Emissionsgesetze einzuhalten. Dabei wird im Tank verdunstender Kraftstoff in den Vergaser geleitet und der Verbrennungsluft zugeführt. Wenn der Motor nicht läuft, werden die Gase in einem Kohlefilter gesammelt.

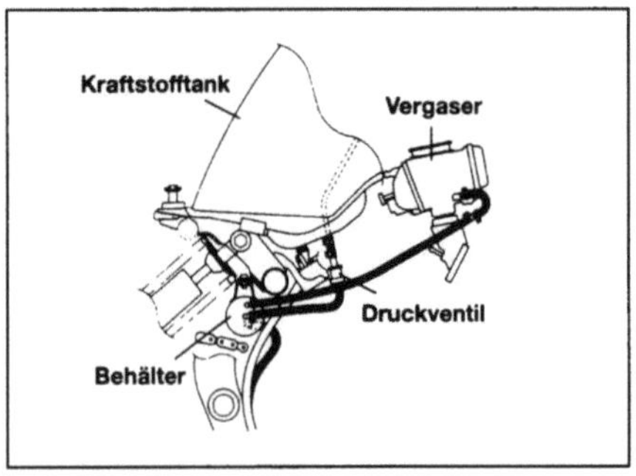

20.2 Details des Kraftstoff-Verdunstungssystems

2 Zur Kontrolle des Systems müssen zunächst die Sitzbank (siehe Kapitel 7) und der Tank (siehe Kapitel 3) entfernt werden. Begutachten Sie die Schläuche vom Tank und den Vergasern zum Sammelbehälter auf Risse, Knicke und andere Anzeichen für Beschädigungen (siehe Abbildung).

3 Markieren und trennen Sie die Schläuche, entfernen Sie dann den Behälter aus dem Motorrad.

4 Begutachten Sie den Behälter auf Risse und andere Beschädigungen. Kippen Sie den Behälter, sodass der Stutzen nach unten zeigt. Wenn Benzin ausläuft, wird er wahrscheinlich innerlich beschädigt sein.

24.1 Schmieren Sie die Schwinge durch Einpressen von Fett in die Schmiernippel (Pfeile).

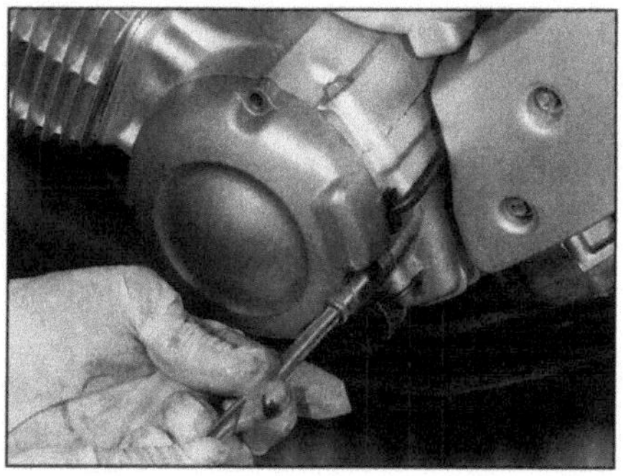

25.5 Entfernen Sie die Schrauben, ziehen Sie den Zündgeberdeckel von der linken Motorseite ab, . . .

25.6 . . . und drehen Sie die Kurbelwelle mit einem Sechskantschlüssel, bis die T-Markierung des Zündrotors auf den Abnehmer der Zündgeberspule ausgerichtet ist.

Alle 24.000 km oder zwei Jahre

21 Bremsflüssigkeit
Wechsel

1 Wechseln Sie dazu nach Kapitel 6, beachten Sie, dass jegliche alte Bremsflüssigkeit aus dem System gepumpt werden muss.

> **Praxis TiPP**
> *Alte Bremsflüssigkeit ist sehr viel dunkler als neue, sodass man deutlich erkennen kann, wann die alte Flüssigkeit aus dem System gespült ist.*

22 Bremszylinder und Bremssättel
Überholung

1 Wechseln Sie nach Kapitel 6, und zerlegen Sie die vorderen und hinteren Hauptbremszylinder und Bremssättel, um sie zu begutachten. Wenn kein Verschleiß vorliegt und sie gereinigt sind, werden sie mit neuen Dichtungen wieder zusammengebaut.

23 Steuerkopflager
Schmierung

1 Yamaha empfiehlt eine regelmäßige Reinigung und Neuschmierung der Lenkkopflager. Wechseln Sie nach Kapitel 5, um die Lager zu schmieren und gegebenenfalls zu ersetzen.

24 Hinterradschwinge
Bolzen- und Lagerschmierung

1 Schmieren Sie die Schwingenlager mit Hilfe einer Fettpresse durch die beiden Schmiernippel (siehe Abbildung). Einige Modelle sind nicht mit Schmiernippel ausgerüstet, in diesem Fall muss die Schwinge zur Schmierung zerlegt werden (siehe Kapitel 5).

25 Ventilspiel
Kontrolle und Einstellung

Kontrolle

1 Der Motor muss für die Ventilspielkontrolle völlig kalt sein, am besten lässt man ihn über Nacht abkühlen.

2 Trennen Sie das Massekabel (–) von der Batterie.

3 Entfernen Sie die Sitzbank (siehe Kapitel 7) und den Kraftstofftank (siehe Kapitel 3).

4 Entfernen Sie den Ventildeckel (siehe Kapitel 2).

5 Entfernen Sie den Zündgeberdeckel, um mit der Zündrotorschraube die Kurbelwelle drehen zu können (siehe Abbildung).

6 Positionieren Sie Kolben Nr. 1 (links im Motor) in den oberen Totpunkt (OT) des Verdichtungstaktes. Drehen Sie dazu entweder die Kurbelwelle mit einem passenden Schlüssel, oder schieben Sie das Motorrad bei eingelegtem hohen Gang, bis die OT-Markierungen für Zylinder 1 und 4 am Rotor mit der Linie an der Zündgeberspule fluchten (siehe Abbildung).

7 Kontrollieren Sie jetzt die Positionen der Nockenspitzen, diejenigen von Zylinder 1 müssen voneinander weg zeigen (siehe Abbildung). Wenn die Nockenspitzen zueinander zeigen, muss die Kurbelwelle um eine ganze Umdrehung gedreht werden, bis die Markierungen wieder fluchten. Der linke Zylinder befindet sich jetzt im Oberen Totpunkt (OT) des Verdichtungstaktes.

8 Beginnen Sie mit dem Einlassventil des Zylinder Nr. 1 (dieses befindet sich auf der Vergaserseite des Motors). Jetzt wird eine Fühlerlehre mit der Dicke des angegebenen Ventilspiels (siehe *Technische Daten*) zwischen die Nocken und Einstellplättchen der Ventile geschoben und überprüft, ob sie mit leichtem Druck durchrutschen kann (siehe Abbildung). Wenn die Lehre nur ohne oder mit starkem Widerstand durchgezogen werden kann, ist das Spiel entweder zu groß oder zu klein.

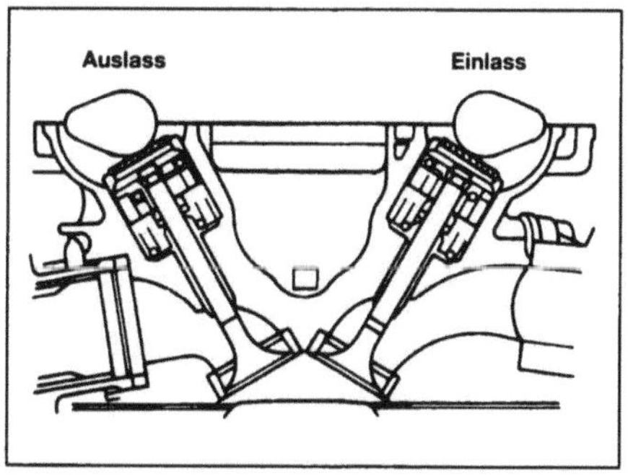

25.7 Die Nocken für Zylinder 1 müssen voneinander weg zeigen (diejenigen von Zylinder 4 müssen zueinander zeigen).

25.8 Schieben Sie eine passende Fühlerlehre zwischen den Nocken und das Einstellplättchen – sie sollte sich leicht durchziehen lassen.

25.11 Wenn die gegenüber der T-Markierung liegende Zündrotorlasche mit der Linie der Zündgeberspule fluchtet, sind Zylinder 2 und 3 im OT, die Ventile des im Verdichtungstaktes stehenden Zylinders können vermessen werden.

25.17 Die Lasche des Tassenstößels muss zur jeweils anderen Nockenwelle zeigen.

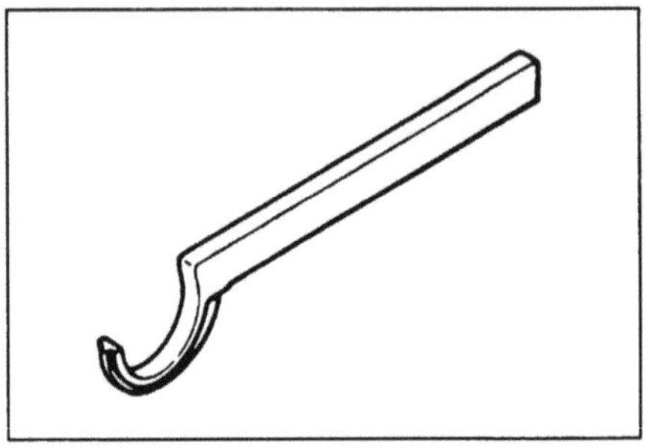

25.18 Das Yamaha-Ventileinstellwerkzeug

9 Wenn dies der Fall ist, stellen Sie mit anderen Lehren das tatsächliche Spiel fest. Notieren Sie die Werte. Diese Informationen werden später bei der Auswahl des korrekten Einstellplättchens (»Shims«) benötigt.
10 Messen Sie jetzt das Auslassventil von Zylinder Nr. 1 nach der gleichen Methode. Stellen Sie sicher, dass Sie eine Fühlerlehre mit dem korrekten Wert verwenden. Notieren Sie wieder den Wert, falls er nicht korrekt ist.
11 Drehen Sie die Kurbelwelle exakt um eine halbe Umdrehung rechts herum, um Kolben Nr. 2 in den Verdichtungs-OT zu bringen. Die OT-Markierung für Zylinder 2 und 3 des Rotors muss jetzt mit der Zündgebermarkierung fluchten (siehe Abbildung). Die Nockenspitzen des 2. Zylinders müssen voneinander weg zeigen (siehe Abbildung 25.7).
12 Messen Sie das Ventilspiel beider Ventile, und notieren Sie wieder abweichende Maße.
13 Drehen Sie die Kurbelwelle um eine weitere halbe Umdrehung rechts herum, um Kolben Nr. 4 in den Verdichtungs-OT zu bringen. Jetzt müssen wieder die OT-Markierung für Zylinder 1 und 4 des Rotors mit der Zündgebermarkierung fluchten und die Nockenspitzen des 4. Zylinders voneinander weg zeigen. Messen Sie das Ventilspiel.
14 Drehen Sie die Kurbelwelle schließlich noch eine weitere halbe Umdrehung rechts herum, um Kolben Nr. 3 in den Verdichtungs-OT zu bringen und messen Sie das Ventilspiel.
15 Wenn irgend ein Ventil eingestellt werden muss, siehe Schritte 18 oder 20.
16 Wenn alle Messungen innerhalb der Toleranzbereiche liegen, kann mit Schritt 28 fortgefahren werden.
17 Kontrollieren Sie die Positionen der Nuten in den Stößeltassen. Sie müssen so verdreht werden, dass sie zueinander zeigen (siehe Abbildung).

Einstellung mit dem Yamaha-Ventileinstellwerkzeug

18 Wenn Sie das Yamaha-Ventileinstellwerkzeug (Teile-Nr. 90890-04125) benutzen, wird dieses am Tassenstößel angesetzt und dieser damit heruntergedrückt, sodass zwischen dem Shim und der Nockenwelle ein Spalt entsteht (siehe Abbildung).

Anmerkung: *Stellen Sie sicher, dass das Werkzeug nur gegen den Stößel drückt und nicht gegen den Shim.*

19 Heben Sie den Shim mit einem Magneten aus seinem Sitz (siehe Abbildung). Falls nötig, muss er mit einem kleinen Schraubendreher durch die Nut des Tassenstößels herausgehebelt werden.

Einstellung mit einem universellen Ventileinstellwerkzeug

20 Wenn Sie keinen Zugang zu einem Yamaha-Werkzeug haben, können Sie ein Universal-Ventileinstellwerkzeug benutzen (siehe Abb.).
21 Drücken Sie den Keil zwischen Nocken und Shim, sodass er den Tassenstößel leicht nach unten drückt. Schieben Sie den Halter zwischen die Nockenwelle und den Stößel, und ziehen Sie den Keil heraus.
22 Schieben Sie das Keil-Werkzeug zwischen das Einstellplättchen und den Stößel, um den Shim zu lösen.
23 Heben Sie den Shim mit einem Magneten aus seinem Sitz (siehe Abbildung 25.19).

Auswahl der Einstellplättchen

24 Bestimmen Sie die Stärke des ausgebauten Shims, normalerweise ist die Unterseite entsprechend markiert (siehe Abbildung), doch idealerweise sollte mit einer Mikrometerschraube nachgemessen werden. Shims sind in 0,05-mm-Abstufungen erhältlich, eine Markierung von 200 bedeutet also eine Stärke von 2,00 mm.

Anmerkung: *Wenn eine Nummer auf dem Shim nicht mit den Ziffern 0 oder 5 endet, muss entsprechend zur nächsten 0 oder 5 auf- oder abgerundet werden. Aus 258 wird also 260, aus 257 wird 255.*

25 Wenn das Spiel (zuvor gemessen und notiert) zu groß war, wird ein dickeres Einstellplättchen benötigt. Wenn das Spiel zu gering war, ist ein dünnerer Shim erforderlich. Errechnen Sie die Stärke des Ersatz-Shims anhand der entsprechenden Tabelle (siehe Abbildungen).

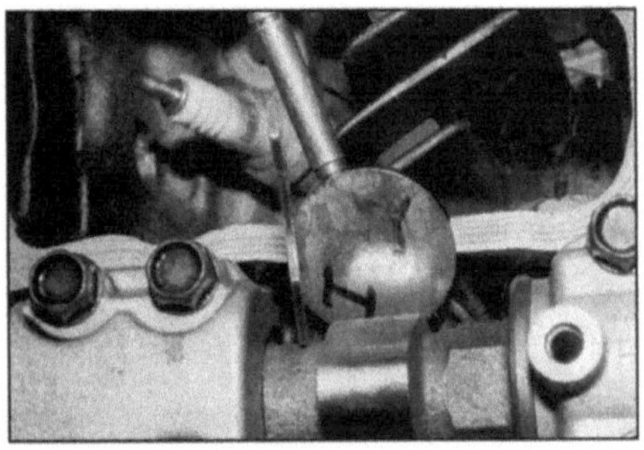

25.19 Heben Sie das Einstellplättchen mit einem Magneten heraus.

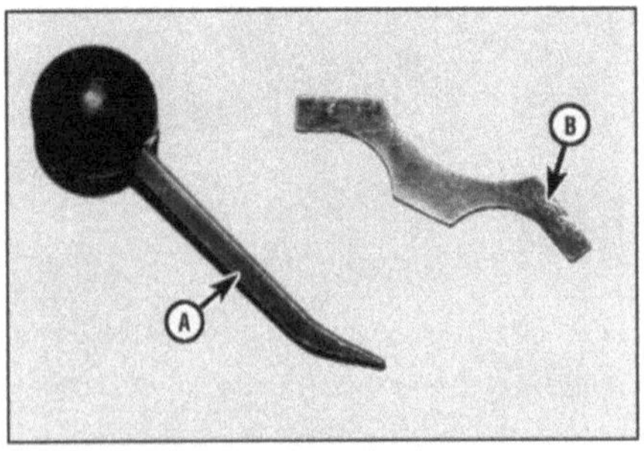

25.20 Ein Universal-Ventileinstellwerkzeug (A = Keil, B = Halter) kann ebenfalls verwendet werden.

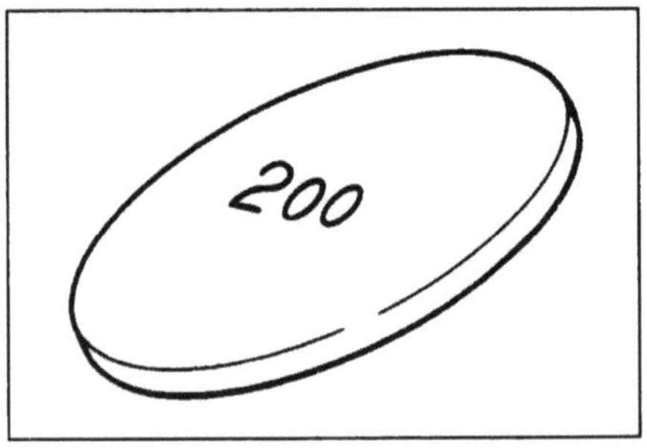

25.24 Die Stärkenangabe des Shims muss immer zum Tassenstößel zeigen.

gemessenes Ventilspiel	vorhandener Shim																							
	200	205	210	215	220	225	230	235	240	245	250	255	260	265	270	275	280	285	290	295	300	305	310	315	320
0.00~0.05			200	205	210	215	220	225	230	235	240	245	250	255	260	265	270	275	280	285	290	295	300	305	310
0.06~0.10		200	205	210	215	220	225	230	235	240	245	250	255	260	265	270	275	280	285	290	295	300	305	310	315
0.11~0.15	vorgeschriebenes Ventilspiel																								
0.16~0.20	205	210	215	220	225	230	235	240	245	250	255	260	265	270	275	280	285	290	295	300	305	310	315	320	
0.21~0.25	210	215	220	225	230	235	240	245	250	255	260	265	270	275	280	285	290	295	300	305	310	315	320		
0.26~0.30	215	220	225	230	235	240	245	250	255	260	265	270	275	280	285	290	295	300	305	310	315	320			
0.31~0.35	220	225	230	235	240	245	250	255	260	265	270	275	280	285	290	295	300	305	310	315	320				
0.36~0.40	225	230	235	240	245	250	255	260	265	270	275	280	285	290	295	300	305	310	315	320					
0.41~0.45	230	235	240	245	250	255	260	265	270	275	280	285	290	295	300	305	310	315	320						
0.46~0.50	235	240	245	250	255	260	265	270	275	280	285	290	295	300	305	310	315	320							
0.51~0.55	240	245	250	255	260	265	270	275	280	285	290	295	300	305	310	315	320								
0.56~0.60	245	250	255	260	265	270	275	280	285	290	295	300	305	310	315	320									
0.61~0.65	250	255	260	265	270	275	280	285	290	295	300	305	310	315	320										
0.66~0.70	255	260	265	270	275	280	285	290	295	300	305	310	315	320											
0.71~0.75	260	265	270	275	280	285	290	295	300	305	310	315	320												
0.76~0.80	265	270	275	280	285	290	295	300	305	310	315	320													
0.81~0.85	270	275	280	285	290	295	300	305	310	315	320														
0.86~0.90	275	280	285	290	295	300	305	310	315	320															
0.91~0.95	280	285	290	295	300	305	310	315	320																
0.96~1.00	285	290	295	300	305	310	315	320																	
1.01~1.05	290	295	300	305	310	315	320																		
1.06~1.10	295	300	305	310	315	320																			
1.11~1.15	300	305	310	315	320																				
1.16~1.20	305	310	315	320																					
1.21~1.25	310	315	320																						
1.26~1.30	315	320																							
1.31~1.35	320																								

25.25a Shim-Auswahltabelle – Einlassventile

Ventilspiel (kalt): 0,11 bis 0,15 mm
Beispiel: Eingebauter Shim ist 2,50 mm stark (250)
Gemessenes Ventilspiel beträgt 0,32 mm
Ersetzen Sie das 250er-Shim durch ein 270er-Shim

gemessenes Ventilspiel	vorhandener Shim																							
	200	205	210	215	220	225	230	235	240	245	250	255	260	265	270	275	280	285	290	295	300	305	310	315	320
0.00~0.05				200	205	210	215	220	225	230	235	240	245	250	255	260	265	270	275	280	285	290	295	300	305
0.06~0.10			200	205	210	215	220	225	230	235	240	245	250	255	260	265	270	275	280	285	290	295	300	305	310
0.10~0.15		200	205	210	215	220	225	230	235	240	245	250	255	260	265	270	275	280	285	290	295	300	305	310	315
0.16~0.20	200	205	210	215	220	225	230	235	240	245	250	255	260	265	270	275	280	285	290	295	300	305	310	315	320
0.21~0.25	vorgeschriebenes Ventilspiel																								
0.26~0.30	210	215	220	225	230	235	240	245	250	255	260	265	270	275	280	285	290	295	300	305	310	315	320		
0.31~0.35	215	220	225	230	235	240	245	250	255	260	265	270	275	280	285	290	295	300	305	310	315	320			
0.36~0.40	220	225	230	235	240	245	250	255	260	265	270	275	280	285	290	295	300	305	310	315	320				
0.41~0.45	225	230	235	240	245	250	255	260	265	270	275	280	285	290	295	300	305	310	315	320					
0.46~0.50	230	235	240	245	250	255	260	265	270	275	280	285	290	295	300	305	310	315	320						
0.51~0.55	235	240	245	250	255	260	265	270	275	280	285	290	295	300	305	310	315	320							
0.56~0.60	240	245	250	255	260	265	270	275	280	285	290	295	300	305	310	315	320								
0.61~0.65	245	250	255	260	265	270	275	280	285	290	295	300	305	310	315	320									
0.66~0.70	250	255	260	265	270	275	280	285	290	295	300	305	310	315	320										
0.71~0.75	255	260	265	270	275	280	285	290	295	300	305	310	315	320											
0.76~0.80	260	265	270	275	280	285	290	295	300	305	310	315	320												
0.81~0.85	265	270	275	280	285	290	295	300	305	310	315	320													
0.86~0.90	270	275	280	285	290	295	300	305	310	315	320														
0.91~0.95	275	280	285	290	295	300	305	310	315	320															
0.96~1.00	280	285	290	295	300	305	310	315	320																
1.01~1.05	285	290	295	300	305	310	315	320																	
1.06~1.10	290	295	300	305	310	315	320																		
1.11~1.15	295	300	305	310	315	320																			
1.16~1.20	300	305	310	315	320																				
1.21~1.25	305	310	315	320																					
1.26~1.30	310	315	320																						
1.31~1.35	315	320																							
1.36~1.40	320																								

25.25b Shim-Auswahltabelle – Auslassventile

Ventilspiel (kalt): 0,21 bis 0,25 mm
Beispiel: Eingebauter Shim ist 2,50 mm stark (250)
Gemessenes Ventilspiel beträgt 0,32 mm
Ersetzen Sie das 250er-Shim durch ein 260er-Shim

1

26 Installieren Sie den neuen Shim, und messen Sie erneut das Spiel. Wenn es sich im vorgeschriebenen Bereich befindet, ist das Ventilspiel korrekt eingestellt.

Anmerkung: *Installieren Sie den Shim immer mit der markierten Seite nach unten zum Stößel.*

27 Stellen Sie alle außerhalb des Toleranzbereichs liegenden Ventile ein. Führen Sie die Einstellung entsprechend der Zündreihenfolge (1-2-4-3) durch.

28 Montieren Sie den Ventildeckel.

29 Verbinden Sie das Massekabel mit der Batterie.

30 Bauen Sie alle demontierten Bauteile an.

26.2 Pluspol (links) und Minuspol (rechts) der Batterie

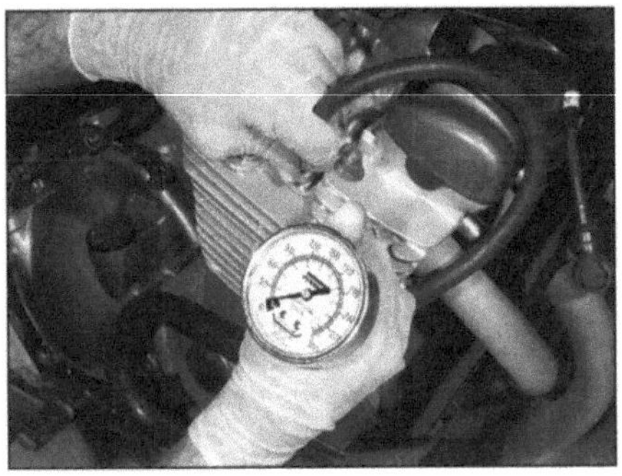

27.2 Kompressionsmessgerät

28.5 Diese Verschlussschraube muss zum Auffüllen des Gabelöls entfernt werden.

Kontrollen ohne Intervallvorgaben

26 Batterie
Kontrolle

Anmerkung: *Die originalen von Yamaha verwendeten Batterien sind »wartungsfrei«, d.h. geschlossen. Alles was hier getan werden kann, ist die Kontrolle und Reinigung der Anschlussklemmen sowie eine Sichtkontrolle des Gehäuses auf Risse und Brüche.*

1 Entfernen Sie die Sitzbank (siehe Kapitel 7).

2 Bürsten Sie Korrosionsreste von den Batteriepolen, und ziehen Sie sie an, falls sie locker sind. Schmieren Sie Polfett an die Anschlüsse (mit angeschlossenen Kabeln), um weiterer Korrosion vorzubeugen. Schieben Sie die Abdeckung über den Plus-Pol (siehe Abbildung).

3 Wenn die Maschine stillgelegt wurde, sollte die Batterie vom Bordnetz abgeklemmt und die Batterie voll aufgeladen werden.

27 Motor
Kontrolle der Zylinderkompression

1 Neben anderen Ursachen können die Gründe für schwache Motorleistung von undichten Ventilen herrühren, außerdem von falschem Ventilspiel oder einer defekten Zylinderkopfdichtung, auch von verschlissenen Kolben, Ringen und/oder Zylindern. Eine Kompressionsprüfung hilft, diese Möglichkeiten einzugrenzen und kann außerdem übermäßige Kohleablagerungen im Brennraum indizieren.

2 Die dazu benötigten Werkzeuge sind ein Kompressionsmessgerät und ein Zündkerzenschlüssel. Ein Kompressionsmessgerät mit passendem Gewindeanschluss für die Kerzengewinde ist einem, dass durch Anpressdruck dichtgehalten wird, vorzuziehen (siehe Abbildung). Abhängig vom ersten Testergebnis kann zusätzlich eine Öl-Pumpflasche gebraucht werden.

3 Stellen Sie sicher, dass das Ventilspiel korrekt eingestellt ist (siehe Sektion 25) und dass die Zylinderkopfmuttern mit dem richtigen Drehmoment angezogen sind (siehe Kapitel 2).

4 Wechseln Sie zu *Ausrüstung zur Fehlersuche* im Anhang, um Details des Kompressionstests zu erfahren.

28 Teleskopgabel
Ölwechsel

Anmerkung: *Frühe Modelle bis 1994 sind mit Ölablassschrauben am unteren Tauchrohrende ausgerüstet. Bei späteren Modellen gibt es diese Schrauben nicht mehr, und die Gabelrohre müssen zum Ölwechsel aus der Gabelbrücke gezogen werden.*

1 Stellen Sie das Motorrad auf den Hauptständer oder eine geeignete Stütze.

2 Stellen Sie bei Modellen mit Ablassschrauben unter jedes Tauchrohr einen Auffangbehälter. Entfernen Sie die Schrauben (siehe Abbildung 6.2 in Kapitel 5), und seien Sie darauf vorbereitet, dass das Öl mit Druck herausspritzt.

3 Drücken Sie vorsichtig die Gabel zusammen und wieder auseinander, um das verbleibende Öl herauszupumpen. Drehen Sie die Ablassschrauben unter Verwendung neuer Dichtscheiben wieder in ihre Bohrungen, und ziehen Sie sie an.

4 Bei Modellen ohne Ablassschrauben müssen die Verschlussstopfen oben in den Standrohren einige Umdrehungen gelockert und dann die Gabelrohre aus den Brücken demontiert werden (siehe Kapitel 5).

5 Bei allen Modellen werden die Verschlussstopfen aus den Standrohren entfernt (siehe Abbildung). Die Gabelfeder steht unter Spannung – seien Sie also vorsichtig!

6 Entfernen Sie das Abstandrohr, den Federsitz und die Gabelfeder aus dem Standrohr (siehe Abbildung 6.2 in Kapitel 5).

7 Stellen Sie bei Modellen ab 1995 das Gabelrohr auf den Kopf, und lassen Sie das Öl auslaufen; pumpen Sie einige Male, um soviel Öl wie möglich abzulassen.

8 Füllen Sie bei allen Modellen die Gabelrohre mit der vorgeschriebenen Menge des empfohlenen Gabelöls, und pumpen Sie die Gabel einige Male langsam, um das Öl zu verteilen.

9 Drücken Sie die Gabel vollständig zusammen, und messen Sie den Abstand vom oberen Standrohrrand bis zum Öl. Vergleichen Sie das Ergebnis mit den *Technischen Daten* am Anfang des Kapitels, und ergänzen oder entfernen Sie entsprechend Gabelöl, bis der Pegel stimmt. Wichtig ist, dass beide Gabelrohre die gleiche Menge Öl enthalten.

10 Installieren Sie die Feder, den Federsitz, das Distanzrohr und die Verschlussschraube, ziehen Sie Letztere mit dem vorgeschriebenen Drehmoment an – bei späteren Modellen sollte dieses erst nach der Montage der Gabelrohre geschehen.

11 Installieren Sie bei Modellen ab 1995 die Gabelrohre in die Gabelbrücke (siehe Kapitel 5).

Kapitel 2
Motor, Kupplung und Getriebe

Inhalt (in alphabetischer Reihenfolge, die Zahlen geben die Nummerierung in den grauen Feldern wieder)

Schwierigkeitsgrade

Leicht. Für Anfänger mit wenig Erfahrung geeignet.	**Relativ leicht.** Für Anfänger mit etwas Erfahrung geeignet.	**Relativ schwierig.** Geeignet für geübte Selbstschrauber.	**Schwer.** Geeignet für Mechaniker mit Erfahrung.	**Sehr schwer.** Geeignet für Experten und Profis.

2

Technische Daten

Allgemein

Bohrung	58,5 mm
Hub	55,7 mm
Hubraum	598,8 cm^3
Verdichtung	10,0 : 1

Nockenwellen

Höhe Einlassnocken	
Standard	35,75–35,85 mm
Verschleißgrenze (min.)	35,70 mm
Höhe Auslassnocken	
Standard	35,45–35,55 mm
Verschleißgrenze (min.)	35,40 mm
Grundkreis (Ein- und Auslass)	
Standard	27,95–28,05 mm
Verschleißgrenze (min.)	27,90 mm
Radialspiel	0,020–0,054 mm
Durchmesser Wellenzapfen	24,967–24,980 mm
Durchmesser Nockenwellenlager	25,000–25,021 mm
Höhenschlag (max.)	0,05 mm

Zylinderkopf, Ventile, Führungen und Federn

Zylinderkopf-Verzug (max.)	0,03 mm
Ventilschaft-Verzug (max.)	0,03 mm
Ventilteller-Durchmesser	
Einlass	29,9–30,1 mm
Auslass	25,9–26,1 mm
Ventilschaftdurchmesser	
Standard	
Einlass	4,975–4,990 mm
Auslass	4,960–4,975 mm
Minimum	
Einlass	4,945 mm
Auslass	4,920 mm
Spiel zwischen Schaft und Bohrung	
Standard	
Einlass	0,010–0,037 mm
Auslass	0,025–0,052 mm
Maximum	0,10 mm
Ventilrand-Breite (Ein- und Auslass)	1,0 mm
Durchmesser Ventilführung (Ein- und Auslass)	
Standard	5,000–5,012 mm
Maximum	
Einlass	5,045 mm
Auslass	5,020 mm
Ventilsitzbreite (Ein- und Auslass)	0,9–1,1 mm
Ventilsitzschrägen-Breite (Ein- und Auslass)	2,26 mm
Ventilsitz-Winkel	45°, 60°, 75°
Ventilfedern freie Länge (Ein- und Auslass)	
äußere Feder	38,52 mm
innere Feder	38,33 mm
Ventilfeder-Einbauhöhe	
äußere Feder	33,4 mm
innere Feder	32,5 mm
Ventilfeder-Biegung (max.)	1,7 mm
Ventilspiel	siehe Kapitel 1

Kurbelwelle, Pleuel und Lager

Hauptlager-Radialspiel	0,014–0,053 mm
Seitenspiel Pleuelfuß	
Standard	0,160–0,262 mm
Maximum	0,5 mm
Radialspiel Pleuelfuß	
Standard	0,026–0,060 mm
Maximum	0,08 mm
Kurbelwellen-Unrundlauf (max.)	0,03 mm

Zylinderblock

Bohrung	58,505–58,545 mm
Kegelförmigkeit (max.)	0,05 mm
Ovalität (max.)	0,01 mm
Bohrungs-Messpunkte	oben, Mitte und unten

Kolben

Kolbendurchmesser	
Standard	58,47–58,51 mm
Messpunkt	4,0 mm oberhalb des unteren Hemdrandes
Spiel zwischen Kolben und Zylinder	
Standard	0,025–0,045 mm
Maximum	0,15 mm
Spiel der Ringe in Ringnut	
oberer Ring	
Standard	0,035–0,070 mm
Maximum	0,15 mm
zweiter Ring	
Standard	0,020–0,060 mm
Maximum	0,15 mm
Ölabstreifring	keine Angaben
Ringdicke	
oberer Ring	1,0 mm
zweiter Ring	1,2 mm
Ölabstreifring (alle drei Teile)	2,8 mm
Abstand der Enden (eingebaut)	
oberer Ring	
Standard (Modelle ab 98)	0,10–0,20 mm
Standard (frühere Modelle)	0,15–0,30 mm
Maximum	0,70 mm
zweiter Ring	
Standard	0,15–0,35 mm
Maximum	0,70 mm
Ölabstreifring	0,20–0,70 mm

Schmiersystem

Ölpumpe	
Spiel Innenrotor zu Außenrotor	
Standard	0,09–0,15 mm
Maximum	0,20 mm
Spiel Außenrotor zu Gehäuse	
Standard	0,03–0,08 mm
Maximum	0,15 mm
Einstellung Umleitungsventil	0,78–1,17 bar
Entlastungsventil öffnet bei	4,4–5,38 bar
Öldruck (heiß)	0,78 bar bei 1.200 U/min

2

Kupplung

Belagscheiben-Stärke	
Standard	2,9–3,1 mm
Minimum	2,7 mm
Stahlscheiben-Stärke	1,5–1,7 mm
Stahlscheiben-Verzug (max.)	0,15 mm
Freie Länge der Federn	
Standard	42,8 mm
Minimum	41,8 mm

Getriebe

Unrundlauf der Wellen (max.)	0,08 mm
Verzug der Schaltgabelachse (max.)	0,08 mm
Primäruntersetzung	23/24 x 65/28 (2,225)
Übersetzungsverhältnis (Anzahl der Zähne)	
1. Gang	2,733 (41/15 Zähne)
2. Gang	1,778 (32/18 Zähne)
3. Gang	1,333 (28/21 Zähne)
4. Gang	1,074 (29/27 Zähne)
5. Gang	0,913 (21/23 Zähne)
6. Gang	0,821 (22/28 Zähne)

Anzugsdrehmomente

Steuerkettenspanner-Schraube	20 Nm
Steuerkettenspanner-Halteschrauben	10 Nm
Nockenwellen-Lagerbockschrauben	10 Nm*
Nockenwellen-Ritzelschrauben	24 Nm
Kupplungsmutter	70 Nm
Kupplungsdeckelschrauben	10 Nm
Kupplungs-Druckplattenschrauben	8 Nm
Pleuelfußmuttern	25 Nm**
Motorgehäuse-Schrauben	24 Nm***
Motorgehäuse-Stopfen (M 10)	12 Nm
Mutter Zylinderblock zu Motorgehäuse	20 Nm
Muttern Zylinderblock zu Zylinderkopf	22 Nm***
Motorhaltebolzen	
vorne	60 Nm
hinten	88 Nm
Ölfilteradapter-Bolzen	50 Nm
Ölwannenschrauben	10 Nm
Ölansaugtrichter-Schrauben	7 Nm
Ölpumpen-Gehäuseschrauben	7 Nm
Ölpumpenhalteschrauben	7 Nm
Ölpumpenschrauben	7 Nm
Primärrad-Mutter	50 Nm
Schaltwalzen-Sicherungsplatten-Schrauben	7 Nm****
Schaltwalzen-Anschlagschraube	22 Nm****
Schaltarm-Klemmschraube	10 Nm****
Schalthebelgestänge-Kontermuttern	10 Nm
Anlasserkettenführungs-Schrauben	8 Nm****
Anlasserkettenspanner-Schrauben	10 Nm****
Anlasserfreilauf-Inbusschrauben	25 Nm
Ventildeckelschrauben	10 Nm
Ölkühler – zentrale Adapterschraube	50 Nm
Ölkühler – Anschlussschrauben am Kühler	32 Nm
Ölkühler-Halterung	10 Nm
Schrauben Ölkühlerleitung zu Adapter	10 Nm
Ölkühler-Klemmplattenschraube	10 Nm

Anmerkungen

* *Geben Sie Motoröl auf die Gewinde und ziehen Sie gleichmäßig in drei Schritten an.*
** *Geben Sie Molybdänfett auf die Gewinde und ziehen Sie mit gleichmäßiger Bewegung an.*
*** *Geben Sie Motoröl auf die Gewinde und ziehen Sie in der vorgegebenen Reihenfolge an.*
**** *Geben Sie dauerlastische Schraubensicherung auf die Gewinde.*

1 Allgemeine Informationen

Der luftgekühlte Vierzylinder-Reihenmotor ist quer im Rahmen montiert. Die Ventile (je ein Einlass- und ein Auslassventil pro Zylinder) werden direkt über Tassenstößel von zwei per Endloskette angetriebenen Nockenwellen gesteuert, die in Gleitlagern laufen. Die Motor-/Getriebe-Blockkonstruktion besteht aus einer Aluminiumlegierung und ist horizontal geteilt.

Das Motorgehäuse beinhaltet einen Ölsumpf und eine Druckumlaufschmierung mit einer zahnradgetriebenen Eatonpumpe, einen Ölfilter mit Entlastungsventil und einen Ölpegel-Schalter. Ebenfalls im Motorgehäuse sitzt der Anlasserfreilauf.

Die Kurbelwelle überträgt die Kraft über Zahnräder auf eine Mehrscheiben-Nasskupplung. Von hier aus wird die Eingangswelle des Getriebes angetrieben, das sechs Gänge mit permanenten Eingriff hat.

2 Arbeiten, die bei im Rahmen eingebautem Motor möglich sind

Die unten aufgelisteten Komponenten und Teile können demontiert werden, ohne dass der Motor aus dem Rahmen gebaut werden muss. Wenn jedoch mehrere dieser Arbeiten zugleich ausgeführt werden müssen, empfiehlt es sich, den Motor dafür auszubauen.

Schaltmechanismus (äußere Komponenten)
Anlassermotor
Lichtmaschine
Kupplung
Ölpumpe
Ventildeckel, Nockenwellen und Stößel
Steuerkettenspanner
Zylinderkopf
Zylinderblock und Kolben

3 Arbeiten, die den Ausbau des Motors aus dem Rahmen nötig machen

Es ist notwendig, die Motor-/Getriebeeinheit aus dem Rahmen zu nehmen und die Gehäusehälften zu trennen, wenn man an folgenden Baugruppen arbeiten muss:

Ölwanne und Überlastungsventil
Kurbelwelle, Pleuel und Lager
Getriebewellen
Schaltwalze mit Gabeln
Steuerkette und Anlasserkette
Anlasserfreilauf und Untersetzungsräder

4 Große Motorreparaturen
Allgemeine Bemerkungen

1 Es ist nicht immer leicht zu bestimmen, ob oder wann ein Motor komplett überholt werden sollte, eine Anzahl von Faktoren müssen berücksichtigt werden.

2 Eine hohe Laufleistung bedeutet nicht notwendigerweise, dass eine Motorüberholung nötig ist – auch wenige Kilometer garantieren keinen gut erhaltenen Motor. Regelmäßige Wartung ist das wichtigste, was Sie Ihrem Motor antun können. Ein Motor, dessen Öl und Filter regelmäßig gewechselt und dessen Einstellungen vorschriftsmäßig kontrolliert worden sind, wird Ihnen lange Zeit und viele Kilometer Freude bereiten, wogegen mangelnde Wartung und schlechtes Ein- und Warmfahren das schnelle Ende der besten Maschine bedeuten.

3 Auspuffqualm und ein übermäßiger Ölverbrauch sind Indizien dafür, dass die Kolbenringe und/oder Ventilführungen dringend überholt werden müssen. Gehen Sie jedoch vorher sicher, dass nicht irgendwo ein Ölleck aufgetreten ist. Wechseln Sie nach Kapitel 1 und führen Sie eine Kompressionskontrolle durch, um die Notwendigkeit der Arbeit zu ermitteln.

4 Wenn der Motor klopfende oder rumpelnde Geräusche von sich gibt, sind wahrscheinlich die Pleuelfuß- und/oder Kurbelwellen-Hauptlager defekt.

5 Mangelnde Leistung, rauer Lauf, extreme Ventiltriebgeräusche und hoher Benzinverbrauch weisen auf eine Inspektion hin, besonders wenn alle Geräusche zur gleichen Zeit auftreten. Wenn eine Motorinspektion keine Fortschritte bringt, wird eine mechanische Überholung empfohlen.

6 Eine Motorüberholung beinhaltet eine Rückführung der inneren Komponenten in den Neuzustand. Kolbenringe und Haupt- und Pleuellager werden ebenso ersetzt wie Ventilsitze nachgeschliffen. Wenn der Motor überholt wird, sollten auch Vergaser und Anlassermotor begutachtet werden. Das Endresultat sollte wie ein neuer Motor viele pannenfreie Kilometer gewährleisten.

7 Bevor Sie mit der Motorüberholung beginnen, sollten Sie die relevanten Kapitel durchlesen und sich mit dem gesamten Umfeld und den Erfordernissen der Arbeit vertraut machen. Die Überholung des Motors ist nicht das ganze Problem, man braucht auch Zeit dafür. Planen Sie dafür ein Minimum von zwei Wochen ein. Checken Sie die Verfügbarkeit von Ersatzteilen ab, und besorgen Sie sich jegliches notwendige Spezialwerkzeug und andere Gerätschaft.

8 Viel Arbeit kann mit üblichem Werkzeug erledigt werden, doch werden auch eine Reihe von Präzision-Messinstrumenten benötigt, um den Zustand von Bauteilen zu begutachten. Oftmals kann ein Händler den Zustand von Ersatzteilen begutachten und entscheiden, ob sie noch brauchbar, reparierbar oder zu ersetzen sind. Allgemein ist zu sagen, dass Zeit ein wichtiger Faktor der Kosten ist, sodass es sich nicht lohnt, verschlissene oder angegriffene Teile wieder einzubauen.

9 Jede mit Instandsetzungsarbeiten (Ventilüberholung, Zylinderbohren, Oberflächenauftragen, etc.) beauftragte Firma sollte sich mit Motorradmotoren auskennen, da bei Automotoren zumeist größere Toleranzen herrschen.

10 Schlussendlich muss alles sorgfältig und in sauberer Umgebung zusammengebaut werden, um ein langes und fehlerfreies neues Motorleben zu garantieren.

5 Motor
Ausbau und Einbau

Anmerkung: *Der Motor hat ein sehr hohes Gewicht. Motordemontagen und Montagen sollten immer mit der Hilfe mindestens eines Assistenten ausgeführt werden. Ein herunterfallender oder abrutschender Motor kann Verletzungen und Beschädigungen hervorrufen. Wenn möglich, sollte eine hydraulische oder mechanische Hebevorrichtung zum Stützen, Heben und Senken des Motors verwendet werden.*

Ausbau

1 Stellen Sie das Motorrad auf den Hauptständer (falls vorhanden) oder gerade auf eine geeignete Stütze.

2 Entfernen Sie Verkleidungsteile (siehe Kapitel 7).

3 Entfernen Sie den Tank (siehe Kapitel 3).

4 Lassen Sie das Motoröl ab, und entfernen Sie den Ölfilter (siehe Kapitel 1). Trennen Sie bei Modellen ab 1996 die Ölleitungen vom Kühler, und entfernen Sie diesen vom Rahmen (siehe Sektion 32).

5 Trennen Sie beide Anschlüsse von der Batterie.

Warnung: Trennen Sie immer zuerst das Massekabel (–), um einen Kurzschluss oder eine Explosion der Batterie zu vermeiden. Entfernen Sie die Batterie und deren Halter (siehe Kapitel 8).

6 Entfernen Sie die Auspuffanlage (siehe Kapitel 3).

7 Entfernen Sie das Luftfiltergehäuse, die Kraftstoffpumpe, die Vergaser und die Ansaugstutzen (siehe Kapitel 3). Verstopfen Sie die Ansaugkanäle mit Lappen.

8 Entfernen Sie den Schlauch der Motorentlüftung, und lösen Sie das Massekabel am Motor (siehe Abbildung).

9 Wechseln Sie nach den Kapiteln 4 und 8, und trennen Sie folgende elektrische Verbindungen:

a) Lichtmaschine
b) Zündgeberspule
c) Leerlaufschalter
d) Ölpegelschalter
e) Anlassermotor
f) Seitenständer-Schalter

10 Entfernen Sie den Anlassermotor (siehe Kapitel 8).

11 Entfernen Sie den Ölkühleradapter samt Leitungen, falls vorhanden (siehe Sektion 32).

12 Falls Sie ein Kalifornien-Modell besitzen, muss der Gas-Auffangbehälter demontiert und mit einem Stück Draht außerhalb des Arbeitsbereiches gesichert werden.

13 Entfernen Sie den Kupplungsbowdenzug (siehe Sektion 19).

14 Entfernen Sie den Schalthebel (siehe Sektion 20).

15 Entfernen Sie den Ritzeldeckel und das Motorritzel (siehe Kapitel 5). Die Antriebskette muss nicht vollständig entfernt werden, wenn

2

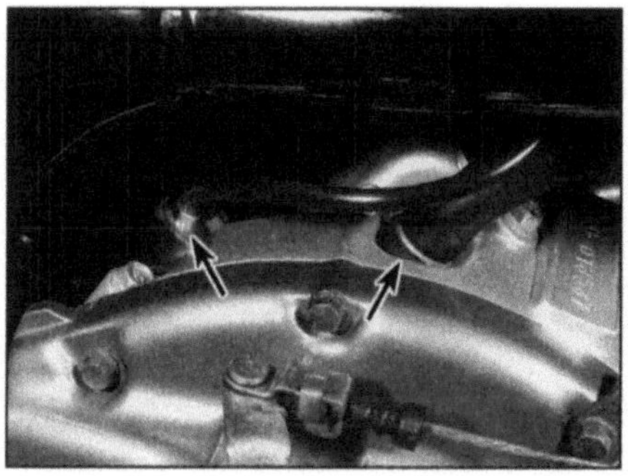

5.8 Entfernen Sie den Schlauch der Motorentlüftung, und lösen Sie das Massekabel.

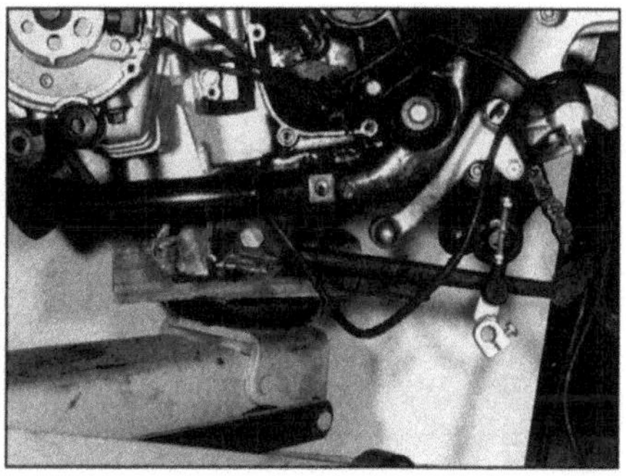

5.16a Stützen Sie den Motor mit einen Wagenheber und einem zum Schutz eingelegten Stück Holz.

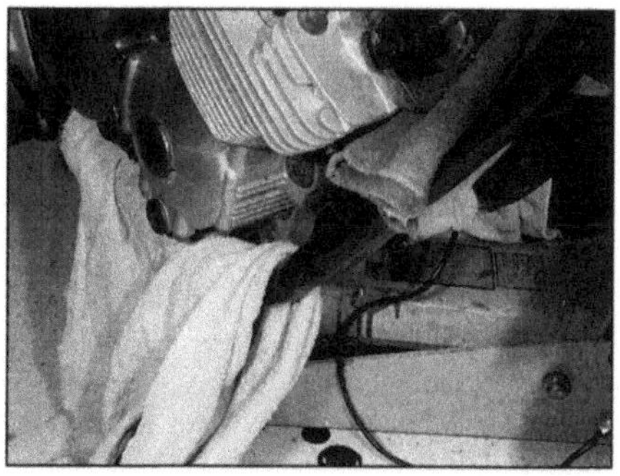

5.16b Wickeln Sie Lappen um die Rahmenrohre, um sie bei der Motordemontage nicht zu zerkratzen.

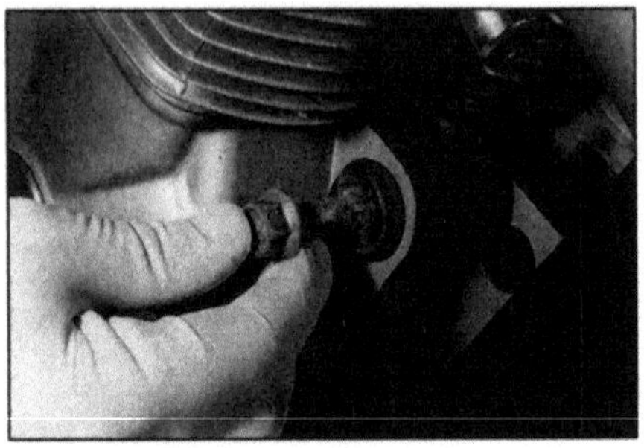

5.17a Wenn der Motor abgestützt wird, sind die Motorhalterungen vorne oben, . . .

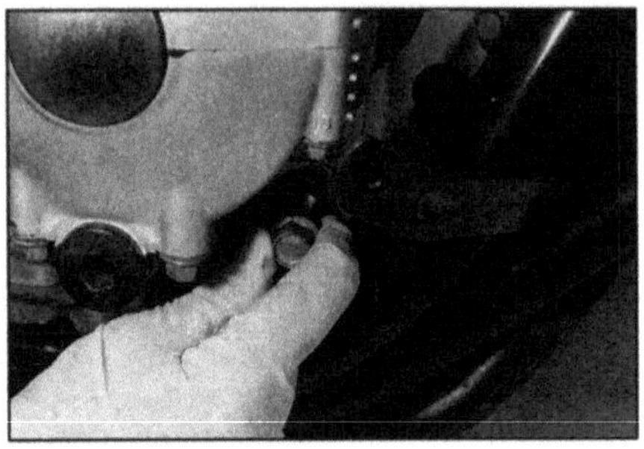

5.17b . . . vorne unten . . .

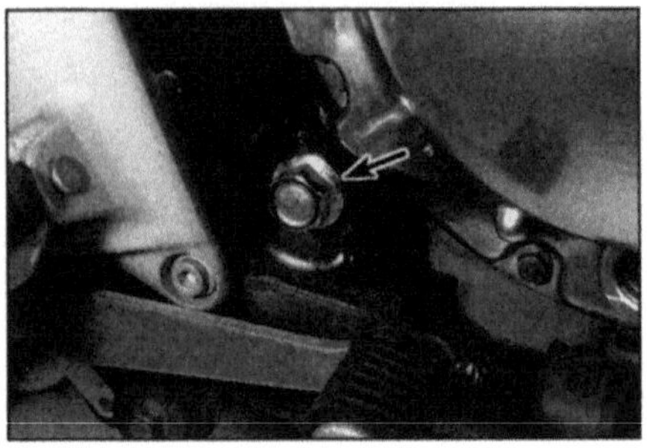

5.17c . . . und hinten zu lösen.

sich jedoch das Ritzel schwer lösen lässt, müssen die Hinterradachse und der Kettenspanner gelockert und das Hinterrad nach vorne geschoben werden, um die Kette zu lockern (siehe Kapitel 1, um Details zu erfahren).

16 Platzieren Sie einen Wagenheber unter dem Motor, und legen Sie zum Schutz ein Stück Holz darauf. Fahren Sie den Heber soweit aus, dass er die Ölwanne berührt (siehe Abbildung). Wickeln Sie Lappen um die Rahmenrohre, um sie bei der Motordemontage nicht zu zerkratzen (siehe Abbildung).

17 Entfernen Sie die vorderen und hinteren Motorhaltebolzen (siehe Abbildungen).

18 Stellen Sie sicher, dass keine Kabel und Schläuche mehr an den Motor angeschlossen sind.

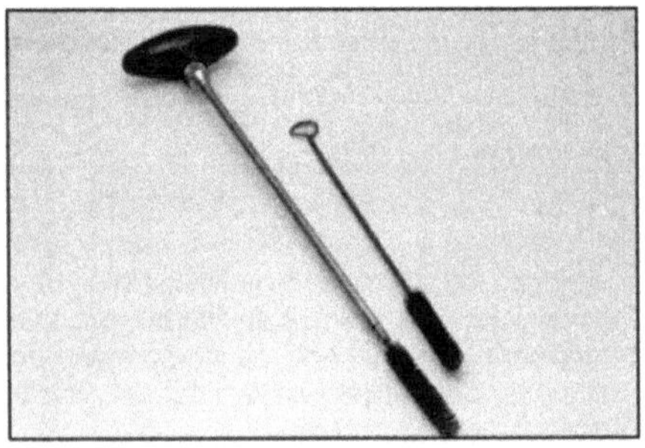

6.2a Zur Reinigung von Kanälen und Bohrungen werden spezielle Bürsten benötigt.

Warnung: Der Motor hat ein sehr hohes Gewicht. Durch sein Herunterfallen können neben einem hohen Schaden schwere Verletzungen entstehen. Stellen Sie sicher, dass er gut abgestützt ist. Motordemontagen und Montagen sollten immer mit der Hilfe mindestens eines Assistenten ausgeführt werden.

19 Heben Sie den Motor an, sodass sich die Ölwanne in Höhe der unteren Rahmenrohre befindet, und heben Sie ihn nach rechts aus dem Rahmen. Setzen Sie ihn dann auf den Boden.

Einbau

20 Der Einbau erfolgt in umgekehrter Reihenfolge des Ausbaus. Beachten Sie die folgenden Punkte:

a) Ziehen Sie die Motorhalterungen erst an, wenn alle installiert sind.

b) Montieren Sie die Auspuffkrümmer mit neuen Dichtungen.

c) Ziehen Sie die Motorhaltebolzen mit den vorgeschriebenen Drehmomenten an.

d) Stellen Sie die Antriebskette, die Kupplung und die Gasbowdenzüge ein (siehe Kapitel 1).

e) Füllen Sie den Motor mit Öl auf.

6 Motordemontage und Zusammenbau
Allgemeine Informationen

1 Vor dem Zerlegen des Motors muss dieser ordentlich gereinigt und entfettet werden. Hiermit wird einer Verschmutzung der Motorinnereien vorgebeugt und außerdem ein leichteres und sauberes Arbeiten ermöglicht.

2 Neben den zuvor erwähnten Präzisionsmessgeräten werden ein Drehmomentschlüssel, eine Ventilfederpresse, eine Ölkanalbürste, eine Kolbenringzange, ein Kolbenringklemmer und ein Kupplungs-Haltewerkzeug (beschrieben in Sektion 18) benötigt. Ebenfalls müssen korrektes Motoröl, Montagefett (oder Molybdänfett), eine Tube Dichtmasse (z.B. Yamaha Bond) sowie eine Tube Silikondichtmasse beschafft werden. Außerdem wird zur Messung des Gleitlagerspiels »Plastigauge«-Messstreifen benötigt (siehe Abbildungen).

3 Aus ca. 5 x 10 cm starken Holzbalken kann man sich eine Motorstütze zusammenschrauben (siehe Abbildung). Das Rechteck sollte gerade so groß sein, um den Ölsumpf aufzunehmen, das Motorgehäuse muss darauf zum Liegen kommen.

4 Beim Zerlegen des Motors müssen »Paare« zusammengepackt werden (Zahnräder, Kolben und Zylinder, Pleuel, Ventile, usw., die im Motor

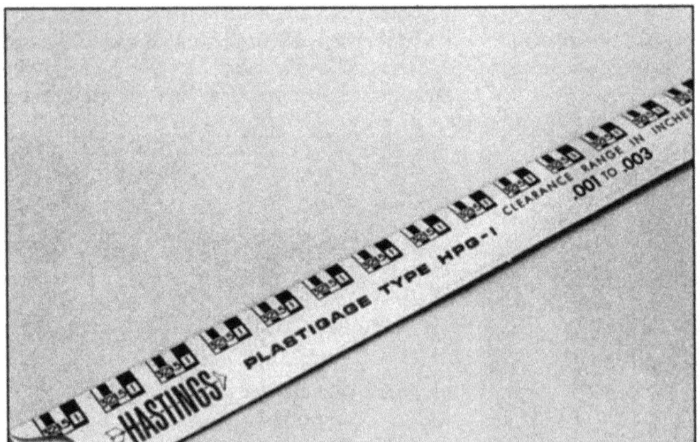

6.2b Zur Ermittlung der verschiedenen Lagerspiele werden Plastigauge-Messstreifen vom Typ HPG-1 benötigt.

6.3 Aus 5 x 10 cm-Holzbalken wird eine Motorstütze gebaut.

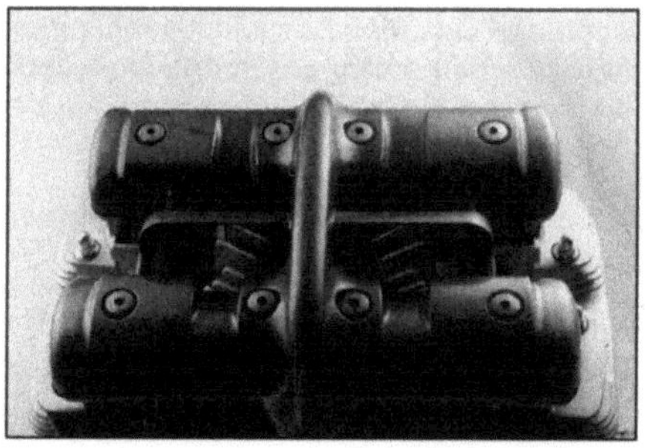

7.5 Entfernen Sie die Ventildeckelschrauben.

zusammenarbeiten). Diese »Paare« dürfen nur als Einheit erneuert oder weiter verwendet werden.

5 Die Zerlegung der Motor-/Getriebe-Einheit sollte nach den folgenden generellen Regeln und unter Berücksichtigung der entsprechenden Sektionen vorgenommen werden.

Entfernen Sie die Nockenwellen.
Entfernen Sie den Zylinderkopf.
Entfernen Sie den Zylinderblock.
Entfernen Sie die Kolben.
Entfernen Sie die Kupplung.
Entfernen Sie die Ölwanne.
Entfernen Sie die äußeren Komponenten des Schaltautomaten.
Entfernen Sie die Lichtmaschine und den Anlassermotor (siehe Kapitel 8).
Trennen Sie die Motorgehäusehälften.
Entfernen Sie die Kurbelwelle und die Pleuel.
Entfernen Sie die Getriebewellen.
Entfernen Sie die Schaltwalze und Gabeln.
Entfernen Sie den Anlasserfreilauf und die Untersetzungsräder.

6 Der Zusammenbau des Motors erfolgt in umgekehrter Reihenfolge der allgemeinen Regeln für die Zerlegung.

7 Ventildeckel
Aus- und Einbau

Anmerkung: *Der Ventildeckel kann bei eingebautem Motor demontiert werden. Wenn der Motor aus dem Rahmen ausgebaut ist, müssen die nicht zutreffenden Schritte ignoriert werden.*

Ausbau

1 Stellen Sie das Motorrad auf den Hauptständer oder eine geeignete Stütze.
2 Entfernen Sie die Sitzbank (siehe Kapitel 7).
3 Entfernen Sie den Kraftstofftank, das Luftfiltergehäuse und die Vergaser (siehe Kapitel 3).
4 Ziehen Sie die Zündkerzenstecker von den Kerzen ab (siehe Kapitel 1).
5 Lösen Sie schrittweise (eine viertel Umdrehung zurzeit) und über Kreuz die Ventildeckelschrauben, bis sie locker sind. Entfernen Sie die Schrauben samt ihrer Gummidichtungen.

7.7 Ersetzen Sie die obere Kettenführung innerhalb des Ventildeckels, wenn sie verschlissen oder beschädigt ist.

Wenn bei Modellen ab 1996 der Zugang aufgrund des Ölkühlers schwierig ist, muss dieser entfernt werden (siehe Sektion 32).

6 Heben Sie den Ventildeckel vom Zylinderkopf. Wenn er festsitzt, darf er nicht abgehebelt, sondern nur mit einem Kunststoffhammer losgeklopft werden.

Anmerkung: *Achten Sie beim Abheben auf die Passhülsen – wenn diese in das Motorgehäuse fallen, sind größere Arbeiten nötig, um sie wieder zu finden.*

Einbau

7 Ziehen Sie die Gummidichtung aus dem Deckel. Wenn sie Anzeichen von Beschädigung oder Alterung aufweist, muss sie ersetzt werden. Begutachten Sie die obere Steuerkettenführung im Ventildeckel, und ersetzen Sie sie, wenn sie beschädigt oder verschlissen ist (siehe Abbildung).
8 Reinigen Sie die Dichtflächen am Zylinderkopf und dem Ventildeckel mit Lackverdünner, Azeton oder Bremsenreiniger.
9 Legen und drücken Sie sorgfältig die Dichtung in die Nut des Ventildeckels (siehe Abbildung).
10 Setzen Sie den Deckel auf den Zylinderkopf, und kontrollieren Sie, ob die Dichtung richtig sitzt.
11 Kontrollieren Sie die Gummidichtungen der Ventildeckelschrauben, ersetzen Sie sie nötigenfalls. Setzen Sie die Schrauben samt Dichtungen und Scheiben ein, und ziehen Sie sie gleichmäßig und über Kreuz mit dem am Anfang des Kapitels angegebenen Drehmoment an.

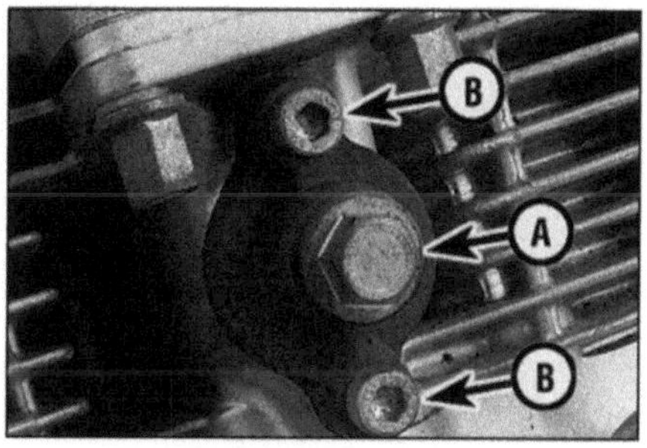

8.1 Lockern Sie die Kettenspanner-Abdeckschraube (A), und entfernen Sie die Kettenspannerbefestigungen (B).

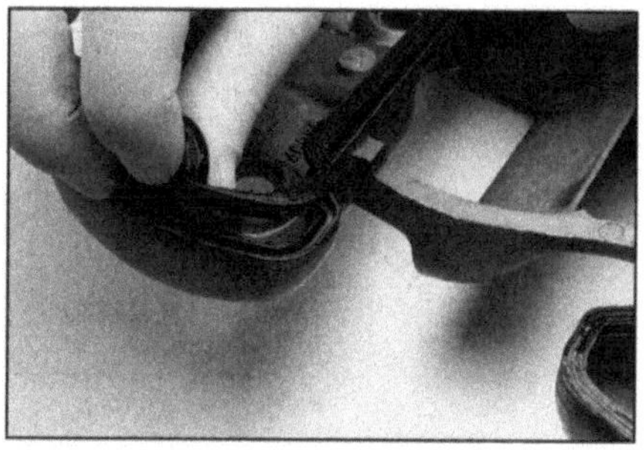

7.9 Die Dichtung muss korrekt in ihrer Nut liegen.

12 Installieren Sie die übrigen Teile in umgekehrter Reihenfolge ihrer Demontage.

8 Steuerkettenspanner
Ausbau und Einbau

Ausbau

1 Lockern Sie die Abdeckschraube des Spanners, wenn dieser noch im Motor installiert ist (siehe Abbildung).
2 Lösen Sie die beiden Steuerkettenspanner-Halteschrauben, und ziehen Sie den Spanner aus dem Zylinderblock.
3 Entfernen Sie Abdeckschraube, die Dichtscheibe und die Feder aus dem Spanner, kontrollieren Sie die Spannerbauteile auf Verschleiß und Beschädigungen, und ersetzen Sie sie gegebenenfalls.

Einbau

4 Kontrollieren Sie die Dichtscheibe an der Einstellschraube auf Risse oder Verhärtung. Es kann nicht schaden, die Scheibe prophylaktisch zu ersetzen, wenn die Abdeckschraube entfernt wurde.
5 Heben Sie die Spannerlasche an, drücken Sie den Spannerkolben in das Gehäuse, und lösen Sie die Lasche, um den Kolben innen zu halten (siehe Abbildung).
6 Installieren Sie den Spanner mit einer neuen Dichtung in den Zylinderblock. Die Lasche und die Ratschzähne des Spanners müssen dabei nach unten zeigen.

8.5 Heben Sie die Lasche an (Pfeil), drücken Sie den Spannerkolben in das Gehäuse, und lösen Sie die Lasche – der Kolben muss wie gezeigt im Gehäuse verbleiben, um Schäden beim Einbau des Spanners zu vermeiden. Die Spannerlasche muss beim Einbau nach unten zeigen.

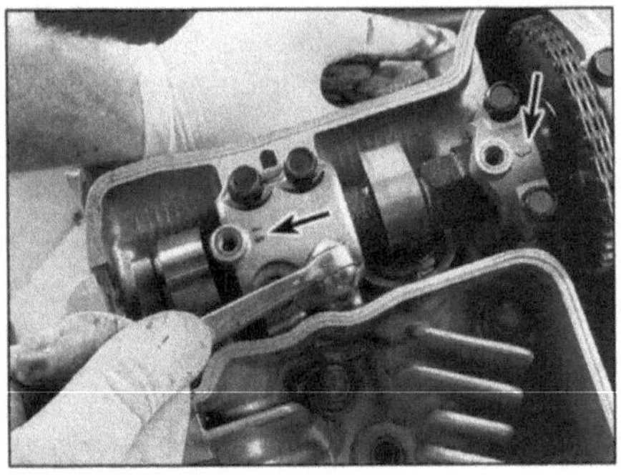

9.6 Die Lagerböcke der Nockenwellen sind nummeriert (linker Pfeil), die inneren Böcke tragen einen Pfeil, der zur Kupplungsseite (rechts) zeigt (rechter Pfeil). Zusätzlich sind sie mit einem I (Einlass) oder E (Auslass) versehen.

9.8a Heben Sie die Kette von den Ritzeln, und entfernen Sie die Nockenwellen.

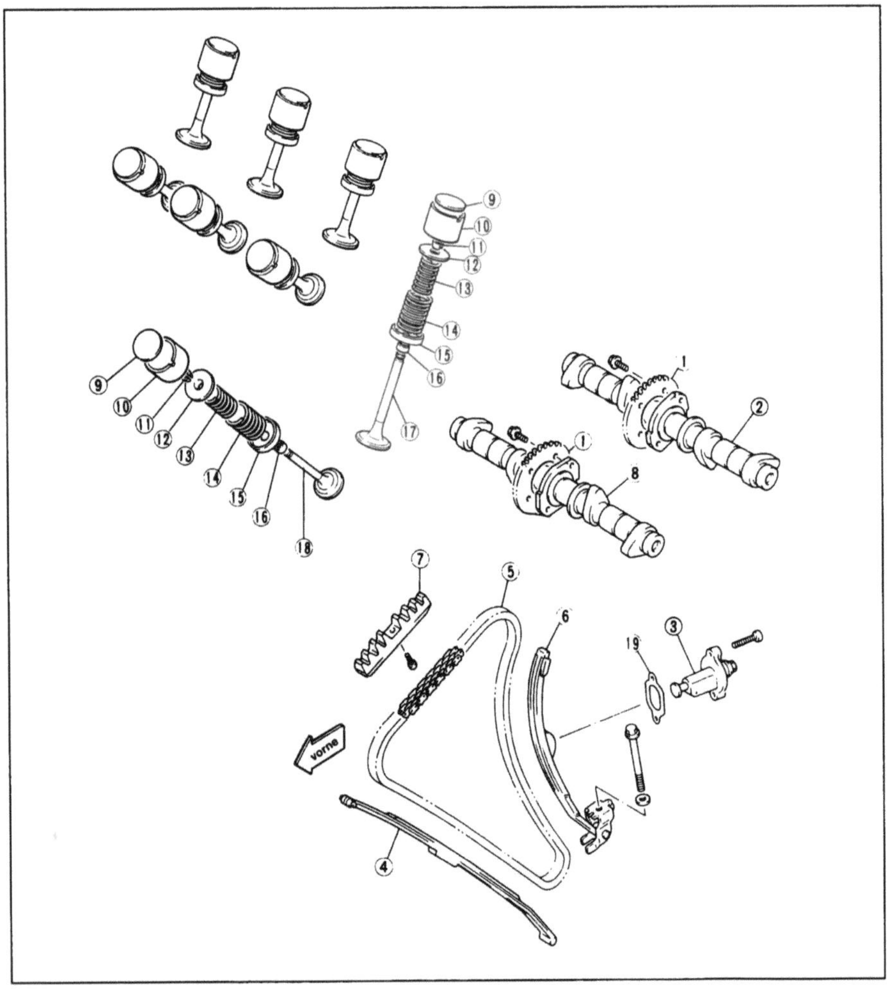

9.8b Nockenwellen, Ventile und Steuerkettenspanner – Explosionsansicht

1 *Nockenwellenritzel*
2 *Einlassnockenwelle*
3 *Steuerkettenspanner*
4 *vordere Steuerkettenführung*
5 *Steuerkette*
6 *hintere Steuerkettenführung*
7 *obere Steuerkettenführung*
8 *Auslassnockenwelle*
9 *Ventileinstellplättchen (»Shim«)*
10 *Tassenstößel*
11 *Ventilschaftkeile*
12 *Ventilfederhalter*
13 *innere Ventilfeder*
14 *äußere Ventilfeder*
15 *Ventilfedersitz*
16 *Ventilschaftdichtung*
17 *Einlassventil*
18 *Auslassventil*
19 *Dichtung*

Achtung: Der Spanner kann auch falsch herum in den Motor gesetzt werden, doch wird dann das Gehäuse beim Anziehen der Schrauben reißen!

7 Ziehen Sie die Halteschrauben mit dem vorgeschriebenen Drehmoment fest.
8 Installieren Sie die Spannerfeder, die Dichtscheibe und die Abdeckschraube, ziehen Sie diese vorschriftsmäßig fest.

9 Nockenwellen und Stößel
Ausbau, Kontrolle und Einbau

Anmerkung: *Nockenwellen und Stößel können bei im Rahmen befindlichem Motor ausgebaut werden.*

Nockenwellen

Ausbau

1 Stellen Sie das Motorrad auf den Hauptständer oder eine geeignete Stütze.
2 Entfernen Sie den Ventildeckel (siehe Sektion 7). Bei Modellen mit Ölkühler wird empfohlen, diesen für einen besseren Zugang zu entfernen (siehe Sektion 32).
3 Um den Zusammenbau zu erleichtern, sollten an den Ritzeln, der Kette und der Nockenwelle mit einem Filzstift Markierungen angebracht werden. Die Nockenspitzen zeigen im Verdichtungstakt voneinander weg (siehe Abbildung 25.7 in Kapitel 1).
4 Entfernen Sie den Steuerkettenspanner (siehe Sektion 8).
5 Wenn Sie planen, die Ritzel von den Nockenwellen zu demontieren, müssen Sie die Wellen mit einem auf den integrierten Sechskant gesetzten Maulschlüssel am Verdrehen hindern. Die Ritzel müssen nur demontiert werden, wenn sie oder eine Nockenwelle ersetzt werden soll.
6 Lockern Sie die Lagerbockschrauben der Nockenwellen schrittweise von außen nach innen, bis alle lose sind (siehe Abbildung).

Achtung: Wenn die Lagerschildschrauben nicht gleichmäßig gelockert werden, kann die Nockenwelle verkanten. Beachten Sie, dass jeder Lagerbock mit einem Buchstaben (I für Inlet = Einlass, E für Exhaust = Auslass) und einer Zahl von 1 bis 4 markiert ist.

7 Entfernen Sie die Schrauben, und heben Sie die Lagerböcke ab. Die Passstifte verbleiben entweder im Zylinderkopf oder dem Lagerbock – verlieren Sie sie nicht.
8 Ziehen Sie die Nockenwelle aus der Kette, und entfernen Sie sie (siehe Abbildung).
9 Lassen Sie die Steuerkette bei demontierten Nockenwellen nicht zu locker, sie kann zwischen Kurbelwellenritzel und Motorgehäuse verkanten und dieses beschädigen. Sichern Sie die Kette mit einem Stück Draht am Herunterfallen, und decken Sie den Zylinderkopf mit einem Lappen ab, um keine Fremdkörper hineinfallen zu lassen.

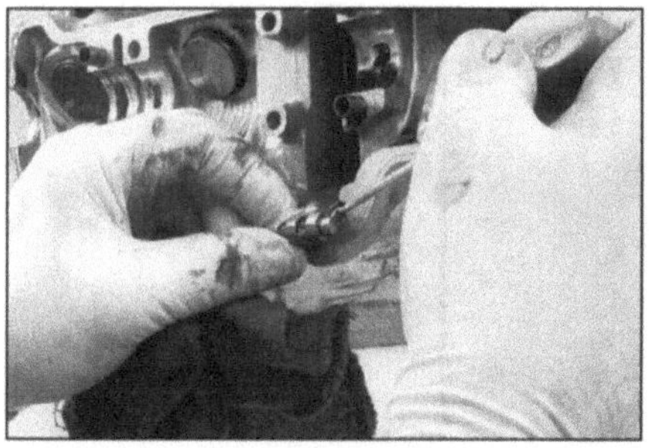

9.10 Heben Sie die vordere Steuerkettenführung (Auslassseite) heraus.

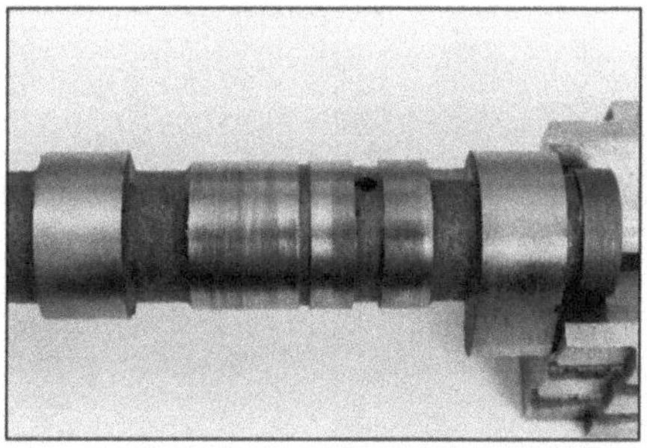

9.12a Kontrollieren Sie die Oberflächen der Gleitlager auf Riefen oder Verschleiß.

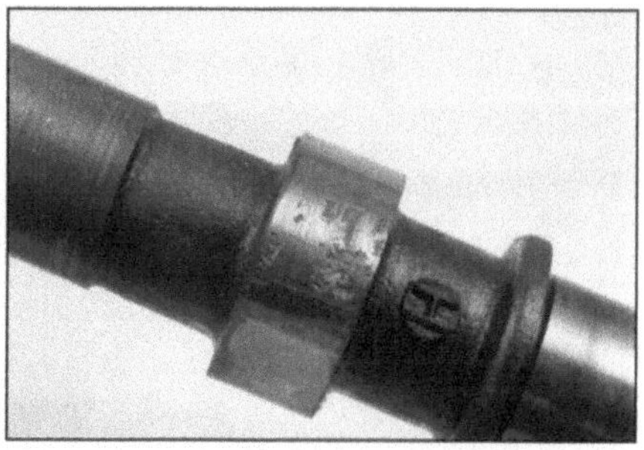

9.12b Untersuchen Sie die Nocken auf Verschleiß – hier ein stark beschädigtes Beispiel, das einen Austausch (oder eine Reparatur) der Nockenwelle nötig macht.

10 Heben Sie die vordere Steuerkettenführung heraus (siehe Abbildung).

Kontrolle

Anmerkung: *Vor dem Ersetzen des Zylinderkopfes, der Lagerschilder und der Nockenwelle durch Neuteile sollten Sie Motoreninstandsetzungsbetriebe konsultieren, die sich auf Motorradmotoren spezialisiert haben. Im Falle der defekten Nockenwelle besteht die Möglichkeit des Aufschweißens von Material, das geglättet und gehärtet wird, zu einem Preis, der weit unter dem einer neuen Welle liegt. Wenn die Gleitlageroberflächen des Zylinderkopfes oder der Lagerschilder beschädigt sind, kann man eventuell das Lager aufbohren und Lagerschalen einsetzen. Verglichen mit den Kosten eines neuen Zylinderkopfes ist sehr zu empfehlen, sich zu erkundigen, ob sich diese Arbeiten durchführen lassen.*

11 Begutachten Sie die Lagergleitflächen des Zylinderkopfes und der Lagerböcke. Achten Sie auf Kerben, tiefe Riefen und Anzeichen von Abblätterungen (die zu Ausbrüchen führen können).

12 Kontrollieren Sie die Lagergleitflächen der Nockenwelle und die Nocken auf Anlassfarben durch Überhitzung (blaue Erscheinung), Kerben, Absplitterungen, Pitting und Risse (siehe Abbildung). Messen Sie die Höhe jeder Nocke, und vergleichen Sie die Werte mit den in den *Technischen Daten* am Anfang des Kapitels angegebenen (siehe Abbildung). Bei Beschädigungen oder starkem Verschleiß muss die Nockenwelle ersetzt werden.

13 Als Nächstes soll das Lagerspiel der Nockenwellen ermittelt werden. Reinigen Sie die Nockenwellen und die Lageroberflächen im Zylinderkopf und den Böcken mit einem sauberen fusselfreien Stoff, und legen Sie die Nockenwellen an ihren Platz im Zylinderkopf.

14 Schneiden Sie einige passende Stücke von den im Fachhandel erhältlichen Plastigauge Quetsch-Messstreifen (Typ HPG-1) ab, und legen Sie sie parallel zur Drehachse der Wellen auf jeden Lagerzapfen.

15 Setzen Sie die Passhülsen ein, und legen Sie die Lagerböcke entsprechend ihren beim Ausbau notierten Positionen auf. Die Pfeile darauf müssen nach rechts (zur Kupplung) zeigen, die Zahlen müssen der Zylindernummerierung entsprechen (links beginnend) und die Buchstaben I müssen vorne, E hinten stehen. Ziehen Sie die Lagerbockschrauben in drei Schritten bis zum vorgeschriebenen Drehmoment an.

Achtung: Ziehen Sie die Lagerbockschrauben gleichmäßig bis zum vorgeschriebenen Drehmoment an. Drehen Sie dabei NICHT die Nockenwelle. Halten Sie sie mit einem Maulschlüssel am Sechskant in Position.

16 Lösen Sie die Schrauben wieder schrittweise, und heben Sie die Lagerböcke vorsichtig ab.

17 Um das Lagerspiel ermitteln zu können, müssen die gequetschten Plastikstreifen jedes

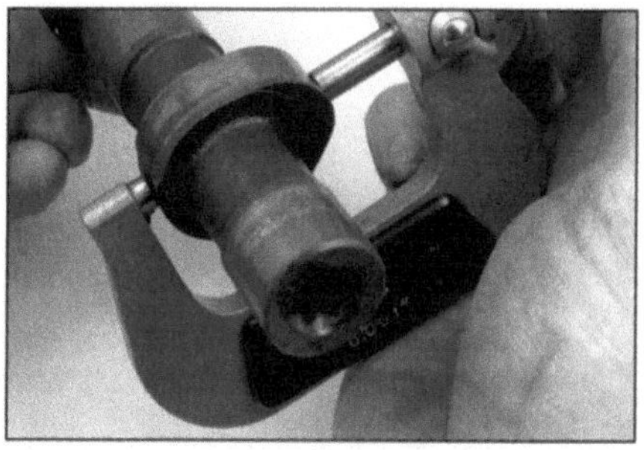

9.12c Messen Sie die Höhe der Nocken mit einer Mikrometerschraube.

Lagers an ihrer breitesten Stelle gemessen und mit der auf ihrer Verpackung gedruckten Skala verglichen werden (siehe Abbildung). Vergleichen Sie die Ergebnisse mit den *Technischen Daten* dieses Kapitels. Wenn das Lagerspiel größer als angegeben ist, müssen Sie den Durchmesser des Lagerzapfens der Nockenwelle mit einer Mikrometerschraube nachmessen (siehe Abbildung). Wenn er im Toleranzbereich ist, sind Zylinderkopf und Lagerschilder verschlissen und müssen ersetzt werden. Wenn der Durchmesser kleiner als angegeben ist, ersetzen Sie die Nockenwelle, und führen Sie die Kontrolle erneut durch. Wenn das Spiel immer noch zu groß ist, müssen auch Zylinderkopf und Lagerböcke ersetzt werden (siehe Anmerkung vor Schritt 11).

18 Außer im Falle von Ölmangel ist der Verschleiß der Steuerkette sehr gering. Wenn sie sich übermäßig gelängt hat, wird die Einhal-

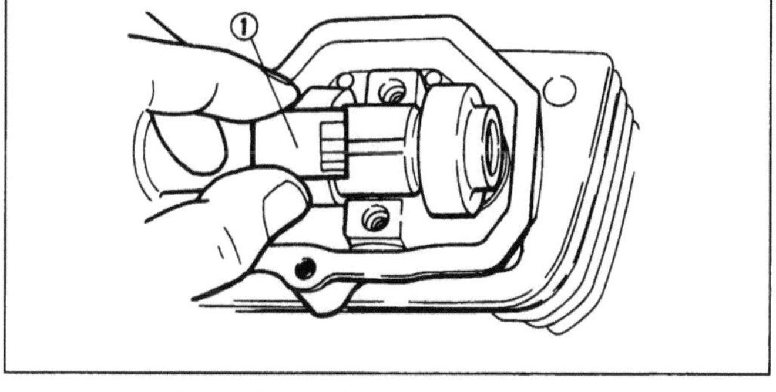

9.17a Messen Sie die Breite des gequetschten Plastikstreifens mit der mitgelieferten Skala (1), und lesen Sie das Lagerspiel ab.

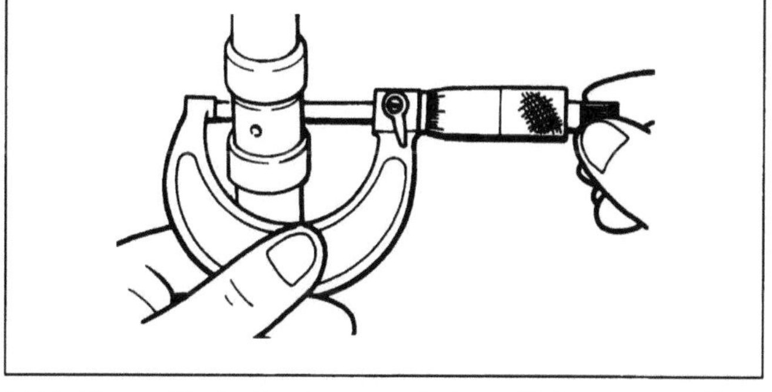

8.17b Messen Sie den Durchmesser der Lagerfläche mit einer Mikrometerschraube.

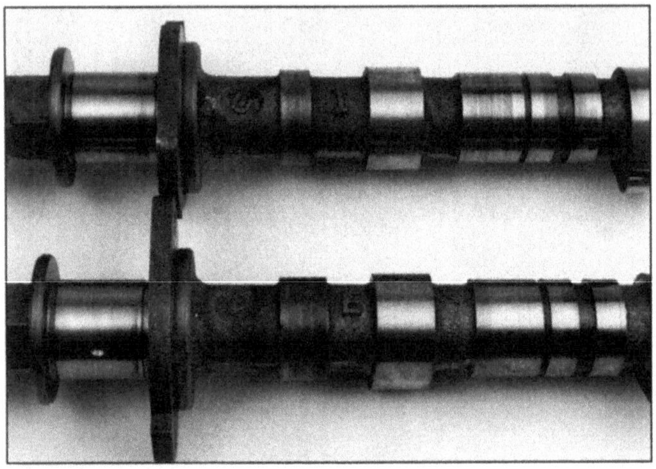

9.24a Die Nockenwellen sind mit einem I (Inlet = Einlass) oder einem E (Exhaust = Auslass) markiert.

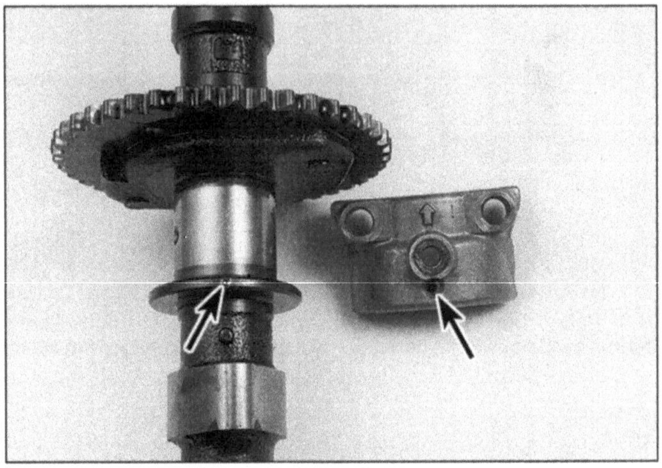

9.24b Wenn die Nockenwelle im OT steht, ist die Körnermarkierung (linker Pfeil) durch die Bohrung des Lagerbocks (rechter Pfeil) zu sehen.

tung der richtigen Spannung schwierig, und sie muss ausgewechselt werden (siehe Sektion 27).

19 Kontrollieren Sie die Ritzel auf ausgebrochene Zähne und andere Beschädigungen, ersetzen Sie sie, wenn nötig. Beachten Sie, dass bei der Erneuerung der Kettenritzel auch die Steuerkette gewechselt werden muss. Wenn die Ritzel verschlissen sind, ist die Kette ebenfalls am Ende, genauso wie das Ritzel auf der Kurbelwelle (welches nicht demontiert werden kann). Wenn ein solch starker Verschleiß aufgetreten ist, muss der gesamte Motor zur Inspektion zerlegt werden.

20 Kontrollieren Sie die obere Steuerketten-Führungsschiene (Sektion 27) und die vordere Schiene auf Verschleiß und Beschädigungen. Wenn sie schadhaft sind, wird die Kette verschlissen oder falsch eingestellt worden sein. Das Ersetzen der Steuerkette erfordert den Ausbau der Kurbelwelle (siehe Sektion 25).

Einbau

21 Die Kurbelwelle muss immer noch so stehen, dass Zylinder Nr. 1 im Verdichtungs-OT steht (siehe Kapitel 1, Sektion 25: Ventilspiel-Kontrolle).

22 Installieren Sie die Nockenwellenritzel, falls sie demontiert waren, und ziehen Sie die Schrauben vorschriftsmäßig an.

23 Gehen Sie sicher, dass alle Lageroberflächen im Zylinderkopf den Lagerböcken sauber sind, und benetzen Sie alles mit Molybdänfett.

24 Schmieren Sie die Nocken mit Molybdänfett ein, stellen Sie sicher, dass die Gleitflächen der Wellen sauber sind, und legen Sie sie in den Zylinderkopf. Die mit einem I markierte Welle gehört nach hinten (zu den Vergasern), die mit einem E markierte Welle muss nach vorne (siehe Abbildung). Stellen Sie sicher, dass die kleine Körnermarkierung in der Nähe des 2. Lagerbockes gerade nach oben zeigt (siehe Abbildung).

25 Setzen Sie alle Lagerböcke in Position.

a) Die Pfeile darauf müssen nach rechts (zur Kupplung) zeigen.

b) Die Zahlen müssen der Zylindernummerierung entsprechen (links beginnend).

c) Die Lagerböcke Nr. 2 und 3 sind nicht nummeriert, können aber an ihren unterschiedlichen Formen unterschieden werden.

d) Der Buchstabe I muss vorne, E hinten stehen.

26 Ziehen Sie die Lagerbockschrauben in drei Schritten bis zum vorgeschriebenen Drehmoment von 10 Nm an.

27 Prüfen Sie erneut die Ausrichtung der Nockenwellenmarkierung (kleiner Körnerpunkt) auf der Auslassnockenwelle. Sie muss mit der Bohrung oben im Lagerbock Nr. 2 fluchten (siehe Abbildung 9.24b). Legen Sie jetzt die Steuerkette auf. Die Ritzel müssen an ihren Flanschen der Welle sitzen, doch dürfen die Schrauben noch nicht installiert werden.

28 Drehen Sie die Auslassnockenwelle im Uhrzeigersinn (links vom Motor aus betrachtet), um jegliches Spiel aus der Steuerkette zu ziehen. Während die Körnermarkierung weiterhin mit der Bohrung des Lagerbocks fluchtet, wird die Ritzelschraube eingesetzt und leicht angezogen.

Anmerkung: *Wenn die Ritzelschraubenbohrung nicht fluchtet, muss die Steuerkette neu aufgelegt werden.*

29 Drehen Sie die Einlassnockenwelle im Uhrzeigersinn (links vom Motor aus betrachtet), um jegliches Spiel aus der Steuerkette zu ziehen. Während die Körnermarkierung weiterhin mit der Bohrung des Lagerbocks fluchtet, wird die Ritzelschraube eingesetzt und leicht angezogen. Wenn die Ritzelschraubenbohrung nicht fluchtet, muss die Steuerkette entsprechend neu aufgelegt werden.

30 Kontrollieren Sie noch einmal, dass alle Steuerzeitenmarkierungen – auf dem Zündrotor, den Nockenwellen und dem Lagerbock Nr. 2 – korrekt ausgerichtet sind.

31 Gießen Sie reichlich sauberes Motoröl über die Steuerkette und auf die Nockenwellen, sodass es auch auf die Ritzel und die Tassenstößel fließt.

Achtung: Wenn die Markierungen nicht exakt sind, stimmen die Steuerzeiten nicht, und die Ventile berühren die Kolben, sobald man den Motor durchdreht. Hierdurch können große Schäden entstehen. Stellen Sie sicher, dass die Position der Kurbelwelle (zu sehen am Zündrotor) sich nicht verändert hat.

32 Installieren Sie die vordere Steuerkettenführung und den Steuerkettenspanner.

33 Drehen Sie die Kurbelwelle mit einem an die Rotorschraube gesetzten Schlüssel gegen den Uhrzeigersinn. Wenn Sie einen plötzlichen Widerstand fühlen, muss sofort gestoppt werden – die Ventile können bei unkorrekter Montage die Kolben berühren. Finden Sie das Problem heraus, und beseitigen Sie es, bevor Sie den Motor weiter drehen, da ansonsten großer Schaden entstehen kann. Kontrollieren Sie erneut die Ausrichtung der Nockenwellenmarkierung zur Bohrung des 2. Lagerbocks und die Zündrotorposition.

34 Setzen Sie das Drehen fort, bis die Schraubenbohrungen der Nockenwellenritzel sichtbar sind, und ziehen Sie alle vier Schrauben vorschriftsmäßig mit 24 Nm an.

35 Der weitere Zusammenbau entspricht der umgekehrten Ausbaureihenfolge.

Stößel

Ausbau

36 Bauen Sie die Nockenwellen aus (siehe oben). Achten Sie darauf, die Steuerkette stramm zu halten.

37 Besorgen Sie sich eine Lagermöglichkeit für jeden Tassenstößel und sein Einstellplättchen (ein Eierkarton ist ideal), und markieren Sie die Fächer entsprechend des Zylinders (von 1 bis 4) und der Position im Einlass oder Auslass. Die Stößel und ihre Bohrungen haben sich angepasst, weswegen sie nicht verwechselt werden dürfen, wenn sie wiederverwendet werden.

38 Markieren Sie jeden Stößel und Shim, und ziehen Sie beide Teile mit einem Magneten aus ihrer Bohrung im Zylinderkopf (siehe Ab-

9.38 Markieren Sie die Stößel und Shims mit einem Filzstift, um ihre korrekte Einbaulage sicherzustellen. Ziehen Sie sie dann aus ihren Bohrungen.

10.8 Entfernen Sie die Muttern und Scheiben, mit denen der Zylinderkopf vorne am Zylinderblock befestigt ist (entfernen Sie auch die zwei Muttern auf der Rückseite).

bildung). Wenn die Stößel stecken, sollte der Bereich der Führung mit Vergaserreiniger eingesprüht und gewartet werden, bis er eingezogen ist. Legen Sie die Stößel entsprechend ihrer Position an seinem Lagerplatz.

Kontrolle

39 Kontrollieren Sie die Gleitflächen der Stößel auf Anzeichen von Kerben oder anderen Beschädigungen. Kontrollieren Sie das Spiel zwischen Stößel und Bohrung. Obwohl Yamaha keine Toleranzwerte hierfür angibt, sollte der Stößel ersetzt werden, wenn er übermäßig locker sitzt. Wenn die Bohrung offensichtlich unrund oder kegelförmig ist, muss auch der Zylinderkopf erneuert werden.

Einbau

40 Benetzen Sie die Tassenstößel und ihre Bohrungen mit sauberem Motoröl. Geben Sie einen Tropfen Molybdänfett auf die Rückseite des Einstellplättchens, bevor Sie es einbauen.

41 Der weitere Zusammenbau entspricht der umgekehrten Ausbaureihenfolge.

10 Zylinderkopf
Ausbau und Einbau

Achtung: Der Motor muss vor dieser Arbeit komplett abgekühlt sein, weil sonst die Gefahr besteht, dass sich der Zylinderkopf verziehen kann.

Anmerkung: *Der Zylinderkopf kann bei im Rahmen befindlichem Motor ausgebaut werden. Wenn der Motor bereits ausgebaut ist, können die unnötigen Schritte ignoriert werden.*

Ausbau

1 Entfernen Sie den Ventildeckel (siehe Sektion 7). Bei entsprechend ausgerüsteten Modellen muss der Ölkühler entfernt werden (siehe Sektion 32).

2 Entfernen Sie die Auspuffanlage (siehe Kapitel 3).

3 Drehen Sie die Kurbelwelle so, dass Zylinder Nr. 1 im Verdichtungs-OT stehen (siehe Kapitel 1, Sektion 25 – Ventilspielkontrolle).

4 Entfernen Sie den Steuerkettenspanner (siehe Sektion 8).

5 Entfernen Sie die Nockenwellen (siehe Sektion 9).

6 Die Tassenstößel können in ihren Bohrungen verbleiben oder entfernt werden (siehe Sektion 9). Wenn Sie den Zylinderkopf auf den Kopf drehen müssen (z.B. zum Ventile-Einschleifen oder zur Dichtflächenvermessung), sind die Stößel zu entfernen.

7 Entfernen Sie die vordere Steuerkettenführung (siehe Sektion 9).

8 Entfernen Sie die Muttern und Scheiben vorne am Zylinderkopf (siehe Abbildung).

9 Entfernen Sie die Muttern und Scheiben hinten am Zylinderkopf.

10 Lockern Sie die Zylinderkopfmuttern jeweils schrittweise um eine halbe Umdrehung **entgegen** der Anzugsreihenfolge (siehe Abbildung).

11 Wenn alle Muttern locker sind, werden sie samt Scheiben abgenommen. Die zwei Scheiben rechts (Kupplungsseite) sind aus Kupfer, während die anderen aus Stahl sind.

12 Ziehen Sie den Zylinderkopf über die Stehbolzen vom Zylinderblock (siehe Abbildung). Wenn er sich nicht löst, muss er mit einem

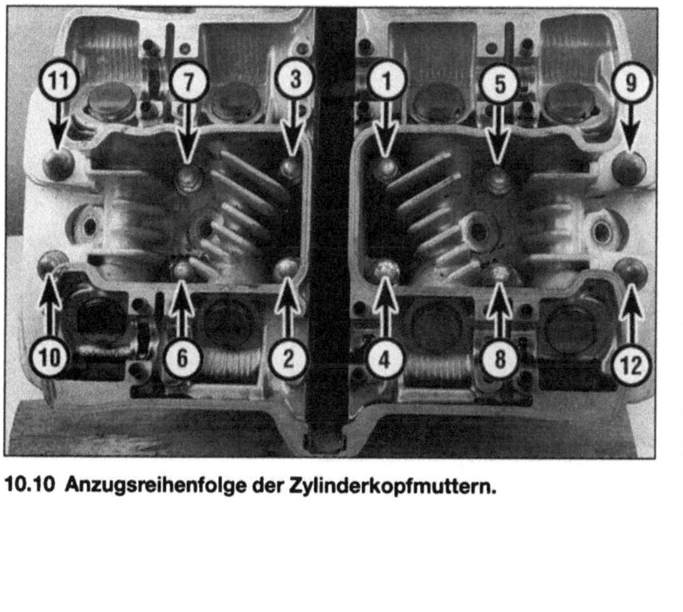

10.10 Anzugsreihenfolge der Zylinderkopfmuttern.

10.14 Entfernen Sie die Passhülsen und O-Ringe vom Zylinderblock.

weichen Holz- oder Gummihammer rundherum leicht losgeklopft werden. Wenn Holzstöcke in die Einlass- oder Auslasskanäle gesteckt werden, kann damit der Kopf vorsichtig losgewackelt werden – verbiegen Sie dabei nicht die Stehbolzen. Benutzen Sie nie einen Schraubendreher zum Abheben, die Dichtflächen des Kopfes und des Zylinderblocks würden dabei zerstört werden.

13 Nehmen Sie die Kopfdichtung ab. Stopfen Sie einen sauberen Lappen in den Steuerkettenschacht, um das Eindringen von Schmutz zu verhindern.

14 Entfernen Sie die Passhülsen und die O-Ringe (siehe Abbildung).

15 Kontrollieren Sie die Zylinderkopfdichtung und die Dichtfläche des Kopfes auf Anzeichen von Undichtigkeit, die ein Indiz für Verzug sein könnte. Wechseln Sie zu Sektion 12, und untersuchen Sie den Zylinderkopf auf Verzug.

16 Entfernen Sie alle Reste alten Dichtmaterials vom Block und Kopf. Wenn Sie einen Schaber benutzen, achten Sie darauf, das weiche Aluminium nicht zu zerkratzen. Passen Sie auf, dass kein Dichtmaterial in das Kurbelgehäuse, die Zylinder oder die Ölbohrungen fällt.

Einbau

Praxis TiPP *Beachten Sie die Werkstatt- und Werkzeug-Tipps im Anhang dieses Buches, um mehr über Dichtungsentfernungsmethoden zu erfahren.*

17 Setzen Sie die Passhülsen auf die Stehbolzen. Setzen Sie zwei neue O-Ringe auf die beiden Stehbolzen an der Kupplungsseite (siehe Abbildung 10.14).

18 Legen Sie eine neue Zylinderkopfdichtung auf den Block. Die Dichtung passt nur in einer Position, dass alle Bohrungen korrekt ausgerichtet sind. Benutzen Sie niemals die alte Kopfdichtung ein zweites Mal.

19 Senken Sie vorsichtig den Zylinderkopf über die Stehbolzen auf den Block, es ist sinnvoll, einen Assistenten die Steuerkette mit einem angebundenen Draht durch den Schacht stramm zu halten, sodass sie sich nicht im Motorgehäuse verklemmen kann. Wenn der Zylinderblock aufliegt, wird der Draht so angebunden, dass die Kette stramm bleibt.

20 Schmieren Sie die Gewinde der Zylinderkopfmuttern mit sauberem Motoröl. Setzen Sie die Muttern mit ihren Scheiben auf, die Kupferdichtungen an der rechten Motorseite müssen erneuert werden. Ziehen Sie die Muttern in der korrekten Reihenfolge zunächst mit dem halben vorgeschriebenen Anzugsdrehmoment an (siehe Abbildung 10.10).

21 Ziehen Sie die Muttern in der gleichen Reihenfolge mit dem vorgeschriebenen Drehmoment an.

22 Schmieren Sie die Gewinde der kleinen Zylinderkopfstehbolzen vorne und hinten mit Motoröl und installieren Sie die Muttern. Ziehen Sie sie mit dem vorgeschriebenen Drehmoment an.

23 Installieren Sie die vordere und obere Steuerkettenführung.

24 Installieren Sie Nockenwellen, Steuerkettenspanner und Ventildeckel (siehe Sektionen 9, 8 und 7).

25 Wechseln Sie das Motoröl (siehe Kapitel 1).

26 Installieren Sie alle entsprechenden Baugruppen entgegen der Ausbaureihenfolge.

11 Ventile/Ventilsitze/ Ventilführungen Überholung

1 Aufgrund der Komplexität dieser Arbeit und der notwendigen Werkzeuge und Ausrüstungen müssen die meisten Motorradbesitzer Arbeiten an den Ventilen, Ventilsitzen und Ventilführungen einer professionellen Werkstatt überlassen.

2 Der Hobbymechaniker kann jedoch schon die Ventile ausbauen und die Bauteile reinigen und auf Verschleiß und Schleifspuren kontrollieren (siehe Sektion 12).

3 Die Werkstatt wird die Ventile und Federn ausbauen, die Ventile und Ventilsitze überarbeiten oder austauschen, die Ventilführungen erneuern, die Ventilfedern, Keile und Federteller kontrollieren und nötigenfalls ersetzen, die Ventilschaftdichtungen austauschen und alles wieder montieren.

4 Nach erfolgter Ventilüberholung ist der Zylinderkopf in einem neuwertigem Zustand. Wenn Sie den Kopf zurückerhalten, sollten Sie ihn vor dem Einbau sorgfältig reinigen und von Metallspäne und Schleifmittelresten befreien, die von der Überholung stammen können. Wenn möglich, sollten alle Löcher und Kanäle mit Druckluft ausgeblasen werden.

12 Zylinderkopf und Ventile Zerlegung, Kontrolle und Zusammenbau

1 Wie schon in der vorherigen Sektion erwähnt, sind das Überholung des Ventiltriebs, Ventilsitz-Fräsen und Austauschen der Führungen eine Arbeit für die Profi-Werkstatt. Jedoch kann – mit den entsprechenden Spezialwerkzeugen – auch der Hobbyschrauber eine Zerlegung, Reinigung und Inspektion vornehmen. Dieser Weg kann viel Geld sparen, besonders wenn die Inspektion ergibt, dass eine Überholung noch gar nicht nötig ist.

2 Um sicherzustellen, dass beim Ausbau der Ventile keine Teile beschädigt werden, ist eine Ventilfederpresse absolut notwendig. Wenn Ihre Ventilfederpresse nicht dafür vorgesehen ist, in die Stößelbohrungen zu greifen, wird ein spezieller Adapter dazu benötigt, die Federn zusammenzudrücken, ohne dabei die Bohrung zu beschädigen (siehe Abbildungen).

Zerlegung

3 Entfernen Sie die Tassenstößel samt Einstellplättchen, wenn dieses noch nicht geschehen ist (siehe Sektion 9). Lagern Sie die Bauteile in einzelnen Behältern, sodass später jedes Teil wieder genau an seinen Platz im Zylinderkopf gebaut werden kann.

4 Vor der Demontage der Ventile muss der Zylinderkopf von allen Resten alter Dichtungen befreit werden. Wenn ein Schaber benutzt wird, muss sehr vorsichtig gearbeitet und aufgepasst werden, dass das weiche Aluminium nicht zerkratzt oder abgehobelt wird. Im Fachhandel gibt es arbeitserleichternde Dichtungsentferner-Flüssigkeit.

5 Schaben Sie alle Kohleablagerungen aus dem Brennraum. Wenn das gröbste entfernt ist, kann mit einer Hand-Drahtbürste (nicht zu hart) oder Schmiergelleinen gearbeitet werden. Benutzen Sie auf keinen Fall einen Drahtbürstenaufsatz für die Bohrmaschine, weil damit das relativ weiche Aluminium schnell beschädigt werden kann.

6 Sorgen Sie dafür, dass alle Bauteile so markiert und gelagert werden, dass sie später wieder genau an ihren Platz im Zylinderkopf gebaut werden können – markierte Plastiktüten eignen sich hierzu bestens.

7 Drücken Sie die Federn des ersten Ventils mit der Federpresse zusammen, und entfernen Sie die Keile (siehe Abbildung 12.2b und 12.7a). Pressen Sie die Federn nicht mehr als nötig, lösen sie vorsichtig die Federpresse, und entfernen Sie die Federn und das Ventil vom Zylinderkopf. Wenn das Ventil in der Führung klemmt und sich nicht hindurchziehen

12.2a Dieser Adapter wird mit einer Standard-Federpresse eingesetzt, um die Stößelbohrungen nicht zu beschädigen.

12.2b Setzen Sie die Ventilfederpresse wie gezeigt an.

lässt, drücken Sie es zurück, und entgraten Sie den Bereich um die Keilnut mit einer sehr feinen Feile oder einem Nassschleifstein (siehe Abbildung).

8 Wiederholen Sie die Prozedur an den folgenden Ventilen, und achten Sie darauf, dass die Einzelteile genau wieder dem entsprechenden Kanal im Zylinderkopf zugeordnet werden.

9 Wenn die Ventile ausgebaut und gekennzeichnet sind, ziehen Sie mit einer Zange die Ventilschaftdichtungen von den Ventilführungen, und entsorgen Sie sie (alte Dichtungen sollten niemals wiederverwendet werden), entfernen Sie dann den Ventilfedersitz.

10 Als nächstes wird der Zylinderkopf mit Lösemittel gereinigt und sorgfältig getrocknet. Druckluft beschleunigt die Trocknung und sorgt dafür, dass alle Löcher und Ecken sauber werden.

11 Reinigen Sie alle Ventilfedern, Keile, Federteller und -sitze mit Lösemittel, und trocknen Sie sie sorgfältig. Reinigen Sie zurzeit immer nur die Teile eines Ventils, um Verwechslung zu vermeiden.

12 Schaben Sie alle Kohleablagerungen von den Ventilen, reinigen Sie Ventilteller und Schaft anschließend mit einem Drahtbürstenaufsatz für die Bohrmaschine. Achten Sie darauf, dass die Ventile nicht durcheinander geraten.

Kontrolle

13 Inspizieren Sie den Zylinderkopf sorgfältig auf Risse und andere Beschädigungen. Wenn Risse festgestellt werden, muss der Zylinderkopf ausgetauscht werden. Kontrollieren Sie die Oberflächen der Nockenwellenlager auf Verschleiß und Klemmspuren, begutachten Sie ebenso die Nockenwellen und Tassenstößel auf Verschleiß (siehe Sektion 9).

14 Mit einem Präzisions-Richtwinkel und einer Fühlerlehre, die im Wert dem maximalen Verzug entspricht (0,03 mm), wird die Dichtfläche des Zylinderkopfes vermessen. Lässt sich die Lehre bei irgendeiner der angegebenen Positionen des Lineal leicht hindurchziehen (siehe Abbildungen), ist die Verschleißgrenze des Kopfes überschritten. Wenn der Zylinderkopf verzogen ist, muss er, falls möglich, geplant werden. Bei zu großem Verzug ist er durch einen neuen zu ersetzen. Wechseln Sie zu den *Werkzeug und Werkstatt-Tipps* im Anhang, um genaue Angaben zur Messung des Zylinderkopfverzugs zu erhalten.

15 Begutachten Sie die Ventilsitze im Brennraum. Wenn sie Ausbrüche, Risse oder Verbrennungen zeigen, übersteigt die notwendige Arbeit die Möglichkeiten eines Hobbyschraubers. Messen Sie die Breite des Ventilsitzes (siehe Abbildung), und vergleichen Sie den Wert mit den Angaben in den *Technischen Daten*. Wenn er die Verschleißgrenze überschritten hat oder ungleichmäßig breit ist, wird eine Ventilüberholung nötig.

16 Reinigen Sie die Ventilführungen, und entfernen Sie die Ölkohle. Messen Sie den Innendurchmesser der Führung (an beiden Enden und der Mitte) mit einem Innen-Feinmessgerät und einer Mikrometerschraube (siehe Abbildungen). Notieren Sie die Ergebnisse für spätere Messungen. Das Ergebnis zeigt Ihnen zusammen mit dem Ventilschaftdurchmesser dessen Spiel in der Führung – und damit die Notwendigkeit einer Ventilüberholung. Die Führung ist an den Enden und in der Mitte zu messen, um festzustellen, ob sie glockenförmig ausgeschlagen ist (mehr Verschleiß an den Enden hat). Wenn die Führung in dieser Weise verschlissen sind, muss sie auf jeden Fall ausgewechselt werden.

17 Kontrollieren Sie sorgfältig die Dichtflächen jedes Ventiltellers auf Risse, Löcher und Brandspuren. Kontrollieren Sie den Ventilschaft und die Keilnuten auf Brüche (siehe Abbildung). Drehen Sie das Ventil, und achten Sie auf Anzeichen von Krümmung. Prüfen Sie die Ventilschaftenden auf Löcher und übermäßigen Verschleiß. Eines der oben beschriebenen Anzeichen ist ein klarer Hinweis auf eine Ventilüberholung.

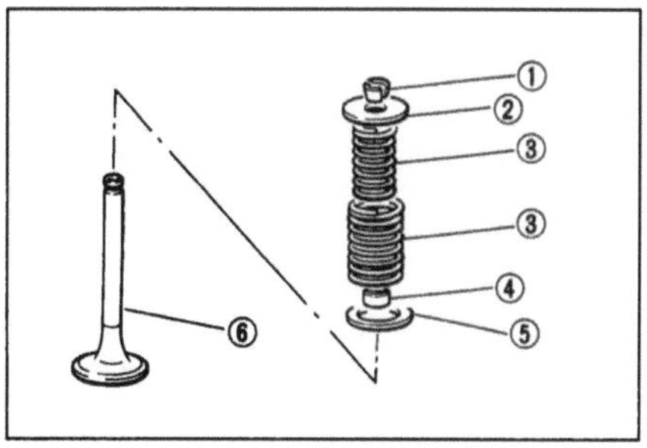

12.7a Ventil-Bauteile

1 Keile
2 Federteller
3 Ventilfeder (2 Stück)
4 Ventilschaftdichtung
5 Federsitz
6 Ventil

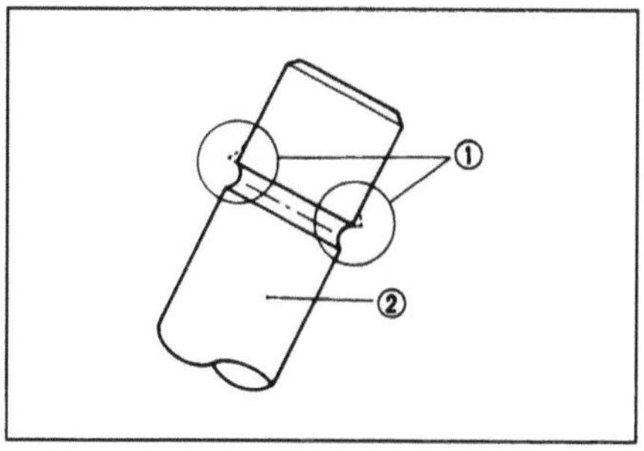

12.7b Wenn sich der Ventilschaft nicht durch die Führung ziehen lässt, entfernen Sie alle Grate an den Keilnuten.

1 Grate (mit Feile zu entfernen)
2 Ventilschaft

12.14a Legen Sie ein Präzisionslineal über die Dichtfläche des Zylinderkopfes, und versuchen Sie, eine 0,03-mm-Fühlerlehre hindurchzuschieben.

12.14b Messen Sie über diese Linien.

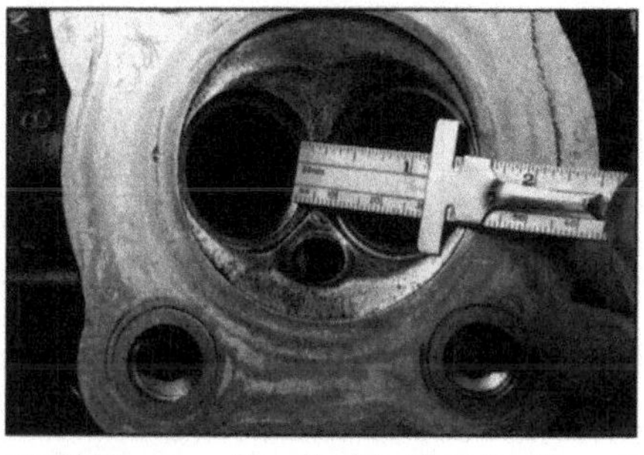

12.15 Messen Sie die Ventilsitzbreite mit einem Lineal (benutzen Sie für größere Genauigkeit einen Messschieber).

12.16a Setzen Sie ein Innen-Feinmessgerät in die Ventilführung. Stellen Sie es so ein, dass es mit leichtem Druck herauszuziehen ist.

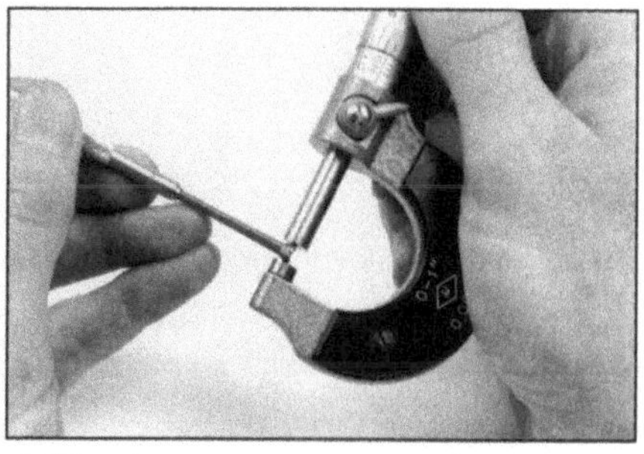

12.16b Messen Sie das Innen-Feinmessgerät mit einer Mikrometerschraube.

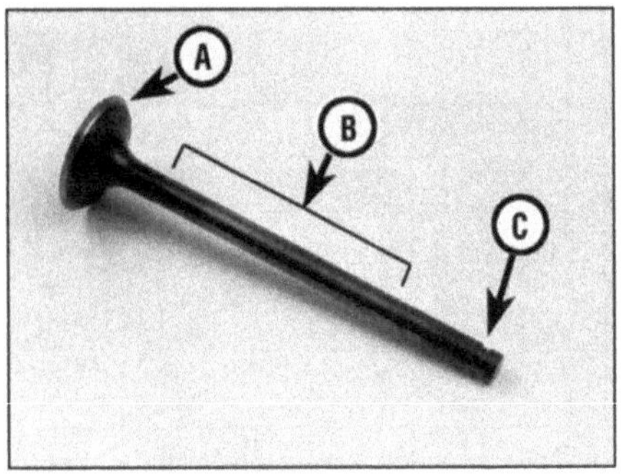

12.17 **Kontrollieren Sie den Ventilteller (A), den Schaft (B) und die Keilnut (C) auf Anzeichen von Verschleiß und Beschädigung.**

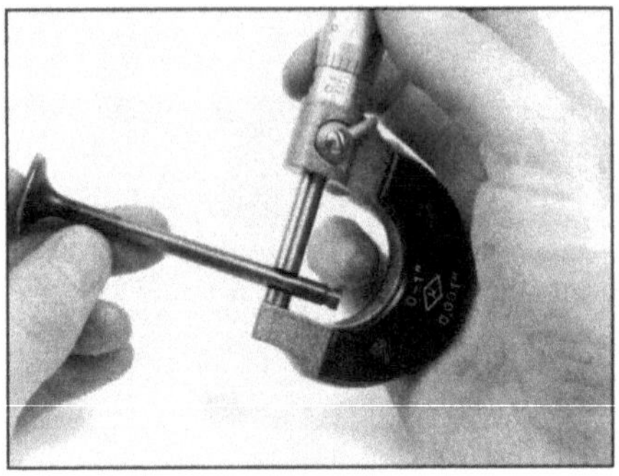

12.18a **Messen Sie den Ventilschaftdurchmesser mit einer Mikrometerschraube.**

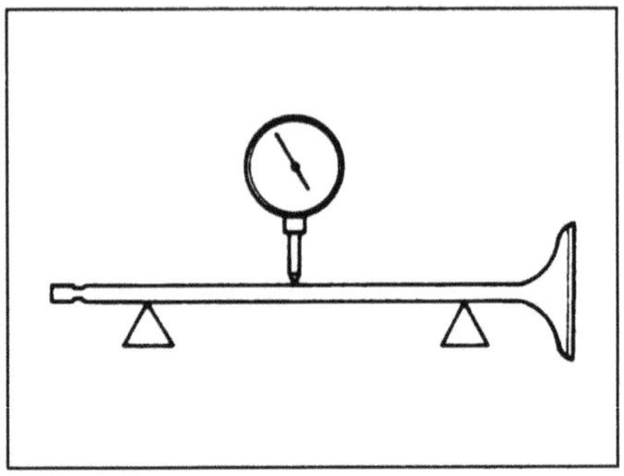

12.18b **Messen Sie den Verzug des Ventils mit einer Mikrometerschraube.**

18 Messen Sie den Ventilschaftdurchmesser (siehe Abbildung). Ziehen Sie das Ergebnis von dem notierten Wert der Ventilführung ab, und Sie erhalten das Spiel des Schaftes in der Führung. Wenn es größer als in den *Technischen Daten* angegeben ist, müssen Führungen und Ventile ersetzt werden. Mit einem Bock und einer Messuhr wird der Rundlauf des Ventilschafts gemessen (siehe Abbildung), drehen Sie das Ventil, und beobachten Sie die Messuhr. Liegt der gemessene Verzug des Ventils höher als die in den *Technischen Daten* angegebene Toleranzgrenze, muss es ausgewechselt werden.

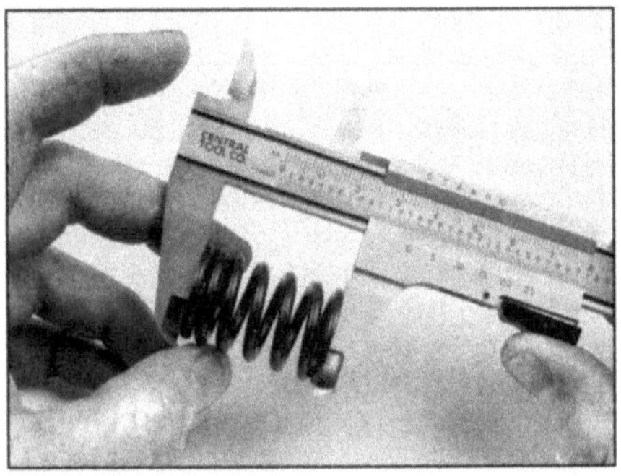

12.19a **Messen Sie die freie Länge der Ventilfedern.**

19 Kontrollieren Sie die Enden der Ventilfedern auf Verschleiß und Narben. Messen Sie die freie Länge der Federn, und vergleichen Sie sie mit den Angaben in den *Technischen Daten* (siehe Abbildung). Ist eine Feder kürzer, so ist sie erlahmt und muss ersetzt werden. Stellen Sie die Feder auf eine ebene Oberfläche, und kontrollieren Sie sie mit Hilfe eines Winkels auf Krümmung (siehe Abbildung). Wenn sie stärker als erlaubt verbogen ist, muss sie ersetzt werden.

20 Kontrollieren Sie die Federteller und Keile auf sichtbaren Verschleiß und Brüche. Alle fraglichen Teile sollten nicht wiederverwendet werden, da bei ihrem Ausfall im Motorbetrieb sehr großer Schaden entstehen kann.

21 Wenn die Inspektion erkennen lässt, dass keine Überholung notwendig ist, können die Bauteile des Ventiltriebs wieder in den Zylinderkopf installiert werden.

Zusammenbau

22 Unabhängig von einer vorangegangenen Ventilüberholung sollten die Ventile vor dem Einbau in den Kopf eingeschliffen (geläppt) werden, um die Dichtigkeit an den Ventilsitzen sicherzustellen. Für diese Arbeit benötigt man grobe und feine Ventilschleifpaste sowie einen Ventildreher. Wenn dieses Werkzeug nicht zur Hand ist, kann auch ein Stück Gummi- oder Plastikschlauch über den Ventilschaft geschoben (nachdem das Ventil in die Führung gesteckt wurde) und damit das Ventil gedreht werden.

23 Geben Sie etwas von der groben Schleifpaste auf die Ventildichtfläche, und stecken Sie das Ventil in die Führung (siehe Abbildung).

Anmerkung: *Gehen Sie sicher, dass das Ventil in der richtigen Führung steckt und das keine Schleifpaste an den Ventilschaft gerät.*

24 Befestigen Sie den Ventildreher (oder den Schlauch) am Ventil, und drehen sie ihn zwischen den Handflächen. Hin- und Herdrehen ist dem Drehen in einer Richtung vorzuziehen. Heben Sie das Ventil regelmäßig vom Sitz, und verteilen Sie die Paste ordentlich. Setzen Sie das Schleifen solange fort, bis die Dichtflächen am Ventil und am Sitz eine gleichmäßige Breite und am ganzen Umfang keine Unterbrechungen haben (siehe Abbildungen).

25 Ziehen Sie vorsichtig das Ventil aus der Führung, und wischen Sie alle Schleifpastenreste ab. Reinigen Sie das Ventil mit Lösemittel, und wischen Sie es sorgfältig mit einem Lösemittel getränkten Tuch ab.

26 Wiederholen Sie den Arbeitsgang mit der Feinschleifpaste, verfahren Sie mit den anderen Ventilen genauso.

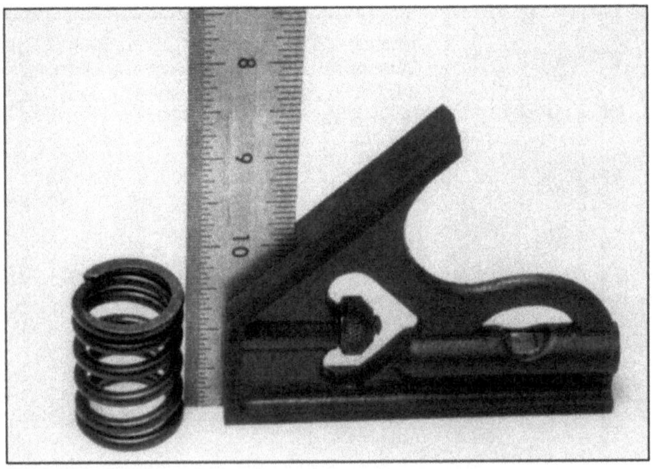

12.19b **Kontrollieren Sie die Ventilfedern auf Verzug.**

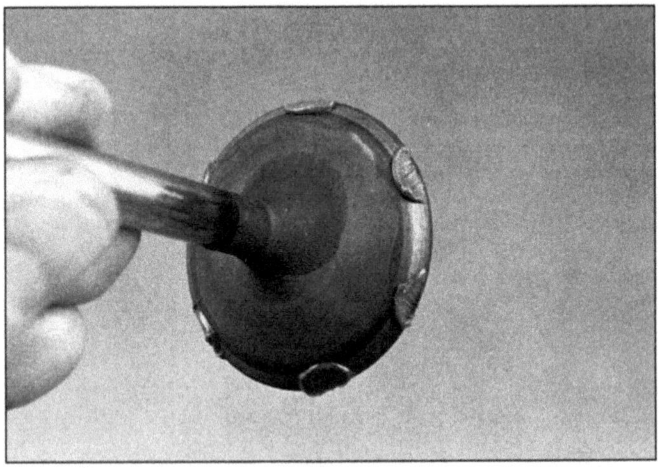

12.23 **Geben Sie sparsam und gut verteilt Schleifpaste auf die Dichtflächen, nicht auf den Schaft.**

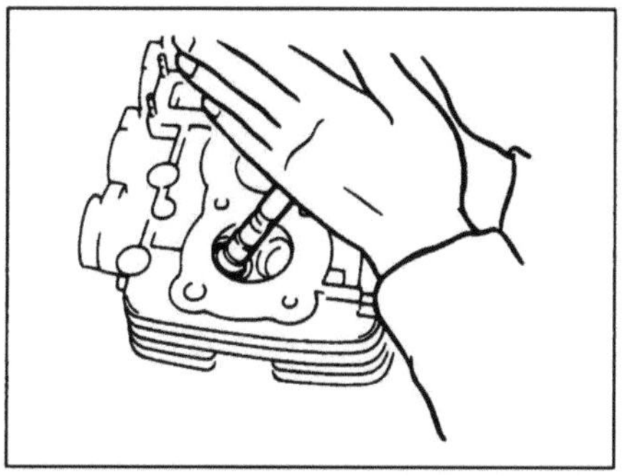

12.24a Bewegen Sie den Ventildreher zwischen den Handflächen hin und her

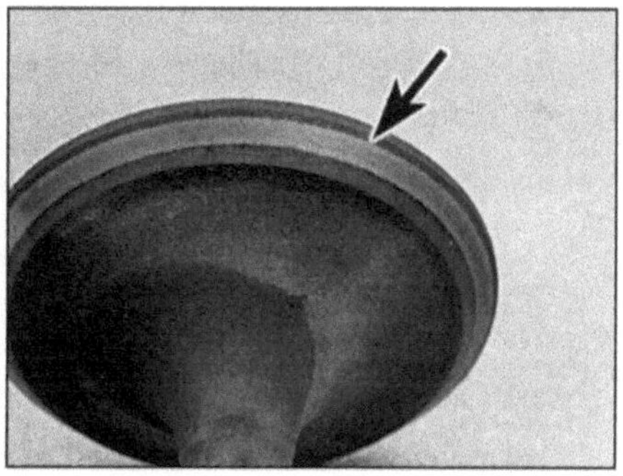

12.24b Der Ventilsitz sollten die vorgegebene Sitzbreite mit einer gleichmäßigen und ununterbrochenen Erscheinung vorweisen.

12.28a Installieren Sie die Federn mit den engeren Windungen nach unten (zum Zylinderkopf).

27 Legen Sie die Federsitze an ihren Platz im Zylinderkopf. Drücken Sie anschließend mit Hilfe eines richtig dimensionierten Ringes die neuen Ventilschaftdichtungen auf die Führungen, bis sie am richtigen Platz eingerastet sind. Vermeiden Sie ein Spannen oder Drehen der Kappen, da sonst die Abdichtung gegen den Ventilschaft beeinträchtigt werden kann. Ebenfalls dürfen sie nicht mehr demontiert werden, da sie davon beschädigt werden können.

28 Schmieren Sie die Ventilschäfte mit Molybdän-Paste ein, und stecken Sie ein Ventil in die Führung. Um Schäden an den Schaftdichtungen zu vermeiden, sollte das Ventil beim Durchführen langsam gedreht werden. Als nächstes werden die Federn eingesetzt, die engeren Windungen müssen dabei nach unten zeigen.

Anmerkung: *Yamaha schreibt die Drehrichtung der inneren Feder mit links herum, die der äußeren Feder mit rechts herum vor (verglichen mit entsprechenden Schraubengewinden).*

Drücken Sie die Federn nur so weit wie nötig zusammen, bis die Federkeile mit etwas Fett an ihre Nuten »geklebt« werden können (siehe Abbildung). Achten Sie darauf, dass sie richtig in den Keilnuten sitzen. Lösen Sie die Presse, und kontrollieren Sie erneut den Sitz der Keile.

29 Stützen Sie den Zylinderkopf so, dass die Ventile nicht den Boden berühren können, und schlagen Sie sehr sanft mit einem Kunststoffhammer auf die Ventilschäfte, damit die Keile sich besser in die Nuten setzen können.

12.28b Etwas Fett hält die Keile am Ventil, bis die Feder wieder entspannt ist.

Praxis TiPP *Kontrollieren Sie durch Einfüllen von Lösungsmittel in den jeweiligen Kanal die Dichtigkeit der Ventile. Wenn die Flüssigkeit am Ventil vorbei in den Brennraum läuft, sollte der Einschleifvorgang bei diesem Ventil wiederholt werden.*

13 Zylinderblock
Ausbau, Inspektion und Einbau

Ausbau

1 Entfernen Sie entsprechend den Anweisungen in Sektion 10 den Zylinderkopf. Die Kurbelwelle muss so gedreht sein, dass Zylinder Nr. 1 sich im Verdichtungs-OT befindet.

2 Entfernen Sie die Mutter, die vorne den Zylinderblock am Motorgehäuse sichert (siehe Abbildung).

3 Heben Sie den Zylinderblock an, um ihn über die Stehbolzen zu ziehen. Wenn der Block sich nicht löst, klopfen Sie ihn rundherum mit einem weichen Holz- oder Gummihammer ab, um ihn vom Motorgehäuse zu lösen. Benutzen Sie keinesfalls einen Schraubendreher, um den Block vom Gehäuse abzuhebeln – die Dichtflächen würden dadurch ruiniert werden. Beachten Sie die Positionen der Passhülsen, achten Sie darauf, dass sie nicht in das Motorgehäuse fallen.

13.2 Entfernen Sie die Mutter vom einzelnen Stutzen vorne am Zylinderblock.

4 Legen Sie saubere Lappen um die Kolben, und entfernen Sie die Dichtung und alle Reste alten Dichtmaterials vom Block und vom Zylinderkopf.

Inspektion

5 Versuchen Sie nicht, die Laufbuchsen aus dem Zylinderblock herauszubauen.

6 Begutachten Sie sorgfältig die Zylinderwände auf Kratzer und Kerben.

7 Mithilfe geeigneter Messgeräte (siehe *Werkzeug- und Werkstatt-Tipps* im Anhang) werden die Innenmaße jedes Zylinders gemessen, um den Grad des Verschleißes, des Ovallaufes und der Kegelförmigkeit zu ermitteln. Messen Sie die Bohrungen oben (aber noch unterhalb des oberen Totpunktes des ersten Kolbenringes), in der Mitte und unten (aber oberhalb des unteren Totpunktes des Ölabstreifringes, sowohl parallel zur Kurbelwelle, als auch in Fahrtrichtung (siehe Abbildung). Vergleichen Sie die Ergebnisse mit den *Technischen Daten* am Anfang des Kapitels. Wenn die Werte außerhalb der Toleranzen liegen oder die Wände stark zerkratzt oder riefig sind, muss der Zylinderblock von einer Werkstatt aufgebohrt und gehont werden. Aufgebohrte Zylinder erfordern Übermaßkolben und -ringe.

8 Wenn kein Präzisionswerkzeug zur Hand ist, kann auch eine Yamaha-Werkstatt oder ein professioneller Motoreninstantsetzer zu Rate gezogen werden.

9 Wenn die Zylinder in gutem Zustand sind und das Spiel zwischen Kolben und Zylinder im

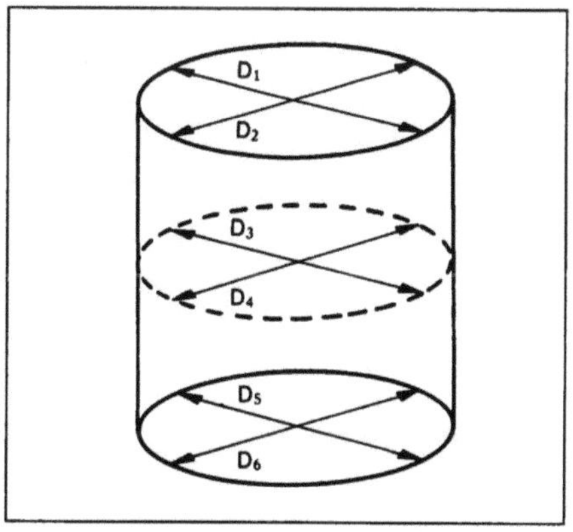

13.7 Messen Sie die Zylinderbohrung an den sechs gezeigten Positionen.

2

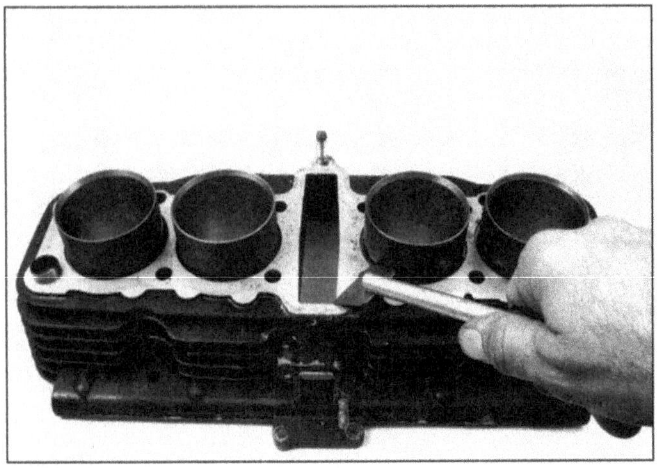

13.12 Entfernen Sie vorsichtig mit einem Schaber alte Dichtungsreste vom Boden des Zylinderblocks.

13.13a Legen Sie einen neuen O-Ring um den Boden jedes Zylinders, und pressen Sie ihn vollständig in seine Nut, . . .

Toleranzbereich liegt (siehe Sektion 14), sollte der Block gehont (angeraut) werden.

10 Um diese Tätigkeit ausführen zu können, braucht man ein flexibles Honwerkzeug mit feinen Steinen oder einen »Flaschenbürsten«-Honer, dünnes oder spezielles Hon-Öl, einige saubere Lappen und eine elektrische Bohrmaschine (siehe *Werkzeug- und Werkstatt-Tipps* im Anhang). Klemmen Sie den Zylinderblock seitlich liegend in einen Schraubstock mit weichen Backen oder zwischen gelegten Holzstücken. Befestigen Sie das Honwerkzeug in der Bohrmaschine, drücken Sie die Honsteine zusammen, und setzen Sie das Werkzeug in den Zylinder. Nachdem der Zylinder eingeölt wurde, wird die Bohrmaschine gestartet und der Honstein im Zylinder auf und ab bewegt, sodass ein feiner Kreuzschliff entsteht, dessen Linien sich in einem Winkel von annähernd 60° treffen sollten. Stellen Sie sicher, dass alles immer gut geölt ist, und dass nicht zuviel Material abgetragen wird. Ziehen Sie nie den drehenden Honstein aus dem Zylinder. Schalten Sie die Bohrmaschine ab, und bewegen Sie das Werkzeug solange im Zylinder auf und ab, bis die Maschine steht, drücken sie die Steine zusammen, und ziehen Sie sie aus dem Zylinder. Wischen Sie das Öl ab, und wiederholen Sie die Prozedur in den anderen Zylindern. Denken Sie daran, nicht zuviel Material von der Zylinderwand abzutragen. Wenn kein Honwerkzeug zur Hand ist, oder die Angst besteht, dieser Heimarbeit nicht gewachsen zu sein, kann auch eine Yamaha-Werkstatt oder ein professioneller Motoreninstantsetzer zu Rate gezogen werden.

11 Waschen Sie die Zylinder anschließend mit warmen Seifenwasser, um alle Reste des Schleifmaterials zu entfernen. Gehen Sie mit einer Bürste durch alle Bolzenlöcher, und spülen Sie sie mit Wasser aus. Trocknen Sie alles sorgfältig, und benetzen Sie alle blanken Metalloberflächen zum Schutz vor Oxidation mit einem dünnen Ölfilm.

Einbau

12 Kontrollieren Sie, ob die Dichtflächen des Motorgehäuses und Zylinderblocks sauber sind (siehe Abbildung), bevor Sie die Zylinderbohrungen mit sauberem Motoröl benetzen. Die Kolbenhemden sollten auch eingeölt werden.

13 Installieren Sie gegebenenfalls die Passhülsen in das Motorgehäuse, und legen Sie eine neue Zylinderfußdichtung um die Laufbuchsen an der Unterseite des Zylinderblocks. Legen Sie neue O-Ringe um die Ränder der Laufbuchsen. Legen Sie neue O-Ringe um die zwei Zylinderblock-Passhülsen an der rechten Motorseite (siehe Abbildungen).

14 Drehen Sie langsam die Kurbelwelle, bis zwei der Kolben ganz oben und die anderen beiden ganz unten sind. Seien Sie dabei extrem vorsichtig, die Steuerkette nicht im Motorgehäuse verklemmen zu lassen.

15 Legen Sie vier Kolbenringspanner um die Kolben, und ziehen Sie die Kolbenringe zusammen. Alternativ können auch große Schlauchschellen verwendet werden – zerkratzen Sie damit jedoch nicht die Kolben, und ziehen Sie sie nicht zu stark an.

16 Drücken Sie vorsichtig den Zylinderkopf herunter, bis die Kolbenböden in die Laufbuchsen gleiten (siehe Abbildung). Dabei muss

13.13b . . . installieren Sie dann eine neue Fußdichtung, die UP-Markierung muss dabei nach oben zeigen.

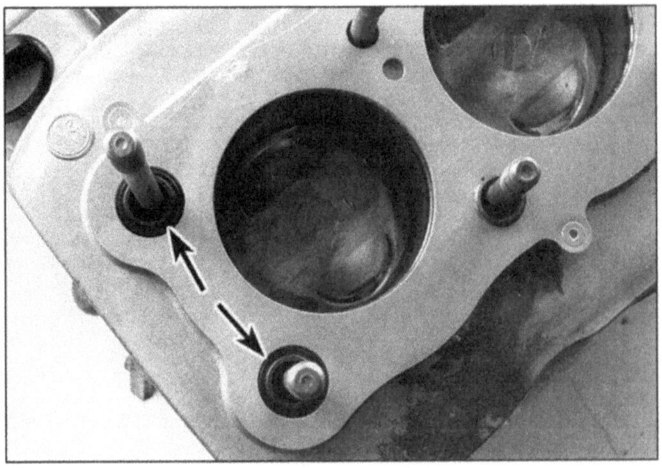

13.13c Legen Sie neue O-Ringe um die Passhülsen an der Kupplungsseite.

13.16 Wenn Sie sehr vorsichtig sind, kann der Zylinderblock auch ohne die Verwendung von Kolbenringspannern über die Kolben geschoben werden, doch wird empfohlen, diese zu verwenden.

14.3a Markieren Sie den Kolbenboden mit der Zylindernummer. Der Pfeil auf dem Kolben zeigt nach vorne.

darauf geachtet werden, dass die Steuerkette nicht zu locker wird. Achten Sie ebenfalls auf die Steuerkettenführung, die nicht gegen den Block drücken darf. Achten Sie darauf, dass sich die Kolben senkrecht in die Bohrungen schieben und nicht seitlich verkanten, bis die Laufbuchsen bis über den Kolbenringen sitzen. Klopfen Sie den Block nötigenfalls mit einem Holzhammer vorsichtig herunter, aber wenden Sie keine Gewalt an, wenn er wegen klemmender Kolbenringe oder verkanteter Kolben feststeckt.

17 Wenn der Zylinderblock über den Ringen der ersten beiden Kolben sitzt, wird die Kurbelwelle gedreht, bis die verbleibenden Kolben oben sind, und schieben Sie den Block auch über ihre Ringe.

18 Entfernen Sie die Kolbenringspanner (oder Schlauchschellen), zerkratzen Sie dabei nicht die Kolben. Entfernen Sie alle um die Kolben liegenden Lappen.

19 Der Rest der Montage entspricht der umgekehrten Ausbaureihenfolge.

14 Kolben
Ausbau, Kontrolle und Einbau

1 Die Kolben sind mit den Kolbenbolzen an den Pleuelstangen befestigt. Diese Bolzen haben sowohl im Kolben als auch im Pleuel einen Gleitsitz.

2 Bevor die Kolben ausgebaut werden, sollten saubere Lappen in die Löcher um die Pleuel gestopft werden, um zu verhindern, dass die Kolbenbolzensicherungsringe in das Motorgehäuse fallen.

Ausbau

3 Mit einem Filzstift oder einer Reißnadel sollten die Einbaulagen der Kolben auf ihren Böden (oder den Hemden, falls die Böden noch gereinigt werden müssen) markiert werden. Jeder Kolben sollte einen Pfeil als Richtungsmarkierung nach vorne (Auslass) aufweisen (siehe Abbildung). Falls diese nicht sichtbar ist, muss der Kolben entsprechend markiert werden, damit er wieder richtig eingebaut werden kann. Greifen Sie vorsichtig mit einer Spitzzange den Sicherungsring, und entfernen Sie ihn aus seiner Nut (siehe Abbildung).

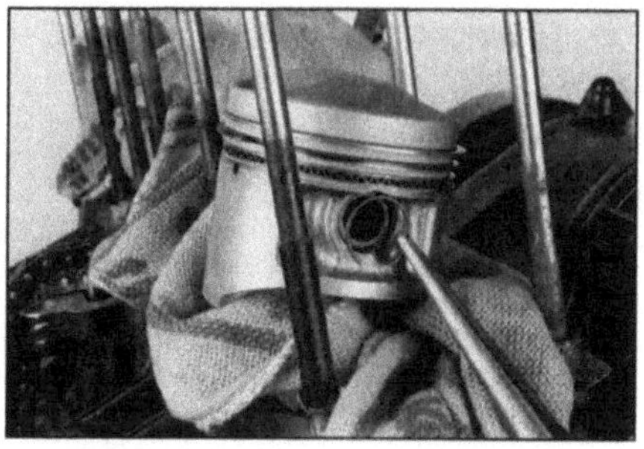

14.3b Hebeln Sie an einer Seite des Kolbens den Sicherungsring heraus, achten Sie darauf, dass er nicht in das Motorgehäuse fällt.

4 Drücken Sie von der anderen Seite den Kolbenbolzen heraus, und nehmen Sie den Kolben vom Pleuel (siehe Abbildung). Es kann

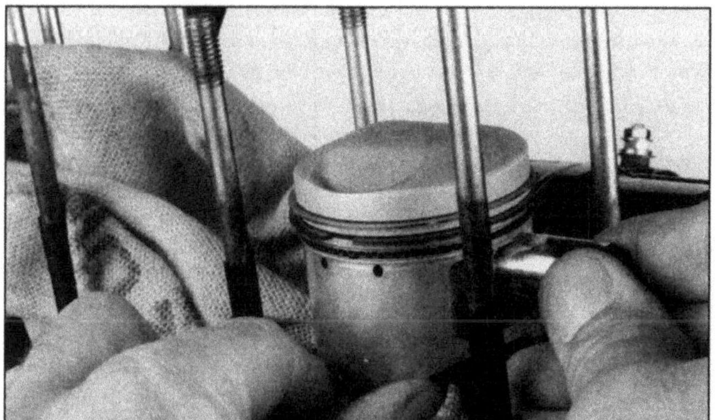

14.4a Drücken Sie den Kolbenbolzen heraus, bis sie ihn greifen können. Ziehen Sie ihn dann so weit, bis Sie den Kolben entfernen können.

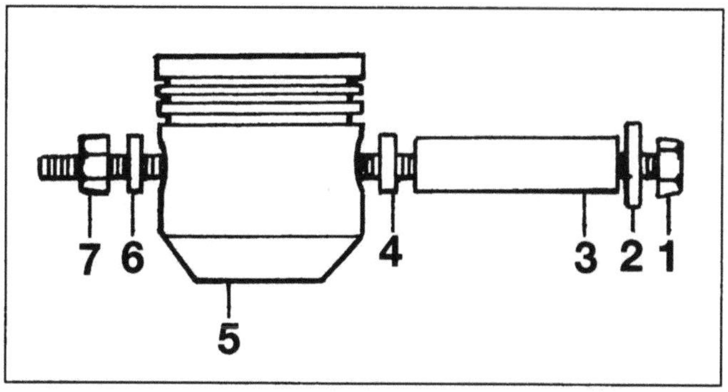

14.4b Der Kolbenbolzen ist normalerweise mit Handkraft zu entfernen, notfalls kann man sich ein einfaches Ausziehwerkzeug bauen.

1 Bolzen
2 Scheibe
3 Rohr (A)
4 Puffer (B)
5 Kolben
6 Scheibe (B)
7 Mutter (B)
A Groß genug, dass der Kolbenbolzen durchpasst
B Klein genug, um durch die Kolbenbolzenbohrung des Kolbens zu passen

14.6 Die Kolbenringe können mit Hilfe einer Kolbenringzange demontiert werden.

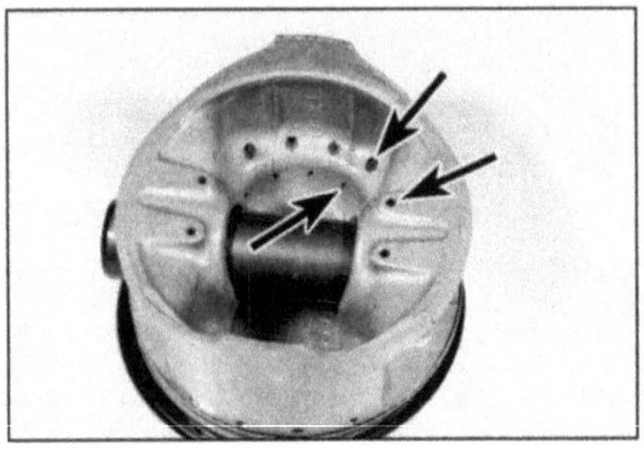

14.11 Prüfen Sie die Kolbenbolzenbohrung und das Kolbenhemd auf Verschleiß, und stellen Sie sicher, dass die internen Bohrungen (Pfeile) sauber sind.

14.13 Das Spiel zwischen Kolbenring und Nut kann mit einer Fühlerlehre gemessen werden.

sein, dass der Bereich um die Nut des Sicherungsringes entgratet werden muss, um den Bolzen durchdrücken zu können. Falls er sich nicht bewegen lässt, muss auch der andere Sicherungsring entfernt und aus einer langen Schraube, Muttern, Scheiben und einem Rohr ein Ausziehwerkzeug gebaut werden (siehe Abbildung). Wiederholen Sie die Prozedur an den anderen Kolben.

Kontrolle

5 Vor der Inspektion müssen die Kolben gereinigt und die Kolbenringe entfernt werden. Beachten Sie, dass die Kolbenbaugruppen nicht weiter beachtet werden brauchen, wenn die Zylinder aufgebohrt werden, da neue Übermaßkolben eingebaut werden müssen.

6 Mithilfe der Daumen oder einer Kolbenringzange werden die Ringe vorsichtig von den Kolben genommen (siehe Abbildung). Sie dürfen hierbei nicht geknickt oder gequetscht werden.

7 Schaben Sie die Ölkohle vom Kolbenboden. Eine weiche Drahtbürste oder feiner Schmirgelleinen können zur Nacharbeit verwendet werden. Benutzen Sie keinesfalls einen Drahtbürstenaufsatz auf einer Bohrmaschine, das Kolbenmaterial ist sehr weich und würde abgetragen werden.

8 Die Kolbenringnuten können mit einem Spezialwerkzeug, aber auch mit einem abgebrochenen Stück eines alten Kolbenringes von Kohleresten befreit werden. Seien Sie vorsichtig, dass kein Kolbenmetall entfernt wird oder die Seiten der Nut gequetscht oder eingekerbt werden.

9 Wenn die Kohleablagerungen entfernt sind, wird jeder Kolben mit Lösemittel gereinigt und anschließend getrocknet. Gehen Sie sicher, dass die Ölrücklaufbohrungen unter dem Ölabstreifring sauber sind.

10 Wenn die Kolben nicht beschädigt oder stark verschlissen sind und die Zylinder nicht aufgebohrt werden müssen, können die alten Kolben weiter verwendet werden. Normaler Kolbenverschleiß zeigt sich in vertikalen Spuren auf der Lauffläche und leichtem Spiel des oberen Kolbenringes in seiner Nut. Allerdings sollten nach jeder Kolbendemontage neue Kolbenringe verwendet werden.

11 Begutachten Sie jeden Kolben auf Brüche am Hemd, an den Bolzenaugen und um die Kolbenringnuten.

12 Wenn das Hemd Klemm- oder Fressspuren zeigt, kann der Motor an Überhitzung gelitten haben und/oder eine unnormale Verbrennung sorgte für extrem hohe Arbeitstemperatur. Die Ölpumpe und der Ölkühler (falls vorhanden) sollten gründlich kontrolliert werden. Ein Loch im Kolbenboden ist ein Zeichen für abnormale Verbrennung (durch Frühzündung). Verbrannte Stellen am Rand des Bodens weisen auf Klingeln oder Klopfen hin. Wenn eines dieser Probleme existiert, müssen die Gründe beseitigt werden, damit die Schäden sich nicht fortsetzen.

13 Messen Sie das Spiel zwischen den Kolbenringen und deren Nuten durch Einlegen eines Ringes und Erfühlen des Spiels mittels einer Fühlerlehre (siehe Abbildung). Kontrollieren Sie an drei oder vier Stellen rundherum. Gehen Sie sicher, dass Sie den passenden Ring verwenden, da sie unterschiedlich dick sind. Wenn das Spiel größer als die Verschleißgrenze ist, müssen Kolben und Ringe ersetzt werden.

14 Kontrollieren Sie das Spiel zwischen Kolben und Zylinder durch Messen des Zylinders (siehe Sektion 13) und des Kolbendurchmessers. Stellen Sie sicher, dass die Kolben ihren Zylindern zugeordnet sind. Messen Sie den Kolben 4 mm oberhalb des unteren Randes des Hemdes an den Druckseiten, also 90° zum Kolbenbolzen (siehe Abbildung). Ziehen Sie den Kolbendurchmesser vom Zylinderdurchmesser ab, und errechnen Sie das Spiel. Wenn es über dem Toleranzwert liegt, muss der Kolben ersetzt werden (vorausgesetzt die Bohrung selbst ist im Limit, ansonsten ist ein Aufbohren nötig).

15 Wenn die entsprechenden Messinstrumente nicht vorhanden sind, kann das Kolbenspiel – allerdings nicht sehr genau – mit einer Fühlerlehre gemessen werden. Stecken Sie den entsprechenden Kolben richtig gedreht in seinen Zylinder, und versuchen Sie, von unten eine Fühlerlehre an den Druckseiten (vorne und hinten) zwischen Kolben und Zylinder zu schieben. Bei eingelegter Lehre sollte sich der Kolben mit leichtem Druck auf und ab schieben lassen. Wenn dieses bei einer Lehre mit über 0,15 mm Stärke noch möglich ist, ist der Kolben verschlissen und muss ersetzt werden. Wenn der Kolben mit eingelegter Fühlerlehre unten im Zylinder klemmt und oben lockerer wird, ist der Zylinder kegelförmig verschlissen.

16 Wiederholen Sie die Messungen bei den anderen Kolben und Zylindern, gehen Sie dabei sicher, die Bauteile richtig zuzuordnen. Lassen Sie die Kolben und Zylinder nochmals von einer Fachwerkstatt überprüfen, bevor Sie neue Kolben beschaffen und den Zylinderblock aufbohren lassen.

17 Geben Sie sauberes Motoröl auf den Kolbenbolzen, schieben Sie ihn in den Kolben, und fühlen Sie, ob Kippspiel vorhanden ist (siehe Abbildung). Wenn der Bolzen locker ist, muss er samt Kolben ersetzt werden.

18 Wechseln Sie nach Sektion 15, und installieren Sie die Kolbenringe.

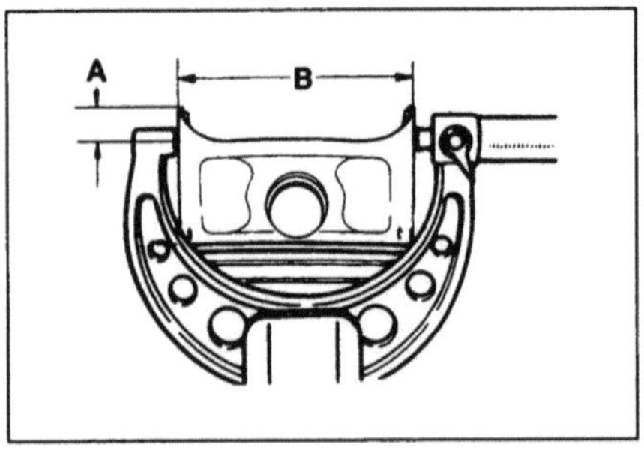

14.14 Messen Sie den Kolbendurchmesser unten am Kolbenhemd mit einer Mikrometerschraube.

A = 4 mm
B = Kolbendurchmesser

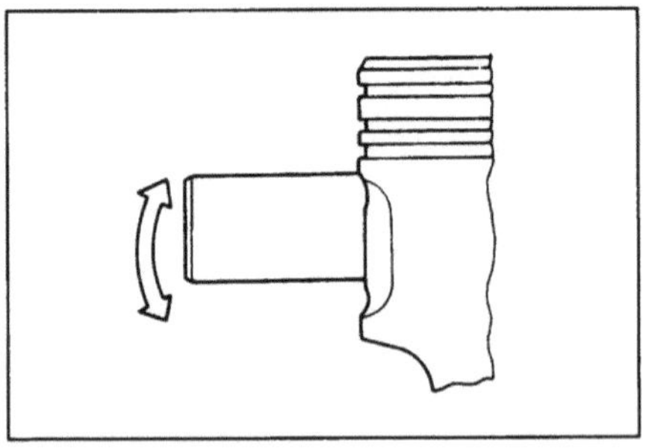

14.13 Schieben Sie den Bolzen in den Kolben. Wenn er Kippspiel hat, müssen Kolben und Bolzen ersetzt werden.

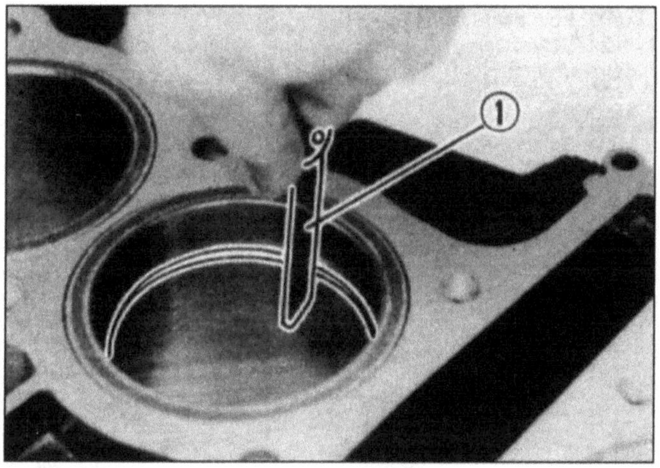

15.3 Drücken Sie den Kolbenring rechtwinklig mit dem Kolben in den Zylinder, und messen Sie das Stoßspiel mit einer Fühlerlehre (1).

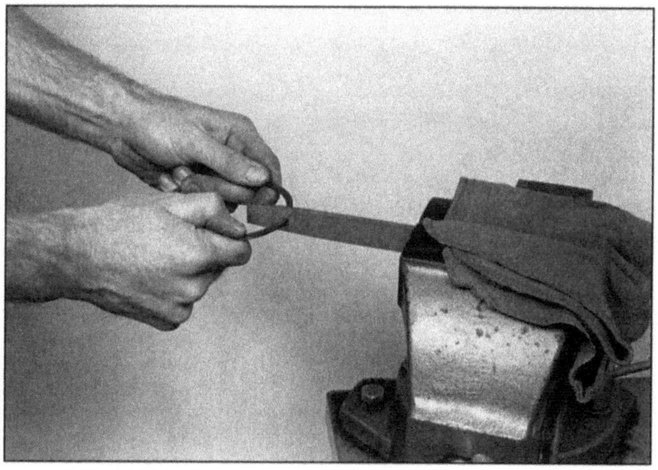

15.5 Das Stoßspiel kann mit einer Feile vergrößert werden, die in einem Schraubstock gespannt wurde.

Einbau

19 Installieren Sie die Kolben mit den Pfeilen nach vorne in ihre originalen Bohrungen. Schmieren Sie den Kolbenbolzen, die Bohrungen im Kolben und das obere Pleuelauge mit sauberem Motoröl ein. Setzen Sie neue Sicherungsringe in die Innenseiten der Kolbenbolzenaugen (benutzen Sie nie gebrauchte!). Schieben Sie den Kolbenbolzen von der anderen Seite hindurch. Sichern Sie den Bolzen mit dem zweiten neuen Ring. Beim Einbau der Ringe ist darauf zu achten, dass sie nicht mehr zusammengepresst werden als nötig ist, dass sie sauber in ihrem Sitz liegen und dass die Öffnung nicht über der Nut sitzt.

15 Kolbenringe
Einbau

1 Vor dem Einbau neuer Kolbenringe muss ihr Stoßspiel überprüft werden.
2 Sortieren Sie die Kolben und neuen Ringe dem Zylinder zu, in dem auch die Messung stattgefunden hat.
3 Schieben Sie den oberen Ring von unten in den ersten Zylinder, und richten Sie ihn rechtwinklig aus, indem Sie ihn mit der Oberseite des Kolbens einschieben, der Ring muss etwa 25 mm über der Zylinderunterkante liegen. Mit einer Fühlerlehre wird das Stoßspiel der Ringe gemessen und der Wert mit den *Technischen Daten* verglichen (siehe Abbildung).
4 Wenn das Spiel größer oder kleiner ist als angegeben, überprüfen Sie die anderen Ringe, um sicher zu gehen, dass sie die Ringe dem richtigen Zylinder zugeordnet haben.
5 Wenn das Stoßspiel zu gering ist, muss es vergrößert werden, da die Enden bei laufendem Motor in Kontakt kommen und dadurch großen Schaden anrichten können. Das Spiel kann vergrößert werden, in dem man die Enden sehr vorsichtig mit einer feinen Feile bearbeitet. Gefeilt wird immer von außen nach innen (siehe Abbildung).
6 Übermäßiges Stoßspiel ist nicht kritisch, solange es unter einem Millimeter liegt. Kontrollieren Sie wieder, ob Sie die richtigen Ringe zugeordnet haben und ob die Bohrung nicht verschlissen ist.
7 Wiederholen Sie diese Prozedur mit jedem einzubauenden Ring. Denken Sie immer daran, welche Ringe, Kolben und Zylinder aufeinander eingespielt sind.
8 Wenn die Stoßspiele kontrolliert/korrigiert sind, können die Ringe montiert werden.
9 Der Ölabstreifring (ganz unten) muss als unterer zuerst aufgesetzt werden. Er besteht aus drei Teilen, dem Expander und den zwei dünnen Ringen. Zuerst wird der Expander in die Nut gesetzt, dann der obere Ring (siehe Abbildung). Diese Arbeit kann nicht mit einer Kolbenringzange ausgeführt werden, da hiermit die Gefahr einer Beschädigung besteht. Setzen Sie statt dessen ein Ende des Ringes in die Nut zwischen Expander und Kolben. Halten Sie es fest, und schieben Sie den Ring nach und nach in die Nut. Installieren Sie danach den unteren Ring in der gleichen Weise.
10 Nachdem alle drei Ölabstreifring-Bauteile installiert sind, muss kontrolliert werden, ob sich die beiden dünnen Ringe in ihrer Nut sanft drehen lassen.
11 Setzen Sie den zweiten Ring in die mittlere Nut des Kolbens. Er kann deutlich durch sein Profil vom oberen Ring unterschieden werden (siehe Abbildung). Vertauschen Sei die Ringe nicht.
12 Am sichersten geht der Einbau mit einer Kolbenringzange. Stellen Sie sicher, dass die Identifizierungsmarkierung nach oben zeigt (siehe Abbildung). Setzen Sie den Ring in die mittlere Nut. Drücken Sie den Ring nicht weiter auseinander, als nötig.
13 Setzen sie schließlich den oberen Ring in gleicher Weise in die obere Nut des Kolbens ein. Achten Sie auf die Position des Buchstabens.

2

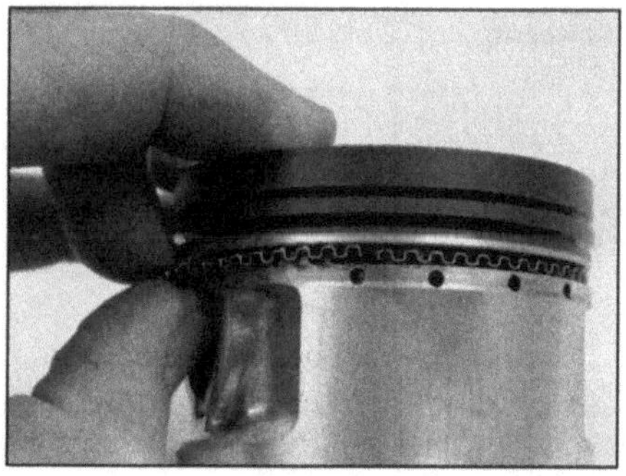

15.9a Installieren Sie den Expander des Ölabstreifringes – die Enden dürfen nicht überlappen.

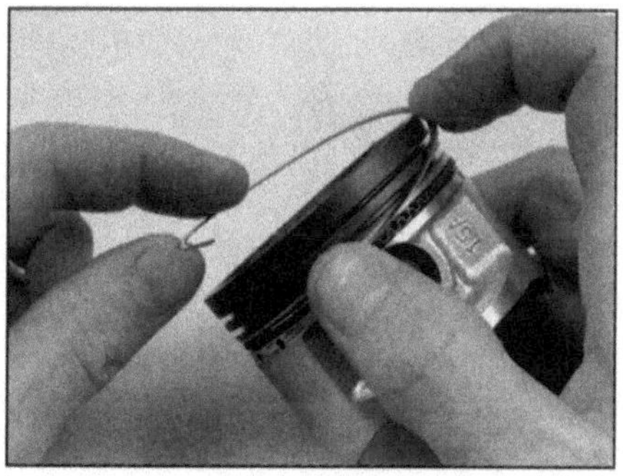

15.9b Installieren Sie die Seitenteile mit der Hand – nicht mit einer Kolbenringzange!

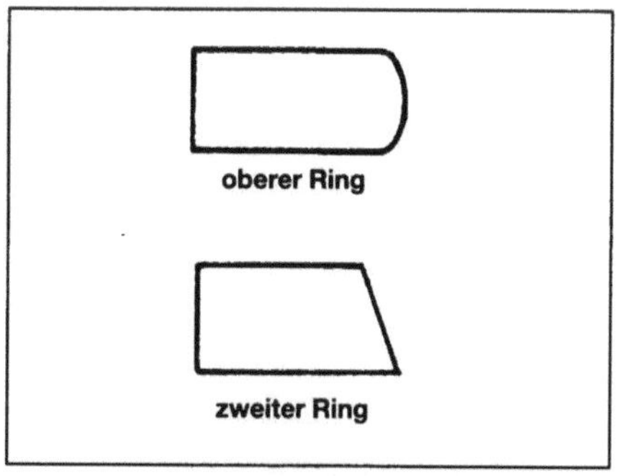

15.11 Vertauschen Sie nicht den oberen Kolbenring mit dem zweiten Ring.

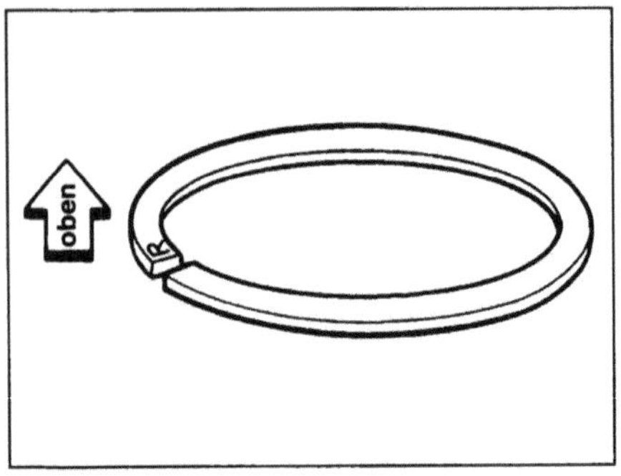

15.12 Die Markierung am Kolbenring muss beim installierten Ring nach oben zeigen.

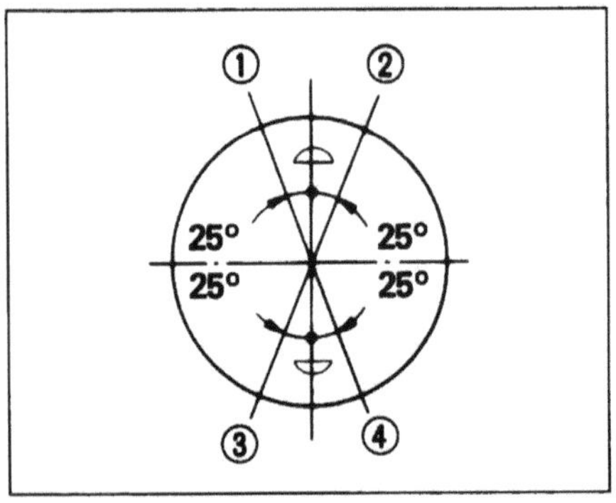

15.15 Verdrehen Sie die Öffnungen der Kolbenringe beim Einbau wie gezeigt.

1 oberer Ring
2 Ölabstreifring unterer Teil
3 Ölabstreifring oberer Teil
4 zweiter Ring

14 Wiederholen Sie die Prozedur bei den anderen Kolben und Ringen. Achten Sie sorgfältig darauf, die beiden Kompressionsringe nicht zu vertauschen.
15 Wenn die Ringe korrekt installiert sind, müssen die Ringstöße wie gezeigt verdreht werden (siehe Abbildung).
16 Geben Sie reichlich Motoröl auf die Kolbenringe, bevor Sie die Kolben einbauen.

16 Ölwanne und Druckregler
Ausbau, Kontrolle und Einbau

Ausbau

1 Bauen Sie den Motor aus (siehe Sektion 5).
2 Entfernen Sie die Ölwannenschrauben, und nehmen Sie die Wanne vom Motorgehäuse ab (siehe Abbildung 17.2b).
3 Entfernen Sie alle Reste alter Dichtmasse von den Dichtflächen.
4 Entfernen Sie das Ansaugsieb, und begutachten Sie es auf Schäden (siehe Abbildung).
5 Lösen Sie den Ansaugtrichter vom Motorgehäuse (siehe Abbildung).
6 Entfernen Sie alle Reste alter Dichtmasse vom Trichter und Motorgehäuse.
7 Entfernen Sie den Druckregler aus dem Motorgehäuse (siehe Abbildung). Er sollte sich mit leichter Handkraft herausziehen lassen. Wenn er steckt, muss er vorsichtig herausgewackelt werden. Der Druckregler des Anlasserkettenspanners kann mit einem Schlüssel herausgedreht werden.

Druckregler

Kontrolle

8 Drücken Sie den Kolben in den Druckregler, und kontrollieren Sie, ob er frei gleiten kann (siehe Abbildung). Wenn das Ventil klemmt, muss es entsprechend der folgenden Schritte zerlegt und begutachtet werden.
9 Biegen Sie den Sicherungssplint gerade, und ziehen Sie ihn heraus (siehe Abbildung).
10 Entfernen Sie die Federhalterung, die Feder und den Kolben.
11 Kontrollieren Sie alle Teile auf Verschleiß und Schäden. Reinigen Sie alles sorgfältig, und prüfen Sie erneut die Gleitfähigkeit des Kolbens. Klemmt das Ventil immer noch, muss es ersetzt werden.

Achtung: Wenn Sie den Druckregler wieder verwenden, muss ein neuer Sicherungssplint eingesetzt werden, bevor Sie das Ventil einbauen.

12 Wiederholen Sie die Schritte beim Druckregler des Anlasserkettenspanners.

Einbau

13 Installieren Sie den Druckregler des Anlasserkettenspanners mit einer neuen Dichtscheibe.
14 Bauen Sie die Ölwannenpasshülsen ein. Installieren Sie die Druckregler unter Verwendung neuer O-Ringe in das Motorgehäuse.
15 Bauen Sie den Ansaugtrichter ein, und ziehen Sie die Schrauben vorschriftsmäßig mit 10 Nm an. Installieren Sie das Ansaugsieb an den Trichter, der offene Teil muss nach vorne zeigen, der Pfeil also nach **hinten**.

16.2 Entfernen Sie die Schrauben am Rand der Ölwanne.

16.4 Entfernen Sie das Ansaugsieb vom Ansaugtrichter; der Pfeil muss nach hinten zeigen.

16.5 Entfernen Sie die Schrauben des Ansaugtrichters, und ziehen Sie diesen vom Motor ab.

16.7a Ziehen Sie den Hauptdruckregler aus dem Motorgehäuse, . . .

16.7b . . . und lösen Sie den Druckregler des Anlasserkettenspanners.

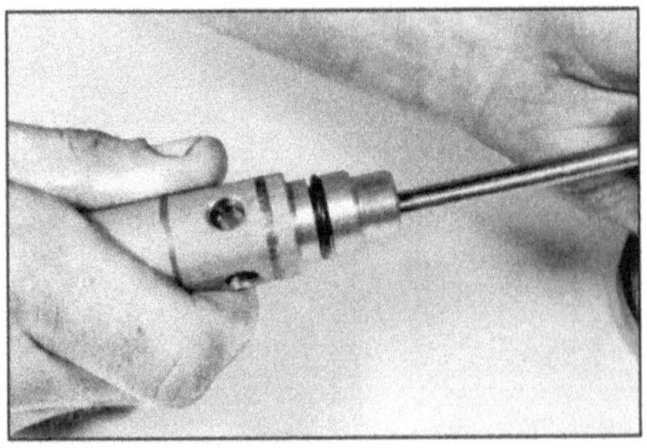

16.8 Drücken Sie den Kolben in den Druckregler, um sein freies Gleiten zu überprüfen.

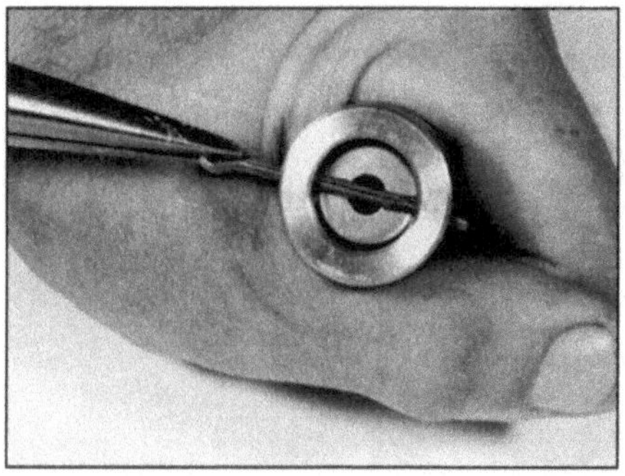

16.9 Ziehen Sie den Sicherungssplint aus dem Druckregler.

17.2a Entfernen Sie den Seegerring und das Ölpumpen-Antriebsrad.

1 Seegerring
2 Ölpumpenantriebsrad
3 Ölpumpenwelle
4 Mitnehmerstift
5 Ölpumpengehäuse
6 Passstift
7 Rotoren
8 Ölpumpendeckel
9 O-Ringe
10 O-Ring
11 Druckregler
12 Ansaugsieb
13 Schraube
14 Ansaugtrichter
15 Passhülse
16 Ölwannendichtung
17 Kabelbaumhalterung
18 Ölwanne
19 Ablassschraube
20 Dichtring
21 Ölfilter
22 Ölfilterbolzen
23 Ölfilteradapter
24 Adapter-O-Ring

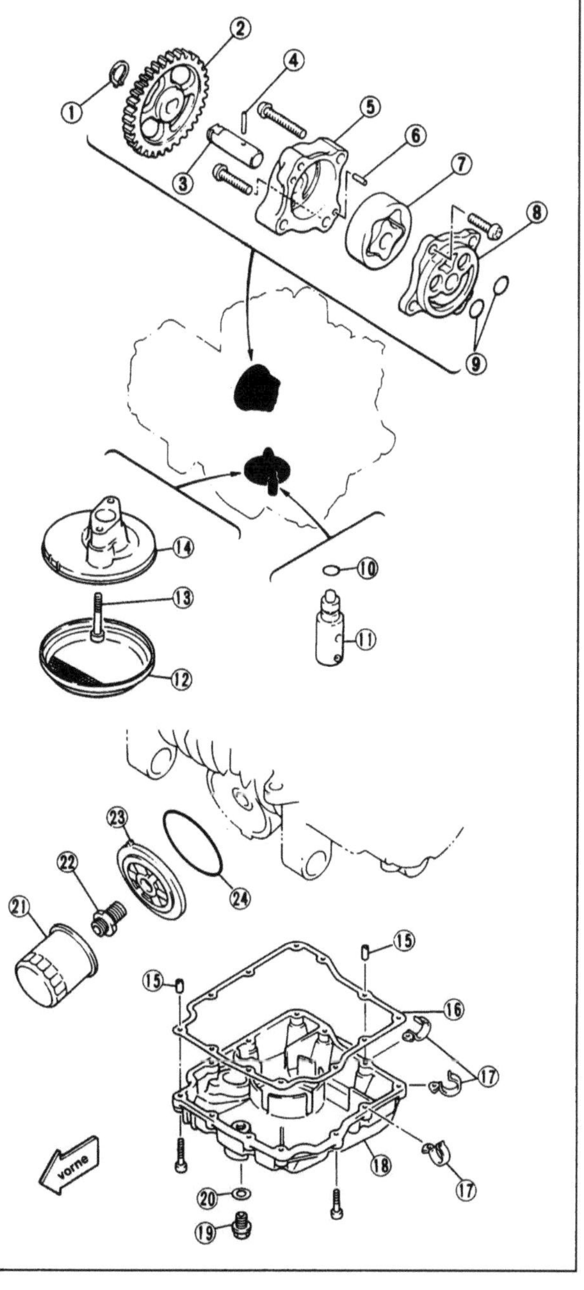

17.2b Ölpumpe und Ölwanne

16 Legen Sie eine neue Dichtung auf die Ölwanne, sie kann mit einer dünnen Schicht Dichtmasse in Position gehalten werden. Installieren Sie die Ölwanne, und ziehen Sie die Schrauben über Kreuz mit 10 Nm an. Rüsten Sie dabei die entsprechenden Schrauben mit den Kabelbaumhalterungen aus.
17 Der weitere Einbau entspricht der umgekehrten Ausbaureihenfolge. Installieren Sie einen neuen Ölfilter, und füllen Sie den Motor mit Öl auf (siehe Kapitel 1). Kontrollieren Sie nach einem ersten Probelauf den Motor auf Undichtigkeiten.

17 Ölpumpe
Ausbau, Kontrolle und Einbau

Anmerkung: *Die Ölpumpe kann bei eingebautem Motor ausgebaut werden.*

Ausbau

1 Entfernen Sie die Kupplung (siehe Sektion 18).
2 Entfernen Sie den Sicherungsring, der das Ölpumpenzahnrad sichert, und nehmen Sie dieses ab (siehe Abbildungen).
3 Entfernen Sie die Schrauben, und nehmen Sie die Pumpen aus dem Motor (siehe Abbildung). Entfernen Sie den O-Ring (siehe Abbildung).

Kontrolle

4 Reinigen Sie die Pumpe mit Lösungsmittel, trocknen Sie sie anschließend ab.
5 Entfernen Sie nun die Deckelschrauben der Pumpe – nötigenfalls mit einem Schlagschrauber.

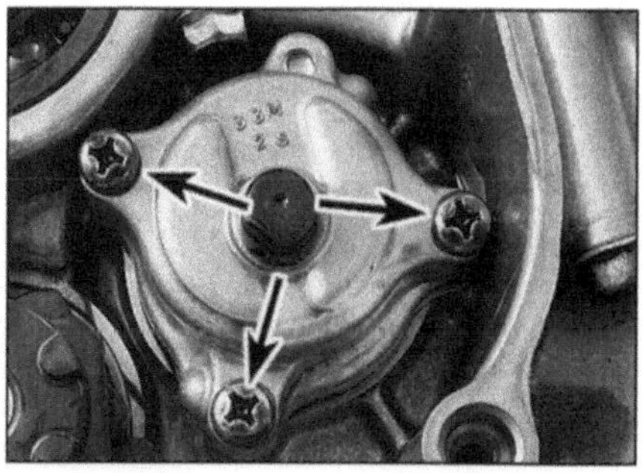

17.3a Entfernen Sie die drei Halteschrauben, und ziehen Sie die Pumpe ab.

17.3b Entfernen Sie die beiden O-Ringe.

2

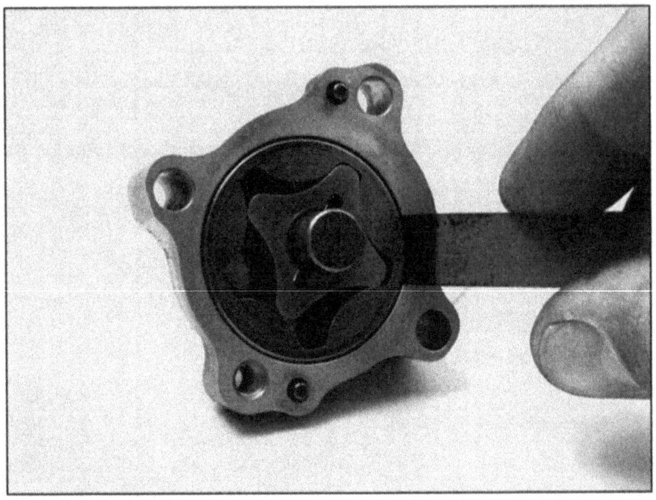

17.8 Messen Sie mit einer Fühlerlehre das Spiel zwischen dem äußeren Rotor und dem Gehäuse.

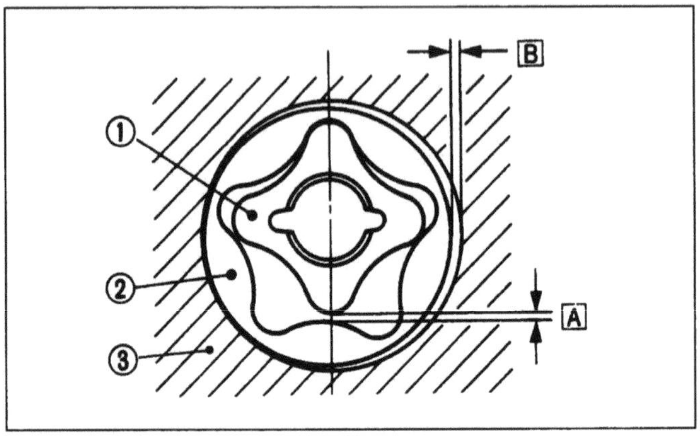

17.9 Messen Sie das Spiel zwischen den inneren Rotorspitzen und dem äußeren Rotor.

1 innerer Rotor
2 äußerer Rotor
3 Gehäuse
A Spiel zwischen Innenrotor und Außenrotor
B Spiel zwischen Außenrotor und Gehäuse

6 Heben Sie den Deckel ab.

7 Inspizieren Sie Pumengehäuse und Rotoren auf Kratzer und Verschleiß. Wenn irgendwelche Schäden oder extremer Verschleiß festgestellt wird, muss die Pumpe komplett erneuert werden, da keine Einzelteile erhältlich sind. Generell ist es keine schlechte Idee, nach einer Motorüberholung die Ölpumpe zu erneuern.

17.10 Stecken Sie den Stift so in die Welle, dass er an beiden Seiten gleichmäßig herausguckt.

8 Messen Sie das Spiel zwischen dem äußeren Rotor und dem Pumpengehäuse mit einer Fühlerlehre, und vergleichen Sie das Ergebnis mit den *Technischen Daten* (siehe Abbildung). Ist das Spiel größer als 0,15 mm, muss die Pumpe ersetzt werden.

9 Messen Sie das Spiel zwischen dem inneren Rotor und dem äußeren Rotor mit einer Fühlerlehre, und vergleichen Sie das Ergebnis mit den *Technischen Daten* (siehe Abbildung). Ist das Spiel größer als 0,20 mm, muss die Pumpe ebenfalls ersetzt werden.

10 Wenn die Pumpe sich in gutem Zustand befindet, kann sie entgegengesetzt zur Zerlegung wieder montiert werden. Der Stift in der Rotorwelle muss so sitzen, dass er in den Nuten des inneren Rotors einrastet (siehe Abbildung).

Einbau

11 Füllen Sie Öl in die Pumpe, deren Welle dabei von Hand gedreht werden muss, bevor Sie sie installieren – dadurch wird gesichert, dass sie beim Starten des Motors sofort zu fördern beginnt.

12 Der Einbau entspricht der umgekehrten Ausbaureihenfolge, beachten Sie folgende Zusätze:

a) Stellen Sie sicher, dass die O-Ringe richtig sitzen.

b) Ziehen Sie die Pumpenschrauben mit den vorgeschriebenen Drehmomenten an.

18 Kupplung
Ausbau, Kontrolle und Einbau

Anmerkung: *Die Kupplung kann bei eingebautem Motor demontiert werden.*

Ausbau

1 Stellen Sie das Motorrad auf den Hauptständer oder eine geeignete Stütze. Entfernen Sie ggf. das untere Verkleidungsteil.

2 Lassen Sie das Motoröl ab (siehe Kapitel 1).

3 Entfernen Sie den Kupplungsbowdenzug vom Ausrückhebel, entfernen Sie dann den Kupplungsdeckel (siehe Abbildungen).

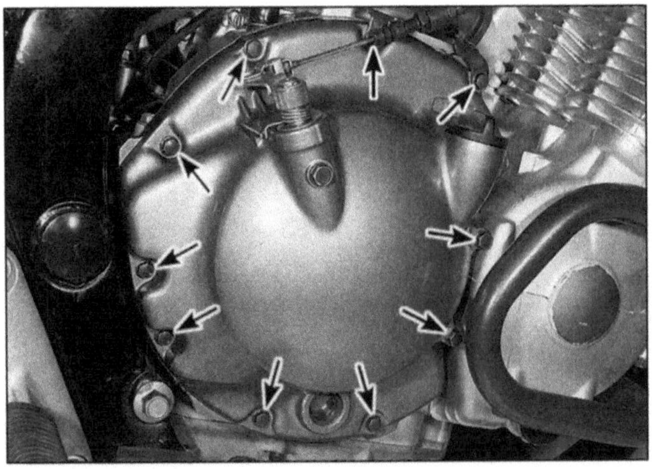

18.3a Lockern Sie die Kupplungsdeckelschrauben schrittweise über Kreuz, . . .

18.3b . . . und hebeln Sie den Deckel vorsichtig am Hebelpunkt (und nur dort!) ab.

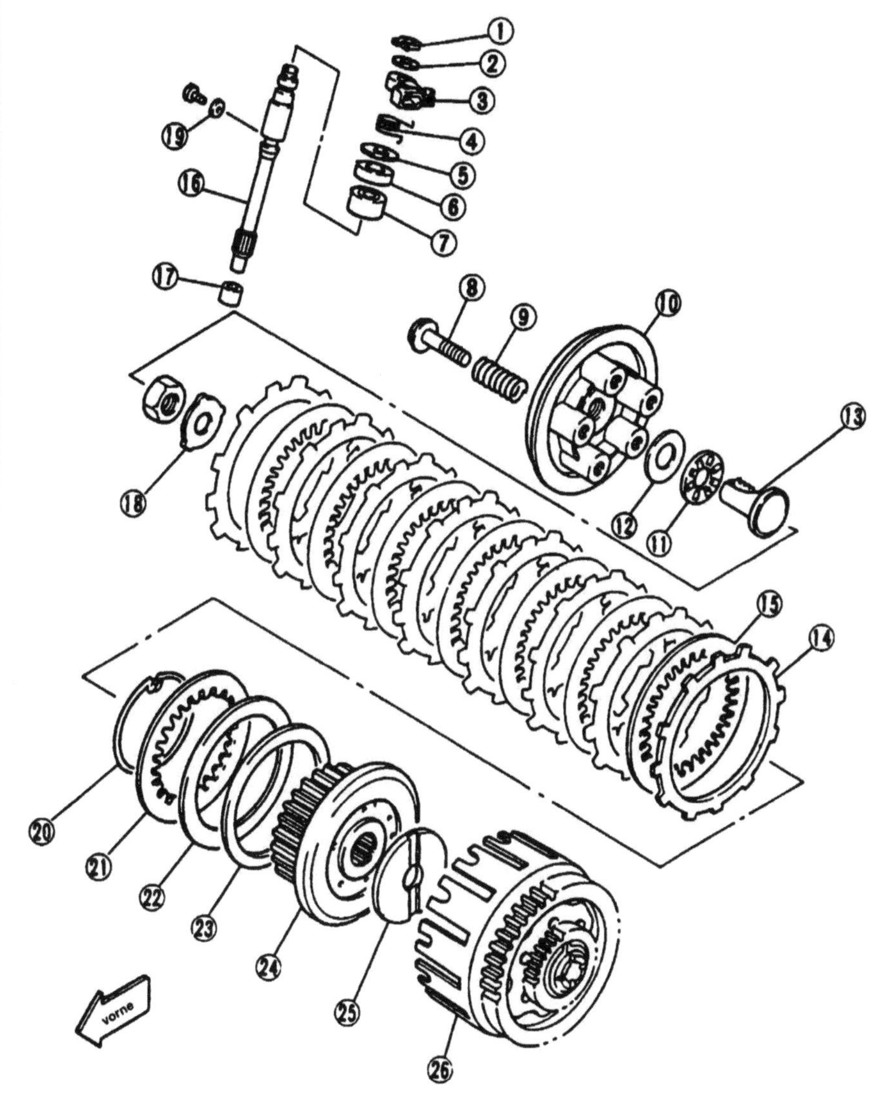

1 Sicherungsring
2 Scheibe
3 Ausrückhebel
4 Rückholfeder
5 Stahlscheibe
6 Wellendichtring
7 Lager
8 Druckplattenschraube
9 Feder
10 Druckplatte
11 Ausrücklager
12 Scheibe
13 Zugstange
14 Belagscheibe
15 Stahlscheibe
16 Ausrückwelle
17 Lager
18 Sicherungsblech
19 Dichtscheibe
20 Drahtsicherungsring (Teil des Ruckdämpfers)
21 Metallplatte (Teil des Ruckdämpfers)
22 Ruckdämpferfeder (Teil des Ruckdämpfers)
23 Ruckdämpferfedersitz (Teil des Ruckdämpfers)
24 Kupplungsnabe
25 Druckplatte
24 Kupplungskorb
26 Käfig-Nadellager

18.4 Bauteile der Kupplung

4 Lösen Sie kreuzweise Schritt für Schritt die Schrauben der Kupplungsdruckplatte, entfernen Sie dann die Schrauben samt Scheiben (siehe Abbildung).

18.7 Entfernen Sie die Zugstange, das Ausrücklager und die Scheibe aus der Druckplatte.

5 Entfernen Sie die Kupplungsfedern.
6 Entfernen Sie die Druckplatte.
7 Entfernen Sie Zugstange, Ausrücklager und Scheibe aus der Druckplatte (siehe Abbildung).

18.9a Biegen Sie die Lasche des Sicherungsbleches zurück, und entfernen Sie die Mutter.

Praxis
TiPP

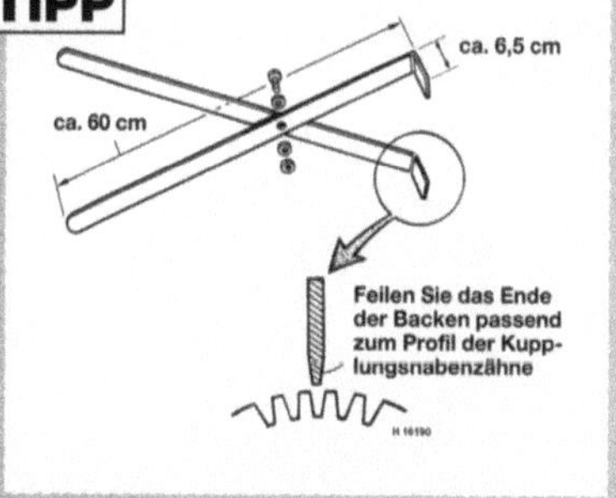

Ein Kupplungsnabenblockierer kann leicht aus zwei Blechstreifen gebaut werden, die an einem Ende abgewinkelt und in der Mitte zusammengeschraubt werden.

18.10 Ziehen Sie den Kupplungskorb ab, und entfernen Sie die Druckscheibe.

18.12 Begutachten Sie den Kupplungskorb besonders an den Verzahnungen auf Verschleiß.

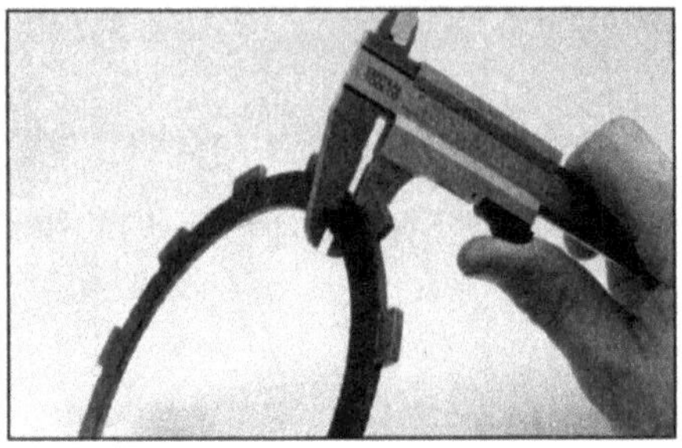

18.14 Messen Sie die Stärke der Belagscheiben.

8 Entfernen Sie die Kupplungsbeläge samt Stahlscheiben als Satz.

9 Biegen Sie die Laschen des Kupplungsmutter-Sicherungsbleches zurück (siehe Abbildung). Zum Lösen der Kupplungsmutter muss die Eingangswelle blockiert werden. Entweder kann man (bei eingebautem Motor) einen Gang einlegen und einen Assistenten die Hinterradbremse betätigen lassen, oder (bei ausgebautem Motor) das Yamaha-Inspektionswerkzeug (Teile-Nr. 90890-04086) verwenden. Oder man baut sich aus stabilen Blechstreifen selber ein Blockier-Werkzeug (siehe *Werkzeug-Tipp*) und hindert die Nabe am Mitdrehen (siehe Abbildung). Nehmen Sie die Mutter und das Sicherungsblech von der Welle. Das Sicherungsblech muss bei der Montage immer durch ein Neuteil ersetzt werden.

10 Ziehen Sie die Kupplungsnabe gefolgt vom Kupplungskorb und der hinteren Druckscheibe von der Welle (siehe Abbildung).

11 Der Ruckdämpfer kann in seiner Position verbleiben, wenn die Kupplung nicht aufgrund starker Geräusche aufgefallen ist. Wenn es nötig ist, ihn zu entfernen, müssen zunächst der Drahtsicherungsring, dann die Metallplatte, die Ruckdämpferfeder und der Ruckdämpfer-Federsitz entfernt werden (siehe Abbildung 18.4).

18.15 Kontrollieren Sie die Stahlscheiben auf Verzug.

Kontrolle

12 Begutachten Sie die Mitnehmerverzahnungen innen und außen an der Kupplungsnabe (siehe Abbildung). Wenn sich starker Verschleiß zeigt, muß das Teil ersetzt werden.

13 Messen Sie die freie Länge aller Kupplungsfedern. Wenn auch nur eine Feder kürzer als die Verschleißgrenze ist, müssen alle als Satz ausgewechselt werden.

14 Wenn die Belagscheiben verbrannt oder verglast sind, müssen sie ersetzt werden. Die Stahlscheiben sollten ebenfalls keine Anzeichen starker Erhitzung (Blaufärbung) aufweisen. Messen Sie mit Hilfe eines Messschiebers die Dickte der Beläge (siehe Abbildung). Wenn irgendeine Scheibe bis oder über die in den *Technischen Daten* angegebene Toleranzgrenze verschlissen ist, müssen alle Belagscheiben als Satz ausgewechselt werden.

15 Kontrollieren sie mithilfe einer 0,15-mm-Fühlerlehre den Verzug der Stahlscheiben, indem Sie diese auf eine ebene Oberfläche – z.B. einen Spiegel – legen und die Lehre rundherum hindurchzuschieben versuchen (siehe Abbildung). Wenn eine der Scheiben den maximal erlaubten Verschleiß überschreitet oder angelaufen ist, müssen alle Stahlscheiben als Satz ausgewechselt werden.

16 Kontrollieren Sie die Kupplungsteile auf Riefen und Abdrücke an den Rändern der Laschen der Belagscheiben und/oder deren Führungen am Kupplungskorb. Minimaler Verschleiß kann mit einer feinen Feile geschlichtet werden, ist er zu groß, müssen die entsprechenden Bauteile ausgetauscht werden.

17 Überprüfen Sie ebenso den Verschleiß an den Verzahnungen der Stahlscheiben und der Kupplungsnabe. Ein solcher Verschleiß äußert sich in Kupplungsrutschen und langsamem Einrücken beim Schalten, da die Scheiben haken, wenn die Druckplatte ausgerückt wird. Durch Herausfeilen der Einkerbungen kann das Leben der Bauteile verlängert werden. Kontrollieren Sie das Antriebszahnrad an der Rückseite der Kupplung genauso wie das Ölpumpenrad auf Verschleiß und ausgebrochene Zähne. Wenn das Ölpumpenrad verschlissen oder beschädigt ist, muss zu seiner Demontage der Sicherungsring entfernt werden (siehe Abbildung).

18 Kontrollieren Sie die Druckplatte, die Kupplungsnabe, den Drahtsicherungsring, die Ruckdämpferfeder und ihren Federsitz (falls sie demontiert wurden) auf Anzeichen von Verschleiß oder Beschädigungen. Erneuern Sie alle entsprechenden Teile.

19 Kontrollieren Sie das Ausrücklager (siehe Abbildung) und die Druckscheibe auf Verschleiß, Beschädigungen und rauen Lauf. Ersetzen Sie die Teile im Zweifelsfall. Prüfen Sie den Lagersitz im Kupplungskorb, ggf. muss der Korb ersetzt werden. Begutachten Sie die Nuten des Kupplungskorbes und die Mitnehmerstifte im Ölpumpenrad, ersetzen Sie verschlissene oder beschädigte Bauteile.

20 Reinigen Sie den Kupplungsdeckel und die Dichtfläche des Motorgehäuses von allen Dichtungsresten.

18.17 Entfernen Sie den Seegerring (Pfeil), und ziehen Sie das Ölpumpenrad ab, wenn es beschädigt ist.

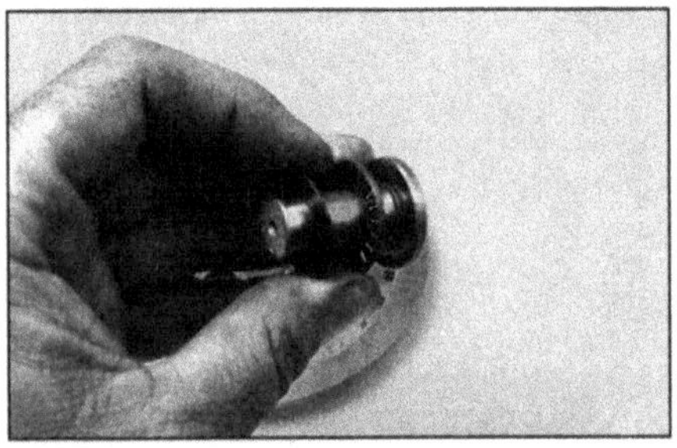

18.19 Prüfen Sie das Ausrücklager auf Verschleiß und beschädigte Rollen.

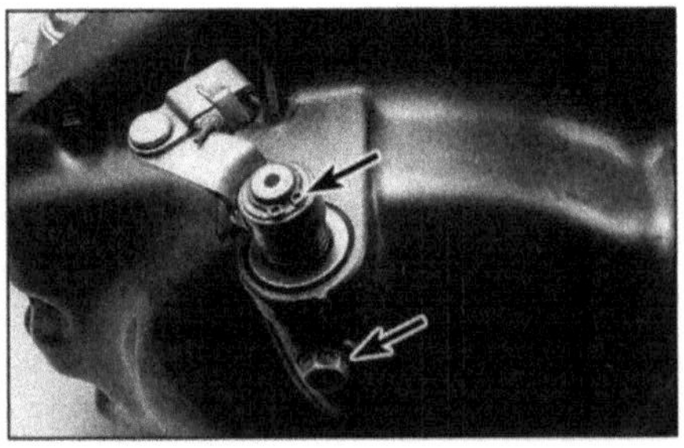

18.21 Falls nötig, müssen Seegerring und Arretierschraube entfernt werden, um den Ausrückmechanismus aus dem Kupplungsdeckel bauen zu können.

18.24 Wenn Sie den Ruckdämpfer entfernt hatten, muss sichergestellt werden, dass die Drahtsicherung exakt in ihrer Nut sitzt und beide Enden vollständig in der Bohrung sitzen.

18.29 Richten Sie die Markierungen der Druckplatte und des Kupplungskorbes aus.

18.31 Die Verzahnung der Zugstange muss nach hinten zeigen.

21 Kontrollieren Sie den Ausrückmechanismus im Kupplungsdeckel auf leichtgängige Funktion. Zerlegen Sie ihn, um eine Reinigung oder Schmierung der Komponenten vorzunehmen. Ersetzen Sie beschädigte Bauteile (siehe Abbildung).

Einbau

22 Installieren Sie das Ölpumpenrad an die Kupplung, verwenden Sie einen neuen Sicherungsring.

23 Benetzen Sie die Innenseite des Kupplungskorbes mit Motoröl, und schieben Sie ihn auf die Getriebewelle. Ölen Sie die Druckscheibe, und setzen Sie sie zusammen mit der Kupplungsnabe ein. Installieren Sie ein **neues** Sicherungsblech, und setzen Sie die Mutter an. Ziehen Sie die Kupplungsmutter, nachdem die Kupplung mit der in Schritt 9 beschriebenen Methode blockiert worden ist, mit dem vorgeschriebenen Drehmoment von 70 Nm an. Biegen Sie die Lasche des Sicherungsbleches gegen die Mutter.

24 Installieren Sie die Ruckdämpfer-Bauteile (Sitz, Feder, Metallplatte und Drahtsicherung), falls sie demontiert waren. Stellen Sie sicher, dass die Drahtsicherung exakt in ihrer Nut sitzt und beide Enden vollständig in der Bohrung sitzen (siehe Abbildung).

25 Benetzen Sie eine der Belagscheiben mit Motoröl, und installieren Sie sie in den Kupplungskorb, die Laschen der Scheibe müssen in den Nuten des Korbes liegen.

26 Installieren Sie anschließend eine Stahlscheibe.

27 Benetzen Sie die anderen der Belagscheiben mit Motoröl, und installieren Sie sie abwechselnd mit den verbleibenden Stahlscheiben in den Kupplungskorb.

28 Benetzen Sie das Nadellager mit Motoröl, und installieren Sie die Druckscheibe, das Lager und die Zugstange in die Druckplatte (siehe Abbildung 18.7). Stellen Sie sicher, dass die Verzahnung der Zugstange nach hinten zeigt.

29 Installieren Sie die Druckplatte, die Markierung muss mit der auf der Kupplungsnabe ausgerichtet sein (siehe Abbildung).

30 Bauen Sie die Federn ein, und setzen Sie die Schrauben mit den Scheiben an. Ziehen Sie sie Schritt für Schritt kreuzweise mit dem vorgeschriebenen Drehmoment von 8 Nm an.

31 Wenn die Passhülsen in ihren Positionen sitzen, muss eine neue Dichtung aufgelegt werden. Achten Sie erneut auf die Ausrichtung der Zugstangenverzahnung (siehe Abbildung), installieren Sie den Kupplungsdeckel, und drücken Sie den Ausrückhebel in Position, um ihn zu sichern.

32 Ziehen Sie die Kupplungsdeckelschrauben schrittweise über Kreuz mit 10 Nm an.

33 Füllen Sie den Motor mit Öl auf (siehe Kapitel 1).

34 Der Rest des Einbaus entspricht der umgekehrten Ausbaureihenfolge.

19 Kupplungsbowdenzug
Ausbau und Einbau

1 Lockern Sie die Kupplungszugmuttern an der rechten Motorseite (siehe Abbildung 9.3 in Kapitel 1). Trennen Sie das untere Bowdenzugende vom Ausrückhebel und der Halterung am Motor.

2 Ziehen Sie die Gummiabdeckung vom Kupplungseinsteller am Lenker zurück (siehe Abbildung 9.2 in Kapitel 1). Drehen Sie bei allen Modellen den Konterring des Einstellers am Lenkerhebel ganz zurück, und schrauben Sie den Einsteller ganz in den Halter, um den Bowdenzug zu lockern.

3 Richten Sie die Schlitze des Einstellers, des Konterrings und der Hebelaufnahme aus. Ziehen Sie die Bowdenzughülle aus ihrem Sockel.

4 Installieren Sie den Bowdenzug in umgekehrter Ausbaureihenfolge. Stellen Sie das Spiel des Kupplungsbowdenzuges ein (siehe Kapitel 1).

20 Schalthebel und Anlenkmechanismus
Ausbau und Einbau

1 Die XJ-Modelle sind mit einem Schalthebel und Anlenkmechanismus ausgerüstet, um die Gänge zu wechseln.

2 Stellen Sie das Motorrad auf den Hauptständer oder eine entsprechend stabile Stütze.

3 Für einen besseren Zugang kann der linke Fußrastenhalter entfernt werden.

4 Achten Sie auf die Ausricht-Markierung am Ende der Schaltwelle, die zur Klemmnut des Schaltwellenhebels zeigen muss (siehe Abbildung). Wenn keine sichtbar ist, muss sie eingeschlagen werden.

5 Entfernen Sie die Klemmschraube, und ziehen Sie den Hebel von der Welle. Entfernen Sie die Inbusschraube des Schalthebels, und nehmen Sie ihn ab.

6 Installieren Sie die Bauteile in umgekehrter Ausbaureihenfolge. Ziehen Sie die Klemmschraube mit 10 Nm an.

7 Zur Einstellung der Schalthebel-Höhe müssen die Kontermuttern gelockert und der Einsteller verdreht werden, anschließend werden die Kontermuttern wieder mit 10 Nm angezogen.

Achtung: Die hintere Kontermutter hat ein Linksgewinde!

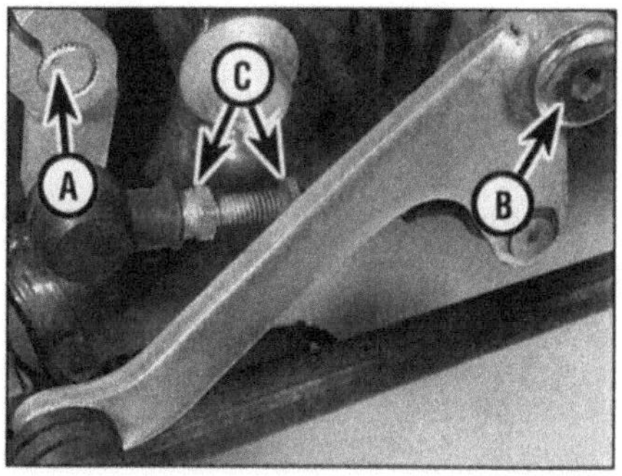

20.4 Eine Körnermarkierung auf der Schaltwelle muss mit dem Klemmschlitz des Hebels fluchten (A); der Fußschalthebel ist mit einer Inbusschraube gesichert (B), seine Höhe wird mit den Muttern des Schaltgestänges eingestellt (C).

21.3 Entfernen Sie die Kunststoffhülse, und prüfen Sie den Zustand des Dichtringes (Pfeil).

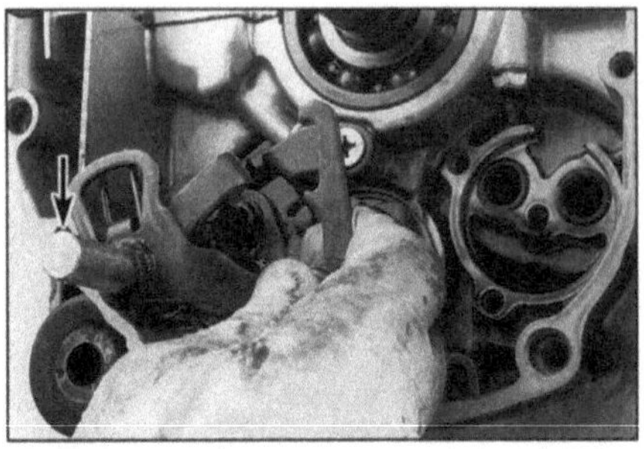

21.5a Heben Sie die Schaltklauen von der Schaltwalze, und ziehen Sie die Schaltwelle aus dem Gehäuse, . . .

21.5b . . . entfernen Sie die Scheibe.

21 Schaltmechanismus (externe Teile) Ausbau, Kontrolle und Einbau

Ausbau

1 Entfernen Sie den Schalthebel und die Anlenkung (siehe Sektion 20).
2 Entfernen Sie den Ritzeldeckel (siehe Kapitel 5).
3 Entfernen Sie das Kunststoffdistanzrohr von der Schaltwelle (siehe Abbildung).
4 Entfernen Sie die Kupplung (siehe Sektion 18).
5 Ziehen Sie den Schaltarm von der Schaltwalze, und ziehen Sie die Schaltwelle samt Scheibe aus dem Motor (siehe Abbildungen).

Kontrolle

6 Kontrollieren Sie die Arretierklauen-Rückholfedern auf Ermüdung, Verschleiß oder Beschädigungen; erneuern Sie sie nötigenfalls.
7 Begutachten Sie die Schaltwellen auf Verzug und Verschleiß der Verzahnung. Wenn die Welle verbogen ist, kann man versuchen, sie zu richten, bei verschlissenen Zähnen muss sie ersetzt werden. Begutachten Sie die Schaltklauen und die Federn der Schaltwellen auf Verschleiß und Beschädigungen.
8 Kontrollieren Sie den Zustand des Arretierhebels und der Feder. Ersetzen Sie ihn, wenn er im Bereich der Schaltwalze verschlissen ist.
9 Begutachten Sie die entsprechenden Abschnitte der Schaltstifte in der Schaltwalze. Bei Schäden muss das Motorgehäuse zerlegt und die Schaltwalze ersetzt werden.
10 Kontrollieren Sie den Zustand des Schaltwellendichtrings links im Motorgehäuse (siehe Abbildung 21.3). Falls er beschädigt oder verhärtet ist, muss er ersetzt werden, wenn er gerade zugänglich ist, sollte er prophylaktisch ausgewechselt werden. Hebeln Sie den alten Ring heraus, und treiben Sie mit Hilfe eines geeigneten Dornes den neuen senkrecht ein, die Dichtlippen müssen nach innen zeigen.

Einbau

11 Entfernen Sie den Sicherungsring und die flache Scheibe vom Ende der Schaltwelle. Stellen Sie sicher, dass die große Scheibe auf der Welle verbleibt und gegen die Schaltklauen positioniert ist.
12 Geben Sie Heißlagerfett auf die Lippen des Dichtringes. Umwickeln Sie die Schaltwellenverzahnung mit Isolierband, um beim Einbau den Dichtring zu schützen.
13 Schieben Sie die Schaltwelle in das Moorgehäuse, und richten Sie die Schaltklauen über den Stiften der Schaltwalze aus. Positionieren Sie die Rückholfeder über ihrer Führungsstange (siehe Abbildung).
14 Installieren Sie den Rest in umgekehrter Ausbaureihenfolge.
15 Befüllen Sie den Motor mit Motoröl (siehe Kapitel 1 und *Tägliche Kontrolle*)

22 Motorgehäuse Trennen und Zusammenbau

1 Um Begutachtungen und Arbeiten an der Kurbelwelle, der Anlasser- und Steuerkette, den Pleuel, den Hauptlagern, den Getriebekomponenten, der Anlasseruntersetzung oder dem Anlasserfreilauf durchzuführen, muss das Motorgehäuse getrennt werden.

Trennen

2 Um das Gehäuse zum Ausbau der Kurbelwelle zu trennen, müssen der Zylinderkopf, der Zylinderblock und die Kolben entfernt werden (siehe Sektionen 10, 13 und 14). Wenn nur die Getriebewellen oder der innere Schaltmechanismus ausgebaut werden sollen, ist es nicht nötig, die oberen Baugruppen zu entfernen. In allen Fällen muss die Kupplung demontiert werden (siehe Sektion 18).

21.13 Zusammengebaut muss der Schaltmechanismus so aussehen.

22.3 Entfernen Sie die Ölfilteradapterschraube – hinter dem Adapter befindet sich eine Gehäuseschraube.

22.5 Biegen Sie die Sicherungsscheibe (A) zurück, und entfernen Sie die Mutter des Primärzahnrades. Entfernen Sie die Lagersicherung, indem Sie die zwei Inbusschrauben (B) lösen, ziehen Sie dann das Zahnrad und das Distanzstück ab.

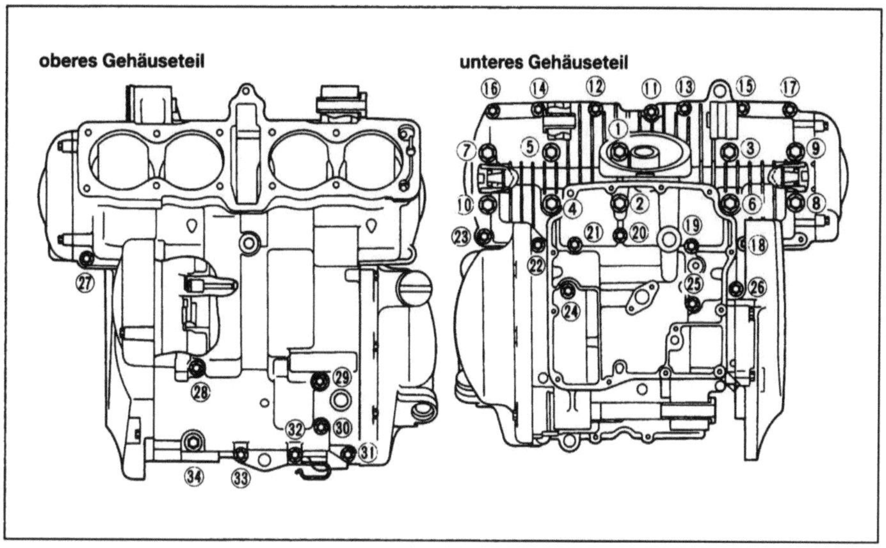

22.6 Motorgehäuse-*Anzugs*reihenfolge

3 Entfernen Sie die Ölwanne und den Öldruckregler (siehe Sektion 16). Lösen Sie bei Modellen mit Ölkühler den Ölfilteradapter, um Zugang zu einer Gehäuseschraube zu erhalten (siehe Abbildung). Entfernen Sie auch den Ölkühler (siehe Sektion 32).

4 Entfernen Sie den Zünd-Rotor (siehe Kapitel 4) und die Lichtmaschine (siehe Kapitel 8).

5 Prüfen Sie das Primärzahnrad auf Verschleiß oder Schäden (siehe Abbildungen). Falls nötig, müssen die Laschen der Sicherungsscheibe zurückgebogen und die Mutter gelöst werden, um das Zahnrad zu demontieren.

6 Lösen Sie zuerst die Schrauben der Oberseite, dann der Unterseite, schrittweise **in Gegenrichtung** der Anzugsreihenfolge (siehe Abbildung).

7 Trennen Sie vorsichtig die Gehäusehälften, dabei darf nur an der einzigen vorgesehenen Stelle gehebelt werden (siehe Abbildung). Wenn die Hälften sich nicht leicht trennen lassen, stellen Sie sicher, dass wirklich alle Befestigungen gelöst sind. Versuchen Sie nicht, an den Dichtflächen zu hebeln, sie sind leicht zu beschädigen und dann nicht mehr dicht.

8 Wechseln Sie zum Ausbau der innerhalb des Motorgehäuses befindlichen Baugruppen zu den Sektionen 23 bis 29.

Zusammenbau

9 Entfernen Sie alle Dichtungsreste von den Gehäusedichtflächen. Achten Sie darauf, dass dabei keine Reste in das Gehäuse fallen. Stellen Sie sicher, dass die O-Ringe und Passhülsen an ihrem Platz in der Dichtfläche der unteren Gehäusehälfte sitzen (siehe Abbildung).

10 Eine übliche Methode des Zusammenbaus ist das Umdrehen des Motors und der Einbau der Kurbel- und Getriebewellen von unten, anschließend wird die untere Gehäusehälfte aufgesetzt. Yamaha empfiehlt bei diesen Modellen, die Schaltgabeln und Getriebewellen in die obere Hälfte und die Kurbelwelle samt Pleuelstangen in die untere Gehäusehälfte einzusetzen, bevor das Oberteil auf das Unterteil abgesenkt wird. Dabei ist es nötig, die Getriebewellen in Position zu halten, bis die Hälften verbunden sind.

11 Geben Sie auf die Getriebewellen, Schaltwalze und -gabeln sowie die Lager der Kurbelwelle reichlich frisches Motoröl, wischen Sie sorgfältig alle Ölspuren von den Dichtflächen der Gehäusehälften.

12 Verteilen Sie ein geeignetes Dichtmittel (z.B. Yamaha-Bond 1215 oder entsprechendes) sparsam auf der Dichtflächen der Gehäusehälften.

Achtung: Nehmen Sie nicht zuviel Dichtmasse, da sie sich bei der Montage nach innen herausquetscht und Ölkanäle verstopfen kann. Geben Sie keine Dichtmasse in oder in die Nähe (2–3 mm) von Lagereinsätzen oder Lageroberflächen.

13 Kontrollieren Sie die Positionen der Schaltwalze, Schaltgabeln und Getriebewellen – stellen Sie sicher, dass der Leerlauf eingelegt ist. Prüfen Sie dann, ob sich alle Wellen unabhängig voneinander drehen lassen.

2

22.7 Hebeln Sie vorsichtig an dieser Stelle.

22.9 Die Passhülse innerhalb des Gehäuses ist mit einem O-Ring versehen.

22.14a Wenn der Dichtring mit einer Lippe ausgerüstet ist, muss diese korrekt in ihrer Nut sitzen.

22.14b Ersatzdichtringe ohne Lippe können ohne die Zerlegung des Motorgehäuses ausgetauscht werden.

22.14c Benetzen Sie den Außenrand des Endstopfens mit einer dünnen Schicht Dichtmasse.

14 Montieren Sie vorsichtig die Gehäusehälften über die Passhülsen und den Blindstopfen sowie den Dichtring an den Enden der Kurbelwelle zusammen (siehe Abbildungen). Dabei muss darauf geachtet werden, dass die Schaltgabeln in ihre entsprechenden Nuten greifen. Sowohl der Kurbelwellenblindstopfen als auch der Dichtring muss korrekt in den Gehäusenut sitzen. Prüfen Sie, ob die Lager der Getriebewellen hinter korrekt installierten Lagersicherungen sitzen.

Anmerkung: *Das Motorgehäuse muss ohne Kraftaufwand zusammen gehen. Versuchen Sie nicht, die Hälften mit den Gehäuseschrauben zusammenzuziehen, das würde zu Brüchen und Gehäusezerstörung führen. Der häufigste Grund liegt in verdrehten Getriebewellenlagern, deren Stifte nicht mit den Gehäusebohrungen fluchten.*

15 Setzen Sie die Schrauben (gegebenenfalls mit den passenden Scheiben) in die entsprechenden Bohrungen ein (siehe Abbildung 22.6). Schraube 32 ist mit einer Kabelbaumhalterung ausgerüstet. Ziehen Sie alle Schrauben in zwei oder drei Schritten entsprechend der Anzugsreihenfolge bis zum in den *Technischen Daten* angegebenen Drehmoment an.
16 Montieren Sie die Ölwanne (siehe Sektion 16).
17 Kontrollieren Sie nach dem Anziehen der Schrauben, ob sich die Kurbelwelle und die Getriebewellen sanft und leicht drehen.

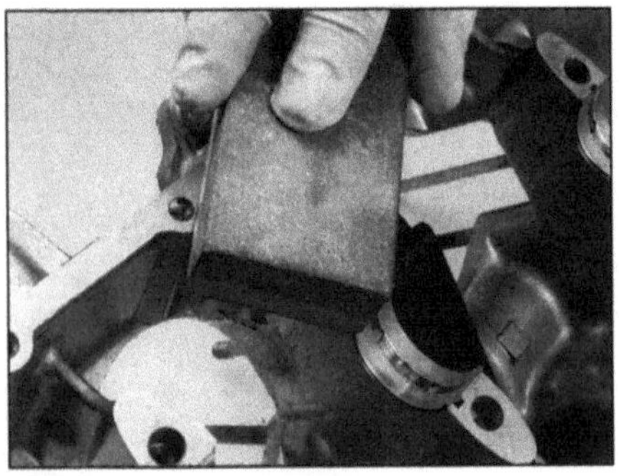

23.3 Kleine Schäden können mit einer feinen Feile oder einem Schleifstein vorsichtig entfernt werden. Reinigen Sie das Bauteil anschließend sorgfältig.

18 Bauen Sie alle anderen Bauteile in umgekehrter Reihenfolge an, beachten Sie dabei Folgendes:

a) *Nach der Installation der externen Bauteile des Schaltmechanismus müssen alle Gänge zur Funktionsprüfung durchgeschaltet werden.*
b) *Verwenden Sie ein neues Sicherungsblech über dem Primärzahnrad (falls entfernt), und ziehen Sie die Mutter vorschriftsmäßig mit 50 Nm an.*
c) *Befüllen Sie den Motor mit Motoröl (siehe Kapitel 1 und* Tägliche Kontrolle*).*

23 Motorgehäuse
Kontrolle und Wartung

1 Nachdem das Motorgehäuse getrennt worden ist, werden die Kurbelwelle, die Pleuel, die Schaltwalze samt Gabeln und die Getriebewellen ausgebaut. Die Motorgehäusehälften sollten sorgfältig mit sauberem Lösungsmittel gereinigt und mit Druckluft ausgeblasen werden.

2 Entfernen Sie alle Ölkanalstopfen, falls dieses noch nicht geschehen ist. Blasen Sie die Ölkanäle mit Druckluft aus.

3 Alle Reste alter Dichtungen müssen entfernt werden. Kleinste Beschädigungen der Dichtflächen können mit einem feinen Schleif- oder Wetzstein geschlichtet werden.

Achtung: Seien Sie sehr vorsichtig, dass Sie die Dichtflächen nicht einkerben oder abtragen, da der Motor dadurch nicht mehr öldicht sein wird. Kontrollieren Sie beide Motorgehäusehälften sorgfältig auf Brüche und andere Beschädigungen.

4 Kontrollieren Sie die Anlasser- und Steuerkettenführungen auf Verschleiß (siehe Sektion 27), und ersetzen Sie sie gegebenenfalls.

5 Wenn irgendwelche Schäden nicht repariert werden können, sind die beiden Gehäusehälften als Satz auszutauschen.

24 Haupt- und Pleuellager
Allgemeine Informationen

1 Obwohl die Haupt- und Pleuellager normalerweise bei einer Motorüberholung ersetzt werden, sollten die alten aufbewahrt werden, um aus ihnen wertvolle Informationen über den Zustand des Motors zu ziehen.

2 Lagerschäden beruhen meistens auf Ölmangel, Schmutz oder Fremdkörpern im Motor, Motorüberlastung und/oder Verschleiß.

3 Zu einer Untersuchung nehmen Sie die Pleuellager aus den Pleuel, und legen Sie sie in derselben Ausrichtung, wie sie auf der Kurbelwelle laufen, auf eine saubere Unterlage. So können Sie die Lagerschäden, die Sie feststellen, mit der entsprechenden Stelle auf der Kurbelwelle in Verbindung bringen. Die Hauptlager sind in die Gehäusehälften eingepresst und werden nur zum Austausch herausgenommen.

4 Schmutz und Fremdkörper können auf unterschiedliche Weise in den Motor gelangen. Nach Zusammenbau im Motor zurückgelassen oder durch Filter oder Entlüfterschläuche hineingelangt, können sie über das Öl in die Lager kommen. Metallsplitter von Bearbeitung und normaler Motorabnutzung sind oft vorhanden. Späne von Überholungsarbeiten wie Honen verbleiben manchmal in Motorteilen, besonders, wenn sie nicht ordentlich gereinigt wurden. Solche kleinen Partikel arbeiten sich meist in das weiche Material der Lager ein. Größere Stücke arbeiten sich nicht ein und kerben und zerkratzen Lager und Wellen.

5 Ölmangel oder fehlende Schmierung haben eine Reihe von zusammenhängenden Gründen. Hohe Temperatur (die das Öl verdünnt), Überlastung (wodurch das Öl aus den Lagern gedrückt wird) und Ölverlust (durch übermäßiges Lagerspiel, verschlissene Ölpumpe oder hohe Drehzahlen) führen zu fehlender Schmierung. Verstopfte Ölleitungen trocknen ein Lager auch aus und zerstören es. Wenn Ölmangel die Ursache für Lagerprobleme ist, ist das Lagermaterial vom Träger abgetragen (Lagerfraß). Durch zu hohe Temperaturen können Lager und Wellen blau anlaufen.

6 Die Fahrweise hat einen direkten Effekt auf die Lagerlaufzeit. Vollgasfahrten in niedrigem Gang oder den Motor ziehen zu lassen, belasten die Lager stark, die dann dazu neigen, den Ölfilm reißen zu lassen. Kurzstreckenbetrieb führt zur Abnutzung der Lager, da der Motor nicht die ausreichende Temperatur erreicht, um Kondenswasser und aggressive Gase auszutreiben. Diese sammeln sich im Motoröl und bilden Säuren und Schlamm. Da das Öl zu den Lagern transportiert wird, greift die Säure das Material an und lässt es altern.
7 Nachlässiger Lagereinbau kann ebenfalls zu Problemen führen. Unzureichendes Lagerspiel führt zu Ölmangel. Schmutz und Fremdkörper, die im Lager eingefangen werden, bilden erhabene Stellen und führen zu Lagerausfall.
8 Um Lagerschäden zu vermeiden, reinigen Sie alle Teile vor dem Einbau gründlich, überprüfen alle Messungen mehrmals und fetten neue Lager mit Heißlagerfett.

25 Kurbelwelle und Hauptlager
Ausbau, Kontrolle und Einbau

Kurbelwelle

Ausbau

1 Vor dem Ausbau der Kurbelwelle muss ihr Axialspiel mit Hilfe einer Messuhr überprüft werden. Zwar macht Yamaha keine Angaben, doch sollte bei einem Spiel, das größer als 0,15 mm ist, eine Werkstatt konsultieren.
2 Entfernen Sie den Anlasserfreilauf (siehe Sektion 31).
3 Heben Sie die Kurbelwelle samt Pleuelstangen und den Anlasser- und Steuerketten aus dem Gehäuse, legen Sie alles auf eine saubere Oberfläche (siehe Abbildung).
4 Die Lagerschalen können aus den Böcken demontiert werden, indem sie in der Mitte seitlich herausgedrückt und abgehoben werden (siehe Abbildung). Achten Sie auf die korrekte Positionen der Schalen. Zuvor sollte jedoch das Lagerspiel überprüft werden.

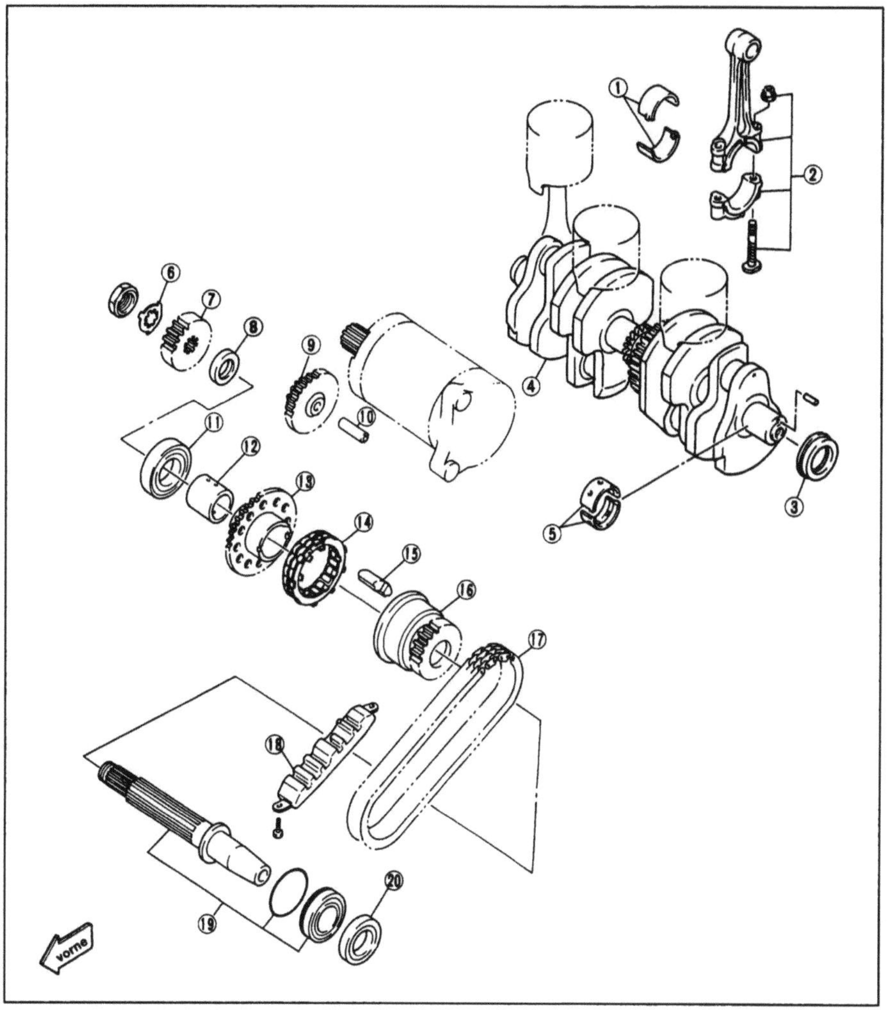

25.3 Bauteile des Kurbeltriebs

1 Pleuelfußlager
2 Pleuel
3 Dichtring
4 Kurbelwelle
5 Hauptlager
6 Sicherungsblech
7 Primärzahnrad
8 Distanzring
9 Untersetzungszahnrad
10 Zahnradwelle
11 Lager
12 Distanzstück
13 Anlasserfreilaufzahnrad
14 Anlasserfreilauf
15 Dämpfersegment
16 Antriebsrad
17 Anlasserkette
18 obere Anlasserkettenführung
19 Anlasserfreilaufwelle
20 Dichtring

Kontrolle

5 Falls noch nicht geschehen, werden die Pleuel markiert und von der Kurbelwelle demontiert (siehe Sektion 26).
6 Reinigen Sie die Kurbelwelle mit Lösungsmittel, putzen Sie die Ölbohrungen mit einer Rohrbürste. Wenn möglich, sollte die Welle und die Bohrungen mit Druckluft getrocknet und durchgeblasen werden. Begutachten Sie die Haupt- und Pleuellager. Wenn sie riefig sind oder Fress- oder Klemmspuren zeigen und eine mehrmals darübergezogene Kupfermünze abgerieben wird, ist die Kurbelwelle zu ersetzen.
7 Kontrollieren Sie das Anlasser- und das Steuerkettenritzel auf ausgebrochene Zähne und anderen Verschleiß. Wenn einer der Zähne extrem verschlissen, gesplittert oder gebrochen ist, muss die Kurbelwelle ersetzt werden. Prüfen Sie die Ketten, wie in Sektion 27 beschrieben. Prüfen Sie den Rest der Welle auf Risse und andere Schäden. Werkstätten sind in der Lage, mit verschiedenen Tests Haarrisse aufzuspüren.
8 Kontrollieren Sie den Rundlauf der Kurbelwelle mit einer Messuhr. Wenn die Welle stärker als 0,03 mm verbogen ist, muss sie ersetzt werden.

Hauptlager

Auswahl

9 Reinigen Sie die Lagerschalen, und installieren Sie sie ggf. wieder in die korrekten Lagerböcke. Legen Sie die Kurbelwelle in das obere Gehäuseteil. Schneiden Sie von den Quetsch-Messstreifen für jedes Lager entsprechende Stücken ab. Legen Sie auf jeden Lagerzapfen parallel zur Achse einen Streifen (siehe Abbildung).

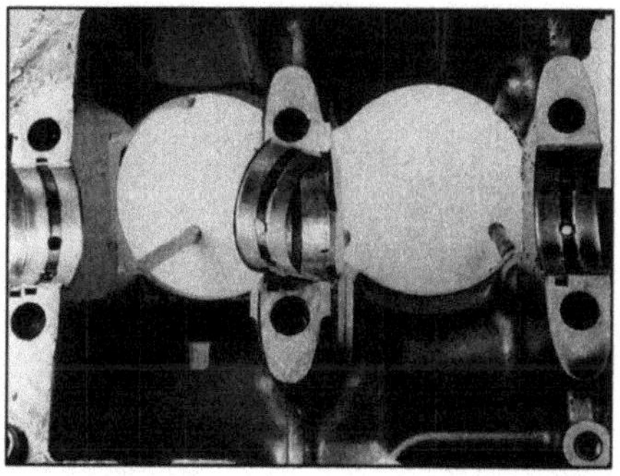

25.4 Drücken Sie die Lagerschilder seitlich aus den Böcken.

2

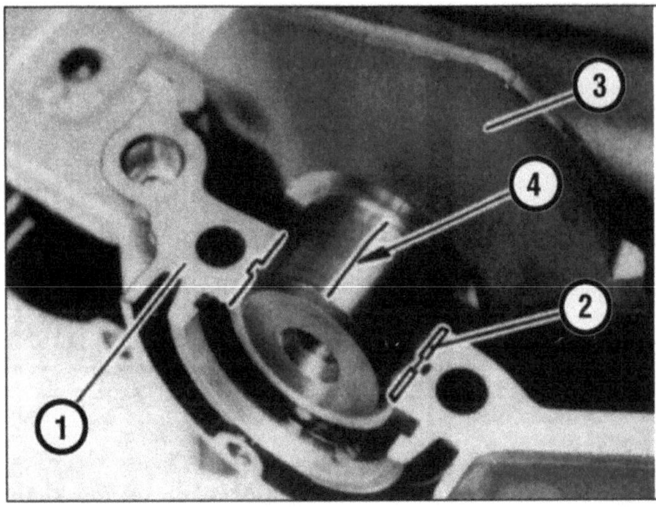

1 Motorgehäuse
2 Lager
3 Kurbelwelle
4 Messstreifen

25.9 Legen Sie die Plastigauge-Streifen parallel zur Achse auf den Lagerzapfen.

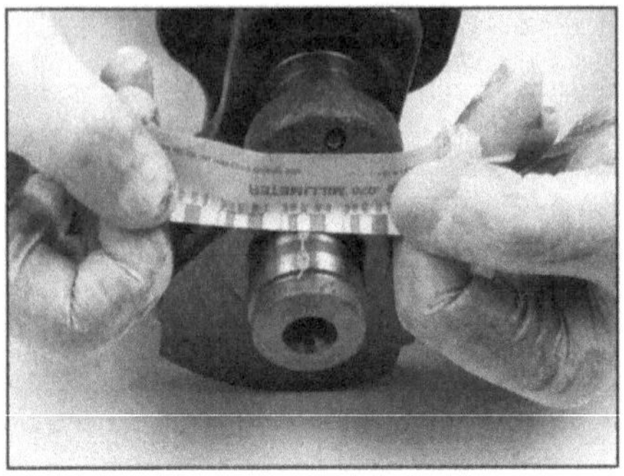

25.11 Messen Sie die Breite des gequetschten Messstreifens (verwechseln Sie nicht die Tabellen für metrische und Zollmaße!).

25.14 Messen Sie den Durchmesser jedes Kurbelwellenzapfens an verschiedenen Punkten, um unrunde und kegelförmige Verformungen bestimmen zu können.

10 Setzen Sie vorsichtig die untere Gehäusehälfte auf, installieren Sie die Kurbelgehäuseschrauben (Gehäuseschrauben Nr. 1 bis 10), und ziehen Sie sie in der empfohlenen Reihenfolge bis zum vorgeschriebenen Drehmoment von 24 Nm an (siehe Sektion 22 und Abbildung 22.6).

Achtung: Ziehen Sie die Schrauben nicht an, wenn das Gehäuse nicht sitzt! Stellen Sie sicher, dass die Kurbelwelle nicht gedreht wird, wenn die Schrauben angezogen sind.

11 Lösen Sie die Schrauben, und heben Sie die untere Gehäusehälfte vorsichtig ab. Vergleichen Sie alle gequetschten Streifen mit der Skala auf der Packung, um das Lagerspiel zu ermitteln (siehe Abbildung). Notieren Sie die gemessenen Werte. Entfernen Sie den gequetschten Plastikstreifen vorsichtig mit dem Fingernagel oder einer Kunststoffkarte aus dem Lager.

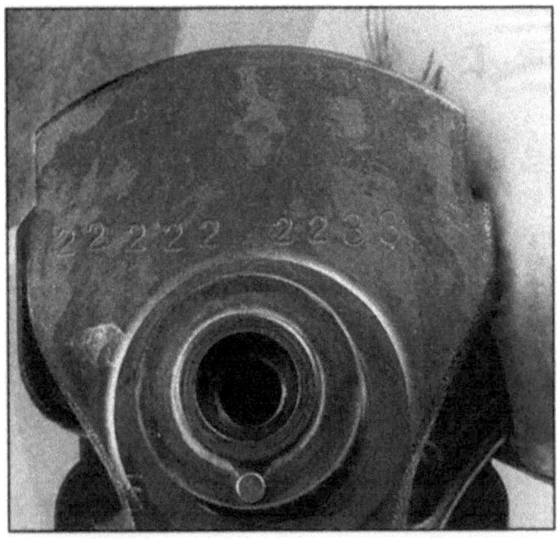

25.16a Diese Ziffern auf der Kurbelwelle stehen für die Stärke der Lagerzapfen. Von links nach rechts gelesen stehen die ersten fünf Zahlen für die Hauptlager von links nach rechts, die nächsten vier Zahlen entsprechen den vier Pleuellagern der Zylinder 1 bis 4.

12 Wenn das Lagerspiel innerhalb des Toleranzbereichs ist, braucht keine Lagerschale ersetzt zu werden, vorausgesetzt, sie sind in gutem Zustand. Wenn das Spiel größer als Standard, aber noch innerhalb des Toleranzbereiches ist, wechseln Sie die entsprechende Lagerschale durch eine gleich große aus, und kontrollieren Sie das Spiel erneut. Wechseln Sie immer alle Schalen gleichzeitig.

13 Das Spiel sollte jetzt nahe am in den *Technischen Daten* angegebenen Standardwert liegen.

14 Wenn das Spiel zu groß ist, müssen die Durchmesser der Kurbelwellenzapfen mit einer Mikrometerschraube gemessen werden (siehe Abbildung). Yamaha macht zwar keine Angaben über den Durchmesser oder Verschleißgrenzen, doch kann nach mehreren Messungen an verschiedenen Stellen ermittelt werden, ob der Zapfen unrund ist. Messen Sie den Zapfen am Rand und in der Mitte, um kegelförmigen Verschleiß herauszufinden. Als generelle Regel gilt, dass beide Werte nicht größer als 0,04 mm sein dürfen.

15 Wenn einer der Lagerzapfen verschlissen, unrund oder kegelig gelaufen ist, müssen die Welle samt aller Lager ersetzt werden.

16 Anhand der an der Kurbelwelle und dem Motorgehäuse angebrachten Nummern können die erforderlichen Größen der Lagerschalen ermittelt werden. Die ersten fünf Zahlen auf der Schwungmasse stehen für die Hauptlager, beginnend an der linken Seite (siehe Abbildungen). Diese korrespondieren mit den Zahlen, die sich hinten an der oberen Motorgehäusehälfte finden (siehe Abbildung).

Anmerkung: *Wenn sich am Gehäuse nur eine einzige Zahl befindet, bedeutet dies, dass alle fünf Lager die gleiche Größe haben.*

Um die Lagernummer jedes Lagers zu bestimmen, wird die Kurbelwellenzahl von der Gehäusezahl abgezogen. Trägt beispielsweise die Welle zuerst eine 2 und das Gehäuse eine 4, hat das linke Lager (aus 4 minus 2) die Nummer 2. Aus der Tabelle ergibt sich daraus die

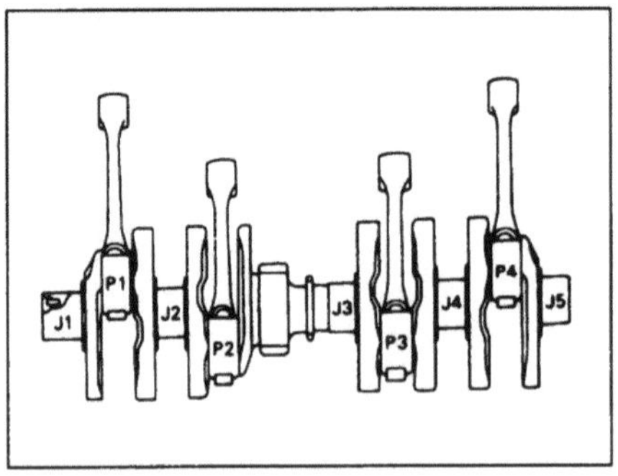

25.16b Die Haupt- und Pleuellagerzapfen sind von links nach rechts durchnummeriert (J = Hauptlager, P = Pleuellager).

25.16c Die Nummern am Motorgehäuse stehen für die Lagersitzgrößen der Hauptlager.

Farb-Codierung der Lager	
Nr. 1	blau
Nr. 2	schwarz
Nr. 3	braun
Nr. 4	grün
Nr. 5*	gelb

* Nr. 5 steht nur für die Auswahl der Hauptlager

25.16d Errechnen Sie die Lager-Nummern durch Subtraktion der Kurbelwellenzahl von der Gehäuse-Nummer, anhand der Nummer wird die Farbcodierung festgelegt.

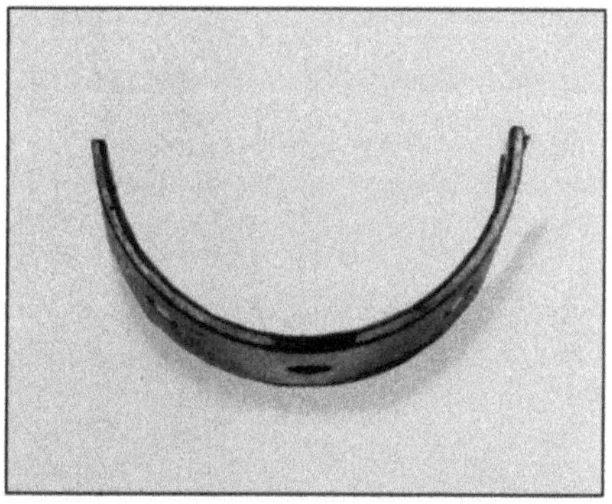

25.16e Die Farbcodierungen an der Seite der Lagerschalen stehen für deren Dicke.

Farbcodierung schwarz (siehe Abbildung). Die Farbcodierungen findet sich an der Seite der Schale (siehe Abbildung).

Einbau

17 Reinigen Sie die Sitze in beiden Gehäusehälften, installieren Sie dann die Lagerschalen in ihren Sitz im Gehäuse (siehe Abbildungen). Drücken Sie die Schalen mit den Fingern ein – klopfen Sie sie nicht mit dem Hammer in den Sitz! Vermeiden Sie Fingerabdrücke auf den Rück- oder Vorderseiten der Schalen.
18 Schmieren Sie alle Schalen mit frischem Motoröl oder Molybdän-Paste.
19 Zu diesem Zeitpunkt können die Pleuel montiert werden, wenn das Motoroberteil demontiert war (siehe Sektion 26).
20 Hängen Sie die Anlasser- und die Steuerkette über die Kurbelwelle, und legen Sie sie auf ihre Ritzel.
21 Wenn die Pleuel sich im Motor befinden, müssen kurze Schlauchenden über deren Stutzen geschoben werden, um die Kurbelwelle zu schützen.
22 Senken Sie vorsichtig die Kurbelwelle in ihre Position. Wenn die Pleuel sich im Motor befinden, müssen sie auf ihre Lagerzapfen geführt und mit dem Pleuelfuß gesichert werden (siehe Sektion 26).
23 Bauen Sie die Motorgehäusehälften zusammen (siehe Sektion 22), und prüfen Sie, ob sich die Kurbelwelle und die Getriebewellen frei drehen lassen.

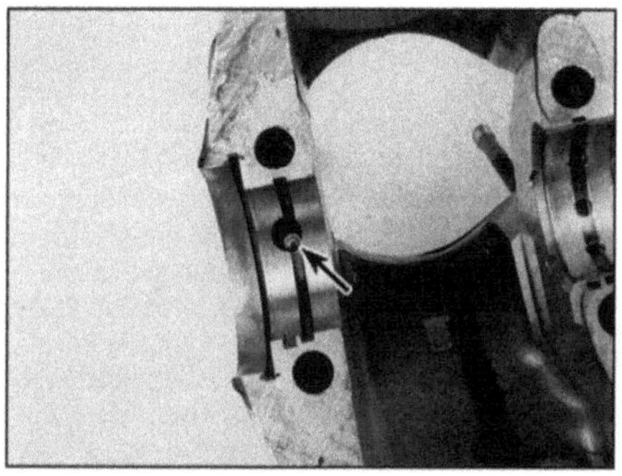

25.17a Stellen Sie sicher, dass die Bohrungen sauber sind . . .

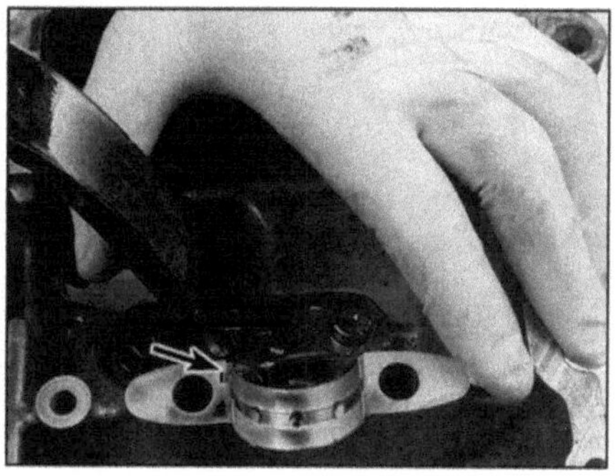

25.17b . . . und installieren Sie die Lagerschalen in ihre Sitze, die Arretierlasche muss dabei in ihrer Nut einrasten.

26 Pleuelstangen und Lager
Ausbau, Kontrolle und Einbau

Ausbau

1 Messen Sie vor dem Ausbau der Pleuel ihr Axialspiel auf den Hubzapfen mithilfe einer Fühlerlehre (siehe Abbildung). Falls das Seitenspiel größer als in den *Technischen Daten* angegeben ist, muss die Pleuelstange ersetzt werden. Prüfen Sie die Pleuellager der Kurbelwelle auf Schäden. Wenn extremer Verschleiß sichtbar ist, muss die Kurbelwelle und/oder das Pleuel als Satz ausgetauscht werden.
2 Markieren Sie mit Farbe oder einem Körner die jeweiligen Zylinder mit den entsprechenden Pleuel, Pleuelfüßen und Lagern, um sie später wieder korrekt zuzuordnen. Markieren Sie sie so, dass der Fuß später wieder in die gleiche Richtung montiert wird. Beachten Sie, dass die eingeätzte Nummer am Pleuelfuß die Lagergröße, nicht die Zylindernummer angibt. Yamaha schreibt vor, dass bei Pleuel mit dem eingegossenen Buchstaben A dieser nach rechts zeigen muss. Wenn sich ein anderer Buchstabe, z.B. ein C (siehe Abbildung), findet, muss notiert werden, zu welcher Seite er zeigt, bevor das Pleuel demontiert wird.
3 Lösen Sie die Pleuelfußmuttern und trennen Sie den Pleuelfuß von der Pleuelstange, nehmen Sie dann das Pleuel vom Hubzapfen. Wenn der

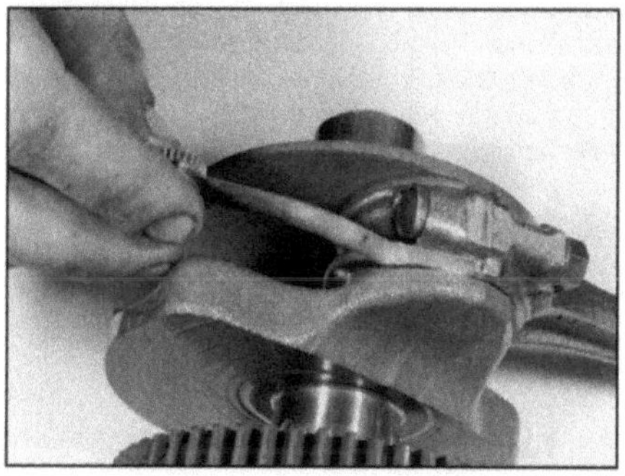

26.1 Messen Sie das Axialspiel des Pleuels mit einer Fühlerlehre.

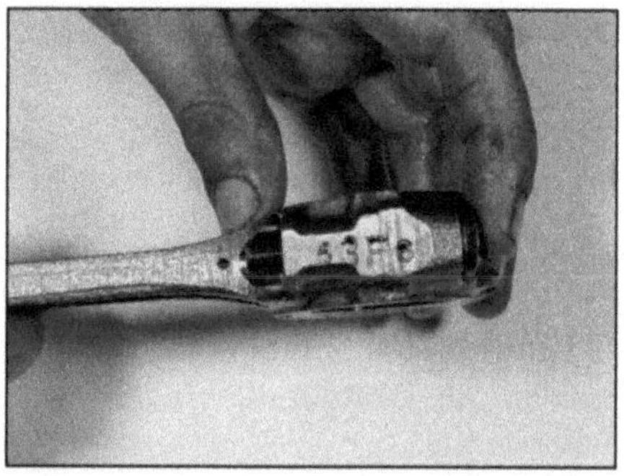

26.2a Markieren Sie das Pleuel entsprechend seines Zylinders. Die eingeschlagenen Buchstaben sind Einbauhilfen, die Zahlen stehen für die Lagerauswahl.

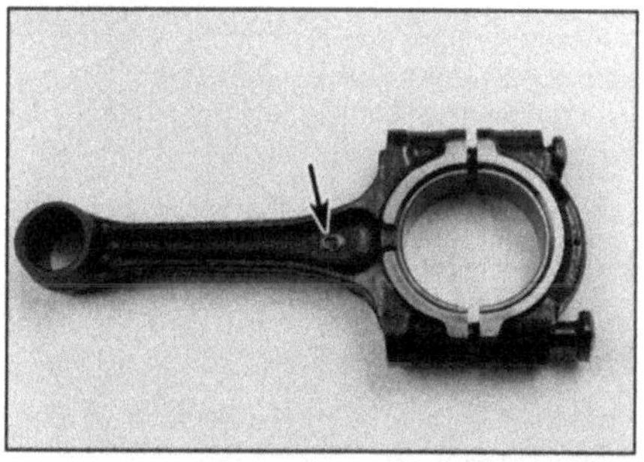

26.2b Wenn sich seitlich am Pleuel ein A findet, muss es zur rechten Motorseite zeigen. Bei anderen Markierungen muss sorgfältig notiert werden, zu welcher Seite sie zeigen, bevor das Pleuel demontiert wird.

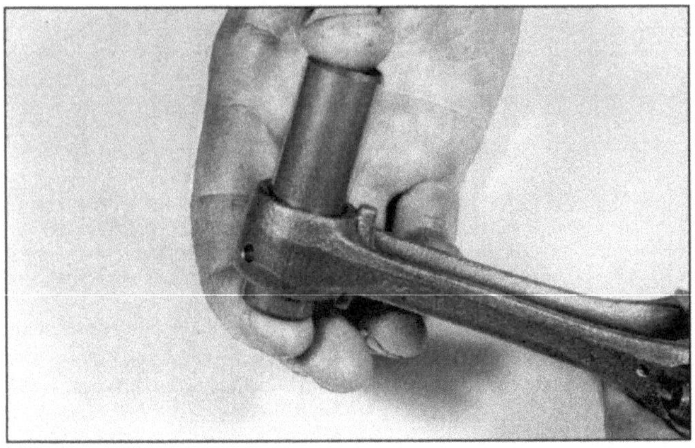

26.5 Schieben Sie den Kolbenbolzen in das Pleuelauge, und kontrollieren Sie durch Wackeln seinen festen Sitz.

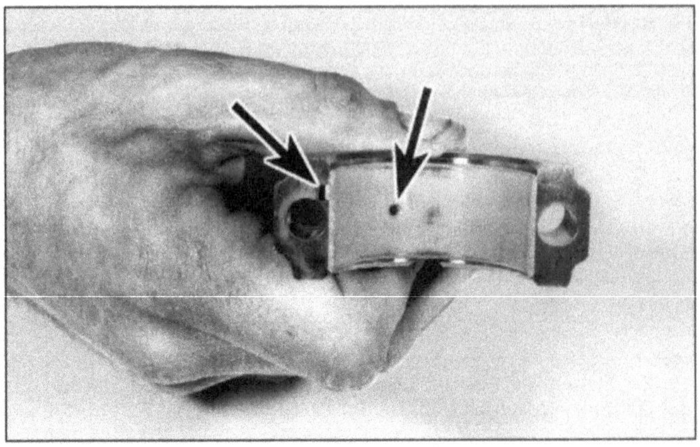

26.20 Stellen Sie sicher, dass die Lasche in der Nut sitzt und die Ölbohrung in der oberen Lagerschale mit derjenigen im Pleuel ausgerichtet ist.

Pleuelfuß klemmt, darf mit einem weichen Hammer auf die Gewindestutzen geklopft werden.
4 Trennen Sie die Lagerschalen von der Pleuelstange und dem Pleuelfuß. Lagern Sie sie so, dass sie wieder in der Originallage eingesetzt werden können. Waschen Sie die Teile in Lösungsmittel, und trocknen Sie sie mit Druckluft.

Kontrolle

5 Begutachten Sie die Pleuelstangen auf Risse (hierbei sollte ein Fachbetrieb zu Rate gezogen werden) und andere sichtbare Beschädigungen. Geben Sie Motoröl auf jeden Kolbenbolzen, schieben Sie ihn in das obere Pleuelauge und prüfen Sie, ob Lagerspiel fühlbar ist (siehe Abbildung). Ist dieses der Fall, muss das Pleuel und/oder der Bolzen ersetzt werden.
6 Wechseln Sie zu Sektion 24 und begutachten Sie die Pleuellagerschalen. Wenn sie riefig sind oder Fress- oder Klemmspuren zeigen, sind sie zu ersetzen. Tauschen Sie die Lagerschalen immer als ganzen Satz aus. Wenn sie stark beschädigt sind, muss die Lagerfläche des Hubzapfens untersucht werden. Anzeichen von starker Hitze, wie z.B. Verfärbung, weisen auf Schmierungsmangel hin. Stellen Sie sicher, dass die Ölpumpe und der Druckregler sowie die Ölkanäle und -bohrungen in Ordnung sind, bevor der Motor wieder zusammengebaut wird.
7 Wenn Sie über den Zustand der Pleuelstangen im Unklaren sind, lassen Sie sie von einem Yamaha-Händler auf Verdrehung und Verbiegung kontrollieren.

Lagerschalen

Auswahl

8 Egal, ob neue Lagerschalen eingebaut wurden oder die alten wiederverwendet werden, sollten Sie vor dem Motorzusammenbau das Lagerspiel wie folgt messen:
9 Beginnen Sie am Pleuel des Zylinder Nr. 1. Reinigen Sie die Rücken der Lagerschalen und die Sitze in der Pleuelstange und im Pleuelfuß mit einem fusselfreien Lappen.
10 Drücken Sie die Lagerschalen in ihre Positionen, gehen Sie sicher, dass die Laschen jeder Schale in der Nut des Pleuels sitzt.
11 Schneiden Sie von den Plastigauge-Quetsch-Messstreifen des Typs HPG 1 für jedes Lager entsprechende Stücken ab. Legen Sie sie parallel zur Kurbelwelle auf den (sauberen) Hubzapfen einen Streifen (siehe Abbildung 25.9).
12 Setzen Sie das Pleuel von unten an den Hubzapfen, und installieren Sie den Pleuelfuß. Ziehen Sie die Pleuelfußmuttern vorschriftsmäßig mit 25 Nm an, stellen Sie sicher, dass das Pleuel sich nicht auf der Kurbelwelle dreht.
13 Lockern Sie die Muttern, und heben Sie vorsichtig den Pleuelfuß ab, passen Sie dabei auf, dass die Messstreifen nicht durch Drehen beschädigt werden. Vergleichen Sie den gequetschten Streifen mit der Skala auf der Packung, um das Lagerspiel zu ermitteln (siehe Abbildung 25.11).
14 Wenn das Spiel innerhalb der in den *Technischen Daten* angegebenen Toleranzen liegt und die Lager in gutem Zustand sind, können die Schalen wiederverwendet werden. Wenn das Spiel zu groß ist, müssen die Lagerschalen durch solche mit der gleichen Farbmarkierung ersetzt werden. Kontrollieren Sie erneut das Lagerspiel. Erneuern Sie die Lagerschalen aller Pleuelfüße gleichzeitig.
15 Das Lagerspiel muss sich innerhalb des in den *Technischen Daten* angegebenen Toleranzbereichs befinden.
16 Wenn das Spiel nach dem Wechseln der Lagerschalen immer noch zu groß ist, muss der Hubzapfen mit einer Mikrometerschraube vermessen werden. Wie bei den Hauptlagern macht Yamaha keine Angaben zum Durchmesser oder Verschleißgrenzen. Doch kann nach mehreren Messungen an verschiedenen Stellen ermittelt werden, ob der Zapfen unrund ist. Messen Sie den Zapfen am Rand und in der Mitte, um kegelförmigen Verschleiß herauszufinden.
17 Wenn einer der Lagerzapfen über den maximalen Wert verschlissen, unrund oder kegelig gelaufen ist, muss die Welle ersetzt werden.
18 Jedes Pleuel hat an der Verbindung zum Fuß an der geschliffenen Seite die Zahl 3 oder 4 eingeschlagen bekommen (siehe Abbildung 26.2a). Subtrahieren Sie diese Zahl von derjeningen auf der Kurbelwelle, um die Lagernummer jedes Lagers zu bestimmen (siehe Abbildungen 25.16a und b). Beispielsweise trägt das Pleuel in Abbildung 26.2a eine 3. Auf der Kurbelwellenschwungscheibe befindet sich eine 2. Aus 3–2 = 1 ergibt sich nach der Tabelle 25.6d die Farbe blau. Die Farbcodierungen befinden sich an der Seite der Schale (siehe Abbildung 25.16e).
19 Wiederholen Sie die Messung mit dem anderen Pleuelfußlager.

Einbau

20 Reinigen Sie die Rückseiten der Lagerschalen und die Schalensitze im Pleuelfuß. Drücken Sie die Lagerschalen von Hand in ihre Sitze und gehen Sie bei der Montage sicher, dass die Laschen in den Nuten von Pleuelstange und Pleuelfuß sitzen und die Ölbohrungen ausgerichtet sind (siehe Abbildung). Schmieren sie alle Schalen mit Molybdänpaste, aber lassen Sie diese nicht zwischen Schale und Pleuel oder Pleuelfuß geraten.
21 Montieren Sie jedes Pleuel auf den korrekten Hubzapfen des zuvor markierten Zylinders. Stellen Sie sicher, dass der Buchstabe am Pleuel in die korrekte Richtung zeigt (siehe Schritt 2). Ebenfalls müssen die an der geschliffenen Verbindung eingeschlagenen Buchstaben perfekt zusammenpassen (siehe Abbildung 26.2a). Trifft dieses nicht zu, hat man den falschen Pleuelfuß aufgesetzt und muss dieses umgehend korrigieren.
22 Wenn die Pleuel korrekt positioniert sind, geben Sie etwas Molybdänpaste auf die Gewinde und ziehen Sie die Pleuelfußmuttern bis zum vorgeschriebenen Drehmoment von 25 Nm an.

Anmerkung: *Kontrollieren Sie erneut, ob alle Komponenten korrekt sitzen. Ziehen Sie die Pleuelfußmuttern in einem Zug an. Wenn der Anzug zwischendurch unterbrochen wird, müssen die Muttern gelöst und die Prozedur wiederholt werden.*

27.7 Diese Schraube (Pfeil) sichert die hintere Steuerkettenführung. Entfernen Sie sie nicht, wenn die Gehäusehälften nicht getrennt werden sollen.

27.8a Die obere Anlasserkettenführung wird mit zwei Schrauben gesichert, diese werden mit dauerelastischer Schraubensicherung eingesetzt.

27.8b Die untere Anlasserkettenführung wird mit einem Splint am Halter gesichert. Der Halter ist mit zwei Inbusschrauben befestigt.

23 Kontrollieren Sie, ob die Pleuel sich sanft und frei auf dem Hubzapfen drehen. Wenn irgendein Anzeichen von rauem Lauf oder Klemmneigung festgestellt wird, löst manchmal leichtes Abklopfen des Pleuelfußes mit einem Kunststoffhammer eine Klemmung. Ist dieses nicht der Fall, muss das Spiel erneut kontrolliert werden.
24 Zum Schluss muss das Seitenspiel des Pleuel erneut kontrolliert werden (siehe Schritt 1). Falls es nicht korrekt ist, muss vor dem Zusammenbau der Grund herausgefunden werden.

27 Anlasserkette, Steuerkette und Führungen
Ausbau, Kontrolle und Einbau

Anlasserkette und Steuerkette

Ausbau

1 Bauen Sie den Motor aus (siehe Sektion 5).
2 Trennen Sie die Motorgehäusehälften (siehe Sektion 22).
3 Entfernen Sie die Anlasserfreilaufwelle (siehe Sektion 31)
4 Bauen Sie die Kurbelwelle aus (siehe Sektion 25).
5 Ziehen Sie die Ketten von der Kurbelwelle.

Kettenführungen

Ausbau

6 Die vordere Steuerkettenführung kann aus dem Zylinderkopf genommen werden (siehe Abbildung 9.8b).
7 Die hintere Steuerkettenführung wird von einer Schraube gehalten, die von außen zugänglich ist (siehe Abbildung).

Anmerkung: *Entfernen Sie diese Schraube nicht, wenn die Gehäusehälften nicht getrennt werden sollen. Es gibt keine Möglichkeit, sie ohne ein Trennen des Gehäuses wieder einzusetzen.*

8 Die Anlasserkettenführungen sind in den oberen und unteren Gehäusehälften mit je zwei Schrauben gehalten (siehe Abbildungen).

Anlasserkettenspanner

Ausbau

9 Entfernen Sie die Inbusschrauben und heben Sie die obere Anlasserkettenführung heraus (siehe Abbildung 27.8b). Entfernen Sie den Kolben und die Feder vom Kettenspanner (siehe Abbildung). Entfernen Sie die Inbusschrauben des Spanners und nehmen Sie diesen aus dem Gehäuse.

Anlasserkette und Steuerkette

Kontrolle

10 Prüfen Sie die Ketten auf Festigkeit und sichtbare Schäden. Legen Sie die Anlasserkette auf eine ebene Oberfläche, dabei darf die Oberseite in keiner Position bis zur Unterseite durchhängen (siehe Abbildung). Berühren sich die Seiten oder scheint die Kette verschlissen zu sein, muss sie ersetzt werden. Die Steuerkette muss auf Brüche und steife Verbindungsglieder sowie feste, lockere oder fehlende Rollen überprüft werden.

Anlasserkettenspanner

Kontrolle

11 Prüfen Sie den Spannerkolben auf Verschleiß und die Feder auf Ermüdung oder Brüche, ersetzen Sie sie gegebenenfalls. Blasen Sie Druckluft durch die Ölleitung, um sicherzustellen, dass sie frei ist.

2

Kettenführungen

Kontrolle

12 Kontrollieren Sie die Führungen auf tiefe Nuten, Brüche und andere sichtbare Schäden, ersetzen Sie sie gegebenenfalls.

Einbau

13 Der Einbau dieser Komponenten entspricht der umgekehrten Ausbaureihenfolge, beachten Sie dabei die folgenden Anmerkungen:
a) *Die Schrauben der Anlasserkettenführung werden mit dauerelastischer Sicherungsmasse eingesetzt, bevor sie vorschriftsmäßig angezogen werden.*
b) *Geben Sie Motoröl auf die Führungen und die Kette.*
c) *Setzen Sie die vordere Steuerkettenführungsschraube mit einer neuen Dichtscheibe an. Ziehen Sie sie sorgfältig an, aber überdrehen Sie nicht das Gewinde im Gehäuse.*

27.9 Der Anlasserkettenspannerkolben ist mit zwei Inbusschrauben am Motorgehäuse gesichert.

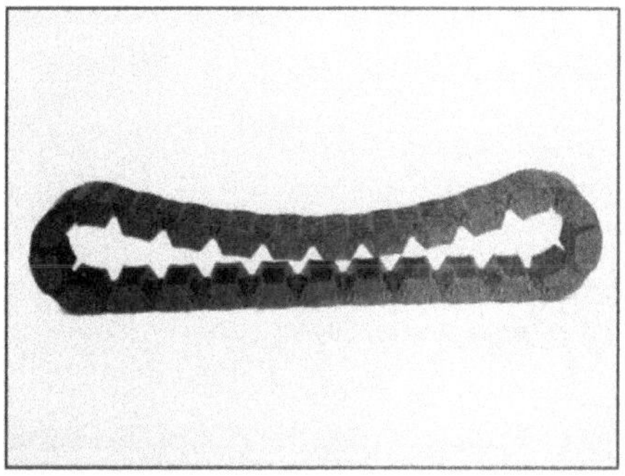

27.10 Ersetzen Sie die Anlasserkette, wenn sie verschlissen oder beschädigt ist. Legt man sie so hin, dürfen sich Ober- und Unterseite nicht berühren.

28.2 Heben Sie die Eingangswelle (oben) und die Ausgangswelle (unten) aus dem Gehäuse.

28.4 Stellen Sie sicher, dass die Lagersicherungshalbringe (A) in ihre Nuten gedrückt sind – es gibt an beiden Ende jeder Welle einen. Die Schaltgabeln (B) müssen so ausgerichtet werden, dass sie in die Führungsnuten der Zahnräder greifen.

28 Getriebewellen
Ausbau und Einbau

Ausbau

1 Bauen Sie den Motor aus dem Rahmen, demontieren Sie die Kupplung und trennen Sie die Motorgehäusehälften (siehe Sektionen 5, 18 und 22).

2 Heben Sie erst die Eingangswelle, dann die Ausgangswelle aus dem Gehäuse (siehe Abbildung). Wenn sie klemmen, können sie vorsichtig mit einem Kunststoffhammer an den Wellenenden losgeklopft werden. Sorgen Sie dafür, die Lagerendkappen und die Lagersicherungshalbring nicht zu verlieren.

3 Wechseln Sie für Informationen über die Bearbeitung der Getriebewellen nach Sektion 29, für die Schaltwalze und die Schaltgabeln muss Sektion 30 beachtet werden.

Einbau

4 Legen Sie die Wellen vorsichtig in ihren Sitz, gehen Sie dabei sicher, dass die Schaltgabeln in die Nuten der Zahnräder greifen (siehe Abbildung 28.2). Die Lagerendkappen sollten mit einem kleinen Tropfen Molybdänpaste in Position gehalten werden. Die Lagerhalbringe müssen in den Nuten des Gehäuses und der Kugellager einrasten (siehe Abbildung).

Achtung: Wenn die Passstifte und/oder Lagerhalbringe nicht richtig sitzen, können die Gehäusehälften nicht korrekt montiert werden.

5 Der Rest des Einbaus entspricht der umgekehrten Ausbaureihenfolge.

6 Schalten Sie in den Leerlauf und kontrollieren Sie, ob die Wellen sich frei und unabhängig drehen lassen.

29 Getriebewellen
Zerlegung, Kontrolle und Zusammenbau

1 Entfernen Sie die Getriebewellen aus dem Motorgehäuse (siehe Sektion 28).

2 Für Demontage und Zusammenbau ist mehrfach eine hydraulische Presse nötig. Ist diese

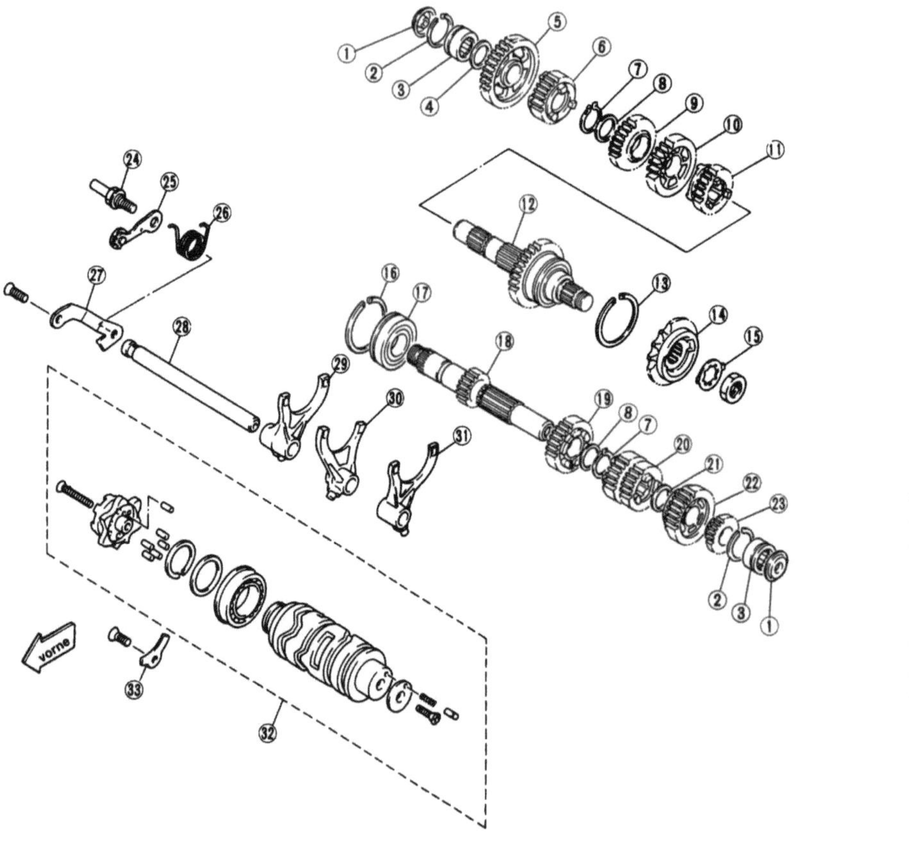

1 Abdeckung
2 Sicherungsring
3 Rollenlager
4 Druckscheibe
5 1.-Gang-Rad
6 5.-Gang-Rad
7 Sicherungsring
8 Druckscheibe
9 4.-Gang-Rad
10 3.-Gang-Rad
11 6.-Gang-Rad
12 Ausgangswelle
13 Sicherungsring
14 Motorritzel
15 Sicherungsblech
16 Sicherungsring
17 Lager
18 Eingangswelle
19 5.-Gang-Rad
20 3./4.-Gang-Rad
21 Druckscheibe
22 6.-Gang-Rad
23 2.-Gang-Rad
24 Rückholfederbolzen
25 Anschlaghebel
26 Rückholfeder
27 Führungsstangenhalter
28 Führungsstange
29 Schaltgabel Nr. 3
30 Schaltgabel Nr. 2
31 Schaltgabel Nr. 1
32 Schaltwalze
33 Lagersicherung

29.3a Bauteile der Getriebewellen

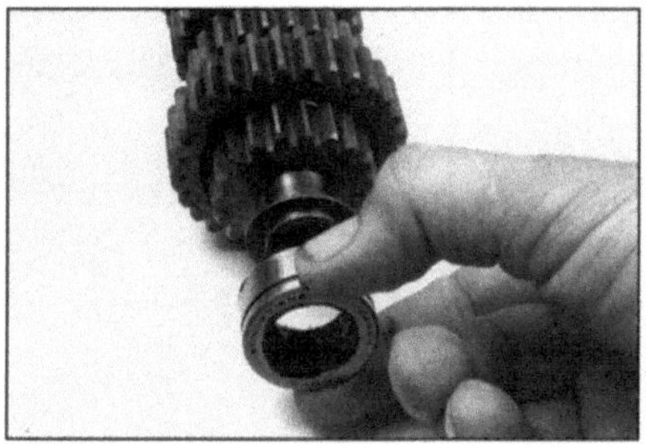

29.3b Entfernen Sie das 3.-Gang-Rad und den Sicherungsring vom Ende der Welle.

29.4 Pressen Sie die Welle durch das 6.- und 2.-Gang-Rad.

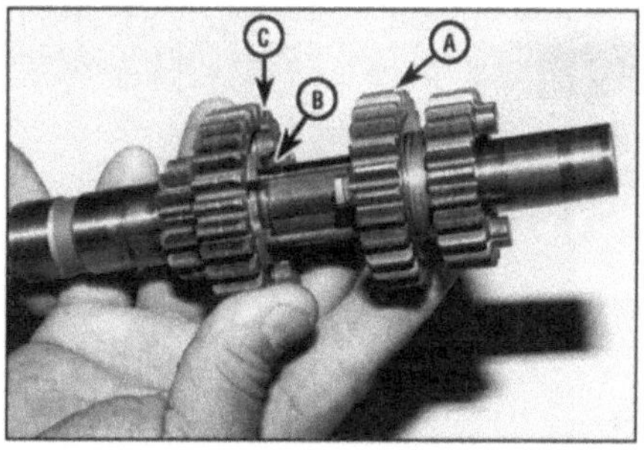

29.5 Entfernen Sie das 3./4.-Gang-Rad (A), den Sicherungsring und die Druckscheibe (B) sowie das 5.-Gang-Rad.

nicht zugänglich, kann es sinnvoller sein, diese Arbeit von einer Werkstatt erledigen zu lassen.

Praxis TiPP ***Beim Zerlegen der Getriebewellen sollten die Teile auf eine Stange gesteckt oder ein Draht durch sie hindurchgezogen werden, um die richtige Reihenfolge und Einbaulage zu garantieren.***

Eingangswelle

Zerlegung

3 Ziehen Sie das Lager von der Welle und entfernen Sie den Sicherungsring (siehe Abbildungen).

4 Pressen Sie das 2.- und 6.-Gang-Rad zusammen von der Welle (siehe Abbildung).

5 Ziehen Sie das 3.- und das 4.-Gang-Rad von der Welle (siehe Abbildung). Entfernen Sie den Sicherungsring und die Druckscheibe, ziehen Sie dann das 5.-Gang-Rad ab.

Kontrolle

6 Waschen Sie alle Bauteile in sauberem Lösungsmittel und trocknen Sie sie ab. Drehen Sie das Kugellager auf der Welle und ermitteln Sie, ob unrunder oder rauer Lauf, sowie lockerer Sitz Geräusche erzeugen. Wenn das Lager in einem zweifelhaften Zustand ist, sollte es abgepresst und ersetzt werden (siehe Abbildung).

29.6 Wenn das Lager ersetzt werden soll, muss es abgepresst werden.

7 Begutachten Sie die Rollenlager auf Ausbrüche und Riefen, ersetzen Sie ebenfalls jedes zweifelhafte Lager.

8 Kontrollieren Sie alle Zähne auf Ausbrüche und andere augenfällige Beschädigungen. Überprüfen Sie die Zahnradbuchsen und die Innenflächen jedes Zahnrades auf Riefen oder Überhitzung (siehe Abbildung). Alle beschädigten Zahnräder oder Buchsen müssen ausgetauscht werden. Das 1.-Gang-Rad ist in die Eingangswelle integriert, treten hier Schäden auf, muss die Welle ersetzt werden.

9 Inspizieren Sie die Mitnehmer und Mitnehmernuten der Zahnräder auf exzessiven Verschleiß. Falls Ersatz nötig wird, ist immer paarweise auszutauschen.

10 Legen Sie die Welle auf Lagerböcke und messen Sie den Rundlauf der Welle mit einer Messuhr. Wenn ein Schlag von mehr als 0,08 mm vorliegt, muss die Welle ersetzt werden.

29.8 Ersetzen Sie die Zahnräder, wenn die internen Buchsen (Pfeil) verschlissen oder beschädigt sind.

Zusammenbau

11 Der Zusammenbau der Getriebeeingangswelle entspricht der umgekehrten Zerlegungs-Reihenfolge, beachten Sie dabei Folgendes:

a) *Verwenden Sie immer neue Sicherungsringe. Deren scharfe Kante darf nie zur Druckscheibe zeigen.*

b) *Wenn das 5.-Gang-Rad, seine Druckscheibe und der Sicherungsring sowie das 3./4.-Gang-Rad montiert sind, werden die 6.- und 2.-Gang-Räder aufgepresst (siehe Abbildung). Kontrollieren Sie das Axialspiel zwischen den Zahnrädern, um sicherzugehen, dass sie nicht zusammengedrückt sind.*

c) *Wenn das Kugellager abgepresst war, sollte ein neues mit der Sicherungsringnut nach außen aufgepresst werden (siehe Abbildung).*

d) *Überprüfen Sie die korrekten Positionen der Zahnräder auf der zusammengebauten Welle.*

29.11a Wenn das 5.-Gang-Rad, seine Druckscheibe und der Sicherungsring sowie das 3./4.-Gang-Rad montiert sind, werden die 6.- und 2.-Gang-Räder aufgepresst.

29.11b Positionieren Sie das Lager so, dass seine Sicherungsringnut vom Zahnrad weg zeigt, pressen Sie es dann auf die Welle.

29.12a Entfernen Sie die Abdeckung, das Lager und die Druckscheibe von der Welle.

29.12b Ziehen Sie das 1.-Gang-Rad ab, . . .

29.12c . . . dann das 5.-Gang-Rad.

29.12d Entfernen Sie den Sicherungsring und die Druckscheibe, . . .

29.12e . . . ziehen Sie das 4.-Gang-Rad, . . .

29.12f . . . das 3.-Gang-Rad . . .

29.12g . . . und das 6.-Gang-Rad ab.

Ausgangswelle

Zerlegung

12 Beachten Sie zum Zerlegen der Ausgangswelle neben diesen Abbildungen auch die Abbildung 29.3a.

Kontrolle

13 Sehen Sie hierzu bei den Schritten 6 bis 10 nach. Wenn das Kugellager und der Dichtbund ersetzt werden sollen, müssen sie mit einer Presse entfernt werden, ansonsten können sie auf der Welle verbleiben.

Zusammenbau

14 Der Zusammenbau der Getriebeausgangswelle entspricht der umgekehrten Zerlegungsreihenfolge. Verwenden Sie immer neue Sicherungsringe und schmieren Sie die Bauteile mit Motoröl, bevor Sie sie zusammenbauen. Überprüfen Sie die korrekten Positionen der Zahnräder auf der zusammengebauten Welle (siehe Abbildung 28.2).

30 Schaltwalze und Schaltgabeln
Ausbau, Kontrolle und Einbau

Ausbau

1 Bauen Sie den Motor aus, trennen Sie die Motorgehäusehälften, und nehmen Sie die Getriebewellen heraus (siehe Sektionen 5, 22 und 28).

2 Halten Sie die Schaltgabeln und ziehen Sie die Führungsstange heraus.

3 Heben Sie die Schaltgabeln heraus und stecken Sie sie in ihren Einbaupositionen wieder auf die Führungsstange, sodass sie korrekt wieder installiert werden können (siehe Abbildung).

4 Entfernen Sie die Schaltwalzenhalterung links aus dem Motorgehäuse (siehe Abbildung). Entfernen Sie den Leerlaufschalter rechts aus dem Gehäuse (siehe Kapitel 8).

5 Ziehen Sie die Schaltwalze aus dem Motorgehäuse.

Kontrolle

6 Begutachten Sie die Nuten der Schaltwalze und die Führungsstifte der Schaltgabeln auf Verschleiß und Beschädigung. Wenn nur ein

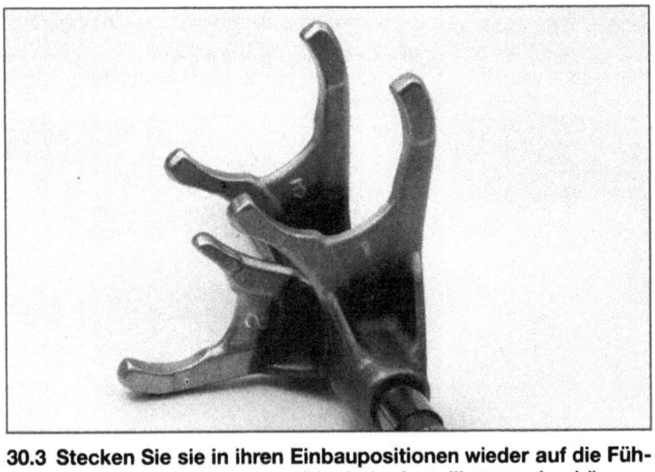

30.3 Stecken Sie sie in ihren Einbaupositionen wieder auf die Führungsstange, sodass sie korrekt wieder installiert werden können. Die Nummer jeder Gabel zeigt im eingebauten Zustand nach rechts.

30.4 Biegen Sie die Sicherungsblechlaschen zurück, und lösen Sie den Rückhaltefederbolzen (A). Die Demontage der Sicherungsplattenschrauben (B) wird mit einem Schlagschrauber erleichtert.

31.3a Entfernen Sie die Torx-Schrauben (Pfeile) und die Lagersicherung.

31.3b Entfernen Sie die Öldüse.

31.4 Entfernen Sie den Lagersitz zusammen mit dem Dichtring.

Teil verschlissen oder beschädigt ist, müssen die entsprechende(n) Gabel(n) und/oder die Walze ausgetauscht werden.

7 Begutachten Sie die Schaltgabeln auf Anzeichen von Verschleiß und Beschädigung, besonders an den Enden, womit sie in die Nuten der Getrieberäder greifen. Kontrollieren Sie, ob die Gabeln verbogen sind. Wenn die Gabeln in irgendeiner Weise verschlissen oder beschädigt sind, müssen sie ersetzt werden. Bei beschädigten Gabeln müssen auch deren Nuten an den Zahnrädern überprüft werden. Kontrollieren Sie die Führungsstifte und die Wellenbohrungen auf extremen Verschleiß und Beschädigungen, ersetzen Sie alle schadhaften Teile.

8 Die Schaltgabelwellen können durch Rollen auf einer ebenen Oberfläche auf Biegung überprüft werden. Eine verbogene oder riefige Stange verursacht schweres Schalten sowie Probleme beim Gangwechsel und muss ersetzt werden.

Einbau

9 Der Zusammenbau entspricht der umgekehrten Ausbaureihenfolge. Beachten Sie dabei Folgendes:

a) Schmieren Sie die Bauteile mit Motoröl, bevor Sie sie zusammenbauen.

b) Die Schaltgabeln sind von 1 bis 3 durchnummeriert, beginnend an der rechten Motorseite. Die eingegossenen Nummern müssen nach rechts zeigen.

c) Lassen Sie die Führungsstifte jeder Schaltgabel in den Nuten der Schaltwalze gleiten, wenn Sie die Führungsstange hindurchschieben.

d) Die Schrauben der Schaltwalzensicherung müssen mit Sicherungspaste eingesetzt und dem vorgeschriebenen Drehmoment von 7 Nm angezogen werden.

31 Anlasserfreilauf
Ausbau, Kontrolle und Einbau

Ausbau

1 Bauen Sie den Motor aus, trennen Sie die Motorgehäusehälften, und entfernen Sie die Getriebewellen (siehe Sektionen 5, 22 und 28).

2 Wechseln Sie zu Sektion 22. Entfernen Sie das Primärtriebzahnrad sowie dann die Lagersicherung hinter dem Zahnrad (siehe Abb. 22.5).

3 Auf der anderen Seite des Motors müssen die Schrauben der Lagersicherung mit einem T-30-Torx-Schlüssel gelöst und das Blech samt Öldüse entfernt werden (siehe Abbildungen).

4 Entfernen Sie den Lagersitz aus dem Motorgehäuse. Halten Sie mit einer Hand den Anlasserfreilauf, während Sie dessen Welle herausziehen (siehe Abbildung).

5 Heben Sie das Untersetzungsrad aus dem Gehäuse.

6 Heben Sie den Anlasserfreilauf aus der Kette, und entfernen Sie ihn (siehe Abbildung).

7 Entfernen Sie die Inbusschrauben, welche die Halterung des Anlasserkettenspanners im Gehäuse sichern, und entfernen Sie die Halterung (siehe Abbildung 27.8b).

8 Entfernen Sie die Inbusschrauben, welche den Anlasserkettenspannerkolben halten (siehe Abbildung 27.9), und lösen Sie den Öldruckregler des Kettenspanners (siehe Sektion 16).

31.6 Heben Sie den Anlasserfreilauf aus dem Motorgehäuse.

9 Beachten Sie, wie das Untersetzungszahnrad installiert ist, ziehen Sie dann seine Welle mit einem Magneten heraus, und entfernen Sie das Zahnradpaar (siehe Abbildungen).

Kontrolle

10 Trennen Sie die Anlasserfreilauf-Komponenten (siehe Abbildung 25.3). Kontrollieren Sie alle Teile auf Verschleiß und Beschädigungen, ersetzen Sie sie gegebenenfalls.

11 Kontrollieren Sie die Rollen im Freilaufkörper, und ersetzen Sie schadhafte Teile (siehe Abbildung). Setzen Sie das Anlasserzahnrad in den Freilauf und überprüfen Sie, ob es sich frei in eine Richtung drehen lässt und blockiert, wenn man es in die Gegenrichtung drehen will. Lässt es sich in beide oder keine Richtung drehen, muss der Sicherungsring des Freilaufs entfernt und ein neuer Freilauf sowie Sicherungsring eingebaut werden. Beachten Sie die Laufrichtung der Rollen, und installieren Sie den neuen Freilauf in der korrekten Richtung.

31.9a Das Untersetzungszahnrad muss so eingebaut sein.

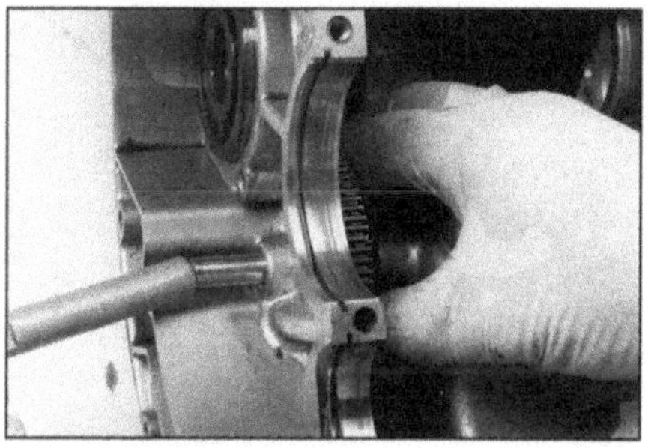

31.9b Ziehen Sie seine Welle mit einem Magneten aus dem Gehäuse, und nehmen Sie das Zahnradpaar heraus.

31.11 Nehmen Sie das Zahnrad und das Distanzrohr aus dem Freilauf, und begutachten Sie die Rollen.

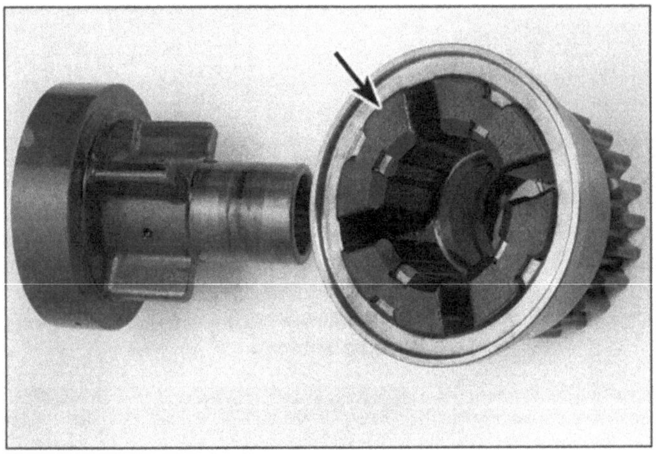

31.16 Kontrollieren Sie den Ruckdämpfer des Anlassers auf Beschädigungen.

32.3 Die Ölleitungen sind mit je zwei Schrauben an beiden Seiten des Adapters befestigt.

Nach dem Einbau muss wieder versucht werden, den Freilauf in beide Richtungen zu drehen.

12 Drehen Sie das Lager der Anlasserfreilaufwelle, und prüfen Sie es auf rauen oder lockeren Lauf. Falls es schadhaft ist, muss es mit einer hydraulischen Presse abgezogen und ersetzt werden.

13 Der Dichtring im Lagersitz sollte prophylaktisch ersetzt werden, auch wenn er nicht schadhaft ist. Klopfen Sie ihn mit einem Lageraustreiber aus dem Lagersitz, und treiben Sie den neuen Dichtring ebenfalls damit ein.

32.4a Ölleitungsklemmschraube

14 Ziehen Sie den Kolben und die Federbaugruppe vom Anlasserketten-Spannergehäuse.

15 Ziehen Sie mithilfe einer Zange die Ölleitung unten aus dem Spannergehäuse. Ersetzen Sie auf jeden Fall den O-Ring.

16 Prüfen Sie den Ruckdämpfer auf Verschleiß und Schäden, ersetzen Sie ihn gegebenenfalls (siehe Abbildung).

Einbau

17 Der Zusammenbau entspricht der umgekehrten Ausbaureihenfolge. Verwenden Sie dauerelastische Schraubensicherung an den Gewinden der Kettenführungs-Befestigungen, Kettenspannerschrauben und Lagersitz-Torx-Schrauben.

32 Ölkühler
Ausbau und Einbau (EU-Modelle ab 1996)

1 Das Motoröl wird durch den Ölkühleradapter vorne am Motorgehäuse zum Ölkühler am vorderen Rahmenunterzug gepumpt, hier wird es durch die feine Verrippung vom Fahrtwind abgekühlt und fließt zur anderen Seite des Adapters.

Ausbau

2 Lassen Sie das Motoröl ab (siehe Kapitel 1). Entfernen Sie ggf. die obere Verkleidung (siehe Kapitel 7).

3 Entfernen Sie die Schrauben auf jeder Seite des Ölkühleradapters, um die Ölleitungen zu befreien, beachten Sie die O-Ringe an beiden Seiten (siehe Abbildung). An der rechten Seite kann es nötig sein, eine Mutter der Motorhaltebolzen zu entfernen, um genügend Platz zum Lösen der Ölleitungsschrauben zu erhalten.

4 Entfernen Sie die einzelne Schraube samt Distanzstück, um die Schlauchklemme zu öffnen (siehe Abbildung). Entfernen Sie die zwei Halteschrauben, welche den Ölkühler am Rahmen sichern, und ziehen Sie seine oberen Stifte aus den Gummiösen, nehmen Sie dann den Kühler vorsichtig samt seiner Leitungen aus dem Motorrad (siehe Abbildungen).

5 Falls nötig, können die Ölkühlerschläuche durch Lösen der Anschlussschrauben vom Kühler entfernt werden (siehe Abbildung).

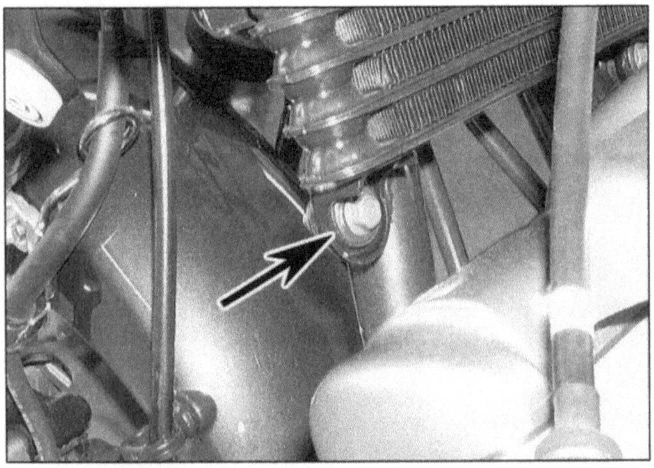

32.4b Der Ölkühler wird auf jeder Seite mit einer Schraube am Rahmen gesichert . . .

32.4c . . . und ist oben mit einem Stift in die Halterung gesteckt.

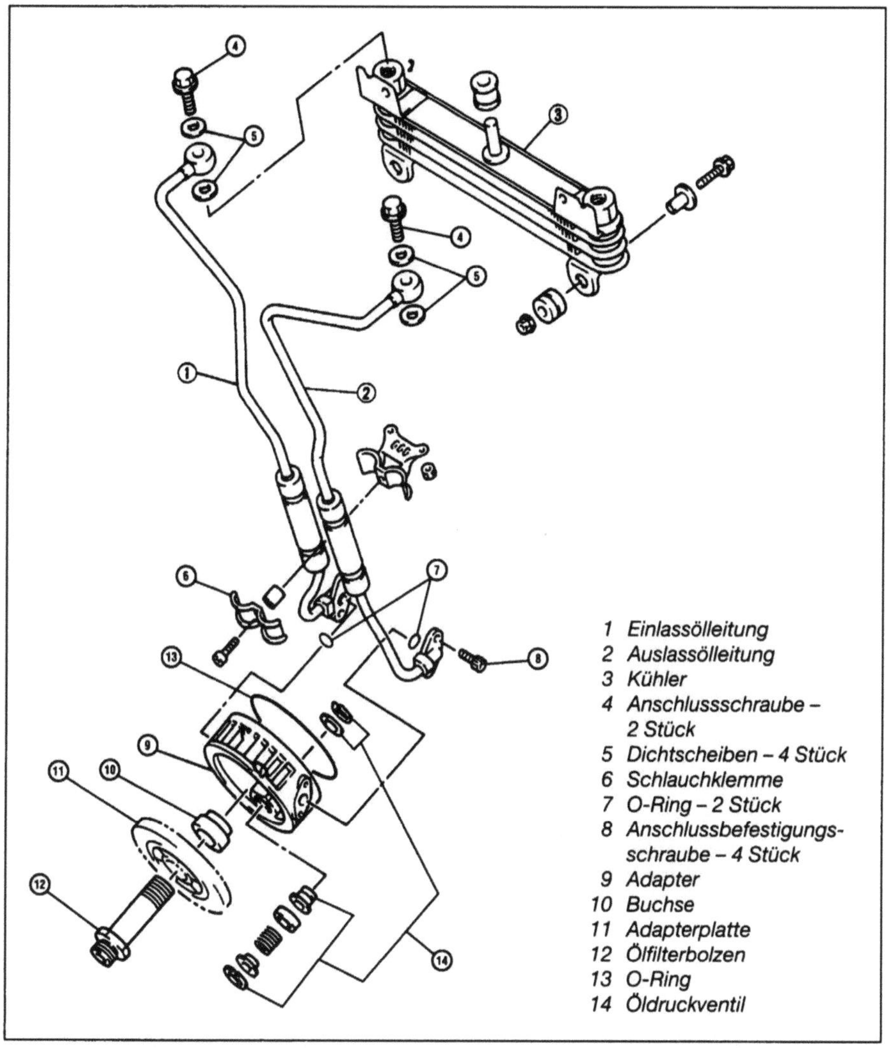

32.5 Bauteile des Ölkühler-Kreislaufs

6 Um den Ölkühler-Adapter entfernen zu können, muss zunächst der Ölfilter entfernt werden (siehe Kapitel 1) (siehe Abbildung). Entfernen Sie den Ölfilterbolzen und die Adapterbaugruppe (siehe Abbildungen).

7 Heben Sie zum Zerlegen die Adapterplatte und die Buchse heraus (siehe Abbildungen). Entfernen Sie den O-Ring an der Rückseite des Adapters, beim Einbau muss ein neuer verwendet werden.

8 Der Kühleradapter enthält einen Druckregler (siehe Abbildung). Um diesen zu zerlegen, muss der Sicherungsring auf jeder Seite entfernt werden und sorgfältig notiert werden, wie die Bauteile positioniert sind (siehe Abbildung 32.5).

Einbau

9 Der Einbau entspricht der umgekehrten Ausbaureihenfolge, beachten Sie dabei Folgendes:

32.6a Lösen Sie den Ölfilter.

32.6b Entfernen Sie den Ölfilterbolzen

a) Stellen Sie sicher, dass die Bauteile des Druckreglers korrekt zusammengebaut werden.

b) Verwenden Sie an der Rückseite der Adapterplatte und des Adapters (siehe Abbildung) einen neuen O-Ring.

c) Montieren Sie den Kühleradapter, die Buchse und die Adapterplatte, deren Lasche muss dabei in den dreieckigen Ausschnitt vorne am Adapter greifen. Bauen Sie den Adapter vorne an das Motorgehäuse, sodass die Lasche oben in die Gehäuserippen greift.

d) Ziehen Sie alle Schrauben mit den vorgeschriebenen Drehmomenten an.

e) Verwenden Sie zwischen den Ölleitungen und dem Adapter neue O-Ringe (siehe Abbildung).

f) Verwenden Sie an den Kühleranschlussschrauben neue Dichtscheiben.

g) Befüllen Sie den Motor mit Öl, wie in Kapitel 1 und den Täglichen Kontrollen beschrieben ist.

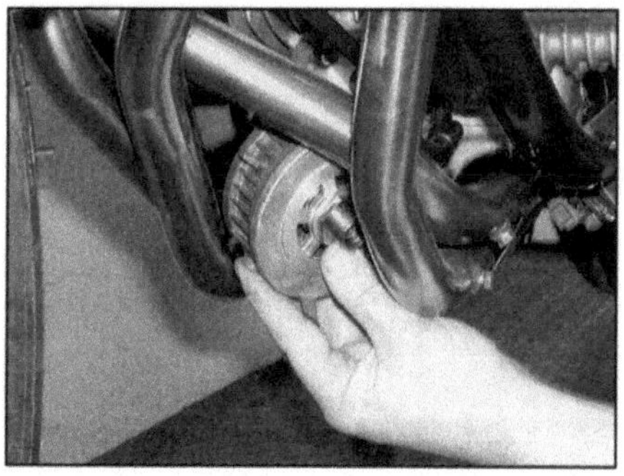

32.6c Nehmen Sie die Adapterbaugruppe ab.

32.7a Heben Sie die Adapterplatte ab, . . .

32.7b . . . und entfernen Sie die Buchse.

32.8 Lage des Überdruckventils

32.9a Installieren Sie einen neuen O-Ring auf der Rückseite des Adapters (Pfeil).

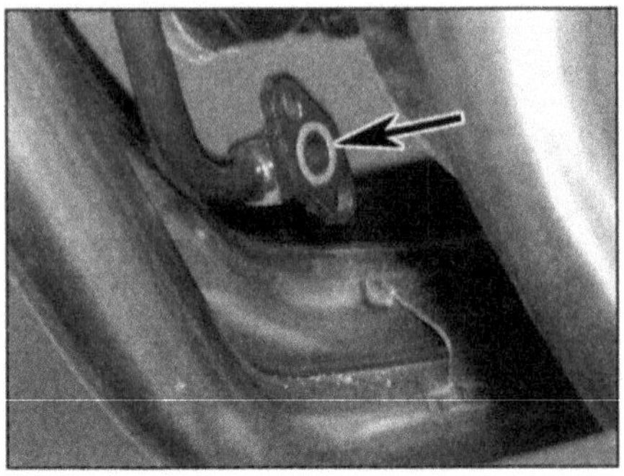

32.9b Verwenden Sie an allen Leitungsanschlüssen neue O-Ringe (Pfeil).

33 Erster Start nach Überholung

1 Stellen Sie sicher, dass der Motorölpegel korrekt ist. Ziehen Sie die vier Kerzenstecker von den Zündkerzen, und bestücken Sie sie mit Ersatzkerzen, lassen Sie diese am Zylinderkopf gegen Masse liegen. Stellen Sie den Kill-Schalter auf RUN, schalten Sie das Getriebe in den Leerlauf, und klappen Sie den Seitenständer ein.

2 Stellen Sie die Zündung an, und lassen Sie den Motor einige Zeit mit den Anlasser durchdrehen, bis Öldruck aufgebaut ist.

3 Stellen Sie sicher, dass Kraftstoff im Tank ist, drehen Sie den Benzinhahn auf ON oder RES, und betätigen Sie den Choke.

4 Starten Sie den Motor, und lassen Sie ihn mit leicht erhöhter Leerlaufdrehzahl Betriebstemperatur erreichen.

Warnung: Wenn die Ölstand-Kontrolllampe zu leuchten beginnt, während der Motor läuft, muss dieser sofort abgeschaltet werden!

5 Achten Sie auf ungewöhnliche Geräusche. Kontrollieren Sie sorgfältig alles auf Ölundichtigkeiten. Überprüfen Sie, ob der Antrieb und die Instrumente, besonders die Bremsen, ordentlich funktionieren, bevor Sie die Maschine auf der Straße testen. Wechseln Sie zu Sektion 34, um genaueres über die Einfahrvorschriften zu erfahren.

6 Nach Beendigung der Testfahrt, und nachdem der Motor komplett abgekühlt ist, müssen das Ventilspiel (siehe Kapitel 1) und die Ölstände kontrolliert werden.

34 Einfahrvorschriften

1 Jeder überholte Motor muss eingefahren werden, auch wenn die meisten alten Bauteile wieder installiert wurden. Behandeln Sie deswegen die Maschine auf den ersten Kilometern vorsichtig, um sicherzugehen, dass überall im Motor Öl angekommen ist und sich alle neuen Teile zu setzen begonnen haben.

2 Ebenfalls ist große Sorgfalt geboten, wenn neue Kolben, Kolbenringe oder Lagerschalen eingebaut wurden. Im Falle neuer Kolben oder Zylinder muss die Maschine behandelt werden, als wäre sie neu. Das bedeutet, dass öfter geschaltet werden muss, um immer im optimalen Drehzahlbereich zu fahren und das Gas auf den ersten 1.000 km nur bis zur Hälfte geöffnet werden sollte. Eine Geschwindigkeitsbegrenzung wird nicht vorgeschrieben, hauptsächlich sollen die Teile des Motors sich »einschleifen« und die Leistung langsam auf den ersten 1.000 km gesteigert werden. Hat man bereits Erfahrungen mit der Maschine, wird man merken, wann der Motor sich frei dreht. Die folgenden Drehzahlempfehlungen gibt Yamaha für neue Motorräder, sie können auch nach einer Überholung als Hinweis gelten:

a) Die ersten 150 km: Halten Sie die Drehzahl unter 5.000 U/min. Fahren Sie mit wechselnden Drehzahlen und Geschwindigkeiten, geben Sie kein Vollgas. Lassen Sie den Motor nach jeder Stunde Betrieb fünf bis zehn Minuten abkühlen.

b) 150–500 km: Fahren Sie nicht lange über 6.500 U/min. Fahren Sie mit wechselnden Drehzahlen und Geschwindigkeiten, aber geben Sie kein Vollgas.

c) 500–1.000 km: Geben Sie nur kurze Zeit Vollgas, lassen Sie den Motor nicht über 8.000 U/min drehen.

d) Über 1.000 km: Überschreiten Sie nicht die rote Linie des Drehzahlmessers.

3 Wenn sich mangelnde Schmierung andeutet, muss der Motor sofort gestoppt werden und die Ursache gefunden werden. Wenn ein Motor auch nur sehr kurze Zeit ohne Öl gefahren wird, entstehen Schäden größter Ausmaße.

Kapitel 3
Kraftstoffanlage und Auspuffsystem

Inhalt (in alphabetischer Reihenfolge, die Zahlen geben die Nummerierung in den grauen Feldern wieder)

Schwierigkeitsgrade

Leicht. Für Anfänger mit wenig Erfahrung geeignet.	**Relativ leicht.** Für Anfänger mit etwas Erfahrung geeignet.	**Relativ schwierig.** Geeignet für geübte Selbstschrauber.	**Schwer.** Geeignet für Mechaniker mit Erfahrung.	**Sehr schwer.** Geeignet für Experten und Profis.

Technische Daten

Kraftstoff

Kraftstoffart	Bleifreies Normalbenzin 91 Oktan (min)
Tankinhalt gesamt (inkl. Reserve)	17 Liter
Tank-Reserve	3,5 Liter

Vergaser-Typ

EU-Modelle bis 1995	Mikuni BDST 28
EU-Modelle ab 1996	Mikuni BDS 28
USA-Modelle	Mikuni BDS 26

Düsengrößen

EU-Modelle bis 1995	
Hauptdüse	Zylinder Nr. 1 und 4: 105, Zylinder Nr. 2 und 3: 102,5
Hauptluftdüse	70
Düsennadel (Clip-Position)	5 CT (3,5)
Nadeldüse	0,4
Leerlaufdüse	15
Leerlauf-Luftdüse	145
Leerlaufgemisch-Schraube	2 Umdrehungen heraus
Ventilsitzgröße	1,5
Choke-Düse	47,5*
EU-Modelle ab 1996	
Hauptdüse	100
Hauptluftdüse	1,4
Düsennadel (Clip-Position) – 96er- und 97er-Modelle	4 BC 12 (3)
Düsennadel (Clip-Position) – ab 98er-Modelle	4 BC 14 (3)
Nadeldüse	O-0
Leerlaufdüse – 96er- und 97er-Modelle	17,5
Leerlaufdüse – ab 98er-Modelle	15
Leerlauf-Luftdüse – 96er- und 97er-Modelle	140
Leerlauf-Luftdüse – ab 98er-Modelle	135
Leerlaufgemisch-Schraube	3 Umdrehungen heraus
Choke-Düse	20
US-Modelle	
Hauptdüse	102,5
Düsennadel (Clip-Position)	
92er- und 93er-Modelle	4 B 10 (fixiert)
ab 94er-Modelle	4 B 10-1 (fixiert)
Nadeldüse	Zylinder Nr. 1 und 4: O-4, Zylinder Nr. 2 und 3: O-2
Leerlaufdüse	17,5
Leerlaufgemisch-Schraube	
Modelle bis 1996	festgelegt
Modelle ab 1997	2 Umdrehungen heraus

Vergasereinstellungen

EU-Modelle bis 1995	
Schwimmerstand	11–13 mm
Kraftstoffpegel	3–5 mm
EU-Modelle ab 1996	
Schwimmerstand	8,8–10,8 mm
Kraftstoffpegel	8,5–9,5 mm
US-Modelle	
Schwimmerstand	7,2 mm
Kraftstoffpegel	4–6 mm

Anzugs-Drehmomente

Krümmerflansch-Muttern	15 Nm**
Auspuffrohrmuttern	20 Nm
Schalldämpfer- und Sammler-Befestigungen	
M 8	20 Nm**
M 10	25 Nm**
Auspuffrohr-Verbindungsschrauben	20 Nm
Vergaserheizungsthermoschalter (bis 1995)	14 Nm

Anmerkungen

* *1993er- und frühe 1994er-Modelle können mit einer Chokedüse der Größe 52,5 ausgerüstet sein. Beachten Sie dazu Sektion 7, Schritt 13.*

** *Schmieren Sie die Gewinde mit Kupferpaste ein.*

1 Allgemeine Informationen

Das Kraftstoffsystem besteht aus dem Benzintank, dem Benzinhahn, der Kraftstoffpumpe mit integriertem Filter, den Vergasern, Kraftstoffleitungen und Bedienungsbowdenzügen. Der Kraftstoff gelangt bei allen US- und früheren EU-Modellen bis 1995 über eine unterdruckgesteuerte Pumpe zu den Vergasern, spätere EU-Modelle ab 1996 besitzen eine elektrische Benzinpumpe.

Alle Modelle sind mit vier Gleichdruckvergasern der Firma Mikuni ausgerüstet, jeweils einen für jeden Zylinder. Für den Kaltstart gibt es ein über einen Bowdenzug betätigtes Gemischanreicherungssystem (Choke), der Knopf sitzt bei früheren Modellen an den Vergasern, bei späteren Modellen sitzt ein Hebel am Lenker.

Bei allen Modellen bildet eine Vier-in-Zwei-Anlage das Auspuffsystem.

Viele der Kraftstoffsystem-Wartungsarbeiten sind regelmäßig auszuführen und in Kapitel 1 beschrieben.

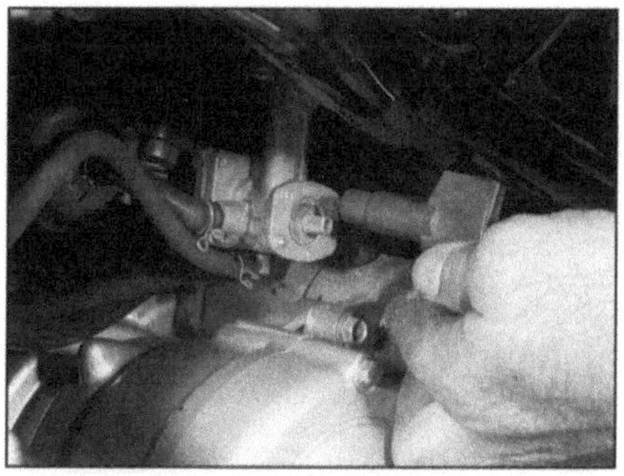

2.3 Lösen Sie die Schraube, und nehmen Sie den Benzinhahnhebel ab.

2.4a Ziehen Sie den Schlauch vom Benzinhahnstutzen . . .

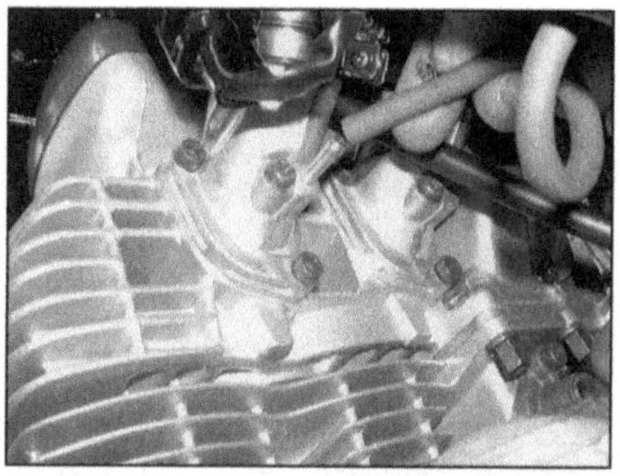

2.4b . . . und den Unterdruckschlauch vom Ansaugstutzen des Zylinderkopfes.

2 Kraftstofftank und Benzinhahn
Ausbau und Einbau

Warnung: Benzin ist leicht entflammbar, vor allem in Form von Dampf. Daher müssen unten stehende Vorsichtsmaßnahmen getroffen werden. Beachten Sie, dass Benzindampf schwerer ist als Luft und sich daher in schlecht belüfteten Ecken sammeln kann. Führen Sie Arbeiten am Benzinsystem nur in gut belüfteten Räumen durch. Stellen Sie sicher, dass sich keine offenen Flammen oder Funken (z.B. Zündanlage) in der Nähe befinden, wenn Sie mit Benzin hantieren. Beachten Sie absolutes Rauchverbot für jedermann bei Arbeiten am Benzinsystem. Vermeiden Sie Hautkontakt, und suchen Sie einen Arzt auf, wenn Benzin in die Augen gelangt ist oder verschluckt wurde. Tragen Sie immer eine Sicherheitsbrille, und haben Sie einen geeigneten Feuerlöscher zur Hand.

Kraftstofftank

1 Entfernen Sie die Sitzbank (siehe Kapitel 7).

2 Trennen Sie das Massekabel (–) von der Batterie.

3 Entfernen Sie den Benzinhahnhebel (siehe Abbildung). Dieses ist nötig, um ihn davor zu schützen, bei der Demontage des Tanks anzubrechen.

4 Lösen Sie den Kraftstoffschlauch vom Benzinhahn und den Unterdruckschlauch vom Ansaugstutzen (siehe Abbildung). Entfernen Sie den Entlüftungsschlauch (siehe Abbildung), bei Modellen mit Verdunstungssystem muss der Behälterschlauch abgezogen werden.

5 Der Tank wird vorne mit einer Schraube am Rahmen gehalten. Hinten sitzt er auf einem gummigepufferten Halter und ist mit einer Schraube gesichert.

6 Entfernen Sie die Tankbefestigungsschrauben (siehe Abbildung).

7 Heben Sie den Tank hinten an, und nehmen Sie ihn dann vom Motorrad.

8 Kontrollieren Sie den Gummidämpfer an der Tankhalterung. Wenn er ausgehärtet, brüchig oder anderweitig beschädigt ist, muss er ersetzt werden.

9 Montieren Sie den Tank in der umgekehrten Ausbaureihenfolge. Stellen Sie sicher, dass er gut sitzt und keine Bowdenzüge oder Kabel quetscht.

Benzinhahn

10 Entfernen Sie den Kraftstofftank, wie oben beschrieben.

11 Zur Demontage des Kraftstoffhahns vom Tank müssen die zwei Schrauben samt Scheiben entfernt werden, dann wird der Hahn vorsichtig herausgezogen, beachten Sie den ovalen Dichtring.

12 Für die Hebelbaugruppe sind Ersatzteile erhältlich. Entfernen Sie die zwei Schrauben, und nehmen Sie die Hebelplatte vorne am Hahn ab, entnehmen Sie dann den Dichtring und das Ventil, beachten Sie zuvor dessen Position. Für den Unterdruckschalter hinten am Hahn sind keine Ersatzteile verfügbar.

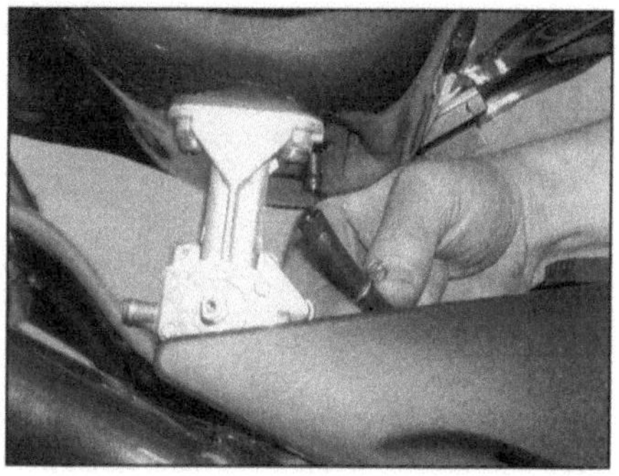

2.4c Ziehen Sie den Entlüftungsschlauch vom Benzinhahnstutzen.

13 Reinigen Sie vor dem Einbau des Benzinhahns die Dichtfläche, und installieren Sie einen neuen ovalen Dichtring. Erneuern Sie ggf. die Scheiben der zwei Befestigungsschrauben.

3 Kraftstofftank
Reinigung und Reparatur

1 Reparaturarbeiten am Benzintank sollten von Fachbetrieben ausgeführt werden, da sie sehr schwierig und gefährlich sind. Auch nach dem Reinigen und Ausspülen des Tanks können explosive Gase zurückbleiben, die sich im Zuge der Arbeiten entzünden können.

2 Nach der Demontage des Tanks sollte dieser so gelagert werden, dass die ausströmenden Gase nicht durch Funken und Flammen

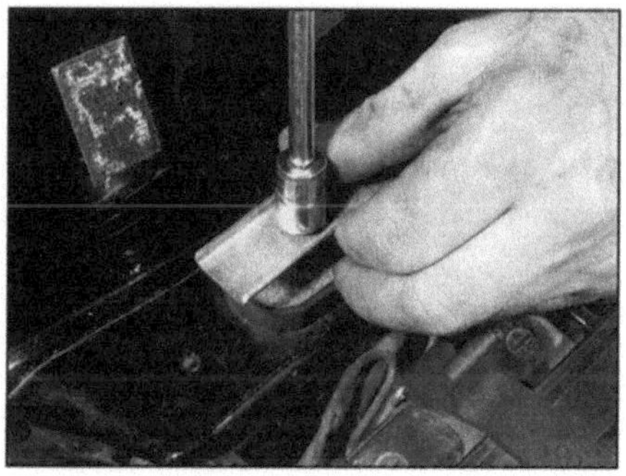

2.6a Lösen Sie die hintere . . .

2.6b . . . und die vordere Schraube.

2.8 Begutachten Sie die Gummihalterung hinten am Tank.

entzündet werden können. Besondere Vorsicht ist in Räumen mit Gasgeräten geboten, da deren Zündflamme eine Explosion verursachen kann.

4 Leerlaufgemischeinstellung
Allgemeine Informationen

1 Schärfere Gesetzesbestimmungen über Abgaswerte haben einen direkten Einfluss auf die Vergaser der hier behandelten Maschinen. Aufgrund dieser Bestimmungen können Vergaser einiger Modelle nicht mehr eingestellt werden. Die Leerlaufgemisch-Einstellschrauben dieser Modelle sind zwar zugänglich, doch dürfen Einstellungen nur mit einem Abgasmessgerät vorgenommen werden, da andernfalls die gesetzlichen Vorschriften nicht eingehalten werden.

2 Die Leerlaufgemisch-Einstellschrauben sind vom Hersteller vorjustiert und dürfen nicht verstellt werden, wenn es nicht nötig ist. Werden die Schrauben bei einer Überholung aus dem Vergaser genommen, muss zuvor notiert werden, um wie viele Umdrehungen sie ausgeschraubt waren, um sie mit dieser Einstellung wieder zu montieren. Bei aus den USA importierten Maschinen kann es vorkommen, dass die Leerlaufgemisch-Einstellschrauben verplombt sind.

3 Wenn der Motor im Leerlauf sehr unrund läuft, ständig ausgeht und eine Vergaserüberholung das Problem nicht behebt, muss das Motorrad zu einer Yamaha-Werkstatt gebracht werden, die mit einem Abgasmessgerät ausgerüstet ist. Hierdurch wird eine saubere Einstellung des Leerlauf-Benzin-/Luft-Gemisches sichergestellt.

5 Vergaserüberholung
Allgemeine Informationen

1 Schlechte Motorleistung, unrunder Lauf, schlechtes Startverhalten, Ausgehen, Absaufen und Fehlzündungen können Anzeichen von Vergaserproblemen sein.

2 So manche angebliche Vergaserprobleme können auch auf Fehlfunktionen von Motor oder Zündung zurückzuführen sein. Versuchen Sie vor einer Vergaserüberholung sicherzustellen, dass wirklich die Vergaser die Probleme verursachen.

3 Überprüfen Sie Benzinhahn und -filter, die Kraftstoffleitungen, die Benzinpumpe, die Schellen der Ansaugstutzen, den Luftfilter, das Zündsystem, die Zündkerzen, das Ventilspiel und die Vergasersynchronisation, bevor Sie entscheiden, dass eine Vergaserüberholung notwendig ist.

4 Die meisten Vergaserprobleme werden durch Schmutz- oder Lackteilchen und andere Ablagerungen verursacht, die Benzin- oder Luftkanäle zusetzen. Mit der Zeit führen beschädigte Dichtungen und O-Ringe zu Undichtigkeiten, welche die Ursache schwacher Motorleistung sein können.

5 Beim Überholen werden die Vergaser generell komplett zerlegt, alle Teile mit Lösungsmittel gereinigt und mit gefilterter und ölfreier Druckluft getrocknet. Alle Luft- und Kraftstoffkanäle werden durchgeblasen, um nicht entfernten Schmutz herauszudrücken. Nach dem Reinigen wird die Überholung mit dem Einbau neuer Dichtungen und O-Ringe abgeschlossen.

6 Vor dem Zerlegen der Vergaser sollte ein Reparatursatz mit allen notwendigen Dichtungen, O-Ringen und anderen Teilen beschafft sein, außerdem Vergaserreiniger, Tücher und Geräte zum Ausblasen. Ein sauberer Arbeitsplatz ist selbstverständlich. Zerlegen Sie immer nur einen Vergaser, um Verwechslung von Teilen zu vermeiden.

6 Vergaser und Ansaugstutzen
Ausbau und Einbau

Warnung: Benzin ist leicht entflammbar, vor allem in Form von Dampf. Daher müssen unten stehende Vorsichtsmaßnahmen getroffen werden. Beachten Sie, dass Benzindampf schwerer ist als Luft und sich daher in schlecht belüfteten Ecken sammeln kann. Führen Sie Arbeiten am Benzinsystem nur in gut belüfteten Räumen durch. Stellen Sie sicher, dass sich keine offenen Flammen oder Funken (z.B. Zündanlage) in der Nähe befinden, wenn Sie mit Benzin hantieren. Beachten Sie absolutes Rauchverbot für jedermann bei Arbeiten am Benzinsystem. Vermeiden Sie Hautkontakt, und suchen Sie einen Arzt auf, wenn Benzin in die Augen gelangt ist oder verschluckt wurde. Tragen Sie immer eine Sicherheitsbrille, und haben Sie einen geeigneten Feuerlöscher zur Hand.

Vergaser

Ausbau

1 Entfernen Sie den Benzintank (siehe Sektion 2). Trennen Sie das Massekabel (–) von der Batterie.

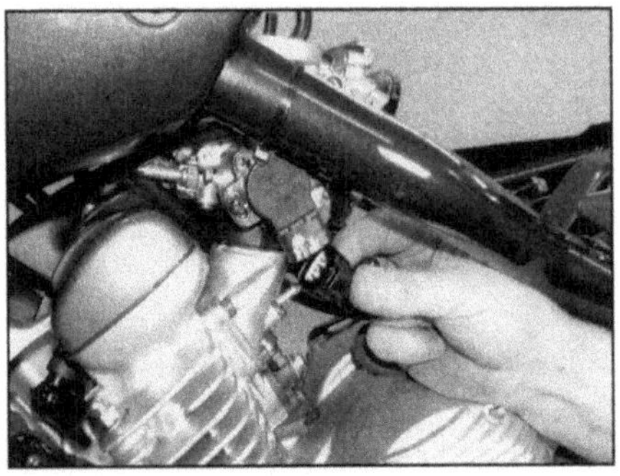

6.3 Trennen Sie den Stecker des Drosselklappensensors.

2 Entfernen Sie das Luftfiltergehäuse und die Gasbowdenzüge (siehe Sektionen 12 und 10). Trennen Sie bei Modellen mit Choke-Bowdenzug diesen von den Vergasern (siehe Sektion 11).

3 Wenn Sie an einem Modell bis Baujahr 1995 mit Vergaserheizung arbeiten, müssen die Schläuche markiert und am Ende abgeklemmt werden, um Ölverlust zu vermeiden (siehe Abbildung 15.2). Trennen Sie auch das Kabel des Thermoschalters an Vergaser Nr. 4. Bei Modellen ab 1996 müssen die Kabel jeder Vergaserheizung sowie das Massekabel und der Stecker des Drosselklappensensors abgezogen werden (siehe Abbildung).

4 Heben Sie das Gummihitzeschild von der Vergaserbaugruppe.

5 Lockern Sie die Schlauchschellen an den Ansaugstutzen, und heben Sie die Vergaserbatterie heraus (siehe Abbildung). Nehmen Sie sie dann aus dem Motorrad.

6 Stopfen Sie saubere Lappen in die Ansaugstutzen des Zylinderkopfes, damit keine Fremdkörper hineingelangen können.

7 Begutachten Sie die Gummistutzen, und ersetzen Sie beschädigte, rissige oder brüchige Ansaugstutzen.

Einbau

8 Der Einbau erfolgt in umgekehrter Reihenfolge des Ausbaus. Beachten Sie dabei Folgendes:

a) *Achten Sie beim Einbau der Vergaserheizungsölleitungen (falls vorhanden) darauf, dass sie vollständig mit Motoröl gefüllt sind, um Luftblasen zu vermeiden. Sichern Sie jeden Schlauch mit einer Federschelle.*
b) *Stellen Sie das Gasgriffspiel ein (siehe Kapitel 1).*
c) *Kontrollieren Sie die Leerlaufdrehzahl und Vergasersynchronisation, stellen Sie sie gegebenenfalls ein (siehe Kapitel 1).*

Ansaugstutzen

9 Entfernen Sie die Vergaser.

10 Markieren Sie jeden Unterdruckschlauch, der an die Ansaugstutzen gesteckt ist, und ziehen Sie sie ab. Entfernen Sie die zwei Schrauben, die jeden Ansaugstutzen am Zylinderkopf sichern, und nehmen Sie die Stutzen ab.

11 Der Einbau entspricht der umgekehrten Ausbaureihenfolge. An der Dichtfläche zum Zylin-

6.5 Lockern Sie die Ansaugstutzenschellen, und heben Sie die Vergaserbatterie heraus.

derkopf müssen neue O-Ringe verwendet werden. Schließen Sie die Unterdruckschläuche korrekt an, und sichern Sie sie mit den Schellen.

7 Vergaser
Zerlegung, Reinigung und Kontrolle

Warnung: Benzin ist leicht entflammbar, vor allem in Form von Dampf. Daher müssen unten stehende Vorsichtsmaßnahmen getroffen werden. Beachten Sie, dass Benzindampf schwerer ist als Luft und sich daher in schlecht belüfteten Ecken sammeln kann. Führen Sie Arbeiten am Benzinsystem nur in gut belüfteten Räumen durch. Stellen Sie sicher, dass sich keine offenen Flammen oder Funken (z.B. Zündanlage) in der Nähe befinden, wenn Sie mit Benzin hantieren. Beachten Sie absolutes Rauchverbot für jedermann bei Arbeiten am Benzinsystem. Vermeiden Sie Hautkontakt, und suchen Sie einen Arzt auf, wenn Benzin in die Augen gelangt ist oder verschluckt wurde. Tragen Sie immer eine Sicherheitsbrille, und haben Sie einen geeigneten Feuerlöscher zur Hand.

Zerlegung

1 Entfernen Sie die Vergaser aus dem Motorrad, wie in der vorherigen Sektion beschrieben. Legen Sie die Vergaserbatterie auf eine saubere Arbeitsunterlage.

Anmerkung: *Trennen Sie die Vergaser nur, wenn die O-Ringe der Kraftstoff- und Belüftungsstutzen undicht sind. Jeder Vergaser kann im verbundenen Zustand ausreichend zerlegt werden, um normale Reinigungen und Einstellungen durchführen zu können. Zerlegen Sie die Vergaser einzeln, um Teileverwechslungen zu vermeiden.*

2 Wenn Sie an einem der mittleren Vergaser arbeiten, muss die Gasbowdenzughalterung entfernt werden.

3 Entfernen Sie die Schrauben, und heben Sie den Unterdruckgehäusedeckel ab (siehe Abbildung). Beachten Sie die Position der Membrane.

4 Ziehen Sie die Feder heraus, lösen Sie vorsichtig die Membrane aus ihrer Dichtnut im Ver-

1 Heizungsthermoschalter
2 Überlaufstutzen
3 Belüftungsstutzen
4 Dichtung
5 Kraftstoffstutzen
6 Standgaseinstellschraube
7 Anschlagschraube
8 Schwimmerlagerstift
9 Schwimmer
10 Dichtung
11 Ablassschraube
12 Hauptdüse
13 Chokedüse
14 Halter
15 Düsenhalterung
16 Leerlaufluftdüse
17 Schwimmernadel-Ventilsitz
18 O-Ring
19 Leerlaufgemischschraube
20 Chokekolben
21 O-Ring
22 Gasschieberführung
23 Nadeldüse
24 Gasschieber
25 O-Ring
26 Düsennadelbauteile
27 Feder
28 Chokebetätigung
29 Vergaser Nr. 4
30 Vergaser Nr. 3
31 Vergaser Nr. 2
32 Vergaser Nr. 1
33 Vergaserbatterie komplett

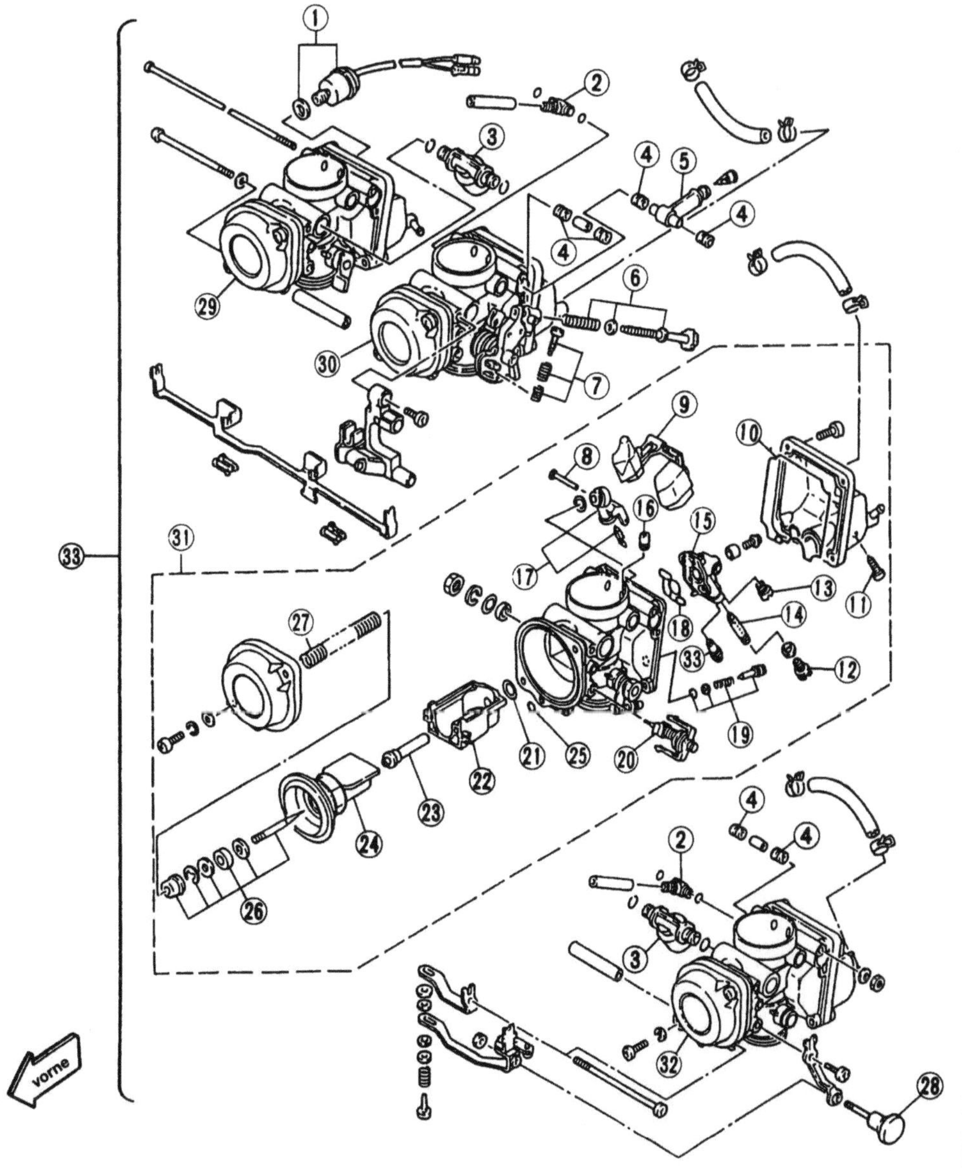

7.1a Vergaser-Bauteile – EU-Modelle bis 1995

1 Vergaserdeckel
2 Feder
3 Düsennadelbaugruppe
4 Schieberkolben und Membrane
5 Leerlaufgemischschraubenbauteile
6 Leerlaufluftdüse
7 Heizelement
8 Nadeldüse
9 Scheibe
10 Stopfen
11 Dichtung
12 Hauptdüsenhalter
13 Hauptdüse
14 Leerlaufdüse
15 Schwimmernadelventil und Ventilsitz
16 Schwimmerkammerdichtung
17 Schwimmerkammer
18 Ablassschraube
19 Schwimmer
20 Schwimmerachse
21 Standgaseinstellschraube
22 Synchronisationsschraube
23 Gasbowdenzughalter
24 Chokestange
25 Chokekolbenbaugruppe
26 Chokebowdenzughalter
27 Vergaserhalterungen
28 Vergaserhalterung
29 Drosselklappensensor

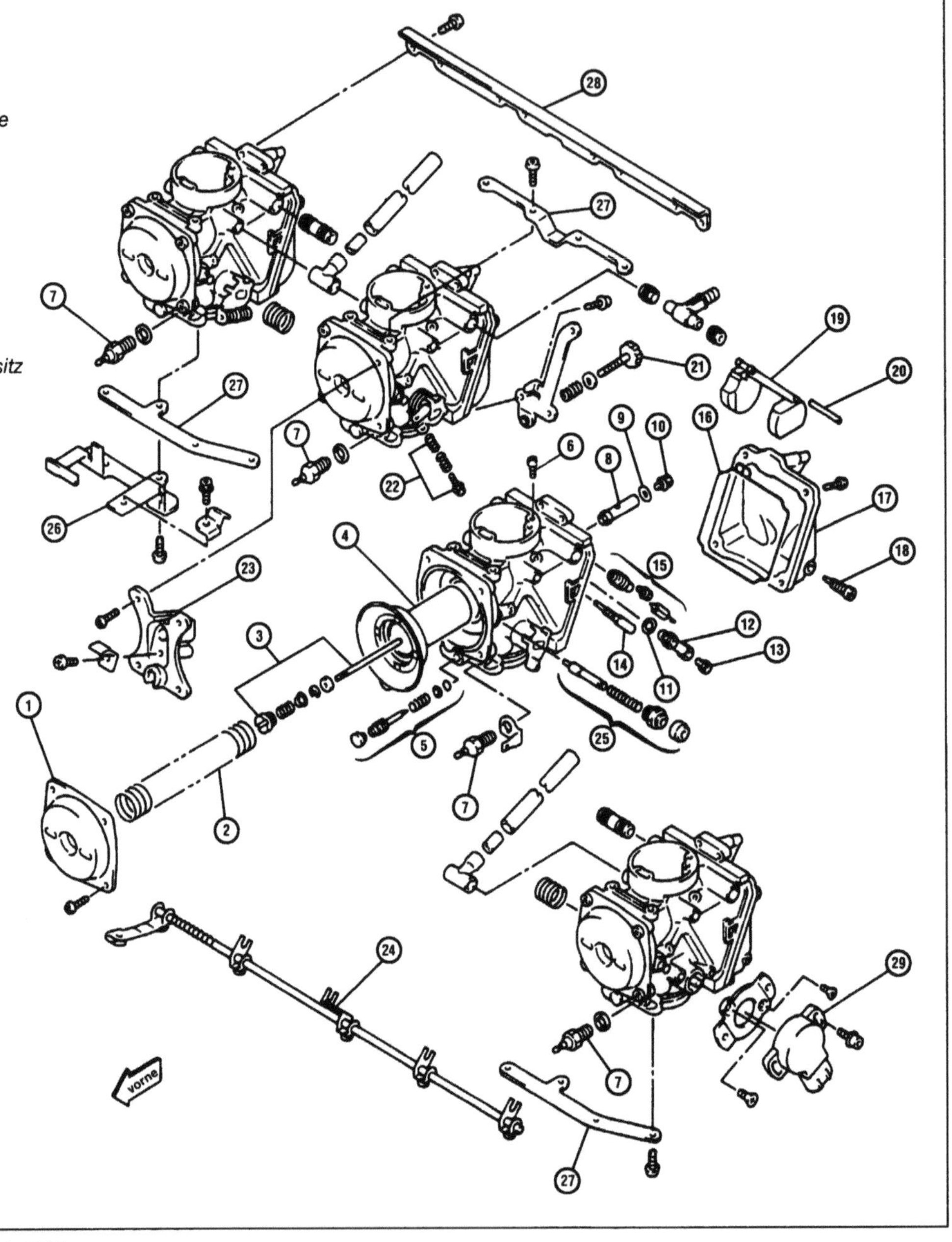

7.1b Vergaserbauteile – EU-Modelle ab 1996

7.3 Entfernen Sie die Deckelschrauben, und nehmen Sie den Deckel samt Feder ab. Beachten Sie die Lasche der Membrane.

7.4 Heben Sie vorsichtig die Membrane und die Schieberbaugruppe heraus.

gaser, und ziehen Sie sie zusammen mit dem Schieber heraus (siehe Abbildung).

5 Entfernen Sie die Schwimmerkammerschrauben, und nehmen Sie die Kammer ab (siehe Abbildung). Trennen Sie bei Modellen bis 1995 die Schläuche der Vergaserheizung von der Kammer.

6 Ziehen Sie die Schwimmerachse heraus (siehe Abbildung). Falls nötig, kann sie mit einem dünnen Dorn vorsichtig herausgeklopft werden.

7 Heben Sie den Schwimmer an, und hängen Sie das Nadelventil aus (siehe Abbildung).

8 Entfernen Sie die Schraube und den Halter, ziehen Sie dann den Nadelventilsitz heraus, und entfernen Sie ebenso den Kraftstofffilter (siehe

7.5 Entfernen Sie die Schwimmerkammerschrauben, und heben Sie die Kammer samt O-Ring ab.

7.6 Ziehen Sie den Stift heraus.

7.7 Heben Sie den Schwimmer heraus, und trennen Sie ihn vom Nadelventil.

Abbildungen). Entfernen Sie hieraus jegliche Schmutzablagerungen.

Alle US-Modelle und EU-Modelle ab 1996

9 Schrauben Sie die Hauptdüse heraus, verlieren Sie nicht die Scheibe.
10 Schrauben Sie den Düsenhalter heraus, und entfernen Sie seine Dichtung (siehe Abbildung).
11 Drehen Sie die Leerlaufdüse heraus (siehe Abbildung).
12 Entfernen Sie den Stopfen samt Scheibe, merken Sie sich die Position des Stiftes am Ende der Nadeldüse (siehe Abbildungen).

EU-Modelle bis 1995

13 Schrauben Sie die Haupt-, Leerlauf- und Chokedüsen aus dem Vergasergehäuse (siehe Abbildung 7.1a).

Anmerkung: *Frühe Modelle bis 1994 können mit einer Chokedüse vom Typ 52,5 und einem S-förmigen Rohr im Vergaserüberlauf ausgerüstet sein. Dieses wurde installiert, wenn die Maschinen nach einiger Standzeit schwer zu starten waren.*

14 Entfernen Sie die Schraube samt Scheibe des Düsenhalters, nehmen Sie diesen samt Dichtung ab.

7.8a Entfernen Sie die Schraube und die Halterung, . . .

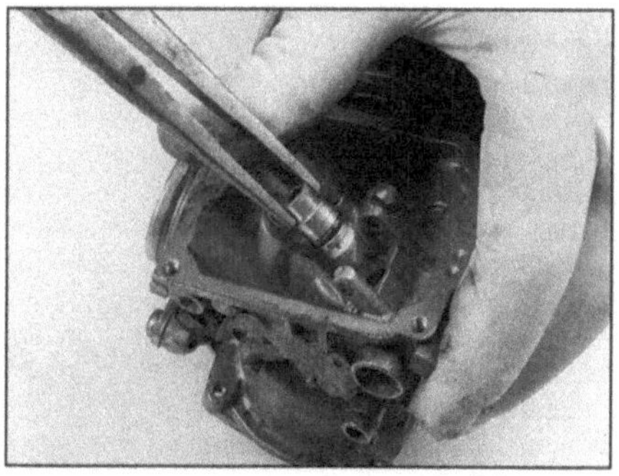

7.8b . . . und ziehen Sie den Nadelventilsitz heraus.

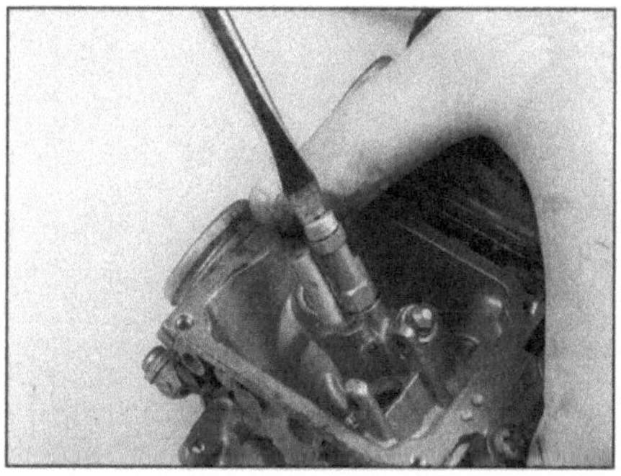

7.9 Lösen Sie die Hauptdüse, und entfernen Sie sie samt Scheibe.

7.10 Lösen Sie den Hauptdüsenhalter, und entfernen Sie seine Dichtung.

3

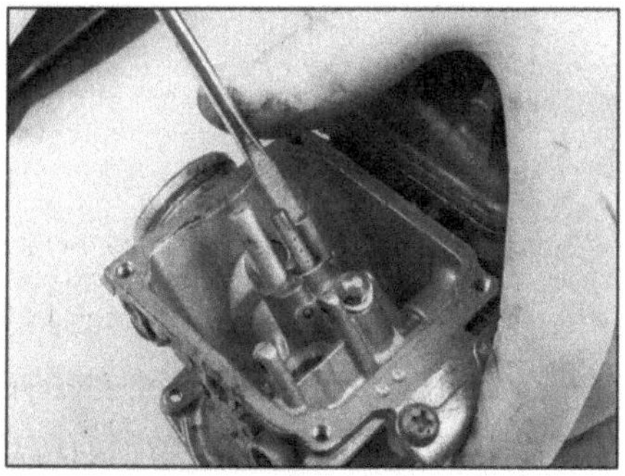

7.11 Entfernen Sie die Leerlaufdüse.

7.12a Entfernen Sie den Stopfen samt Scheibe, . . .

7.12b . . . und beachten Sie den Stift zur Nadeldüsen-Ausrichtung.

7.15 Entfernen Sie mit einer Spitzzange die Nadeldüse.

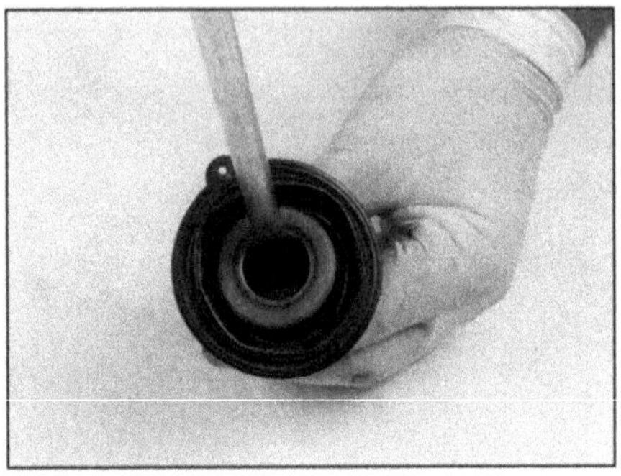

7.16a Entfernen Sie die Schraube innerhalb des Vergaserschiebers, ...

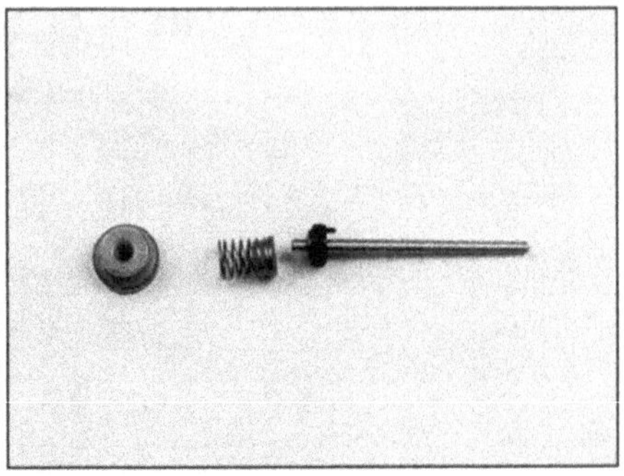

7.16b ... und heben Sie die Feder samt Düsennadel heraus.

Alle Modelle

15 Greifen Sie mit einer Spitzzange durch das Schiebergehäuse, und ziehen Sie die Düsennadel aus ihrer Bohrung (siehe Abbildung).

16 Entfernen Sie die Schraube innerhalb des Schiebers, und nehmen Sie die Düsennadelbauteile heraus (siehe Abbildungen). Beachten Sie, in welcher Nut die Nadel aufgehängt ist.

17 Schrauben Sie die Leerlaufluftdüse aus dem Vergasergehäuse (siehe Abbildung).

18 Bei Modellen mit direkt an den Vergasern betätigten Chokehebeln müssen die Chokestangenschrauben gelockert und die Stange aus den Halterungen geschoben werden (siehe Abbildung). Beachten Sie die Ausschnitte in der Stange, welche die Schrauben in ihrer originalen Lagen positionieren. Lösen Sie die Chokekolben, und ziehen Sie sie aus ihren Bohrungen (siehe Abbildungen). Bei späteren Modellen mit Chokehebel am Lenker müssen die Madenschrauben vollständig gelockert werden, welche die vier Chokekolbenhaken an der Chokestange sichern. Ziehen Sie die Chokestange nach rechts heraus. Lösen Sie den Chokebowdenzughalter am Vergaser Nr. 4. Die einzelnen Chokekolben können jetzt aus den Vergasergehäusen geschraubt werden (siehe Abbildung 17.18c).

19 Die Leerlaufgemischschraube sitzt vorne im Vergasergehäuse. Bei US-Modellen kann sie hinter einer Abdeckung versteckt sein, die zu entfernen ist. Um die Einstellung der Leerlaufgemischschraube festzustellen, muss man sich zunächst beim Einschrauben genau die Anzahl der Umdrehungen merken, bis sie leicht ansitzt (siehe Abbildung), dann kann sie herausgedreht werden. Merken Sie sich die Einstellung für den Einbau. Entfernen Sie die Schraube mitsamt Feder, Scheibe und O-Ring (siehe Abbildung).

20 Entfernen Sie nicht den bei Modellen ab 1996 montierten Drosselklappensensor außen am linken Vergaser, außer er ist defekt und muss erneuert werden. Seine exakte Positionierung erfordert eine sorgfältige Einstellung. Beachten Sie zur Kontrolle und Einstellung Kapitel 4.

Reinigung

Vorsicht: Verwenden Sie zum Reinigen der Vergaser nur Reinigungsmittel auf Petroleumbasis, benutzen Sie keine ätzenden Rei-

7.17 Lösen Sie die Leerlaufluftdüse.

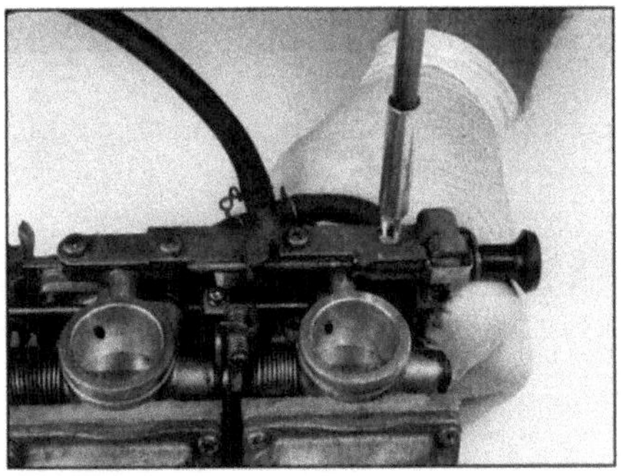

7.18a Entfernen Sie zum Zugang die Halterschrauben, ...

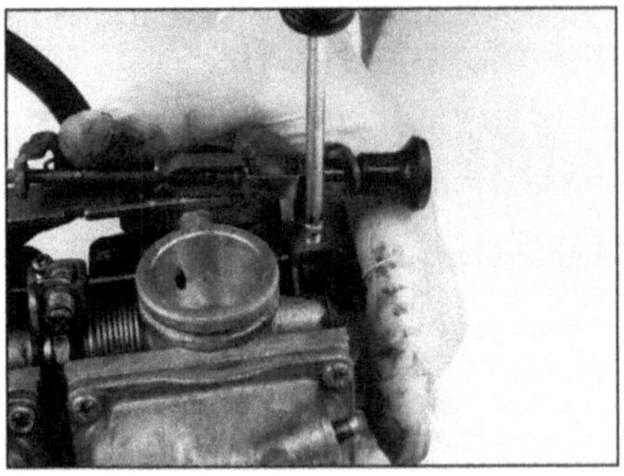

7.18b ... entfernen Sie die Chokestangenschrauben, und schieben Sie die Stange heraus.

7.18c Lösen Sie die Chokekolbenabdeckungen, und ziehen Sie die Feder samt Kolben heraus.

7.19a Drehen Sie die Leerlaufgemischschraube bis zum leichten Anschlag hinein, zählen Sie dabei die Umdrehungen, und notieren Sie sie, ...

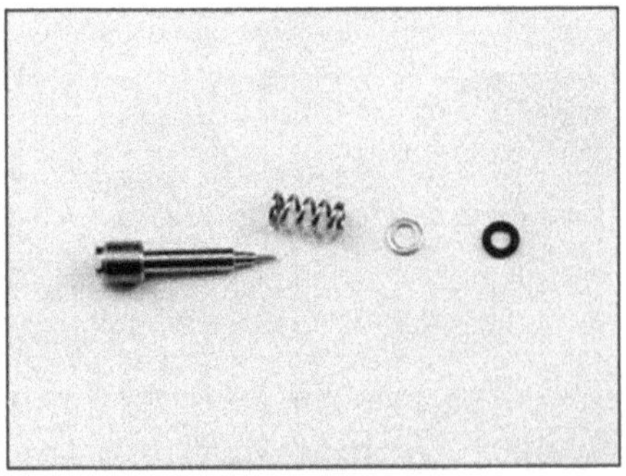

7.19b ... entfernen Sie dann die Schraube samt Feder, Scheibe und O-Ring.

7.26 Heben Sie den Schieber an, und vergewissern Sie sich, dass er wieder weich hinabgleitet.

8.4 Beachten Sie die Positionen der Federn an den Synchronisationsschrauben – eingebaut müssen sie so aussehen.

niger. Stellen Sie sicher, dass alle Gummi- und Plastikteile demontiert sind, bevor Sie mit dem Reinigungsmittel arbeiten.

21 Legen Sie die Metallteile für etwa 30 Minuten in die Reinigungsflüssigkeit (oder länger, wenn es erforderlich ist). Nachdem der Vergaser lange genug eingeweicht ist, sodass sich die meisten Lackreste und Ablagerungen aufgelöst haben, entfernen Sie die übrigen Reste mit einer Bürste. Spülen Sie alles, und trocknen Sie es möglichst mit Druckluft. Blasen Sie mit Druckluft alle Kraftstoff- und Luftkanäle des Vergasers durch.

Vorsicht: Reinigen Sie Kanäle und Düsen niemals mit Drahtstücken oder Bohrern, weil Sie sie dadurch vergrößern – das steigert den Benzinverbrauch und senkt die Motorleistung!

Kontrolle

22 Kontrollieren Sie die Funktion des Chokekolbens. Sollte er sich nicht leicht bewegen lassen, müssen die Nadel am Ende des Kolbens, die Feder und die Betätigungsstange untersucht werden, ob sie verschlissen, beschädigt oder verbogen sind. Ersetzen Sie schadhafte Teile.
23 Untersuchen Sie die Spitze der Leerlaufgemischschraube und die Feder auf Verschleiß und Beschädigung.
24 Kontrollieren Sie das Vergasergehäuse, die Schwimmerkammer und den Deckel auf Brüche, verzogene Dichtflächen und andere Beschädigungen. Wenn Defekte gefunden worden sind, müssen die entsprechenden Komponenten ersetzt werden. Fragen Sie eine Yamaha-Werkstatt wegen der Beschaffung von Vergaserersatzteilen.
25 Kontrollieren Sie die Schiebermembrane auf Risse, Löcher und Alterung.
26 Setzen Sie den Schieber in den Vergaser, und kontrollieren Sie, ob der Schieber sich weich auf- und abbewegen lässt (siehe Abbildung). Begutachten Sie die Kolbenoberfläche auf Verschleiß. Wenn sie extrem verschlissen ist oder der Schieber sich nicht leicht in der Führung bewegt, müssen die Komponenten entsprechend ersetzt werden.

Praxis TiPP ***Halten Sie die Membrane gegen das Licht, damit Sie Schäden besser entdecken können.***

27 Kontrollieren Sie die Düsennadel durch Rollen auf einer ebenen Oberfläche auf Biegungen (hierzu muss der Sicherungsring entfernt werden. Beachten Sie unbedingt, in welcher Nut der Nadel er gesessen hat.). Beschaffen Sie Ersatz, wenn die Nadel verbogen oder ihre Spitze verschlissen ist.
28 Kontrollieren Sie die Spitze des Schwimmernadelventils und den Ventilsitz. Wenn Kerben, Kratzer oder anderer Verschleiß zu erkennen ist, müssen beide Teile als Satz ausgetauscht werden. Drücken Sie die kleine Stange am Ende der Schwimmernadel hinein, wenn sie nicht alleine wieder herausspringt, muss die Baugruppe ersetzt werden. Wenn der Filter defekt oder nicht mehr zu reinigen ist, muss er ebenfalls ersetzt werden.
29 Kontrollieren Sie den Schwimmerkammerdichtring, und ersetzen Sie ihn gegebenenfalls.
30 Bewegen Sie die Drosselklappenwelle, um sicherzugehen, dass die Drosselklappe leichtgängig öffnet und schließt. Wenn das nicht der Fall ist, wird zumeist die Reinigung der Drosselklappensteuerung helfen. Anderenfalls ist der Vergaser zu ersetzen.
31 Kontrollieren Sie die Schwimmer auf Beschädigung. Normalerweise ist eine solche daran zu erkennen, dass sich Benzin in einem der Schwimmer befindet. Bei Beschädigungen muss die gesamte Schwimmerbaugruppe ersetzt werden.

Zusammenbau

Achtung: Ziehen Sie die Düsen beim Einbau nicht zu fest an, sie sind aus weichem Material und können leicht abreißen oder überdrehen.

Anmerkung: *Besorgen Sie sich vor dem Zusammenbau der Vergaser alle notwendigen O-Ringe und Dichtungen.*

32 Installieren Sie den Chokekolben gefolgt von der Feder und Kappe in ihre Bohrungen. Ziehen Sie die Kappe gut an.
33 Installieren Sie (falls entfernt) die Leerlaufgemischschraube mit ihrer Feder, Scheibe und O-Ring. Drehen Sie sie leicht bis zum Anschlag ein. Drehen Sie sie jetzt entsprechend der zuvor notierten Umdrehungszahl wieder heraus. Neue Schrauben werden mit den Werten der *Technischen Daten* herausgedreht.
34 Der Rest der Montage entspricht der umgekehrten Ausbaureihenfolge. Beachten Sie dabei Folgendes:
a) Wechseln Sie nach Sektion 9, und kontrollieren Sie die Schwimmerhöhe.
b) Installieren Sie Membrane und Schieber in den Vergaser. Die Gummilasche muss mit dem Ausschnitt im Gehäuse fluchten und der Bund in die Nut gedrückt werden.

8 Vergaser
Trennen und Verbinden

1 Die Vergaser brauchen zur normalen Überholung nicht getrennt zu werden. Wenn Sie sie (zum Beispiel für den Austausch eines Gehäuses) trennen wollen, richten Sie sich nach den folgenden Arbeitsschritten.
2 Entfernen Sie die Chokestange samt aller dazugehörigen Verbindungsteile (siehe Sektion 7, Schritt 18); es ist nicht nötig, die Chokekolben aus den Vergasergehäusen zu schrauben.

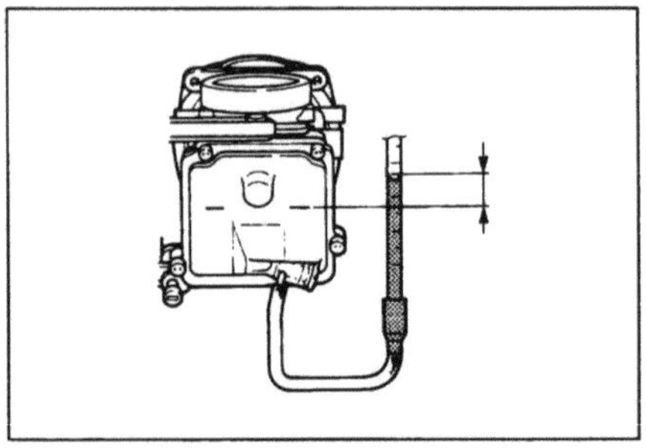

9.4 Die Messung des Kraftstoffpegels kann auch mit einem durchsichtigen Schlauch und einem Lineal durchgeführt werden.

3 Entfernen Sie die Halterungsschrauben, welche die Vergaser zusammen halten. Es empfiehlt sich dazu die Benutzung eines Schlagschraubers.

4 Notieren Sie sich, wie die Vergasersynchronisationsschrauben und die Federn positioniert sind (siehe Abbildung). Wenn Sie die Vergaser auseinanderziehen, muss auf die Federn geachtet werden – sie sollten bei den Schrauben bleiben. Falls dies nicht der Fall ist, müssen sie gefunden und entsprechend der Abbildung installiert werden, damit sie nicht verloren gehen.

5 Die Montage entspricht der umgekehrten Zerlegungsreihenfolge. Setzen Sie die Halterschrauben mit dauerelastischer Gewindesicherung ein.

9 Vergaser
Schwimmerstandkontrolle und Kraftstoffpegeleinstellung

Schwimmerstandkontrolle

1 Zur Schwimmerstandkontrolle muss der Vergaser mit demontierter Schwimmerkammer auf den Kopf gestellt werden. Drehen Sie ihn soweit um, dass die Schwimmerlasche gerade das Ende des Nadelventils berührt, aber nicht die kleine Stange an dessen Ende eindrückt. Arbeiten Sie zurzeit nur an einem Vergaser, und gehen Sie dann zum nächsten über.

2 Messen Sie den Abstand der Dichtfläche des Vergasergehäuses (ohne Dichtung) zur Oberseite des Schwimmers, und vergleichen Sie den Wert mit den *Technischen Daten*. Ist er inkorrekt, muss die Lasche des Schwimmers vorsichtig nachgebogen werden.

10.3 Entfernen Sie die Schrauben, und trennen Sie das Gasgriffgehäuse.

Kraftstoffpegeleinstellung

⚠ ***Warnung: Benzin ist leicht entflammbar, vor allem in Form von Dampf. Daher müssen unten stehende Vorsichtsmaßnahmen getroffen werden. Beachten Sie, dass Benzindampf schwerer ist als Luft und sich daher in schlecht belüfteten Ecken sammeln kann. Führen Sie Arbeiten am Benzinsystem nur in gut belüfteten Räumen durch. Stellen Sie sicher, dass sich keine offenen Flammen oder Funken (z.B. Zündanlage) in der Nähe befinden, wenn Sie mit Benzin hantieren. Beachten Sie absolutes Rauchverbot für jedermann bei Arbeiten am Benzinsystem. Vermeiden Sie Hautkontakt, und suchen Sie einen Arzt auf, wenn Benzin in die Augen gelangt ist oder verschluckt wurde. Tragen Sie immer eine Sicherheitsbrille, und haben Sie einen geeigneten Feuerlöscher zur Hand.***

3 Zur Kontrolle des Kraftstoffstands muss das Motorrad auf einer ebenen Fläche auf den Hauptständer oder eine entsprechende Stütze gerade aufgestellt werden. Helfen Sie mit einem Wagenheber nach, sodass die Vergaser horizontal stehen.

4 Yamaha bietet unter der Teile-Nr. 90890-01312 eine kalibriertes Messröhrchen an, welches nach dem Abziehen des Ablaufschlauchs von seinem an der Schwimmerkammer befindlichen Stutzen dort angeschlossen wird. Alternativ kann auch ein durchsichtiges Stück Kunststoffschlauch und ein Lineal verwendet werden. Schließen Sie das Messgerät oder den Schlauch an, halten Sie das offene Ende senkrecht gegen das Vergasergehäuse (siehe Abbildung).

5 Der Motor muss abgeschaltet sein. Öffnen Sie die Ablassschraube unten am Vergaser um einige Umdrehungen, und lassen Sie Kraftstoff in das Messgerät laufen. Verändern Sie dabei nicht die Position des Gerätes. Der sich einpendelnde Pegel zeigt die Höhe des Benzins in der Schwimmerkammer oberhalb der Gehäusemarkierung an (siehe Abbildung 9.4). Messen Sie diesen Abstand, und vergleichen Sie Ihr Ergebnis mit den *Technischen Daten*. Notieren Sie den Wert. Wenn Sie das Messgerät verwackelt haben, muss die Kontrolle wiederholt werden.

6 Wiederholen Sie die Messung am anderen Vergaser. Sehr wichtig ist ein gleichmäßiger Pegel in allen Vergasern.

7 Wenn der Kraftstoffstand in einem der Vergaser unkorrekt ist, muss die Schwimmerkammer demontiert und die Schwimmerhöhe durch vorsichtiges Verbiegen der Metall-Lasche verändert werden. Nach einer kleinen Veränderung wird die Schwimmerkammer montiert und die Kontrolle wiederholt.

10 Gasbowdenzüge und Gasgriff
Ausbau und Einbau

Ausbau

1 Entfernen Sie den Kraftstofftank (Sektion 2).

2 Lockern Sie den Öffnerbowdenzug (siehe Sektion 5 in Kapitel 1).

3 Entfernen Sie die Schrauben des Gasgriffgehäuses, und trennen Sie dieses (siehe Abbildung).

4 Ziehen Sie die Bowdenzugnippel aus dem Drehgriff.

5 Ziehen Sie die anderen Enden der Züge aus dem Halter und der Drosselklappenbetätigung (siehe Abbildungen).

6 Entfernen Sie die Züge unter Beachtung ihrer Einbaulage.

7 Um den Gasgriff zu entfernen, muss das Lenkerendengewicht entfernt (siehe Kapitel 5) und der Griff abgezogen werden.

10.5a Ziehen Sie den Öffnerbowdenzug zurück und aus der Nut in der Halterung.

10.5b Lockern Sie die Mutter, und ziehen Sie den Schließerbowdenzug heraus.

10.5c Drehen Sie den Zug, um ihn mit den Nuten der Betätigung auszurichten, ziehen Sie ihn dann seitlich heraus.

Einbau

8 Wenn der Gasgriff entfernt war, muss der Lenker gereinigt und mit Mehrzweckfett eingeschmiert werden. Schieben Sie den Griff auf den Lenker, installieren Sie das Lenkerendengewicht, und ziehen Sie seine Schraube mit 26 Nm an.
9 Verlegen Sie die Bowdenzüge korrekt im Motorrad, sie dürfen sich nicht mit anderen Bauteilen behindern und sollen nicht gequetscht oder scharf geknickt sein.
10 Schmieren Sie die Enden der Bowdenzüge mit Mehrzweckfett, und installieren Sie sie an die Aufnahme der Drosselklappensteuerung und am Gasgriff. Montieren Sie das Gasgriffgehäuse, und ziehen Sie seine Schrauben an.
11 Stellen Sie die Züge, wie in Kapitel 1, Sektion 5 beschrieben, ein.
12 Bewegen Sie den Lenker hin und her, um sicherzugehen, dass sie immer locker ist und nicht die Lenkung behindern. Starten Sie den Motor, und überprüfen Sie, dass die Leerlaufdrehzahl nicht steigt, wenn der Lenker bewegt wird. Falls doch, sind die Bowdenzüge falsch verlegt und müssen korrekt eingebaut werden, bevor mit dem Motorrad gefahren wird.

Warnung: Fahren Sie niemals mit dem Motorrad, wenn sich die Drehzahl beim Lenken verändert!

11 Chokebowdenzug
Ausbau und Einbau

Ausbau

1 Entfernen Sie die zwei Schrauben vorne am linken Lenkerschalter, und trennen Sie die Schalterhälften (siehe Abbildung). Befreien Sie den Chokezugnippel aus dem Lenkerhebel (siehe Abbildung).
2 Entfernen Sie den Kraftstofftank und das Luftfiltergehäuse (Sektionen 2 und 12), um an das untere Ende des Chokezuges zu gelangen. Lockern Sie die Chokebowdenzug-Halterschraube vorne an der Vergaserbaugruppe,

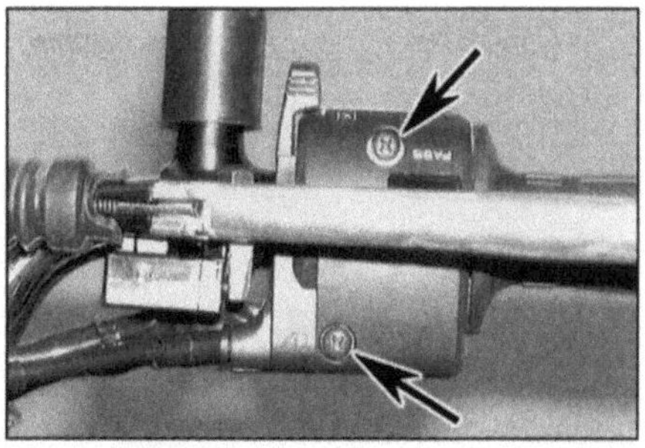

11.1a Entfernen Sie die zwei Schrauben, um das Schaltergehäuse zu trennen.

11.1b Trennen Sie den Bowdenzugnippel aus dem Chokehebel.

11.2a Lockern Sie die Klemmung der Hülle, . . .

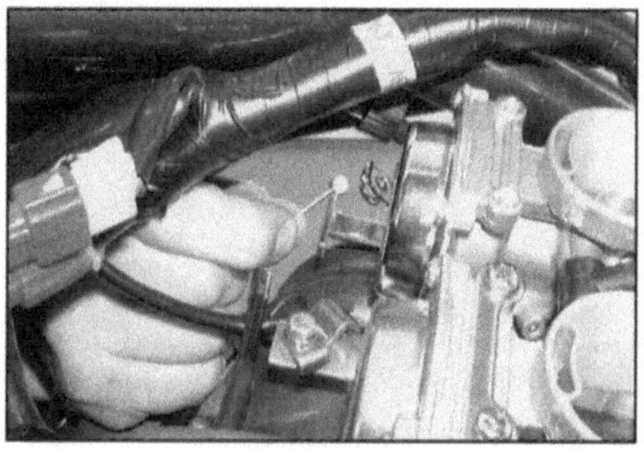

11.2b . . . und entfernen Sie den Bowdenzugnippel aus der Chokestange.

und ziehen Sie den Zug heraus (siehe Abbildung). Nehmen Sie an der rechten Seite den Nippel aus der Aufnahme an der Chokehebelstange (siehe Abbildung). Merken Sie sich den Verlauf des Zuges, und bauen Sie ihn aus.

Einbau

3 Verlegen Sie den Bowdenzug korrekt im Motorrad, er darf sich nicht mit anderen Bauteilen behindern und soll nicht gequetscht oder scharf geknickt sein.
4 Schmieren Sie die Nippel mit Mehrzweckfett, und installieren Sie den Zug an der Chokehebelstange an den Vergasern und dem Lenkerhebel. Montieren Sie die Schalterhälften, stellen Sie dabei sicher, dass das Führungswinkelstück korrekt sitzt (siehe Abbildung), ziehen Sie die Schrauben an. Stellen Sie den Chokehebel auf die OFF-Position. Sichern Sie das untere Ende des Zuges mit der Klemmschraube (siehe Abbildung 11.2a), beachten Sie, dass die Hülle so eingeklemmt sein muss, dass der Choke nicht aktiviert ist.

5 Es gibt für den Chokezug keine Einstellungsangaben, aber ein unter dem Tank in Höhe der Hupen befindlicher Versteller im Bowdenzug erlaubt eine kleine Verstellung (siehe Abbildung). Diese ist korrekt, wenn der Lenkerhebel etwas Spiel hat, bevor die Chokestange bewegt wird. Stellen Sie sicher, dass die Chokekolben in den Vergasern vollständig geschlossen sind, wenn der Hebel auf OFF steht. Zur Einstellung wird der kleine Konterring gelockert und das Einstellergehäuse entsprechend verstellt. Nach der Einstellung muss der Konterring wieder angezogen werden.

11.4 Arretieren Sie das Winkelstück im Schaltergehäuse.

11.5 Der Chokebowdenzugeinsteller ist eine Hüllenverstellung (Pfeil).

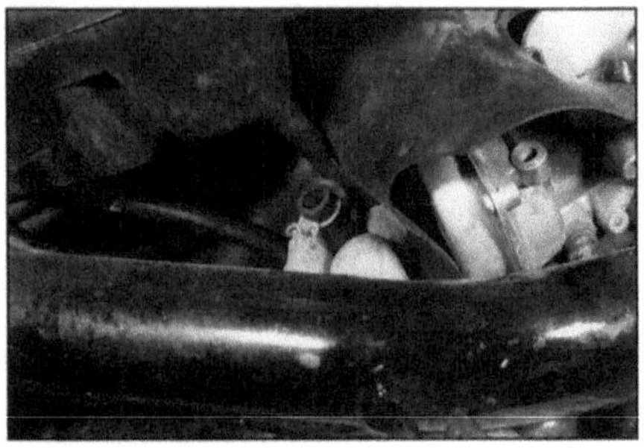

12.2a Trennen Sie den Ablaufschlauch links am Luftfiltergehäuse . . .

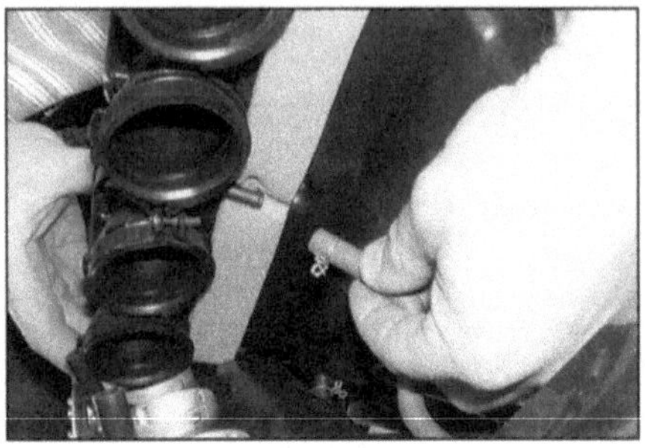

12.2b . . . und an der Unterseite.

12.2c Trennen Sie den dicken Schlauch der Motorentlüftung hinten am Filtergehäuse.

6 Montieren Sie das Luftfiltergehäuse und den Benzintank.

12 Luftfiltergehäuse
Ausbau und Einbau

1 Entfernen Sie den Kraftstofftank (siehe Sektion 2).
2 Lösen Sie die Schellen der Motorentlüftung und des Ablaufschlauches am Luftfiltergehäuse, und ziehen Sie die Schläuche ab (siehe Abb.).
3 Entfernen Sie die Befestigungsschraube (siehe Abbildung).
4 Lockern Sie die Klemmschrauben, welche das Gehäuse an den Vergaseransaugstutzen sichern (siehe Abbildung). Heben Sie das Gehäuse von den Vergasern, und entfernen Sie es. Wenn Sie an den Vergasern oder den Bowdenzügen arbeiten wollen, muss vorsichtig die Gummiabdeckung entfernt werden.
5 Falls nötig, werden die Schrauben an der Unterseite des Luftfiltergehäuses entfernt und die Ober- und Unterhälfte getrennt. Beachten Sie den großen O-Ring zwischen den Hälften auf Risse und andere Schäden, ersetzen Sie ihn im Zweifelsfall.
6 Die Montage und der Einbau entspricht der umgekehrten Ausbaureihenfolge. Achten Sie gegebenenfalls darauf, dass die zwei Vergaserbelüftungsschläuche in den Gehäusebohrungen sitzen (siehe Abbildung).

13 Auspuffanlage
Ausbau und Einbau

⚠ ***Warnung: Wenn der Motor in Betrieb war, ist das Auspuffsystem sehr heiß. Lassen Sie es einige Zeit abkühlen, bevor Sie mit der Arbeit beginnen.***

1 Die Auspuffanlage besteht aus vier Krümmern, einem Sammler und zwei Schalldämpfern.
2 Stellen Sie das Motorrad auf den Hauptständer oder eine geeignete Stütze.
3 Entfernen Sie ggf. das untere Verkleidungsteil (siehe Kapitel 7).
4 Stützen Sie die Auspuffanlage mit einem Wagenheber und Holzstücken ab.
5 Entfernen Sie die Muttern der Zylinderkopfflansche (siehe Abbildung), und ziehen Sie diese über die Stehbolzen ab.
6 Entfernen Sie die Befestigungen der Anlage (siehe Abbildungen). Ziehen Sie die Krümmerrohre nach vorne vom Motor ab, lassen Sie dann den Wagenheber ab, und ziehen Sie die Auspuffanlage unter dem Motorrad hervor.
7 Falls nötig, müssen die Klemmschrauben gelockert und die Auspuffbauteile getrennt werden.
8 Der Einbau entspricht der umgekehrten Ausbaureihenfolge, beachten Sie die folgenden Hinweise.

12.3 Entfernen Sie vorne die Befestigungsschraube.

12.4 Lockern Sie die Klemmschrauben, und ziehen Sie das Luftfiltergehäuse von den Vergaserstutzen.

12.6 Die zwei Belüftungsschläuche werden in die Bohrungen des Gehäuses gesteckt.

13.5 Jedes Krümmerrohr wird mit zwei Flanschmuttern am Zylinderkopf gesichert.

13.6a Die Auspuffanlage ist mit einer Schraube am Rahmen . . .

13.6b . . . und je einer Schraube am Fußrastenhalter gesichert.

a) Verwenden Sie am Zylinderkopf neue Kupferdichtungen.
b) Geben Sie Kupferpaste auf alle Gewinde.
c) Ziehen Sie alle Befestigungen mit den vorgeschriebenen Drehmomenten an.

14 Kraftstoffpumpe
Ausbau und Einbau

Unterdruck-Kraftstoffpumpe (EU-Modelle bis 1995, alle USA-Modelle)

Anmerkung: *Wenn am Motorrad nach einigen Tagen Standzeit Startprobleme auftreten, kann das an aus den Schwimmerkammern verdunstetem Kraftstoff liegen. Es ist möglich, die bei späteren Modellen montierte elektrische Kraftstoffpumpe nachzurüsten. Fragen Sie hierzu Ihren Yamaha-Händler.*

1 Die Pumpe wird über einen über an Ansaugstutzen Nr. 2 angeschlossenen Unterdruckschlauch betätigt. Yamaha macht keine Angaben zum Test der Pumpe, Einzelteile sind ebenfalls nicht erhältlich. Wenn bei Kraftstoffmangel alle anderen Defekte (wie verstopfter Benzinhahn Filter, Bohrungen und Leitungen, zu niedriger Kraftstoffpegel im Vergaser oder zu wenig Benzin im Tank) ausgeschlossen werden können, wird die Pumpe defekt sein.
2 Entfernen Sie den Kraftstofftank (siehe Sektion 2).
3 Trennen Sie die Leitungen von der Pumpe (siehe Abbildung). Entfernen Sie die Halterungsmutter an der Unterseite des Halters, und nehmen Sie die Pumpe ab.

Anmerkung: *Es kann einfacher sein, den Halter vom Rahmen zu lösen und ihn für einen besseren Zugang anzuheben.*

4 Der Einbau entspricht der umgekehrten Ausbaureihenfolge.

Elektrische Kraftstoffpumpe (EU-Modelle ab 1996)

Kontrolle

5 Der Kraftstoffpumpen-Stromkreis besteht aus der Pumpe, dem Pumpenrelais (im Relais-Kasten), der Zündeinheit, dem Not-Schalter, dem Zündschloss, Sicherungen, der Batterie und den entsprechenden Kabeln.
6 Bei auf RUN stehendem Not-Schalter soll die Pumpe etwa fünf Sekunden lang laufen, wenn die Zündung angeschaltet wurde. Sie muss abschalten, wenn die Vergaserschwimmerkammern gefüllt sind und weiterlaufen, wenn der Motor gestartet wird. Wenn die Pumpe nicht funktioniert, ist zunächst zu kontrollieren, ob die Haupt- oder Zündkreissicherung nicht durchgebrannt sind, außerdem muss die Batterie geladen sein. Wenn dieses in Ordnung ist, wird der Kraftstoffpumpen-Stromkreis in einer logischen Reihenfolge überprüft, wie es unten beschrieben ist; Um Zugang zu verschiedenen Baugruppen und Steckern zu erhalten, müssen Verkleidungsteile entfernt werden.

14.3 Schlauchanschlüsse der Kraftstoffpumpe
A Einlass vom Kraftstofffilter
B Auslass zu den Vergasern
C Unterdruckschlauch

7 Zur Kontrolle des Zündschalters muss zunächst der Masseanschluss (–) von der Batterie abgeklemmt werden, dann wird der Kabelstrang vom Zündschloss zum Blockstecker verfolgt. Trennen Sie den Stecker, und prüfen Sie mit einem Durchgangstester oder Ohmmeter den Durchgang zwischen dem roten und dem braun/blauen Anschluss an der Schalterseite, wenn die Zündung auf ON geschaltet ist. Wird Durchgang festgestellt, ist der Schalter in Ordnung. Wird kein Durchgang (unendlicher Widerstand) festgestellt, ist im Schalter ein Stromkreis unterbrochen. Verbinden Sie die Stecker.
8 Zur Kontrolle des Not-Schalters muss der Kabelstrang vom rechten Lenkerschalter zum Blockstecker verfolgt werden. Trennen Sie den Stecker, und prüfen Sie mit einem Durchgangstester oder Ohmmeter den Durchgang zwischen dem roten und dem rot/schwarzen Anschluss an der Schalterseite, wenn der Schalter auf RUN geschaltet ist. Wird Durchgang festgestellt, ist der Schalter in Ordnung. Wird kein Durchgang (unendlicher Widerstand) festgestellt, ist im Schalter ein Stromkreis unterbrochen. Verbinden Sie die Stecker.

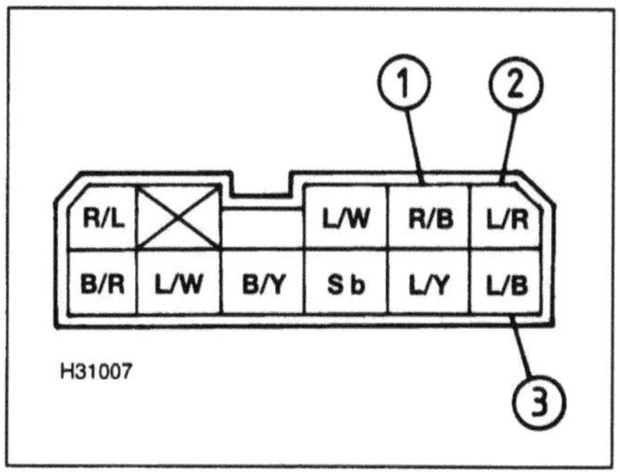

14.9 Anschlussidentifikation für den Test des Kraftstoffpumpen-Relais
1 R/B (rot/schwarz)
2 L/R (blau/rot)
3 L/B (blau/schwarz)

9 Lokalisieren Sie das Starterkreis-Unterbrecherrelais (siehe Kapitel 8), und bauen Sie es aus, um das Pumpenrelais zu testen. Verbinden Sie mit Kabeln die Plus-Klemme einer 12-Volt-Batterie mit dem rot/schwarzen Anschluss und die Minus-Klemme mit dem blau/roten Anschluss (siehe Abbildung)(beachten Sie die Schaltpläne am Ende von Kapitel 8). Prüfen Sie mit einem Durchgangstester oder Ohmmeter den Durchgang zwischen dem rot/schwarzen und dem blau/schwarzen Anschluss. Wird kein Durchgang (unendlicher Widerstand) festgestellt, ist das Kraftstoffpumpenrelais defekt und muss ersetzt werden. Installieren Sie nach dem Test das Relais in den Relaiskasten.
10 Die Kraftstoffpumpe kann kontrolliert werden, indem der Ausgangsschlauch von den Vergasern getrennt und in einen geeigneten Behälter gehalten wird. Beachten Sie, dass bei älteren Modellen an der Verbindung der Leitungen zum Vergaser kleine Filter sitzen. Trennen Sie den von der Pumpe kommenden Zweierstecker. Verbinden Sie mit Kabeln die Plus-Klemme einer 12-Volt-Batterie mit dem schwarz/blauen Anschluss und die Minusklemme mit dem schwarzen Anschluss an der Pumpenseite (siehe Abbildung). Wenn die Pumpe in Ordnung ist, wird sie summen und Kraftstoff fördern. Funktioniert sie nicht, muss sie ersetzt werden.
11 Wenn alle oben beschriebenen Baugruppen korrekt funktionieren, die Pumpe aber nicht arbeitet, kann die Zündeinheit defekt sein. Es gibt keine Prüfmöglichkeit für die Zündeinheit, sodass nur der Einbau einer erwiesenermaßen funktionierenden Einheit Gewissheit bringt. Beachten Sie, dass auch Kabelbrüche und korrodierte Steckverbindungen die Ursache sein können. Prüfen Sie alle Verbindungen, bevor Sie eine neue Zündeinheit beschaffen. Lassen Sie die Einheit im Zweifel von einer Yamaha-Werkstatt überprüfen.

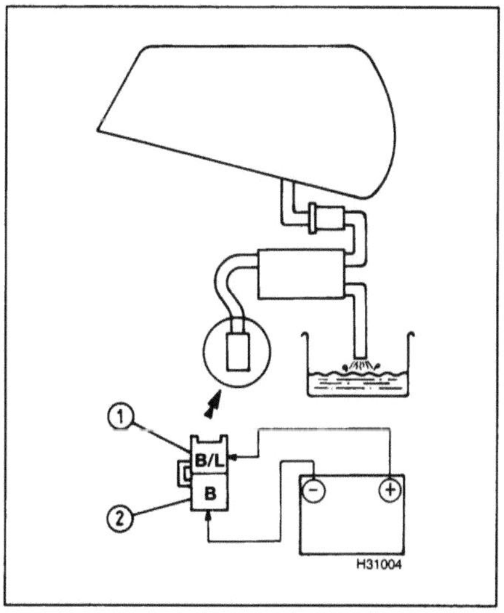

14.10 Funktionstest der Kraftstoffpumpe
1 schwarz/blauer Anschluss
2 schwarzer Anschluss

3

14.14 Trennen Sie das Kabel der Pumpe.

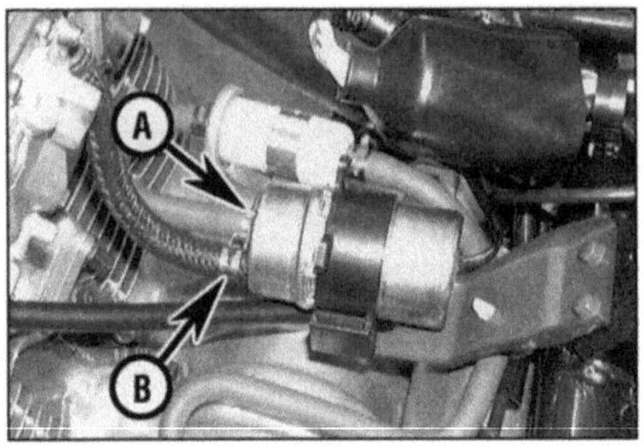

14.15 Auslass- (A) und Einlassanschlüsse (B) der Pumpe.

12 Verbinden Sie nach Beendigung des Tests den Masseanschluss mit der Batterie.

Ausbau und Einbau

13 Entfernen Sie den Kraftstofftank (siehe Sektion 2). Lösen Sie die Kraftstoffleitung von den Vergasern oder der Pumpe. Beachten Sie, dass bei älteren Modellen an der Verbindung der Leitungen zum Vergaser kleine Filter sitzen.
14 Verfolgen Sie das Kabel der Pumpe bis zum Zweifachstecker, und trennen Sie diesen (siehe Abbildung).
15 Merken Sie sich die Positionen der Zulaufleitung (vom Tank und Filter) und der Ablaufleitung (zu den Vergasern) vorne an der Pumpe (siehe Abbildung). Halten Sie einen Lappen unter die Anschlüsse, und drücken Sie die Drahtschellen zusammen, um sie abziehen zu können – die Zulaufleitung kann an der Pumpe verbleiben und zusammen mit dem Filter entfernt werden. Befreien Sie die Pumpe vorsichtig aus ihrer Schelle.
16 Der Einbau entspricht der entgegengesetzten Ausbaureihenfolge. Gehen Sie sicher, dass alle Schläuche richtig angeschlossen und mit den Schellen gesichert sind. Kontrollieren Sie das System auf Undichtigkeiten, wenn der Motor läuft.

15 Vergaserheizung
Test

Modelle bis 1995

1 Die Vergaser werden mit Öl aus dem Schmierkreislauf des Motors erwärmt, das durch Passagen an den Schwimmerkammern fließt. Die Vergasertemperatur wird durch einen Thermoschalter geregelt, der ein Magnetventil kontrolliert.
2 Wenn die Vergaserheizung defekt zu sein scheint, müssen als erstes die Festigkeiten der Ölleitungen kontrolliert werden, die rechts vom Zylinderkopf zum Magnetventil, und von dort aus zum rechten Vergasergehäuse, über Verbindungen bis zum linken Vergaser und zurück zum Ventildeckel führen (siehe Abbildung). Die Schläuche müssen mit Federklemmen gesichert sein, und es darf kein Öl austreten.
3 Die Kontrolle der elektrischen Seite des Systems wird bei eingeschalteter Zündung mit einer Spannungsmessung am rot/schwarzen Anschluss des Thermoschalters begonnen. Liegt keine Spannung an, muss mithilfe des Schaltplans am Ende von Kapitel 8 der Fehler im Kabelbaum gefunden werden.
4 Trennen Sie die Kabel vom Thermoschalter am rechten Zylinder, und schrauben Sie den Schalter heraus (siehe Abbildung 7.1a). Der Thermoschalter wird durch Tauchen in Wasser bei verschiedenen Temperaturen auf elektrischen Widerstand getestet. Sie benötigen einen Topf, in dem Sie kaltes Wasser erhitzen können, ein Thermometer und ein Ohmmeter. Verbinden Sie die Klemmen des Messgerätes mit den Anschlüssen des Schalters, und halten Sie dessen Sensorbereich in das kalte Wasser. Positionieren Sie das Thermometer in die Nähe des Schalters (siehe Abbildung 15.13b).
5 Das Messgerät muss bei kaltem Wasser Durchgang anzeigen. Erhitzen Sie langsam das Wasser, und beachten Sie die Temperatur, bei der kein Durchgang mehr besteht; diese sollte bei 30 bis 35 °C liegen. Stellen Sie die Hitzequelle ab, und beobachten Sie bei sich abkühlendem Wasser, wann der Schalter wieder schließt; dieses sollte bei etwa 23°C stattfinden. Wenn der Thermoschalter nicht wie beschrieben arbeitet, muss er ausgewechselt werden.
6 Stellen Sie beim Einbau des Schalters sicher, dass er mit der Dichtscheibe versehen und mit 14 Nm angezogen wird.
7 Das Magnetventil wird mit zwei Schrauben in seinem Halter gesichert. Trennen Sie das schwarz/weiße Kabel am Stecker, und entfernen Sie die beiden Schrauben (beachten Sie den Masseanschluss), um das Ventil zu befreien. Verbinden Sie die Klemmen eines Ohmmeters mit dem Steckeranschluss und dem Anschlussflansch. Bei 20°C muss der Widerstand 11 bis 15 Ohm betragen. Wenn das Messgerät einen sehr hohen Widerstand anzeigt, muss das Magnetventil ausgewechselt werden.

1 Hitzeschild
2 Anschlussschraube
3 Kupferscheibe
4 Rohr
5 Kupferscheibe
6 Schlauch
7 Schlauch
8 Ventilhalter
9 Magnetventil
10 Dämpfer
11 Halter
12 Kabel
13 Schlauch
14 Stahlscheibe
15 Buchse
16 Gummibuchse
A zum Zylinderkopf
B zum Ventildeckel

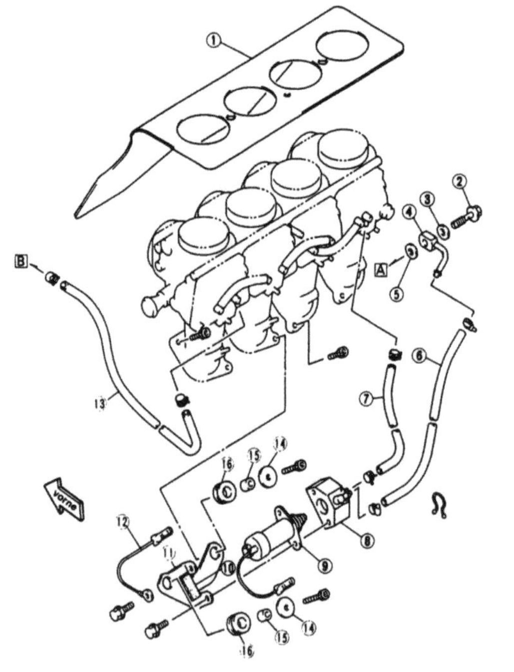

15.2 Bauteile der Vergaserheizung – Modelle bis 1995

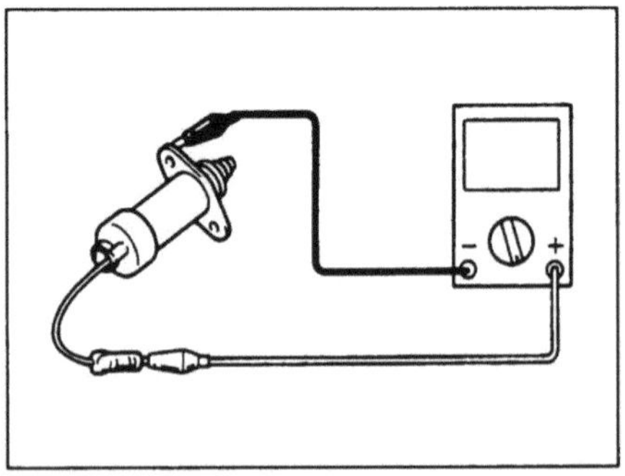

15.7 Messung des Magnetventilwiderstands

15.11a Position der Diode

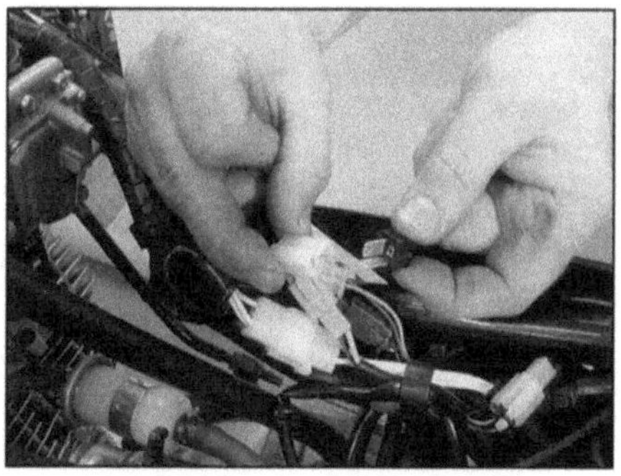

15.11b Lösen Sie den Diodenstecker.

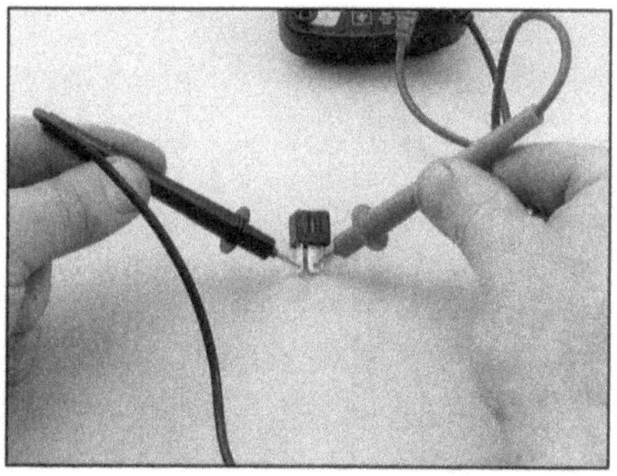

15.11c Messen Sie die Diode auf Durchgang.

Modelle ab 1996

8 Das Vergaserheizungs-System besteht aus dem Heizungsrelais, dem Thermoschalter und der Heizspulen an jedem Vergaser. Der Stromkreis wird von der Batterie über die Haupt- und Blinkersicherung versorgt. Die Heizspulen werden über den Thermoschalter, der den Stromkreis schließt, wenn die Temperatur unter ein bestimmtes Level sinkt, geschaltet. Der Stromkreis wird weiterhin durch ein Relais kontrolliert, welches bei eingelegtem Leerlauf die Heizung abschaltet, um die Vergaser im Stand nicht überhitzen zu lassen. Aus diesem Grund ist es wichtig, den Motor im Stand nicht lange Zeit mit gezogener Kupplung und eingelegtem Gang laufen zu lassen.

9 Wenn die Vergaserheizung nicht angeht, muss zunächst kontrolliert werden, ob die Batterie geladen und die Haupt- sowie Blinkersicherung in Ordnung ist. Bei eingeschalteter Zündung wird mit einem auf den Bereich 0–20 Volt Gleichstrom gestellten Messgerät zwischen beiden braunen Kabeln des Heizungs-Relais und Masse geprüft, ob Batteriespannung anliegt. Dann wird die Zündung abgestellt. Wenn keine Spannung anliegt, werden die Kabel zwischen dem Relais und der Batterie auf Durchgang überprüft.

10 Prüfen Sie den Leerlaufschalter, indem Sie sein hellblaues Kabel bis zum Stecker verfolgen und dort trennen. Verbinden Sie ein Ohmmeter oder einen Durchgangstester zwischen dem Kabel vom Schalter und dem Rahmen. Bei eingelegtem Leerlauf muss Durchgang angezeigt werden. Wenn kein Durchgang besteht, ist der Leerlaufschalter zu kontrollieren (siehe Kapitel 8).

11 Die Leerlaufschalterdiode darf Strom nur in eine Richtung fließen lassen. Sie befindet sich unter dem Tank nahe des rechten oberen Rahmenrohres unter einer großen Kunststoffabdeckung. Entfernen Sie das Isolierband vom Stecker (siehe Abbildung). Ziehen Sie die Diode ab (siehe Abbildung). Die Klemmen eines Ohmmeters oder Durchgangstesters werden abwechselnd an die Diodenanschlüsse gehalten (siehe Abbildung). Durchgang darf nur in eine Richtung herrschen, nach dem Vertauschen der Klemmen muss voller Widerstand bestehen. Wenn die Diode nicht richtig funktioniert, muss sie ersetzt werden.

15.12a Trennen Sie das Heizungsrelais von der Haltelasche

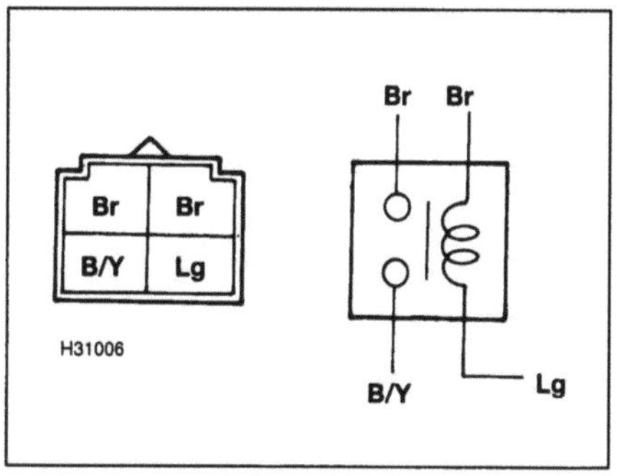

15.12b Identifikationen und innere Verbindungen des Heizungsrelais
Br = braun, B/Y = schwarz/gelb, Lg = Hellgrün

12 Zum Test des Heizungsrelais muss der rechte Seitendeckel entfernt werden (siehe Kapitel 7), dann wird sein Kabelstecker getrennt und das Relais ausgebaut (siehe Abbildung). Mit einer 12-Volt-Batterie und zwei Kabeln sowie einem Ohmmeter oder Durchgangstester wird kontrolliert, ob bei an hellgrün und gegenüberliegenden braun angeklemmter Batterie zwischen schwarz/gelb und gegenüberliegendem braun Durchgang besteht bzw. unterbrochen ist, wenn die Batterie abgeklemmt ist (siehe Abbildung).

13 Der Thermoschalter wird durch Tauchen in Wasser bei verschiedenen Temperaturen auf elektrischen Widerstand getestet. Sie benötigen einen Topf, in dem Sie kaltes Wasser erhitzen können, ein Thermometer und ein Ohmmeter. Entfernen Sie den Thermoschalter aus seiner Halterung, und trennen Sie seine Kabelstecker (siehe Abbildung). Verbinden Sie die Klemmen des Messgerätes mit den Anschlüssen des Schalters, und halten Sie dessen Sensor-Bereich in das kalte Wasser. Positionieren Sie das Thermometer in die Nähe des Schalters (siehe Abbildung).

14 Das Messgerät muss bei kaltem Wasser Durchgang anzeigen. Erhitzen Sie langsam das Wasser, und beachten Sie die Temperatur, bei der kein Durchgang mehr besteht; diese sollte bei 23 ± 3°C liegen. Stellen Sie die Hitzequelle ab, und beobachten Sie bei sich abkühlendem Wasser, wann der Schalter wieder schließt; dieses sollte bei etwa 12 ± 4°C stattfinden. Wenn der Thermoschalter nicht wie beschrieben arbeitet, muss er ausgewechselt werden.

15.13a Trennen Sie den Thermoschalter aus der Haltelasche (Pfeil), und trennen Sie seine Kabelstecker.

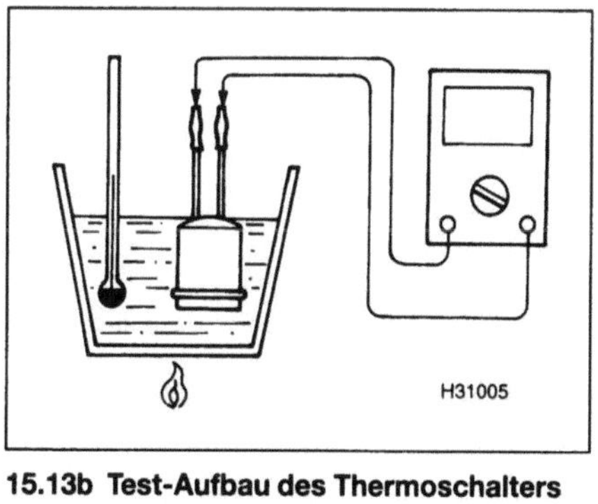

15.13b Test-Aufbau des Thermoschalters

15.15a Kabelstecker des Heizelementes trennen (hier gezeigt am Vergaser 1)

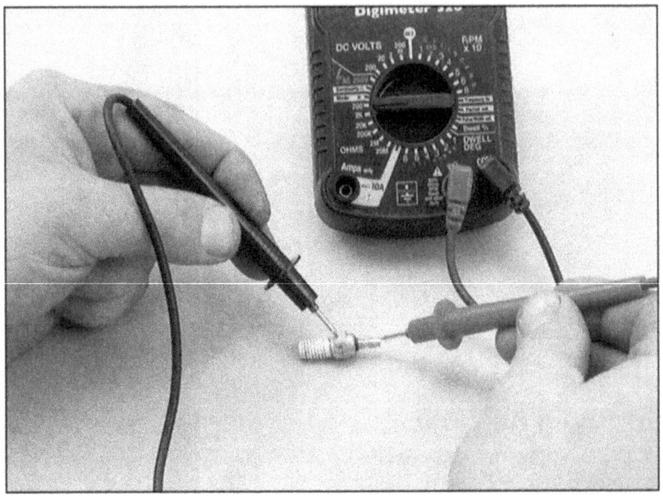

15.15b Widerstandsmessung an der Heizspule

15 Kontrollieren Sie schließlich an den einzelnen Vergasern die Heizspulen. Trennen Sie die Kabelstecker jedes Heizelementes, und schrauben Sie die Spulen aus dem Vergasergehäuse (siehe Abbildung). Messen Sie mit dem Ohmmeter den Widerstand zwischen dem Steckeranschluss und dem Gehäuse des Heizelementes (siehe Abbildung). Jede Spule muss bei 20°C einen Widerstand zwischen 6 und 10 Ohm aufweisen. Ein defektes Element wird wahrscheinlich einen offenen Stromkreis (hohen Widerstand) haben und muss erneuert werden. Beachten Sie, dass die Gewinde der Heizungen mit einem wärmeleitenden Material beschichtet sind, ggf. muss dieses erneuert werden.

16 Wenn der Fehler nicht im Heizungssystem gefunden wird, müssen die Kabel aller Bauteile auf Durchgang kontrolliert werden.

Kapitel 4
Zündanlage

Inhalt (in alphabetischer Reihenfolge, die Zahlen geben die Nummerierung in den grauen Feldern wieder)

Schwierigkeitsgrade

Leicht. Für Anfänger mit wenig Erfahrung geeignet.	**Relativ leicht.** Für Anfänger mit etwas Erfahrung geeignet.	**Relativ schwierig.** Geeignet für geübte Selbstschrauber.	**Schwer.** Geeignet für Mechaniker mit Erfahrung.	**Sehr schwer.** Geeignet für Experten und Profis.

Technische Daten

Allgemeines

Zündreihenfolge	1-2-4-3
Zündzeitpunkte	nicht einstellbar

Zündspulen

Primär-Wicklungs-Widerstand (bei 20°C)	1,92–2,88 Ohm
Sekundär-Wicklungs-Widerstand (bei 20°C)	9,5–14,4 K-Ohm

Zündkerzenstecker und Zündkerzen

Zündkerzenstecker-Widerstand	10.000 Ohm
Zündkerzen-Funkenstrecke	6 mm (min.)
Zündkerzen-Typ und Elektrodenabstand	siehe Kapitel 1

Zündgeberspulen

Widerstand (bei 20°C)	304–456 Ohm

Anzugs-Drehmomente

Geberspulenplatte-Sicherungsschrauben	8 Nm
Zündrotor-Schraube	45 Nm
Zündgeberdeckel-Schrauben	10 Nm

1 Allgemeine Informationen

Alle Modelle sind mit einer batteriebetriebenen vollelektronischen Transistorzündanlage ausgerüstet, die durch das Fehlen mechanischer Teile absolut wartungsfrei ist. Die Anlage beinhaltet folgende Bauteile:

Induktionsspule
Zündeinheit
Batterie und Sicherungen
Zündspulen
Zündkerzen
Zündschloss und Not-Aus-(Kill-)Schalter
Primär- und Sekundär-(Hochspannungs-)Kabel

Der Zündauslöser am linken Kurbelwellenstumpf steuert magnetisch die Induktionsspule, die ein Signal an die Zündbox sendet. Von dort aus werden zur richtigen Zeit die Zündspulen mit Strom versorgt, der hier für einen starken Zündfunken an den Kerzen hochtransformiert wird. Die Zündboxen beinhalten eine elektronische Zündverstellung, die von den Signalen des Rotors und der Induktionsspule (sowie bei Modellen ab 1996 vom Drosselklappensensor) gesteuert werden.

Die Zündeinheit ist mit dem Leerlauf-, dem Kupplungs- und dem Seitenständerschalter verbunden, um sicherzustellen, dass nicht mit ausgeklapptem Seitenständer losgefahren werden kann.

Bauartbedingt können die Teile der Zündanlage zwar kontrolliert, aber nicht repariert werden. Wenn im Zündsystem Probleme auftreten, kann die fehlerhafte Komponente isoliert und durch ein Austauschteil ersetzt werden. Um unnötige Kosten zu vermeiden, sollten Sie absolut sicher gehen, dass das fehlerhafte Teil richtig identifiziert worden ist, bevor Sie ein Neuteil kaufen.

2 Zündanlage
Kontrolle

Warnung: Zündfunken von Hochspannungskondensator-Zündungen (CDI) können bei herzschwachen Menschen lebensgefährlich

4

sein. Die Zündspannung andererseits ist zwar nicht gefährlich, aber sehr unangenehm. Daher sollten nie Zündkerzen, -stecker oder -kabel in der Hand gehalten oder Zündspulen und Zündboxen berührt werden, wenn die Zündung angeschaltet oder der Motor per Anlasser gedreht wird. Für das Wohlbefinden des Zündsystems ist es wichtig, dass der Motor niemals gestartet wird, wenn ein Kerzenstecker abgezogen ist. Stellen Sie sicher, dass beim Zündfunkentest die Kerzen gründlichen Kontakt zu Masse haben, da sonst die Zündspulen durchschlagen und die Zündeinheit zerstört werden können.

1 Da das Zündsystem völlig wartungsfrei ist, können Fehlfunktionen nur auf Fehler in den einzelnen Komponenten oder in der Verkabelung zurückgeführt werden. Wahrscheinlicher ist die zweite Ursache. Bei Fehlfunktionen müssen die Zündungsbauteile mit verschiedenen Checks geprüft und das Problem isoliert werden.

2 Stellen Sie sicher, dass der Not-Ausschalter in der RUN-Position steht.

Motor startet nicht

3 Ziehen Sie einen Zündkerzenstecker ab, und stecken Sie eine Ersatzzündkerze hinein. Legen Sie diese mit ihrem Gewinde auf den Motor, halten Sie sie gegebenenfalls mit einem isolierten Werkzeug fest. Drehen den Motor mit dem Anlasser. Ist die Zündung in Ordnung, werden an allen Zündkerzen-Elektroden dicke blaue Funken zu sehen sein.

Warnung: Nehmen Sie für diese Kontrolle nie die Kerzen aus dem Motor, da austretendes Luft-/Benzingemisch sich entzünden und zu Verletzungen führen kann.

4 Ist kein Funken vorhanden, muss die Ursache durch folgende Kontrollen gefunden werden.

5 Drehen Sie einen Kerzenstecker vom Zündkabel. Prüfen Sie den Widerstand mit einem

2.14 Ein einfaches Funkenstreckentestgerät kann aus einem Holzstück, einer großen Aligatorklemme, zwei Nägeln, einer Schraube und einem Stück Draht gebaut werden. Einer der Nägel hat so ausgeführt zu sein, dass der Kerzenstecker oder das blanke Zündkabel daran angeschlossen werden kann. Der andere Nagel muss mit der Klemme verbunden sein.

Ohmmeter, und stellen Sie fest, ob 10.000 Ohm gemessen werden. Wenn der Widerstand unendlich ist, muss der Kerzenstecker ersetzt werden. Wiederholen Sie die Messung an allen anderen Zündkerzensteckern.

6 Prüfen Sie, ob alle Kabelstecker sauber und fest sind, Kontrollieren Sie alle Kabel auf Kurzschlüsse, Quetschungen, blanke Stellen, Brüche und korrekte Installation.

7 Prüfen Sie die Batteriespannung mit einem Voltmeter (siehe Kapitel 8). Liegt die Spannung unter 12 Volt. muss die Batterie geladen werden.

8 Prüfen Sie die Zündungssicherung und die Sicherungsfassungen. Ist die Sicherung durchgebrannt, muss sie ersetzt werden. Die Anschlüsse müssen gereinigt oder ersetzt werden.

9 Wechseln Sie nach Kapitel 8, und prüfen Sie das Zündschloss und den Kill-Schalter sowie die Leerlauf-, Kupplungs- und Seitenständerschalter.

10 Wechseln Sie nach Sektion 3, und prüfen Sie den Primär- und Sekundär-Widerstand der Zündspulen.

11 Wechseln Sie nach Sektion 4, und prüfen Sie den Widerstand der Zündgeberspule.

12 Wenn die beschriebenen Kontrollen positive Ergebnisse brachten, aber die Kerze trotzdem keinen Funken erzeugt, muss die Zündeinheit demontiert und bei einer Yamaha-Werkstatt oder einem KFZ-Elektriker mit Spezialtestgeräten überprüft werden.

Motor startet, aber produziert Fehlzündungen

13 Wenn der Motor startet, aber Fehlzündungen produziert, muss vor der Demontage der Zündeinheit die folgende Kontrolle durchgeführt werden:

14 Die Zündanlage muss einen Zündfunken erzeugen können, der in der Lage ist, eine Strecke von 6 mm überspringen zu können. Mit einem einfachen Testgerät kann herausgefunden werden, ob dieser Mindestwert erreicht wird (siehe Abbildung). Stellen Sie sicher, dass der Abstand zwischen den Nagelspitzen 6 mm beträgt.

15 Verbinden Sie einen der Zündkabel mit der vorstehenden Elektrode am Testgerät, und klemmen Sie das Gerät sicher an Masse am Rahmen oder Motor.

16 Drehen Sie den Motor mit dem E-Starter (es macht nichts, wenn er anspringt und auf den verbleibenden drei Zylindern läuft). Wenn das System in gutem Zustand ist, springen dicke blaue Funken zwischen den Nägeln über. Wenn dieser Tests positiv ausfällt, kann der Zustand der Doppelzündspule dieses Zylinders (und des entsprechend anderen) als gut bezeichnet werden. Wiederholen Sie den Test an einem der Zündkabel, die mit der anderen Zündspule verbunden sind. Wenn der Funken dünn oder gelblich oder gar nicht zu sehen ist, sind weitere Untersuchungen entsprechend der Schritte 5 bis 11 dieser Sektion nötig.

3 Zündspulen
Kontrolle, Ausbau und Einbau

Kontrolle

1 Um absolut sicherzustellen, dass die Zündspulen definitiv in Ordnung sind, müssen sie von einer Yamaha-Werkstatt getestet werden, da hierzu spezielle Prüfgeräte nötig sind.

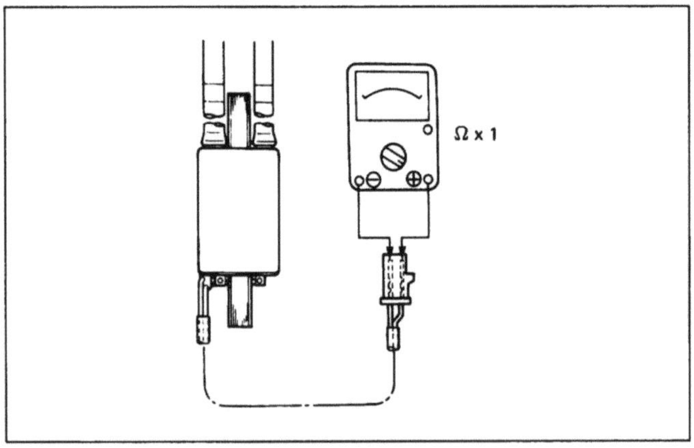

3.4 Zum Testen des Zündspulenprimärkreises wird das Ohmmeter an die Primäranschlüsse des Zündspulenanschlusses geklemmt.

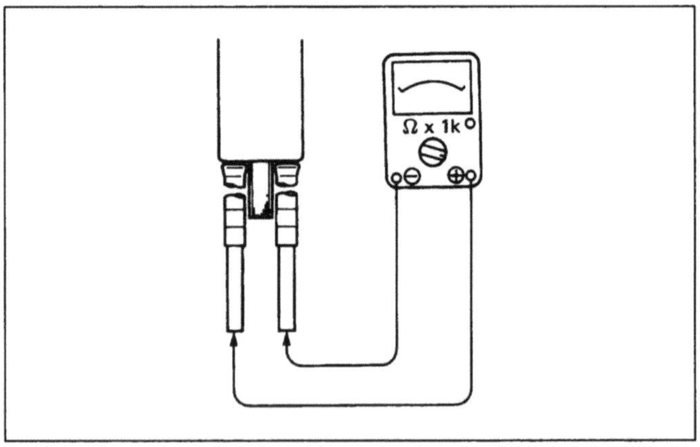

3.5 Zum Testen des Zündspulensekundärkreises wird das Ohmmeter zwischen die Zündkerzenkabel geklemmt.

3.9 Zur Demontage der Zündspulen müssen die Halteschrauben entfernt werden, eine der Schrauben sichert auch ein Massekabel.

4.2 Verfolgen Sie das Zündgeberkabel bis zum Stecker.

2 Die Spulen können jedoch einer Sichtkontrolle unterzogen werden (auf Risse und andere Beschädigungen), außerdem können die Widerstände der Primär- und Sekundärwicklungen mit einem Multimeter gemessen werden. Wenn die Spulen nicht beschädigt sind und die Widerstände im Toleranzbereich der *Technischen Daten* liegen, sind sie wahrscheinlich auch funktionstüchtig. Manchmal tritt ein Defekt jedoch nur auf, wenn die Spule unter Spannung steht oder der Motor mit hoher Drehzahl läuft.

3 Zur Kontrolle auf physische Beschädigungen müssen die Spulen ausgebaut werden (siehe Schritt 9). Zur Messung der Widerstände muss die Sitzbank und der Tank entfernt werden (siehe Kapitel 7 und 3). Lösen Sie die Stecker des Primärstromkreises von der zu testenden Spule sowie den Kerzenstecker von den entsprechenden Zündkerzen. Markieren Sie die Kabel, bevor Sie sie entfernen.

4 Schalten Sie das Multimeter auf den Bereich Ohm x 1, und messen Sie nun an jeder Zündspule den Widerstand zwischen den Anschlüssen für die Niederspannungskabel (siehe Abbildung). Der abgelesene Wert ist derjenige der Primärwicklung und sollte 1,92 bis 2,88 Ohm betragen.

5 Um den Widerstand der Sekundärwicklung messen zu können, lösen Sie den Zündkerzenstecker von den Kabeln, und stellen Sie das Messgerät auf den K-Ohm-Bereich. Dann werden die Klemmen des Messgerätes mit beiden Zündkabelenden verbunden (siehe Abbildung), hier muss der Wert 9,5 bis 14,3 K-Ohm betragen.

6 Weichen die gemessenen Werte stark von den Angaben der *Technischen Daten* ab, so ist ein Defekt der Spule wahrscheinlich, und sie muss ersetzt werden.

Ausbau und Einbau

7 Falls noch nicht geschehen, müssen die Sitzbank und der Tank entfernt werden (siehe Kapitel 7 und 3).

8 Achten Sie auf Zylinderzahlmarkierungen an den Zündkabeln, bringen Sie ggf. selbst welche an (Ziffern 1 bis 4 von links nach rechts). Ziehen Sie die Kerzenstecker von den Zündkerzen. Trennen Sie die Primärkreisstecker nachdem Sie sie markiert haben.

9 Halten Sie die Spule mit einer Hand, während Sie die Halteschrauben lösen (siehe Abbildung), ziehen Sie die Spule dann aus dem Halter.

10 Der Einbau erfolgt in umgekehrter Reihenfolge des Ausbaus. Gehen Sie sicher, dass alle elektrischen und Hochspannungsanschlüsse korrekt verbunden sind.

4 Zündgeberspule
Kontrolle, Ausbau und Einbau

Anmerkung: *Die Zündgeberspule kann auch als Impulsgeber, Signal-Generator oder Pick-Up bezeichnet werden.*

Kontrolle

1 Entfernen Sie die Sitzbank (siehe Kapitel 7).

2 Verfolgen Sie die Kabel der Zündgeberspule links am Motor zurück, und lösen Sie es am Stecker (siehe Abbildung).

3 Stellen Sie das Multimeter auf den Bereich Ohm x 100, und messen Sie zunächst den Widerstand zwischen den Anschlüssen an der Zündgeberseite des Steckers. Wenn das Messergebnis nicht im Bereich von 304 bis 456 Ohm liegt, kann die Spule defekt sein.

4 Stellen Sie das Ohmmeter auf den höchsten Widerstandsbereich, und messen Sie zwischen

4.7 Falls nötig, müssen der Zündrotorbolzen und die Zündplatten-Schrauben (Pfeile) entfernt werden.

jedem Steckeranschluss und Masse. Es darf kein Durchgang festgestellt werden.

5 Die Zündgeberspule muss ersetzt werden, wenn der gemessene Wert stark von den Grenzwerten abweicht oder bei Schritt 3 entweder gar ein Kurzschluss (kein Widerstand) oder keine Verbindung (unendlicher Widerstand) festgestellt wurde.

Ausbau

6 Entfernen Sie den Zündungs-Deckel (siehe Abbildung 25.5 in Kapitel 1). Entfernen Sie die Halteschrauben der Spule, und nehmen Sie diese aus dem Motor.

7 Falls nötig, kann der Zündrotor nach dem Herausschrauben seines Bolzens demontiert werden (siehe Abbildung). Entfernen Sie die zwei

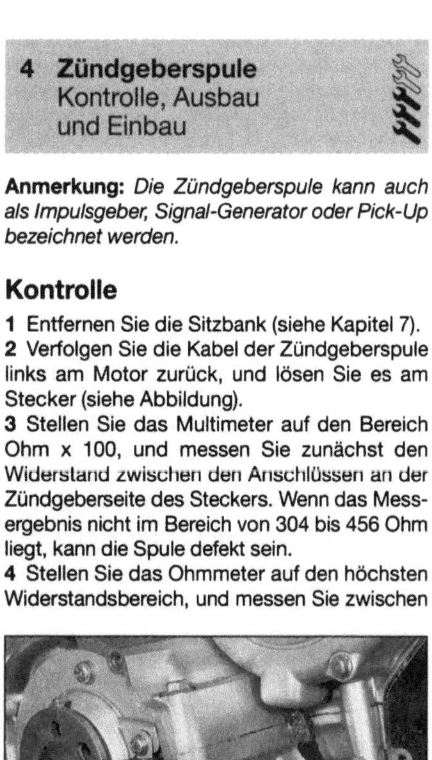

4.8a Die Gummibuchse des Zündgeberkabels sitzt in einer Nut des Motorgehäuses.

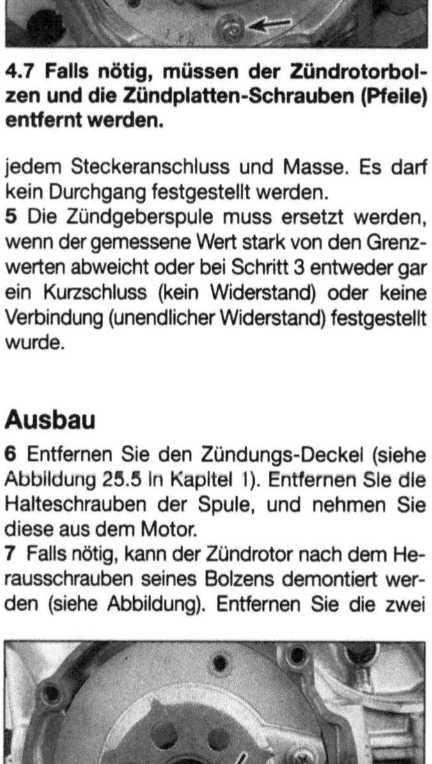

4.8b Beim Einbau muss der Stift in die Nut des Zündrotors greifen.

5.3 Die Zündeinheit sitzt unter der Sitzbank

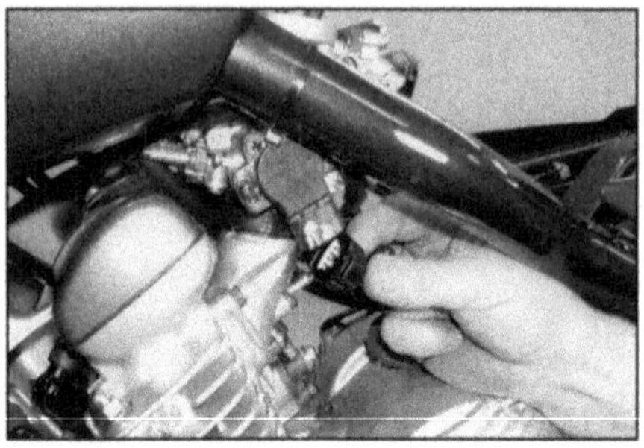
6.2 Trennen Sie den Steckeranschluss des Drosselklappensensors

6.4 Befestigungen (Pfeile) des Drosselklappensensors

Schrauben der Zündgeberplatte. Diese Teile müssen jedoch nicht entfernt werden, wenn nur die Zündgeberspule demontiert werden soll.

Einbau

8 Der Einbau erfolgt in umgekehrter Reihenfolge des Ausbaus. Beachten Sie dabei folgende Anmerkungen:

a) Stecken Sie den Gummistopfen des Zündgeberkabels in die Gehäusenut (siehe Abbildung), und verlegen Sie das Kabel hinter die Klemmen am Motor (siehe Abbildung 4.2)

b) Ziehen Sie die Zündgeberspulenschauben (und ggf. die Plattenschrauben) mit 8 Nm an.

c) Wenn der Zündrotor entfernt war, muss er entsprechend des Stiftes ausgerichtet und mit 45 Nm angezogen werden.

5 Zündeinheit Kontrolle, Ausbau und Einbau

Kontrolle

1 Wenn bei allen vorne beschriebenen Tests kein defektes Bauteil isoliert werden konnte, ist es möglich, dass die Zündeinheit selbst defekt ist. Die Einheit kann zwar durchgemessen werden, doch dafür wird ein spezielles Messgerät benötigt, das dem Heimwerker nicht zur Verfügung steht. Bringen Sie das Motorrad zu einem Yamaha-Händler, der dieses Testgerät besitzt.

Ausbau und Einbau

2 Entfernen Sie die Sitzbank (siehe Kapitel 7).
3 Lösen Sie die Kabelstecker von der Zündeinheit. Entfernen Sie die Schrauben, welche die Zündeinheit sichern, und entfernen Sie diese (siehe Abbildung).
4 Der Einbau erfolgt in umgekehrter Reihenfolge des Ausbaus. Gehen Sie sicher, dass alle Steckverbinder richtig und fest sitzen.

6 Drosselklappensensor (Modelle ab 1996)

1 Der Drosselklappensensor sitzt seitlich am linken Vergaser und ist an das Ende der Drosselklappenwelle angeschlossen. Der Sensor versorgt die Zündeinheit mit Informationen über die Drosseklappenstellung, diese kann damit die Zündung entsprechend des Last-Zustandes für optimales Drehmoment und saubere Abgase einstellen. Der Sensor muss selbstverständlich korrekt eingestellt sein, weswegen die Arretierschrauben nur im Notfall gelöst werden dürfen.

Grundeinstellung und Verstellung

Anmerkung: *Vor der Einstellung des Drosselklappensensors muss eine korrekte Leerlaufdrehzahl sichergestellt sein.*

2 Für die Grundeinstellung des Drosselklappensensors ist es als erstes nötig, die Zündeinheit in das Sensor-Einstellungs-Programm zu schalten. Stellen Sie hierzu die Zündung an, und trennen Sie für kurze Zeit den Drosselklappensensorstecker (siehe Abbildung). Wenn der Drehzahlmesser jetzt 5.000 U/min anzeigt, ist die Grundeinstellung in Ordnung und keine Verstellung nötig. Wenn der Drehzahlmesser aber 10.000 oder 1.000 U/min anzeigt, muss der Sensor wie unten beschrieben verstellt werden. Schalten Sie die Zündung ab.
3 Entfernen Sie die Vergaser von den Ansaugstutzen (siehe Kapitel 3). Die Bowdenzüge müssen dabei nicht getrennt werden, dies ist nur nötig, um an die zwei Sensorschrauben zu gelangen. Stellen Sie sicher, dass der Stecker noch mit dem Sensor verbunden ist.
4 Lockern Sie die Sensorhalteschrauben, und stellen Sie die Zündung an (siehe Abbildung). Der Winkel des Sensors kann jetzt auf dem Drehzahlmesser abgelesen werden. Drehen Sie den Sensor, bis die Drehzahlmessernadel auf 5.000/min steht. Ziehen Sie die Schrauben fest, wenn der Sensor korrekt eingestellt ist. Yamaha schreibt vor, dass wenn die Nadel entweder auf 1.000 oder 8.000/min steht, der Winkel falsch ist.
5 Installieren Sie die Vergaser, und starten Sie den Motor oder stellen Sie die Zündung ab und wieder an, um aus dem Einstellungsprogramm herauszukommen.

Drosselklappensensor-Widerstandstest

6 Wenn der Drosselklappensensor defekt zu sein scheint, kann er wie folgt getestet werden. Trennen Sie den Stecker des Sensors (siehe Abbildung 6.2), und führen Sie den folgenden Test an der Sensorseite des Steckers durch.
7 Stellen Sie ein Ohmmeter auf den K-Ohm-Bereich, und verbinden Sie die Klemmen mit dem blauen und dem schwarz/blauen Anschluss. Dabei sollte ein Widerstand von 3,5 bis 6,5 K-Ohm angezeigt werden.
8 Belassen Sie eine Klemme am schwarz/blauen Anschluss, und verbinden Sie die andere Klemme mit dem gelben Anschluss. Wenn der Gasgriff langsam geöffnet wird, muss dabei der Widerstand von 0 auf 5 ± 1,5 K-Ohm ansteigen.
9 Wenn der Drosselklappensensor nicht die geforderten Ergebnisse liefert, muss er ersetzt werden – es wird jedoch empfohlen, zuvor eine Yamaha-Werkstatt aufzusuchen.

Kapitel 5
Rahmen, Federung und Endantrieb

Inhalt (in alphabetischer Reihenfolge, die Zahlen geben die Nummerierung in den grauen Feldern wieder)

Schwierigkeitsgrade

Leicht. Für Anfänger mit wenig Erfahrung geeignet.	**Relativ leicht.** Für Anfänger mit etwas Erfahrung geeignet.	**Relativ schwierig.** Geeignet für geübte Selbstschrauber.	**Schwer.** Geeignet für Mechaniker mit Erfahrung.	**Sehr schwer.** Geeignet für Experten und Profis.

Technische Daten

Vorderradgabel

Federlänge – EU-Modelle bis 1997, alle US-Modelle	
Standard	476,5 mm
Verschleißgrenze	471,5 mm (min.)
Federlänge – EU-Modelle ab 1998	
Standard	341 mm
Verschleißgrenze	334 mm (min.)
Gabelöl-Typ, Füllmengen und Ölpegel	siehe Kapitel 1

Hinterrad-Stoßdämpfer

Freie Federlänge – EU-Modelle bis 1995, US-Modelle bis 1996	
Standard	170,5 mm
Verschleißgrenze	165,0 mm (min.)
Freie Federlänge – EU-Modelle ab 1996, US-Modelle ab 1997	
Standard	176,5 mm
Verschleißgrenze	173,0 mm (min.)
Schwinge-Seitenspiel	1 mm (max.)

Endantrieb

Ketten-Größe	520
Anzahl der Kettenglieder	110
Kettenspannung und Schmierung	siehe Kapitel 1

Anzugsdrehmomente

Telegabel	
Verschlussstopfen	23 Nm
Dämpferstangenschraube	30 Nm*
Lenker und Lenkkopf	
obere Gabelbrückenklemmschrauben	23 Nm
untere Gabelbrückenklemmschrauben	38 Nm
Lenkerhalterklemmschrauben	23 Nm
Lenkerendengewichte	26 Nm
Lenkrohrmutter	110 Nm
Lenkkopflagerringmutter	siehe Kapitel 1
Hinterradstoßdämpfer-Befestigungen	64 Nm
Schwingenlagermutter	91 Nm
Motorritzelmutter	110 Nm
Kettenradmuttern	60 Nm
Motorritzeldeckelschrauben	10 Nm

* *Geben Sie dauerelastische Schraubensicherung auf das Gewinde.*

1 Allgemeine Informationen

Die XJ-600-Modelle sind mit einem einteiligen Doppelschleifenrahmen aus runden Stahlrohren ausgerüstet.
Das Vorderrad wird von einer ölgedämpften Teleskopgabel geführt.
Hinten stützt sich die Ovalrohr-Stahlschwinge an einem Stoßdämpfer ab, dessen Federvorspannung einstellbar ist.
Der Antrieb des Hinterrades erfolgt über eine offen laufende Endloskette. Zwischen dem Hinterradmitnehmer und dem Rad sitzt ein Ruckdämpfer aus Gummielementen.

2 Rahmen
Kontrolle und Reparatur

1 Dem Rahmen braucht normalerweise keine Aufmerksamkeit beigemessen zu werden, es sei denn, er wurde bei einem Unfall beschädigt – in den meisten Fällen hilft dann nur ein Austausch des Rahmens. Nur wenige Spezialisten haben eine Rahmenrichtbank, doch es ist auch für sie nicht immer leicht zu bestimmen, wann ein Rahmen noch gerichtet werden kann oder das Material schon zu stark verformt und überlastet ist.
2 Nachdem eine Maschine sehr viele Kilometer zurückgelegt hat, sollte der gesamte Rahmen auf Anzeichen von Brüchen oder Rissen an den Schweißnähten begutachtet werden. Lockere Motorhaltebolzen können ihre Aufnahmen ausgeschlagen oder verbogen haben. Kleine Beschädigungen können je nach Ausmaß und Art eventuell von Spezialisten geschweißt werden.
3 Beachten Sie, dass ein verbogener Rahmen Fahrwerksprobleme hervorruft. Wenn ein Verzug in Folge eines Unfalls festgestellt wird, ist es nötig, den Rahmen von sämtlichen Anbauteilen zu befreien, um ihn komplett kontrollieren und vermessen zu können.

3 Seitenständer und Hauptständer
Wartung

1 Der Hauptständer ist (falls vorhanden) mit zwei Schrauben am Rahmen gelagert. Entfernen Sie gelegentlich diese Schrauben, und schmieren Sie, um größerem Verschleiß vorzubeugen.
2 Stellen Sie sicher, dass die Rückholfeder in einem guten Zustand ist. Eine gebrochene oder ermüdete Feder ist ein hohes Sicherheitsrisiko!
3 Der Seitenständer sitzt an einem Halter am Rahmen (siehe Abbildung). Zwei Federn sichern den Ständer in der eingeklappten und ausgeklappten Position.
4 Stellen Sie sicher, dass der Lagerbolzen fest ist und die Federn sich in einem guten Zustand befinden – bei einem während der Fahrt ausgeklappten Seitenständer ist ein Unfall unvermeidlich.

3.3 Der Seitenständer wird an einem am Rahmen befindlichen Halter gesichert.

A Lagerbolzen
B Feder
C Seitenständerschalter

4 Lenker
Ausbau und Einbau

1 Der Lenker besteht aus einem Teil und wird mit Klemmstücken aus Leichtmetall gesichert.
2 Wenn der Lenker für einen besseren Zugang zu anderen Komponenten (Telegabel oder Lenkkopf) demontiert werden soll, ist es nicht nötig, Bowdenzüge, Kabel oder Hydraulikleitungen zu trennen. Sichern Sie jedoch Schalter und Hebel mit Draht, halten Sie den Hydraulikbehälter aufrecht, um das Auslaufen von Bremsflüssigkeit zu vermeiden, setzen Sie die Leitung nicht unter Spannung.
3 Wenn der Lenker komplett entfernt werden soll, muss zum Ausbau des Hauptbremszylinders nach Kapitel 6, zur Demontage des Gasgriffs nach Kapitel 3 und zum Entfernen der Schalter nach Kapitel 8 gewechselt werden. Wenn die Griffe gewechselt werden sollen, müssen die Inbusschrauben der Lenkerenden-Gewichte gelöst und diese abgezogen werden (siehe Abbildung).

4.3 Lösen Sie die Lenkerenden-Gewichte mit einem Inbus-Schlüssel.

4.4 Hebeln Sie die Abdeckkappen aus den Inbusschrauben, entfernen Sie diese, und heben Sie die Lenkerklemmen ab. Achten Sie auf die kleinen Pfeile (Pfeil), die nach vorne zeigen müssen.

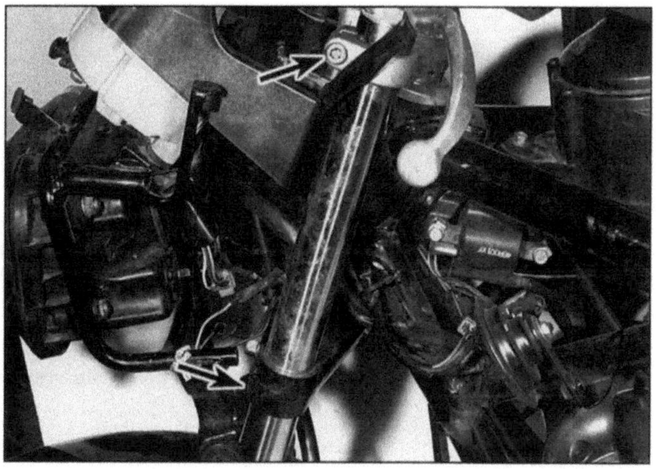

5.6 Lockern Sie die Gabelbrückenklemmschrauben, um die Gabelrohre nach unten herausziehen zu können.

4 Hebeln Sie die Abdedeckkappen aus den Lenkerhalteschrauben. Lösen Sie die Inbusschrauben aus den Klemmen, und nehmen Sie den Lenker ab (siehe Abbildung).

5 Prüfen Sie den Lenker auf Risse und Verformungen, erneuern Sie ihn, wenn irgendwelche Schäden festgestellt werden.

6 Der Einbau entspricht der umgekehrten Ausbaureihenfolge, beachten Sie dabei Folgendes:

a) Richten Sie die Markierung am Lenker mit der hinteren Kontaktfläche der rechten Klemmhalterung aus.

b) Positionieren Sie die Klemmstücke mit den Pfeilen nach vorne zeigend auf die obere Gabelbrücke (siehe Abbildung 4.4).

c) Ziehen Sie zunächst die vorderen und dann die hinteren Klemmschrauben mit 23 Nm fest. Hinten wird ein Spalt bleiben – versuchen Sie nicht, die Schrauben deswegen fester anzuziehen.

d) Installieren Sie die Abdeckkappen.

5 Teleskopgabel
Ausbau und Einbau

Ausbau

1 Stellen Sie das Motorrad auf den Hauptständer oder eine sichere Abstützung.

2 Lösen Sie die Bremsleitungs-Klemmschrauben an den Tauchrohren. Entfernen Sie die Bremssattelschrauben, und sichern Sie die Bremszange(n) außerhalb des Arbeitsbereiches – es ist jedoch nicht nötig, die Bremsleitungen zu trennen.

3 Entfernen Sie das Vorderrad (siehe Kapitel 6).

4 Entfernen Sie das Schutzblech.

5 Wenn die Gabel zerlegt oder das Gabelöl gewechselt werden soll, ist es empfehlenswert, jetzt die Gabelverschlussschraube zu lockern.

6 Lockern Sie die Klemmschrauben an der oberen und unteren Gabelbrücke (siehe Abbildung). Ziehen Sie die Gabelrohre drehend nach unten heraus.

1 Verschlussschraube
2 O-Ring
3 Distanzrohr
4 Federsitz
5 Feder
6 Dämpferstange und Anschlagfeder
7 Ölsicherung
8 Standrohr
9 Gabelprotektor (ab 1997)
10 Staubkappe
11 Sicherungsring
12 Dichtring
13 Dichtringscheibe
14 Gleitbuchse
15 Tauchrohr
16 Kupferscheibe
17 Dämpferstangenschraube
18 Ölablassschraube mit Scheibe (nur bis 1994)

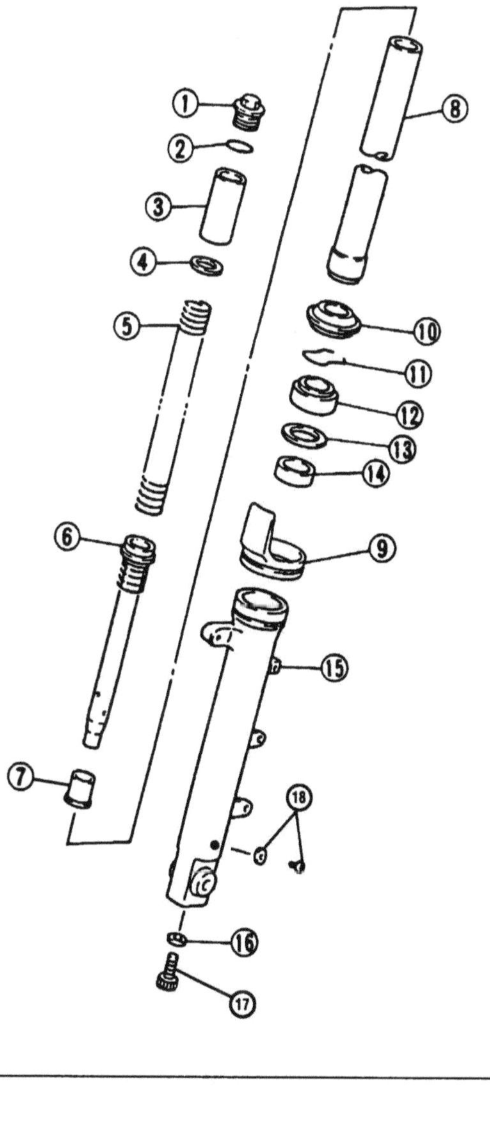

6.2 Bauteile der Teleskopgabel

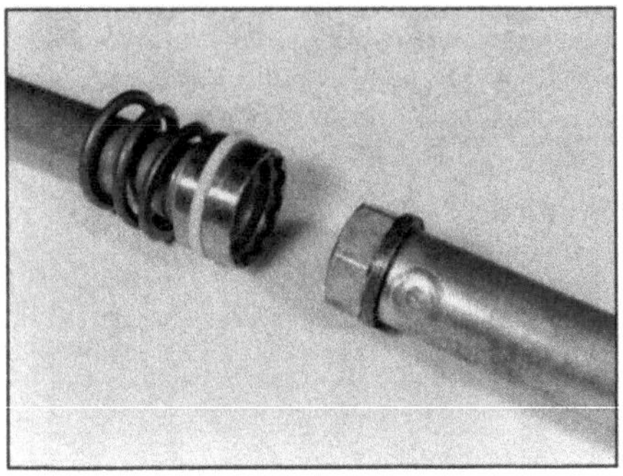

6.4a Mit diesem Spezialwerkzeug wird die Dämpferstange am Mitdrehen gehindert.

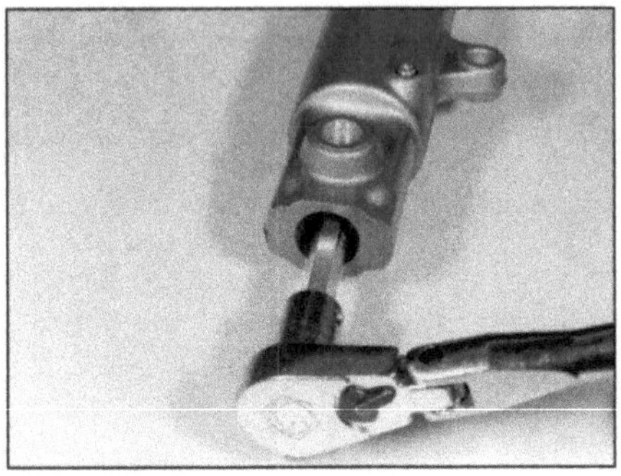

6.4b Lockern Sie die Inbusschraube unten an der Dämpferstange, . . .

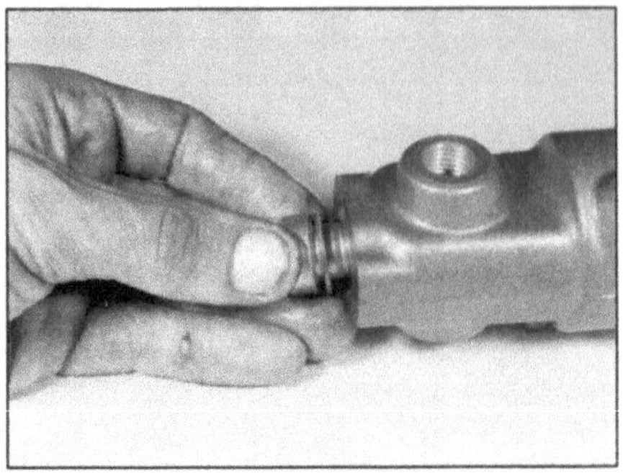

6.4c . . . und entfernen Sie sie samt Kupferscheibe, letztere muss beim Einbau erneuert werden.

Einbau

7 Der Einbau entspricht der umgekehrten Ausbaureihenfolge, beachten Sie dabei Folgendes:

a) Schieben Sie die Gabelrohre soweit ein, bis der Standrohrrand mit der Oberseite der oberen Gabelbrücke bündig ist.

b) Ziehen Sie alle Befestigungen mit den vorgeschriebenen Drehmomenten an.

c) Pumpen Sie einige Male mit dem Bremshebel, bis die Bremsbeläge wieder an der Scheibe anliegen.

Praxis **TiPP**

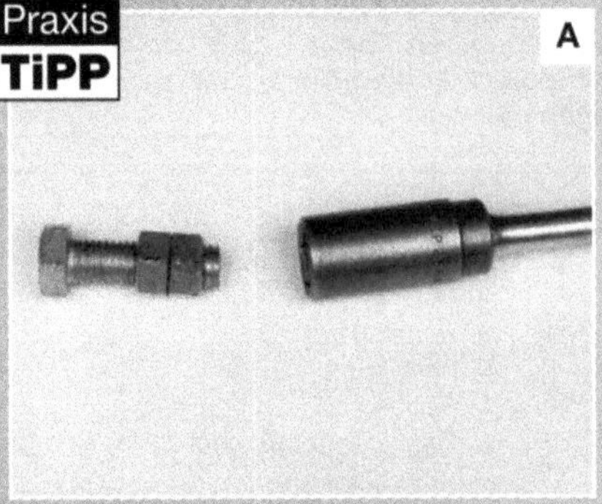

Sie können sich aus einer Schraube mit 24-mm-Kopf, zwei passenden Muttern und einem entsprechend langen Steckschlüssel sowie etwas Klebeband einen eigenen Dämpferstangenhalter bauen. Drehen Sie die Muttern auf die Schraube, und verkontern Sie sie gegeneinander (A). Stecken Sie das Bauteil in den Steckschlüsseleinsatz, und sichern Sie es mit Klebeband (B). Stecken Sie das Werkzeug in das Standrohr, und lassen Sie den Schraubenkopf in den Ausschnitt der Dämpferstange einrasten.

6 Teleskopgabel
Zerlegung, Kontrolle und Zusammenbau

Zerlegung

1 Entfernen Sie die Gabel entsprechend Sektion 5. Zerlegen Sie die Gabelrohre immer einzeln, um Verwechslungen zu vermeiden.

2 Entfernen Sie die Verschlussschraube, das Distanzrohr, den Federsitz und die Feder (die Verschlussschraube muss vor dem Ausbau der Gabel gelockert werden) (siehe Abbildung).

3 Drehen Sie die Gabel über einem geeigneten Behälter um, und pumpen Sie kräftig, um soviel Öl wie möglich abzulassen.

4 Sichern Sie die Dämpferstange vor dem Mitdrehen (siehe Abbildung und *Praxis-Tipp*). Lösen Sie die Inbusschraube unten am Tauchrohr, und entfernen Sie die Kupferscheibe (siehe Abbildungen).

5 Klopfen Sie die Dämpferstange samt Anschlagfeder heraus (siehe Abbildung). Entfernen Sie nicht den Teflonring, wenn er nicht erneuert werden soll.

6 Hebeln Sie die Staubdichtung aus dem Tauchrohr (siehe Abbildung).

7 Hebeln Sie den Sicherungsring aus seiner Nut im Tauchrohr (siehe Abbildung).

8 Halten Sie das Tauchrohr, und ziehen Sie mehrfach kräftig am Standrohr, bis es samt des Dichtringes und der Gleitbuchsen herauskommt (siehe Abbildung).

9 Ziehen Sie den Dichtring, die Scheibe und die obere Buchse vom Standrohr (siehe Abbildung).

Kontrolle

10 Reinigen Sie alle Teile in Lösungsmittel, und blasen Sie sie, wenn möglich, mit Druckluft aus. Begutachten Sie das Standrohr, das Gleitrohr, die Buchsen und die Dämpferstange auf Kerben, Kratzer, Chromabblätterungen und extremen oder unnormalen Verschleiß. Achten

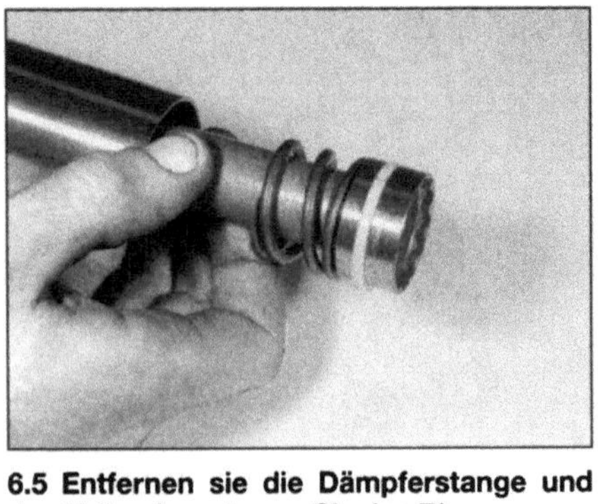

6.5 Entfernen sie die Dämpferstange und den Teflonring – bauen Sie den Ring nur aus, wenn Sie ihn ersetzen wollen.

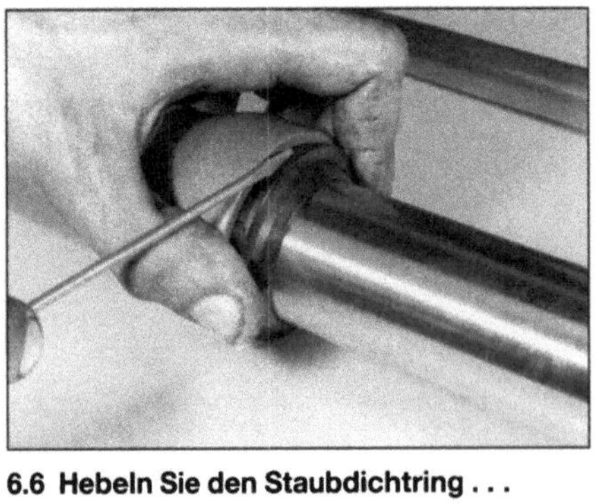

6.6 Hebeln Sie den Staubdichtring . . .

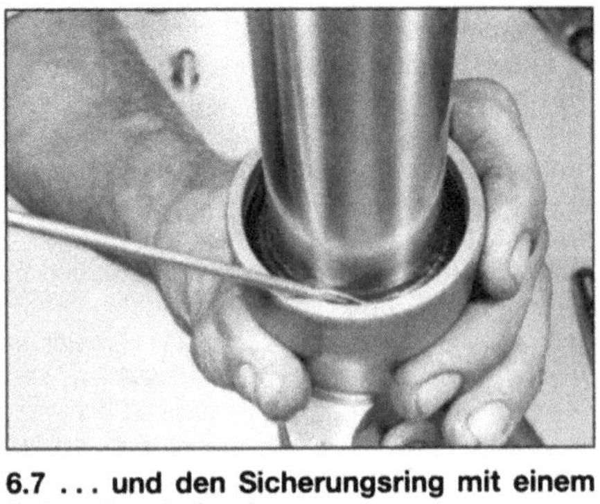

6.7 . . . und den Sicherungsring mit einem Schraubendreher heraus.

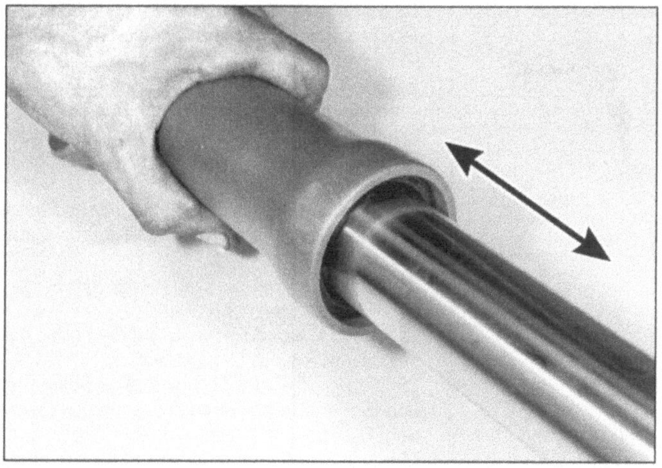

6.8 **Ziehen Sie die Gabelrohre mehrmals kräftig auseinander, um sie zu trennen.**

6.9 **Der Dichtring (1), die Scheibe (2), die obere Buchse (3) und die untere Buchse (4) kommen zusammen mit dem Standrohr heraus.**

Sie auf Beulen in den Rohren, und ersetzen Sie gegebenenfalls beide gleichzeitig. Kontrollieren Sie den Sitz des Dichtringes auf Kerben, Quetschungen und Kratzer. Wenn Beschädigungen festzustellen sind, können hierdurch Undichtigkeiten entstehen.

11 Kontrollieren Sie das Standrohr mithilfe einer Messuhr auf Biegung (siehe Abbildung). Wenn es nötig ist, die untere Buchse (die auf dem Standrohr verblieben ist) zu entfernen, muss sie an ihrem Schlitz mit einem Schraubendreher auseinandergedrückt und abgezogen werden. Stellen sicher, dass die neue Buchse sicher sitzt.

Warnung: Wenn ein Standrohr verbogen ist, darf es nicht gerichtet werden – ersetzen Sie es durch ein Neuteil!

12 Kontrollieren Sie die Feder auf Risse und andere Beschädigungen. Messen Sie ihre freie Länge, und vergleichen Sie das Ergebnis mit den *Technischen Daten* am Anfang des Kapitels. Wenn eine Feder defekt oder ermüdet und außerhalb des Toleranzbereichs ist, müssen immer beide Gabelfedern ersetzt werden.

13 Modelle ab 1997 sind mit Gabelprotektoren ausgerüstet. Ist von diesen einer beschädigt, muss er aus seiner Sicherungsnut befreit und durch ein Neuteil ersetzt werden. Installieren Sie einen neuen Gabelprotektoren mit dem Schild nach vorne.

Zusammenbau

14 Schieben Sie die Anschlagfeder über die Dämpferstange und die gesamte Baugruppe in das Standrohr, bis sie unten herausschaut. Setzen Sie dann die Ölsicherung über das Dämpferstangenende.

15 Schieben Sie die Standrohr-Baugruppe in das Tauchrohr, sodass die Inbusschraube (mit einer neuen Kupferscheibe) von unten eingeschraubt werden kann.

Anmerkung: *Geben Sie dauerelastische Schraubensicherung auf das Gewinde.*

Halten Sie die Dämpferstange mit dem in Schritt 4 beschriebenen Werkzeug, und ziehen Sie die Inbusschraube mit 30 Nm an.

Anmerkung: *Wenn Sie dieses Werkzeug nicht verwenden mussten, kann die Schraube nach der Montage der Gabelfeder und des Verschlussstopfens angezogen werden.*

16 Schieben Sie die obere Buchse über das Standrohr, und treiben Sie sie in das Tauchrohr. Verwenden Sie dazu einen Yamaha-Buchsentreiber und eine alte Führungsbuchse, die oben auf die neue Buchse gesetzt werden. Treiben Sie die Buchse bis in ihren Sitz (siehe Abbildung). Wenn Sie keinen Zugang zu diesem Werkzeug haben, wird sehr empfohlen, die Gabel bei einer Yamaha-Werkstatt montieren zu lassen. Es ist jedoch auch möglich, die Buchse mit einem geeigneten Stück Rohr und der alten Buchse in ihren Sitz zu treiben (siehe Abbildung). Umwickeln Sie die Rohrenden mit Klebeband, um die Gabelrohre zu schützen.

17 Schieben Sie die Scheibe über das Standrohr auf die Führungsbuchse.

18 Schmieren Sie den neuen Dichtring mit Gabelöl ein, und schieben Sie ihn so über das Rohr, dass die Beschriftung nach oben zeigt. Drücken Sie ihn mit dem gleichen Werkzeug so weit nach unten, bis die Nut des Sicherungsringes sichtbar ist. Notfalls kann er auch mit einem Hammer und Treibdorn vorsichtig rundherum eingeklopft werden – hierbei darf nur die Außensektion des Dichtringes berührt und nichts beschädigt werden!

Praxis TiPP ***Legen Sie den alten Dichtring zum Schutz auf den neuen Ring, wenn Sie ihn einpressen.***

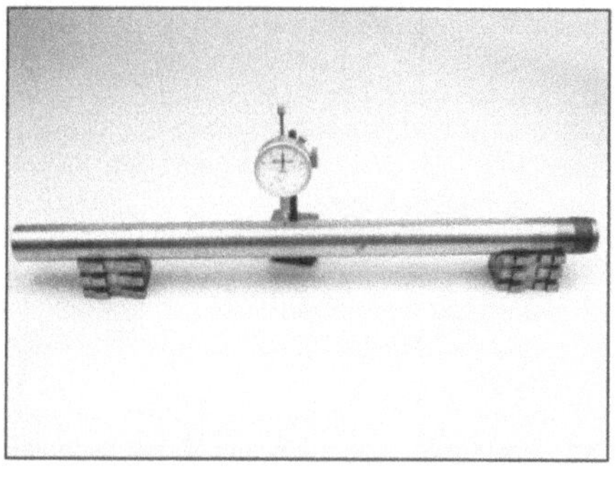

6.11 **Kontrollieren Sie die Gleitrohre mit einer Messuhr auf Verzug.**

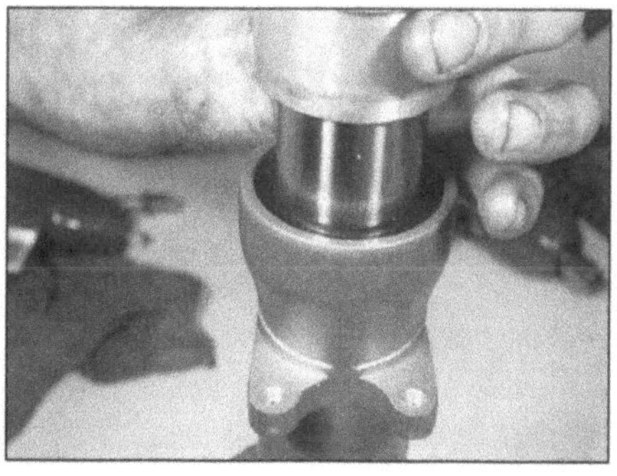

6.16a **Treiben Sie die Buchse mit einem solchen Werkzeug ein.**

6.16b **Wenn das Werkzeug nicht zugänglich ist, kann auch ein Stück passendes Rohr verwendet werden (kleben Sie die Enden ab, um die Gabelrohre nicht zu zerkratzen).**

5

1 Abdeckkappe
2 Lenkerklemme
3 Sicherungsscheibe
4 Ringmuttern
5 Gummischeibe
6 Lagerdeckel
7 oberes Lenkkopflager
8 Staubdichtung
9 unteres Lenkkopflager
10 Gummischeibe
11 obere Gabelbrücke (XJ-600-S-Ausführung gezeigt)
12 Lenkrohrmutter
13 Bremsleitungsklemme

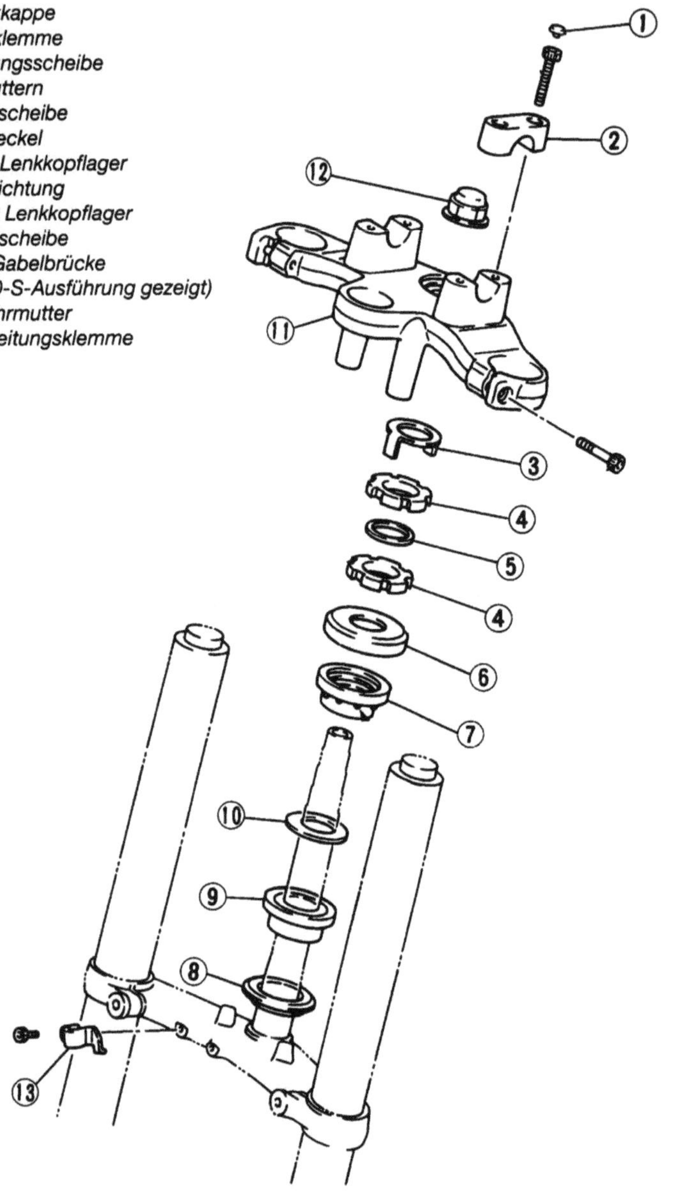

7.4a Bauteile des Lenkkopflagers

7.4b Lösen Sie die Lenkrohrmutter.

7.5a Heben Sie die Sicherungsscheibe ab.

19 Installieren Sie den Sicherungsring in das Tauchrohr, achten Sie auf den korrekten Sitz in seine Nut.
20 Schmieren Sie die Dichtlippen, und drücken Sie die Staubkappe in ihre Position.
21 Installieren Sie bei 1992- bis 1994-Modellen die Ablassschrauben samt neuer Dichtungen, falls sie entfernt waren.
22 Füllen Sie langsam die angegebene Menge des vorgeschriebenen Gabelöls in die Gabel (siehe Kapitel 1).
23 Installieren Sie die Gabelfeder mit den engeren Windungen nach oben.
24 Legen Sie den Federsitz auf die Feder, und installieren Sie das Distanzrohr.
25 Ziehen Sie die Gabelrohre auseinander, und drehen Sie die Verschlussschraube gegen den Federdruck in das Gabelrohr, erst nach Montage der Gabel wird sie mit 23 Nm angezogen.
26 Installieren Sie die Gabel entsprechend der Anweisungen in Sektion 5. Wenn sie noch nicht eingebaut werden soll, muss sie aufrecht gelagert werden.
27 Ziehen Sie die Verschlussschrauben mit 23 Nm an.

7 Lenkkopflager
Ersetzen

Kontrolle

1 Wenn eine Kontrolle und Einstellung der Lenkkopflager (siehe Kapitel 1) bezüglich eines erhöhten Spiels oder rauen Laufs keine Abhilfe gebracht hat, müssen die gesamte Front demontiert und die Lager samt Schalen ersetzt werden.
2 Entfernen Sie den Lenker (siehe Sektion 4), das Vorderrad (siehe Kapitel 6) und die Telegabel (siehe Sektion 5). Bei XJ-600-N-Modellen muss der Scheinwerferhalter von der oberen Gabelbrücke demontiert werden.
3 Lösen Sie den Bremsleitungshalter von der unteren Gabelbrücke (siehe Abbildung 7.4a oder 7.4b in Kapitel 6).
4 Entfernen Sie die Lenkrohrmutter (bei späteren Modellen samt Scheibe), heben Sie die obere Gabelbrücke ab (siehe Abbildungen).
5 Entfernen Sie die Sicherungsscheibe, die obere Ringmutter und die Gummischeibe vom Lenkrohr (siehe Abbildungen). Verwenden Sie dazu einen verstellbaren Hakenschlüssel (siehe Abbildung 19.7 in Kapitel 1) oder das Yamaha-Werkzeug mit dem viereckigen Loch für den Drehmomentschlüssel.
6 Entfernen Sie die untere Ringmutter (siehe Abbildung 7.5b)
7 Heben Sie den Lagerdeckel, den oberen inneren Lagerring und das Lager ab (siehe Abbildungen).
8 Senken Sie das Lenkrohr aus dem Lenkkopf ab, entfernen Sie dann die Gummischeibe, das untere Lager und die Staubdichtung (siehe Abbildung). Wenn das Lenkrohr klemmt, muss es vorsichtig mit einem Kunststoffhammer von oben angeklopft werden.

7.5b Lösen Sie die obere Ringmutter, heben Sie die Gummischeibe ab, und lösen Sie die untere Ringmutter (Pfeil).

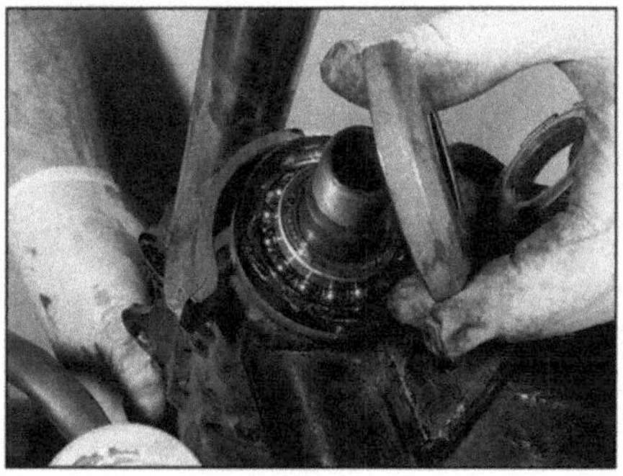

7.7a Heben Sie den Lagerdeckel . . .

7.7b . . . sowie den inneren Lagerring und das Lager ab.

Kontrolle

9 Reinigen Sie alle Teile mit Lösungsmittel, und trocknen Sie sie, wenn möglich, mit Druckluft. Entfernen Sie alte Fettreste aus den äußeren Lagerschalen im Rahmen.

10 Die Lagerschalen im Lenkkopf sollten glatt und ohne Einbeulungen sein. Bei geringsten Schäden müssen die Lagerschalen ersetzt werden.

11 Die Lagerschalen sind in den Lenkkopf eingepresst und können mit einem geeigneten Treibdorn herausgeschlagen werden (siehe Abbildung). Klopfen Sie kräftig und kreisförmig die Lager heraus, ohne sie dabei zu verkanten. Auch ein Zughammer mit einem passenden Innenauszieher kann verwendet werden (siehe Werkzeug- und Werkstatt-Tipps im Anhang). Setzen Sie niemals demontierte Lagerschalen erneut ein.

12 Die neuen Lager können mit einer Einziehvorrichtung in den Lenkkopf gepresst oder mit entsprechend großen Treibdorn eingeschlagen werden. Achten Sie darauf, dass die Scheibe des Einziehers oder der Rand des Treibers nur den äußeren Rand des Lagers und niemals die Lagerlauffläche berührt. Eine Yamaha-Werkstatt hat für diese Arbeit ein spezielles Einpresswerkzeug.

13 Kontrollieren Sie die Lagerkugeln auf Anzeichen von Verschleiß, Beschädigung und Verfärbung, und begutachten Sie die Lagerkäfige auf Risse und Brüche. Wenn irgendwelche Anzeichen von Verschleiß an einem Teil festgestellt werden, müssen beide Lenkkopflager samt Schalen als Satz ausgewechselt werden.

14 Kontrollieren Sie die Staubdichtung unter dem unteren Lager, und ersetzen Sie ihn gegebenenfalls.

15 Entfernen Sie den unteren inneren Lagerring nur wenn er ersetzt werden muss. Um ihn zu entfernen, muss er mit einem Meißel aus seinem Sitz gelöst werden (siehe Abbildung).

16 Begutachten Sie das Lenkrohr und die untere Gabelbrücke auf Risse und andere Schäden. Lenkungs-Bauteile können nicht repariert und müssen ersetzt werden.

Einbau

17 Installieren Sie den unteren Lager-Innenring über das Lenkrohr. Füllen Sie das untere Lager mit Lithiumfett.

Anmerkung: *Eine kleine Fettpresse erleichtert diese Arbeit.*

Bedecken Sie den oberen und unteren Außenring ebenfalls mit Fett.

18 Schieben Sie das Lenkrohr der unteren Gabelbrücke in den Lenkkopf.

19 Füllen Sie das obere Lager mit Lithiumfett, und installieren Sie es mit dem Außenring oben in den Lenkkopf.

20 Installieren Sie den Innenring in das obere Lager, setzen Sie dann den Deckel auf, und drehen Sie die untere Ringmutter mit der angefasten Seite nach unten auf. Wechseln Sie nach Kapitel 1, Sektion 19, und stellen Sie das Lenkkopflager ein. Installieren Sie dann Gummischeibe, oberen Ring und Sicherungsscheibe.

21 Installieren Sie die obere Gabelbrücke und die Lenkrohrmutter (ggf. mit Scheibe). Ziehen Sie die Mutter mit 110 Nm an. Der Rest des Einbaus entspricht der umgekehrten Ausbaureihenfolge (Schritte 2 und 3).

Praxis TiPP

Der Einbau neuer Lager kann vereinfacht werden, wenn man sie über Nacht in die Kühltruhe legt. Sie schrumpfen dadurch und lassen sich leichter einbauen.

8 Hinterrad-Stoßdämpfer Ausbau, Kontrolle und Einbau

Ausbau

1 Stellen Sie das Motorrad auf den Hauptständer oder eine geeignete Stütze.

2 Entfernen Sie die Sitzbank (siehe Kapitel 7) und den Tank (siehe Kapitel 3).

3 Stützen Sie das Hinterrad ab. Lösen Sie die Mutter des unteren Stoßdämpferbolzens an der Schwinge, und entfernen Sie den Bolzen samt Staubdichtungen und Buchsen (siehe Abbildungen).

7.8 Senken Sie vorsichtig das Lenkrohr aus dem Lenkkopf, und entfernen Sie Gummischeibe, unteres Lager und Staubdichtung.

7.11 Treiben Sie den unteren äußeren Lagerring von oben – und den oberen Ring von unten heraus.

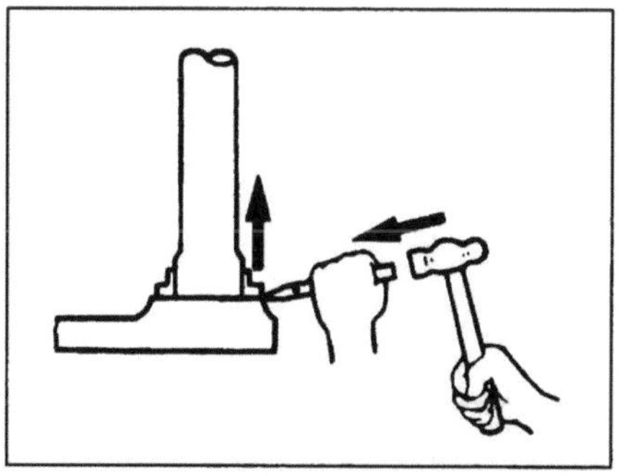

7.15 Treiben Sie einen Meißel zwischen unteren inneren Lagerring und untere Gabelbrücke, um ihn nach oben zu drücken.

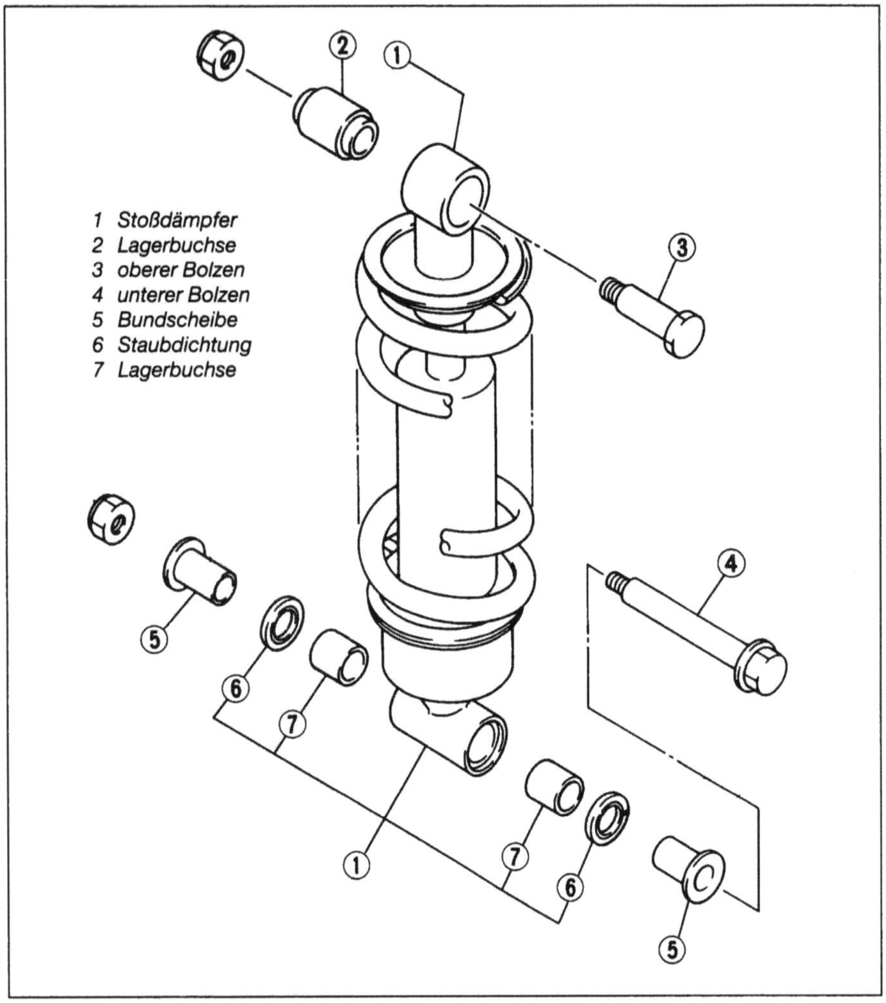

8.3a Bauteile der Stoßdämpfer-Aufnahme

4 Lösen Sie die Mutter, und ziehen Sie den oberen Stoßdämpferbolzen heraus. Nehmen Sie den Dämpfer aus dem Motorrad.

Kontrolle

5 Inspizieren Sie den Stoßdämpfer auf Undichtigkeiten und sichtbare Beschädigungen. Ersetzen Sie ihn gegebenenfalls.

6 Begutachten Sie die obere und untere Stoßdämpferlagerung, und ersetzen Sie schadhafte Teile und die Feder auf lockeren Sitz, Risse und Anzeichen von Ermüdung.

7 Begutachten Sie die Dämpferstange und die Feder auf Anzeichen von Verbiegung, Ausbrüchen und Ermüdung.

8 Wenn der Stoßdämpfer entsorgt werden soll, muss entweder durch ein oben eingebohrtes 3 mm großes Loch die Gasfüllung abgelassen (siehe Abbildung) oder der Dämpfer bei einem Fachbetrieb abgegeben werden.

Achtung: Tragen Sie eine Schutzbrille, um Augenschäden durch austretendes Gas oder Metallsplitter zu vermeiden.

Einbau

9 Der Einbau entspricht der umgekehrten Ausbaureihenfolge, beachten Sie dabei Folgendes:
a) schmieren Sie Mehrzweck-Lithiumfett auf die Buchsen und Lagerpunkte.
b) Installieren Sie alle Bolzen mit 64 Nm Drehmoment.

9 Schwingenlager
Kontrolle

1 Wechseln Sie nach Kapitel 6, und entfernen Sie das Hinterrad. Entfernen Sie dann den Stoßdämpfer (siehe Kapitel 8).

2 Greifen Sie das Schwingenende mit einer Hand, und legen Sie die andere Hand an die Verbindung zwischen Schwinge und Rahmen. Versuchen Sie die Schwinge seitlich zu bewegen. Jegliches Spiel kann vorne als Vorwärts-Rückwärts-Bewegung zwischen Schwinge und Rahmen gefühlt werden. In diesem Fall müssen die Schwingenlager erneuert werden.

3 Bewegen Sie als nächstes die Schwinge über den gesamten Federweg auf und ab. Sie muss sich frei und ohne zu haken bewegen lassen. Wechseln Sie nach Sektion 10 für weitere Arbeiten.

10 Schwinge
Ausbau und Einbau

1 Stellen Sie das Motorrad auf den Hauptständer oder eine geeignete Stütze.

2 Entfernen Sie den Kettenschutz (siehe Abbildung 1.4 in Kapitel 1) und das Hinterrad (siehe Kapitel 6).

3 Entfernen Sie alle weiteren Halterungen, und trennen Sie vorhandene Kabel, Züge und Leitungen von der Schwinge.

8.3b Entfernen Sie den oberen Bolzen . . .

8.3c . . . und den unteren Lagerbolzen samt Muttern, heben Sie den Stoßdämpfer heraus.

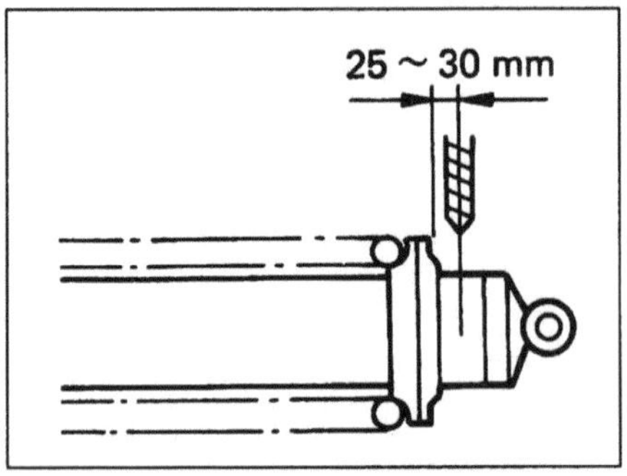

8.8 Tragen Sie eine Schutzbrille, und bohren Sie etwa 30 mm oberhalb des oberen Federtellers ein Loch, um Gas abzulassen.

10.8 Entfernen Sie die Mutter von der Schwingenlagerachse.

4 Nehmen Sie den hinteren Bremssattel ab (siehe Kapitel 6).
5 Trennen Sie den Bremsanker von der Schwinge, und positionieren Sie ihn so, dass auf die Bremsleitung kein Zug ausgeübt wird.
6 Lösen Sie den Stoßdämpfer von der Schwinge (siehe Sektion 9).
7 Hebeln Sie die Abdeckungen von den Enden der Schwingenachse.
8 Entfernen Sie die Schwingenachsen-Mutter (siehe Abbildung).
9 Stützen Sie die Schwinge ab, und ziehen Sie die Achse heraus (siehe Abbildung). Nehmen Sie die Schwinge ab.
10 Kontrollieren Sie die Schwingenlager auf Fettbedarf oder Defekte. Wenn sie geschmiert oder ersetzt werden müssen, wechseln Sie nach Sektion 11.
11 Der Einbau entspricht der umgekehrten Ausbaureihenfolge. Die Lagerdichtungen müssen an ihren Positionen sitzen, bevor die Achse eingeschoben wird. Ziehen Sie alle Befestigungen mit den vorgeschriebenen Drehmomenten an. Stellen Sie die Antriebskette wie in Kapitel 1 beschreiben ein.

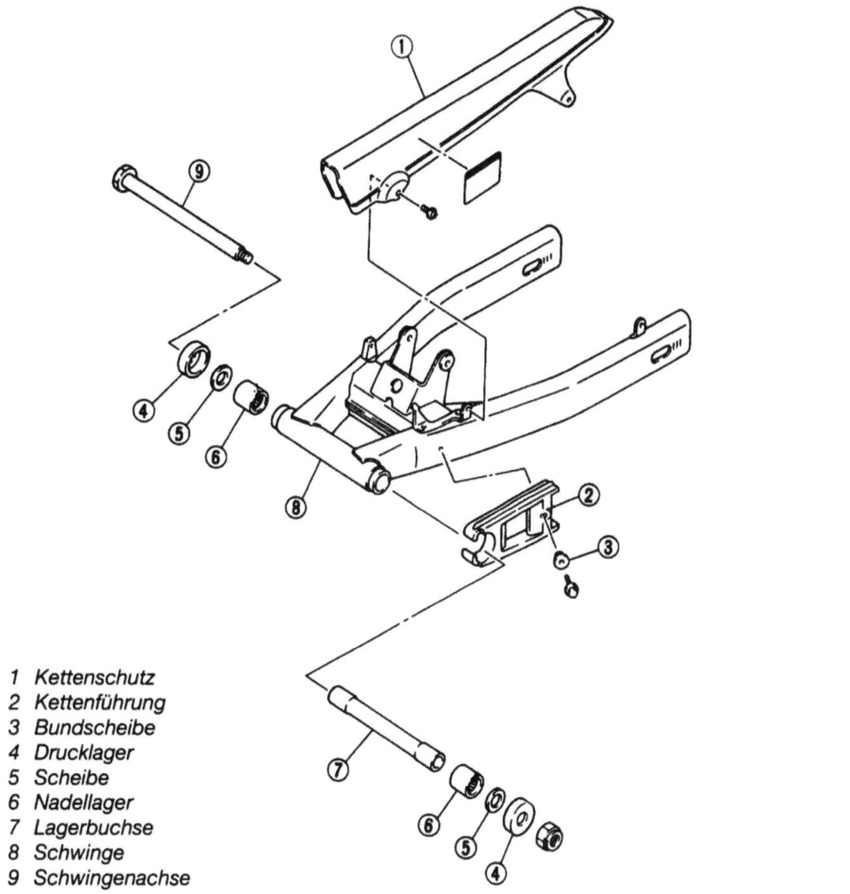

1 Kettenschutz
2 Kettenführung
3 Bundscheibe
4 Drucklager
5 Scheibe
6 Nadellager
7 Lagerbuchse
8 Schwinge
9 Schwingenachse

10.9 Bauteile der Schwinge

11 Schwingenlager
Kontrolle und Ersetzen

1 Bauen Sie die Schwinge aus (siehe Sektion 10).
2 Entfernen Sie die Abdeckkappen und Scheiben von jeder Seite der Schwingenlagerung (siehe Abbildung).
3 Ziehen Sie die Lagerbuchse heraus (siehe Abbildung).
4 Begutachten Sie die Nadellager. Wenn sie trocken sind, müssen sie mit wasserfestem Radlagerfett geschmiert werden. Wenn sie verschlissen oder beschädigt sind, müssen sie ersetzt werden. Beachten Sie die Sektion 5 der *Werkzeug- und Werkstatt-Tipps* im Anhang, um Details über die Benutzung von Ausziehwerkzeugen zu erfahren. Demontieren Sie die Lager, und bauen Sie neue ein. Sind Sie unsicher, sollte die Schwinge zum Lagerwechsel zu einer Yamaha-Werkstatt gebracht werden.

12 Antriebskette
Ausbau, Reinigung und Einbau

Endloskette

Anmerkung: *Die an sämtlichen Modellen verwendete Originalkette ist eine Endloskette, das bedeutet, dass sie keinen Verschluss hat. Yamaha bietet diese Ketten auch als Originalersatzteile an.*

5

11.2 Hebeln Sie das Drucklager ab, und entfernen Sie die Scheibe.

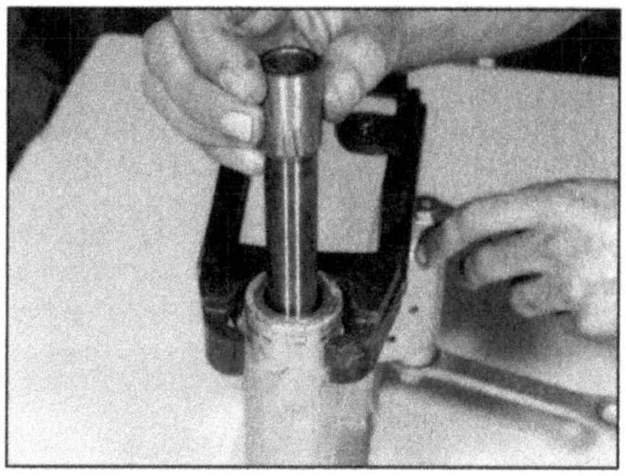

11.3 Ziehen Sie die Lagerbuchse heraus, . . .

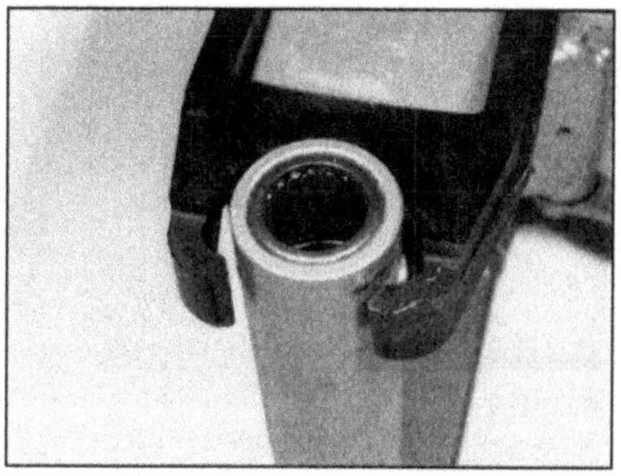

11.4 . . . um die Nadellager zu begutachten.

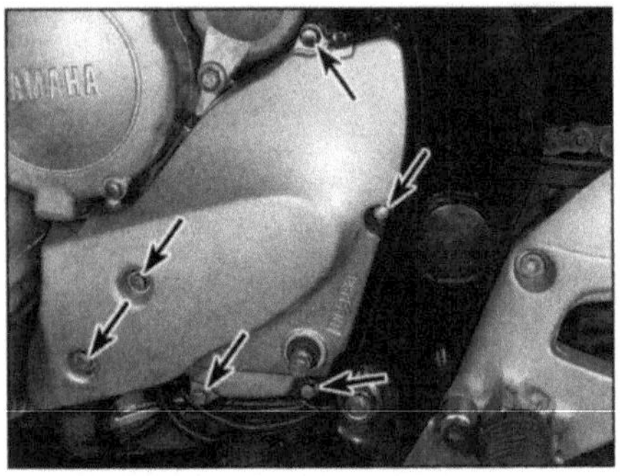

12.2a Entfernen Sie die Schrauben, . . .

12.2b . . . und nehmen Sie den Ritzeldeckel samt Distanzbuchse ab.

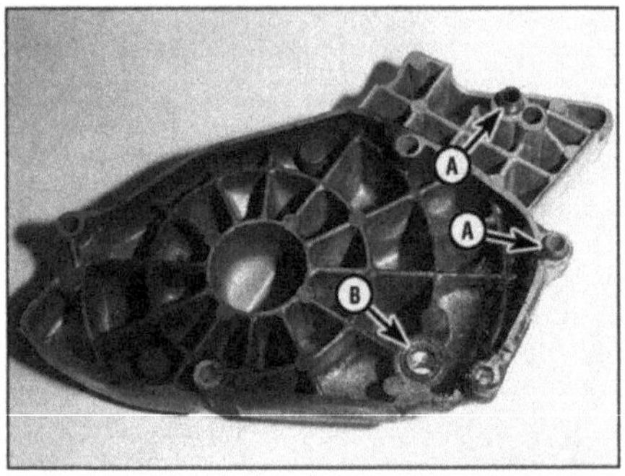

12.2c Beachten Sie die Position der Passhülsen (A), und ersetzen Sie die Dichtringe (B) – es sind zwei Dichtungen mit einem Distanzstück dazwischen.

Ausbau

1 Trennen Sie den Schaltwellenhebel vom Motor (siehe Kapitel 2, Sektion 21).
2 Entfernen Sie die Schrauben des Ritzeldeckels aus dem Motor, und nehmen Sie den Deckel ab (siehe Abbildung).
3 Entfernen Sie das Hinterrad (siehe Kapitel 6).
4 Heben Sie die Antriebskette über das Motorritzel
5 Lösen Sie die Schwinge (siehe Sektion 10). Ziehen Sie die Schwinge so weit zurück, bis die Kette zwischen Rahmen und Schwinge durchgeführt werden kann.

Reinigung

6 Weichen Sie die Kette für fünf bis sechs Minuten in Paraffin oder Kerosin ein.

Achtung: Benutzen Sie kein Benzin, Lösungsmittel oder andere Reinigungsflüssigkeiten. Benutzen Sie keinen Hochdruckreiniger.

Nehmen Sie die Kette aus dem Bad, wischen Sie sie ab, und blasen Sie sie anschließend mit Druckluft trocken. Der Reinigungsprozess sollte nicht länger als zehn Minuten dauern, da sonst die O-Ringe beschädigt werden können.

Einbau

7 Der Einbau entspricht der umgekehrten Ausbaureihenfolge. Ziehen Sie alle Befestigungen mit den in den *Technischen Daten* vorgeschriebenen Drehmomenten an. Ziehen Sie die Hinterachsmutter mit 105 Nm Drehmoment an, und sichern Sie sie mit einem neuen Splint.
Stellen Sie zum Schluss die Kettenspannung ein, und schmieren Sie die Kette entsprechend der in Kapitel 1 gegebenen Hinweise.

Kette mit Nietenschloss

Ausbau

Anmerkung: *Das Nietenschloss kann anhand der Markierung an der Lasche identifiziert werden, oft hat es auch eine andere Farbe als die restliche Kette, außerdem sind die Nietbolzen nicht wie die anderen am Rand abgeflacht, sondern in der Mitte mit einem Körner gespreizt.*

9 Bringen Sie das Nietschloss durch Drehen des Hinterrades in eine geeignete Position – die Mitte des unteren Kettentrums ist ideal.
10 Lockern Sie die Kettenspannung, wie in Kapitel 1 beschrieben.
11 Trennen Sie das Kettenschloss mit einem Spezialwerkzeug – beachten Sie hierzu die Hinweise in den *Werkzeug- und Werkstatt-Tipps* im Anhang. Nehmen Sie die Kette aus dem Motorrad.

Reinigung

12 Siehe Schritt 6.

Einbau

Warnung: Montieren Sie niemals eine Kette mit einem Federclip-Schloss. Wenn Sie keinen Zugang zu einem Kettenniet-Werkzeug haben, sollten Sie das Motorrad zu einer Yamaha-Werkstatt bringen.

13 Entfernen Sie die Ritzeldeckel (Schritte 1 und 2).
14 Führen Sie die Kette um die Schwinge und um das Motorritzel, halten Sie die Enden an einer Montage gerechten Position zusammen. Halten Sie ein neues Nietenschloss bereit – versuchen Sie niemals, ein altes wiederzuverwenden!
15 Vernieten Sie die Kette, wie in Sektion 5 der *Werkzeug- und Werkstatt-Tipps* im Anhang beschrieben. Bringen Sie die vier O-Ringe in ihre Positionen hinter den Laschen.
16 Achten Sie auf den korrekten Sitz des Schlosses. Bei einer fehlerhaften Nietung muss es geöffnet und ein neues Schloss verwendet werden.
17 Montieren Sie die Motorritzeldeckel und den Schaltwellenhebel.
18 Zum Schluss muss das Kettenspiel eingestellt und die Kette geschmiert werden (siehe Kapitel 1).

13 Antriebskettenritzel
Kontrolle und Ersetzen

1 Stellen Sie das Motorrad auf den Hauptständer oder eine geeignete Stütze, sodass das Hinterrad frei vom Boden ist.
2 Bei jeder Kontrolle der Kette müssen auch die Ritzel begutachtet werden. Genauso müssen sie beim Austausch der Kette ersetzt werden – ebenso muss bei ihrem Austausch zwangsläufig die Kette ersetzt werden.
3 Entfernen Sie den Ritzeldeckel am Motor (siehe Kapitel 2, Sektion 21).
4 Begutachten Sie den Verschleiß auf beiden Kettenrädern (siehe Kapitel 1, Sektion 1) Wenn die Zähne stark verschlissen und spitz sind, müssen beide Räder und die Kette als Satz ausgetauscht werden.
5 Zum Ausbau des hinteren Kettenrades muss das Hinterrad demontiert werden (siehe Kapitel 6). Lösen Sie die selbstsichernden Muttern, die das Kettenrad am Mitnehmer sichern, und heben Sie es ab. Prüfen Sie den Zustand der Gummidämpfer innerhalb des Mitnehmers (siehe Sektion 14).

13.6a Biegen Sie das Sicherungsblech zurück, und lösen Sie die Ritzelmutter; die große Lasche des Bleches muss beim Einbau in eine der Ritzelnuten greifen.

13.6b Die ausgeschnittene Seite der Mutter muss zum Ritzel zeigen.

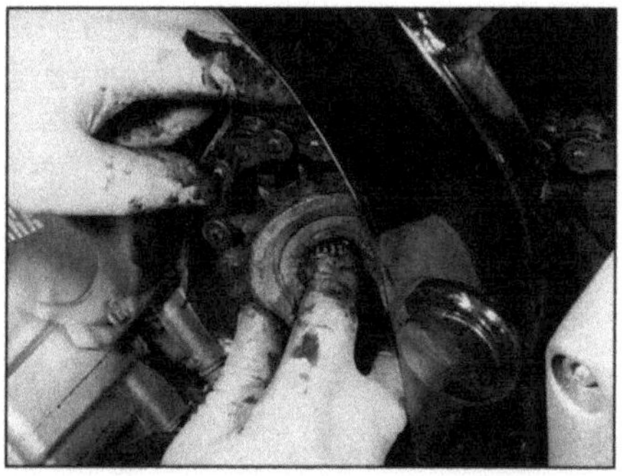

13.7 Ziehen Sie das Ritzel von der Verzahnung, und nehmen Sie es aus der Kette.

14.2 Heben Sie den Kettenrad-Mitnehmer aus der Radnabe.

6 Zum Ausbau des Motorritzels muss ein Gang eingelegt werden und ein Assistent die Hinterradbremse bedienen. Biegen Sie das Sicherungsblech zurück, und lösen Sie die Ritzelmutter (siehe Abbildungen).

7 Ziehen Sie das Motorritzel mit der Kette von der Welle, und nehmen Sie es dann aus der Kette (siehe Abbildung).

8 Legen Sie das Ritzel in die Kette, schieben Sie ein neues Sicherungsblech auf, lassen Sie die große Lasche im Ausschnitt des Ritzels greifen, und ziehen Sie die Mutter bei eingelegtem Gang und gebremsten Hinterrad mit 110 Nm Drehmoment an. Biegen Sie die verbleibende Sicherungslasche dagegen.

9 Installieren Sie den Ritzeldeckel und den Schaltwellenhebel (siehe Kapitel 2, Sektion 21).

10 Verwenden Sie zur Befestigung des hinteren Kettenrades neue selbstsichernde Muttern, und ziehen Sie sie mit 60 Nm Drehmoment an.

14 Hinterrad-Ruckdämpfer
Kontrolle und Ersetzen

1 Bauen Sie das Hinterrad aus (siehe Kapitel 6).

2 Heben Sie den Kettenradmitnehmer aus dem Rad (siehe Abbildung).

3 Nehmen Sie die Gummidämpfersegmente aus der Nabe, und kontrollieren Sie sie auf Risse, Verhärtungen und Alterung. Ersetzen Sie die Gummidämpfer nötigenfalls immer als Satz.

4 Die Kontrolle und das Ersetzen des Mitnehmerlagers ist in Kapitel 6, Sektion 13 beschrieben.

15 Federung
Einstellung

1 Die Federvorspannung des Hinterradstoßdämpfers kann den verschiedenen Belastungszuständen angepasst werden.

2 Die Vorspannung wird durch Drehen des Einstellers unten am Stoßdämpfer verändert. Verwenden Sie hierzu den Spezialschlüssel, der dem Bordwerkzeug beigelegt ist.

Kapitel 6
Bremsen, Räder und Reifen

Inhalt (in alphabetischer Reihenfolge, die Zahlen geben die Nummerierung in den grauen Feldern wieder)

Schwierigkeitsgrade

Leicht. Für Anfänger mit wenig Erfahrung geeignet.	**Relativ leicht.** Für Anfänger mit etwas Erfahrung geeignet.	**Relativ schwierig.** Geeignet für geübte Selbstschrauber.	**Schwer.** Geeignet für Mechaniker mit Erfahrung.	**Sehr schwer.** Geeignet für Experten und Profis.

Technische Daten

Bremsen

Bremsflüssigkeit	DOT 4 (Beschriftung auf Behälterdeckel beachten)
Bremsbelagmaterial-Verschleißgrenze	siehe Kapitel 1
Bremsscheibendicke	
vorne	
Standard – EU-Modelle bis 1997, alle US-Modelle	6,0 mm
Standard – EU-Modelle ab 1998	5,0 mm
Minimum	beachten Sie die in die Scheibe geschlagenen Zahlen
hinten	
Standard	5,0 mm
Minimum	beachten Sie die in die Scheibe geschlagenen Zahlen
Maximaler Scheibenverzug	
EU-Modelle bis 1997, alle US-Modelle	0,25 mm
EU-Modelle ab 1998	0,15 mm

Räder und Reifen

Maximaler Verzug – EU-Modelle bis 1995, US-Modelle bis 1996	
Höhenschlag	2,0 mm
Seitenschlag	2,0 mm
Maximaler Verzug – EU-Modelle ab 1996, US-Modelle ab 1997	
Höhenschlag	1,0 mm
Seitenschlag	0,5 mm
Luftdruck und Profiltiefe	siehe *Tägliche Kontrolle*
Reifengrößen*	
vorne	110/80-17 57 H TL
hinten	130/70-18 63 H TL

* *Beachten Sie die Eintragungen in Ihren Fahrzeugpapieren und das Handbuch. Wenden Sie sich im Zweifel an einen Yamaha-Händler, einen Reifenhändler oder den TÜV.*

Anzugs-Drehmomente

Bremssattel-Befestigungsschrauben	
EU-Modelle bis 1997, alle US-Modelle	35 Nm
EU-Modelle ab 1998	40 Nm
vordere Bremssattelhalter-Inbusschraube	23 Nm
Bremsbelag-Sicherungsschraube im Hinterradbremssattel	10 Nm
Vorderradachse	59 Nm
Vorderradachsen-Klemmschrauben	20 Nm
Bremsscheiben-Befestigungsschrauben	20 Nm
Bremsleitungs-Anschlussschrauben	30 Nm
Hauptbremszylinder-Befestigungsschrauben	
vorne	9 Nm
hinten	23 Nm
Hinterradachsen-Mutter	105 Nm
Bremsanker-Schrauben und Muttern	
EU-Modelle bis 1995, US-Modelle bis 1996	30 Nm
EU-Modelle ab 1996, US-Modelle ab 1997	23 Nm

1 Allgemeine Informationen

Bei allen Modellen sind an den Rädern hydraulische Scheibenbremsen montiert, Modelle bis 1997 tragen vorne eine Scheibe, ab 1998 sind zwei Scheiben montiert. Vorne finden sich jeweils Zweikolben-Schwimmsättel, hinten eine Gegenkolben-Festsattelbremse.

Die Maschinen sind mit Alu-Druckgussrädern ausgerüstet, die kaum Wartung bedürfen und mit schlauchlosen Reifen bestückt werden müssen.

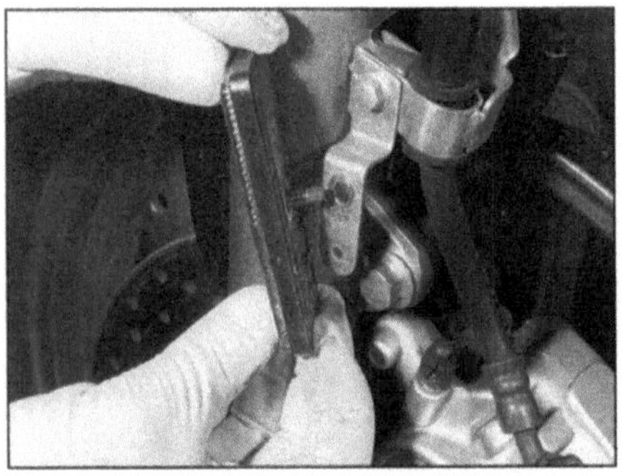

2.1a Entfernen Sie die Mutter, ziehen Sie den Reflektor aus dem Halter, . . .

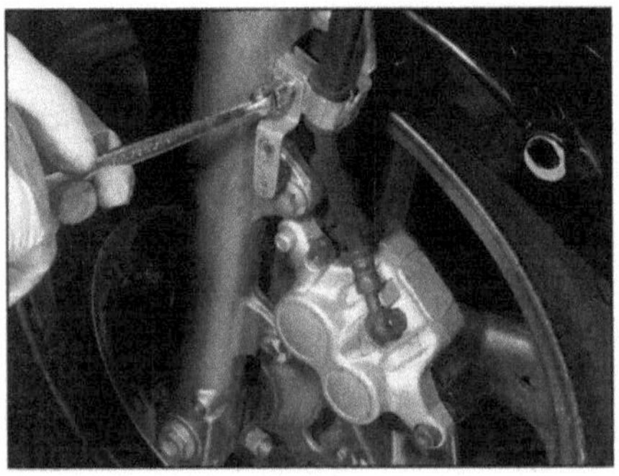

2.1b . . . und lösen Sie die Bremsleitungssicherung vom Tauchrohr . . .

Warnung: Scheibenbremsenbauteile erzwingen selten eine Demontage. Zerlegen Sie keine Komponenten, wenn es nicht unbedingt nötig ist. Wenn die Wirkung einer Hydraulikbremsanlage schwach wird, muss das betreffende System demontiert, entleert, gereinigt und dann sorgfältig gefüllt und entlüftet werden. Innereien der Bremsen dürfen nicht mit Lösungsmitteln gereinigt werden, da hierdurch die Dichtungen quellen und zerstört werden. Verwenden Sie nur Bremsflüssigkeit oder Alkohol zur Reinigung. Achten Sie beim Arbeiten mit Bremsflüssigkeit besonders darauf, dass diese nicht in die Augen gelangt. Auch Lack und Plastikteile sind gefährdet.

2 Bremsbeläge
Ersetzen

Vorderrad-Bremssattel

Warnung: Der beim Betrieb alter Bremsbeläge entstehende Staub kann krebserzeugendes Asbest enthalten. Blasen Sie ihn niemals mit Druckluft aus, und atmen Sie ihn nicht ein. Eine geeignete Filtermaske sollte bei diesen Arbeiten immer getragen werden.

2.1c . . . – bei Doppelscheibenmodellen müssen beide Halterungen gelöst werden.

1 Stellen Sie das Motorrad auf den Hauptständer oder eine geeignete Abstützung, und lösen Sie die Mutter des Reflektors. Lösen Sie dann die Reflektorhalterung und die Bremsleitungssicherung.

2 Lockern Sie die Bremssattel-Sicherungsschrauben (Inbus) (siehe Abbildungen). Entfernen Sie die Befestigungen des Bremssattels, schieben Sie den Sattel von der Scheibe, und entfernen Sie die Sicherungsschraube (siehe Abbildung).

3 Lockern Sie das Entlüftungsventil. Stecken Sie einen Schlauch auf das Ventil, dessen anderes Ende in einem Behälter steckt, in den durch Pumpen der Bremse die Bremsflüssigkeit ablaufen kann. Hebeln Sie die Bremsbeläge zurück, um Platz für neue (dickere) zu schaffen (siehe Abbildung). Drücken Sie die Kolben so weit wie möglich mit den Daumen in den Sattel. Wenn ein Kolben klemmt, muss der Sattel demontiert und entsprechend Sektion 3 überholt werden. Ziehen Sie das Entlüftungsventil wieder an.

4 Drehen Sie die Bremssattelhalterung vom Sattel, und entfernen Sie die Bremsbeläge (siehe Abbildung).

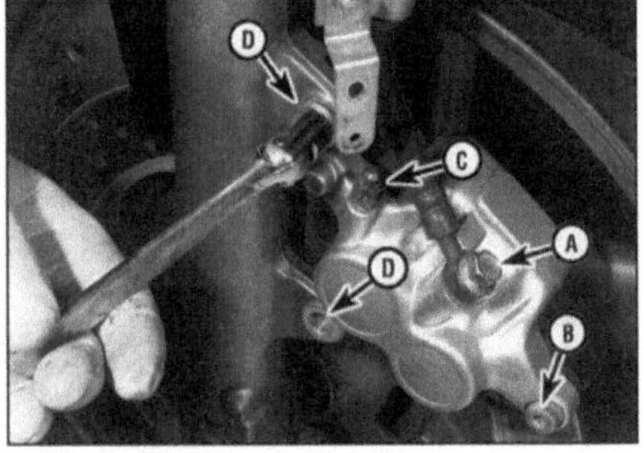

2.2a Lockern Sie die Bremssattelsicherungsschraube, während der Sattel noch installiert ist. Entfernen Sie dann die Sattelhalterungen.

A Bremsleitungsanschluss
B Bremssattelsicherungsschraube
C Entlüftungsventil
D Bremssattelhalterungen (untere entfernt)

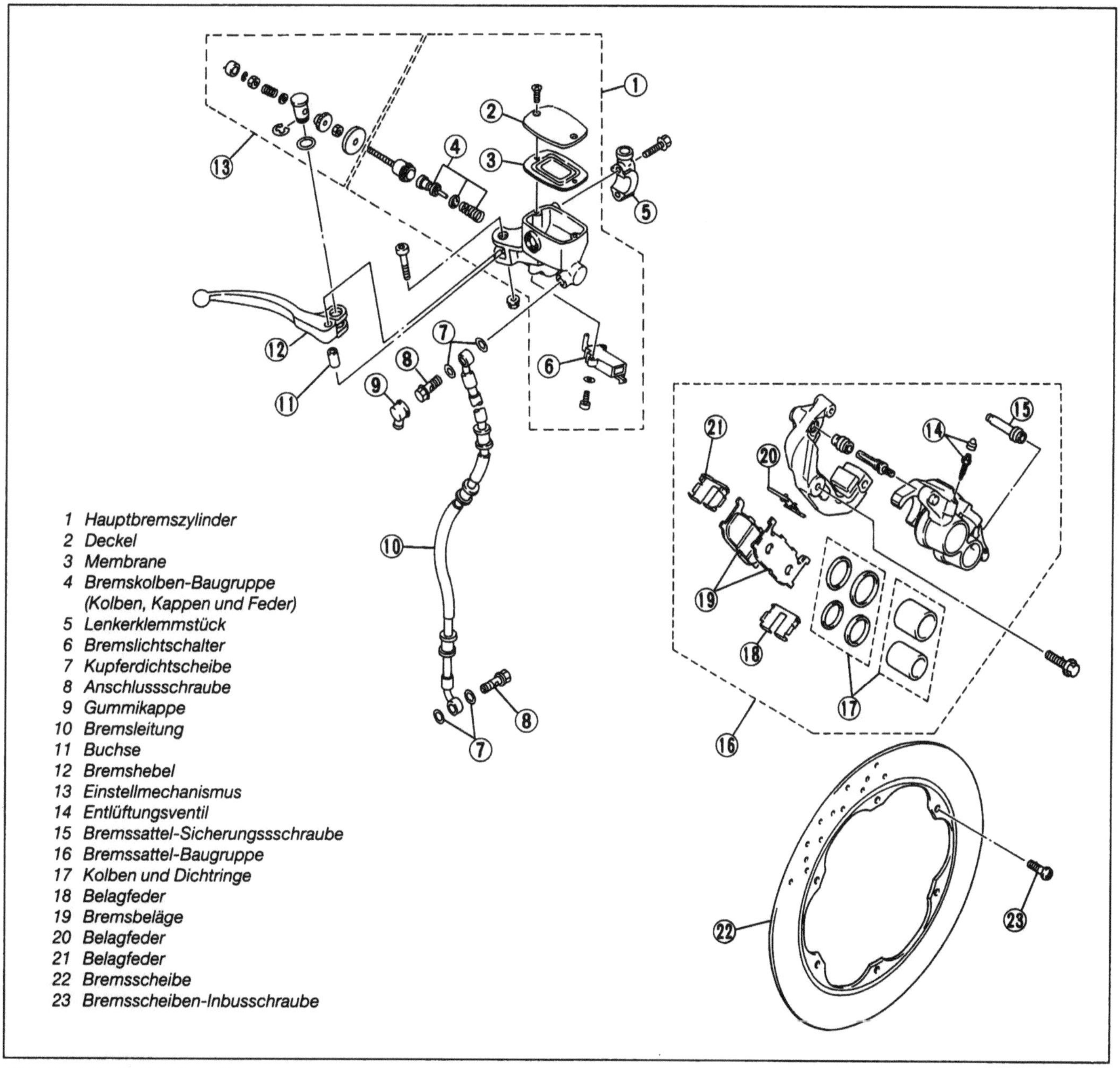

2.2b Bauteile der Vorderradbremse

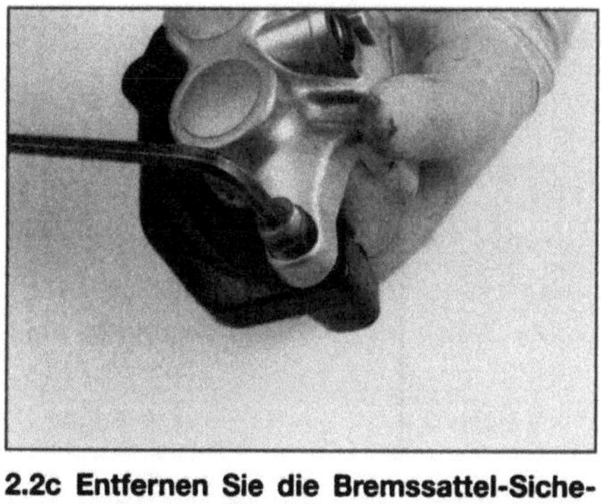

2.2c Entfernen Sie die Bremssattel-Sicherungsschraube (Sattel zur besseren Sichtbarkeit demontiert).

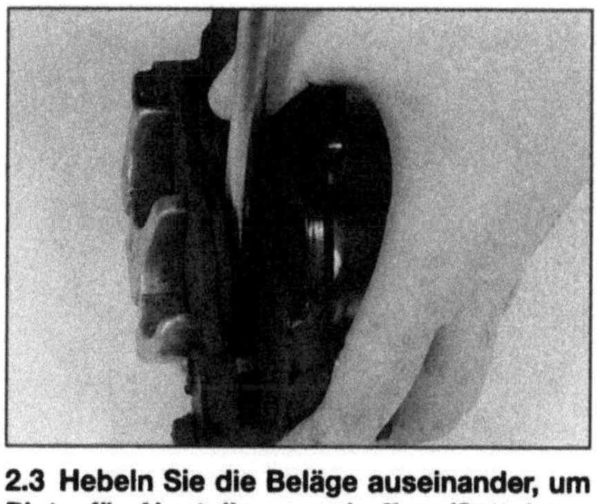

2.3 Hebeln Sie die Beläge auseinander, um Platz für Neuteile zu schaffen (Sattel zur besseren Sichtbarkeit demontiert).

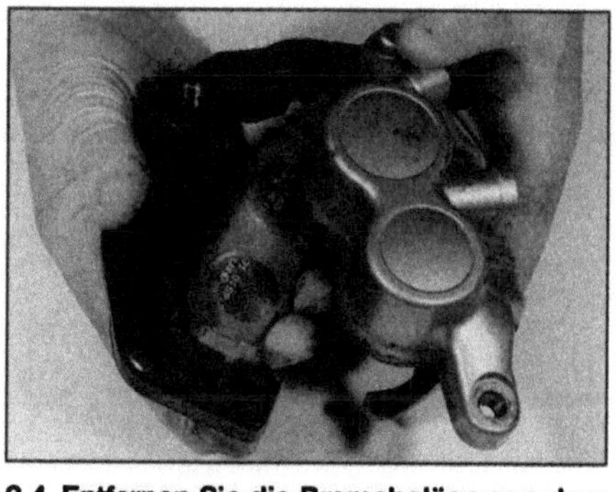

2.4 Entfernen Sie die Bremsbeläge aus dem Bremssattelhalter (Sattel zur besseren Sichtbarkeit demontiert).

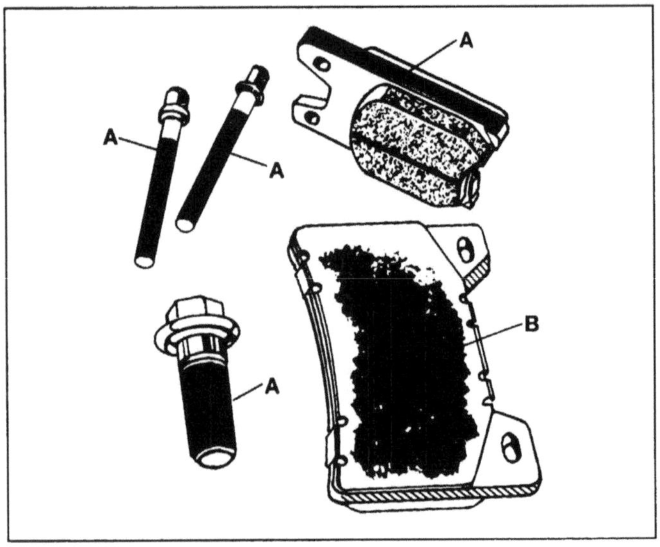

2.7a Korrosionsschutz-Maßnahmen für den Einsatz bei Salz.

A Geben Sie Kupferpaste auf die schattierten Flächen
B Geben Sie Silikonpaste auf die schattierten Flächen

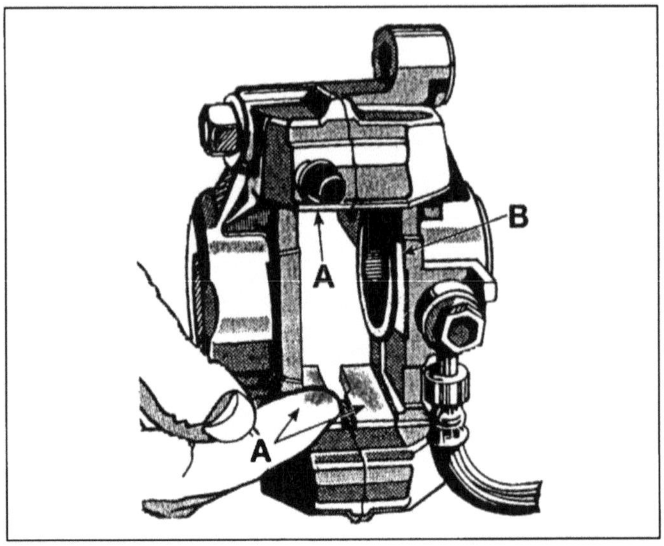

2.7b Geben Sie Kupferpaste auf die Belaggleitflächen (A) und Silikonpaste auf die Kolbenränder (B).

5 Kontrollieren Sie die Oberflächen der Beläge auf Verunreinigung und ob das Belagmaterial noch nicht unter der Verschleißmarke ist (siehe Kapitel 1). Ersetzen Sie die Beläge immer als Satz, auch wenn nur einer nahe oder unterhalb der Verschleißmarke ist. Außerdem müssen die Bremsbeläge ersetzt werden, wenn sie mit Öl oder Fett verschmutzt oder stark eingekerbt sind oder durch Schmutz oder Sand beschädigt wurden.
6 Kontrollieren Sie den Zustand der Bremsscheibe (siehe Sektion 4). Wenn sie geschliffen oder ersetzt werden müssen, folgenden Sie den Ausbau-Anweisungen der Sektion. Wenn sie in Ordnung sind, sollten Sie mit Sandpapier oder Schmirgelleinen in kreisenden Bewegungen angeschliffen werden.
7 Die folgenden Hinweise müssen beachtet werden, wenn das Motorrad auch auf salzigen Straßen gefahren wird, um eine einwandfreie Funktion der Bremse zu gewährleisten. Schmieren Sie folgende Bereiche mit einer dünnen Schicht Kupferpaste ein (siehe Abbildungen):
a) die Kanten der Belagmetallplatte
b) die Sicherungsstifte oder Schraube(n)
c) die Gleitfläche der Beläge im Sattel
d) die Gewinde der Bremssattel-Befestigungsschrauben

Achtung: Benutzen Sie die Kupferpaste sparsam, und stellen Sie sicher, dass sie nicht in Kontakt mit dem Belagmaterial oder der Bremsscheibe kommt.

Schmieren Sie folgende Bereiche mit einer dünnen Schicht Silikonpaste ein
e) die Außenbereiche der Bremssattelkolben
f) die Rückseite der Bremsbeläge an den Kontaktflächen zum Kolben.

8 Installieren Sie den Bremssattel an seinen Halter. Stellen Sie sicher, dass die Federn korrekt am Bremssattel und seiner Halterung sitzen (siehe Abbildung 2.2b).
9 Schieben Sie die Beläge so in den Sattel, dass die abgerundete Seite der Beläge nach hinten zum Motorrad zeigen.
10 Wenn Sie die Bremssattel-Bauteile nicht wie in Schritt 7 beschrieben geschmiert haben, muss eine dünne Schicht Kupferpaste auf die Gleitstifte und die Belagsicherungsschraube gegeben werden.
11 Füllen Sie, falls nötig, den Hauptbremszylinder auf (siehe *Tägliche Kontrolle*), und setzen Sie die Gummikappe und den Deckel auf den Ausgleichsbehälter.
12 Betätigen Sie den Bremshebel mehrmals, um die Beläge an die Scheibe zu drücken. Kontrollieren Sie den Flüssigkeitsstand im Hauptbremszylinder und die Funktion der Bremse, bevor Sie mit dem Motorrad fahren.

Hinterrad-Bremssattel

⚠ ***Warnung: Der beim Betrieb alter Bremsbeläge entstehende Staub kann krebserzeugendes Asbest enthalten. Blasen Sie ihn niemals mit Druckluft aus, und atmen Sie ihn nicht ein. Eine geeignete Filtermaske sollte bei Arbeiten an den Bremsen immer getragen werden.***

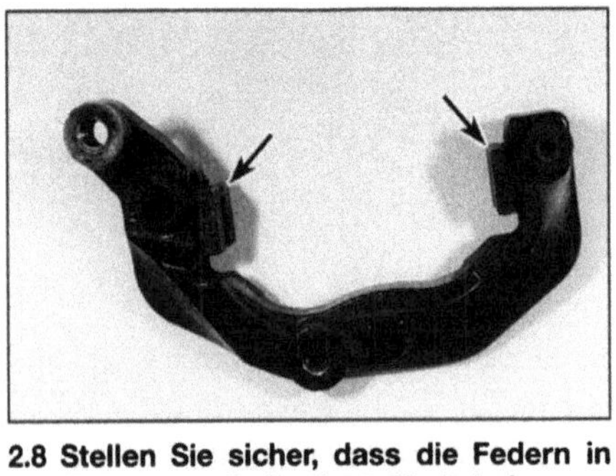

2.8 Stellen Sie sicher, dass die Federn in den Bremssattelhalter installiert sind.

13 Stellen Sie das Motorrad auf den Hauptständer oder eine geeignete Abstützung.
14 Lockern Sie die Bremsbelag-Sicherungsschrauben, aber entfernen Sie sie noch nicht (siehe Abbildungen).
15 Entfernen Sie den Splint und die Mutter vom Bremsanker, ziehen Sie dann die Schraube heraus (siehe Abbildung 2.14a).
16 Entfernen Sie die Bremssattel-Halterungsschrauben, und heben Sie den Sattel von der Bremsscheibe.
17 Lösen Sie die Bremsbelag-Sicherungsschrauben vollständig, und ziehen Sie sie heraus. Entfernen Sie die Beläge, Bleche und Belagfedern aus dem Sattel (siehe Abbildung).

2.14a Details der hinteren Bremssattelhalterung

A Belagstifte
B Bremsankerschraube
C Befestigungsschrauben
D Bremsleitungsanschlussschraube
E Entlüftungsventil

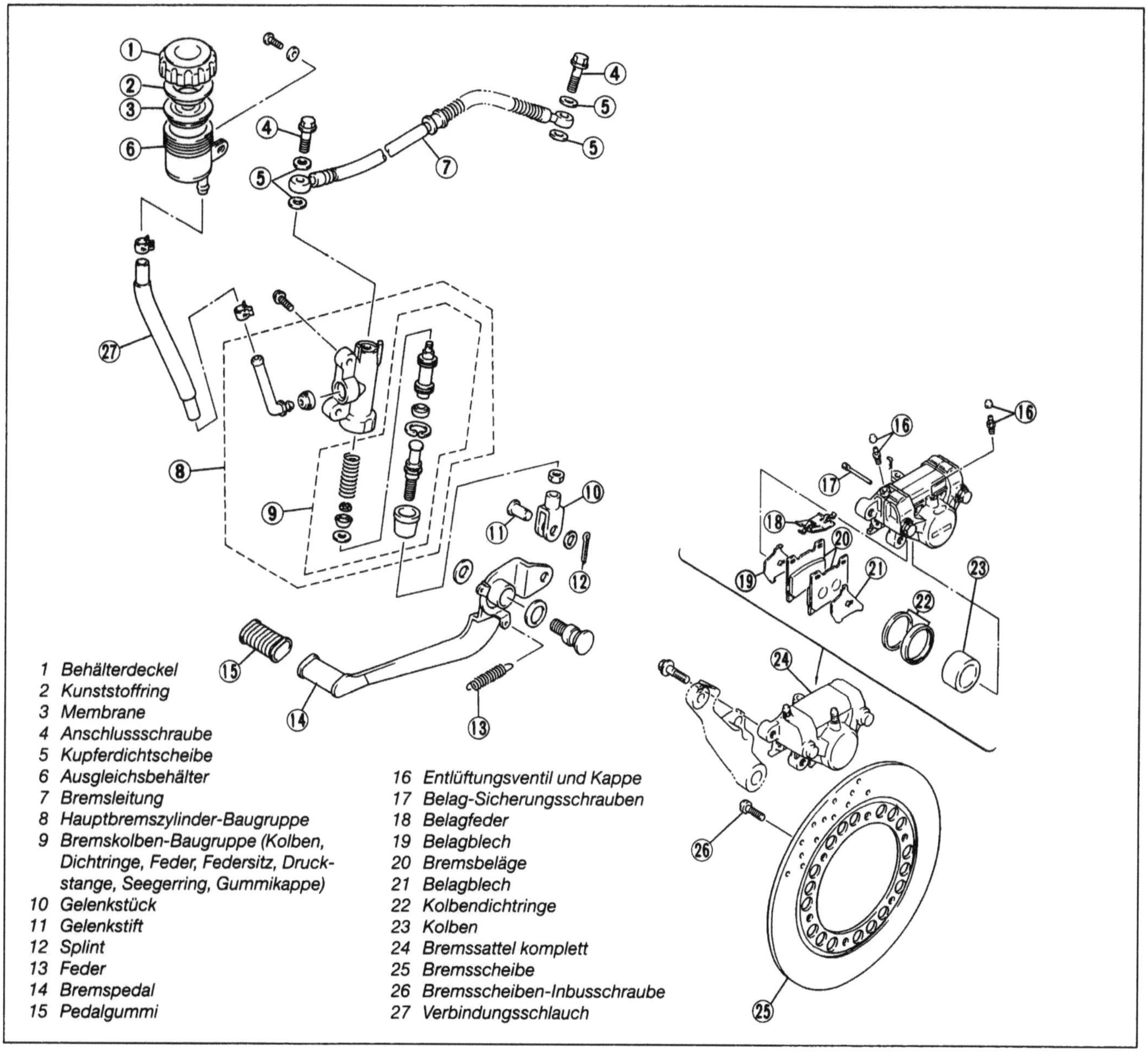

2.14b Bauteile der Hinterradbremse

18 Führen Sie zur Begutachtung und Vorbereitung die Schritte 5 bis 7 durch.

19 Installieren Sie die Feder, die Beläge und die Belagbleche (siehe Abbildung 2.14b). Feder und Bleche müssen in die korrekte Richtung zeigen.

20 Installieren Sie die Belag-Sicherungsschrauben, und ziehen Sie sie handfest an.

21 Montieren Sie den Bremssattel, und ziehen Sie seine Halteschrauben mit dem vorgeschriebenen Drehmoment an. Ziehen Sie dann die Belagsicherungen fest.

22 Installieren Sie die Bremsankerbefestigung, und ziehen Sie die Schraube und Mutter mit dem vorgeschriebenen Drehmoment gegeneinander an. Sichern Sie die Mutter mit einem neuen Splint.

3 Bremssattel
Ausbau, Überholung und Einbau

Warnung: Der beim Betrieb alter Bremsbeläge entstehende Staub kann krebserzeugendes Asbest enthalten. Blasen Sie ihn niemals mit Druckluft aus, und atmen Sie ihn nicht ein. Eine geeignete Filtermaske sollte bei Arbeiten an den Bremsen immer getragen werden. Verwenden Sie keine Lösungsmittel auf Petroleumbasis zum Reinigen von Bremsenteilen. Benutzen Sie nur saubere Bremsflüssigkeit, Bremsenreiniger oder Spiritus.

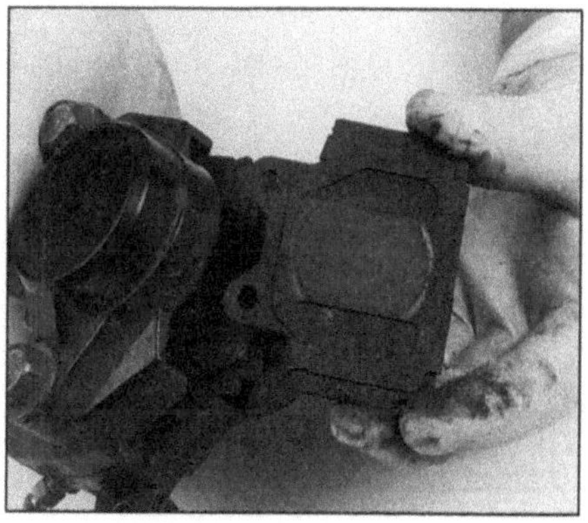

2.17 Ziehen Sie die Bremsbeläge nach unten aus dem Bremssattel.

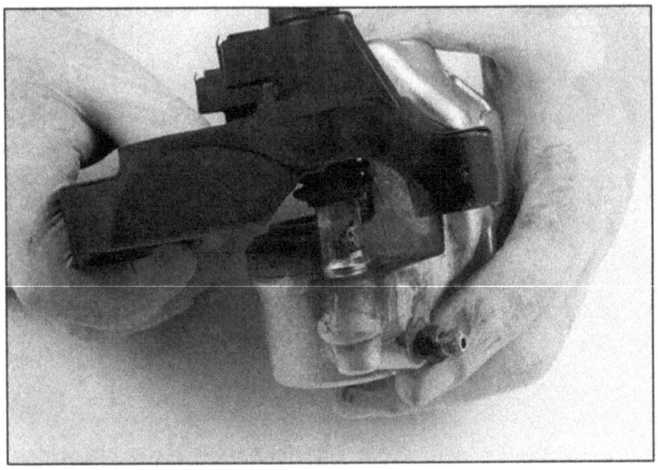

3.4 Trennen Sie die Halterung vom Bremssattel.

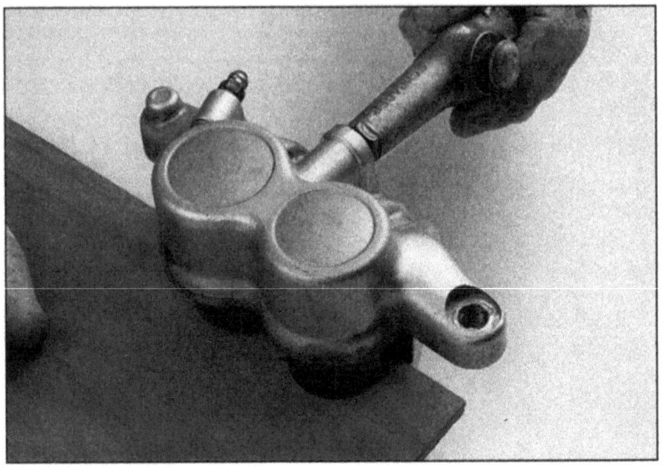

3.5 Pressen Sie mit Druckluft die Kolben heraus. Halten Sie ihre Finger nicht in den Sattel, schützen Sie die Kolben mit Lappen oder Holzstücken.

Ausbau

1 Stellen Sie das Motorrad auf den Hauptständer oder eine geeignete Stütze.

2 Entfernen Sie die Bremsleitungs-Anschlussschraube, und trennen Sie die Leitung vom Sattel (siehe Abbildung 2.2a oder 2.14a). Entsorgen Sie die Dichtscheiben. Halten Sie die Bremsleitung in einen Behälter, und pumpen Sie mit dem Bremshebel oder dem Pedal die Flüssigkeit heraus. Schützen Sie sie dann mit einem umwickelten Plastikbeutel vor Schmutz und weiterem Abtropfen.

3 Wechseln Sie nach Sektion 2, und bauen Sie die Bremsbeläge aus.

Überholung

4 Reinigen Sie jeden Bremssattel äußerlich mit Spiritus oder Bremsenreiniger. Bei der Vorderradbremse muss der Bremssattel vom Halter gezogen werden (siehe Abbildung).

5 Entfernen Sie die Kolben mithilfe von Pressluft aus dem Sattelgehäuse, hierbei müssen Lappen oder ein Stück Holz als Dämpfer vor die Kolben gelegt werden. Die Druckluft wird direkt an den Schlauchanschluss des Sattels gelegt und mit wenig Druck die Kolben herausgedrückt (siehe Abbildung). Wenn der Luftdruck zu hoch ist und die Kolben herausspringen, können Sattel und Kolben beschädigt werden.

Warnung: Halten Sie niemals die Finger vor die Kolben, wenn Druckluft angeschlossen ist, es kann dabei zu ernsthaften Verletzungen kommen. Stellen Sie sicher, dass beide Kolben gleichzeitig herauskommen. Ist dies nicht der Fall, muss der bewegliche Kolben zurückgehalten werden, bis der andere sich bewegt.

6 Wenn keine Druckluft zugänglich ist, müssen die Sättel wieder an die Bremsleitungen angeschlossen und die Kolben mit dem Bremshebel oder dem Pedal herausgepumpt werden.

7 Entfernen Sie mit einem Holz- oder Plastikwerkzeug die Staubdichtungen und die Kolbendichtungen von den Sattelbohrungen (siehe Abbildung). Die Dichtungen müssen auf jeden Fall ersetzt werden. Wenn Sie ein Metallwerkzeug verwenden, muss sehr vorsichtig gearbeitet werden, um nicht die Bohrungen zu beschädigen.

8 Reinigen Sie Bohrungen und Kolben mit Spiritus, Bremsenreiniger oder sauberer Bremsflüssigkeit. Wenn Druckluft zugänglich ist, benutzen Sie sie zum Trocknen der Teile (gehen Sie sicher, dass die Luft gefiltert und ölfrei ist). Inspizieren Sie die Sattelbohrungen und Kolben auf Anzeichen von Korrosion, Kerben und Schleifspuren sowie Abplatzungen. Wenn defekte Oberflächen vorhanden sind, muss der Bremssattel ersetzt werden. Wenn der Bremssattel in schlechtem Zustand ist, sollte auch der Hauptbremszylinder kontrolliert werden.

9 Schmieren Sie die neuen Kolbendichtungen mit sauberer Bremsflüssigkeit, und setzen Sie sie in ihre Nuten in den Sattelbohrungen. Stellen Sie sicher, dass sie nicht verdreht sind und korrekt sitzen.

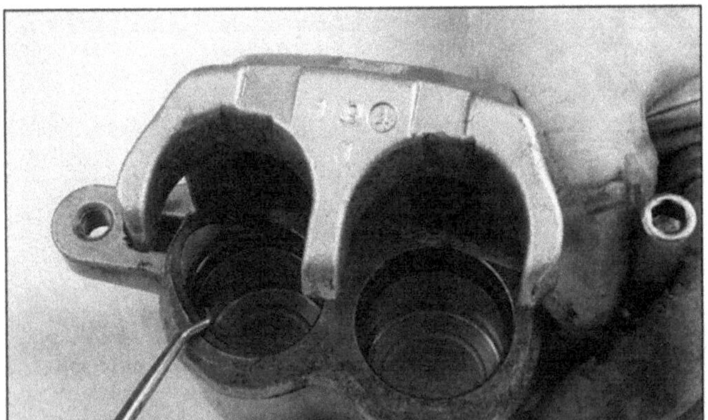

3.7a Entfernen Sie die Staubdichtungen vorsichtig mit einem spitzen Werkzeug – hier ist ein Vorderrad-Bremssattel gezeigt . . .

3.7b . . . und hier ein Hinterrad-Bremssattel.

1 Staubdichtung 2 Kolbendichtung

4.3 Installieren Sie eine Messuhr an die Bremsscheibe, und drehen Sie das Rad, um Verzug festzustellen.

4.6 Lockern Sie die Bremsscheibenschrauben schrittweise, um die Scheibe zu entfernen.

10 Schmieren Sie die neuen Staubdichtungen mit sauberer Bremsflüssigkeit, und drücken Sie sie korrekt in die Nuten der entsprechenden Bohrung.

11 Schmieren Sie die Kolben mit sauberer Bremsflüssigkeit, und setzen Sie sie in die Sattelbohrungen. Drücken Sie sie mit den Daumen senkrecht und ohne sie zu verkanten bis auf den Boden.

Einbau

12 Bauen Sie den Bremssattel an, und ziehen Sie die Befestigungsschrauben mit dem vorgeschriebenen Drehmoment an.

13 Verbinden Sie die Bremsleitung mit dem Sattel, benutzen Sie auf beiden Seiten des Anschlusses neue Dichtscheiben. Ziehen Sie die Anschlussschraube mit dem angegebenen Drehmoment fest.

14 Füllen Sie den Behälter des Hauptbremszylinders mit der vorgeschriebenen Bremsflüssigkeit (siehe *Tägliche Kontrolle*), und entlüften Sie das Hydrauliksystem, wie in Sektion 8 beschrieben.

15 Achten Sie auf Undichtigkeiten, und testen Sie gründlich die Funktion der Bremse, bevor Sie mit dem Motorrad fahren.

4 Bremsscheiben
Kontrolle, Ausbau und Einbau

Kontrolle

1 Stellen Sie das Motorrad auf den Hauptständer oder eine geeignete Stütze.

2 Begutachten Sie den Zustand der Bremsscheibenoberfläche auf Kerben und andere Beschädigungen. Leichte Kratzer sind nach Gebrauch normal und behindern nicht die Funktion der Bremse, tiefe Nuten und große Kerben reduzieren jedoch die Bremswirkung und erhöhen den Belagverschleiß. Wenn eine Scheibe stark riefig ist, muss sie geschliffen oder ersetzt werden.

3 Um den Scheibenverzug zu kontrollieren, muss das Motorrad so abgestützt werden, dass das entsprechende Rad nicht den Boden berührt. Befestigen Sie eine Messuhr so an der Gabel oder Schwinge, dass der Messdorn die Scheibe etwa 10 mm unter ihrem Außenrand abtasten kann (siehe Abbildung). Drehen Sie das Rad, und beobachten Sie die Messuhrnadel. Vergleichen Sie den gemessenen Wert mit der Toleranzgrenze in den *Technischen Daten*. Wenn der Schlag größer ist, als erlaubt, kontrollieren Sie das Radlagerspiel (siehe Kapitel 1). Wenn die Lager verschlissen sind, müssen sie ersetzt werden (siehe Sektion 13), und diese Kontrolle ist zu wiederholen. Wenn immer noch starker Verzug vorliegt, muss die Scheibe ersetzt oder von einer kompetenten Werkstatt überarbeitet werden.

4 Die Scheibe darf nicht dünner geschliffen werden oder verschlissen sein, als in der Scheibe selbst als Wert eingeschlagen ist. Die Dicke kann mit einer Mikrometerschraube gemessen werden, wenn eine Bremsscheibe zu dünn ist, muss sie ersetzt werden.

Ausbau

5 Bauen Sie das Vorderrad (siehe Sektion 12) bzw. das Hinterrad aus (siehe Sektion 13).

Achtung: Legen Sie das Rad nicht auf die Bremsscheibe oder das Ritzel, da sie sich verziehen können.

6 Markieren Sie die Einbaulage der Bremsscheibe am Rad, sodass sie in der selben Position wieder montiert werden kann. Lösen Sie die Bremsscheibenschrauben schrittweise über kreuz (siehe Abbildung), um ein Verziehen der Bremsscheibe zu vermeiden. Heben Sie die Scheibe vom Rad.

Achtung: Die Schrauben sind mit Sicherungspaste eingesetzt und können deswegen schwer löslich sein. Drehen Sie nicht die Schraubenköpfe rund.

7 Achten Sie auf Papierdichtungen hinter der Bremsscheibe. Diese wirken als Abstandshalter. Markieren Sie ihre Positionen, und vergessen Sie sie beim Einbau der Scheibe nicht.

Einbau

8 Bauen Sie die Scheibe so an das Rad, dass die zuvor angebrachte Markierung außen liegt und fluchtet (wenn Sie die originale Bremsscheibe installieren). Der eingeschlagene Pfeil muss in Drehrichtung zeigen.

9 Geben Sie dauerelastische Schraubensicherung auf die Gewinde der Bremsscheibenschrauben, ziehen Sie diese nach und nach über Kreuz und schließlich mit 20 Nm Drehmoment an. Reinigen Sie die Scheibe(n) mit Azeton oder Bremsenreiniger.

10 Installieren Sie das Rad (siehe Sektion 11 oder 12).

11 Betätigen Sie den Bremshebel mehrmals, um die Beläge an die Scheiben zu drücken. Kontrollieren Sie die Funktion der Bremse, bevor Sie mit dem Motorrad fahren.

5 Vorderrad-Hauptbremszylinder
Ausbau, Überholung und Einbau

1 Wenn aus dem Hauptbremszylinder Flüssigkeit austritt, oder der Hebel beim Bremsen ein schwammiges Gefühl erzeugt, und Entlüften keine Abhilfe schafft (siehe Sektion 8) und zudem die Leitungen in gutem Zustand sind, ist eine Überholung des Hauptbremszylinders empfehlenswert. Vor dem Zerlegen des Hauptbremszylinders sollte die ganze Arbeitsanleitung durchgelesen werden und neue Reparaturkits und Dichtungen beschafft sein. Ebenfalls wird neue DOT-4-Bremsflüssigkeit benötigt sowie saubere Lappen und eine Innenseegerringzange.

Anmerkung: *Um Lackschäden durch Bremsflüssigkeitsspritzer zu vermeiden, sollte bei Arbeiten am vorderen Hauptbremszylinder immer der Benzintank entfernt sein.*

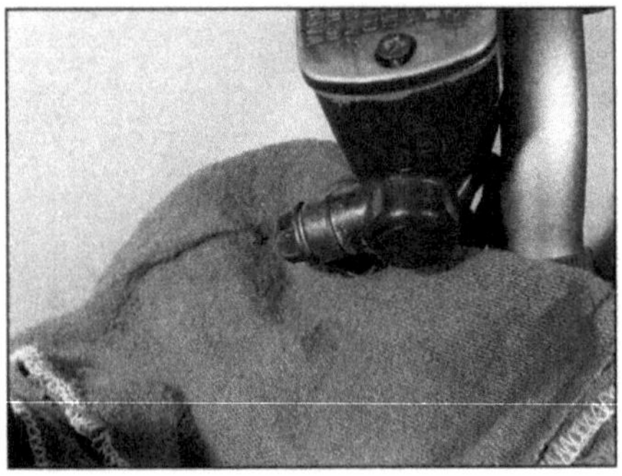

5.5a Ziehen Sie die Gummiabdeckung zurück, legen Sie zum Schutz vor auslaufender Bremsflüssigkeit Lappen unter den Anschluss, und entfernen Sie die Anschlussschraube.

5.5b Modelle ab 1998 sind mit zwei Bremsleitungen ausgerüstet.

5.6 Entfernen Sie die Klemmschrauben des Hauptbremszylinders.

2 Zerlegung, Überholung und Zusammenbau des Bremszylinders sollte auf einer absolut sauberen Werkbank erfolgen, um Verunreinigungen und mögliche Fehlfunktion des Bremshydrauliksystems zu vermeiden.

Ausbau

3 Lockern Sie die Schrauben des Behälterdeckels, aber entfernen Sie sie nicht (siehe *Tägliche Kontrolle*).

4 Trennen Sie die Kabelstecker vom Bremslichtschalter.

5 Ziehen Sie die Gummikappe zurück, lockern Sie die Anschlussschraube, und trennen Sie die Bremsleitung vom Hauptbremszylinder. Bei Modellen mit Doppelscheibenbremse finden sich zwei Anschlussleitungen (siehe Abbildung). Sichern Sie die Bremsleitung mit einem umwickelten Plastikbeutel vor Schmutz und weiterem Abtropfen.

6 Entfernen Sie die Hauptbremszylinder-Klemmschrauben, und nehmen Sie den Bremszylinder vom Lenker (siehe Abbildungen).

Achtung: Kippen Sie den Hauptbremszylinder nicht um, da Bremsflüssigkeit auslaufen wird!

Überholung

7 Entfernen Sie die Kontermutter und den Lagerbolzen, nehmen Sie dann den Bremshebel aus seiner Halterung (siehe Abbildung). Entfernen Sie den kleinen Seegerring, und nehmen Sie die Einstellerbauteile von der Hauptbremszylinder-Druckstange.

8 Nehmen Sie den Behälterdeckel und die Gummimembrane ab, und kippen Sie die Bremsflüssigkeit in einen geeigneten Behälter. Entfernen Sie ggf. die Spritzschutzplatte unten aus dem Ausgleichsbehälter (siehe Abbildung), und wischen Sie verbleibende Flüssigkeit mit einem sauberen Lappen heraus.

9 Hindern Sie die Druckstange am Mitdrehen, und lösen Sie die Druckstangenmutter. Entfernen Sie sie samt Scheibe (siehe Abbildung). Entfernen Sie vorsichtig die Gummistaubmanschette vom Ende des Kolbens (siehe Abbildung).

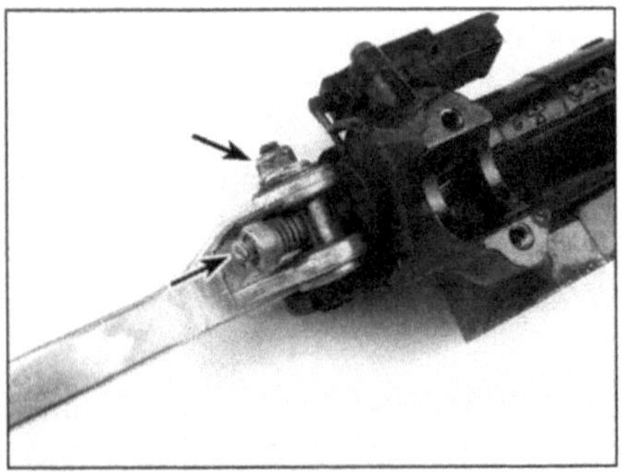

5.7 Entfernen Sie den Splint (linker Pfeil), lockern Sie die Kontermutter (rechter Pfeil), und lösen Sie den Lagerbolzen.

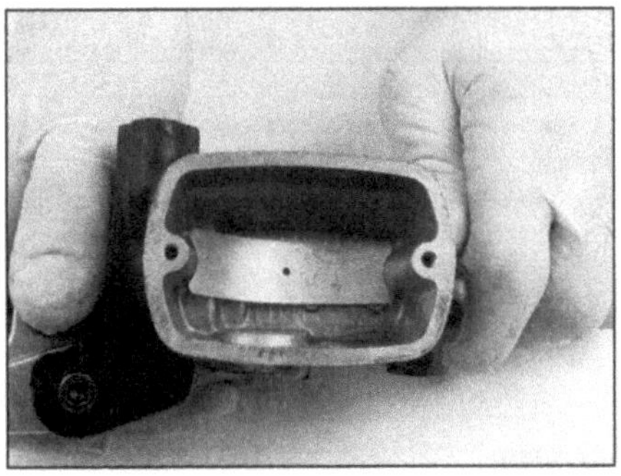

5.8 Heben Sie die Spritzschutzplatte aus dem Behälter, um ihn vollständig reinigen zu können.

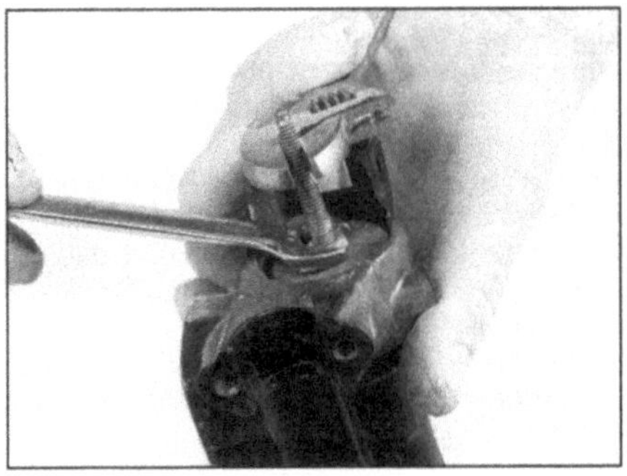

5.9a Halten Sie die Druckstange, und entfernen Sie die Mutter samt Scheibe.

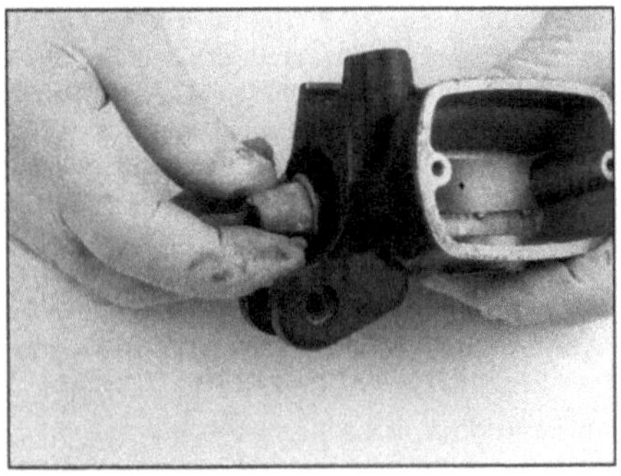

5.9b Entfernen Sie die Gummiabdeckung.

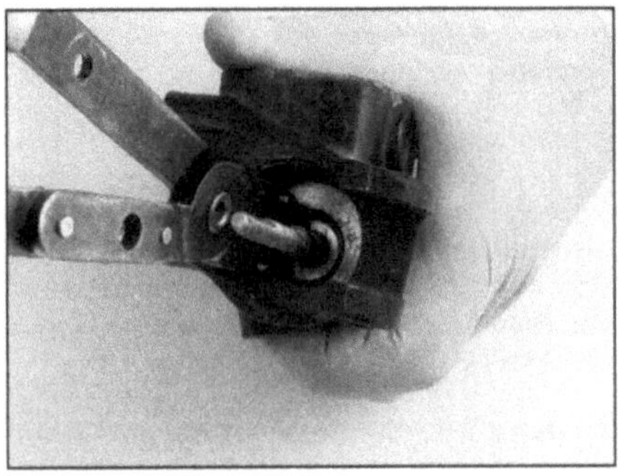

5.10a Entfernen Sie den Seegerring aus der Zylinderbohrung, . . .

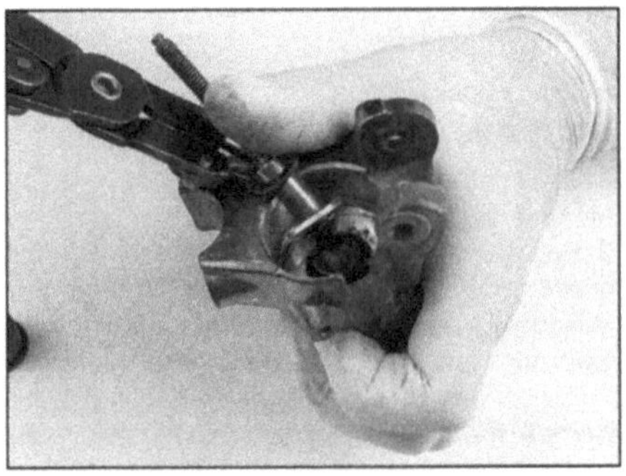

5.10b . . . und ziehen Sie die Druckstange, . . .

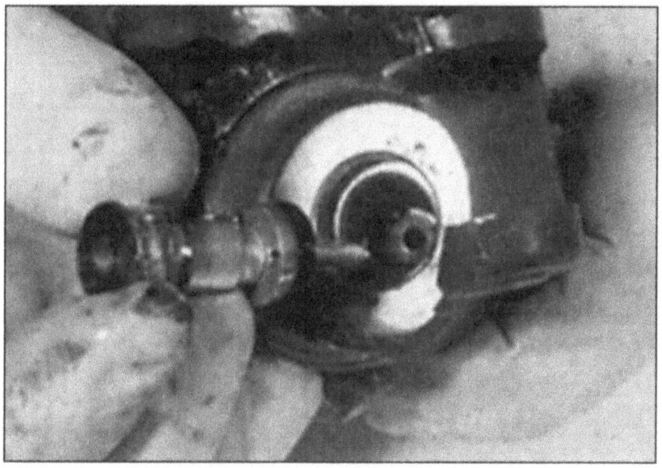

5.11a . . . die Kolbenbaugruppe, . . .

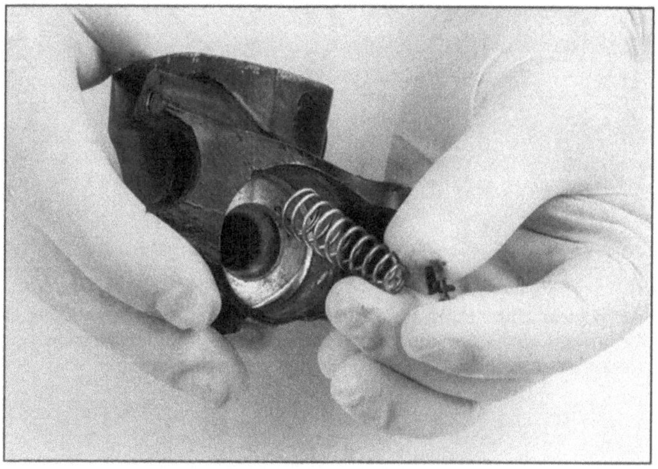

5.11b . . . die Feder und den Federsitz heraus.

10 Entfernen Sie mit einer Seegerringzange den Sicherungsring, und ziehen Sie die Druckstange heraus.

11 Ziehen Sie den Kolben samt Federsitz und Feder heraus (siehe Abbildung). Legen Sie die Bauteile genau entsprechend dem Ausbau auf eine saubere Oberfläche, um Schwierigkeiten beim Einbau zu vermeiden.

12 Reinigen Sie alle Teile mit Bremsenreiniger, frischer Bremsflüssigkeit oder Spiritus.

Achtung: Benutzen Sie zum Reinigen von Bremsenteilen unter keinen Umständen Lösungsmittel auf Petroleumbasis. Wenn Druckluft zugänglich ist, trocknen Sie die Teile damit anschließend (nur mit gefilterter und ölfreier Luft). Inspizieren Sie die Hauptbremszylinderbohrungen auf Anzeichen von Korrosion, Kerben und Schleifspuren sowie Abplatzungen. Wenn defekte Oberflächen vorhanden sind, muss der Hauptbremszylinder ersetzt werden. Wenn der Hauptbremszylinder in schlechtem Zustand ist, sollten auch die Bremssättel kontrolliert werden. Kontrollieren Sie auch, ob die Bohrungen und Kanäle frei sind.

13 Die Kolbenbaugruppe samt Feder und Staubkappe sind nur zusammen als Satz erhältlich. Benutzen Sie unabhängig vom Zustand der alten Teile immer alle Neuteile.

14 Tauchen Sie vor der Montage die Kolbenbaugruppe für zehn bis 15 Minuten in saubere Bremsflüssigkeit. Schmieren Sie die Zylinderbohrung mit dem der Ersatzkolbengruppe beiliegenden Schmiermittel oder sauberer Bremsflüssigkeit. Setzen Sie dann vorsichtig den Kolben und die entsprechenden Teile in der entgegengesetzten Ausbaureihenfolge in den Zylinder, gehen Sie dabei sicher, dass die Einbaurichtung stimmt (siehe Abbildung 2.2b) und die Lippen der Kolbendichtung nicht umklappen, wenn sie in die Bohrung geschoben wird.

15 Drücken Sie den Kolben ein, und installieren Sie den Seegerring korrekt in seine Nut. Montieren Sie die Gummistaubdichtung, sodass sie sicher in der Kolbennut sitzt.

Einbau

16 Halten Sie den Hauptbremszylinder an den Lenker, und setzen Sie das Klemmstück an. Ziehen Sie zuerst die obere Schraube und dann die untere mit 9 Nm Drehmoment an. Unten wird ein Spalt verbleiben – drehen Sie die Schrauben nicht zu fest.

17 Verbinden Sie die Bremsleitung(en) mit dem Hauptbremszylinder, benutzen Sie auf beiden Seiten jedes Anschlusses neue Dichtscheiben. Ziehen Sie die Anschlussschraube mit dem vorgeschriebenen Drehmoment von 30 Nm an. Füllen Sie den Hauptbremszylinder mit DOT 4-Bremsflüssigkeit (siehe *Tägliche Kontrolle*), und entlüften Sie das Hydrauliksystem, wie in Sektion 8 beschrieben.

6 Hinterrad-Hauptbremszylinder
Ausbau, Überholung und Einbau

1 Wenn aus dem Hauptbremszylinder Flüssigkeit austritt, oder das Pedal beim Bremsen ein schwammiges Gefühl erzeugt und Entlüften keine Abhilfe schafft (siehe Sektion 8), und dabei die Leitungen in gutem Zustand sind, ist eine Überholung des Hauptbremszylinders empfehlenswert. Vor dem Zerlegen des Hauptbremszylinders sollte die ganze Arbeitsanleitung durchgelesen werden und Reparatur-Kits mit neuen Dichtungen beschafft sein. Ebenfalls wird neue DOT-4-Bremsflüssigkeit benötigt, saubere Lappen und eine Innenseegerringzange.

2 Die Zerlegung, Überholung und Zusammenbau des Bremszylinders sollte auf einer absolut sauberen Werkbank erfolgen, um Verunreinigungen und mögliche Fehlfunktion des Bremshydrauliksystems zu vermeiden.

Ausbau

3 Stellen Sie das Motorrad auf den Hauptständer oder eine geeignete Stütze.

4 Ziehen Sie den Splint aus dem Gelenkstift an der Hauptbremszylinder-Druckstange (siehe Abbildung 2.14b). Entfernen Sie den Stift samt Scheibe.

5 Lösen Sie die Bremsleitungsanschlussschraube und die beiden Inbusschrauben, die den Hauptbremszylinder am Fußrastenhalter sichern (siehe Abbildung).

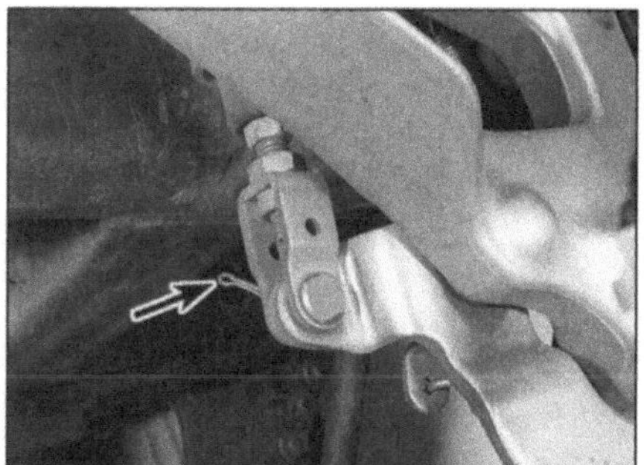

6.4 Ziehen Sie den Splint ab, und entfernen Sie die Scheibe sowie den Gelenkstift.

6.5 Lockern Sie die Anschlussschraube (A), und entfernen Sie die Befestigungsschrauben (B).

6

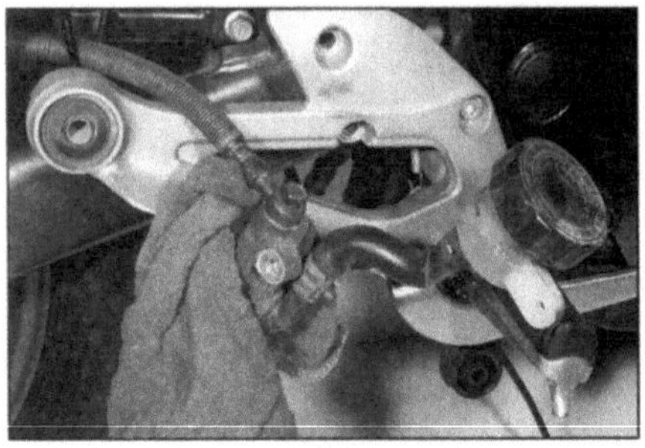

6.8 Heben Sie den Hauptbremszylinder über den Fußrastenhalter, und lösen Sie die Anschlussschraube.

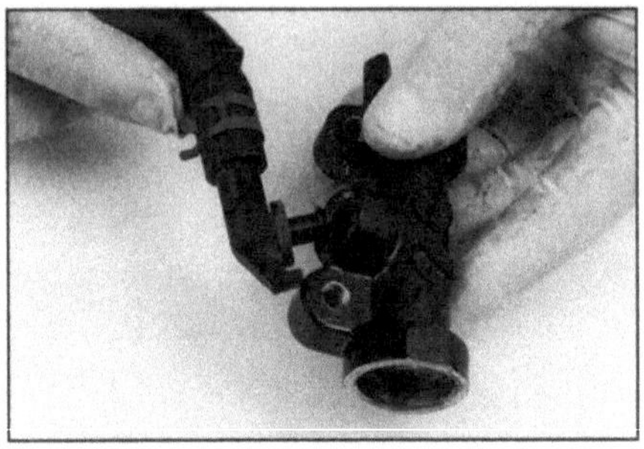

6.10a Hebeln Sie den Flansch der Verbindungsleitung aus dem Zylindergehäuse, . . .

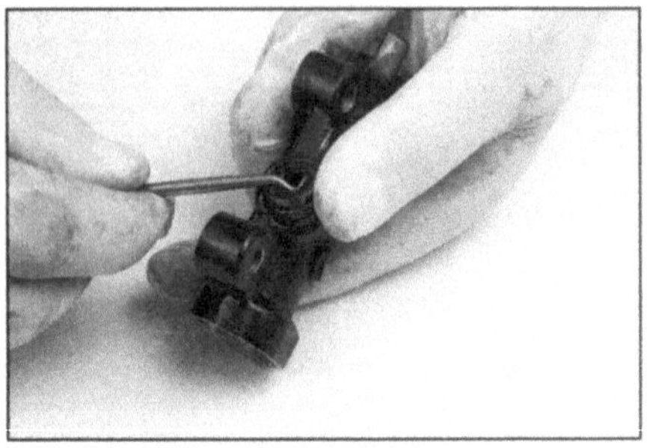

6.10b . . . und entfernen Sie die Dichtung aus der Flanschbohrung.

6.11a Messen Sie die Länge des hervorstehenden Gewindes, und notieren Sie den Wert, um beim Einbau die Bremspedalhöhe sicherzustellen.

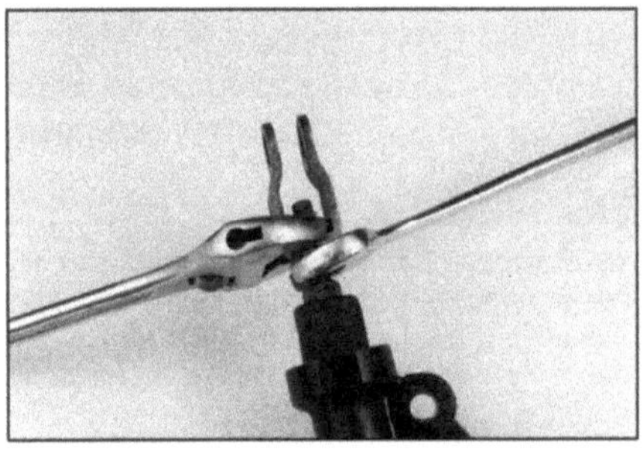

6.11b Halten Sie das Gelenk, lockern Sie die Kontermutter, und drehen Sie das Gelenk samt Muttern von der Druckstange, . . .

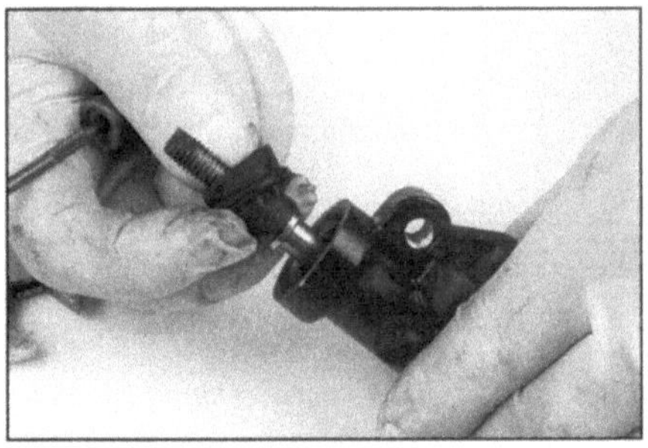

6.11c . . . entfernen Sie dann die Gummiabdeckung.

6 Wenn Sie den Ausgleichsbehälter entfernen wollen, muss seine Halteschraube gelöst werden.

7 Wenn Sie den Ausgleichsbehälter nicht entfernen wollen, müssen Sie einen Behälter und einige Lappen bereit halten. Lösen Sie mit einer Zange die Schelle der Verbindungsleitung, und ziehen Sie diese vom Hauptbremszylinder. Halten Sie den Schlauch in den Behälter, lösen Sie den Deckel des Behälters, und lassen Sie die Bremsflüssigkeit ablaufen.

8 Heben Sie den Hauptbremszylinder aus dem Fußrastenhalter und ggf. mitsamt dem Ausgleichsbehälter aus dem Motorrad (siehe Abbildung). Lösen Sie die Anschlussschraube vom Hauptbremszylinder, und entsorgen Sie die Dichtscheiben.

9 Entfernen Sie den Hauptbremszylinder aus dem Motorrad.

Überholung

10 Prüfen Sie den Anschluss der Verbindungsleitung auf Undichtigkeit, gegebenenfalls muss der Dichtring ersetzt werden. Dieser befindet sich nicht im Reparatursatz und ist nicht besonders leicht zu ersetzen. Hebeln Sie hierzu vorsichtig den Anschluss aus dem Hauptbremszylindergehäuse, entfernen Sie dann den Dichtring aus der Anschlussbohrung (siehe Abbildung und 2.14b). Installieren Sie den neuen Ring, nachdem Sie die Bohrung gereinigt haben.

11 Markieren Sie die Position der Gelenkkontermutter an der Druckstange, um die Bremspedalhöhe nicht zu verändern (siehe Abbildung), halten Sie das Gelenk mit einem Schlüssel, und lösen Sie die Kontermutter von der Druckstange, entfernen Sie vorsichtig die Gummiabdeckung (siehe Abbildung).

12 Drücken Sie die Druckstange in den Zylinder, entfernen Sie mit einer Seegerringzange den Sicherungsring, und ziehen Sie den Kolben samt Feder heraus (siehe Abbildungen). Merken Sie sich die Einbaulage, und achten Sie auf die genaue Reihenfolge, um Schwierigkeiten beim Einbau zu vermeiden.

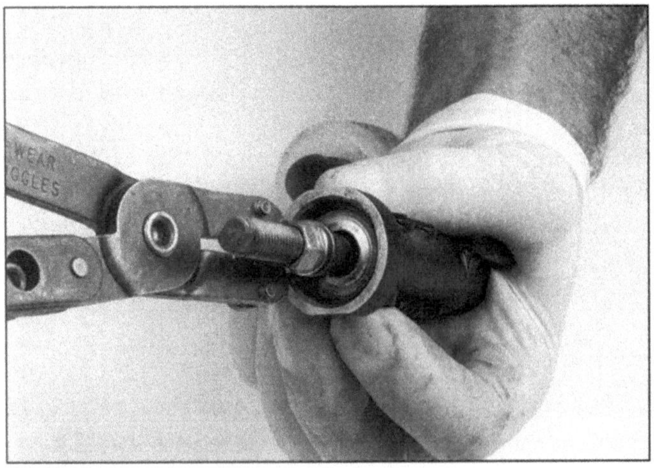

6.12a Entfernen Sie den Seegerring aus der Bohrung, . . .

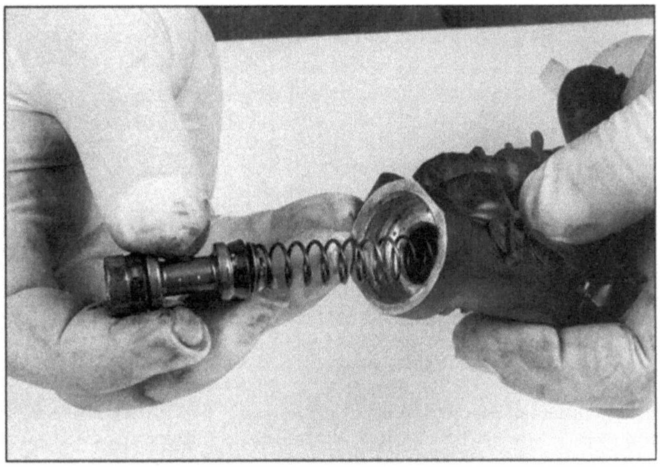

6.12b . . . und anschließend den Kolben samt Feder.

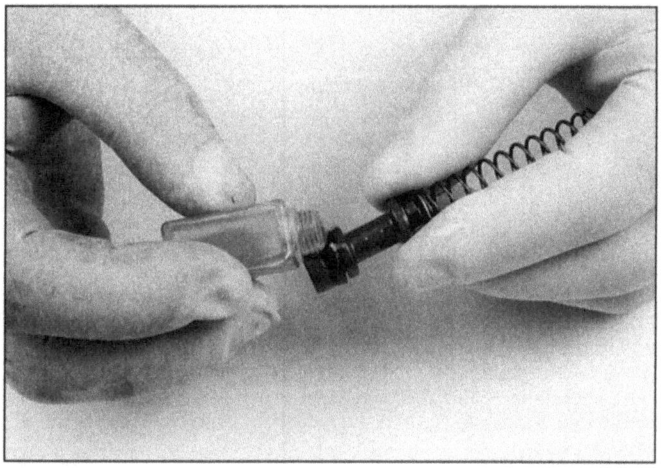

6.15 Schmieren Sie die Kolbenkappen mit Bremsflüssigkeit oder dem beigepackten Schmiermittel.

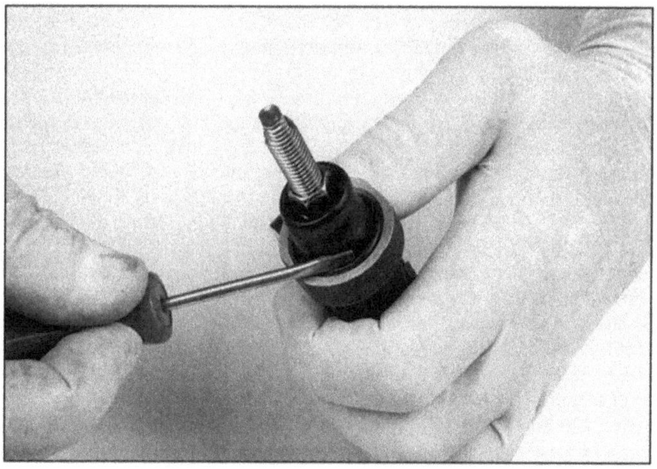

6.16 Drücken Sie die Gummiabdeckung in ihre Nut.

13 Reinigen Sie alle Teile mit Bremsenreiniger, frischer Bremsflüssigkeit oder Spiritus.

Achtung: Benutzen Sie zum Reinigen von Bremsenteilen unter keinen Umständen Lösungsmittel auf Petroleumbasis. Wenn Druckluft zugänglich ist, trocknen Sie die Teile damit anschließend (nur mit gefilterter und ölfreier Luft). Inspizieren Sie die Hauptbremszylinderbohrungen auf Anzeichen von Korrosion, Kerben und Schleifspuren sowie Abplatzungen. Wenn defekte Oberflächen vorhanden sind, muss der Hauptbremszylinder ersetzt werden. Wenn der Hauptbremszylinder in schlechtem Zustand ist, sollten auch die Bremssättel kontrolliert werden. Kontrollieren Sie auch, ob die Bohrungen und Kanäle frei sind.

14 Die Kolbenbaugruppe samt Feder und Staubkappe sind nur zusammen als Satz erhältlich. Benutzen Sie unabhängig vom Zustand der alten Teile immer alle Neuteile.

15 Tauchen Sie vor der Montage die Kolbenbaugruppe für zehn bis 15 Minuten in saubere Bremsflüssigkeit. Schmieren Sie die Zylinderbohrung mit dem der Ersatzkolbengruppe beiliegenden Schmiermittel (siehe Abbildung) oder sauberer Bremsflüssigkeit. Setzen Sie dann vorsichtig den Kolben und die entsprechenden Teile in der entgegengesetzten Ausbaureihenfolge in den Zylinder, gehen Sie dabei sicher, dass die Einbaurichtung stimmt (siehe Abbildung 2.14b) und die Lippen der Kolbendichtung nicht umklappen, wenn sie in die Bohrung geschoben wird.

16 Pressen Sie die Druckstange hinein, und installieren Sie den Sicherungsring korrekt in seine Nut. Montieren Sie die Gummistaubdichtung, sodass sie sicher in der Nut sitzt (siehe Abbildung).

17 Installieren Sie das Gelenk an das Druckstangenende. Drehen Sie es, wie zuvor notiert auf, und ziehen Sie die Kontermutter an.

18 Wenn der Dichtring des Verbindungsschlauchanschlusses entfernt war, muss er mit frischer Bremsflüssigkeit benetzt und mit dem weiten Ende zuerst in seine Bohrung installiert werden. Drücken Sie den Anschluss in die Dichtung, stellen Sie sicher, dass er fest sitzt.

Einbau

19 Installieren Sie den Hauptbremszylinder am Fußrastenhalter, und ziehen Sie die Inbusschrauben mit 23 Nm Drehmoment fest.

20 Verbinden Sie die Bremsleitung mit dem Hauptbremszylinder, benutzen Sie auf beiden Seiten des Anschlusses neue Dichtscheiben. ziehen Sie die Anschlussschraube mit dem vorgeschriebenen Drehmoment von 30 Nm an.

21 Verbinden Sie den Verbindungsschlauch am Flansch, und installieren Sie die Schlauchschelle.

22 Lassen Sie das Bremspedal mit der Druckstange fluchten, drücken Sie den Gelenkstift durch das Gelenk, und sichern Sie ihn mit einem neuen Splint.

23 Sichern Sie den Ausgleichsbehälter mit der Befestigungsschraube am Rahmen. Füllen Sie den Hauptbremszylinder mit DOT-4-Bremsflüssigkeit (siehe *Tägliche Kontrolle*), und entlüften Sie das Hydrauliksystem, wie in Sektion 8 beschrieben.

24 Prüfen Sie die Höhe des Bremspedals (siehe Kapitel 1), und stellen Sie sie ggf. ein. Kontrollieren Sie sorgfältig die Funktion der Bremse, bevor Sie mit dem Motorrad fahren.

7 Bremsschläuche
Inspektion und Ersetzen

Inspektion

1 Der Zustand der Bremsleitungen sollte regelmäßig – mindestens einmal pro Woche – kontrolliert werden.

2 Drehen und ziehen Sie die Gummischläuche, um Risse, Ausbauchungen und durchsickernde Flüssigkeit zu entdecken. Begutachten Sie besonders die Verbindungen der Schläuche mit den Anschlussstücken, da hier die meisten Probleme auftreten.

3 Inspizieren Sie die Anschlussstücke der Bremsschläuche auf Rost, Kratzer und Risse, und ersetzen Sie die Leitungen gegebenenfalls.

Ersetzen

4 Alle Bremsschläuche haben an den Enden Ringanschlüsse. Bedecken Sie umliegende Flächen mit Lappen, und lösen Sie die Anschlussschraube auf jeder Seite des Schlauches. Wenn Sie an der Vorderradbremse arbeiten, muss/müssen die Tauchrohr-Klemme(n) genauso wie die Halterung an der unteren Ga-

7.4a Lösen Sie die Bremsleitungshalterung von der unteren Gabelbrücke (Einscheibenmodelle . . .

7.4b . . . und Doppelscheibenmodelle).

6

belbrücke gelöst werden (siehe Abbildungen). Beachten Sie, dass die Hinterradbremsleitung durch eine Führung im Bremsanker geführt wird.
5 Setzen Sie die neue Bremsleitung ein, gehen Sie sicher, dass sie nicht verdreht ist oder anderweitig unter Spannung steht, richten Sie sie ggf. nach den angegossenen Anschlägen aus, und legen Sie den Anschlussring auf die entsprechende Bohrung des Gehäuses. Setzen Sie die Anschlussschraube mit neuen Dichtscheiben ein, und ziehen Sie sie mit 30 Nm Drehmomente an.
6 Spülen Sie die alte Bremsflüssigkeit aus dem System, füllen Sie die Anlage mit neuer DOT-4-Bremsflüssigkeit auf (siehe *Tägliche Kontrolle*), und entlüften Sie sie (siehe Sektion 8). Kontrollieren Sie sorgfältig die Funktion der Bremse, bevor Sie mit dem Motorrad fahren.

8 Bremssystem
Entlüften

1 Entlüften der Bremse besagt, dass alle Luftblasen aus den Bremsflüssigkeitsbehältern, den Leitungen und den Bremssätteln entfernt werden. Entlüften ist immer notwendig, wenn eine Hydraulikverbindung gelöst wurde, wenn eine Komponente oder Leitung gewechselt wurde oder wenn ein Hauptbremszylinder oder Sattel überholt wurde. Lecks im System können ebenfalls das Eindringen von Luft ermöglichen, aber sie zeigen auch durch auslaufende Flüssigkeit das Problem an und weisen auf eine dringend notwendige Reparatur hin.
2 Zum Bremsenentlüften wird neue DOT-4-Bremsflüssigkeit, ein durchsichtiger Vinyl- oder Plastikschlauch und ein zum Teil mit sauberer Bremsflüssigkeit gefüllter Behälter benötigt, dazu Lappen und ein Ringschlüssel für das Entlüftungsventil.
3 Decken Sie den Benzintank und andere gefährdete Lackteile ab, die Bremsflüssigkeitsspritzer abbekommen könnten.
4 Entfernen Sie den entsprechenden Ausgleichsbehälterdeckel, die Platte sowie die Gummimembrane, und pumpen Sie langsam einige Male, bis keine aus den Bohrungen am Grund des Behälters aufsteigenden Blasen mehr zu sehen sind. Hierdurch ist das letzte Teil der Linie bereits entlüftet. Setzen Sie den Deckel locker auf den Behälter.
5 Ziehen Sie die Staubkappe vom Entlüfterventil, und stecken Sie einen Ringschlüssel auf. Stülpen Sie das eine Ende des durchsichtigen Schlauchs auf das Ventil, und stecken Sie das andere Ende in die Bremsflüssigkeit des Sammelbehälters (siehe Abbildung).
6 Nehmen Sie den Behälterdeckel ab, und kontrollieren Sie den Flüssigkeitsstand. Lassen Sie den Pegel während des Prozesses nicht unter die untere Markierung sinken.
7 Pumpen Sie vorsichtig drei oder vier mal mit dem Hebel oder Pedal, und halten Sie ihn/es gezogen bzw. gedrückt, während das Bremssattelventil geöffnet wird und Bremsflüssigkeit aus dem Sattel durch den Schlauch in den Behälter fließt, der Bremshebel kann jetzt gezogen bzw. das Pedal kann weiter durchgetreten werden.
8 Drehen Sie das Entlüfterventil wieder leicht an, und lassen sie den Bremshebel los. Wiederholen Sie diesen Prozess, bis in der ausfließenden Bremsflüssigkeit keine Blasen mehr zu sehen sind und am Hebel oder Pedal ein Druckpunkt zu spüren ist.

Anmerkung: *Am Hinterradbremssattel mit zwei Entlüftungsventilen oder bei vorderen Doppelscheibenbremsen müssen diese nacheinander entlüftet werden. Denken Sie immer daran, den Flüssigkeitsstand im Behälter nachzufüllen. Benutzen Sie immer frische Bremsflüssigkeit, verwenden Sie niemals die beim Entlüften durchgespülte.*

Zum Schluss wird der Entlüftungsschlauch abgenommen und das Ventil angezogen.
9 Installieren Sie die Gummimembrane, die Membraneplatte und den Deckel. Wischen Sie verschüttete Bremsflüssigkeit unverzüglich mit einem nassen Lappen ab, und kontrollieren Sie das ganze System auf Undichtigkeiten.

Praxis TiPP ***Wenn es nicht möglich ist, einen Druckpunkt im Hebel oder Pedal zu finden, ist die Flüssigkeit aufgeschäumt. Lassen Sie die Bremsflüssigkeit für einige Stunden in der Anlage, damit sie sich beruhigen kann, und wiederholen Sie die Prozedur, wenn die kleinen Bläschen nach oben gestiegen sind.***

9 Räder
Inspektion und Reparatur

1 Stellen Sie das Motorrad auf den Hauptständer oder eine geeignete Stütze, dass das zu kontrollierende Rad frei zu drehen ist. Reinigen Sie die Räder sorgfältig, da Matsch und Dreck die Inspektion stören und Schäden verdecken kann. Führen Sie eine allgemeine Kontrolle der Räder (siehe Kapitel 1) und Reifen (siehe *Tägliche Kontrolle*) durch.
2 Befestigen Sie eine Messuhr an der Gabel oder der Schwinge, und richten Sie den Messstift seitlich gegen die Felge. Drehen sie das Rad langsam, und kontrollieren Sie das Axial-(Seiten-)Spiel, vergleichen Sie den Wert mit den Toleranzgrenzen in den *Technischen Daten*. Um das Radial-(Höhen-)Spiel zu messen, muss das Rad ausgebaut und der Reifen demontiert werden. Mit im Schraubstock eingespannter Achse und einer Messuhr kann ein Höhenschlag ermittelt werden (siehe Abbildung).
3 Eine einfachere, jedoch auch ungenauere Methode, das Radialspiel zu messen, ist durch Befestigen eines festen Drahtes an der Gabel oder Schwinge zu erreichen, dessen Ende nahe an den Außenrand der Felge, wo der Reifen aufliegt, gebogen wird. Wenn das Rad in Ordnung ist, wird der Abstand zum Drahtende sich beim Drehen des Rades nicht verändern.

8.5 Lockern Sie das Entlüftungsventil, um Flüssigkeit und Luftblasen herauszupumpen.

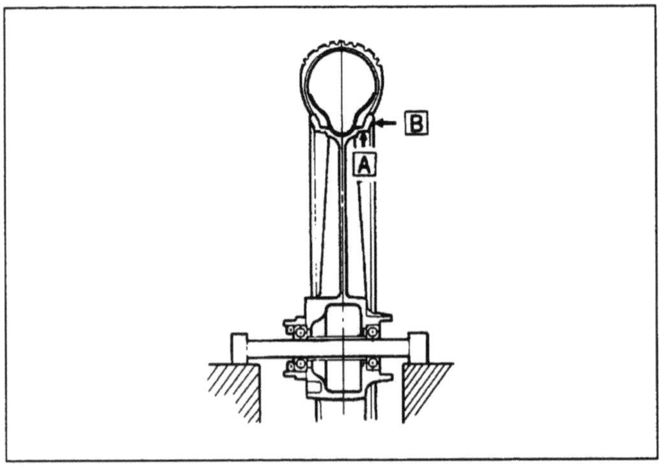

9.2 Kontrollieren Sie das Rad auf Höhenschlag (A) und Seitenschlag (B).

Anmerkung: *Wenn außergewöhnliche Schläge festzustellen sind, sollten zunächst die Radlager ausgiebig untersucht werden, bevor das Rad ersetzt wird.*

4 Die Räder sollten weiterhin optisch auf Risse, Ausbrüche an der Felge und andere Beschädigungen untersucht werden. Achten Sie sehr auf Beulen in dem Gebiet, wo die Reifenflanken an der Felge liegen. Beschädigungen in diesem Bereich verhindern die Abdichtung der Reifen gegen die Felge, was zu Luftdruckverlusten führt.

5 Wenn Beschädigungen vorliegen oder ein übermäßiger Schlag festgestellt wurde, muss das Rad durch ein neues ersetzt werden. Versuchen Sie niemals, ein beschädigtes Alu-Gussrad zu reparieren.

10 Räder
Spurkontrolle

1 Durch ein schräg eingebautes Hinterrad oder verzogenen Rahmen bzw. Gabelbrücken nicht in Flucht laufende Räder können der Grund für schlechtes und auch gefährliches Fahrverhalten der Maschine sein. Wenn der Rahmen oder die Gabelbrücken verzogen sind, kann nur ein Rahmenrichtspezialist weiterhelfen oder die Baugruppen müssen getauscht werden.

2 Um die Spur kontrollieren zu können, wird neben einem Assistenten ein Seil oder eine absolut gerade Holzlatte und ein Lineal benötigt. Ebenfalls braucht man ein Lot.

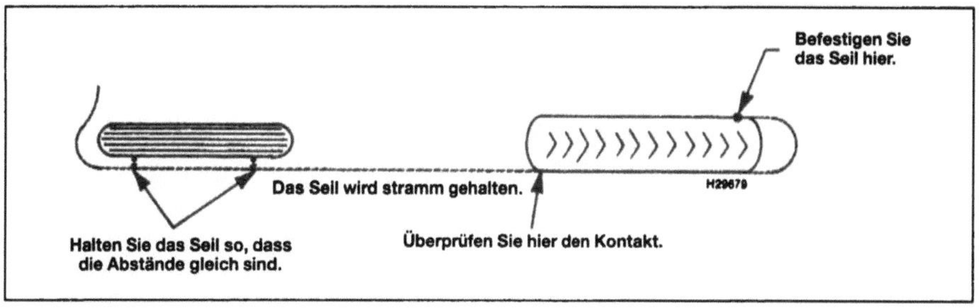

10.5 Spurkontrolle des Rades mithilfe eines Seils

3 Zur ordentlichen Kontrolle muss das Motorrad auf einer geeigneten Stütze vertikal ausgerichtet sein. Messen Sie die Breite beider Räder an der dicksten Stelle. Ziehen Sie den Wert des Vorderrades von dem des Hinterrades ab, und teilen Sie den Wert durch zwei. Das Ergebnis ist der Wert, der bei den folgenden Messungen auf beiden Seiten der Räder herauskommen sollte.

4 Wenn ein Seil verwendet wird, muss der Assistent das eine Ende auf halber Höhe zwischen Boden und Hinterradachse halten, sodass es die hintere Seitenfläche des Reifens berührt.

5 Halten Sie das andere Ende des Seils am Vorderrad in die gleiche Höhe, und bringen Sie es stramm gespannt in Berührung mit der vorderen Seitenfläche des Hinterrades. Drehen Sie das Vorderrad, bis es parallel mit dem Seil steht. Messen Sie den Abstand der Reifenflanken zum Seil (siehe Abbildung).

6 Wiederholen Sie die Prozedur auf der anderen Seite der Maschine. Der Abstand zwischen Vorderrad und Seil sollte auf beiden Seiten gleich sein.

7 Wie erwähnt, kann man die Messung auch mit einer absolut geraden Holzlatte durchführen (siehe Abbildung). Die Ausführung bleibt die gleiche.

8 Wenn der Abstand zwischen Reifen und Seil auf beiden Seiten variiert oder das Hinterrad schräg eingebaut sein könnte, wechseln Sie zu Kapitel 1, Sektion 1, und stellen Sie sicher, dass die Kettenspannervorrichtung gleichmäßig eingestellt ist, und kontrollieren Sie die Schwingenlagerung (Kapitel 5, Sektion 5).

9 Wenn die Spur stimmt, können die Räder immer noch vertikal nicht in Flucht stehen.

10 Mit einem Lot oder einem entsprechenden Gewicht und einer Schnur wird am Hinterrad gemessen, ob es senkrecht steht. Hierfür wird die Schnur an der oberen Seitenfläche des Reifens angelegt und das Lot herabgelassen. Wenn die Schnur beide Reifenflanken gleichzeitig berührt, steht das Rad gerade. Wenn nicht, muss der Ständer unterlegt werden, bis das Rad senkrecht steht.

11 Wenn das Hinterrad senkrecht steht, wird das Vorderrad in gleicher Weise kontrolliert. Wenn beide Räder nicht vertikal gleich stehen, ist der Rahmen und/oder ein wesentlicher Teil der Federelemente verzogen.

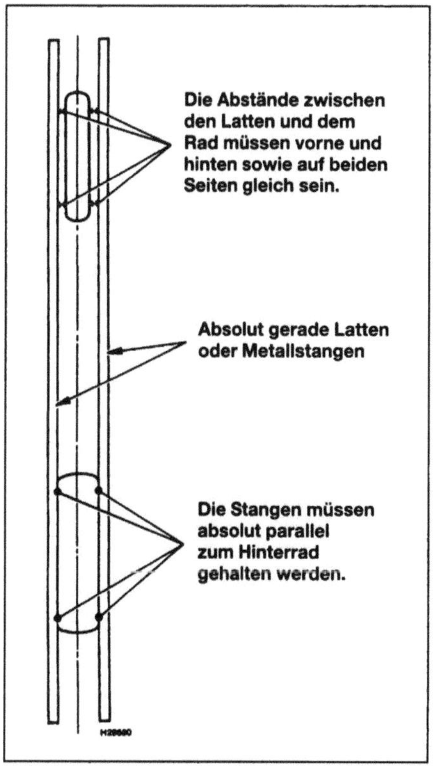

10.7 Spurkontrolle des Rades mithilfe von Holzlatten

11 Vorderrad
Ausbau und Einbau

Ausbau

1 Stellen Sie das Motorrad auf den Hauptständer oder eine geeignete Stütze, heben Sie den Motor mithilfe eines Wagenhebers so an, dass das Vorderrad vom Boden ist. Stellen Sie sicher, dass die Maschine sicher steht.

2 Entfernen Sie die Tachowelle von ihrem Antrieb (siehe Kapitel 8).

3 Entfernen Sie die Bremssattelbefestigung(en), und sichern Sie den/die Bremssättel so, dass die Hydraulikleitung(en) nicht gespannt ist/sind.

4 Entfernen Sie die Achsklemmen (siehe Abbildungen) – bei Modellen bis 1997 sitzen an der Unterseite des linken Gabelholms zwei Stück, bei späteren Modellen rechts eine.

5 Stützen Sie das Rad ab, und drehen Sie die Achse heraus, senken Sie das Rad vorsichtig ab (siehe Abbildung).

11.4a Achsen-Klemmschraube (A) und Achse (B) – EU-Modelle bis 1997 und alle US-Modelle

11.4b Achsen-Klemmschraube und Achse – EU-Modelle ab 1998

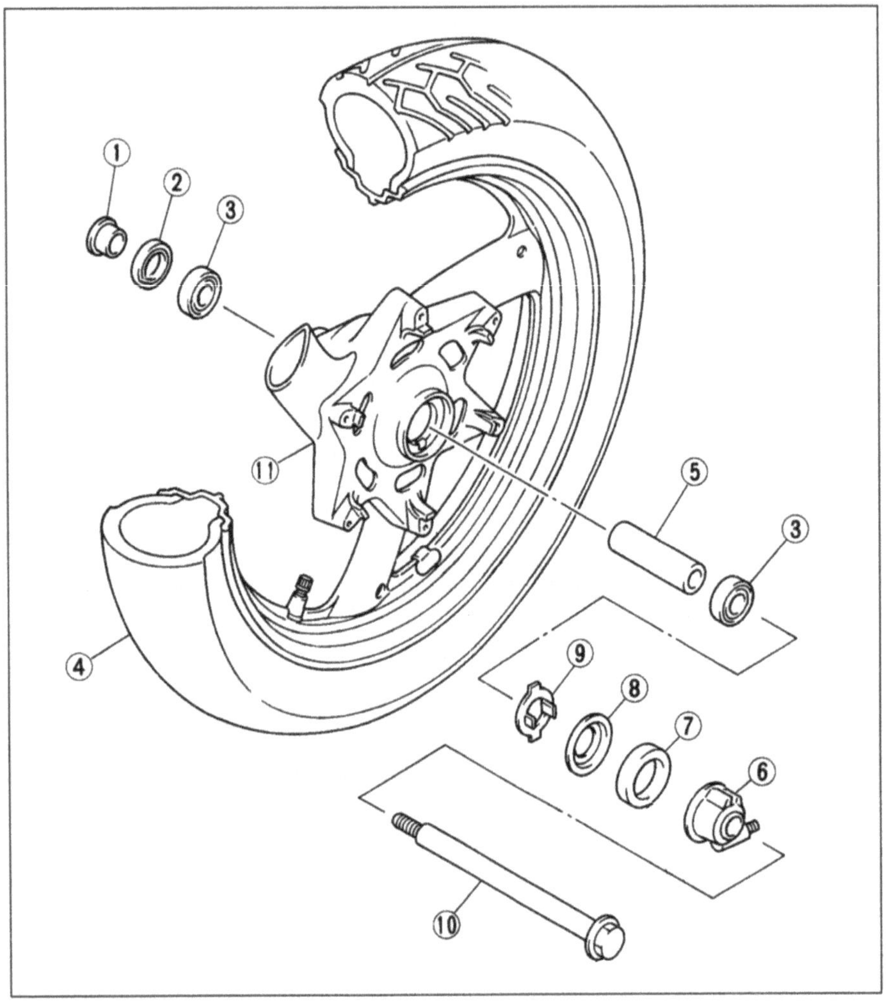

11.5 Details des Vorderrades

1 Buchse	*5 Distanzrohr*	*9 Tachomitnehmer*
2 Staubdichtung	*6 Tachoantrieb*	*10 Achse**
3 Radlager	*7 Staubdichtung*	*11 Vorderrad*
4 Reifen	*8 Mitnehmersicherung*	

** bei Modellen ab 1998 wird die Achse von rechts eingeschoben*

Achtung: Legen Sie das Rad nicht auf die Bremsscheiben, da sie dadurch verziehen können. Legen Sie das Rad auf Blöcke, sodass die Scheibe nicht das Gewicht des Rades stützen muss. Kontrollieren Sie die Achse durch Rollen auf einer ebenen Oberfläche, z.B. einer Glasscheibe auf Biegung. Wenn die Achse verbogen ist, muss sie ausgewechselt werden. Wischen Sie zuvor altes Fett ab, und entfernen Sie Rost mit Schmiergelleinen. Betätigen Sie bei demontierten Bremssätteln nicht den Bremshebel.

6 Kontrollieren Sie den Zustand der Radlager (siehe Sektion 13).

Einbau

7 Der Einbau entspricht der umgekehrten Ausbaureihenfolge. Stellen Sie sicher, dass die Buchse an der rechten Seite installiert ist (siehe Abbildung). Schmieren Sie etwas Fett auf die Lippen des Dichtringes, und setzen Sie den Tachoantrieb links auf die Nabe, sodass die Laschen des Mitnehmers in die Nuten des Antriebs greifen (siehe Abbildung). Bringen Sie das Rad in Position, und richten sie das Gehäuse des Tachoantriebs so aus, dass die Lasche des Tauchrohrs in die Nut des Gehäuses greift (siehe Abbildung).

8 Schmieren Sie die Achse dünn mit Fett ein, schieben Sie entsprechend des Modells von rechts oder links ein, und ziehen Sie sie mit 59 Nm Drehmoment an.

9 Ziehen Sie die Achsenklemmschraube(n) mit 20 Nm Drehmoment an.

10 Setzen Sie den/die Bremssattel auf, ggf. müssen die Bremsbeläge zunächst vorsichtig auseinandergedrückt werden. Ziehen Sie die Bremssattelbefestigungen vorschriftsmäßig an. Betätigen Sie den Bremshebel einige Male, bis die Beläge an der Bremsscheibe anliegen. Kontrollieren Sie die ordnungsgemäße Funktion der Vorderradbremse, bevor Sie mit dem Motorrad fahren.

12 Hinterrad
Ausbau und Einbau

Ausbau

1 Stellen Sie das Motorrad auf den Hauptständer oder eine entsprechende Stütze, sodass das Hinterrad frei vom Boden ist.

2 Entfernen Sie den Kettenschutz.

3 Entfernen Sie den Sicherungssplint aus der Achse, und lösen Sie die Achsmutter (beachten Sie Kapitel 1, Sektion 1).

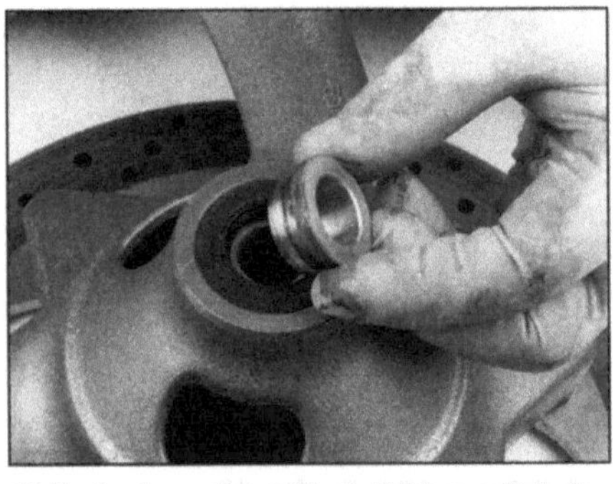

11.7a In der rechten Staubdichtung sitzt eine Buchse.

11.7b Die Laschen des Mitnehmers müssen in die Nuten des Antriebs greifen.

11.7c Richten sie das Gehäuse des Tachoantriebs so aus, dass die Lasche des Tauchrohrs in die Nut des Gehäuses greift.

4 Locken Sie beide Kettenspanner vollständig.
5 Drücken Sie das Hinterrad so weit wie möglich nach vorne. Heben Sie die Kette oben vom Kettenrad, und ziehen Sie sie nach links, während Sie das Rad rückwärts drehen.

Warnung: Halten Sie beim Abnehmen der Kette nicht die Finger zwischen Kette und Kettenrad.

6 Lösen Sie die Achsmutter (siehe Abbildung).
7 Stützen Sie das Rad ab, und ziehen Sie die Achse heraus, senken Sie das Rad vorsichtig ab, und nehmen Sie es aus der Schwinge, verlieren Sie nicht die Distanzbuchsen auf beiden Seiten der Nabe. Ziehen Sie die Bremsscheibe aus dem Sattel.

Achtung: Legen Sie das Rad nicht auf die Bremsscheibe oder das Kettenrad, da sie dadurch verziehen können. Legen Sie das Rad auf Blöcke, sodass die Scheibe oder das Kettenrad nicht das Gewicht des Rades stützen müssen. Betätigen Sie die Hinterradbremse nicht im demontierten Zustand.

8 Kontrollieren Sie vor der Montage die Achse durch Rollen auf einer ebenen Oberfläche, z.B. einer Glasscheibe auf Biegung (wischen Sie zuvor altes Fett ab, und entfernen Sie Rost mit Schmiergelleinen). Wenn die Achse verbogen ist, muss sie ersetzt werden.
9 Kontrollieren Sie den Zustand der Dichtungen und Radlager (siehe Sektion 13).

Einbau

10 Geben Sie eine dünne Schicht Fett auf die Lippen der Lagerdichtung, und schieben Sie die Distanzbuchsen in die korrekte Position in die Nabe.
11 Heben Sie das Rad in die Schwinge, richten Sie den Bremssattel so aus, dass die Bremsscheibe zwischen die Beläge gleitet – ggf. müssen diese zuvor vorsichtig auseinandergedrückt werden.
12 Legen Sie die Kette auf das Kettenrad, halten Sie das Rad in Position, und schieben Sie die Achse mit der Scheibe ein. Setzen Sie die Achsmutter auf, aber ziehen Sie sie noch nicht an.
13 Stellen Sie die Kettenspannung ein, und kontern Sie den Kettenspanner (siehe Kapitel 1).
14 Ziehen Sie die Achsmutter mit 105 Nm Drehmoment an, und installieren Sie einen neuen Splint. Ziehen Sie die Mutter ggf. fester, bis die Bohrung der Achse mit der Krone fluchtet, um den Splint einzusetzen. Biegen Sie diesen korrekt um (siehe Abbildung 1.10 in Kapitel 1).
15 Betätigen Sie das Bremspedal einige Male, bis die Beläge an der Bremsscheibe anliegen. Kontrollieren Sie die ordnungsgemäße Funktion der Hinterradbremse, bevor Sie mit dem Motorrad fahren.

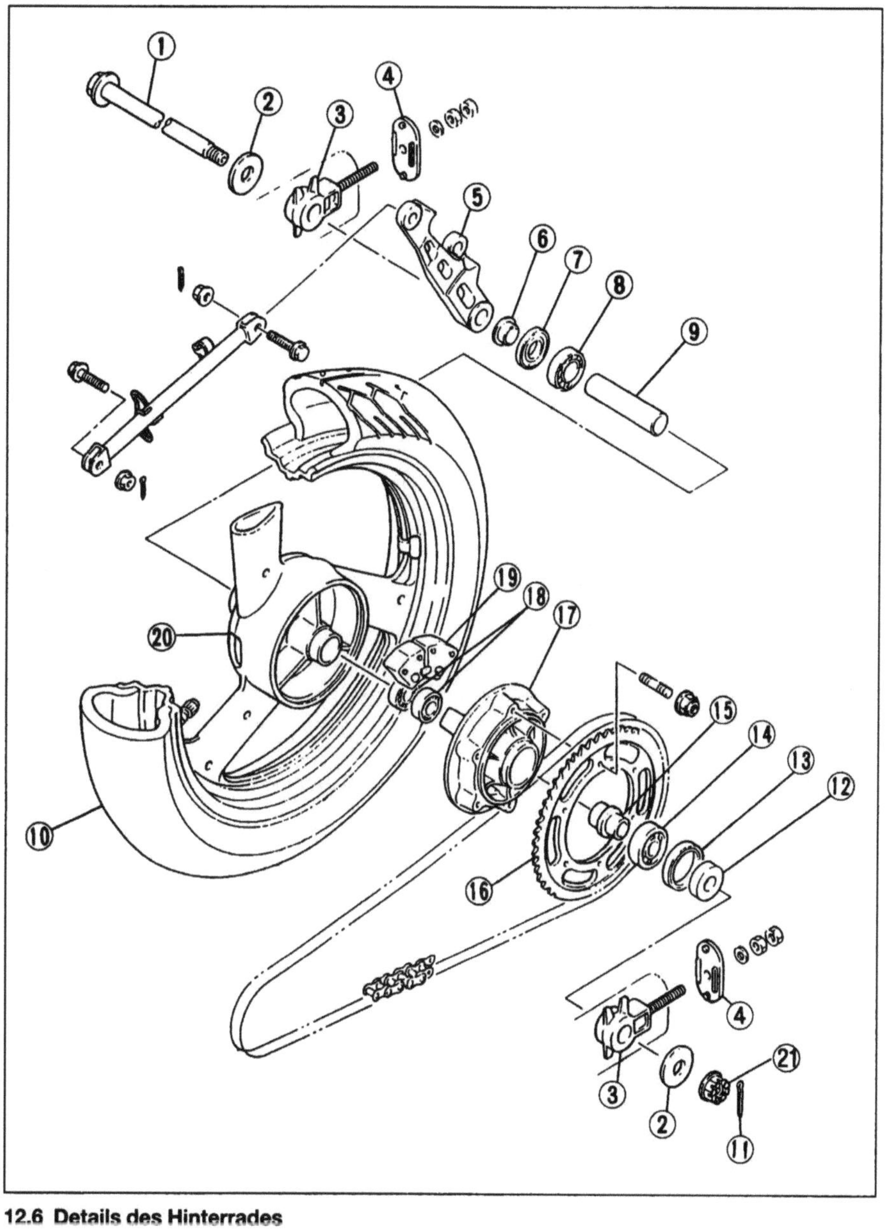

12.6 Details des Hinterrades

1	Achse	8	rechtes Radlager	15	Mitnehmerbuchse
2	Scheibe	9	Distanzrohr	16	Kettenrad
3	Kettenspanner	10	Reifen	17	Hinterradmitnehmer
4	Endplatte	11	Splint	18	linke Radlager (2 Stück)
5	Bremssattelhalter	12	Distanzbuchse	19	Gummidämpfersegmente
6	Distanzbuchse	13	Staubdichtung	20	Hinterrad
7	Staubdichtung	14	Mitnehmerlager	21	Achsmutter

13 Radlager
Ausbau, Kontrolle und Einbau

Anmerkung: *Ersetzen Sie Radlager immer paarweise, niemals einzeln. Vermeiden Sie es, mit Hochdruckreinigern in die Radlager zu spritzen.*

1 Entfernen Sie das Rad, beachten Sie dazu die Sektionen 11 (Vorderrad) oder 12 (Hinterrad).
2 Legen Sie das Rad auf Blöcke, sodass nicht eine Bremsscheibe das Gewicht des Rades stützen muss.

Vorderradlager

3 Entfernen Sie die Buchse rechts aus der Radnabe (siehe Abbildung 11.7a), hebeln Sie die Staubdichtung heraus (siehe Abbildung).
4 Heben Sie links den Tachoantrieb aus der Nabe.

13.3 Hebeln Sie rechts die Staubdichtung heraus.

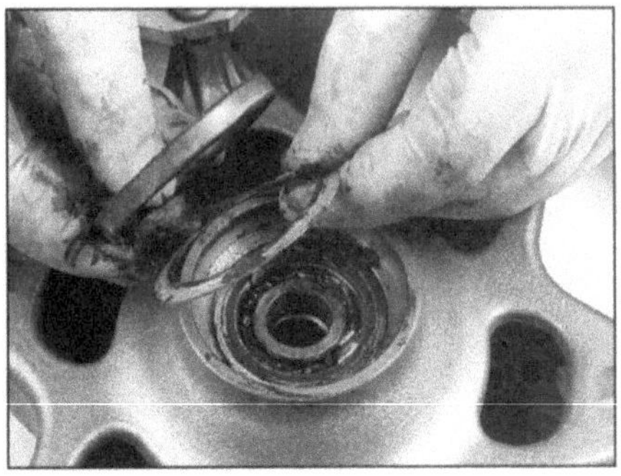

13.5 Hebeln Sie links die Staubdichtung heraus, und heben Sie den Tachomitnehmer und seine Sicherung heraus.

13.6a Schlagen Sie kreisförmig auf das untere Lager, um es auszutreiben.

13.6b Ziehen Sie das Distanzrohr heraus, und treiben Sie das andere Lager aus.

13.9 Füllen Sie das Lager mit Fett, arbeiten Sie es in die Räume zwischen die Kugeln ein.

13.10a Platzieren Sie das Lager mit der abgedichteten Seite nach außen, . . .

5 Hebeln Sie links die Staubdichtung heraus, und heben Sie den Tachomitnehmer und seine Sicherung heraus (siehe Abbildung).

6 Führen Sie ein Metallrohr (oder vorzugsweise einen Austreibdorn) durch das obere Lager, und schlagen Sie kreisförmig auf das untere Lager, um es auszutreiben (siehe Abbildung). Das Distanzrohr wird ebenfalls herausfallen (siehe Abbildung).

7 Legen Sie das Rad auf die andere Seite, und treiben Sie in gleicher Weise das andere Lager heraus.

8 Wenn die Radlager nicht oder nur auf einer Seite abgedichtet sind, können Sie mit rückstandsfreiem Lösungsmittel gereinigt und mit Druckluft ausgeblasen werden. (Lassen Sie die Lager nicht drehen, während Sie sie trocken blasen). Geben Sie etwas Öl in die Lager.

Anmerkung: *Wenn die Lager beidseitig geschlossen sind, können Sie nicht gereinigt werden. Halten Sie den äußeren Lagerring, und drehen Sie den inneren Ring – wenn ein Lager sich nicht weich dreht und rau oder laut läuft, müssen beide Lager ausgetauscht werden.*

Praxis TiPP *Beachten Sie die Werkzeug- und Werkstatt-Tipps (Sektion 5), um mehr Informationen über Lager zu erhalten.*

9 Wenn das Lager gut ist und weiterverwendet werden kann, muss es noch einmal gereinigt und getrocknet und anschließend mit hochwertigem Lithium-Fett gefüllt werden (siehe Abbildung), es empfiehlt sich jedoch,

13.10b . . . und treiben Sie es mit einem Eintreiber oder einer Steckschlüsselnuss, die groß genug ist, nur den Außenring berührend in seinen Sitz. Druck auf den Innenring zerstört das Lager!

13.11 Setzen Sie links den Mitnehmer des Tachoantriebs mit den Laschen in die Nuten der Nabe.

13.15a Entfernen Sie die Distanzbuchse aus dem Mitnehmer, ...

13.15b ... und hebeln Sie die Staubdichtung heraus.

13.16 Entfernen Sie die Mitnehmerbuchse – wenn Sie beim Einbau vergessen wird, zerstören sich die Lager sofort!

13.17a Klopfen Sie das alte Lager aus dem Mitnehmer, ...

13.17b ... setzen Sie ein neues Lager ein, ...

13.17c ... und treiben Sie es mit einem Eintreiber oder einer Steckschlüsselnuss, die groß genug ist, nur den Außenring berührend in seinen Sitz.

aufgrund der geringen Preise die Lager zu erneuern, wenn sie ausgebaut worden sind.

10 Reinigen Sie die Nabe des Rades. Setzen Sie ein Radlager mit der beschrifteten oder abgedichteten Seite nach außen ein (siehe Abbildung). Mit einem Eintreiber oder einer Steckschlüsselnuss, die groß genug ist, nur den Außenring zu berühren, oder einem alten Lager, wird es in seinen Sitz getrieben (siehe Abbildung).

11 Drehen Sie das Rad um, und setzen Sie das Distanzrohr in die Nabe. Treiben Sie das andere Radlager wie oben beschrieben in seinen Sitz. Setzen Sie links den Mitnehmer des Tachoantriebs mit den Laschen in die Nuten der Nabe (siehe Abbildung). Drücken Sie den Sicherungsring auf den Mitnehmer.

12 Geben Sie Fett auf die Dichtlippe der Staubdichtungen, und drücken Sie sie in die Nabe, benutzen Sie dazu einen alten Dichtring oder eine geeignete Steckschlüsselnuss.

13 Installieren Sie den Tachoantrieb, die Laschen des Mitnehmers müssen in die Ausschnitte des Antriebs greifen (siehe Abbildung 11.7b)

14 Reinigen Sie die Bremsscheibe mit Azeton oder Bremsenreiniger von allen Fettresten, und bauen Sie das Rad ein.

Kettenradmitnehmer-Lager

15 Entfernen Sie die Distanzbuchse aus dem Kettenradmitnehmer (siehe Abbildung und 12.6). Hebeln Sie den Dichtring heraus.

16 Heben Sie den Kettenradmitnehmer aus der Radnabe, und drehen Sie ihn um. Entfernen Sie die Mitnehmerbuchse (gegebenenfalls durch ausklopfen; siehe Abbildung).

17 Drehen Sie das Mitnehmerlager. Wenn es rau läuft oder locker ist, muss es ausgetrieben werden (siehe Abbildung). Das neue Lager wird mit der beschrifteten oder abgedichteten Seite nach außen eingesetzt und mit einem Eintreiber oder einer Steckschlüsselnuss, die groß genug ist, nur den Außenring zu berühren, in seinen Sitz getrieben. Montieren Sie eine neue Staubdichtung (siehe Abbildungen).

Hinterradlager

18 Falls noch nicht geschehen, wird die Distanzbuchse aus der rechten Seite entfernt (siehe Abbildung), außerdem links der Ketten-

13.18 Heben Sie die Distanzbuchse rechts aus dem Rad.

13.19a Schlagen Sie kreisförmig auf die unteren Lager, um sie auszutreiben, ...

13.19b ... und ziehen Sie das Distanzrohr heraus.

6

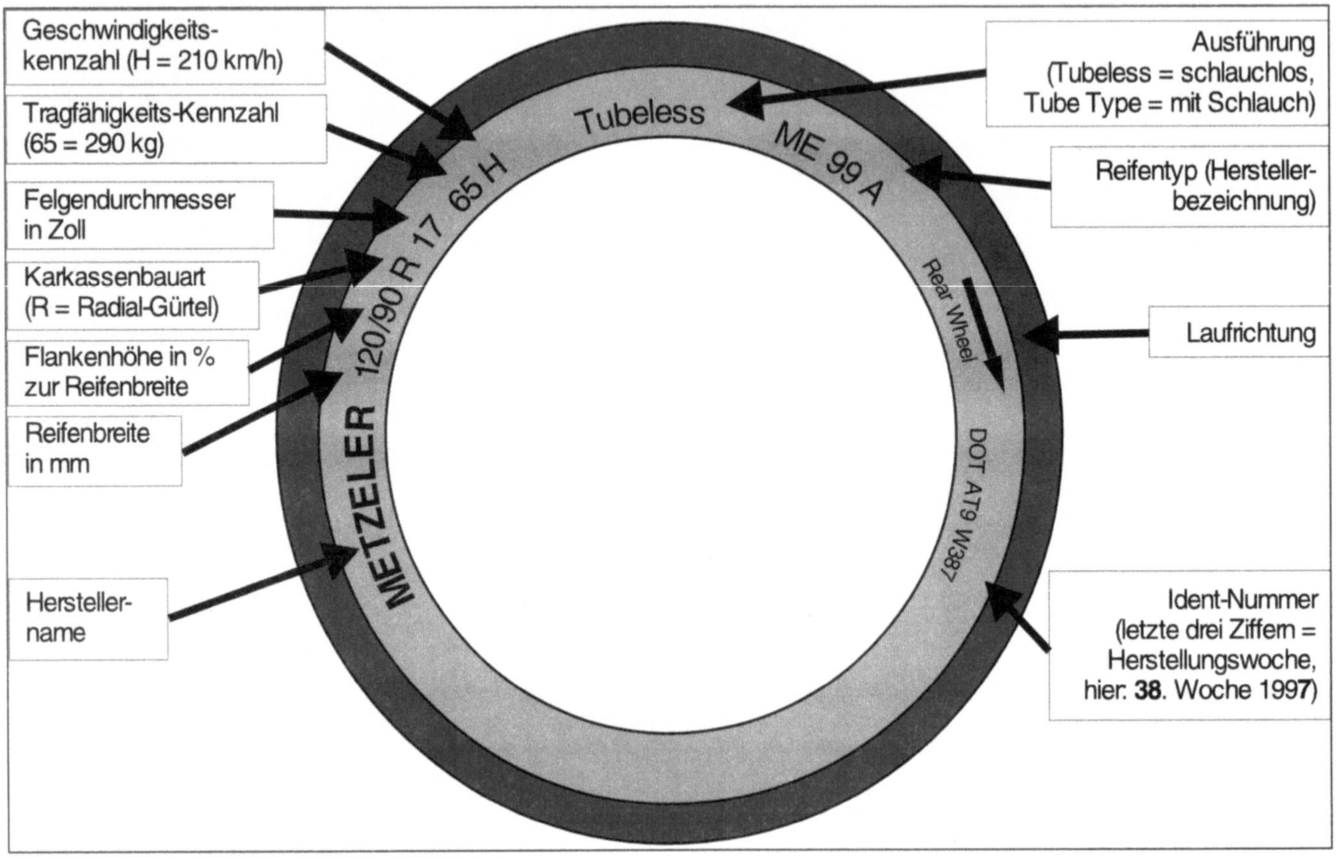

14.3 Die Bedeutung üblicher Reifenbeschriftungen

radmitnehmer abgenommen. Hebeln Sie die Staubdichtung rechts heraus (siehe Abbildung 13.3).

19 Führen Sie ein Metallrohr (oder vorzugsweise einen Austreibdorn) von rechts ein, und schlagen Sie kreisförmig auf die linken Lager, um sie auszutreiben. Entfernen Sie das Distanzrohr (siehe Abbildungen). Rechts sitzt im Gegensatz zu links nur ein Lager.

Anmerkung: *Es herrscht sehr wenig Platz, um mit dem Treiber den Innenrand der Lager zu treffen. Wenn der Treiber ständig abrutscht, muss seine Kante angeschliffen werden. Eine andere Methode ist der Einsatz eines Zughammers mit einem Innenlagerabzieher.*

20 Legen Sie das Rad auf die andere Seite, und treiben Sie in gleicher Weise das/die andere(n) Lager heraus.

21 Beachten Sie die Schritte 8 und 9, um die Lager zu kontrollieren.

22 Reinigen Sie sorgfältig die Nabe des Rades. Setzen Sie die Radlager mit der beschrifteten oder abgedichteten Seite nach außen ein. Mit einem Eintreiber oder einer Steckschlüsselnuss, die groß genug ist, nur den Außenring berührend, werden sie (links zwei!) in ihren Sitz geschlagen.

23 Geben Sie Fett auf die Dichtlippe der Staubdichtung, und drücken Sie sie in die Nabe, setzen Sie die Distanzbuchsen ein.

24 Reinigen Sie die Bremsscheibe mit Azeton oder Bremsenreiniger von allen Fettresten, setzen Sie das Kettenrad samt Mitnehmer auf, und bauen Sie das Rad ein, achten Sie auf den korrekten Sitz der Buchsen.

Achtung: Wenn die Mitnehmerbuchse nicht eingebaut wird, zerstören sich die Radlager bereits beim Anziehen der Achsmutter!

14 Reifen
Allgemeine Informationen und Montage

Allgemeine Informationen

1 Die an allen Modellen verwendeten Gussräder dürfen nur mit schlauchlosen Reifen ausgerüstet werden.

2 Wechseln Sie zu den *Täglichen Kontrollen* am Anfang dieses Handbuches, um Räder und Reifen zu warten. Die Reifengrößen finden sich in den *Technischen Daten* dieses Kapitels.

Montage neuer Reifen

3 Die Auswahl neuer Reifen wird von den Eintragungen in den Fahrzeugpapieren bestimmt. Achten Sie darauf, dass Vorder- und Hinterreifen zusammenpassen, die Größe und Geschwindigkeitsangabe stimmt. Lassen Sie sich von einem Yamaha- oder Reifenhändler beraten (siehe Abbildung).

4 Es ist empfehlenswert, Reifen bei einem Spezialisten wechseln zu lassen. Gerade bei schlauchlosen Reifen ist der Heimwerker mit seinen Montiereisen überfordert und beschädigt eventuell die Dichtflächen an Reifen und Felgen. Eine Werkstatt ist zusätzlich in der Lage, neue Reifen auszuwuchten.

5 Kleine Löcher in schlauchlosen Reifen können unter Umständen repariert werden. Auch hier wird das Aufsuchen eines Reifenhändlers empfohlen. Generell wird empfohlen, mit reparierten Reifen innerhalb der ersten 24 Stunden nicht schneller als 100 km/h und später nicht über 180 km/h zu fahren.

Kapitel 7
Verkleidung und Anbauteile

Inhalt (in alphabetischer Reihenfolge, die Zahlen geben die Nummerierung in den grauen Feldern wieder)

Schwierigkeitsgrade

Leicht. Für Anfänger mit wenig Erfahrung geeignet.	**Relativ leicht.** Für Anfänger mit etwas Erfahrung geeignet.	**Relativ schwierig.** Geeignet für geübte Selbstschrauber.	**Schwer.** Geeignet für Mechaniker mit Erfahrung.	**Sehr schwer.** Geeignet für Experten und Profis.

1 Allgemeine Informationen

In diesem Kapitel sind die nötigen Arbeitsschritte beschrieben, die zum Entfernen und Montieren der Verkleidung und anderer Anbauteile am Motorrad nötig sind. Da bei vielen Wartungsarbeiten und Reparaturen Anbauteile entfernt werden müssen, sind die Arbeitsschritte hier zusammengefasst und werden in anderen Kapiteln empfohlen.

Im Falle einer Beschädigung der Verkleidungsteile ist es normalerweise üblich, diese Komponenten durch Neu- oder Gebrauchtteile zu ersetzen. Das Material, aus dem die Verkleidungsteile sind, lässt sich mit konventioneller Technik nicht reparieren. Es gibt jedoch einige Spezialisten, die Kunststoff wieder »schweißen« können. Es lohnt sich manchmal, hier Angebote einzuholen, bevor teure Neuteile an alten Motorrädern verbaut werden.

2 Sitzbank
Ausbau und Einbau

1 Stecken Sie den Zündschlüssel in das Sitzbankschloss links hinter dem Fahrersitz, und drehen Sie ihn gegen den Uhrzeigersinn, um das Schloss zu öffnen.
2 Ziehen Sie die Sitzbank nach hinten und oben, um ihre Haltelaschen zu lösen (siehe Abbildung). Heben Sie die Sitzbank ab.
3 Der Einbau entspricht der umgekehrten Ausbaureihenfolge. Stellen Sie sicher, dass die Lasche vorne an der Sitzbank unter die Tankhalterung fasst. Legen Sie den Sitz hinten gerade auf, und drücken Sie ihn herunter, bis das Schloss einrastet.

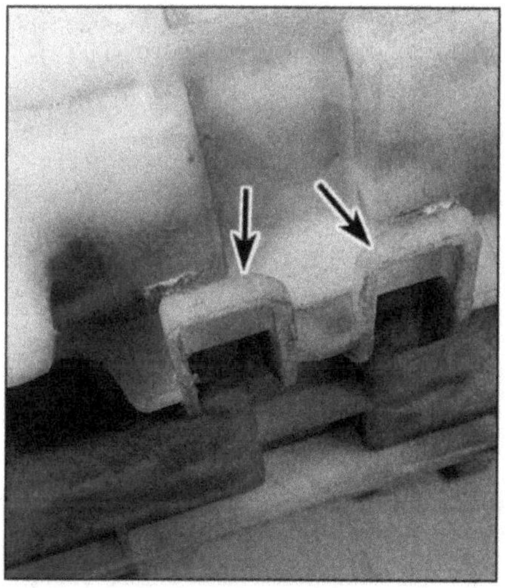

2.2 Ziehen Sie die Sitzbank zum Lösen der Haltelaschen nach hinten und oben.

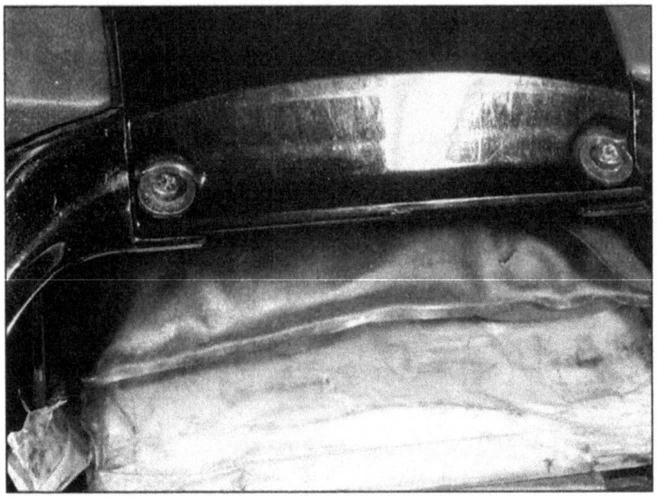

3.3a Entfernen Sie die Schrauben der Heckabdeckung, . . .

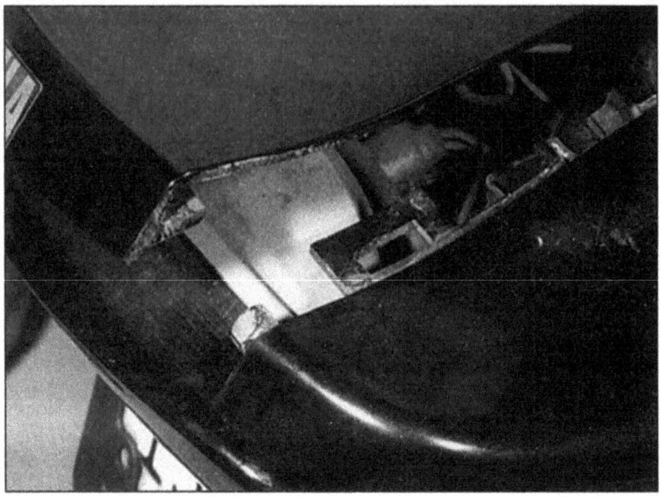

3.3b . . . und lösen Sie hinten die Laschen.

3 Seitendeckel
Ausbau und Einbau

EU-Modelle bis 1995
US-Modelle bis 1996

1 Stellen Sie das Motorrad auf den Hauptständer, oder stützen Sie es sicher aufrecht stehend ab.

2 Entfernen Sie die Sitzbank (siehe Sektion 2).

3 Entfernen Sie die Rücklichtschrauben (siehe Abbildung). Heben Sie die Heckabdeckung vorsichtig vorne an, und ziehen Sie sie nach hinten ab (siehe Abbildung).

4 Lösen Sie die Beifahrergriffe (siehe Abbildung).

5 Heben Sie die unteren Kanten der Seitendeckel an, um die Laschen zu lösen, hinten müssen die Stifte vorsichtig aus den Gummiösen gezogen werden (siehe Abbildung), dann kann der Seitendeckel entfernt werden.

6 Der Einbau entspricht der umgekehrten Ausbaureihenfolge.

EU-Modelle ab 1996
US-Modelle ab 1997

7 Stellen Sie das Motorrad auf den Hauptständer.

8 Entfernen Sie die Sitzbank (siehe Sektion 2).

9 Entfernen Sie die zwei Schrauben, und entfernen Sie die Heckabdeckungen, trennen Sie ihre Laschen aus den Seitendeckeln, und befreien Sie sie nach hinten (siehe Abbildungen).

10 Die Seitendeckel können jetzt einzeln entfernt werden. Lösen Sie die Beifahrergriffe (siehe Abbildungen).

3.4 Entfernen Sie die Schrauben der Beifahrergriffe.

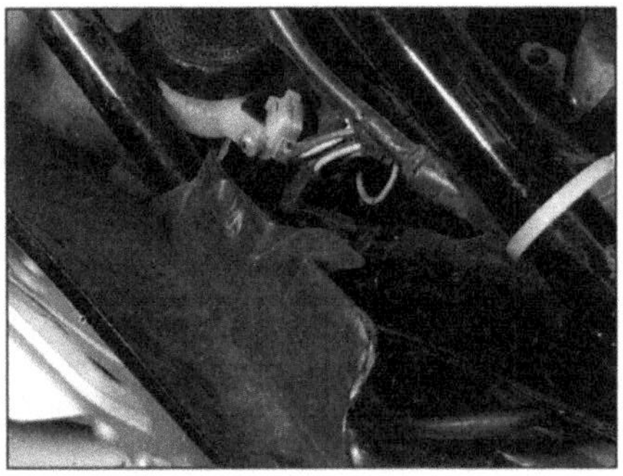

3.5a Trennen Sie die Seitendeckellaschen . . .

3.5b . . . und den Stift.

3.9a Das Rücklicht wird mit zwei Schrauben gesichert.

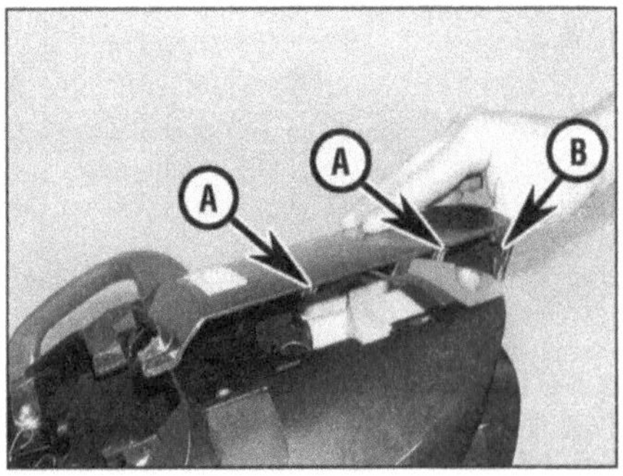

3.9b Die Haken (A) greifen in die Seitendeckelnuten, und der Ausschnitt (B) sitzt hinter dem Schraubenkopf.

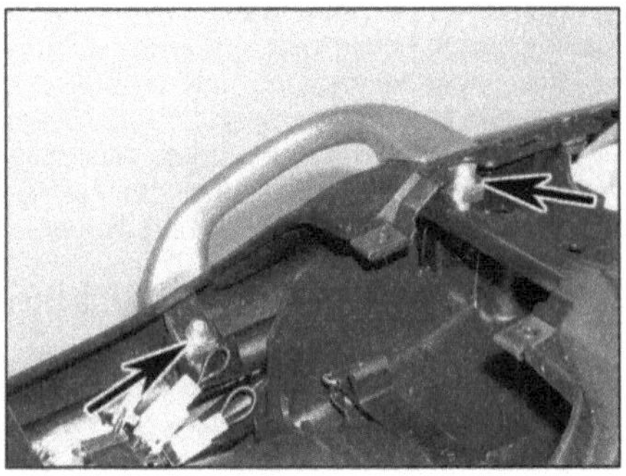

3.10a Entfernen Sie die zwei Schrauben des Beifahrergriffes, . . .

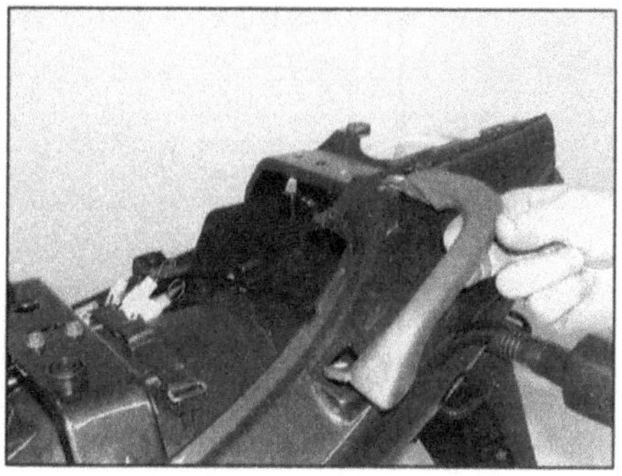

3.10b . . . und entfernen Sie ihn vom Seitendeckel.

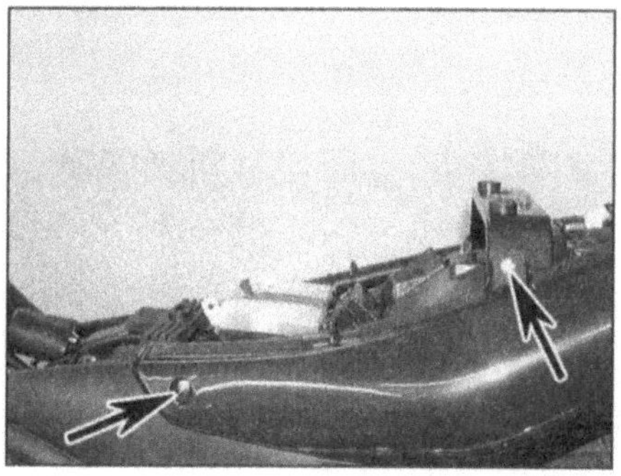

3.11a Seitendeckel-Sicherungsschrauben

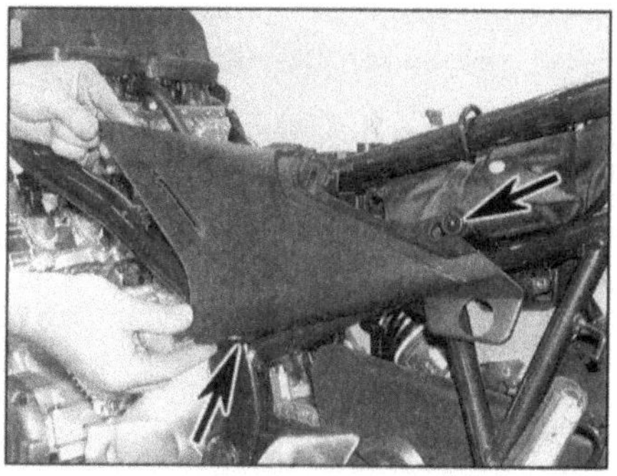

3.11b Das vordere Seitendeckelteil wird mit zwei Stiften (Pfeile) . . .

11 Jeder Seitendeckel ist mit zwei Schrauben gesichert (siehe Abbildung). Die Seitendeckel-Vorderteile werden mit zwei Stiften und einem Haken gehalten (siehe Abbildungen).

12 Der Einbau entspricht der umgekehrten Ausbaureihenfolge.

4 Motorverkleidung (XJ 600 S)
Ausbau und Einbau

Anmerkung: *Dieses Verkleidungsteil wird bei XJ-600-S-Modellen nur optional angeboten.*

1 Stellen Sie das Motorrad auf den Hauptständer oder eine geeignete Stütze.

2 Stützen Sie die Verkleidung von unten ab, sodass sie nicht herunterfallen kann.

3 Entfernen Sie die Verkleidungsschrauben und Gummischeiben (siehe Abbildungen). Senken Sie das Verkleidungsteil ab.

4 Der Einbau entspricht der umgekehrten Ausbaureihenfolge.

5 Verkleidung (XJ 600 S)
Ausbau und Einbau

EU-Modelle bis 1995 US-Modelle bis 1996

1 Entfernen Sie die Verkleidungsschrauben; es gibt zwei, die auch das Unterteil der Windschutzscheibe sichern, eine unter dem Scheinwerfer und zwei an jeder Seite (siehe Abbildungen). Beachten Sie die Positionen der Gummiösen. Entfernen Sie die Windschutzscheibe und die Innenverkleidung.

2 Der Einbau entspricht der umgekehrten Ausbaureihenfolge.

EU-Modelle ab 1996 US-Modelle ab 1997

3 Entfernen Sie den Kraftstofftank (siehe Kapitel 3); zwar ist dies nicht absolut nötig, es wird jedoch zum Schutz der Lackierung empfohlen.

4 Entfernen Sie die sechs Schrauben der Windschutzscheibe, und heben Sie diese vorsichtig von der Verkleidung (siehe Abbildung).

5 Befreien Sie die sechs Gummiexpander aus dem Windschutzscheibenrahmen in der Verkleidung (siehe Abbildung). Entfernen Sie die

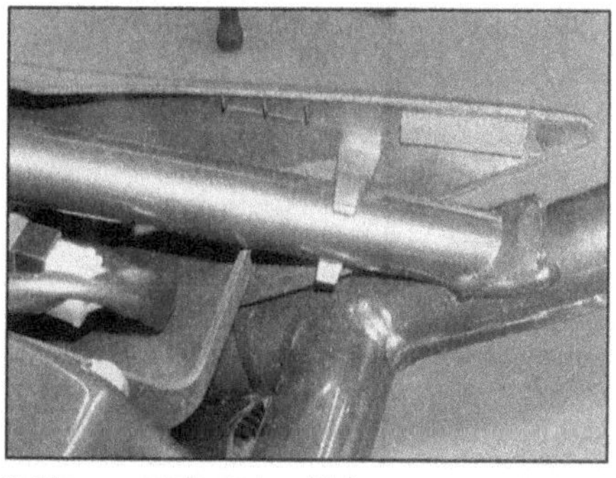

3.11c . . . und einem Haken an der Innenseite gehalten.

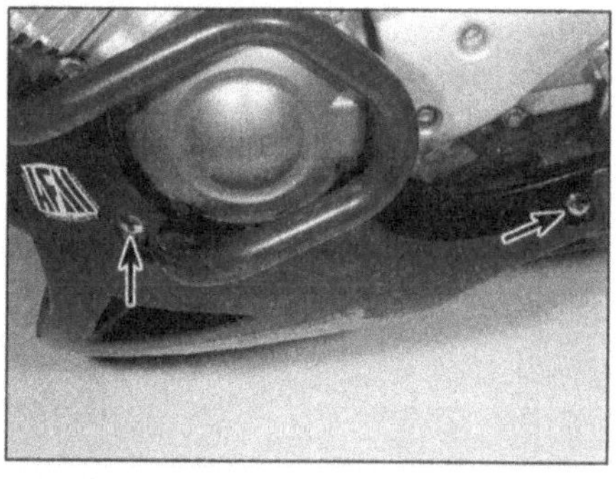

4.3a Bei gehaltener Motorverkleidung werden an beiden Seiten die Befestigungen entfernt . . .

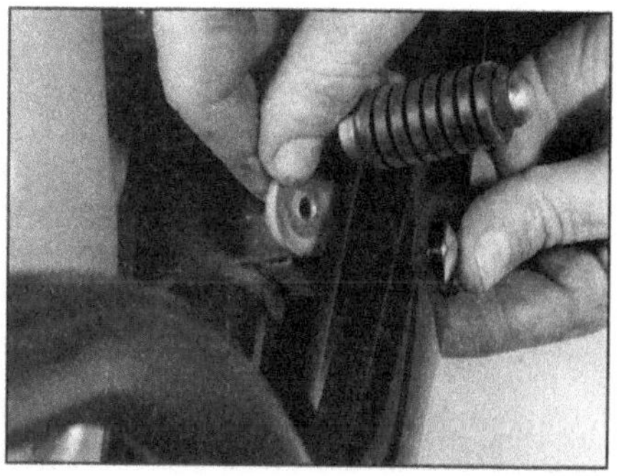

4.3b . . . und die Gummischeiben abgenommen.

5.1a Entfernen Sie die zwei Schrauben unterhalb der Windschutzscheibe . . .

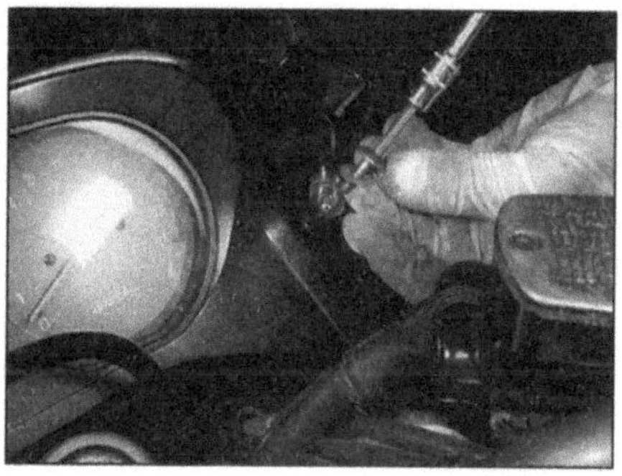

5.1b . . . sowie die Inbusschrauben vorne . . .

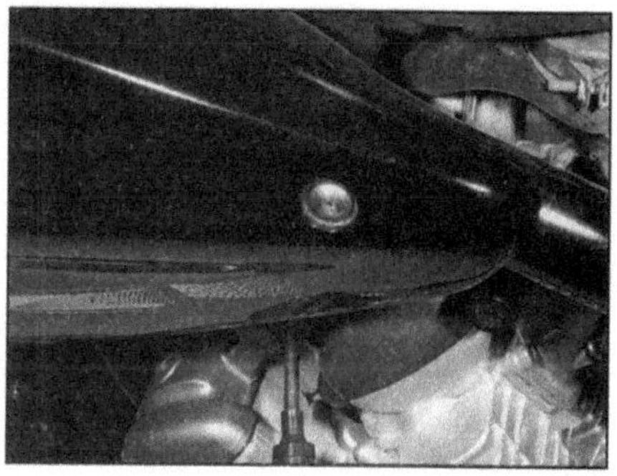

5.1c . . . und hinten an jeder Seite.

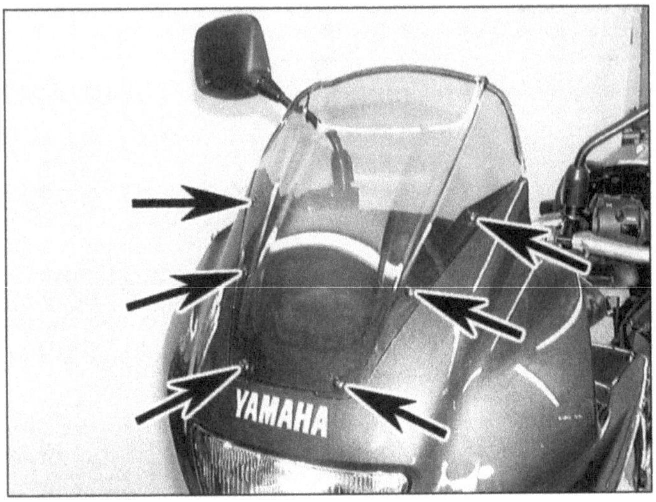

5.4a Entfernen Sie die sechs Schrauben, . . .

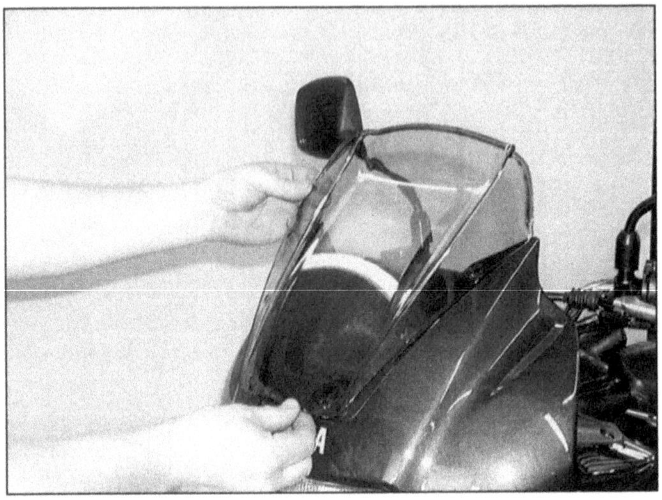

5.4b . . . und heben Sie die Windschutzscheibe vorsichtig von der Verkleidung.

5.5a Befreien Sie die sechs Gummiexpander aus dem Windschutzscheibenrahmen.

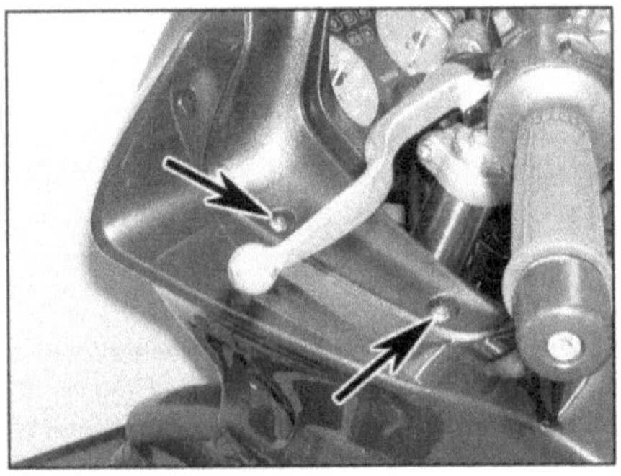

5.5b Innen ist der Rahmen an jeder Seite mit zwei Schrauben gesichert.

5.5c Manövrieren Sie den Rahmen aus der Verkleidung.

vier Schrauben, die den Rahmen sichern, und manövrieren Sie ihn aus der Verkleidung (siehe Abbildungen).

6 Trennen Sie innerhalb der Verkleidung die Stecker der Blinkerkabel. Lösen Sie die Muttern, welche die Blinker an der Verkleidung sichern, ziehen Sie sie über die Kabel, und nehmen Sie die Blinker ab (siehe Abbildungen).

7 Die Verkleidung ist mit sechs Schrauben an ihrem Trägerrahmen befestigt (siehe Abbildungen). Lassen Sie einen Assistenten die Verkleidung halten, während Sie die Schrauben lösen. Ziehen Sie sie dann leicht nach vorne, um die Stecker des Scheinwerfers und der Standlichtlampe lösen zu können (siehe Abbildung).

8 Der Einbau entspricht der umgekehrten Ausbaureihenfolge.

9 Nötigenfalls kann der Verkleidungsträger vom Rahmen entfernt werden, nachdem die Instrumente demontiert wurden. Er ist mit zwei Schrauben am Lenkkopf und je einer Schraube an beiden Oberrohren befestigt (siehe Abbildungen).

5.6a Ziehen Sie die Muttern über das Blinkerkabel, . . .

5.6b . . . und nehmen Sie den Blinker aus der Verkleidung.

5.7a Die Verkleidung ist vorne mit zwei Schrauben . . .

5.7b . . . sowie mit je einer an jeder Seite . . .

5.7c . . . und am oberen Rand befestigt.

5.7d Spreizen Sie die Verkleidung beim Abziehen leicht, um sie von den Blinkerhalterungen zu befreien.

5.9a Der Verkleidungsträger ist mit zwei Schrauben am Lenkkopf . . .

5.9b . . . und an jeder Seite mit je einer Schraube am oberen Rahmenrohr befestigt.

Kapitel 8
Elektrisches System

Inhalt (in alphabetischer Reihenfolge, die Zahlen geben die Nummerierung in den grauen Feldern wieder)

Schwierigkeitsgrade

Leicht. Für Anfänger mit wenig Erfahrung geeignet.	**Relativ leicht.** Für Anfänger mit etwas Erfahrung geeignet.	**Relativ schwierig.** Geeignet für geübte Selbstschrauber.	**Schwer.** Geeignet für Mechaniker mit Erfahrung.	**Sehr schwer.** Geeignet für Experten und Profis.

Technische Daten

Batterie

Typ	Wartungsfrei
Kapazität	12 V, 8 Ah

Sicherungen

Hauptsicherung	30 A
Scheinwerfer	15 A
Blinker	15 A (bis 1996) 10 A (ab 1997)
Warnblinker (ab 1997)	10 A
Zündung	10 A
Ersatzsicherungen	eine 30 A, eine 15 A, eine 10 A

Anlassermotor

Kollektor-Durchmesser	
Standard	28,0 mm
Verschleißgrenze	27,0 mm
Bürstenlänge	
Standard	12,5 mm
Verschleißgrenze (min.)	4,0 mm
Anlasserrelais-Widerstand	3,9–4,7 Ohm bei 20°C

8

Lichtmaschine

geregelte Ausgangsspannung (keine Last)	
EU-Modelle bis 1995, alle US-Modelle	14,3–15,3 V bei 5.000 U/min.
EU-Modelle 1996 bis 1997	14,2–15,2 V bei 5.000 U/min.
EU-Modelle ab 1998	14,1–14,9 V bei 5.000 U/min.
nominelle Lichtmaschinenleistung	
EU-Modelle bis 1995, alle US-Modelle	14 V, 21 A bei 5.000 U/min.
EU-Modelle ab 1996	14 V, 20 A bei 5.000 U/min.
Stator-Spulen Widerstand	
EU-Modelle bis 1995, alle US-Modelle	0,32–0,48 Ohm bei 20°C
EU-Modelle ab 1996	0,24–0,36 Ohm bei 20°C

Lampen

Scheinwerfer	60/55 W Halogen
Standlicht	4,0 W
Brems-/Rücklicht	21/5 W
Blinkerlampen	21 W
Instrumentenbeleuchtung	1,7 W
Leerlauf-, Ölstand-, Blinker-, Fernlichtkontrolle	3,4 W

Anzugs-Drehmomente

Leerlaufschalter-Schrauben	3,5 Nm*
Lichtmaschine	
Rotorbolzen	80 Nm
Deckel-Inbusschrauben	10 Nm
Anlasser-Befestigungsschrauben	10 Nm
Regler-/Gleichrichter-Inbusschrauben	7 Nm

* *mit dauerelastischer Schraubensicherung einsetzen*

1 Allgemeine Informationen

Alle Modelle sind mit einer 12-Volt-Elektrik ausgerüstet.

Der Regler begrenzt den Ladestrom, um die Anlage nicht zu überlasten, der Gleichrichter wandelt den in der Lichtmaschine produzierten Wechselstrom in Gleichstrom um, den die Verbraucher und die Batterie benötigen.

Der Lichtmaschinenrotor besteht aus Dauermagneten. Die Lichtmaschine sitzt oben auf dem Motorgehäuse und wird von der Anlasserfreilaufwelle angetrieben.

Der Anlassermotor sitzt hinter den Zylindern auf dem Motorgehäuse. Die Starteranlage besteht aus dem Anlassermotor, der Batterie, dem Relais und verschiedenen Kabeln und Schaltern. Wenn sowohl der Not-Aus-Schalter als auch das Zündschloss in RUN- bzw. ON-Position stehen, gibt das Starterrelais Strom an den Anlassermotor frei, der Stromkreis wird jedoch erst geschlossen, wenn der Leerlauf eingelegt (Leerlaufschalter an) ist oder der Kupplungshebel gezogen (Kupplungsschalter an) und der Seitenständer eingeklappt ist.

Anmerkung: *Beachten Sie, dass Elektroteile – einmal gekauft – normalerweise nicht mehr vom Händler umgetauscht werden. Um unnötige Kosten zu vermeiden, sollte ganz sicher gegangen werden, das fehlerhafte Teil genau identifiziert zu haben, bevor ein Ersatzteil gekauft wird.*

2 Fehlersuche im elektrischen System

Warnung: Um das Risiko von Kurzschlüssen zu verhindern, muss die Zündung stets ausgeschaltet sein. Trennen Sie zusätzlich das negative Kabel von der Batterie, damit keine Teile durch Arbeiten an der Anlage beschädigt werden. Vergessen Sie nach Abschluss der Arbeiten oder zum Prüfen des Stromkreises nicht, das Kabel wieder anzubringen.

1 Ein typischer Stromkreis besteht aus einem Verbraucher, Schaltern, Relais usw., die den Verbraucher bedienen, sowie Kabeln und Steckern, die den Verbraucher mit der Batterie und dem Rahmen verbinden. Hilfe zum Identifizieren eines Problems geben die Schaltdiagramme am Ende des Kapitels.

2 Bevor Sie einen Stromkreis, der Probleme verursacht, in Angriff nehmen, sollten Sie sich im Schaltdiagramm informieren, aus welchen Bestandteilen der Kreis besteht. Problempunkte können vielfach eingekreist werden, indem man zum Kreis gehörige Bestandteile auf ihre Funktion testet. Wenn mehrere Verbraucher gleichzeitig ausfallen, ist es sehr wahrscheinlich, dass eine Sicherung oder ein Erdungskabel defekt ist, da verschiedene Stromkreise oft an derselben Sicherung oder Erdungsverbindung angeschlossen sind.

3 Viele Probleme sind auf Kleinigkeiten, wie lose oder korrodierte Kabelverbindungen oder eine defekte Sicherung, zurückzuführen. Bevor Sie sich auf die Fehlersuche begeben, überprüfen Sie stets den optischen Zustand von Sicherungen, Kabeln und Verbindungen im betroffenen Stromkreis. Sporadische Ausfälle können besonders hartnäckig sein, da beim Testen nicht immer die Fehlersituation hergestellt werden kann. Bei solchen Fehlern sollten Sie alle Verbindungen reinigen, unabhängig davon, ob sie optisch in Ordnung erscheinen. Wackeln Sie an allen Verbindungen, um lose Stellen zu finden, die sporadische Fehler verursachen können.

4 Wenn Sie Testinstrumente einsetzen, arbeiten Sie mit dem Schaltdiagramm, um die notwendigen Verbindungen zum Auffinden des Fehlers herstellen zu können.

5 Zur Grundausstattung einer Fehlersuche gehören eine Batterie, ein externer Stromkreis, ein Durchgangsprüfer, eine Prüflampe und ein Überbrückungsdraht. Zu genaueren Prüfungen bietet sich ein Multimeter mit Funktionen zum Messen in Ohm, Volt und Ampere an.

3 Batterie
Kontrolle und Wartung

1 Die meisten Batterieschäden entstehen durch Hitze, Vibrationen und/oder zu niedrigen Säurestand. Die an diesen Modellen verwendeten Batterien sind wartungsfreie (geschlossene) Ausführungen, deren Säurestand nicht überprüft werden braucht. Jedoch sollten die folgenden Kontrollen durchgeführt werden.

Warnung: Trennen Sie immer zuerst den Masseanschluss (Minus), und schließen Sie diesen immer zuletzt an – anderenfalls können Kurzschlüsse entstehen, die zur Explosion der Batterie führen.

2 Wenn die Batterie ein transparentes Gehäuse besitzt, kontrollieren Sie, ob sich innerhalb der Batterie Sedimente abgesetzt haben, sie entstehen durch Sulphatierung bei zu niedrigem Säurestand und können zu Kurzschlüssen innerhalb der Platten führen – dadurch wird die Batterie schnell entladen. Achten Sie auf Risse im Gehäuse, und wechseln Sie die Batterie sofort aus, wenn Sie eines dieser Probleme entdecken.
3 Kontrollieren Sie die Batteriepole und Anschlüsse auf Korrosion und Festigkeit. Wenn nötig, lösen Sie die Verbindungen (Minus zuerst!), und reinigen Sie die Anschlüsse mit einer Drahtbürste oder einem Messer und Schleifpapier. Verbinden Sie die Anschlüsse wieder (Plus zuerst!), und schmieren Sie sie dünn mit Polfett ein, um weitere Korrosion zu vermindern.
4 Das Batteriegehäuse sollte sauber gehalten werden, um zu vermeiden, dass Kriechströme durch den Schmutz fließen und den Akku über längere Zeit entladen. Waschen Sie die Außenseite des Gehäuses mit einer Lösung aus Wasser und Soda. Spülen Sie die Batterie ordentlich ab, und trocknen Sie sie.
5 Wenn Säure auf den Rahmen oder den Batteriehalter gespritzt ist, muss sie sofort mit Sodalauge neutralisiert werden. Trocknen Sie alles ab, und bessern Sie Lackschäden aus.
6 Wenn das Motorrad für längere Zeit nicht benutzt wird, sollten die Batterieanschlüsse gelöst werden, Masse (–) zuerst. Wechseln Sie zu Sektion 4, und laden Sie die Batterie alle vier bis sechs Wochen auf.

4 Batterie
Ladung

Achtung: Seien Sie extrem vorsichtig, wenn Sie an der Batterie arbeiten. Die Batteriesäure ist stark ätzend, und beim Aufladen entstehen explosive Gase.

1 Wenn das Motorrad lange mit z.B. eingeschalteter Beleuchtung gestanden hat oder das Ladesystem defekt ist, kann die Batterie mit einem externen Ladegerät geladen werden.
2 Laden Sie die Batterie nicht mit einem sogenannten Schnellladegerät (mit hoher Laderate über kurze Zeit), wenn Sie nicht planen, alsbald eine neue Batterie zu kaufen. Bauen Sie die Batterie zum Laden immer aus.
3 Yamaha empfiehlt je nach Ladegerät verschiedene Ladetechniken. Da aufgrund der nicht zu öffnenden Zellen kein Hydrometer eingesetzt werden kann, muss mit einem Voltmeter die Spannung zwischen den Batteriepolen gemessen werden. Vor der Messung sollten Sie mindestens 30 Minuten warten (Sie können auch zwischendurch den Motor laufen lassen).
4 Zur Messung der offenen Batteriespannung müssen die Anschlüsse von der Batterie getrennt (Minus zuerst!) und das Messgerät mit der Batterie verbunden werden. Wenn die Spannung über 12,8 Volt liegt, ist keine Ladung nötig, ansonsten muss anhand der Tabelle bestimmt werden, wie lange die Batterie geladen wird (siehe Abbildung).

Ladegerät mit variabler Ladestärke (einstellbarer Spannung)

5 Verbinden Sie das Ladegerät mit der Batterie. Wenn das Gerät nicht mit einem Amperemeter ausgerüstet ist, muss eines in Reihe angeschlossen werden (siehe Abbildung).

6 Schalten Sie das Ladegerät an, und stellen Sie die Ladespannung auf 16 bis 17 Volt. Beachten Sie dabei die Ladestromstärke. Wenn sie niedriger als die auf der Batterie aufgedruckten Angabe liegt, gehen Sie nach Schritt 7. Wenn sie höher als vorgeschrieben ist, springen Sie nach Schritt 8.

7 Schalten Sie die Ladespannung auf 20 bis 25 Volt, und beobachten Sie die Ladestromstärke drei bis vier Minuten. Wenn sie 1 Ampere oder mehr erreicht, schalten Sie wieder auf 16 bis 17 Volt zurück, und setzen Sie die Ladung fort. Wenn die Ladestromstärke auch nach fünf Minuten nicht über den angegebenen Wert steigt, muss die Batterie ersetzt werden.

8 Stellen Sie die Ladespannung so ein, dass die Ladestromstärke den aufgedruckten Angaben entspricht. Laden Sie die Batterie solange, wie Sie anhand der Tabelle ablesen können.

9 Nachdem die Batterie geladen wurde, wird das Ladegerät abgeschaltet und von der Batterie abgeklemmt. Warten Sie eine halbe Stunde, und verbinden Sie ein Voltmeter zwischen den Batteriepolen, und messen Sie die Spannung – die Batterie braucht diese Pause, um sich zu stabilisieren.

a) Wenn die Spannung bei 12,8 Volt oder höher liegt, ist die Batterie geladen.

b) Wenn die Spannung zwischen 12,0 und 12,7 Volt liegt, muss die Ladung fortgesetzt werden.

c) Wenn die Spannung unter 12 Volt liegt, muss die Batterie ersetzt werden.

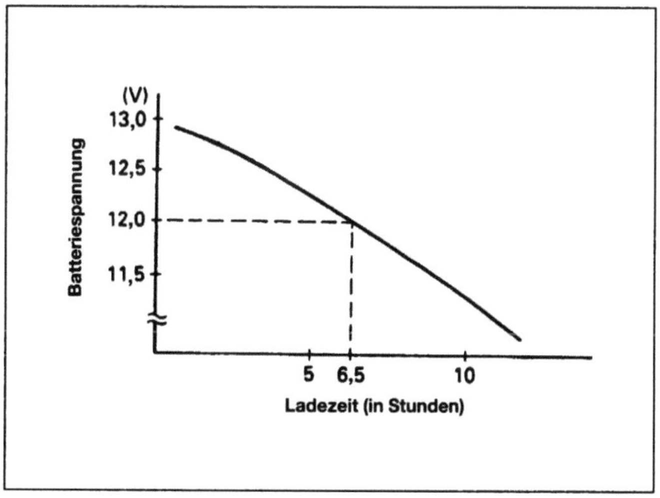

4.4 Verhältnis zwischen Batteriespannung und Ladezeit
Die Tabelle bezieht sich auf eine Umgebungstemperatur von 20°C und eine Batterie in gutem Zustand.

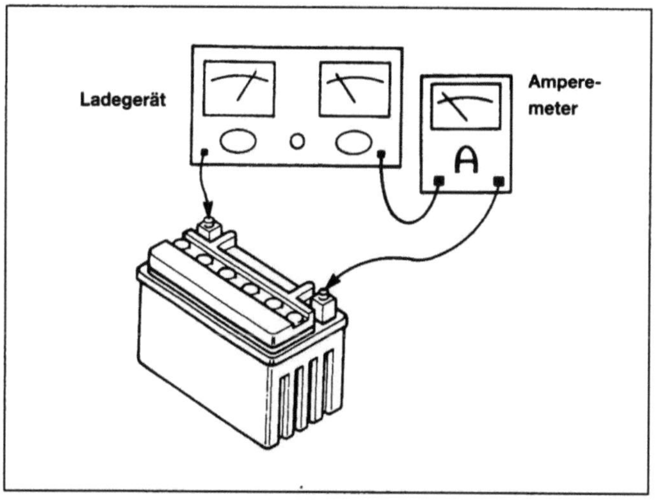

4.5 Wenn das Ladegerät kein eingebautes Amperemeter hat, schließen Sie ein externes Gerät in Reihe an. Schließen Sie das Amperemeter NICHT zwischen die Batteriepole, da es dadurch zerstört wird.

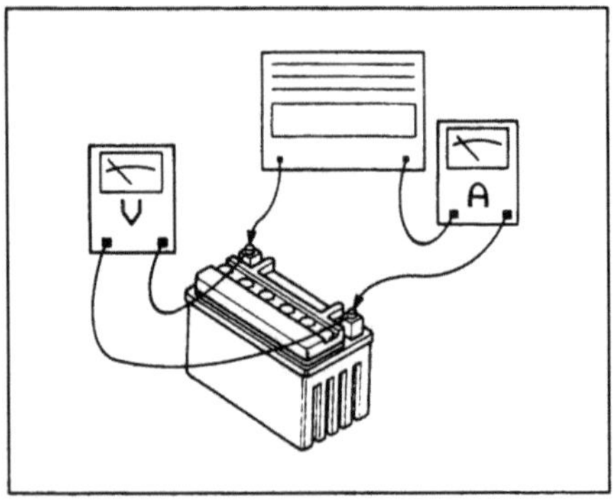

4.10 Verbinden Sie das Ladegerät, das Amperemeter und das Voltmeter wie gezeigt mit der Batterie. Schließen Sie das Amperemeter NICHT zwischen die Batteriepole, da es dadurch zerstört wird.

Ladegerät mit konstanter Spannung

10 Verbinden Sie das Ladegerät, ein Voltmeter und ein Amperemeter mit der Batterie (siehe Abbildung).

11 Schalten Sie das Ladegerät ein, und kontrollieren Sie die Ampere-Messung.

a) Wenn der Ladestrom geringer ist, als auf der Batterie aufgedruckt, arbeitet das Ladegerät nicht an einer wartungsfreien Batterie. Benutzen Sie ein Ladegerät mit einstellbarer Ladespannung.

b) Wenn der Ladestrom der Angabe auf der Batterie entspricht, darf maximal 20 Stunden geladen werden bis die Ladespannung 15 Volt erreicht.

12 Nachdem die Ladespannung 15 Volt erreicht hat, wird das Ladegerät ausgeschaltet und die Batterie abgeklemmt. Wechseln Sie zu Schritt 9, um die Batteriespannung zu messen.

5 Sicherungen
Kontrolle und Ersetzen

1 Die Bordelektrik ist mit Sicherung unterschiedlicher Stärken geschützt. Diese befinden sich in dem mit »FUSE« beschrifteten Kasten unter der Sitzbank (siehe Abbildungen). Er beinhaltet die Haupt-, Scheinwerfer-, Blinker-, Zündungs- und Warnblinkersicherungen (letztere ab 1997), sowie Ersatzsicherungen. Die Absicherungsraten finden sich in den *Technischen Daten* und im Deckel des Sicherungskastens.

5.1 Der mit »FUSE« gekennzeichnete Sicherungskasten sitzt unterhalb der Sitzbank. Heben Sie den Deckel ab.

2 Mit einer Prüflampe können die Sicherungen ohne Demontage geprüft werden. Halten Sie eine Klemme an Masse und die andere oben an die Anschlüsse der Sicherung. Bei angeschalteter Zündung muss die Prüflampe leuchten, egal an welchem Sicherungsanschluss die Klemme gehalten wird. Wenn die Sicherung durchgebrannt ist, leuchtet die Lampe nur an einer Klemme.

3 Die Sicherungen können nach dem Ausbau auch mit einem Ohmmeter getestet werden. Wenn Durchgang gemessen wird, ist die Sicherung in Ordnung, andernfalls ist sie durchgebrannt.

4 Die Sicherungen können auch ausgebaut und einer Sichtkontrolle unterzogen werden. Wenn sie sich nicht mit den Fingern entfernen lassen, können sie auch vorsichtig mit einer Spitzzange herausgenommen werden. Eine durchgebrannte Sicherung ist leicht an der Unterbrechung in der Drahtverbindung der beiden Anschlüsse zu erkennen (siehe Abbildung).

5 Wenn die Sicherung durchbrennt, muss der Kabelbaum sorgfältig auf den Grund des Kurzschlusses überprüft werden. Achten Sie auf blanke Leitungen und abgeriebene, geschmolzene oder verbrannte Isolationen. Wenn die Sicherung ersetzt wird, bevor die Ursache gefunden und behoben ist, wird die neue Sicherung sofort ebenfalls durchbrennen.

Achtung: Setzen Sie niemals eine stärkere Sicherung ein, und überbrücken Sie die Anschlüsse niemals mit Draht oder Ähnlichem, für wie kurz auch immer. Die elektrische Anlage kann stark beschädigt werden oder in Brand geraten.

6 Gelegentlich wird eine Sicherung ohne offensichtlichen Grund durchbrennen oder den Stromkreis unterbrechen. Der Grund hierfür liegt in korrodierten Kontakten der Sicherung oder ihrer Halterung. Entfernen Sie diese Kontaktschwächen mit einer Drahtbürste oder Schleifpapier, und sprühen Sie die Anschlüsse mit Kontakspray ein.

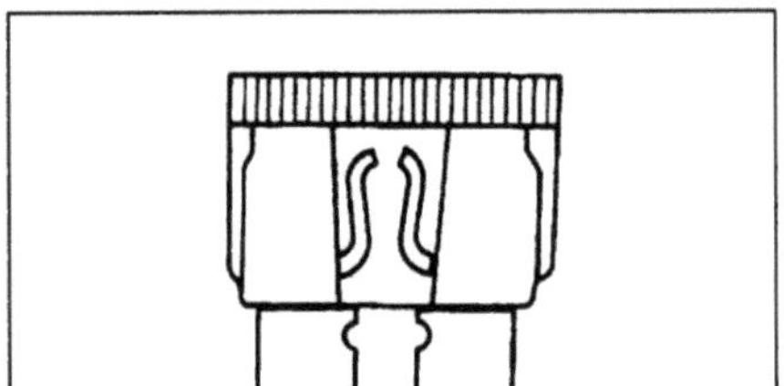

5.4 Eine durchgebrannte Sicherung ist an dem unterbrochenen Metallstreifen zu erkennen.

6 Lichtanlage
Kontrolle

1 Die Batterie versorgt den Scheinwerfer, das Rück- und Bremslicht, die Blinker sowie die Instrumentenbeleuchtung mit Strom. Wenn gar keines der Lichter funktioniert, muss zunächst die Batterieladung überprüft werden. Eine schwache Batterie kann entweder einen eigenen Schaden oder einen Fehler im Ladesystem bedeuten. Wechseln Sie für die Batteriekontrolle zu Sektion 3 und wegen eines Tests des Ladesystems zu den Sektionen 26 und 27. Kontrollieren Sie ebenfalls den Zustand der Sicherungen.

Scheinwerfer

2 Wenn der Scheinwerfer nicht mehr arbeitet, muss zunächst bei angeschalteter Zündung die Sicherung (siehe Sektion 5) und dann die Lampe überprüft werden. Trennen Sie den Scheinwerferstecker und klemmen die Lampe mit Überbrückungskabel direkt an die Batterie. Wenn sie jetzt leuchtet, liegt der Fehler in den Kabeln oder Schaltern des Bordnetzes. Wechseln Sie zum Test der Schalter zu den Sektionen 15 oder 16 und zu den Schaltplänen am Ende des Kapitels.

Rücklicht-/ Kennzeichenbeleuchtung

3 Wenn das Rücklicht ausfällt, kontrollieren Sie zuerst die Lampen und ihre Fassungen, anschließend die Batteriespannung am Anschluss der Versorgungsseite des Rücklichtsteckers. Wenn Spannung anliegt, überprüfen Sie, ob das Rücklicht eine Masseverbindung hat.

4 Wenn keine Spannung festzustellen ist, kontrollieren Sie die Kabel zwischen Rücklicht und Zündschloss, dann das Zündschloss und den Lichtschalter.

Bremslicht

5 Sehen Sie zur Kontrolle der Bremslichtschalter in Sektion 11 nach.

Leerlaufanzeige

6 Wenn sich das Getriebe im Leerlauf befindet und die Neutrallampe nicht leuchtet, müssen die Sicherungen und die Lampe (sehen Sie in Sektion 13 nach, um sie zu ersetzen. Wenn beides in Ordnung ist, muss am Leerlaufschalter (links am Motor) geprüft werden, ob Spannung anliegt. Ist dieses der Fall, muss entsprechend der Anweisungen in Sektion 18 der Schalter gewechselt werden.

7 Liegt keine Spannung an, müssen die Kabel zwischen Schalter und Lampe auf gute Verbindung kontrolliert werden.

Ölstand-Warnlampe

8 Sehen Sie in Sektion 14 nach, um eine Kontrolle des Ölstandgebers durchzuführen.

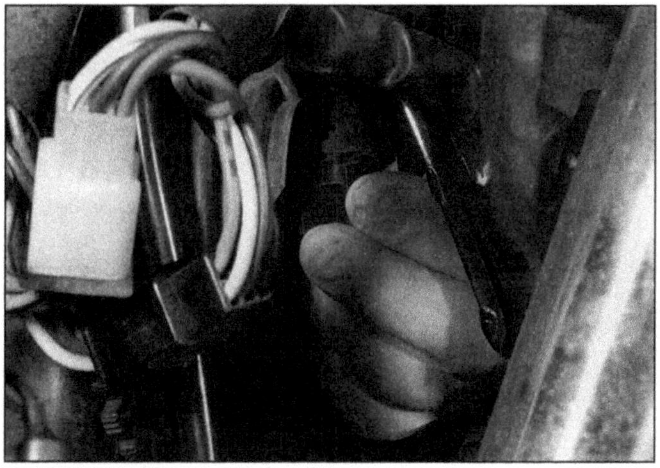

7.1a Trennen Sie den Stecker vom Scheinwerfer, . . .

7.1b . . . und ziehen Sie die Abdeckung ab. Die TOP-Markierung muss beim Einbau nach oben zeigen.

7 Scheinwerferlampe und Standlichtlampe
Ersetzen

Warnung: Lassen Sie die Lampe nach dem Betrieb einige Zeit abkühlen, bevor Sie sie ausbauen!

Scheinwerferlampe XJ-600-S-Modelle

1 Greifen Sie in die Verkleidung, und trennen Sie den Scheinwerferstecker. Ziehen Sie die Abdeckung ab (siehe Abbildungen).

2 Lösen Sie die Drahtklemme, und entfernen Sie die Lampe (siehe Abbildungen). Wenn Ihnen der Zugang nicht ausreicht, muss die Verkleidung entfernt werden (siehe Kapitel 7, Sektion 5).

3 Der Einbau entspricht der umgekehrten Ausbaureihenfolge, beachten Sie die folgenden Hinweise:

a) *Das Glas der Halogenlampe darf nicht angefasst werden, da Flecken das Leben der Lampe verkürzen. Wenn sie doch einmal berührt worden ist, muss sie sorgfältig mit einem Spiritus getränkten Lappen abgewischt und vor dem Einbau getrocknet werden.*

b) *Setzen Sie die Gummiabdeckung mit der TOP-Markierung nach oben auf.*

XJ-600-N-Modelle

4 Entfernen Sie die Scheinwerfer-Sicherungsschrauben, und ziehen Sie die Baugruppe aus dem Lampengehäuse (siehe Abbildung).

5 Trennen Sie den Lampenstecker, und nehmen Sie die Abdeckung ab (siehe Abbildung).

6 Nach Linksdrehung des Lampensicherungsrings, nehmen Sie die Lampe aus dem Reflektor.

7 Beachten Sie für den Einbau Schritt 3.

Standlichtlampe XJ-600-S-Modelle

8 Greifen Sie in die Verkleidung, und trennen Sie den Standlichtlampenstecker, ziehen Sie

7.2a Lösen Sie die Drahtklemme, um die Lampe zu befreien, . . .

7.2b . . . und ziehen Sie die Lampe heraus. Berühren Sie das Glas nicht mit den Fingern.

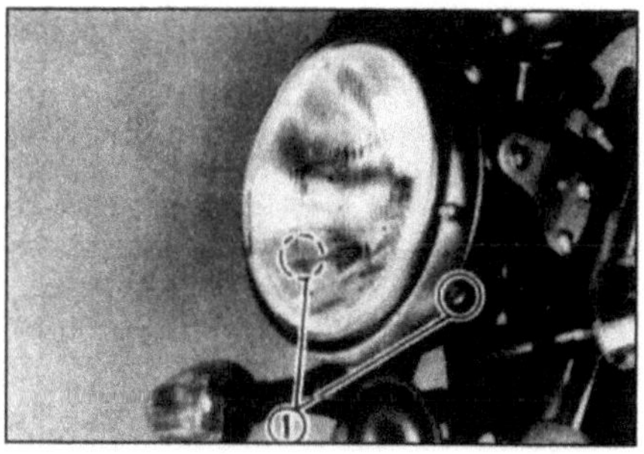

7.4 Entfernen Sie die Scheinwerfer-Sicherungsschrauben (1), . . .

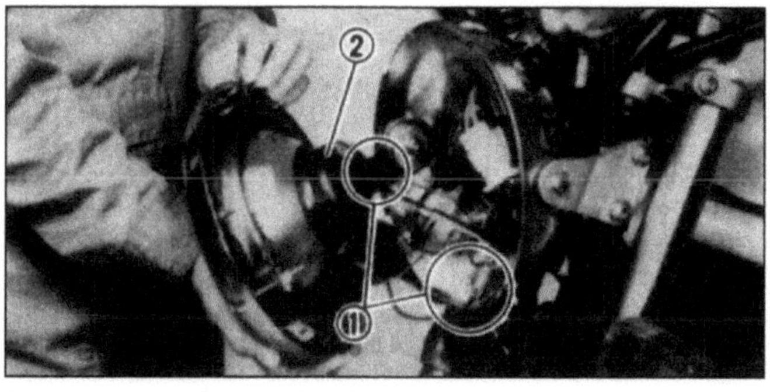

7.5 . . . trennen Sie den Kabelstecker (1), entfernen Sie die Lampenabdeckung (2), . . .

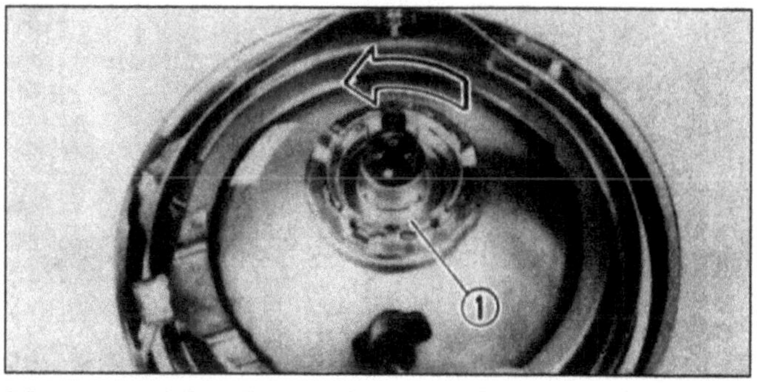

7.6 . . . und drehen Sie den Sicherungsring nach links, um die Lampe zu befreien.

8

7.8a Der Standlichtlampenhalter ist unten in den Scheinwerfer gedrückt.

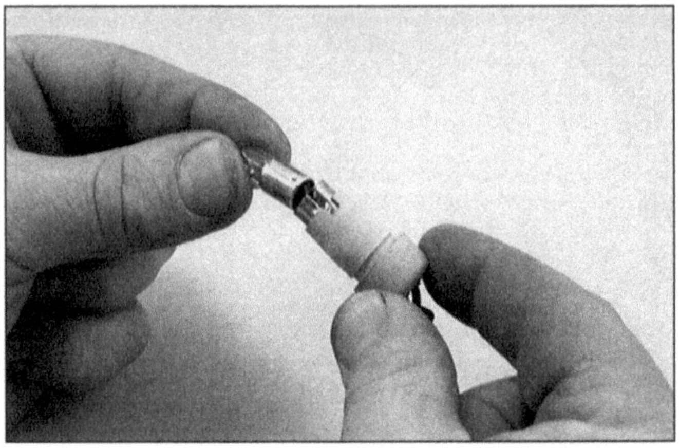

7.8b Die Standlichtlampe wird durch einen Bajonettverschluss gesichert.

8.3a Scheinwerfer-Einstellschrauben – XJ-600-S-Modelle bis Baujahr 1995.

8.3b Scheinwerfer-Einstellschrauben – XJ-600-S-Modelle ab Baujahr 1996

den Lampenhalter vorsichtig aus dem Boden der Scheinwerfereinheit (siehe Abbildung). Drücken Sie dann die Lampe herunter, und drehen Sie sie gegen den Uhrzeigersinn, um sie aus dem Halter zu entfernen (siehe Abbildung).
9 Der Einbau entspricht der umgekehrten Ausbaureihenfolge.

XJ-600-N-Modelle

10 Entfernen Sie die Scheinwerfer-Sicherungsschrauben, und ziehen Sie die Baugruppe aus dem Lampengehäuse (siehe Abbildung 7.4). Trennen Sie die Stecker der Lampen.

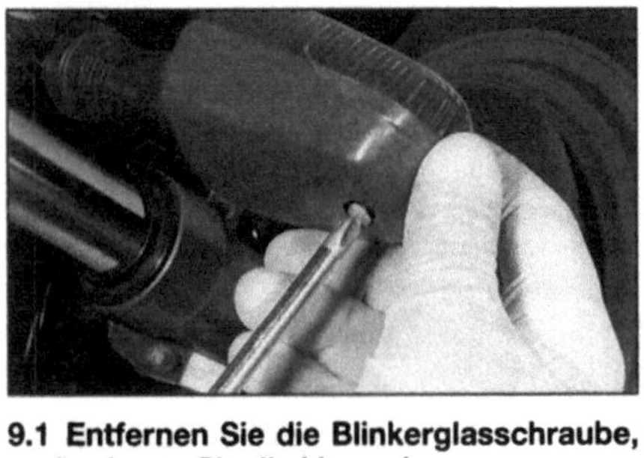

9.1 Entfernen Sie die Blinkerglasschraube, und nehmen Sie die Linse ab.

11 Ziehen Sie den Lampenhalter vorsichtig aus dem Boden des Scheinwerfers. Drücken Sie dann die Lampe herunter, und drehen Sie sie gegen den Uhrzeigersinn, um sie aus dem Halter zu entfernen.
12 Der Einbau entspricht der umgekehrten Ausbaureihenfolge.

8 Scheinwerfereinheit
Kontrolle und Einstellung

1 Ein schlecht eingestellter Scheinwerfer sorgt nicht nur für schlechte Sicht, sondern kann auch stark den Gegenverkehr blenden. Beachten Sie die Sicherheitschecks im Anhang.
2 Der Lichtkegel des Scheinwerfers kann sowohl seitlich als auch in der Höhe verstellt werden. Dazu sollte der Tank zur Hälfte gefüllt und das Motorrad mit einem Assistenten besetzt werden.

XJ-600-S-Modelle

3 Greifen Sie in die Verkleidung, und drehen Sie an den Einstellschrauben (siehe Abb.).

XJ-600-N-Modelle

4 Die seitliche Einstellung erfolgt über die einzelne Schraube am Scheinwerfer. Die Höheneinstellung wird durch Lockern der Scheinwerferhalterungen und Kippen des Scheinwerfers vorgenommen.

9 Blinker- und Rücklichtlampen
Ersetzen

Blinkerlampen

1 Zum Entfernen der Blinkerlampen müssen die Blinkerglas-Schrauben an der Rückseite des Gehäuses entfernt werden (siehe Abbildung).
2 Drücken Sie die Lampe in den Sockel, und drehen Sie sie gegen den Uhrzeigersinn, um sie zu entfernen (siehe Abbildung). Überprüfen Sie den Sockel auf Korrosion, und reinigen Sie ihn gegebenenfalls. Bringen Sie die Stifte der neuen Lampe in Flucht mit den Schlitzen des Sockels, drücken Sie die Lampe hinein, und verdrehen Sie sie im Uhrzeigersinn, bis sie in Position sitzt.

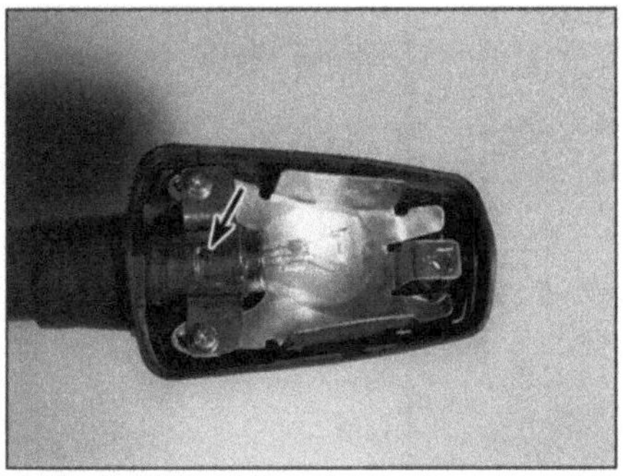

9.2 Drücken Sie die Lampe in ihren Sockel, drehen Sie sie gegen den Uhrzeigersinn, und ziehen Sie sie heraus.

9.3 Entfernen Sie die Rücklichtglasschrauben . . .

9.4 Drehen Sie die Lampe gegen den Uhrzeigersinn, und ziehen Sie sie heraus. Ersetzen Sie die Dichtung (Pfeil), wenn sie brüchig oder gerissen ist.

Rück-/Bremslichtlampen

3 Entfernen Sie die Rücklichtglasschrauben (siehe Abbildung), und nehmen Sie das Glas ab.

4 Drücken Sie die Lampe in den Sockel, und drehen Sie sie gegen den Uhrzeigersinn, um sie zu entfernen (siehe Abbildung). Überprüfen Sie den Sockel auf Korrosion, und reinigen Sie ihn gegebenenfalls. Ersetzen Sie die Dichtung, wenn sie brüchig oder gerissen ist.

5 Bringen Sie die Stifte der neuen Lampe in Flucht mit den Schlitzen des Sockels, drücken Sie die Lampe hinein, und verdrehen Sie sie im Uhrzeigersinn, bis sie in Position sitzt.

Anmerkung: *Die Stifte der Rücklichtlampe sind höhenversetzt, sodass sie nur in einer Position eingesetzt werden können. Es kann nicht schaden, die Lampe mit einem sauberen Tuch einzusetzen, um Flecken zu vermeiden, welche die Lebensdauer verkürzen könnten.*

6 Installieren Sie das Rücklichtglas, und sichern Sie es mit den Schrauben - ziehen Sie diese nicht zu fest, da das Glas schnell reißt.

10 Blinker-Stromkreis
Kontrolle

1 Die Batterie versorgt die Blinkanlage mit Strom. Wenn gar keine der Lampen funktioniert, muss zunächst die Batterieladung überprüft werden. Eine schwache Batterie kann entweder einen eigenen Schaden oder einen Fehler im Ladesystem bedeuten. Wechseln Sie wegen der Kontrolle und Ladung der Batterie zu den Sektionen 3 und 4, wegen eines Tests des Ladesystems zu den Sektionen 26 und 27. Kontrollieren Sie ebenfalls den Zustand der Sicherung (siehe Sektion 5) und des Schalters (siehe Sektion 16).

10.3 Das Blinkerrelais sitzt bei früheren Modellen links vor der Batterie.

2 Die meisten Blinkerprobleme sind das Resultat einer durchgebrannten Lampe oder korrodierten Fassung, besonders wenn die Anlage auf einer Seite noch funktioniert und auf der anderen nicht. Kontrollieren Sie die Lampen und Fassungen (siehe Sektion 9), gehen Sie sicher, dass die Lampen die richtigen Wattstärken haben.

Blinkerrelais

3 Das Blinkrelais befindet sich bei Modellen bis Baujahr 1995 unter der Sitzbank vor der Batterie (siehe Abbildung) und bei späteren Modellen hinter dem rechten Seitendeckel am Rahmen (siehe Abbildungen 30.2b, c oder d).

4 Wenn Lampen und Sockel in Ordnung sind, kontrollieren Sie bei eingeschalteter Zündung am braunen bzw. am rot/braunen Anschluss (Modelle ab 1997) des Relais die Spannung (Verbinden Sie die andere Klemme mit dem schwarzen Anschluss). Wenn keine Spannung anliegt, muss mit Hilfe des Schaltplans die Verkabelung zwischen dem Relais und dem Sicherungskasten überprüft werden. Wenn bei Modellen ab 1997 keine Spannung anliegt, muss das Warnblinkrelais überprüft werden (siehe unten).

5 Wenn am braunen Kabel Spannung anlag, muss bei eingeschalteter Zündung der braun/weiße Anschluss am Relais auf Spannung überprüft werden. Liegt hier keine Spannung an, muss das Relais ersetzt werden.

6 Wenn am Relais bei den Schritten 4 und 5 Spannung anlag, wird der Fehler wahrscheinlich in schlechten Kontakten liegen. Prüfen Sie die Lampensockel und die Kontakte der Lampen auf schlechte Kontakte. Stecken Sie gegebenenfalls eine neue Lampe ein.

7 Kontrollieren Sie die Leitungen zwischen Relais, Blinkerschalter und Blinklichtern auf Durchgang (beachten Sie die Schaltpläne am Ende des Kapitels).

Warnblinkrelais (Modelle ab 1997)

8 Das Warnblinkrelais sitzt hinter dem rechten Seitendeckel am Rahmen (siehe Abbildung 30.2c).

9 Wenn am Blinkrelais keine Spannung anlag (Schritt 4), muss bei eingeschalteter Zündung die Spannung am braunen Anschluss des Warnblinkrelais geprüft werden. Liegt keine Spannung an, müssen die Blinkersicherung und das Kabel zwischen Sicherung und Warnblinkrelais kontrolliert werden. Prüfen Sie auch die Spannung am blau/roten Anschluss. Liegt keine Spannung an, müssen die Warnblink-Sicherung und das Kabel zwischen Sicherung und Warnblinkrelais kontrolliert werden. Kontrollieren Sie schließlich das braun/rote Kabel zwischen Warnblink- und Blinkrelais auf Brüche und schlechten Anschluss. Liegt hier kein Defekt vor, muss das Relais ersetzt werden.

11 Bremslichtschalter
Kontrolle und Ersetzen

Stromkreiskontrolle

1 Kontrollieren Sie vor dem Stromkreislauf die Sicherung (siehe Sektion 5).

2 Mithilfe einer gut geerdeten Testlampe wird bei eingeschalteter Zündung die Spannung am Stecker der Stromversorgung überprüft. Wenn keine Spannung anliegt, müssen die Kabel zwischen dem Schalter und dem Sicherungskasten überprüft werden (beachten Sie die Schaltpläne am Ende des Kapitels).

3 Wenn am Bremslichtschalter Spannung anliegt, halten Sie die zweite Klemme der Testlampe an den anderen Anschluss des Schalters, und betätigen Sie die Bremse. Wenn das Testgerät nicht leuchtet, muss der Bremslichtschalter ersetzt werden.

4 Wenn die Lampe leuchtet, müssen die Kabel zwischen dem Schalter und dem Bremslicht

11.5 Trennen Sie die Kabel, und entfernen Sie die Schrauben (Pfeile) des Vorderrad-Bremslichtschalters

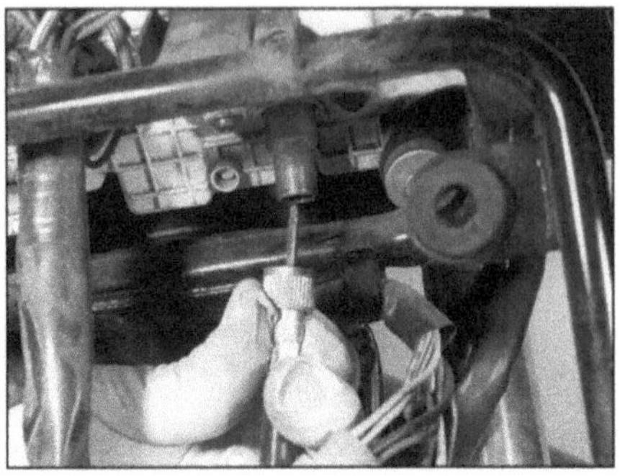

12.3 Lösen Sie den Rändelring der Tachowelle hinten am Tachometer, um die Welle abzuziehen.

12.6a Sicherungsmuttern und Scheiben des Instrumententrägers – Modelle bis 1995 . . .

12.6b . . . und Modelle ab 1996

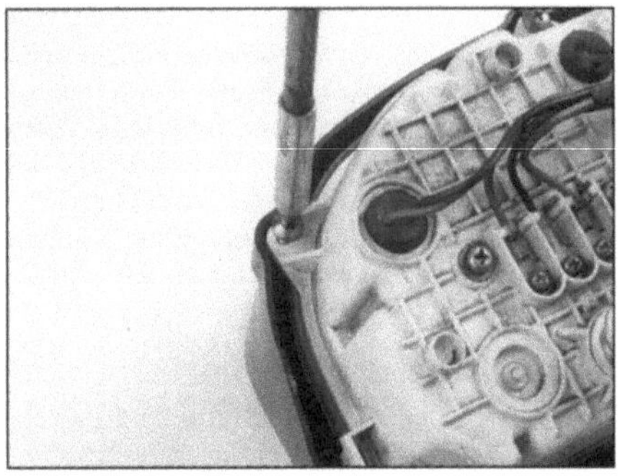

12.8a Entfernen Sie die vier Schrauben an jeder Ecke, . . .

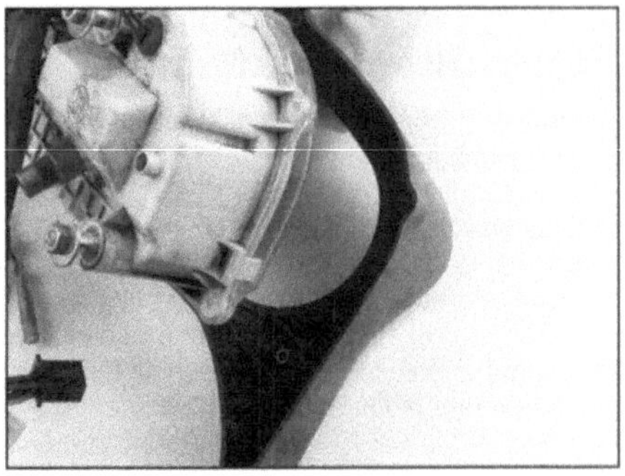

12.8b . . . und trennen Sie die Instrumentenverkleidung.

untersucht werden (beachten Sie die Schaltpläne am Ende des Kapitels).

Vorderrad-Bremslichtschalter

Ersetzen

5 Lösen Sie die Schrauben, die den Schalter am Boden des Hauptbremszylinders halten, und trennen Sie den Stecker vom Schalter (siehe Abbildung).
6 Entfernen Sie den Schalter vom Hauptbremszylinder.
7 Der Einbau entspricht der umgekehrten Reihenfolge des Ausbaus. Der Schalter ist nicht einstellbar.

Hinterrad-Bremslichtschalter

Ersetzen

8 Verfolgen Sie das Kabel aus dem Schalter, und trennen Sie es am Stecker.
9 Hängen Sie das untere Ende der Feder aus dem Bremspedal, und entfernen Sie den Schalter.
10 Sichern Sie die Plastikmutter mit einem kleinen Schraubendreher oder Ähnlichem, damit sie sich nicht mitdreht. Die Mutter sitzt im Gehäuse des Bremspedalhalters. Drehen Sie das Schaltergehäuse, bis die Gewinde aus der Plastikmutter gelöst sind. Führen Sie die Feder durch die Mutter, dann den Schalter abnehmen.
11 Der Einbau entspricht der umgekehrten Reihenfolge des Ausbaus. Stellen Sie sicher, dass das Bremslicht zu leuchten beginnt, bevor die Bremse wirkt (siehe Kapitel 1).

12 Instrumente und Tachometerwelle
Ausbau, Träger-Zerlegung und Einbau

1 Diese Sektion beschreibt den Ausbau, die Zerlegung und den Einbau des Instrumententrägers der XJ 600 S. Die unverkleideten XJ-600-N-Modelle sind mit einzelnen Instrumenten ausgerüstet.

Instrumente

Ausbau

2 Entfernen Sie die Verkleidung (siehe Kapitel 7).
3 Lösen Sie den Rändelring der Tachowelle hinten am Tachometer (siehe Abbildung).

12.8c Hebeln Sie vorsichtig die Klemmen auf, und heben Sie das Glas ab.

4 Trennen Sie die Kabel der Blinker, nachdem Sie sie zuvor markiert haben.
5 Verfolgen Sie den Kabelbaum vom Instrumententräger, und trennen Sie ihn an den zwei Steckern.
6 Entfernen Sie die Instrumententrägermuttern samt Scheiben, und heben Sie den Träger heraus (siehe Abbildungen).

Zerlegung und Zusammenbau

7 Der Träger kann zwar bis zur Freilegung der Instrumente zerlegt werden, doch sind Tachometer und Drehzahlmesser nicht einzeln erhältlich.
8 Die Zerlegung des XJ-600-S-Instrumententrägers ist anhand der Fotos erklärt (siehe Ab-

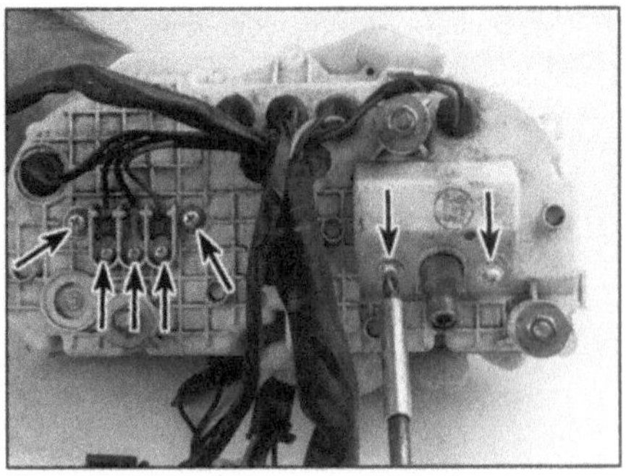

12.8d Entfernen Sie die Tachometer- und Drehzahlmesserbefestigungen sowie die Kabelschrauben – markieren Sie die Kabel, wenn die in den Träger eingegossenen Farbcodierungen nicht sichtbar sind.

bildungen). Beachten Sie für die XJ 600 N die Zeichnung (siehe Abbildung).

9 Der Einbau entspricht der umgekehrten Reihenfolge des Ausbaus. Ziehen Sie die Schrauben an – aber nicht zu fest, da das Gehäuse leicht zerstört werden kann.

Tachometerwelle

Ausbau

10 Lösen Sie die Rändelmutter der Tachometerwelle hinten am Instrument, und ziehen Sie die Welle ab (siehe Abbildung 12.3).

11 Lösen Sie das untere Ende der Tachometerwelle am Antriebsgehäuse links an der Vorderradnabe (siehe Abbildung), und ziehen Sie die Welle aus ihren Führungen, merken Sie sich den Verlauf.

Einbau

12 Der Einbau entspricht der umgekehrten Ausbaureihenfolge. Verlegen Sie die Tachowelle korrekt durch ihre Führungen am Schutzblech und der Gabel. Kontrollieren Sie, dass die Welle nicht die Lenkung behindert oder mit anderen Komponenten kollidiert.

13 Instrumenten- und Kontrolllampen
Ersetzen

1 Entfernen Sie ggf. die Verkleidung (siehe Kapitel 7). Wenn Sie an einer XJ 600 N eine Instrumentenbeleuchtung ersetzen wollen, muss der

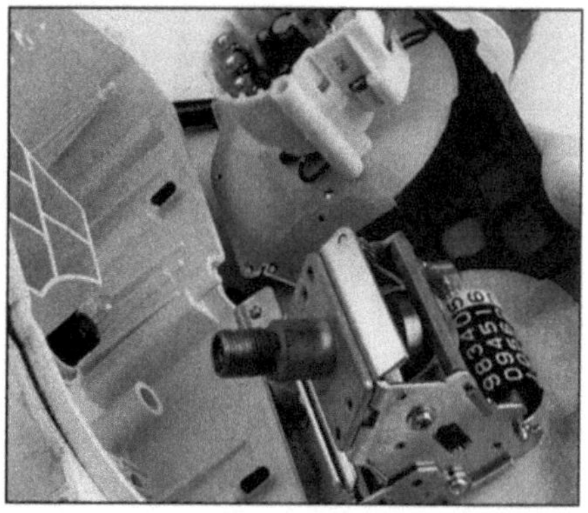

12.8e Heben Sie die Instrumenteneinheit aus dem Trägergehäuse – die Instrumente lassen sich nicht trennen.

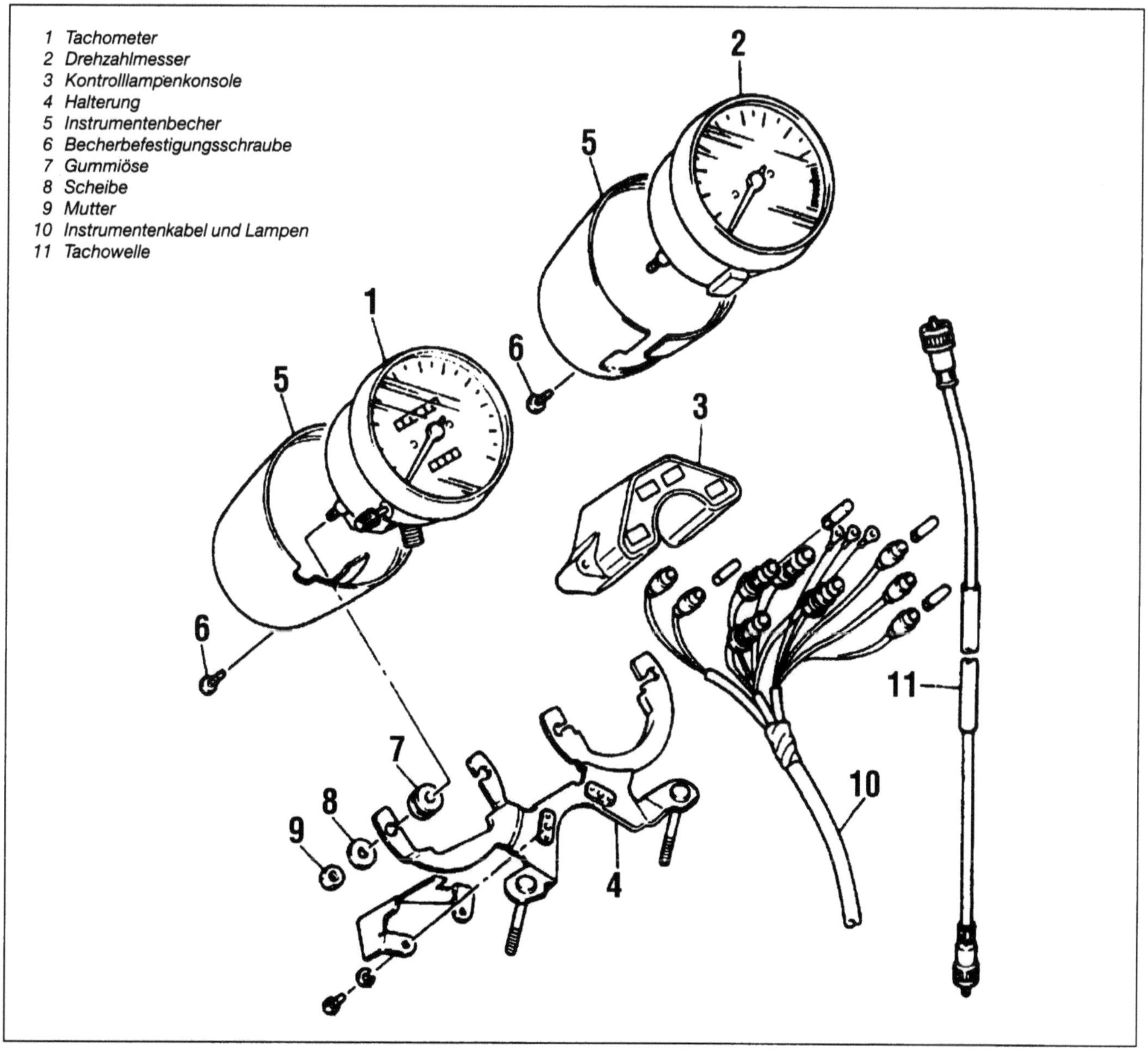

12.8f Instrumentenbauteile der XJ-600-N-Modelle

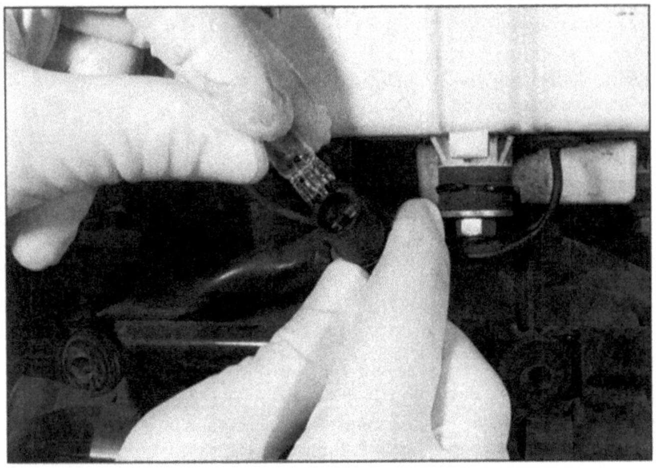

13.2 Ziehen Sie den Lampensockel aus dem Gehäuse, und entfernen Sie die Lampe.

14.3 Entfernen Sie die Schrauben, und ziehen Sie den Ölstandgeber aus der Ölwanne; benutzen Sie beim Einbau einen neuen O-Ring.

Instrumentenbecher nach dem Lösen der Schraube entfernt werden.

2 Ziehen Sie den entsprechenden Gummisockel hinten aus dem Instrumententräger oder der Uhr, ziehen Sie dann die Lampe aus dem Sockel (siehe Abbildung). Wenn die Kontakte schmutzig oder korrodiert sind, müssen sie sauber gekratzt und mit Kontaktspray eingesprüht werden.

3 Drücken Sie vorsichtig die neue Lampe in den Sockel und diesen in sein Gehäuse.

14 Ölstandgeber
Ausbau, Kontrolle und Einbau

Ausbau

1 Lassen Sie das Motoröl ab (siehe Kapitel 1).

2 Der Ölstandgeber sitzt unten in der Ölwanne. Achten Sie auf die Verlegung des Kabels, und lösen Sie den Kabelstecker.

3 Entfernen Sie die Halteschrauben, und entfernen Sie den Geber (siehe Abbildung).

Kontrolle

4 Schließen Sie die Klemmen eines Ohmmeters an die beiden Anschlüsse des Geberkabels. Bei der normalen Einbaulage des Gebers (Flansch und Kabel nach unten) muss das Ohmmeter vollen Widerstand anzeigen.

5 Drehen Sie den Geber um. Jetzt muss das Messgerät 0 Ohm anzeigen.

6 Wenn das Ohmmeter andere Messwerte anzeigt, muss der Geber ersetzt werden.

Einbau

7 Der Einbau entspricht der umgekehrten Ausbaureihenfolge. Setzen Sie das Gebergehäuse mit einem neuen O-Ring ein, und ziehen Sie die Schrauben an.

15.5 Entfernen Sie die Halteschrauben, und nehmen Sie das Zündschloss ab.

15 Zündschloss (Hauptschalter)
Kontrolle und Ersetzen

Warnung: Um das Risiko eines Kurzschlusses zu vermeiden, muss vor der Zündschlosskontrolle der Masseanschluss (Minus) von der Batterie getrennt werden.

Kontrolle

1 Verfolgen Sie das Zündschlosskabel vom Boden des Schalters. Entfernen Sie nötigenfalls bei den XJ-600-S-Modellen die Verkleidung und Instrumententräger-Bauteile, und trennen Sie den Stecker.

2 Mit einem Ohm-Meter wird der Durchgang der Anschlusspaare gemessen (beachten Sie die Schaltpläne am Ende des Kapitels). Durchgang sollte je nach Zündschloss-Stellung zwischen den im Schaltplan mit einer dicken Linie verbundenen Anschlüssen bestehen.

3 Wenn der Hauptschalter bei einem dieser Tests versagt, muss er ersetzt werden.

Ersetzen

4 Trennen Sie den Kabelstecker, falls noch nicht geschehen.

5 Das Zündschloss wird mit zwei Schrauben an der oberen Gabelbrücke gesichert (siehe Abbildung). Öffnen Sie mit dem Zündschlüssel das Lenkschloss, und entfernen Sie die Schrauben. Entfernen Sie das Zündschloss aus der oberen Gabelbrücke.

6 Falls nötig, müssen die Kreuzschlitzschrauben entfernt und der Schalter vom Halter getrennt werden.

7 Sichern Sie ggf. den neuen Schalter mit den Kreuzschlitzschrauben am Halter. Ziehen Sie die Schrauben fest an. Halten Sie das Zündschloss, und installieren Sie die Schrauben an der Gabelbrücke.

8 Der Rest des Einbaus entspricht der umgekehrten Ausbaureihenfolge.

16 Lenkerschalter
Kontrolle

Warnung: Um das Risiko eines Kurzschlusses zu vermeiden, muss vor der Schalterkontrolle der Masseanschluss (Minus) von der Batterie getrennt werden.

1 Allgemein sind die Schalter zuverlässig und fehlerfrei. Wenn Ärger auftritt, liegt es oft an Schmutz und korrodierten Kontakten, aber auch Verschleiß und Bruch innerer Teile ist eine Möglichkeit, die nicht übersehen werden sollte. Wenn irgendein Zusammenbruch auftritt, muss der entsprechende Schalter samt angeschlossener Kabelbaumäste ersetzt werden, da Einzelteile nicht erhältlich sind.

2 Die Schalter können mit einem Ohm-Meter oder einem Durchgangsprüfer auf Durchgang kontrolliert werden, Der Masseanschluss (Minus) muss immer von der Batterie getrennt werden, um das Risiko eines Kurzschlusses zu vermeiden.

3 Verfolgen Sie den Kabelbaum des in Frage kommenden Schalters bis zu den Steckern, und trennen Sie diese.

4 Finden Sie in den Schaltplänen am Ende des Kapitels den Stromlaufplan ihres entsprechenden Schalters.

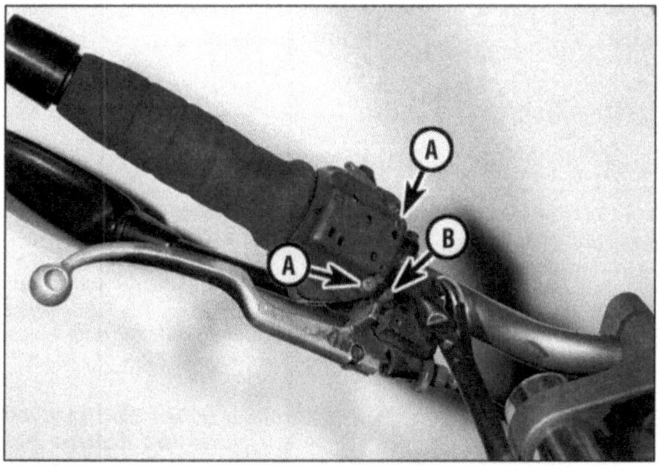

17.1a Linke Lenkerschalter-Schrauben (A) und Kupplungsschalter-Schrauben (B) – frühe Modelle

17.1b Rechte Lenkerschalterschrauben – frühe Modelle

5 Kontrollieren Sie den Durchgang zwischen den Anschlüssen des Kabelbaumes bei entsprechender Schalterstellung, d.h. Schalter aus – kein Durchgang, Schalter an – Durchgang.

6 Wenn die Durchgangsprüfung ein Problem bestätigt, wechseln Sie zu Sektion 17, entfernen Sie den Schalter, und sprühen Sie ihn mit Kontaktspray ein. Falls sie zugänglich sind, können die Kontakte mit einem Messer sauber gekratzt oder feinem Sandpapier aufpoliert werden. Wenn Schalterelemente beschädigt oder zerstört sind, wird dieses bei der Demontage offensichtlich.

17 Lenkerschalter
Ausbau und Einbau

1 Der Lenkerschalter besteht aus zwei Hälften, die um den Lenker geklemmt sind. Zur Reinigung und Inspektion können diese leicht zerlegt werden, nachdem die Klemmschrauben gelöst und der Schalter abgezogen wurden (siehe Abbildung).

2 Zur vollständigen Demontage der Schalter müssen die Kabelbaumstecker getrennt werden.

3 Stellen Sie beim Einbau der Schalter sicher, dass die Kabel gut verlegt sind, ohne gezogen oder gequetscht zu werden. Bei späteren Modellen mit am Lenker montierten Chokehebel muss dieser korrekt positioniert werden, wenn der linke Schalter montiert wird (siehe Kapitel 3, Sektion 11).

18 Leerlaufschalter
Kontrolle und Ersetzen

Kontrolle

1 Stellen Sie sicher, dass sich das Getriebe im Leerlauf befindet.

2 Verfolgen Sie das Kabel von hinten aus dem Motorritzeldeckel bis zum Stecker, und trennen Sie es dort.

3 Lokalisieren Sie das hellblaue Kabel an der Kabelbaumseite des Steckers (also nicht der Seite zum Schalter), und halten Sie es mit einem Stück Draht am Motorrad an Masse. Schalten Sie die Zündung ein.

a) *Wenn die Leerlauflampe nicht leuchtet, müssen die Lampe und die Verkabelung zwischen dem Zündschloss und dem Leerlaufschalter kontrolliert werden.*

b) *Wenn die Neutrallampe leuchtet, kann der Leerlaufschalter defekt sein. Verbinden Sie ein Ohmmeter zwischen dem hellblauen Anschluss der Schalterseite und Masse. Schalten Sie das Getriebe durch. Das Ohmmeter muss in allen Gängen unendlichen Widerstand und im Leerlauf vollen Durchgang anzeigen. Falls dieses nicht der Fall ist, muss der Schalter ersetzt werden.*

Ersetzen

4 Entfernen Sie den Deckel des Motorritzels (siehe Kapitel 6).

5 Trennen Sie das Kabel am Stecker (falls noch nicht geschehen). Lösen Sie die Kabelhalterungen am Motorgehäuse und der Ölwanne.

6 Lockern Sie die Schraube, und entfernen Sie das Kabel vom Schalter (siehe Abbildung). Entfernen Sie die Schalterschrauben, und nehmen Sie diesen vom Motorgehäuse.

17.1c Linke Lenkerschalter-Schrauben – spätere Modelle

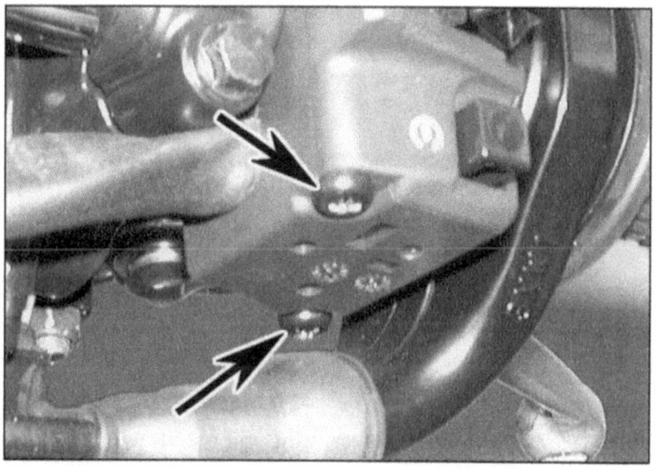

17.1d Rechte Lenkerschalterschrauben – spätere Modelle

18.6 Entfernen Sie zum Trennen des Kabels die kleine Schraube, achten Sie auf den Gummistopfen des Kabels, der in der Gehäusenut sitzen muss. Die drei größeren Schrauben sichern den Schalter.

7 Der Einbau entspricht der umgekehrten Ausbaureihenfolge. Setzen Sie den Leerlaufschalter mit einem neuen O-Ring und/oder einer neuen Dichtung an.

19 Seitenständerschalter
Kontrolle und Ersetzen

Kontrolle

1 Verfolgen Sie das Kabel vom Schalter zurück, und trennen Sie es am Stecker. Verbinden Sie ein Ohm-Meter mit den Anschlüssen am schalterseitigen Stecker. Bei eingeklapptem Seitenständer muss Durchgang (kein Widerstand) herrschen.
2 Bei ausgeklapptem Seitenständer soll die Verbindung unterbrochen (unendlicher Widerstand) sein.
3 Wenn der Schalter nicht wie beschrieben arbeitet, muss er ausgetauscht werden.

Ersetzen

4 Lösen Sie bei eingeklapptem Seitenständerschalter die beiden Schrauben, die den Schalter halten (siehe Abbildung). Trennen Sie die Kabelstecker.
5 Der Einbau entspricht der umgekehrten Ausbaureihenfolge.

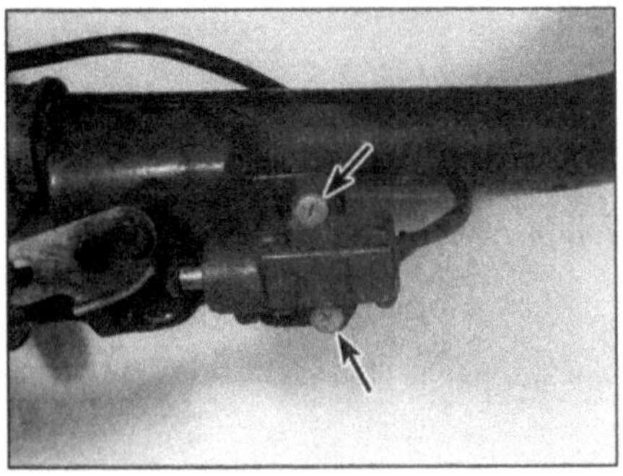

19.4 Der Seitenständerschalter wird mit zwei Schrauben gesichert.

20 Kupplungsschalter
Kontrolle und Ersetzen

Kontrolle

1 Trennen Sie den Kabelstecker vom Kupplungsschalter (siehe Abbildung 17.1a).
2 Verbinden Sie die Klemmen des Ohmmeters oder Durchgangsprüfers mit den beiden Anschlüssen des Schalters. Bei gezogenem Kupplungshebel muss Durchgang (kein Widerstand), beim Loslassen Unterbrechung (unendlicher Widerstand) festgestellt werden.
3 Wenn der Schalter nicht wie beschrieben arbeitet, muss er ersetzt werden.

Ersetzen

4 Trennen Sie die Stecker vom Schalter. Entfernen Sie die Schraube, die den Schalter unter dem Kupplungshebelhalter sichern, und ziehen Sie den Schalter ab (siehe Abbildung 17.1a).
5 Der Einbau entspricht der umgekehrten Reihenfolge des Ausbaus.

21 Hupe
Kontrolle und Ersetzen

Kontrolle

1 Ziehen Sie die Kabelstecker von der Hupe (siehe Abbildung). Verbinden Sie mit zwei Überbrückungskabeln die Hupe direkt mit der Batterie. Wenn die Hupe funktioniert, kontrollieren Sie den Schalter und die Kabel zwischen Schalter und Hupe (beachten Sie die Schaltpläne am Ende des Kapitels).
2 Wenn die Hupe nicht funktioniert, muss sie ersetzt werden.

Ersetzen

3 Lösen Sie den Hupenhalter von der unteren Gabelbrücke (siehe Abbildung 21.1), und ziehen Sie die Kabelstecker von der Hupe.
4 Der Einbau entspricht der umgekehrten Ausbaureihenfolge.

21.1 Trennen Sie das Hupenkabel, und lösen Sie die Mutter (Pfeil), um die Hupe zu entfernen.

22 Anlasserrelais
Kontrolle und Ersetzen

Anlasserrelais

Kontrolle

1 Entfernen Sie die Sitzbank (siehe Kapitel 7) und den Kraftstofftank (siehe Kapitel 3). Entfernen Sie den rechten Seitendeckel (siehe Kapitel 7).
2 Trennen Sie das Anlasserkabel vom Anlassermotor (siehe Abbildung 23.2).

Warnung: Halten Sie das Kabel in ausreichendem Abstand zum Relais. Bei eingeklapptem Seitenständer, eingeschalteter Zündung, Notschalter auf RUN, eingelegtem Leerlauf und gezogener Kupplung wird der Starterknopf gedrückt. Aus dem Relais sollte jetzt ein deutliches Klicken zu hören sein.

3 Wenn das Relais nicht klickt, wird zunächst das Massekabel, dann das Plus-Kabel von der Batterie getrennt, ebenso das Pluskabel vom Relais. Trennen Sie das dünne Kabel vom Relais, und bauen Sie dieses aus. Schließen Sie eine Klemme des Ohmmeters am Batterie-Schraubanschluss des Relais an, die andere Klemme wird an den Anschluss des dünnen Kabels gehalten. Wenn der Widerstand nicht zwischen 3,9 und 4,7 Ohm liegt, ist das Relais defekt und muss ersetzt werden.

Ersetzen

4 Trennen Sie das Massekabel von der Batterie.
5 Trennen Sie das Batterie-Pluskabel, das Anlasserkabel und den Stecker vom Relais (siehe Abbildung).
6 Ziehen Sie das Relais von den Haltelaschen.
7 Entfernen Sie das Relais aus seiner Gummihalterung.
8 Der Einbau entspricht der umgekehrten Ausbaureihenfolge. Schließen Sie das Massekabel zum Schluss an.

22.5 Entfernen Sie die Kabel vom Anlasserrelais.

Anlasser-Abschaltrelais

Kontrolle

9 Entfernen Sie die Relaisbaugruppe vom Motorrad, und führen Sie den folgenden Test auf der Werkbank durch (siehe Sektion 30). Verbinden Sie ein Ohmmeter oder einen Durchgangstester mit den beiden blau/weißen Anschlüssen des Relais. Verbinden Sie den Plus-Anschluss einer geladenen 12-Volt-Batterie mit dem rot/schwarzen Anschluss des Relais, der Minus-Anschluss wird an den schwarz/gelben Anschluss geklemmt. Jetzt muss Durchgang herrschen. Schließen Sie jetzt den Minus-Anschluss der Batterie an den hellblauen Anschluss an, und kontrollieren Sie, ob Durchgang gemessen wird.

10 Wenn bei jedem Test Durchgang angezeigt wird, ist das Anlasser-Abschaltrelais defekt, und die Relaisbaugruppe muss ersetzt werden.

Ausbau und Einbau

11 Das Anlasser-Abschaltrelais sitzt innerhalb der Relaiseinheit, beachten Sie dazu Sektion 30.

23 Anlassermotor
Ausbau und Einbau

Ausbau

1 Entfernen Sie die Sitzbank (siehe Kapitel 7). Trennen Sie den Masseanschluss von der Batterie.

2 Ziehen Sie die Gummiabdeckung zurück, und lösen Sie die Mutter, die das Starterkabel am Anlasser hält (siehe Abbildung). Lösen Sie die Mutter und die Anlasserbefestigungsschraube.

3 Heben Sie den Anlasser leicht an, und ziehen Sie ihn aus dem Gehäuse.

4 Begutachten Sie den O-Ring am Ende des Anlassermotors, setzen Sie ggf. beim Einbau einen neuen ein.

Einbau

5 Geben Sie als Einbauhilfe etwas Motoröl auf den O-Ring, und installieren Sie den Anlasser in der umgekehrten Ausbaureihenfolge. Ziehen Sie die zwei Halteschrauben mit 10 Nm Drehmoment an.

24 Anlassermotor
Zerlegen, Kontrolle und Zusammenbau

Zerlegen

1 Beachten Sie die Markierungen an den Übergängen zwischen Hauptgehäuse und dem vorderen und hinteren Deckel. Falls sie schwierig zu erkennen sind, müssen neue angebracht werden (siehe Abbildung). Lösen Sie die beiden langen Gehäuseschrauben, und ziehen Sie beide Gehäusedeckel ab, achten Sie auf die

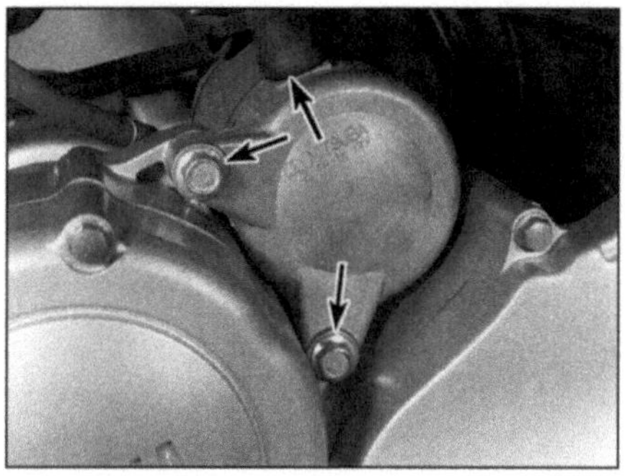

23.2 Anlasserbefestigungen und Anlasserkabel (oben)

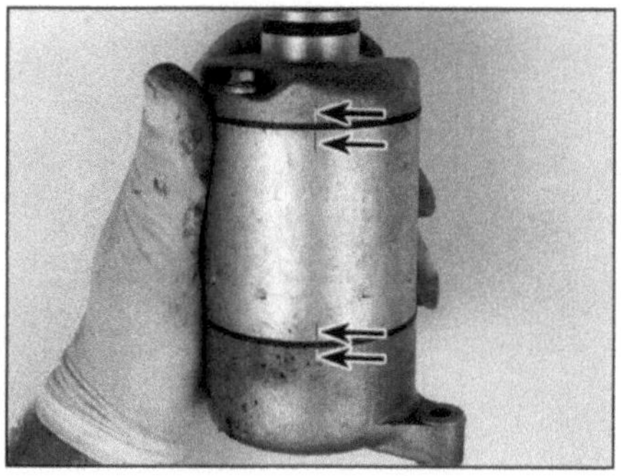

24.1a Am Gehäuse und den Abdeckungen müssen Ausrichtmarkierungen angebracht sein.

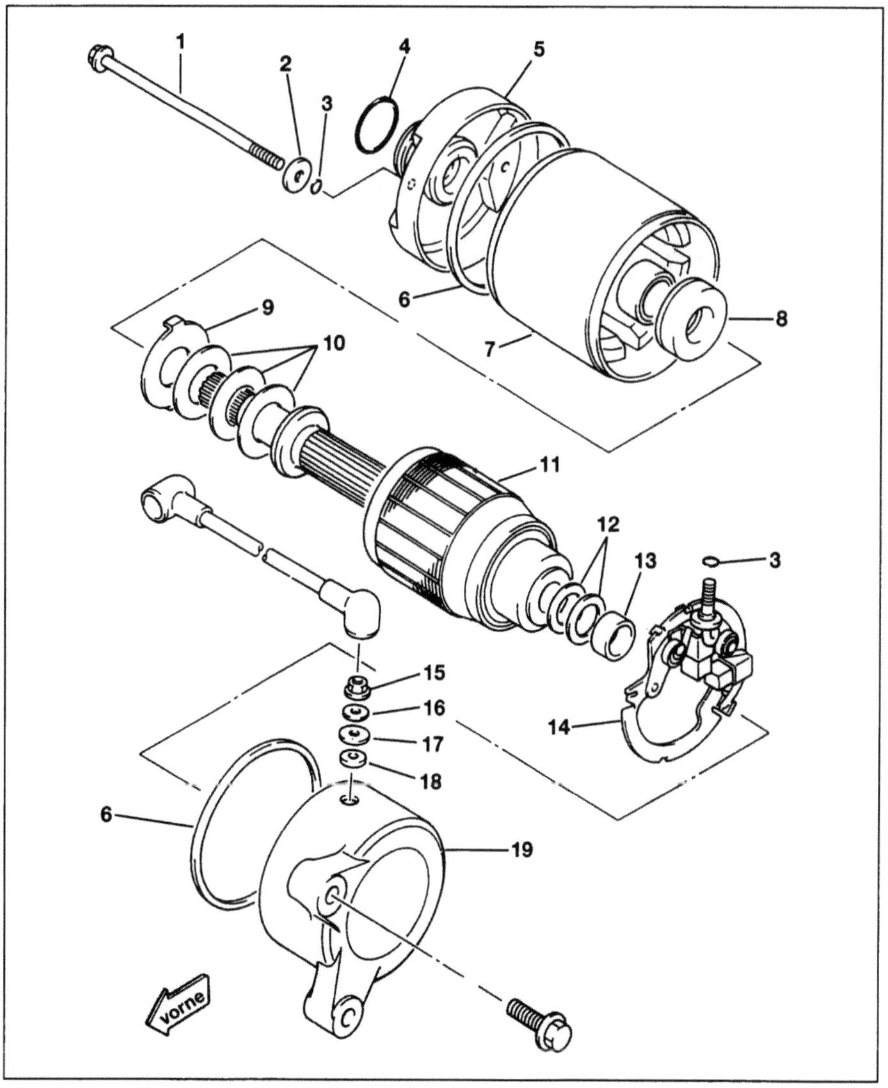

24.1b Bauteile des Anlassermotors

1 Gehäuseschraube
2 Scheibe
3 O-Ring
4 O-Ring
5 Enddeckel
6 O-Ring
7 Anlassergehäuse
8 Lager und Dichtring
9 Dichtungssicherung
10 Distanzscheiben
11 Ankerwelle
12 Distanzscheiben
13 Buchse
14 Bürstenplatte
15 Mutter
16 Metallscheibe
17 Scheibe
18 Gummischeibe
19 Bürstendeckel

8

24.3a Entfernen Sie die Mutter sowie die Scheiben von der Anschlussschraube.

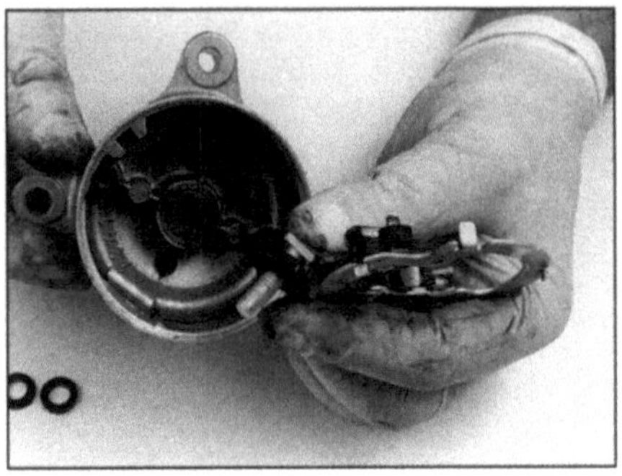

24.3b Drücken Sie die Anschlussschraube durch ihre Bohrung, und entfernen Sie die Bürstenplatte aus dem Gehäuse.

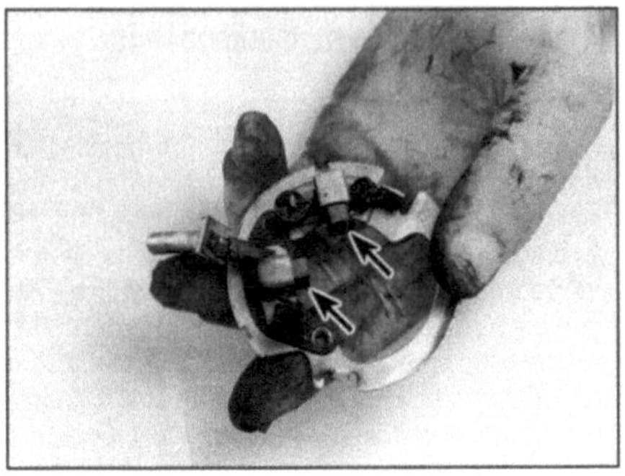

24.4 Messen Sie die Längen beider Bürsten.

Lage und Anzahl der Distanzscheiben an beiden Seiten der Ankerwelle (siehe Abbildung).

2 Ziehen Sie die Ankerwelle aus dem Hauptgehäuse.

3 Beachten Sie sorgfältig das Arrangement der Scheiben am Starterkabelanschluss. Entfernen Sie die Mutter und die Scheiben. Drücken Sie die Anschlussschraube in das Gehäuse, und stecken Sie die Scheiben und die Mutter in der korrekten Reihenfolge auf (siehe Abbildung). Entfernen Sie die Bürstenplatte aus dem Gehäuse.

Kontrolle

4 Die Teile des Startermotors, denen am meisten Aufmerksamkeit geschenkt werden muss, sind die Kohlebürsten. Messen Sie die Länge der Bürsten (siehe Abbildung). Wenn eine der Bürsten kürzer als 4 mm ist, muss die gesamte Baugruppe ersetzt werden. Wenn wenig Verschleiß, keine Ausbrüche und keine anderen Beschädigungen vorliegen, können die Bürsten weiterverwendet werden.

5 Inspizieren Sie die Kollektorlamellen der Welle auf Kerbung, Kratzer und Verfärbung. Der Kollektor kann vorsichtig mit Schmirgelleinen gereinigt werden, darf aber nicht mit Schleifpapier bearbeitet werden. Wischen Sie alle Rückstände mit einem spiritusgetränktem Lappen ab. Reinigen Sie die Schlitze zwischen den Lamellen des Kollektors. Messen Sie den Durchmesser des Kollektors. Wenn er unter 27 mm verschlissen ist, muss der ganze Anlasser ersetzt werden.

6 Mithilfe eines Ohmmeters oder eines Durchgangsprüfers wird zwischen den Kollektorlamellen der Widerstand gemessen (siehe Abbildungen). Innerhalb des Kollektors muss Durchgang bestehen. Messen Sie den Widerstand zwischen den Lamellen und der Welle (siehe Abbildung), hier darf kein Strom fließen. Bei anderen Ergebnissen ist die Ankerwelle defekt.

7 Kontrollieren Sie den Durchgang zwischen der Bürstenplatte und den Bürsten. Das Ergebnis muss nahe 0 liegen, anderenfalls muss die Bürstenplatte ersetzt werden.

8 Stellen Sie das Ohmmeter auf den höchsten Messbereich, und ermitteln Sie den Widerstand zwischen dem isolierten Bürstenhalter und der Bürstenplatte. Wenn ein anderes Ergebnis als unendlich abgelesen wird, muss die Bürstenplatte ersetzt werden.

9 Kontrollieren Sie das vordere Ende der Ankerwelle auf Verschleiß, rissige, abgeschliffene und ausgebrochene Zähne. Wenn die Welle beschädigt oder verschlissen ist, muss der Anlasser ersetzt werden.

Zusammenbau

10 Schieben Sie die Bürstenplatte in das Gehäuse. Gehen Sie sicher, dass der Anschlussschraube und ihre Scheiben korrekt zusammen gesteckt sind. Ziehen Sie die Mutter nur leicht an.

11 Installieren Sie die Distanzscheiben wieder in ihre korrekten Positionen auf die Ankerwelle, installieren Sie diese in das Gehäuse, und setzen Sie das Endgehäuse über das Anlasserzahnrad. Richten Sie die Markierungen aus.

12 Installieren Sie den Bürstendeckel samt Bürstenhalter über den Kollektor, drücken Sie beim Aufsetzen die Bürsten zurück. Richten Sie die Markierungen zum Gehäuse aus.

13 Installieren Sie die zwei langen Gehäuseschrauben samt ihrer Scheiben und O-Ringe, und ziehen Sie sie an.

25 Ladesystem-Test
Allgemeine Informationen und Vorschriften

1 Wenn an der Funktion des Ladesystems Zweifel bestehen, sollte zunächst das System als Ganzes kontrolliert werden, danach die einzelnen Komponenten (also die Lichtmaschine und die Regler-/Gleichrichter-Einheit).

Anmerkung: *Vor dem Beginn der Kontrolle muss sichergestellt werden, dass die Batterie voll geladen ist und alle Verbindungen sauber und fest verbunden sind.*

2 Zur Kontrolle von Ladung und Funktion der Komponenten des Ladesystems wird ein Multimeter (mit Stromspannungs-, Stromstärken- und Widerstandsmessmöglichkeiten) benötigt.

3 Folgen Sie bei der Kontrolle sorgfältig den Hinweisen, um falsche Anschlüsse oder Kurzschlüsse zu vermeiden, die zu Schäden an elektrischen Bauteilen führen können.

24.5 Prüfen Sie den Kollektor auf Risse und Verfärbung, messen Sie dann seinen Durchmesser.

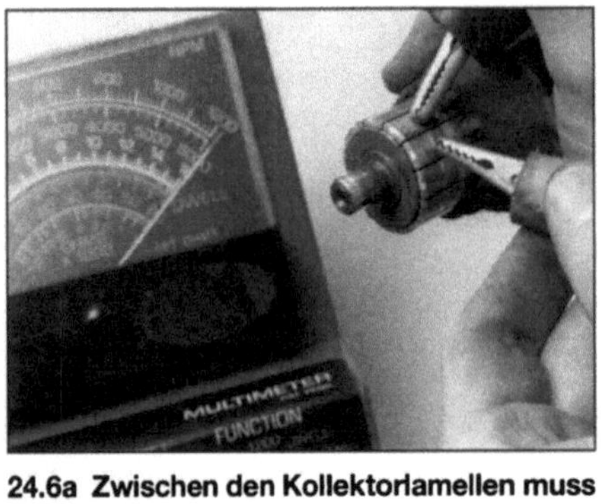

24.6a Zwischen den Kollektorlamellen muss Durchgang bestehen.

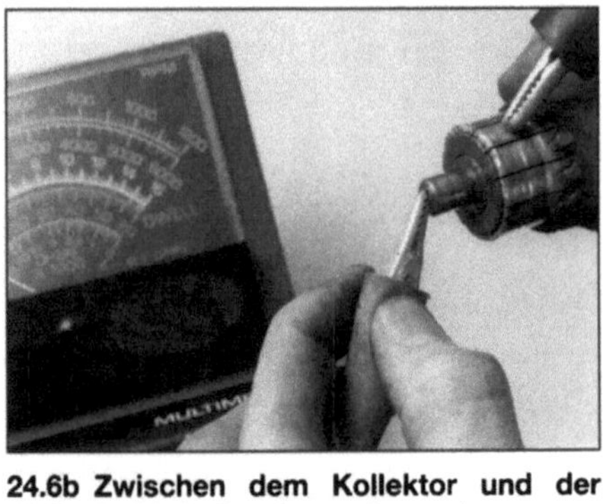

24.6b Zwischen dem Kollektor und der Welle darf kein Durchgang herrschen.

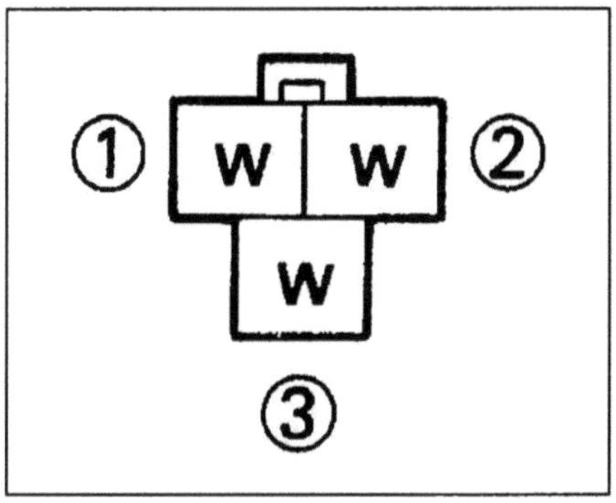

27.2 Klemmen Sie das Ohmmeter zwischen alle drei Paare des Anschlusses (verbinden Sie also die Anschlüsse 1 und 2, 1 und 3 sowie 2 und 3).

4 Wenn kein Multimeter vorhanden ist, sollte die Kontrolle des Ladesystems einer Yamaha-Werkstatt überlassen werden.

26 Ladesystem
Test der Ausgangsleistung

Achtung: Trennen Sie niemals bei laufendem Motor die Kabel von der Batterie, da sonst Lichtmaschine und Regler-/Gleichrichter-Einheit beschädigt werden können.

1 Zum Test des Ladesystems wird ein Voltmeter oder ein Multimeter mit Voltmeter-Funktion benötigt.
2 Die Batterie muss vollständig geladen sein (nötigenfalls mit einem Ladegerät), außerdem ist der Motor zuvor auf Betriebstemperatur zu bringen.
3 Schließen Sie den Plus-Anschluss des Voltmeters an den Pluspol der Batterie, den Minus-Anschluss entsprechend an den Minuspol an. Der Messbereich muss von 0 bis 20 Volt DC (Gleichspannung) reichen.
4 Starten Sie den Motor.
5 Die Ausgangsleistung sollte dem in den *Technischen Daten* beschriebenen Bereich entsprechen.
6 Liegt die Ausgangsleistung im Toleranzbereich, so ist die Funktion der Lichtmaschine in Ordnung. Wenn das Ladesystem an sich nicht so funktioniert wie es soll, wechseln Sie nach Sektion 27, und testen Sie die Statorspule.
7 Zu niedrige Spannung kann das Resultat von Kabelbaumproblemen oder beschädigten Windungen in der Lichtmaschinen-Statorspule sein. Stellen Sie sicher, dass alle Kabelstecker sauber und fest sind, und wechseln Sie nach Sektion 27.
8 Eine zu hohe Ausgangsspannung zeigt eine defekte Regler-/Gleichrichter-Einheit an.

27 Ladesystem
Statorspulen-Kontrolle

Anmerkung: *Dieser Test wird bei ausgeschalteter Zündung und abgeklemmter Masseverbindung durchgeführ.*

1 Verfolgen Sie die Lichtmaschinenkabel (drei weiße Drähte) links am Motor, und trennen Sie den Stecker.
2 Verbinden Sie ein Ohmmeter mit allen drei Paaren des Steckers an der Lichtmaschinenseite. Wenn irgendein Widerstand nicht den Angaben in den *Technischen Daten* entspricht, ist die Statorspule defekt und muss ersetzt werden.

28 Lichtmaschine
Ausbau und Einbau

1 Trennen Sie das Massekabel von der Batterie.
2 Entfernen Sie die Sitzbank und den linken Seitendeckel (siehe Kapitel 7).
3 Entfernen Sie die Kabelsicherungen der Lichtmaschinenkabel links am Motor. Entfernen Sie die Schrauben, und nehmen Sie den Lichtmaschinendeckel mit der integrierten Statorspule ab (siehe Abbildung).
4 Legen Sie einen Gang ein, und lassen Sie einen Assistenten die Hinterradbremse betätigen, um den Motor am Drehen zu hindern. Lockern Sie den Rotorbolzen, und entfernen Sie ihn samt Scheibe.

Anmerkung: *Sie können den Rotor auch mit einem Bandschlüssel, wie er als Ölfilterschlüssel angeboten wird, festhalten.*

5 Drehen Sie einen Rotorabzieher in den Rotor, und entfernen Sie diesen von der Welle (siehe Abbildung). Die an diesen Modellen montierten Rotoren haben keinen Sicherungskeil.

Anmerkung: *Wenn Sie einen Rotorabzieher aus dem Zubehör verwenden, der mit verschiedenen Gewinden ausgerüstet ist (wie abgebildet), kann es passieren, dass nicht genug Platz besteht, diesen in das Gewinde zu drehen, da das Motorgehäuse im Weg ist. In diesem Fall muss der Abzieher gehalten und der Rotor gedreht werden – entweder mit dem Bandschlüssel oder durch Drehen des Hinterrades bei eingelegtem Gang.*

Warnung: Die Zündung muss abgeschaltet sein, wenn der Motor gedreht wird!

6 Zum Entfernen der Statorspule müssen deren Schrauben aus dem Lichtmaschinendeckel gedreht werden.
7 Der Einbau entspricht der umgekehrten Ausbaureihenfolge, beachten Sie dabei folgende Hinweise:
a) *Stellen Sie sicher, dass keine Metallteile am magnetischen Rotor haften bleiben (siehe Abbildung).*
b) *Ziehen Sie den Rotorbolzen mit 80 Nm Drehmoment an.*
c) *Geben Sie dauerelastische Schraubensicherung auf die Gewinde der Statorspulen-Inbusschrauben (falls sie entfernt waren). Ziehen Sie die Schrauben gut an, aber überdrehen Sie sie nicht.*
d) *Ziehen Sie die Deckelschrauben mit 10 Nm Drehmoment an.*

28.3 Lösen Sie die Deckelschrauben, und nehmen Sie den Deckel ab. Darin befindet sich die Statorspule.

28.5 Entfernen Sie den Rotorbolzen, und ziehen Sie (z.B. mit einem solchen Werkzeug) den Lichtmaschinenrotor von der Welle.

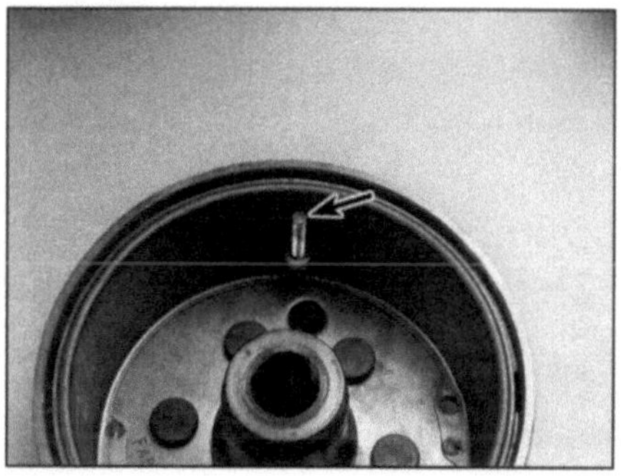

28.7 Der Rotor ist magnetisch. Achten Sie also darauf, dass sich keine Metallteile oder Späne darin ansammeln. Diese Schraube (Pfeil) würde die Lichtmaschine zerstören!

29.2a Regler-/Gleichrichter-Einheit – frühe Modelle

29.2b Regler-/Gleichrichter-Einheit – spätere Modelle

29 Regler-/Gleichrichter-Einheit
Ausbau und Einbau

1 Die Regler-/Gleichrichter-Einheit sitzt unter dem linken Seitendeckel.
2 Entfernen Sie den Seitendeckel (siehe Kapitel 7). Trennen Sie den Kabelstecker, entfernen Sie die Befestigungsschraube, und ziehen Sie die Einheit ab (siehe Abbildungen). Beachten Sie, dass ab 1996 eine andere Regler-/Glechrichter-Einheit eingesetzt wurde.
3 Der Einbau entspricht der umgekehrten Ausbaureihenfolge.

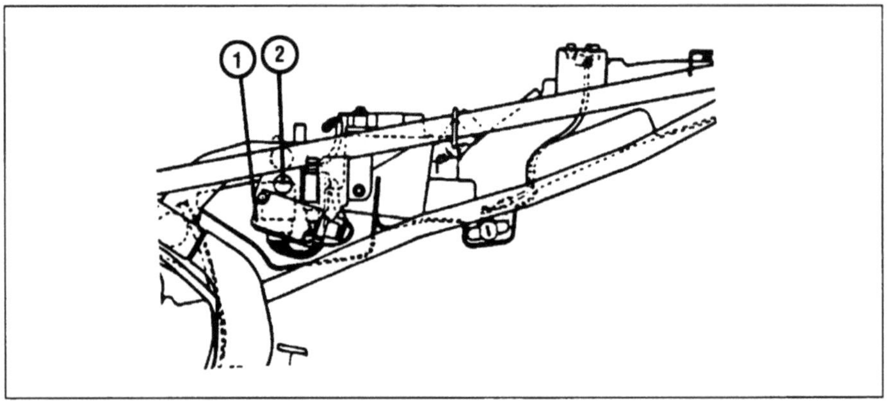

30.2a Sitz der Relais-Baugruppe – EU-Modelle bis 1995 und US-Modelle bis 1996

1 Regler-/Gleichrichter-Einheit 2 Relais-Baugruppe

30 Relais-Baugruppe und Diode

Relais-Baugruppe

1 Die Relais-Baugruppe beinhaltet das Anlasserstromkreis-Abschaltrelais und Dioden. Bei Modellen ab 1996 sitzt außerdem das Kraftstoffpumpenrelais darin. Beachten Sie die Schaltpläne am Ende des Kapitels, um Details über die internen Verbindungen zu erfahren. Wenn Tests durchgeführt werden können, bestehen diese in der Kontrolle des Anlasserrelais (in diesem Kapitel) und dem Check des Kraftstoffpumpenrelais (siehe Kapitel 3).
2 Bei EU-Modellen bis 1995 und US-Modellen bis 1996 sitzt die Relais-Baugruppe unter der Sitzbank links hinter der Regler-/Gleichrichter-Einheit (siehe Abbildung). Bei späteren Modellen sitzt die Baugruppe unter dem rechten Seitendeckel (siehe Abbildungen).

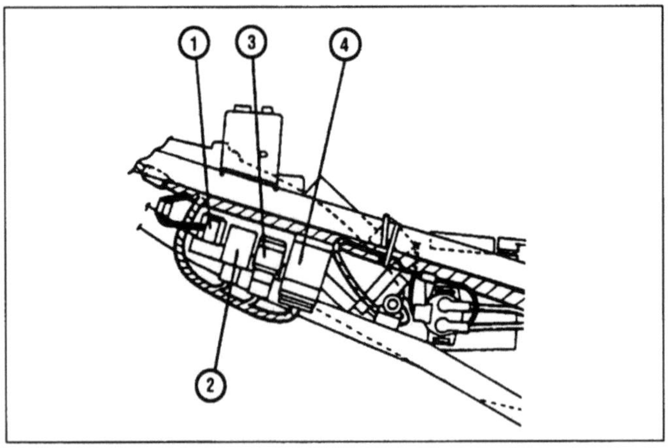

30.2b Sitz der Relais-Baugruppe – EU-Modelle ab Baujahr 1996

1 Thermoschalter
2 Blinkerrelais
3 Vergaserheizungsrelais
4 Relais-Baugruppe

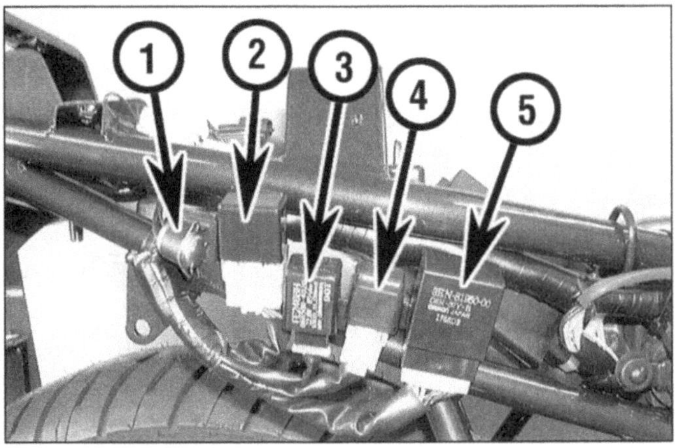

30.2c Sitz der Relais-Baugruppe – EU-Modelle ab Baujahr 1997

1 Thermoschalter
2 Warnblinkrelais
3 Blinkerrelais
4 Vergaserheizungsrelais
5 Relais-Baugruppe

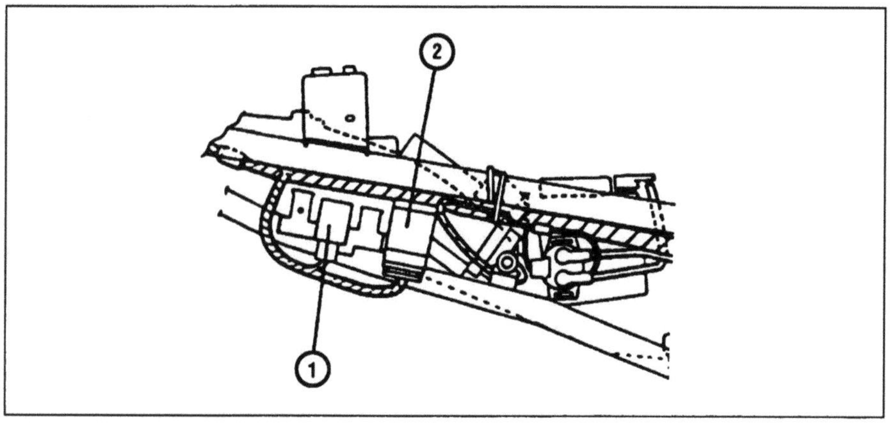

30.2d Sitz der Relais-Baugruppe bei US-Modellen ab Baujahr 1997.

1 Blinker-Relais 2 Relais-Baugruppe

Diode

3 EU-Modelle ab 1996 sind mit einer im Leerlaufschalterstromkreis sitzenden Diode ausgerüstet. Diese darf Strom nur in eine Richtung fließen lassen und kann folgendermaßen getestet werden.

4 Die Diode sitzt am linken oberen Rahmenrohr unter einer großen Kunststoffabdeckung. Entfernen Sie das Isolierband vom Diodenstecker, und ziehen Sie diesen ab (siehe Abbildung). Verbinden Sie ein Ohmmeter oder einen Durchgangsprüfer abwechselnd mit den beiden Anschlüssen der Diode. Stromfluss bzw. Durchgang darf nur in eine Richtung bestehen. Wenn die Diode in beide Richtungen Strom durchlässt oder voller Widerstand besteht, ist sie defekt und muss ersetzt werden.

31 Schaltpläne

Kontrollieren Sie vor jeder Fehlersuche, ob die Sicherung in Ordnung sind. Stellen Sie sicher, dass die Batterie voll geladen sind. Prüfen Sie, ob die Kabelverbindungen in Ordnung sind. Alle Stecker müssen sauber sein, und es dürfen keine gebrochenen oder angerissene Kabel herausschauen. Wenn Sie eine Verbindung trennen, dürfen Sie nur am Stecker, niemals am Kabel ziehen.

30.3a Lage der Diode

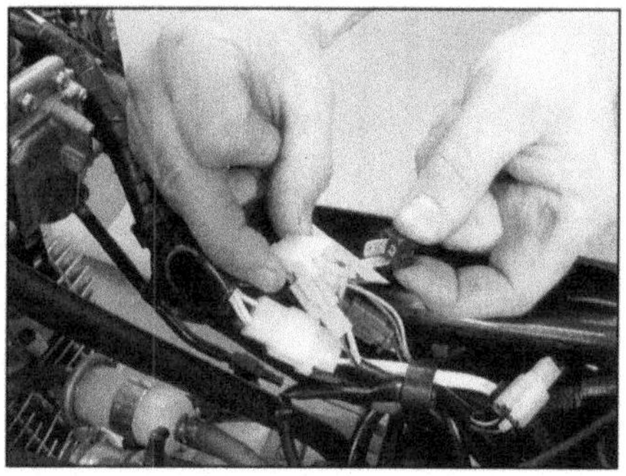

30.3b Ziehen Sie den Diodenstecker ab, . . .

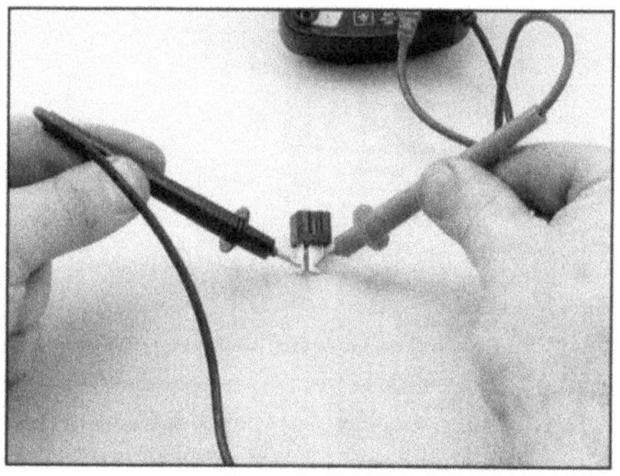

30.3c . . . und testen Sie die Diode auf Durchgang.

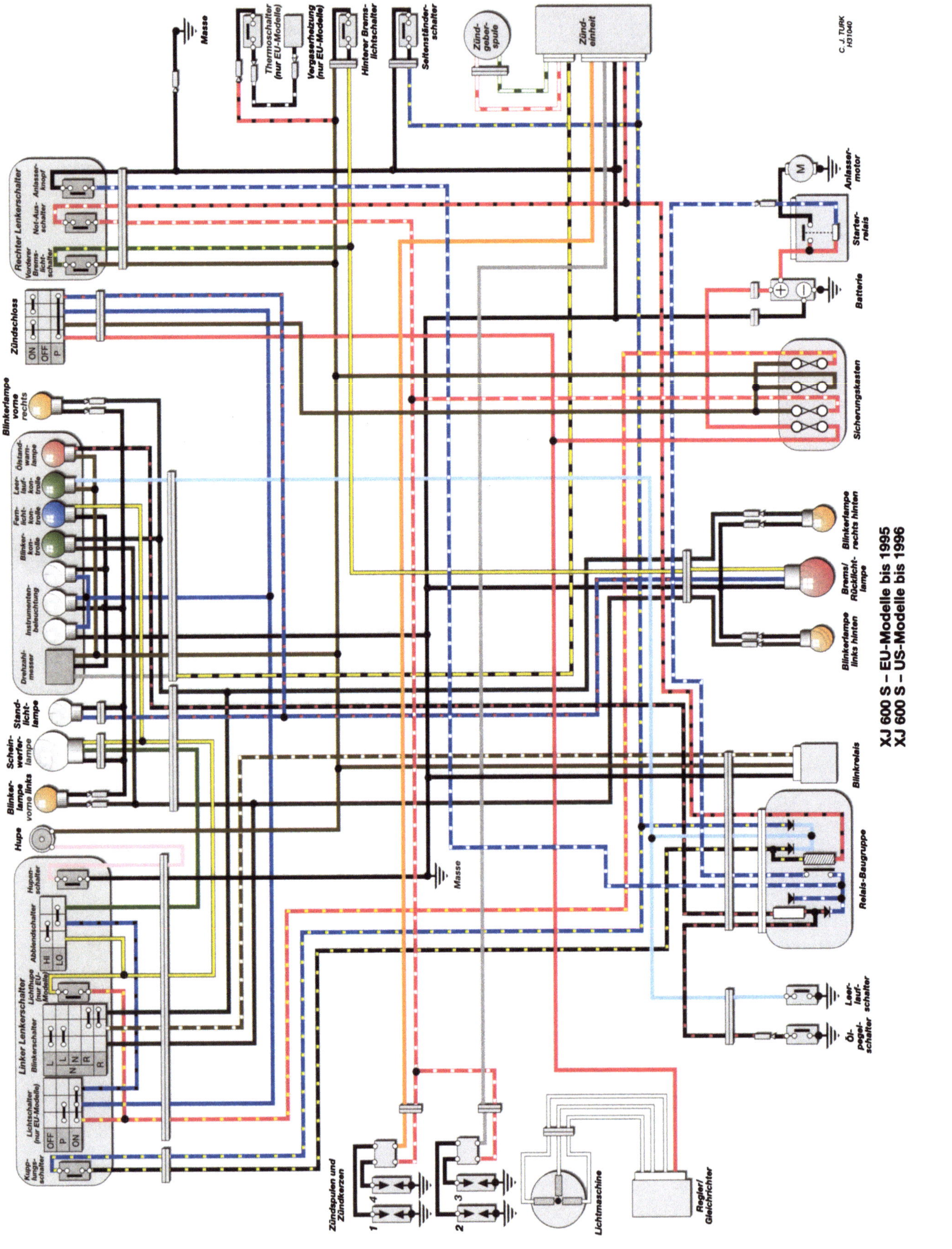

XJ 600 S – EU-Modelle bis 1995
XJ 600 S – US-Modelle bis 1996

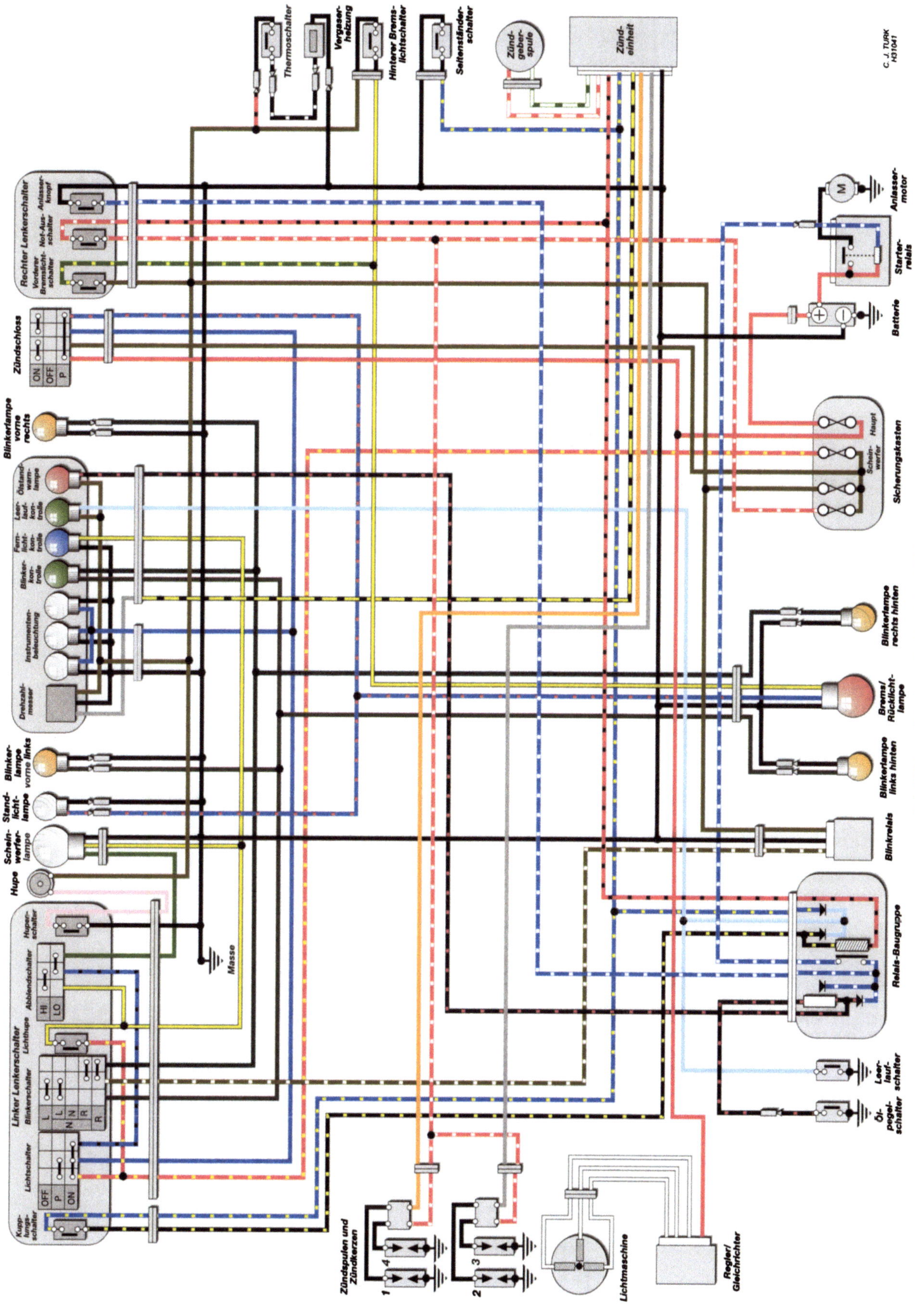

XJ 600 N - EU-Modelle Baujahr 1995

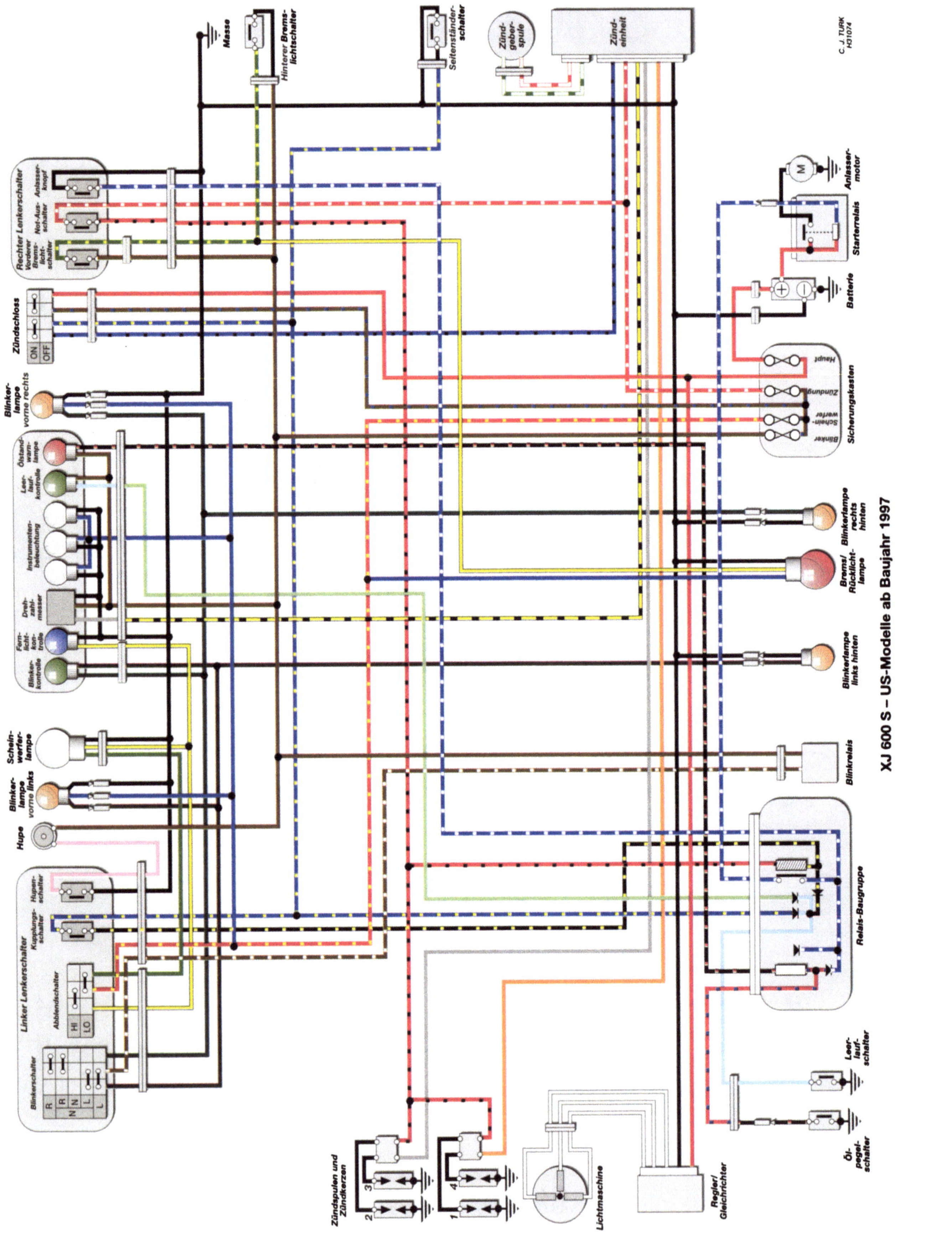

XJ 600 S – US-Modelle ab Baujahr 1997

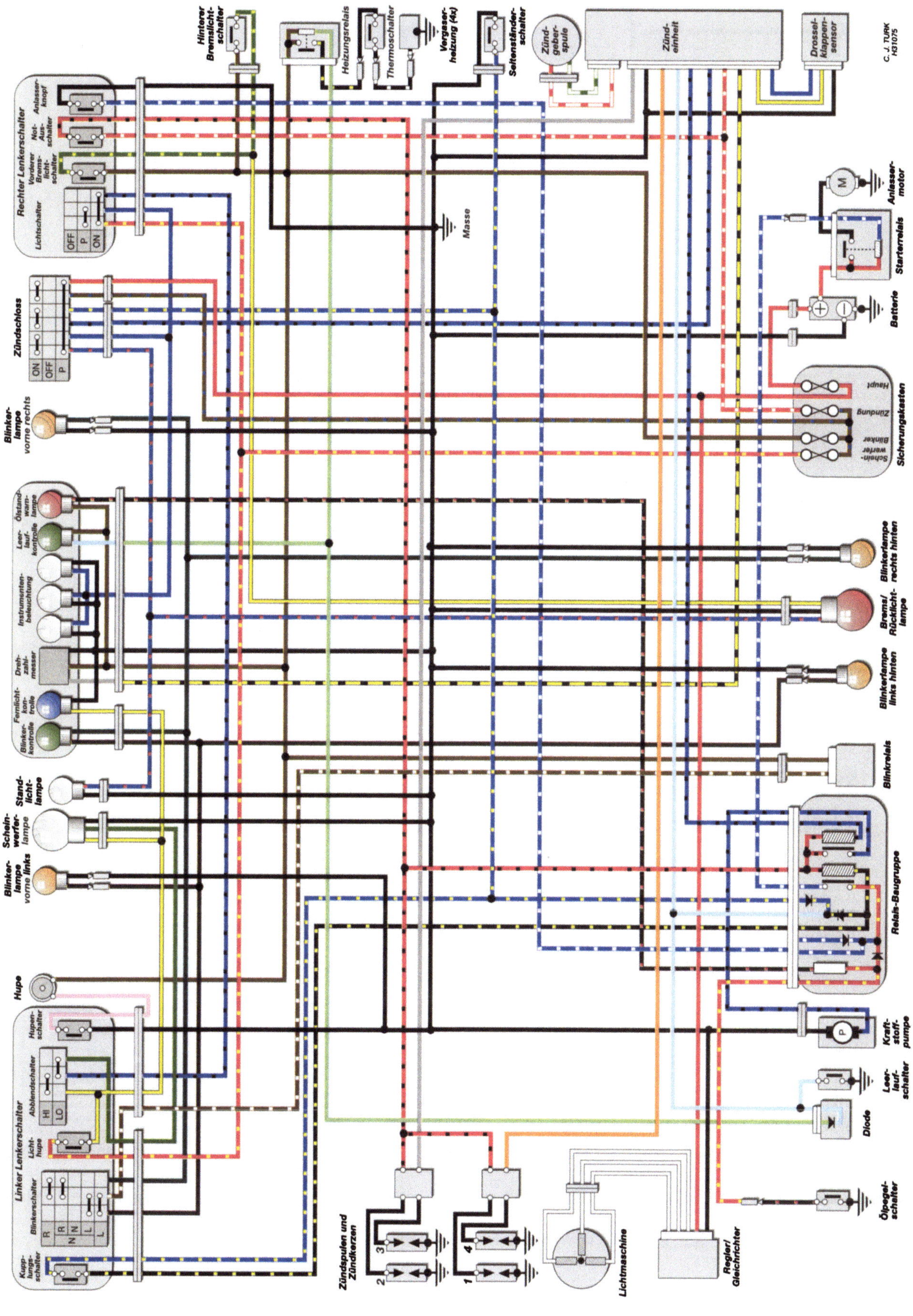

XJ 600 S und N – EU-Modelle Baujahr 1996

8

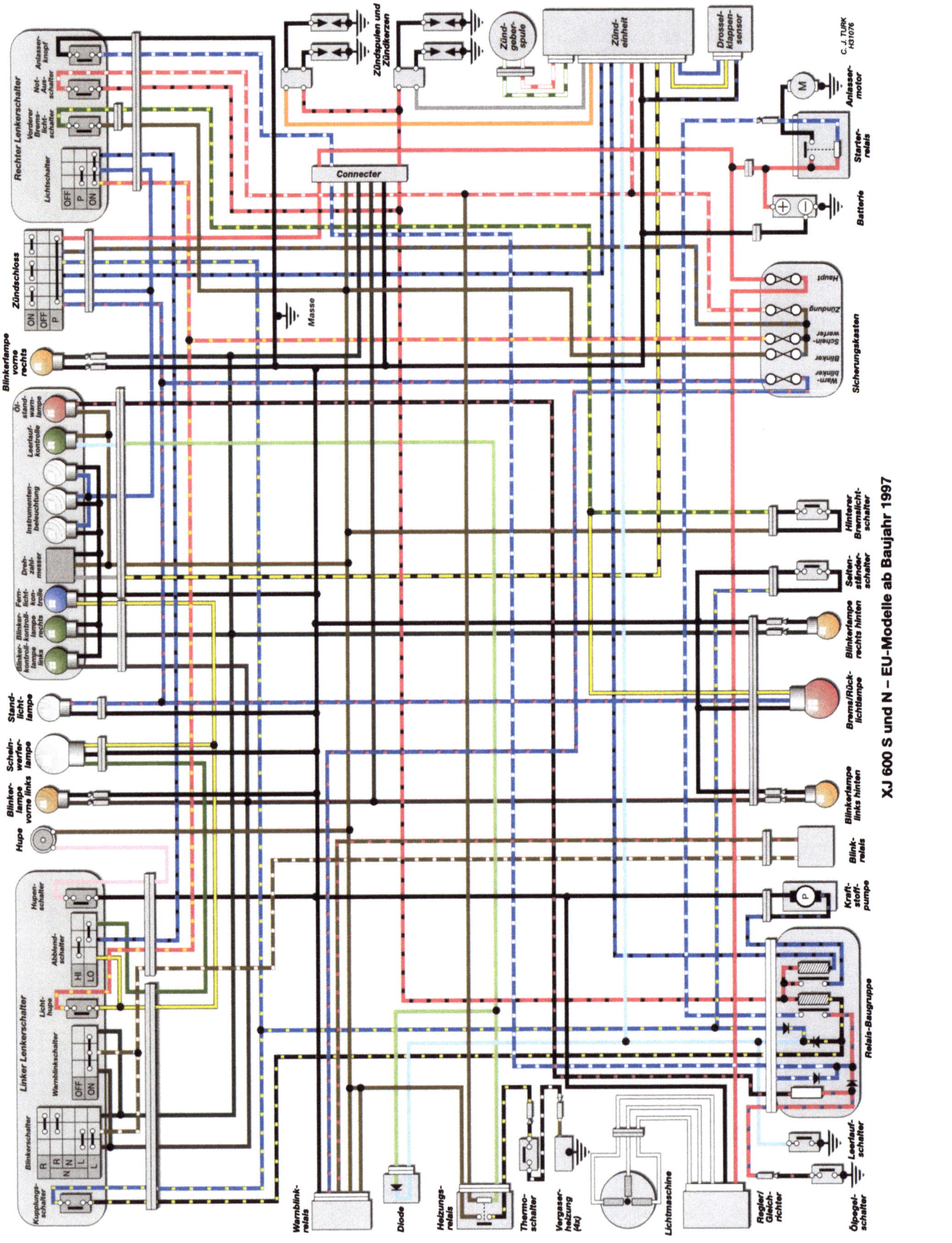

XJ 600 S und N – EU-Modelle ab Baujahr 1997

Anhang

Inhalt

Maße und Gewichte

Radstand

alle Modelle	1445 mm

Gesamtlänge

XJ 600 S

EU-Modelle	2170 mm
US-Modelle	2095 mm

XJ 600 N

alle Modelle	2170 mm

Gesamtbreite

EU-Modelle bis 1995, US-Modelle bis 1996	750 mm
EU-Modelle ab 1996, US-Modelle ab 1997	735 mm

Gesamthöhe

XJ 600 S

EU-Modelle bis 1995, US-Modelle 1994 bis 1996	1220 mm
EU-Modelle ab 1996, US-Modelle ab 1997	1205 mm
US-Modelle bis 1993	1170 mm

XJ 600 N

alle Modelle	1090 mm

Sitzhöhe

alle Modelle	770 mm

Bodenfreiheit

alle Modelle	150 mm

Gewicht (vollgetankt)

XJ 600 S

EU-Modelle bis 1995	202 kg
EU-Modelle 1996 bis 1997	208 kg
EU-Modelle ab 1998	213 kg
US-Modelle bis 1993	197 kg
US-Modelle 1994 bis 1996	200 kg
US-Modelle ab 1997	205 kg

XJ 600 N

Modelle bis 1995	202 kg
Modelle ab 1996	205 kg

Grundlegende mechanische Verfahren

Es gibt eine Anzahl von Handgriffen und Methoden, die bei Wartungs- und Reparaturarbeiten angewandt werden und auf die in diesem Handbuch Bezug genommen wird. Die Anwendung dieser Verfahren macht die Arbeit des Amateurs effizienter, und er ist eher in der Lage, die gestellten Aufgaben zu erfüllen, sodass die Reparatur gründlich und vollständig durchgeführt werden kann.

Befestigungssysteme

Muttern und Schrauben halten zwei oder mehr Teile zusammen. Beim Umgang mit ihnen müssen einige Dinge beachtet werden. Fast alle von ihnen werden in irgendeiner Art gesichert, das heißt, am selbstständigen Aufdrehen gehindert. Dazu können Federscheiben benutzt werden, Kontermuttern, Haltenasen oder flüssige Schraubensicherung. Alle Gewindebolzen sollten gerade, sauber und unbeschädigt sein und die Schraubenköpfe außerdem unbeschädigte Kanten und Ecken besitzen. Gewöhnen Sie sich an, alle auch nur leicht beschädigten Muttern und Schrauben durch neue zu ersetzen.
Verrostete Schrauben und Muttern sollten vor dem Losdrehen mit Kriechöl behandelt werden, damit sie leichter zu lösen sind. Nach dem Aufsprühen lassen Sie das Öl für einige Minuten einwirken, bevor Sie den Schraubenschlüssel ansetzen. Stark verrostete Schrauben müssen mit der Lötlampe erhitzt oder mit Säge oder Trennschleifer abgetrennt werden, oder die Mutter wird mit einem Mutternsprenger entfernt, den es in Werkzeugläden zu kaufen gibt.
Unterlegscheiben sollten immer in ihrer Original-Einbaulage montiert werden. Beschädigte Scheiben grundsätzlich durch neue ersetzen. Verwenden Sie immer eine flache Scheibe zwischen einer Sicherungsscheibe und Leichtmetall, dünnem Metall oder Kunststoff. Sicherungsmuttern, die auf einer Seite einen eingefassten Nylonring gegen Losdrehen besitzen, sollten höchstens zweimal verwendet werden.

Anzugsreihenfolge

Schrauben, Bolzen und Muttern werden oft mit einem spezifischen Drehmoment festgezogen. (Ein Drehmoment ist in etwa eine Drehkraft.) Zu festes Anziehen kann die Schraube überdehnen oder lässt sie abreißen. Zu leichtes Anziehen bewirkt dagegen, dass sich die Schraube von selbst lösen kann. Jede Schraube besitzt ein eigenes ideales Anzugs-Drehmoment, das vom Gewindedurchmesser und dem Material von Schraube und Mutter bestimmt wird. Die Momente finden Sie in den *Technischen Daten*.
Manche Schrauben oder Bolzen müssen in einer bestimmten Reihenfolge angezogen werden, um einen Verzug des Materials zu vermeiden. Dazu gehören beispielsweise Zylinderkopfschrauben und Gehäuseschrauben. Zunächst sollten sie nur mit der Hand angezogen werden, danach mit dem Schlüssel jeweils eine Umdrehung und schließlich mit dem Drehmomentschlüssel in der vorgeschriebenen Reihenfolge mit stufenweise ansteigendem Drehmoment. Auch das Lösen sollte in der gleichen Weise erfolgen.

Demontage

Mechanische Teile sollten mit Sorgfalt auseinandergebaut werden. Wichtig ist, dass das richtige Werkzeug zur Hand ist. Der Zusammenbau erfolgt in den allermeisten Fällen in genau umgekehrter Reihenfolge, und es ist ratsam, sich daran zu halten. Achten Sie auf Markierungen, wenn Teile in verschiedenen Lagen wieder zusammengebaut werden können. Halten Sie immer ein Blatt Papier bereit, um Einbaulagen und -reihenfolgen zu notieren. Dabei hat sich ein Bleistift eher bewährt als ein Kugelschreiber, da ersterer auch bei Kälte und Nässe schreibt. Es gibt mehrere Möglichkeiten, die Einbaureihenfolge von Teilen zu markieren. Die einfachste ist wohl, sie hintereinander auf ein sauberes Tuch zu legen. Getriebezahnräder können auch auf ein Stück Draht oder Kabel aufgefädelt werden. Bei Schrauben und Bolzen ist auch möglich, sie hintereinander in ein Stück Styropor zu stecken. Manche Oldtimer-Restaurateure schwören gar auf viele Fotos bei der Demontage. Am besten ist jedoch immer die Kombination zwischen genauen Notizen und Skizzen und der Ablage in Behältern, die nach Baugruppen geordnet sind.
Es hat sich außerdem bewährt, Schrauben und Muttern nach der Demontage lose in ihre Löcher bzw. auf ihre Bolzen aufzudrehen, damit später nicht Teile verwechselt werden, z.B. unterschiedlich lange Gehäuseschrauben. Verfallen Sie nicht dem Irrtum, Sie könnten sich schon alles für später merken!
Plastikbecher von Joghurts u.Ä. eignen sich für die vorübergehende Aufbewahrung kleiner Teile; außerdem lassen sie sich gut mit Lackfaserschreibern beschriften. Sammeln Sie solche Behälter, sie sind sehr nützlich, wenn Sie Baugruppen mit vielen kleinen Teilen wie z.B. Vergaser demontieren.
Beim Trennen von elektrischen Verbindungen und Kabeln können Sie sich natürlich an die Kabelfarben halten. Noch sicherer ist es aber, Stecker und Kabelenden mit kleinen Fähnchen von z.B. Tesakrepp zu versehen, die Sie mit Codeziffern bzw. -buchstaben beschriften. Das erleichtert später den Zusammenbau ungeheuer.

Dichtungen

Dichtungen aus Papier, Aluminium, Kupfer oder Verbundstoffen werden verwendet, um die Oberflächen zweier Gehäusehälften abzudichten. In manchen Fällen werden sie zusätzlich mit einer Flüssigdichtung versehen. Allerdings wäre es falsch, grundsätzlich Flüssigdichtung zu verwenden. Zum einen kann ein ungleichmäßiger Auftrag eher zu Lecks führen. Zum anderen verhindert Dichtpaste den vielleicht notwendigen Wärmeübergang zwischen den Bauteilen, beispielsweise beim Zylinderkopf. Zum Dritten zerreißen Papierdichtungen bei der Demontage, weil die Paste inzwischen ausgehärtet ist. Verwenden Sie Dichtpaste daher nur dort, wo sie vom Hersteller vorgeschrieben ist.
Es hat sich bewährt, Papierdichtungen vor dem Einbau einzufetten. Das erleichtert zum einen die Montage, weil sie mit dem Fett praktisch an einer Gehäusehälfte kleben und dort ausgerichtet werden können. Zum anderen besteht kaum mehr die Gefahr, dass sie bei der erneuten Demontage zerreißen, und sie können wiederverwendet werden.
Gerade bei trocken eingebauten Dichtungen neigen die Gehäusehälften dazu, sehr stark zusammenzuhaften, wenn sie auseinander genommen werden sollen. Stellen Sie zuerst sicher, dass wirklich alle Schrauben und Halteklammern entfernt wurden. Vermeiden Sie es unter allen Umständen, einen Schraubendreher oder Meißel zwischen die Hälften zu drücken, da sonst die Dichtflächen irreparabel beschädigt werden. Klopfen Sie eher mit einem Plastikhammer an einer Nase oder einem Anguss, um das Gehäuse zu trennen. Sie können auch einen normalen Hammer und als Zwischenlage ein Stück Hartholz verwenden. Schlagen Sie nicht auf Teile, die leicht beschädigt werden könnten.
Kleben nach der Demontage Dichtungsreste an den Dichtflächen – was bei trocken eingebauten Papierdichtungen meist der Fall ist –, so schaben Sie sie sorgfältig ab, bis die Oberfläche wieder glatt und sauber ist. Verwenden Sie dazu ein stumpfes Messer oder einen Spachtel und seien Sie bemüht, keine Narben und Schnitte im Leichtmetall zu hinterlassen. Auch aus einem Stück kupferner Wasserleitung lässt sich durch Zusammendrücken und Anschleifen ein wirkungsvoller Schaber herstellen. Hartnäckige Dichtungsreste können auch mit Benzin oder Öl aufgeweicht werden.

Schläuche abnehmen

Manche Schläuche sitzen sehr fest auf ihren Stutzen. Lösen Sie zunächst die Schlauchklemmen und nehmen sie wenn möglich ganz ab, schieben Sie sie zumindest weit über den Schlauch zurück. Drehen Sie dann den Schlauch mit einer Zange mit glatten Backen auf dem Stutzen etwas hin und her, damit er sich löst. Sprühen Sie etwas Kriechöl auf den Anschluss, wenn Sie mit dem Sprühkopf den Spalt zwischen Schlauch und Stutzen erreichen können.
Lässt sich der Schlauch noch immer nicht abziehen, erwärmen Sie sein hartnäckiges Ende mit einem Heißluftföhn, um es geschmeidig zu machen. Hilft auch das nicht, so bleibt Ihnen nichts anderes übrig, als den Schlauch mit einem scharfen Messer am Anschlussende in Längsrichtung aufzuschlitzen, bis er sich abziehen lässt. Dies erfordert dann allerdings einen neuen Schlauch oder zumindest ein Kürzen des alten. Vollständig durchgehärtete Schläuche sollten ohnehin erneuert werden. Das Gleiche gilt für beschädigte oder verschlissene Schlauchklemmen.

Werkzeug- und Werkstatt-Tipps

Werkzeug-Kauf

Zur Wartung und Reparatur ist unbedingt ein Werkzeugsatz nötig. Obwohl die Anschaffung einer geeigneten Grundausrüstung zunächst etwas Geld kostet, macht sie sich schnell bezahlt, da man durch Eigenleistung Werkstattkosten spart. Bei steigenden Erfahrung und Zutrauen kann zusätzliches Werkzeug beschafft werden, um große Reparaturen und Motorüberholungen durchführen zu können. Viele Spezialwerkzeuge sind teuer und werden nur selten benutzt, hierbei kann sich das Mieten lohnen bzw. der gemeinsame Kauf mit Freunden oder einem Club.

Eine Regel ist, besser gutes teures Qualitätswerkzeug zu kaufen, als billiges, welches schnell verschleißt und öfter erneuert werden muss – und dadurch die anfängliche Ersparnisse schnell aufhebt.

Warnung: Um das Risiko zu vermindern, durch das Brechen schlechten Werkzeugs verletzt zu werden oder Bauteile zu beschädigen, muss immer auf stabile Qualität und die Erfüllung von Sicherheitsnormen geachtet werden.

Die folgende Werkzeugliste entspricht nicht den Wartungs- und Reparaturwerkzeugen des Herstellers und der Werkstätten, sondern stellt eine Empfehlung dar, welche Werkzeuge für einfache Arbeiten benötigt werden. Zusätzlich werden solche Dinge wie eine elektrische Bohrmaschine, eine Eisensäge, Feilen, Hämmer, ein Lötkolben und eine mit einem Schraubstock ausgerüstete Werkbank empfohlen. Obwohl nicht als Werkzeug klassifiziert, ist eine Sammlung von Schrauben, Muttern, Scheiben und Rohrstücken immer sehr nützlich.

Um mehr über Werkzeug und die Ausrüstung einer Werkstatt zu erfahren, empfehlen wir die Lektüre des Buches *Die Schrauberwerkstatt* aus dem Moby Dick Verlag (ISBN 3-89595-149-8).

Werks-Spezialwerkzeug

In unvermeidlichen Fällen ist die Benutzung von Spezialwerkzeug empfohlen. Wenn die Möglichkeit einer alternativen Verwendung besteht, ist diese beschrieben. Jedoch ist manchmal das Risiko einer Verletzung oder Beschädigung zu groß, sodass ein Spezialwerkzeug des Herstellers benutzt werden muss. Spezialwerkzeug ist normalerweise nur über den Motorradhandel zu bekommen und mit einer Werks-Nummer versehen. Einige der oft benutzten Werkzeuge, wie z.B. Rotorabzieher sind auch über den Zubehörhandel erhältlich.

Grundausstattung Wartungs- und Reparatur-Werkzeug

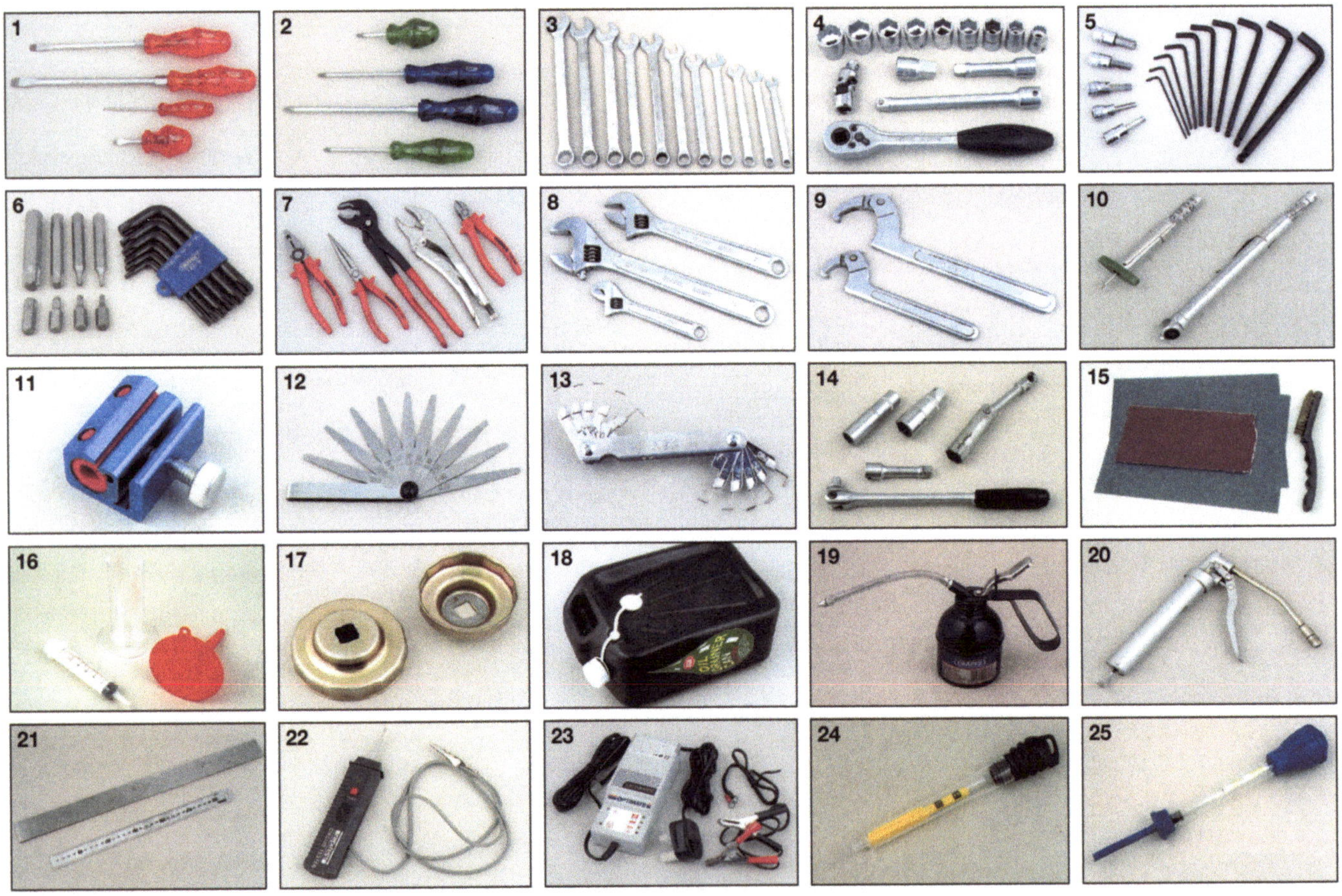

1 Schlitzschraubendrehersatz
2 Kreuzschraubendrehersatz
3 Gabel/Ringschlüsselsatz
4 Steckschlüsselsatz mit 3/8 oder ½ Zollantrieb (Knarrenkasten)
5 Inbus-Schlüsselsatz oder Steckeinsätze
6 Torxschlüsselsatz oder -bits
7 verschiedene Zangen, Gripzangen
8 einstellbarer Rollgabenschlüssel
9 Hakenschlüssel (am besten einstellbar)
10 Luftdruckprüfgerät (A), Profiltiefenmesser (B)
11 Bowdenzug-Öler
12 Fühlerlehre
13 Mess- und Einstellgerät für Zündkerzenelektroden
14 Zündkerzenschlüssel oder tiefer Knarreneinsatz
15 Drahtbürste und Schleifpapier
16 Trichter und Messbecher
17 Bandschlüssel
18 Öl-Auffangbehälter
19 Ölkanne mit Pumpe
20 Fettpresse
21 Stahllineal und Winkel
22 Durchgangsprüfer
23 Batterieladegerät
24 Hydrometer (zur Bestimmung der Batteriesäuredichte)
25 Frostschutztester (für wassergekühlte Motoren)

Werkzeug für Reparatur und Überholung

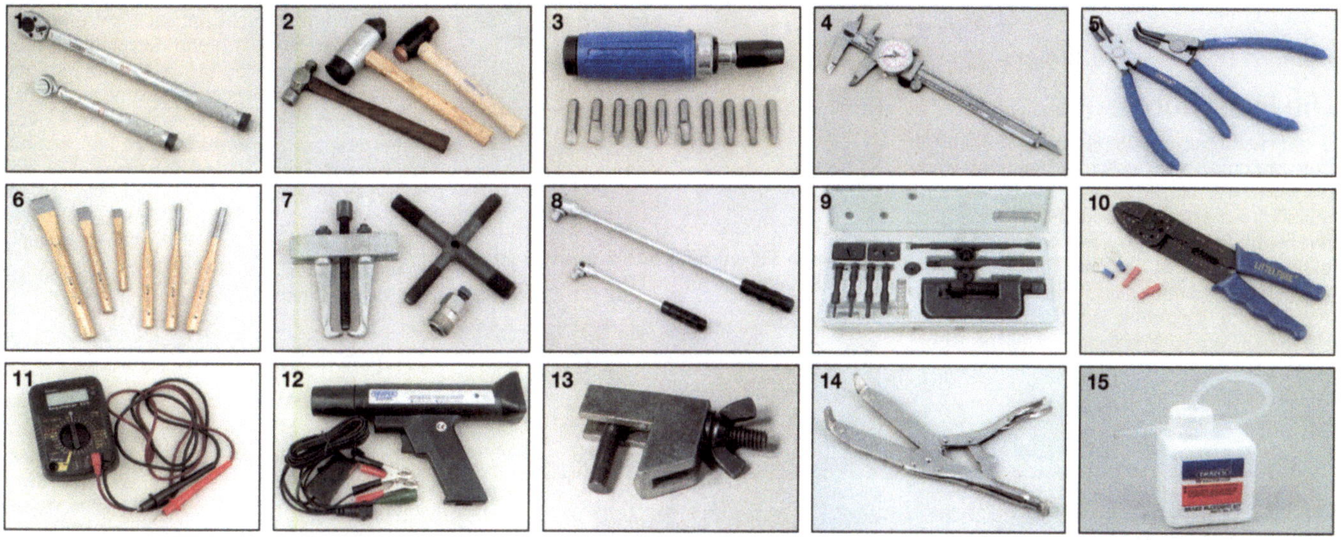

1 Drehmomentschlüssel (kleine und mittlere Ausführung)
2 Stahl-, Plastik- und Gummihammer
3 Schlagschraubersatz
4 Schieblehre
5 Seegerringzangen (für innen und außen)
6 Dorne und Meißel
7 verschiedene Abzieher
8 Gelenkgriff und Rohrverlängerung
9 Ketten-Trenn- und Montierwerkzeug
10 Abisolierzange
11 Multimeter (für Volt, Ampere, Ohm)
12 Stroboskoplampe (für dynamische Zündungskontrolle)
13 Schlauchklemme
14 Kupplungshaltewerkzeug
15 Ein-Personen-Bremsenlüftungssatz

Spezial-Werkzeug

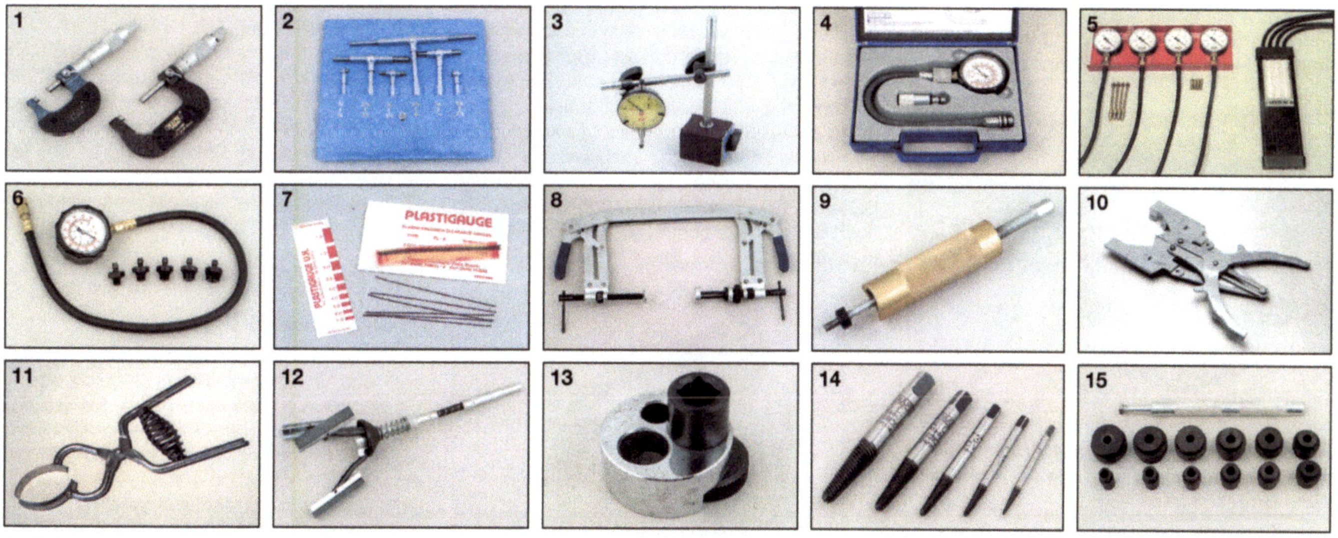

1 Mikrometerschrauben
2 Innenmessgeräte
3 Messuhr mit Halter
4 Zylinderkompressions-Messgerät
5 Synchronisationsgerät
6 Öldruck-Messgerät
7 Quetschmessstreifen für Lagerspielmessung
8 Ventilfederpresse
9 Kolbenbolzenauszieher
10 Kolbenringzange
11 Kolbenringklemme
12 Zylinderhonsteine
13 Bolzenausdreher
14 Linksausdrehersatz
15 Lagertreibersatz

1 Werkstatt
Ausrüstung und Einrichtung

Die Hebebühne

• Man kann sich die Arbeit an vielen Bauteilen des Motorrades erheblich erleichtern, wenn die Maschine mithilfe einer Hebebühne in eine günstige Arbeitshöhe gebracht wird. Die teuren hydraulischen oder pneumatischen Hebebühnen, wie man sie aus professionellen Werkstätten kennt, sind eine lohnenswerte Anschaffung, wenn man viele Reparaturen und Überholungen zu erledigen hat (siehe Abbildung 1.1).

1.1 Hydraulische Motorrad-Hebebühne

• Wenn das Motorrad angehoben wird, muss darauf geachtet werden, dass es gegen Herunterfallen gesichert wird. Die meisten Bühnen haben dazu eine einstellbare Vorderrad-Klemmung. Beim Einklemmen des Rades darf der Reifen oder die Felge nicht beschädigt werden, den besten Schutz bieten hier zwischengelegte Holzblöcke.

• Sichern Sie das Motorrad mit Spannriemen an der Bühne (siehe Abbildung 1.2). Wenn die Maschine nur einen Seitenständer besitzt und kippgefährdet ist, sollte sie auf einer passenden Stütze positioniert werden.

1.2 Mit z.B. an den Beifahrerfußrasten befestigten Spannriemen wird die Maschine vor dem Umfallen gesichert.

• Passende Stützen sind in unterschiedlichen Formen und Ausführungen im Fachhandel erhältlich. Zumeist wird die Maschine damit an der Hinterrad- oder Schwingenachse angehoben (siehe Abbildung 1.3). Um beide Räder zu entlasten, kann ein Wagenheber unter den Motor positioniert und das Vorderteil angehoben werden (siehe Abbildung 1.4).

1.3 Diese Stütze hebt das Motorrad an der Schwingenachse an.

1.4 Um Beschädigungen zu vermeiden, muss immer ein Stück Holz zwischen Wagenheber und Motor oder Rahmen liegen.

Rauch und Feuer

• Beachten Sie genau die Sicherheit-zuerst!-Seiten am Anfang des Buches. Gehen Sie sicher, dass ein Feuerlöscher zur Hand ist, der für brennbare Flüssigkeiten geeignet ist – versuchen Sie auf gar keinen Fall, brennendes Benzin oder Öl mit Wasser zu löschen!

• Sorgen Sie dafür, dass immer ausreichende Belüftung sichergestellt ist. Wenn keine Abgas-Absauganlage vorhanden ist, darf der Motor nur außerhalb der Werkstatt gestartet werden.

• Wenn Sie mit Kraftstoff hantieren, muss durch gutes Lüften dafür gesorgt werden, dass sich keine zündfähigen Gasgemische bilden können. Das Gleiche gilt beim Aufladen von Batterien. Rauchen Sie nicht, und verbieten Sie auch anderen Personen, in der Werkstatt zu rauchen.

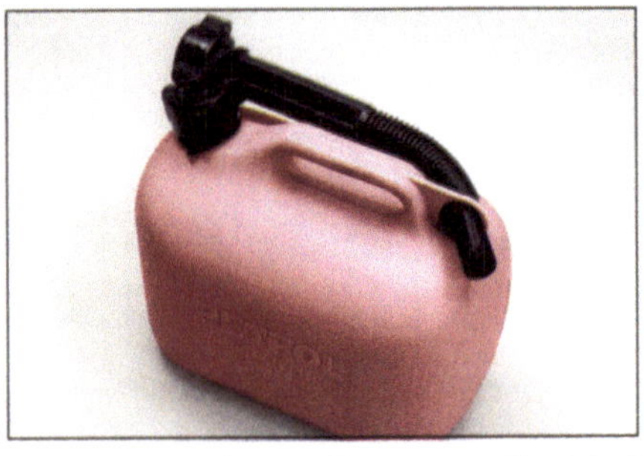

1.5 Benutzen Sie zum Lagern von Kraftstoff nur vorgeschriebene Kanister.

Flüssigkeiten

• Wenn Sie den Tank entleeren müssen, darf der Kraftstoff nur in geeigneten und verschließbaren Behältern und Kanistern gelagert werden (siehe Abbildung 1.5). Lagern Sie Benzin niemals in Gläsern oder Flaschen.

• Benutzen Sie entsprechende Motoren-Entfetter oder schwer entflammbare Lösungsmittel, wie z.B. Paraffin (Kerosin), um Öl, Fett und Schmutz zu entfernen – benutzen Sie niemals Benzin! Tragen Sie bei diesen Arbeiten Gummihandschuhe und benutzen Sie diese Reinigungsmittel nur draußen oder in sehr gut belüfteten Räumen.

Staub-, Augen- und Handschutz

• Schützen Sie Atemwege und Lunge mit Staubmasken vor dem Eindringen von Staubpartikeln. Manche älteren Brems- oder Kupplungsbeläge enthalten Krebs erregendes Asbest – hantieren Sie auf jeden Fall sehr vorsichtig mit solchem Material. Schützen Sie Ihre Augen mit einer Schutzbrille vor Spritzern und Spänen (siehe Abbildung 1.6).

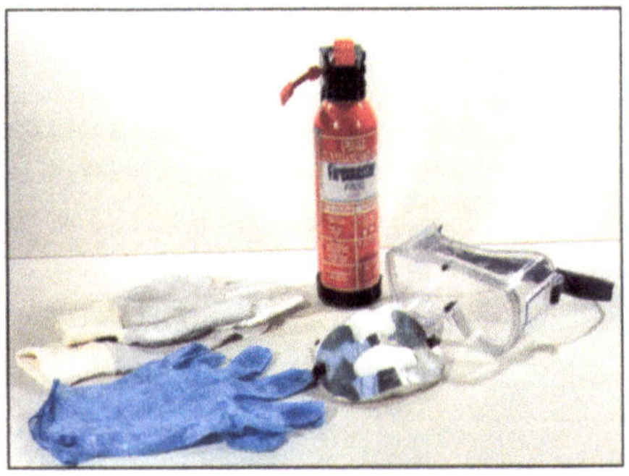

1.6 Ein Feuerlöscher, eine Schutzbrille, Staubmaske und Schutzhandschuhe sollten in der Werkstatt immer zur Hand sein.

• Schützen Sie Ihre Hände mit Gummihandschuhen vor dem Kontakt mit Lösungsmitteln, Benzin und Öl. Alternativ kann vor Arbeitsbeginn eine spezielle Schutzcreme auf die Hände aufgetragen werden. Wenn Sie mit heißen Teilen oder Flüssigkeiten hantieren, müssen hierfür geeignete Handschuhe getragen werden.

Die Entsorgung alter Flüssigkeiten

• Alte Reinigungs- und Bremsflüssigkeit, Kraftstoff und Öl dürfen nicht ins Erdreich oder in Wasserabflüsse gelangen. Füllen Sie die entsprechenden Flüssigkeiten in geeignete Behälter, und bringen Sie sie zu dem Händler, von dem Sie sie erworben haben. Unter Vorlage einer Quittung sind Händler verpflichtet, altes Öl und Bremsflüssigkeit wieder zurückzunehmen. Schütten Sie unterschiedliche Flüssigkeiten nicht zusammen in einen Behälter, da sie nur getrennt wieder aufbereitet werden können. Öliger und fettiger Schmutz kann zusammen mit dem Altöl abgegeben werden, alte Ölfilter können ebenfalls beim Händler entsorgt werden.

2 Befestigungen
Schrauben und Muttern

Typen und Anwendungen

Schrauben

- Köpfe von Maschinenschrauben gibt es in den Ausführungen Sechskant, Torx und Vielzahn – alle in Innen- und Außenversionen (siehe Abbildungen 2.1 und 2.2). Vielzahn-Schrauben werden im Motorradbau sehr selten verwendet. Schlitz- und Kreuzschlitzköpfe werden nur bei kleinen Schrauben verwendet, die keiner großen Belastung ausgesetzt sind. Längenangaben bei Schrauben werden von unterhalb des Kopfes bis zum Ende gemessen (siehe Abbildung 2.11).

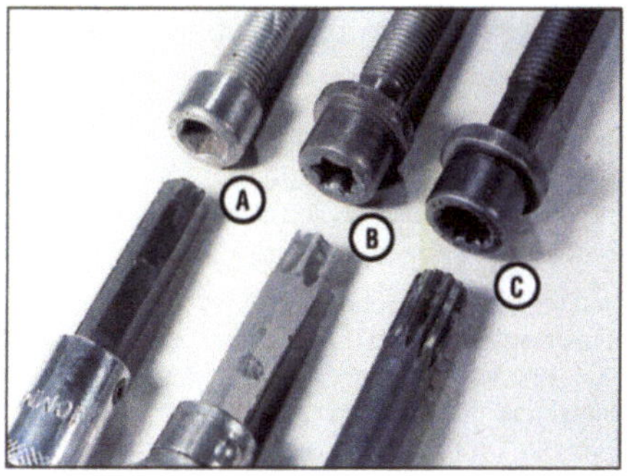

2.1 Innen-Sechskant (»Inbus«) (A), Torx (B) und Vielzahnschraubenköpfe (C) mit entsprechenden Werkzeugen

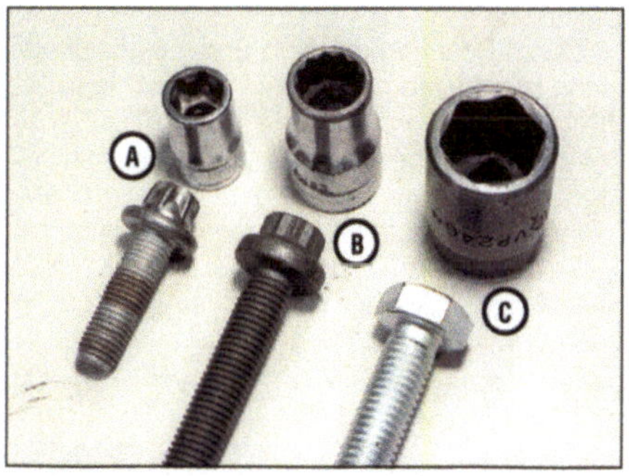

2.2 Außen-Torx (A), Vielzahn (B) und Sechskantschrauben (C) mit entsprechenden Steckschlüsseleinsätzen (»Nüssen«)

- Verschiedene Schrauben haben Zugfestigkeitsangaben auf ihren Köpfen. Je höher die Zahl, desto stabiler die Schraube. Hochfeste Schrauben tragen eine 10 oder höhere Zahl. Ersetzen Sie eine hochfeste Schraube niemals durch eine minderfeste.

Scheiben (siehe Abbildung 2.3)

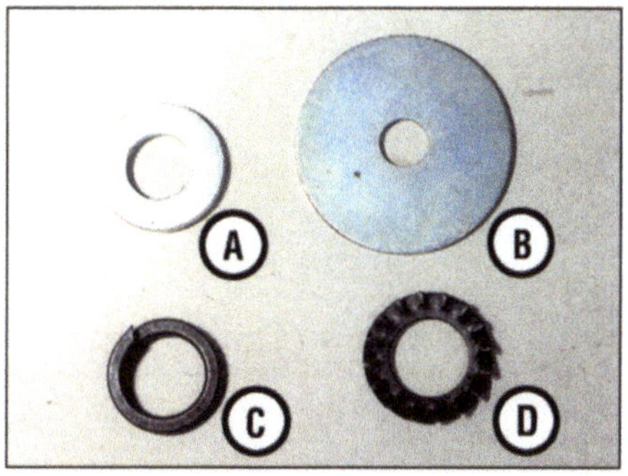

2.3 Unterlegscheibe (A), Kotflügelscheibe (B), Federring (C) und Sicherungsscheibe (D)

- Unterlegscheiben werden zwischen Schraubenkopf und Bauteil gelegt, um Beschädigungen des Teils zu vermeiden und um die Last des Anzugsmoments zu verteilen. Spezielle Unterlegscheiben werden bei verschiedenen Gelegenheiten als Abstandhalter und Einstellscheibe eingesetzt. Kupfer- oder Aluminiumscheiben fungieren als Dichtungsringe, z.B. bei Ablassschrauben.
- Der offene Federring übt zwischen Schraube und Bauteil axialen Druck aus. Nach einmaligem Gebrauch muss er ersetzt werden. Wenn der Federring zusammen mit einer Unterlegscheibe verwendet wird, muss er zwischen diese und die Schraube gelegt werden.
- Sternförmige Sicherungsscheiben schneiden sich beim Linksherumdrehen in die Schraube und das Bauteil ein, um das Lösen der Schraube zu verhindern. Sie werden oft bei elektrischen Masseverbindungen am Rahmen verwendet.
- Konus- oder Fächerscheiben üben zwischen Schraube und Bauteil axialen Druck aus. Sie werden mit der flachen Seite auf das Bauteil gelegt, wenn sie abgeflacht sind, sind sie ermüdet und müssen ausgewechselt werden.
- Sicherungsbleche werden unter glatte Wellenmuttern gelegt, das Blech wird an einer oder mehreren Seiten der Mutter hochgebogen und gegen deren Sechskant gepresst, um ein Lösen zu verhindern. Ist das Blech nach mehrmaligem Gebrauch verschlissen, muss es ersetzt werden.
- Wellenscheiben werden eingesetzt, um Spiel auf Achsen aufzunehmen. Sie üben leichten Federdruck aus und verhindern das Hin- und Herschieben von Baugruppen, z.B. Kipphebeln auf ihren Wellen.

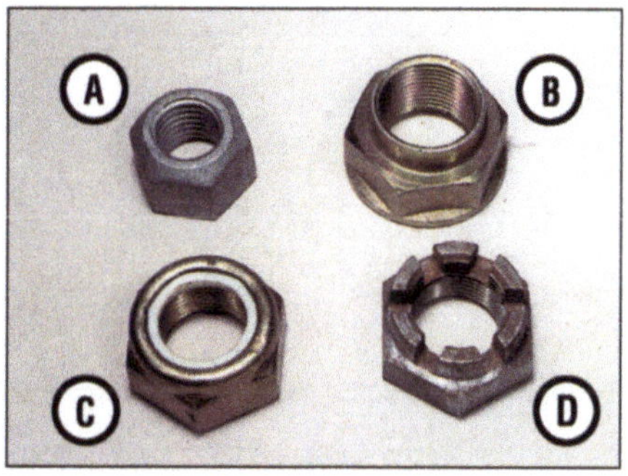

2.4 Sechskantmutter (A), Mutter mit Bund (B), selbstsichernde Mutter mit Nylon-Einsatz (C), Kronenmutter (D)

Muttern und Splinte

- Herkömmliche Muttern sind sechsseitig (siehe Abbildung 2.4). Ihre Größenbezeichnungen richten sich nach dem Gewindedurchmesser und dessen Steigung. Hochfeste Muttern tragen auf einer Seite eine Zahl, die ihre Festigkeit angibt.
- Selbstsichernde Muttern haben entweder Nylon-Einsätze oder zwei Federstreifen, außerdem gibt es Muttern mit Bund, die sich mit einer Verzahnung sichern. Ihr aller Vorzug liegt darin, dass sie nicht durch Vibrationen zu lösen sind. Die Nylon- und Federausführungen können mehrmals universell eingesetzt werden und müssen erst ersetzt werden, wenn sie leichtgängig oder verschlissen sind. Die Bundausführungen müssen nach jedem Lösen ausgewechselt werden.
- Splinte werden zum Sichern von Kronenmuttern auf Achsen, aber auch gegen das Lösen normaler Sechskantmuttern eingesetzt, besonders an Radachsen und Bremsankern. Normale Splinte müssen wegen der Bruchgefahr nach jedem Gebrauch erneuert werden (siehe Abbildungen 2.5 und 2.6).

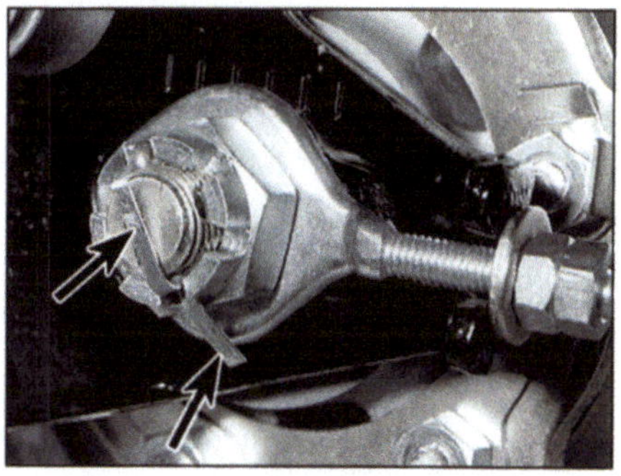

2.5 Biegen Sie Einwegsplinte bei Kronenmuttern wie gezeigt auseinander.

2.6 Biegen Sie Einwegsplinte bei normalen Muttern wie gezeigt auseinander.

Achtung: Wenn die Schlitze der Kronenmutter nach dem vorschriftsmäßigen Anziehen nicht mit der Splintbohrung in der Achse fluchten, ziehen Sie sie so weit fester, bis der Splint durchgeführt werden kann. Lockern Sie sie nicht zu diesem Zweck.

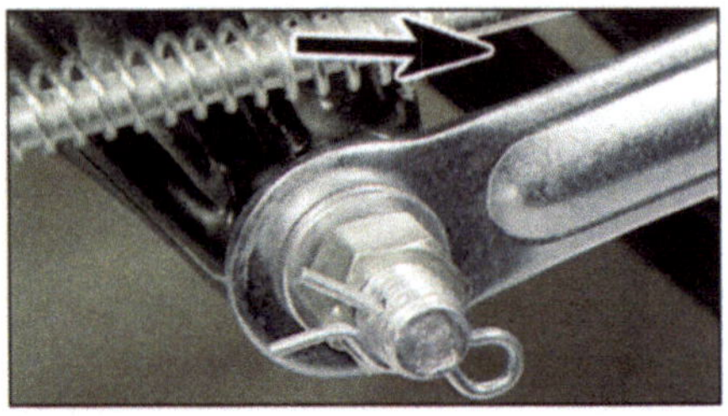

2.7 Federsplinte werden mit dem geschlossenen Ende in Fahrtrichtung (Pfeil) montiert.

• Federsplinte können mehrmals verwendet werden, solange sie nicht beschädigt sind. Installieren Sie Federsplinte immer mit dem geschlossenen Ende nach vorne (siehe Abbildung 2.7).

Sicherungsringe (s. Abbildung 2.8)

• Sicherungsringe, die mit »Augen« zum besseren Aus- und Einbau versehen sind, werden auch Seegerringe genannt. Je nach Einsatzzweck auf Wellen oder in Bohrungen sitzen die Augen innen oder außen. Geschliffene Ringe können beidseitig verwendet werden, bei gestanzten Ringen (mit einer flachen und einer abgerundeten Seite) muss die flachen Seite entstehenden Druck auf die Nut übertragen (siehe Abbildung 2.9).

• Benutzen Sie immer eine Seegerringzange zur Montage und Demontage, spannen Sie damit die Ringe nicht mehr als nötig. Drehen

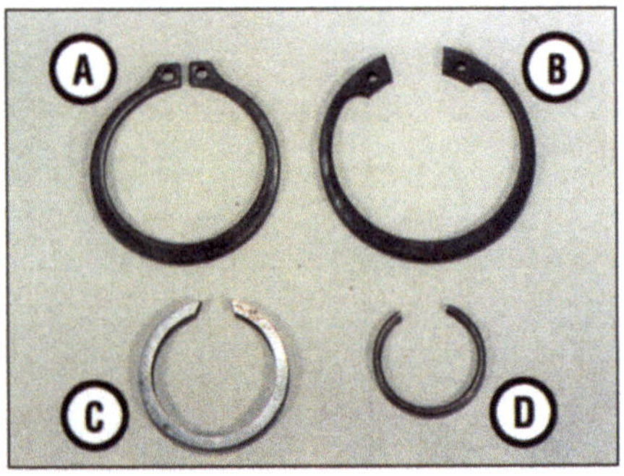

2.8 Wellen-Seegerring (A), Bohrungs-Seegerring (B), geschliffener Sicherungsring (C), Draht-Sicherungsring (D)

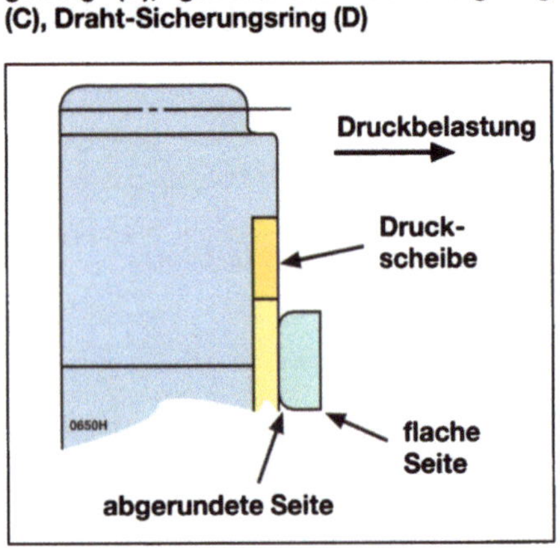

2.9 Korrekte Einbaulage eines gestanzten Sicherungsrings

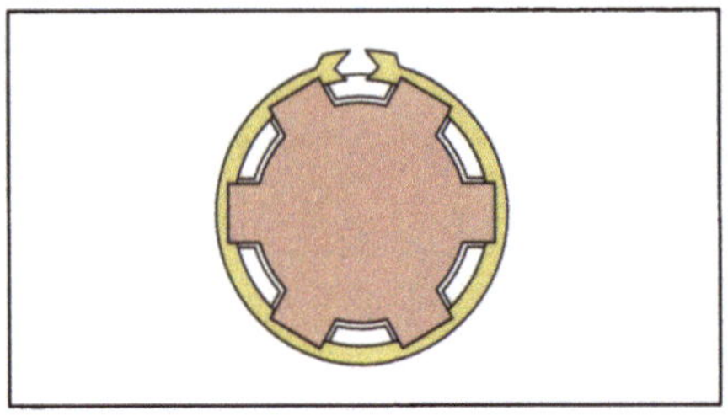

2.10 Die Öffnung des Sicherungsrings muss in einer Nut der Welle liegen.

Sie die Ringe nach der Montage in ihrer Nut, um sicherzugehen, dass sie richtig sitzen. Wenn ein Sicherungsring auf eine Nutenwelle montiert wurde, muss die Öffnung mit einer Nut fluchten. So wird sichergestellt, dass die Enden gut gehalten werden (siehe Abbildung 2.10).

• Sicherungsringe können durch den Druck von Bauteilen verschleißen und dadurch locker in ihren Nuten sitzen. Da hierdurch die Gefahr des Herausspringens steigt, sollten Sie regelmäßig nach jedem Ausbau ersetzt werden.

• Drahtsicherungsringe werden normalerweise zur Sicherung des Kolbenbolzens in die Nuten des Kolbens gesetzt. Sie können mit einer Spitzzange oder einem kleinen Schraubendreher ausgebaut werden. Kolbenbolzen-Sicherungsringe dürfen auf keinen Fall mehrmals verwendet werden.

Gewindedurchmesser und Gewindesteigung

• Der Durchmesser eines Gewindes wird außen an der Schraube oder des Bolzens gemessen. Fast alle Motorradhersteller benutzen heute metrische Gewinde nach ISO-Norm, eine M-6-Schraube hat einen Gewindedurchmesser von 6 mm. Diese Bezeichnung gilt auch für die entsprechende Mutter, hier muss der Durchmesser in den »Tälern« des Gewindes gemessen werden.

• Die Gewindesteigung bezeichnet den Abstand zwischen zwei Gewindegängen (siehe Abbildung 2.11). Sie wird in Millimetern angegeben, jedoch nur extra erwähnt, wenn sie von der Norm abweicht, d.h. eine M-8-Schraube nicht 1,25 mm, sondern z.B. ein Feingewinde von 1,0 mm hat – sie heißt dann M 8 x 1,0. Mit zunehmendem Gewindedurchmesser wird auch die Steigung größer.

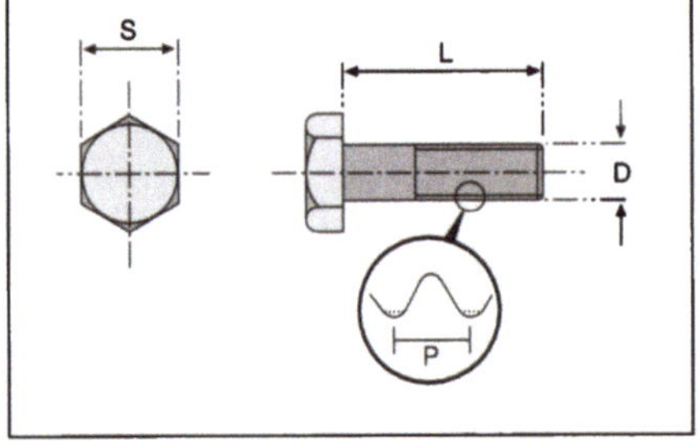

2.11 Schraubenlänge (L), Gewindedurchmesser (D), Gewindesteigung (P), Schlüsselweite (S)

2.12 Mit einer Gewindelehre kann die Steigung bestimmt werden.

• Zu bestimmten Gewindedurchmessern, -steigungen und -festigkeiten gehören entsprechende Schraubenköpfe mit Schlüsselweiten in Millimetern (siehe Abbildung 2.11). Bei Unsicherheit können Gewindesteigungen mit Gewindelehren gemessen werden (siehe Abbildung 2.12).

Schlüsselweite	∅ Gewinde x Steigung
8 mm	M 5 x 0,8 mm
8 mm	M 6 x 1,0 mm
10 mm	M 6 x 1,0 mm
12 mm	M 8 x 1,25 mm
14 mm	M 10 x 1,25 mm
17 mm	M 12 x 1,25 mm

• Die meisten Schrauben und Bolzen haben Rechtsgewinde, d.h. die Schraube oder Mutter wird im Uhrzeigersinn festgezogen. Linksgewinde finden sich ganz selten an Stellen, wo die Drehrichtung des Bauteils die Verbindung lösen könnte, z.B. bei einigen Ritzelmuttern.

Festsitzende Gewinde

• Durch Feuchtigkeit, Salz und elektro-chemische Korrosion zwischen unterschiedlichen Metallen können im Laufe der Zeit außensitzende Schrauben schwer zu lösen sein. Mit normalen Methoden wird man in diesen Fällen wahrscheinlich den Schraubenkopf zerstören. Wenn man merkt, dass sich eine Schraube oder Mutter nicht wie üblich durch ein Knacken löst und dann leicht ausbauen lässt, sollte sofort die übliche Demontage gestoppt werden, bevor etwas zerstört wird.

2.13 Bereits ein leichter Schlag auf den Schraubenkopf reicht oft aus, ein korrodiertes Gewinde zu lösen.

2.14 Ein Schlagschrauber setzt die Wucht des Hammers in eine Drehbewegung um.

- Bereits ein leichter Schlag auf den Schraubenkopf kann Korrosion und Spannungen im Gewinde lösen (siehe Abbildung 2.13).
- Kriechöl (wie z.B. Caramba) kann als Rostlöser an die Verbindung gesprüht werden und über Nacht einsickern. Wenn man mit Plastilin eine »Wanne« um die Mutter oder Schraube formt, kann die Verbindung sogar geflutet werden.
- Aufgrund der öligen Umgebung haben innerhalb des Motorgehäuses befindliche Schraubverbindungen kaum Korrosionsprobleme. Doch kann auch hier ein Schlagschrauber die Arbeit erleichtern, festsitzende Schrauben zu lösen (siehe Abbildung 2.14).
- Korrosion zwischen Metallen (z.B. Stahl und Aluminium) kann durch Erwärmung gelockert werden. Da sich Aluminium stärker ausdehnt als Stahl, reißt die Verbindung auf und die Bohrung (im Aluminium) erweitert sich. Hitzeempfindliche Teile wie Dichtringe und Gummistopfen müssen zunächst entfernt werden, dann kann man z.B. mit einem Heißluftgebläse den Bereich um die Schraube erwärmen (siehe Abbildung 2.15). Alternativ kann man das Bauteil auf einer elektrischen Herdplatte, in einem Backofen, in kochendem Wasser oder mit einem Bügeleisen erwärmen. Benutzen Sie keine offene Flamme! Tragen Sie Handschuhe, um Hautverbrennungen zu vermeiden.
- Als nächste Möglichkeit kann man mit Hammer und Meißel die Schraube losklopfen (siehe Abbildung 2.16). Hierdurch wird die Schraube oder Mutter zerstört, doch viel wichtiger ist, dass man das Bauteil dabei nicht beschädigt.

2.15 Erwärmen Sie den Bereich um die Schraubverbindung gleichmäßig.

2.16 Mit einem am Rand angesetzten Meißel wird die Schraube oder Mutter gelockert.

Achtung: Beachten Sie immer, dass das Gehäuseteil, in dem die Schraube sitzt, viel empfindlicher und teurer ist als die Schraube selbst. Wenn die Schraube gelockert ist, sollte sie nicht mit Gewalt herausgedreht werden. Um das Gewinde zu schonen, muss die Schraube bei starkem Widerstand vorsichtig ein- und ausgedreht werden, bis sie locker ist.

Abgebrochene Schrauben und Stehbolzen

- Wenn das Gewinde zugänglich ist, kann man versuchen, es mit einer selbstsichernden Gripzange zu drehen. Mit einem Stehbolzendreher, der normalerweise bei Zylinderstehbolzen verwendet wird, lassen sich meist bessere Ergebnisse erzielen (siehe Abbildung 2.17). Stehbolzen lassen sich auch mit zwei gegeneinander verkonterten Muttern lösen (siehe Abbildung 2.18).
- Eine bündig am Gehäuse abgerissene Schraube kann, wenn sie nicht allzu fest sitzt, nur mit einem Linksausdreher entfernt werden. Zunächst wird mit dem Körner in der Mitte des Gewindes eine Markierung geschlagen, aus der ein Bohrer nicht mehr abrutschen kann (siehe Abbildung 2.19). Wählen Sie den Bohrer etwa halb bis drei viertel so groß wie der Innendurchmesser der Schraube, und bohren Sie ein dem Linksausdreher entsprechend tiefes Loch. Wählen Sie den größtmöglichen Linksausdreher, aber achten Sie darauf, die Wandung der Schraube oben nicht auseinanderzudrücken, da dadurch das Gewinde im Gehäuse beschädigt und das Herausdrehen erschwert wird.
- Drehen Sie den Linksausdreher links (gegen den Uhrzeigersinn) in die abgebrochene Schraube. Wenn er sich festgefressen hat, wird er automatisch den Gewinderest aus dem Gehäuse herausdrehen (siehe Abbildung 2.20).

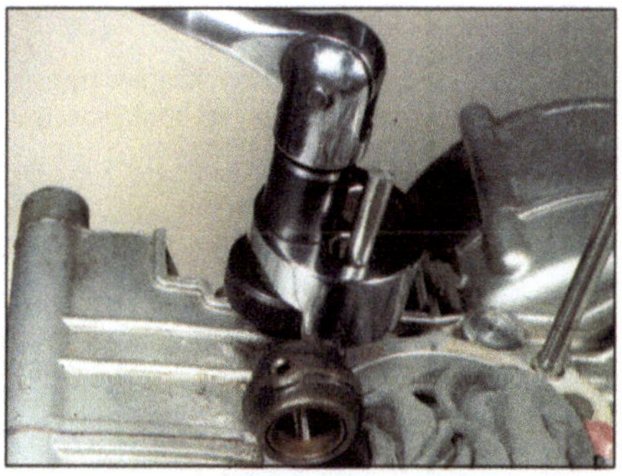

2.17 Mit einem Stehbolzendreher können auch festsitzende Schraubengewinde gelöst werden.

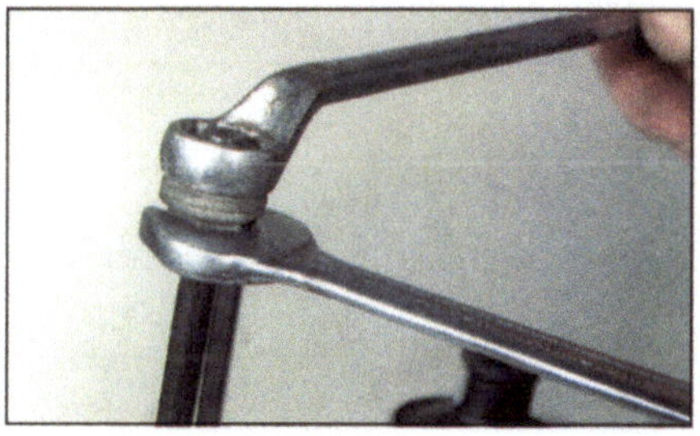

2.18 Nach dem Verdrehen zweier Muttern gegeneinander kann hiermit der Bolzen herausgeschraubt werden.

2.19 Achtung beim Vorbohren: nicht das weichere Gehäusematerial beschädigen.

Warnung: Linksausdreher sind sehr hart und können bei unvorsichtigem Umgang und sehr fest sitzenden Schraubenresten abbrechen. In diesem Fall sollte eine professionelle Werkstatt konsultiert werden.

2.20 Drehen Sie den Linksausdreher links herum in das Bohrloch, bis das Gewindestück herausgeschraubt ist.

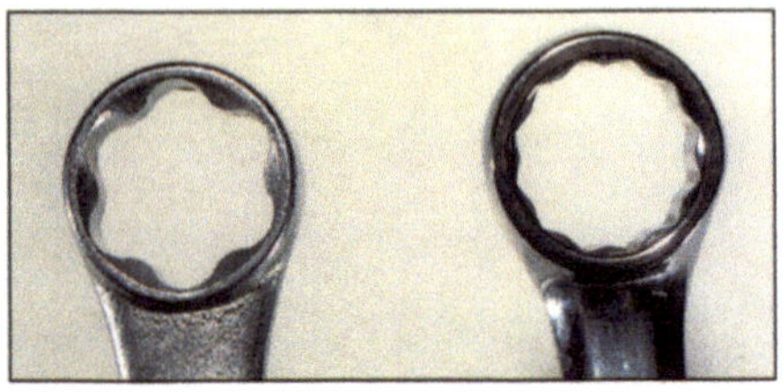

2.21 Besonders bei abgerundeten Köpfen sind Flächendruckschlüssel solchen mit Zwölfkant vorzuziehen.

- Alternativ, oder wenn das Gehäusegewinde zu stark beschädigt ist, kann die Schraube ganz herausgebohrt werden. Hierbei muss darauf geachtet werden, dass die Bohrung exakt zentriert und gerade sitzt und genau die vorgegebene Tiefe erreicht wird. Dann kann ein Übermaßgewinde eingebohrt oder ein Gewindeeinsatz (z.B. »Heli Coil«) hineingeschraubt werden. Bei Zweifel über die eigenen Fähigkeiten und in Anbetracht des Preises für ein neues Gehäuse sollte gegebenenfalls diese Arbeit einer Werkstatt überlassen werden.
- Schrauben und Muttern mit abgerundeten Sechskantköpfen sollten sehr vorsichtig mit exakten Ring- oder Steckschlüsseln gelöst werden. Diese sollten besser sechs als zwölf Kanten aufweisen. Als sehr gut haben sich auch Schlüssel erwiesen, die nicht die Kanten, sondern die Flächen der Köpfe belasten – sie werden u.a. unter dem Handelsnamen »Metrinch« vertrieben (siehe Abbildung 2.21)
- Schlitz- oder Kreuzschlitzschrauben werden häufig durch falsche Schraubendrehergrößen beschädigt, zudem können die Dreher auch verschlissen (abgerundet) sein. Inbus- und Torx-Schrauben sind dagegen kaum zu zerstören. Wenn Zugang besteht, kann man mit einer Eisensäge einen Schlitz in die Schraube sägen und sie mit einem passenden Schlitzschrau-

Praxis TiPP

Ein Klecks Ventileinschleifpaste auf der Schraube kann für den Schraubendreher das letzte Quäntchen Haftung bringen.

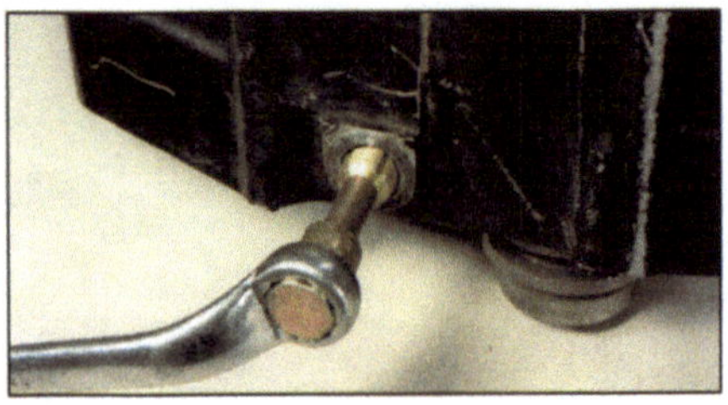

2.22 Zum Reinigen und Reparieren von Innengewinden muss ein passender (!) Gewindebohrer senkrecht (!) eingeschraubt werden.

2.23 Zum Nacharbeiten von Außengewinden wird ein Schneideisen aufgedreht.

bendreher lösen. Alternativ kann die Schraube mit Hammer und Meißel vorsichtig losgeklopft werden. Beschädigte Schrauben dürfen auf keinen Fall wieder eingesetzt und festgezogen werden.

Gewindereparatur

- Besonders in Aluminium kann ein Gewinde schnell durch zu festes Anziehen, eingearbeiteten Schmutz oder auch Vibrationen lockerer Schrauben schnell zerstört werden. Das Gewinde kann komplett mit der Schraube herausfallen.
- Wenn ein Gewinde nur leicht beschädigt oder mit alter Schraubensicherungspaste verdreckt ist, kann es mit einem passenden Gewindebohrer repariert/gereinigt werden (siehe Abbildungen 2.22 und 2.23). Für Zündkerzengewinde gibt es spezielle Größen. Achten Sie darauf, den Bohrer mit korrektem Durchmesser und vor allem richtiger Steigung zu benutzen, da das Gewinde sonst zerstört wird. Das Gleiche gilt für Außengewinde. Hier kann mit einer passenden Gewindefeile oder einem Schneideisen nachgearbeitet werden (siehe Abbildung 2.24).
- Wenn um das beschädigte Innengewinde genügend Material vorhanden ist und eine grö-

2.24 Mit einer Gewindefeile können Außengewinde nachgebessert werden.

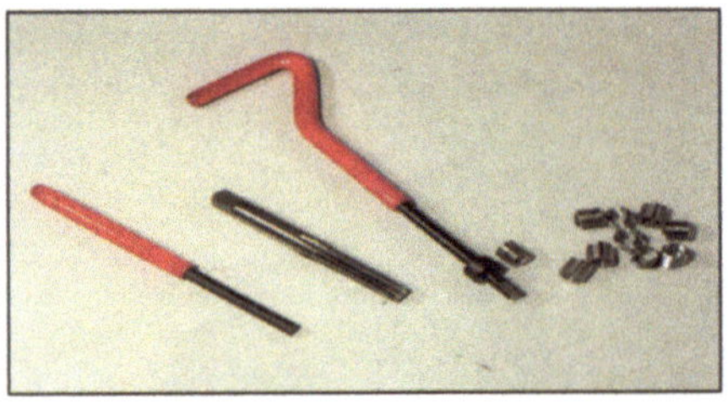

2.25 Dem »Heli Coil« Grund-Kit sind neben Gewindeeinsätzen auch die nötigen Spezialwerkzeuge beigefügt.

2.26 Bohren Sie zunächst das alte Gewinde auf (Lager und Dichtungen sollten besser abgedeckt sein).

2.27 Drehen Sie sorgfältig den Gewindeschneider hinein, . . .

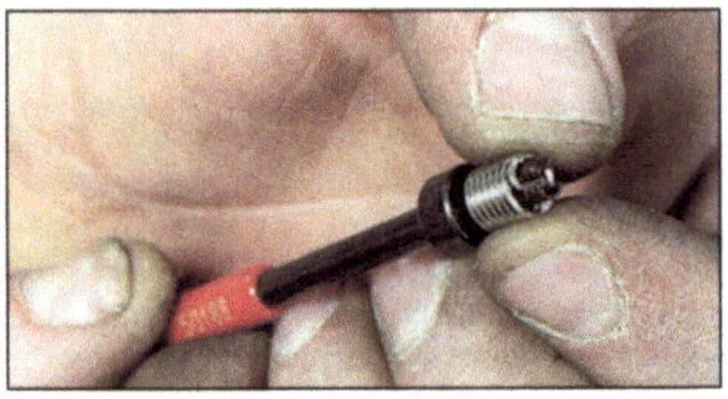

2.28 . . . setzen Sie den Einsatz in das Eindrehwerkzeug, . . .

2.29 . . . und schrauben Sie ihn in die Bohrung.

2.30 Brechen Sie zum Schluss die Lasche ab.

ßere Schraube eingesetzt werden kann, ist es möglich, das Loch passend zu vergrößern und ein größeres Gewinde einzuschneiden. Manchmal, z.B. bei Zündkerzen oder Ablassschrauben und bei wenig »Fleisch« um das Loch ist dieser Schritt jedoch nicht möglich.
- Man muss dann auf Gewindeeinsätze zurückgreifen, die in das aufgebohrte defekte Gewinde

eingesetzt werden und in die anschließend wieder Originalschrauben oder Zündkerzen eingedreht werden können. Neben vielen anderen Einsätzen heißt das bekannteste Produkt »Heli Coil«. Eine Packung enthält einen Heli-Coil-Gewindebohrer, Einbauwerkzeuge und mehrere Einsätze (siehe Abbildung 2.25). Vergrößern Sie das Loch mit einem passenden Bohrer (siehe Abbildung 2.26), schneiden Sie vorsichtig das Gewinde ein (siehe Abbildung 2.27). Drehen Sie vorsichtig und mit leichtem Druck den Einsatz hinein (siehe Abbildungen 2.28 und 2.29). Wenn er 1/2 bis 1/4 Umdrehung vor dem Grund sitzt, wird das Werkzeug herausgezogen und mit der Stange die Eindrehlasche abgebrochen (siehe Abbildung 2.30).

- Es gibt Gewinde-Reparaturmittel auf Epoxy-Harz-Basis auf dem Markt, sie sollten jedoch nur bei wenig belasteten Verbindungen eingesetzt werden.

Schraubensicherungspaste

- Schraubensicherungspaste wird an Verbindungen eingesetzt, wo durch Vibrationen Gefahr der Lockerung besteht, oder besonders sicherheitsrelevante Teile verloren gehen können. Außerdem wird sie verwendet, wo andere Schraubensicherungen, wie Bleche oder Splinte, nicht eingesetzt werden können.
- Vor dem Auftragen von Sicherungspaste müssen beide Gewinde sorgfältig von alten Resten gereinigt, entfettet und getrocknet werden. Es gibt zwei Arten von Schraubensicherungspasten: dauerfeste und lösbare. Normalerweise wird lösbare Schraubensicherung verwendet, nur Zylinderstehbolzen werden oft mit dauerhafter Paste eingesetzt. Geben Sie einen oder zwei Tropfen auf die ersten Gewindegänge der einzusetzenden Schraube, setzen Sie sie ein und ziehen Sie sie mit dem vorgeschriebenen Drehmoment fest. Geben Sie nicht zu viel Sicherungspaste auf das Gewinde, da sonst beim Ausbau ein Alu-Gewinde mit herausgezogen werden kann.
- Es gibt Schrauben und Muttern, die mit einem trockenen Sicherungsmaterial überzogen sind. Diese Verbindungsteile müssen nach jeder Demontage ersetzt werden.
- Um Gewinde vor dem Korrodieren zu schützen, können sie mit Kupferpaste eingesetzt werden. Dieses empfiehlt sich besonders bei stark hitzebelasteten Teilen wie Zündkerzen, Krümmerflanschmuttern und Auspuffschrauben.

3.1 Fühlerlehren werden zum Ermitteln kleiner Spaltmaße benötigt. Ihr Maß ist auf einer Seite eingeätzt.

3 Messwerkzeuge und Messuhren

Fühlerlehren

- Fühlerlehren werden zum Ermitteln kleiner Spaltmaße und Spiele (z.B. Ventilspiel) benutzt (siehe Abbildung 3.1). Wo der Einsatz einer Messuhr unmöglich ist, kann man mit ihnen auch Seitenspiel von Wellen messen.
- Fühlerlehrensätze müssen vorsichtig behandelt und dürfen nicht verbogen oder beschädigt werden. In jedes Blatt ist auf einer Seite das entsprechende Maß eingeätzt. (Messen Sie das bei besonders billigen Fühlerlehren einmal nach!) Die Blätter sollten gegen Korrosion immer leicht eingeölt sein, damit sie nicht – im wahrsten Sinne – »aufblühen«.
- Wenn Sie irgendwo Spiel ermitteln wollen, gilt immer der Wert, bei dem das Blatt sich mit leichtem Druck durch die beiden Komponenten ziehen lässt. Es kann passieren, dass man manchmal zwei Fühlerlehren benötigt.

Messschrauben (Mikrometer-Schrauben)

- Mit einer Präzisions-Messschraube lassen sich Messgenauigkeiten von bis zu einem tausendstel Millimeter erzielen. Das empfindliche Gerät sollte immer in seinem Etui und nie lose im Werkzeugkasten aufbewahrt werden, da defekte Geräte falsche Messergebnisse zeigen, die eventuell teure Motorschäden nach sich ziehen können.
- Bügelmessschrauben werden zum Ermitteln von Außendurchmessern eingesetzt, es gibt sie in verschiedenen Messbereichen, normalerweise von 0 bis 25 mm, 25 bis 50 mm, u.s.w., immer in 25-mm-Schritten steigend. Zu großen Bügelmessschrauben gibt es austauschbare Zwischenstücke, um verschiedene Messungen durchführen zu können. Allgemein ist das größte benötigte Maß das des Kolbendurchmessers.
- Kleine Innendurchmesser können mit Innenmesslehren oder Dreipunkt-Innenmessschrauben ermittelt werden. Große Durchmesser, wie Zylinderbohrungen, lassen sich mit Messuhren oder Schnabelmessschrauben ermitteln. Alle diese Geräte sind sehr teuer, und es stellt sich die Frage, ob sich die Anschaffung für den Hobbyschrauber lohnt.

Bügelmessschrauben

Anmerkung: *Hier wird eine konventionelle mechanische Messschraube beschrieben. Einfacher abzulesen, aber auch erheblich teurer sind digitale Geräte.*

- Vor Beginn muss immer die Kalibrierung kontrolliert werden, d.h. das Gerät wird geschlossen (bei 0–25 mm) oder mit den entsprechenden (gereinigten!) Zwischenstücken versehen und auf Null-Maß gestellt (siehe Abbildung 3.2).

Beachten Sie hierzu die Bedienungsanleitung der Messschraube. Denken Sie immer daran,

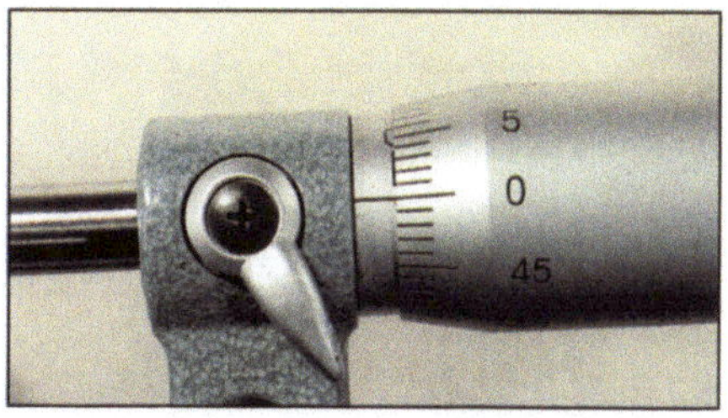

3.2 Kontrollieren Sie vor dem Gebrauch, ob die Messschraube auf Null kalibriert ist.

dass es sich hierbei um ein Präzisionsmessgerät handelt, das schonend behandelt werden muss.

- Achten Sie darauf, dass das zu messende Teil sauber ist. Drücken Sie den Amboss (1) gegen das Teil und drehen Sie die Trommel (2), bis die Spindel (3) das Teil an der gegenüberliegenden Seite leicht berührt (siehe Abbildung 3.3). Drehen Sie jetzt die Spindel mit der Ratsche (4) ein, bis sie überrutscht, schrauben Sie sie auf gar keinen Fall mit der Trommel fester – hierdurch kann das Instrument zerstört werden.
- Jetzt kann die Spindel mit dem Klemmhebel arretiert und die Bügelmessschraube vom zu messenden Teil genommen werden, dann wird das Ergebnis abgelesen. Zuerst wird die Grundmessung auf dem Schaft abgelesen, dann wird die Feinmessung auf der Trommel hinzugezählt. Anhand der Teilstriche auf dem Schaft werden in unserem Fall die ganzen und halben Millimeter abgelesen. Auf der Trommel sind die Hundertstel-Millimeter-Markierungen zu sehen (je nach der Beschriftung auf dem Bügel und Genauigkeit der Messschraube können auch andere Werte abgelesen werden). Jede ganze Umdrehung bedeutet eine Veränderung um einen halben Millimeter. Der Teilstrich, der (direkt von oben betrachtet!) über der Linie liegt, zeigt einen hundertstel Millimeter (0,01 mm) an. Zählen Sie das abgelesene Ergebnis zu der Schaftmessung hinzu.

In unserem Beispiel wird folgendes Messergebnis abgelesen (siehe Abbildung 3.4):

obere Schaft-Skala	2,00 mm
untere Schaft-Skala	0,50 mm
Trommel-Skala	0,45 mm
Messergebnis	**2,95 mm**

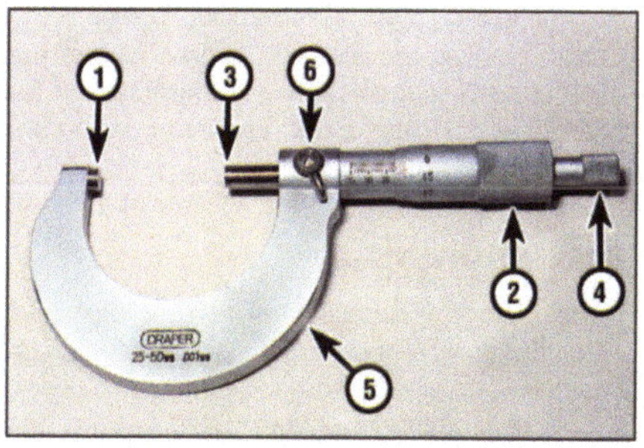

3.3 Bügelmessschrauben-Bauteile
1 Amboss, 2 Trommel, 3 Spindel, 4 Ratsche, 5 Bügel, 6 Feststellhebel

A

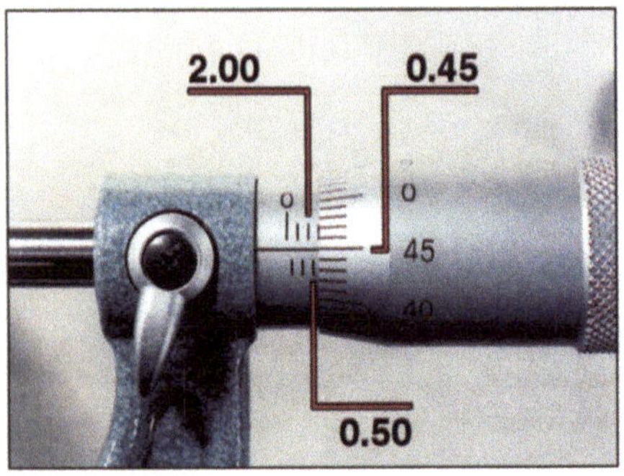

3.4 Das Messergebnis beträgt 2,95 mm.

• Einige Messgeräte haben eine Nonius-Skala auf ihrem Schaft, mit der es ermöglicht wird, auf tausendstel Millimeter genau zu messen. Zählen Sie zu dem oben abgelesenen Ergebnis den Wert hinzu, der mit einem Teilstrich auf der Trommel fluchtet. Anmerkung: Beim Ablesen des Nonius der 0,001-mm-Teilstriche muss genauestens von oben abgelesen werden. Drehen Sie die Messschraube gegebenenfalls zu sich hin. In unserem Beispiel wird folgendes Messergebnis abgelesen (siehe Abbildungen 3.5 und 3.6):

untere Schaft-Skala (große Striche)	46,000 mm
untere Schaft-Skala (kleine Striche)	0,500 mm
Trommel-Skala	0,490 mm
fluchtende Linie (Nonius)	0,004 mm
Messergebnis	**46,994 mm**

Innenmessgeräte

• Für das Ausmessen von Bohrungen benötigt man Innenmessgeräte. Da Messschrauben sehr teuer sind, kann man auf einen Satz verstellbarer Innenfühler zurückgreifen, die mit einer Bügelmessschraube vermessen werden.

• Mit Teleskop-Messlehren können z.B. Pleuelaugen und Kolbenbolzenbohrungen vermessen werden. Schieben Sie die saubere Lehre ein, spannen Sie sie auseinander, sichern Sie sie, und ziehen Sie sie aus der Bohrung (siehe Abbildung 3.7). Messen Sie das Ergebnis mit einer Bügelmessschraube (siehe Abbildung 3.8).

• Sehr kleine Bohrungen, wie Ventilführungen, können mit Bohrungsfühlern vermessen werden. Schieben Sie die saubere Lehre ein, spannen Sie sie so weit auseinander, bis sie leicht gleitet, sichern Sie sie, und ziehen Sie sie aus der Bohrung (siehe Abbildung 3.9). Messen Sie das Ergebnis mit einer Bügelmessschraube (siehe Abbildung 3.10).

Messschieber

Anmerkung: *Beschrieben werden hier konventionelle Nonius- und Uhren-Messschieber, Digital-Messschieber sind leichter abzulesen, kosten jedoch sehr viel mehr Geld.*

• Ein Messschieber arbeitet nicht so genau wie eine Bügelmessschraube, dafür ist er leichter zu bedienen und vielseitig für Außen-, Innen-

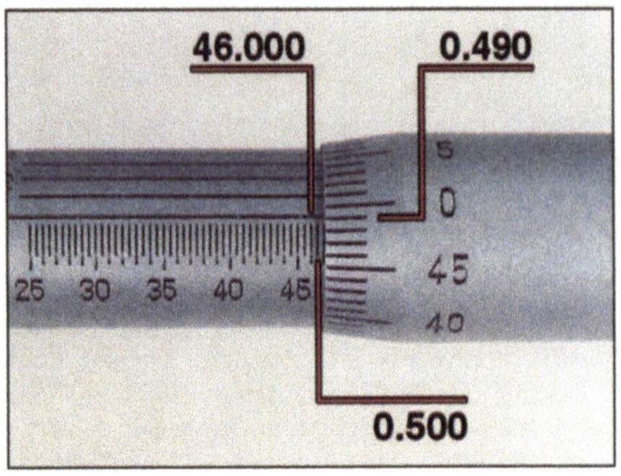

3.5 Auf dem Schaft und der Trommel werden 46,99 mm abgelesen, . . .

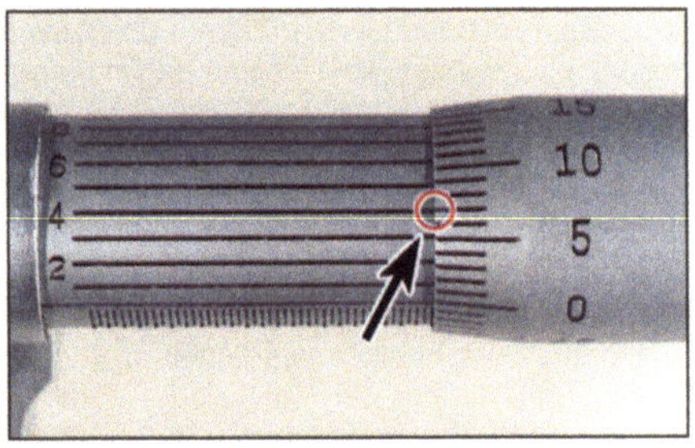

3.6 . . . dazu kommen 0,004 mm aufgrund der fluchtenden Linien.

und Tiefenmessungen einsetzbar. Für viele Messungen, wie z.B. Kupplungsbeläge oder Ventilfedern, reicht er völlig aus.

• Lösen Sie zunächst die Klemmschraube (1), und schieben Sie das Gerät soweit auseinander, dass die Schnäbel (2) über bzw. die Kreuzspitzen (3) in das zu messende Teil passen (siehe Abbildung 3.11). Schieben Sie das Gerät, eventuell mit der Feineinstellung (4), bis auf beiden Seiten leichter Kontakt entsteht, und ziehen

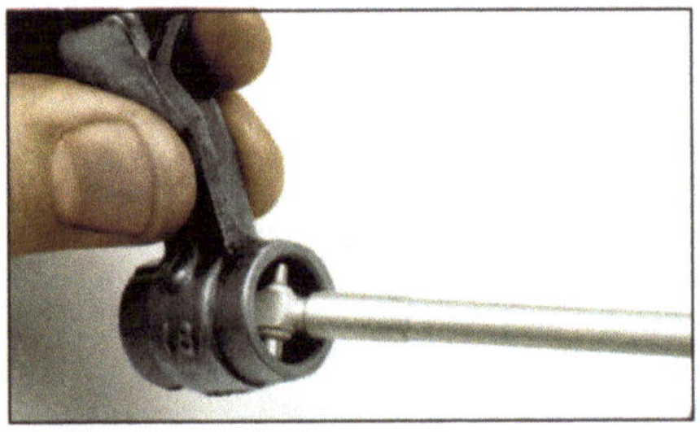

3.7 Spannen Sie die Teleskop-Messlehre in der Bohrung auseinander, arretieren Sie das Gerät, . . .

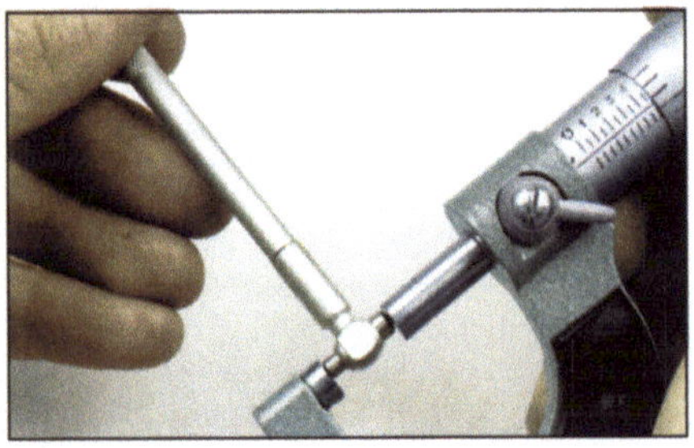

3.8 . . . und messen Sie das Ergebnis mit der Bügelmessschraube.

3.9 Spannen Sie den Bohrungs-Fühler in das Loch, und sichern Sie ihn in Position, . . .

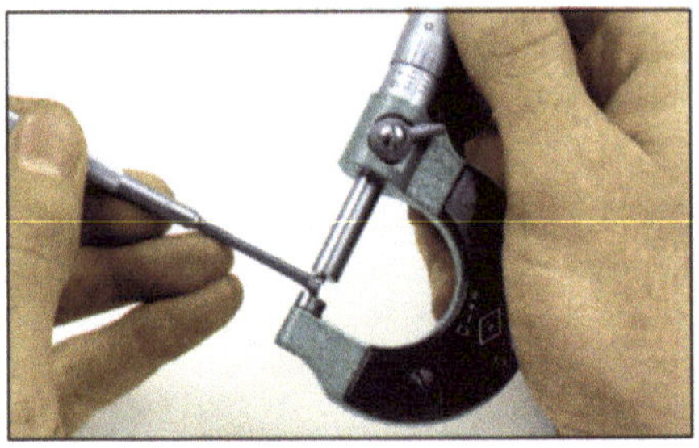

3.10 . . . messen Sie das Gerät mit einer Bügelmessschraube.

Sie die Klemmschraube wieder an. Jetzt werden auf der festen Skala (6) als Grundmessung die ganzen Millimeter abgelesen, die links der Null auf der Schieberskala (5) liegen. Als Nächstes wird auf der Schieberskala der Strich identifiziert, der genau mit einem Strich auf der festen Skala fluchtet, jeder Strich steht normalerweise für 0,02 oder sogar 0,01 Millimeter. Addieren Sie den abgelesenen Wert zu der Grundmessung hinzu, und Sie haben das Messergebnis. In unserem Beispiel wird folgendes Messergebnis abgelesen (siehe Abbildung 3.12):

Grundmessung	55,00 mm
Feinmessung	0,92 mm
Messergebnis	**55,92 mm**

• Einige Messschieber sind zur Feinmessung mit einer Messuhr ausgerüstet. Achten Sie darauf, dass der Messschieber sauber sein muss. Schieben Sie ihn zuerst zusammen und kontrollieren Sie, ob die Messuhr auf Null steht, gegebenenfalls muss am Außenring nachgestellt werden. Lösen Sie zunächst die Klemmschraube (1), und schieben Sie das Gerät soweit auseinander, dass die Schnäbel (2) über bzw. die Kreuzspitzen (3) in das zu messende Teil passen (siehe Abbildung 3.13). Schieben Sie das Gerät, eventuell mit der Feineinstellung (4), bis auf beiden Seiten leichter Kontakt entsteht, und ziehen Sie die Klemmschraube wieder an. Jetzt werden auf der festen Skala (5) als Grundmessung die ganzen Millimeter abgelesen, die links der Schieberskala (6) erscheinen. Als Nächstes wird die Position der Nadel in der Uhr (7) ermittelt, jeder Teilstrich

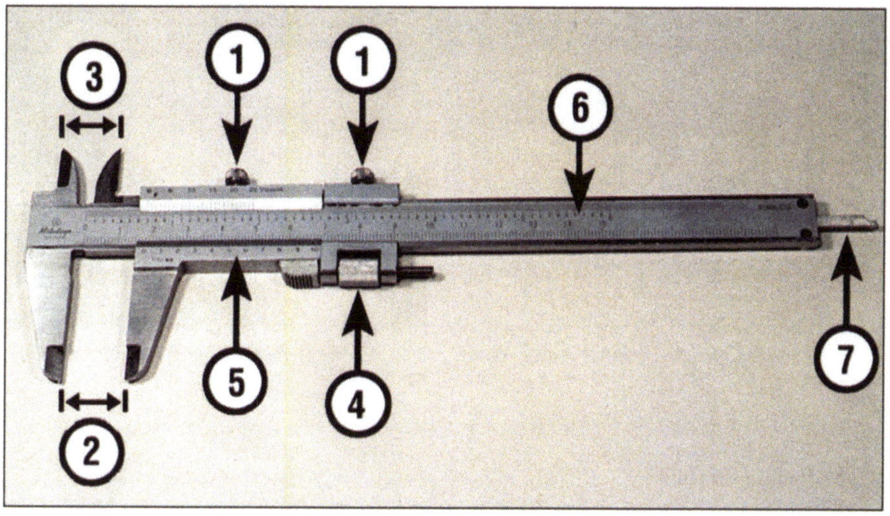

3.11 Bauteile eines Messschiebers (Nonius-Ablesung)
1 Klemmschraube
2 Außenmess-Schnäbel
3 Innenmess-Kreuzspitzen
4 Feineinstellung
5 Schieberskala
6 feste Skala
7 Tiefenmessdorn

entspricht hier 0,05 mm. Addieren Sie diesen Wert zu der Grundmessung, um das Messergebnis zu erhalten.

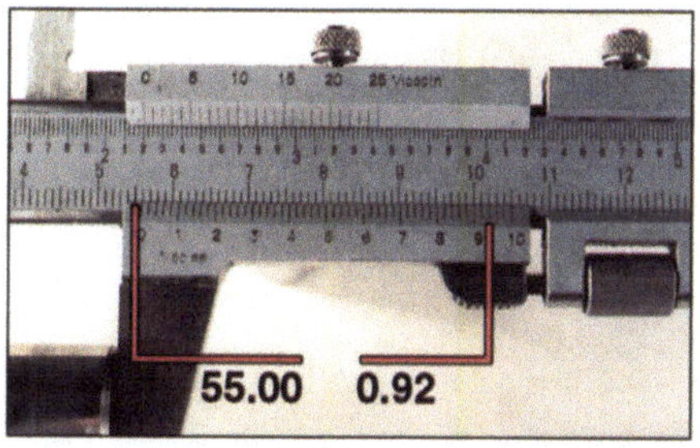

3.12 Das Messergebnis beträgt 55,92 mm.

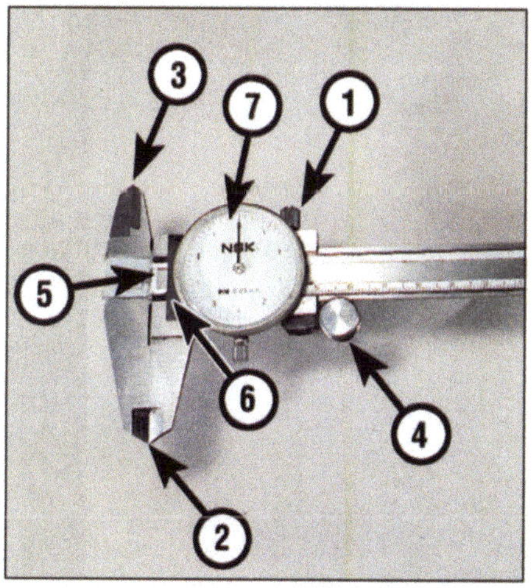

3.13 Bauteile eines Messschiebers (Uhr-Ablesung)
1 Klemmschraube
2 Außenmess-Schnäbel
3 Innenmess-Kreuzspitzen
4 Feineinstellung
5 feste Skala
6 Schieberskala
7 Messuhr

In unserem Beispiel wird folgendes Messergebnis abgelesen (siehe Abbildung 3.14):

Grundmessung	55,00 mm
Feinmessung	0,95 mm
Messergebnis	**55,95 mm**

Plastigauge-Messstreifen

- Plastigauge ist ein Kunststoffstreifen, der zwischen zwei Oberflächen gepresst wird und anhand dessen Quetschungsbreite und einer Skala das Spiel zwischen den Oberflächen ermittelt werden kann.
- Üblicherweise werden mit Plastigauge Spiele in Gleitlagern von Kurbel- und Nockenwellenlagern sowie zwischen Hubzapfen und Pleuellagern ermittelt. Im Folgenden wird Letzteres als Beispiel beschrieben.
- Gehen Sie vorsichtig mit Plastigauge um, damit sich keine verzerrten Messergebnisse zeigen. Schneiden Sie mit einem scharfen Messer einen Streifen davon ab, der etwas kürzer ist als die Breite der Lagerschale, und legen Sie ihn parallel zur Welle in das Lager oder auf die Welle (siehe Abbildung 3.15). Montieren Sie vorsichtig beide Lagerschalen und setzen Sie das Pleuel zusammen. Ziehen Sie, ohne das Pleuel auf der Kurbelwelle zu drehen, die Schrauben oder Muttern mit dem vorgeschriebenen Drehmoment fest. Dann wird alles vorsichtig wieder gelockert und der Plastigauge-Streifen begutachtet.
- Der Streifen wird mit der an der Packung befindlichen Skala verglichen und das entsprechende Lagerspiel abgelesen (siehe Abbildung 3.16). Entfernen Sie anschließend alle Plastigauge-Reste mit dem Fingernagel.

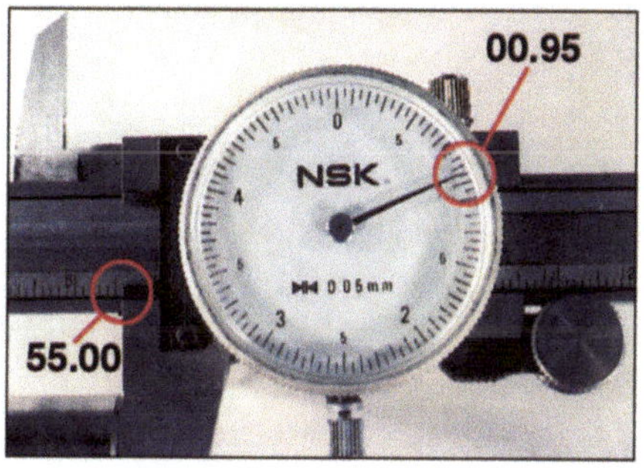

3.14 Das Messergebnis beträgt 55,95 mm.

Achtung: Um ein korrektes Messergebnis zu erhalten, müssen alle vom Motorradhersteller vorgeschriebenen Anzugs-Drehmomente und -Reihenfolgen genauestens eingehalten werden.

Messuhren und Verzugsmessung

- Mithilfe einer Messuhr können kleinste Bewegungen ermittelt werden. Typische Einsatzzwecke sind Messungen von Unrundlauf, Seitenspiel oder Kolbenpositionen zur Zündeinstellung bei Zweitaktmotoren. Zu einem Messuhr-Set gehören eine Vielzahl von Tastern, Adaptern und Befestigungsmöglichkeiten.

3.15 Der Plastigauge-Streifen wird längs auf die Lageroberfläche gelegt.

- Im Ruhezustand der Uhr muss die Nadel auf Null stehen, gegebenenfalls muss am Ring nachjustiert werden.
- Prüfen Sie, ob der Messbereich der Uhr für die zu erwartende Bewegung ausreicht. Die meisten Uhren haben neben der großen Feinmessanzeige mit 0,01- oder 0,001-mm-Einteilung einen kleinen Zeiger, der ganze Millimeter misst. Zählen Sie zuerst die ganzen Millimeter und dann die Hundertstel oder Tausendstel dazu.

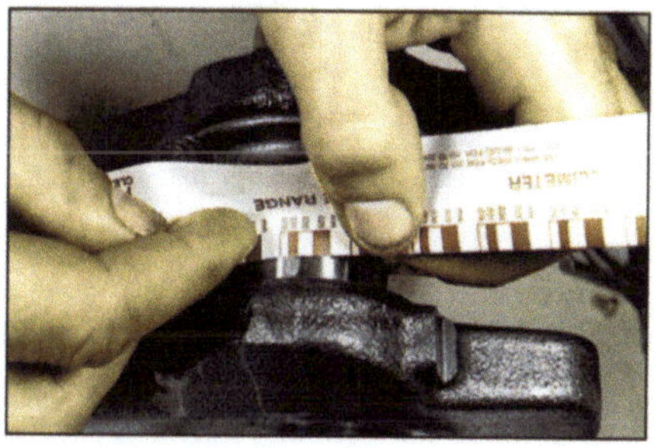

3.16 Messen Sie die Breite der gequetschten Messstreifen.

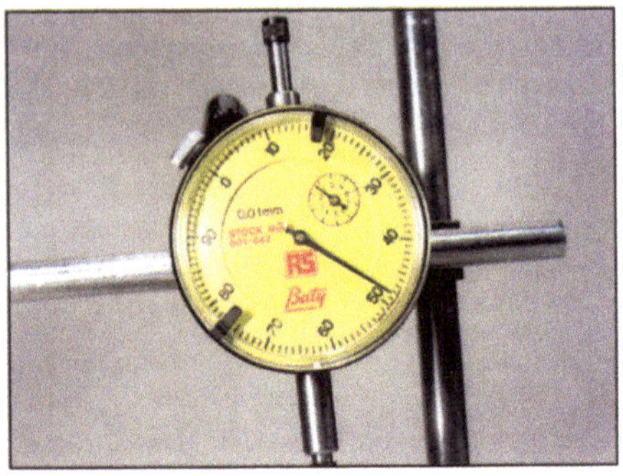

3.17 Das Messergebnis beträgt 1,48 mm.

In unserem Beispiel wird folgendes Messergebnis abgelesen (siehe Abbildung 3.17):

Grundmessung	1,00 mm
Feinmessung	0,48 mm
Messergebnis	**1,48 mm**

• Wenn der Unrundlauf von Wellen ermittelt werden soll, muss die Welle in V-förmigen Ausschnitten von stabilen Blöcken laufen und die Messuhr an einem Stativ rechtwinkelig zur Welle montiert werden. Lassen Sie den Taster in der Wellenmitte aufliegen, und drehen Sie langsam die Welle. Beobachten Sie dabei die Anzeige (siehe Abbildung 3.18). Führen Sie ggf. an verschiedenen Stellen der Welle Messungen durch, und merken Sie sich den maximalen Schlag.

Anmerkung: *Das abgelesene Ergebnis stellt den totalen Unrundlauf der Welle dar. Einige Hersteller geben in ihren* Technischen Daten *den maximalen Wert zu einer Seite an, sodass das Ergebnis halbiert werden muss.*

• Das Seitenspiel (Axialspiel) einer Welle kann nach dem sicheren Befestigen der Messuhr am Gehäuse gemessen werden, der Taster wird dabei auf das Wellenende gesetzt. Dann wird die Welle mit der Hand hin- und hergedrückt und anhand der Bewegung des Zeigers das Spiel abgelesen (siehe Abbildung 3.19).

• Zur exakten Zündzeitpunktbestimmung bei mehrzylindrigen Zweitakt-Motoren wird eine Messuhr so platziert, dass der Taster durch das Zündkerzengewinde auf den Kolben zum Liegen kommt. Justieren Sie die Uhr im oberen Totpunkt des Kolbens auf Null, und beachten Sie die Betriebsanleitung.

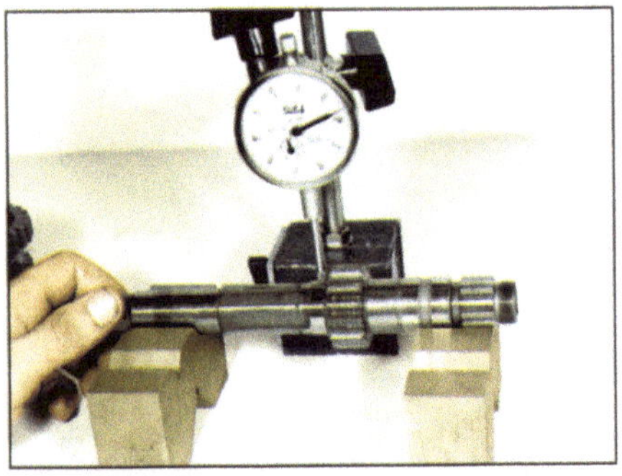

3.18 Messen Sie den Unrundlauf der Welle mit einer Messuhr.

3.19 Hier wird das Axialspiel einer Welle vermessen.

Zylinder-Kompressionsmessgerät

• Kompressionsuhren gibt es mit verschiedenen Anschlüssen: Entweder mit einem konusförmigen Gummi, das in die Kerzenbohrung gedrückt werden muss, oder mit passendem Gewinde zum Einschrauben – letzteres ist zu empfehlen. Der Messbereich der Uhr sollte bei Benzinmotoren bis 20 bar gehen.

• Nach dem Entfernen der Zündkerzen wird die Kompression bei drehendem, aber nicht laufendem Motor gemessen (siehe Abbildung 3.20). Führen Sie den Kompressionstest so durch, wie es in der Ausrüstung zur Fehlersuche beschrieben wird. Das Messgerät wird den Druck solange halten, bis das Ventil per Hand geöffnet wird.

Öldruck-Messgerät

• Um den Öldruck des Motors zu ermitteln, wird ein Öldruck-Messgerät benötigt, die meisten von ihnen sind mit verschiedenen Adaptern ausgerüstet, sodass sie in alle Anschlussgewinde geschraubt werden können (siehe Abbildung 3.21). Wenn der vom Hersteller vorgesehene Anschluss an einer externen Ölleitung liegt, muss eine spezielle Ersatz-Ölleitung verwendet werden, um Ölmangel an verschiedenen Komponenten auszuschließen.

3.20 Ein Kompressionstester mit Gummi-Konus muss kräftig in die Bohrung gedrückt werden.

3.21 Öldruck-Messuhr und Anschluss-Adapter (Pfeil).

• Der Öldruck wird bei mit einer bestimmten Drehzahl laufendem Motor gemessen. Oftmals sind die vorgeschriebenen Werte sowohl bei kaltem als auch bei warmem Motor angegeben.

Haarlineale und Verzug

• Zur Kontrolle einer ebenen Dichtfläche auf Verzug muss ein Haarlineal oder ein Präzisions-Stahllineal über die Fläche gelegt und vorhandene Spalte mit einer Fühlerlehre vermessen werden (siehe Abbildung 3.22). Messen Sie diagonal zum Bauteil und zwischen Befestigungsbohrungen (siehe Abbildung 3.23).

• Kontrollieren Sie verschiedene Bauteile, wie Kupplungsreibscheiben auf einer ebenen Fläche (z.B. einem Spiegel), auf Verzug.

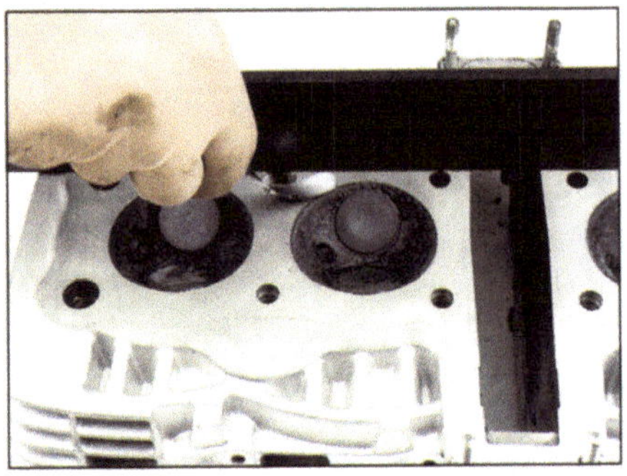

3.22 Mit einem Präzisionslineal und einer Fühlerlehre wird der Verzug der Dichtfläche gemessen.

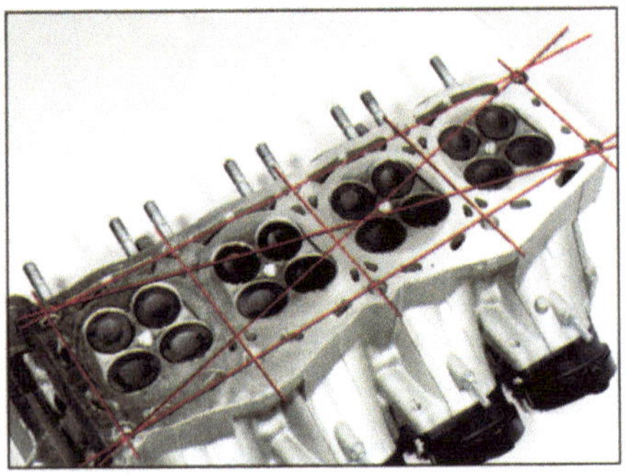

3.23 Kontrollieren Sie in diesen Richtungen den Zylinderkopf und auch die Zylinder auf Verzug.

4 Drehmoment und Hebel

Was ist das Drehmoment?

• Mit Drehmoment ist die Drehkraft gemeint, die auf eine Welle wirkt. Das Drehmoment wird bestimmt durch die Länge des Hebels und die auf dessen Ende wirkende Kraft. Die Maßeinheit 1 Nm (Newton pro Meter) bedeutet eine Kraft von einem Newton (ca. 100 g) auf einen ein Meter langen Hebel, ist der Hebel nur 10 cm lang, muss er schon mit 1000 g belastet werden.
• Die vom Hersteller angegebenen Drehmomente beziehen sich auf die Belastung, die Zugfähigkeit und Größe des Gewindes und das Material, in dem es halten soll.
• Bei einem zu geringen Drehmoment besteht die Gefahr, dass die Verbindung sich im Betrieb löst, zu starkes Drehmoment kann die Verbindungsteile überlasten und beschädigen, sodass sie ab- oder ausreißen können.

Der automatische Drehmoment-Schlüssel

• Kontrollieren Sie die Kalibrierung und Funktionsfähigkeit des Drehmomentschlüssels (der für das verlangte Drehmoment ausgelegt sein muss). Oftmals sind auf dem Drehmomentschlüssel mehrere Maßeinheiten angegeben (Nm, kpm oder lbf/in und lbf/ft), verwechseln Sie die Maßeinheiten nicht!
• Stellen Sie den Schlüssel auf das verlangte Drehmoment ein (siehe Abbildung 4.1). Wenn Ihr Drehmomentschlüssel nicht die angegebene Maßeinheit aufweist, muss anhand von Tabellen umgerechnet werden. Wenn Hersteller eine Empfehlung aussprechen (8 –10 Nm), sollte die Verbindung mit dem mittleren Wert angezogen werden. Genauso hätte man 9 Nm ± 1 Nm angeben können. Viele Drehmomentschlüssel können nach Einstellen des Wertes arretiert werden, sodass beim Anziehen der Wert nicht verändert werden kann.
• Setzen Sie die Schraube oder Mutter an und ziehen Sie sie leicht fest. Das Gewinde muss sauber und frei von alten Sicherungskomponenten sein. Wenn nicht anders erwähnt, müssen die Gewinde trocken sein – unter bestimmten Umständen sind eingeölte oder mit Schraubensicherung versehene Gewinde nötig, dann sind entsprechende Drehmomente berücksichtigt.
• Ziehen Sie die Verbindung so fest, bis der Drehmomentschlüssel mit einem Klicken automatisch auslöst und damit anzeigt, dass das gewünschte Drehmoment erreicht ist. Kontrollieren Sie ein zweites Mal die Festigkeit der Verbindung. Wenn ein Bauteil mit unterschiedlichen Gewindedurchmessern befestigt wird, müssen immer zuerst die größeren Verbindungen mit den höheren Drehmomenten festgezogen werden.
• Nachdem die Arbeit mit dem Drehmomentschlüssel beendet ist, muss die vorhandene Arretierung gelöst und die Einstellung auf Null gestellt werden – legen Sie den Schlüssel nicht vorgespannt beiseite. Benutzen Sie keinen Drehmomentschlüssel zum Lösen von Verbindungen.

Anziehen mit Winkelmessscheibe

• Manche Hersteller schreiben vor, Schraubverbindungen nach dem Anziehen mit einem vorgegebenen Drehmoment noch um einen bestimmten Winkel nachzuziehen.
• Mit einer Winkelmessscheibe (siehe Abbildung 4.2) oder einem Winkelmesser kann der gewünschte Winkel bestimmt und entsprechend nachgezogen werden (siehe Abbildung 4.3).

4.2 Die aufsetzbare Winkelscheibe wird auf Null arretiert, bevor die Verbindung entsprechend nachgezogen wird.

Lockerungs-Reihenfolge

• Wenn mehrere Schrauben oder Muttern eine Komponente sichern, sollten sie alle gleichmäßig Schritt für Schritt gelöst werden, sodass nicht zum Schluss die gesamte Last auf einer Verbindung liegt und das Bauteil verbiegen oder verziehen kann.
• Wenn vom Hersteller eine Anzugs-Reihenfolge vorgegeben ist, müssen die Verbindungen entgegengesetzt gelöst werden. Ansonsten werden Verbindungen schrittweise von außen nach innen gelockert (siehe Abbildung 4.4).

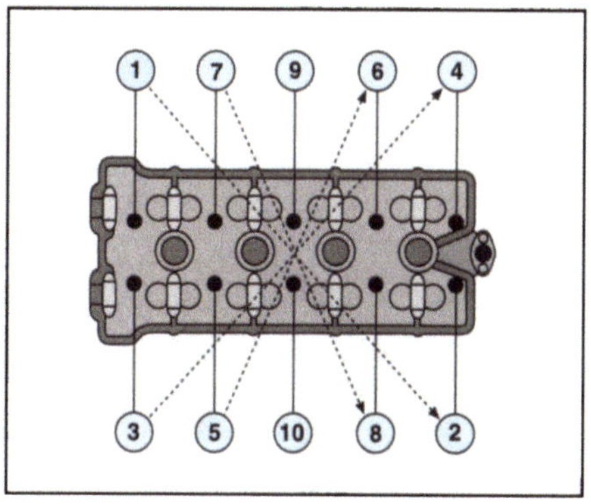

4.4 Beim Lösen von Schraubverbindungen muss von außen nach innen gearbeitet werden.

Anzugs-Reihenfolge

• Wenn mehrere Schrauben oder Muttern eine Komponente sichern, sollten sie alle gleichmäßig Schritt für Schritt angezogen werden, sodass nicht zu Anfang die gesamte Last auf einer Verbindung liegt und Dichtungen zerstört oder das Bauteil verbiegen oder verziehen kann. Besonders wichtig ist ein gleichmäßiges Anziehen bei großflächigen und festen Verbindungen wie Zylinderköpfen oder Motorgehäusen.

• Normalerweise wird vom Hersteller eine Anzugs-Reihenfolge, entweder als Zeichnung oder auch direkt am Bauteil markiert, angegeben. Wenn nicht, wird in der Mitte begonnen und schritt- und kreuzweise nach außen gearbeitet (siehe Abbildung 4.5). Beginnen Sie mit

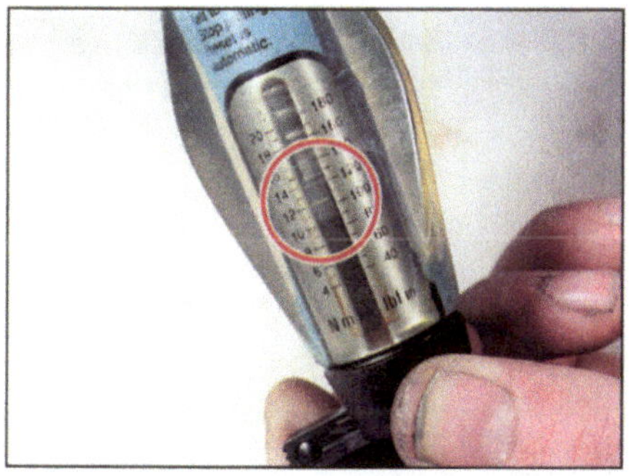

4.1 Stellen Sie den Drehmomentschlüssel auf das gewünschte Anzugsmoment ein, in diesem Fall auf 12 Nm.

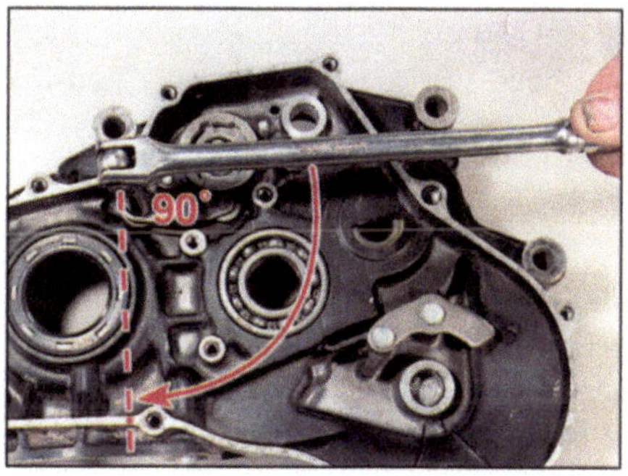

4.3 Man kann den Winkel auch per Auge oder Geodreieck bestimmen.

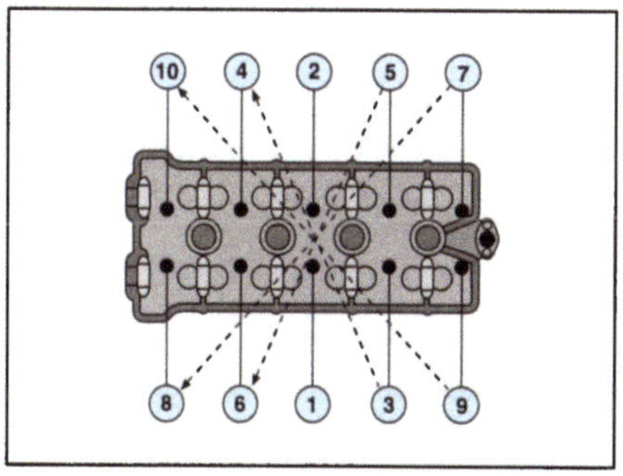

4.5 Typische Anzugsreihenfolge von Schrauben oder Muttern einer großflächigen Verbindung

handfestem Anziehen aller Verbindungen, setzen Sie dann den Drehmomentschlüssel an und ziehen Sie alles kreuzweise Schritt für Schritt fester, bis alle Anzugsmomente stimmen. Nur so ist gewährleistet, dass die Verbindung hält und nichts beschädigt wird. Wichtige Verbindungen wie Zylinderköpfe haben oftmals zwei oder drei Anzugsschritte, bis alles endgültig festgezogen wird.

Der richtige Hebel

- Verwenden Sie Werkzeuge im richtigen Winkel. Ziehen Sie Schlüssel wenn möglich immer zu sich hin, wenn Verbindungen gelöst werden sollen. Wenn das nicht möglich ist, darf das Werkzeug nicht von der Hand umschlungen sein (siehe Abbildung 4.6) – der Schlüssel kann abrutschen oder die Verbindung sich plötzlich lösen, und Ihre Finger an scharfen Kanten gequetscht oder aufgerissen werden.

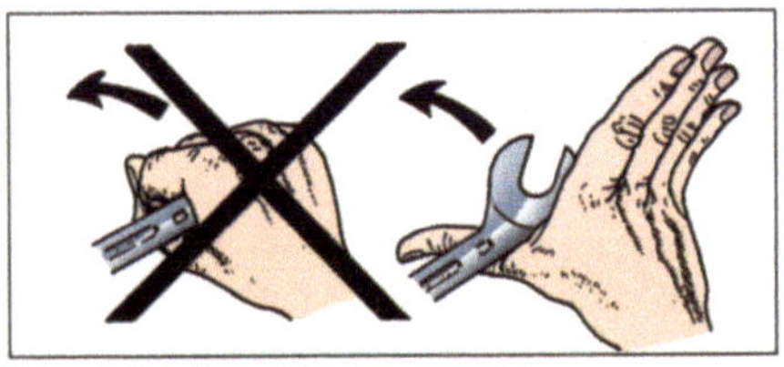

4.6 Wenn Sie den Schlüssel nicht zu sich ziehen können, drücken Sie ihn mit geöffneter Hand.

- Bei sehr festen Verbindungen kann eine Hebelverlängerung durch ein Rohr oder Stange helfen, sie zu lösen. Normalerweise sind Werkzeuge jedoch so ausgelegt, dass mit ihnen alle entsprechenden Verbindungen gelöst werden können. Wie Sie festgegangene Verbindungen lösen können, ist unter Punkt 2 beschrieben. Inbusschrauben und deren Gewinde können sehr leicht zerstört werden, wenn man einen Inbusschlüssel mit einem Rohr verlängert. Beim Anziehen sollten Verlängerungen generell nie benutzt werden, da man sich mit der eingesetzten Kraft leicht verschätzen kann.

5 Lager

Wälzlager – Aus- und Einbau

Treiber und Steckschlüsselnüsse

- Bevor man mit dem Ausbau eines Lagers beginnt, muss man sich vergewissern, in welche Richtung es demontiert wird. Einige Gehäuse haben angegossene Nuten oder Halteplatten. Überprüfen Sie Identifikations-Markierungen an den Lagern, und messen Sie ggf. ihre Einbautiefe im Gehäuse. Merken Sie sich die Einbaurichtung, wenn das Lager auf einer Seite abgedichtet ist.

5.1 Mit einem Lagertreiber, der nur den äußeren Ring berührt, wird das Lager eingetrieben.

5.2 Auch eine passende Nuss kann hierfür verwendet werden. Verkanten Sie das Lager nicht!

- Wälzlager können mit einem passenden Austreib-Werkzeug oder einer Steckschlüsselnuss, deren Durchmesser etwas kleiner als der Außendurchmesser des Lagers ist, aus dem Gehäuse geschlagen werden. Stützen Sie das Gehäuse rund um das Lager mit Holzblöcken ab, um es vor Verzug zu schützen. Nach ein paar Schlägen mit einem schweren Hammer auf den Treiber sollte das Lager aus dem Gehäuse fallen. Wenn der Zugang, z.B. bei Radlagern, erschwert ist, muss das Lager mit einem Treibdorn im Kreis herum ausgeschlagen werden, damit es nicht im Sitz verkantet.
- Mit der gleichen Ausrüstung können auch neue Lager eingetrieben werden. Stützen Sie auch hier das Gehäuse mit Holzblöcken ab. Setzen Sie das Lager senkrecht – und bei einseitiger Abdichtung richtig herum, die Beschriftung zeigt normalerweise immer nach außen – in die Bohrung, und treiben Sie es ein. Wird hierbei der Käfig, Dichtring oder innerer Lagerring berührt, ist das Lager zerstört (siehe Abbildungen 5.1 und 5.2).
- Kontrollieren Sie, ob der Innenring sich nach der Montage frei drehen lässt.

5.3 Dieser Lagerabzieher ist mit einer Trennvorrichtung versehen, die unter das Lager geklemmt wird.

Abzieher und Zug-Hämmer

- Wenn ein Lager auf eine Welle gepresst ist, kann man es meist nur mit einem Abzieher wieder herunterbekommen (siehe Abbildung 5.3). Gehen Sie sicher, dass die Abzieher-Arme sicher hinter das Lager greifen und nicht abrutschen können. Wenn kein Platz zum Abziehen ist, kann es manchmal nötig sein, das dahinterliegende Zahnrad zusammen mit dem Lager abzuziehen (siehe Abbildung 5.4).

5.4 Wenn hinter dem Lager kein Platz für die Abzieherarme ist, kann z.B. das dahinter liegende Zahnrad mit abgezogen werden.

Achtung: Gehen Sie sicher, dass die Spindel des Abziehers sich immer in der Mitte der Welle befindet und beim Anziehen nicht abrutscht. Achten Sie darauf, dass die Welle nicht beschädigt wird.

- Setzen Sie den Abzieher so an, dass die Spindel sich in der Mitte der Welle abdrückt und nicht abrutscht, wenn das Lager abgezogen wird.
- Wenn das Lager auf die Welle getrieben wird, darf der äußere Ring und der Käfig oder Dichtring nicht berührt werden. Mithilfe eines Steck-

5.5 Benutzen Sie zum Auftreiben des Lagers ein Rohr, das etwas größer ist als die Welle und nur den inneren Lagerring berührt.

5.6 Nach dem Einführen wird der Auszieher aufgespreizt, sodass er hinter den Innenring greift.

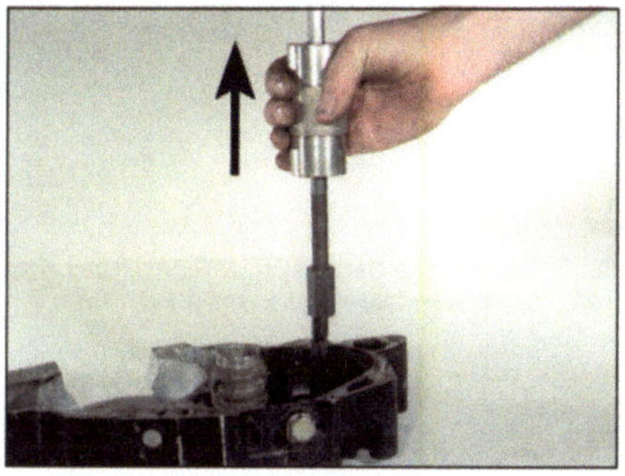

5.7 Dann kann ein Zughammer aufgeschraubt und durch dessen nach oben geschlagenes Gewicht das Lager ausgetrieben werden.

schlüssels oder passenden Rohrs, das nur den inneren Lagerring berührt, kann das Lager bis auf seinen Sitz geschlagen werden (siehe Abbildung 5.5).

- Lager, die in Sacklöchern stecken, können nicht ausgeschlagen werden. Hier wird ein Innenauszieher benötigt, der in das Lager gesteckt und dann aufgespreizt wird (siehe Abbildung 5.6). Dieser Auszieher wird zusammen mit dem Lager entweder mit einem Abzieher herausgezogen oder einem Zughammer herausgetrieben (siehe Abbildung 5.7).
- Es kann auch möglich sein, dass das Lager durch sein Eigengewicht aus dem Gehäuse fällt, nachdem dieses, wie unten beschrieben, erhitzt worden ist. Legen Sie das Gehäuse, um die Dichtfläche nicht zu beschädigen, so auf eine nicht zu harte Oberfläche, dass das Lager

5.8 Schlagen Sie das erwärmte Gehäuse mehrmals auf Holzblöcke, um das Lager herausfallen zu lassen.

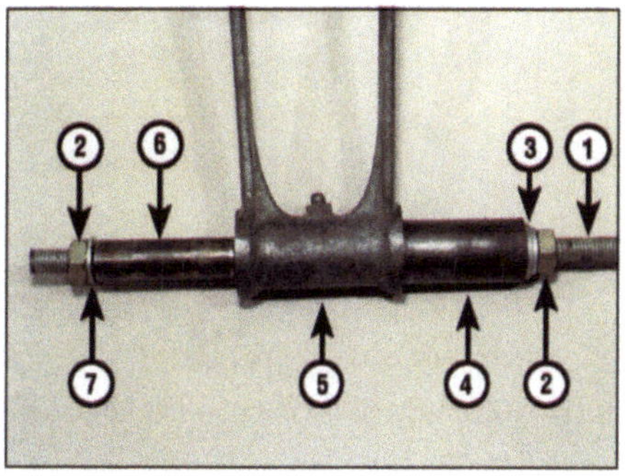

5.9 Hier soll eine Lagerbuchse gewechselt werden.

1 lange Schraube oder Gewindestange
2 Muttern
3 Scheiben mit größerem Außendurchmesser als Rohr-Innendurchmesser
4 Rohr mit zur Buchse passendem Durchmesser
5 Hebelarm mit Lagerbuchse
6 Rohr mit etwas kleinerem Durchmesser als Lagerbuchse
7 Scheibe mit etwas kleinerem Außendurchmesser als Lagerbuchse

nach unten herausfallen kann. Tragen Sie beim Erwärmen Handschuhe und klopfen Sie dabei das Gehäuse regelmäßig auf die Oberfläche, um das Lager leichter herausfallen zu lassen (siehe Abbildung 5.8).

- Lager können genauso in Sacklöcher montiert werden, wie es oben beschrieben ist.

Einzieh-Vorrichtungen

- Lager oder Buchsen, die z.B. in obere Pleuelaugen oder andere Hebel eingepresst sind, können nicht ohne Beschädigung des Bauteils ausgeschlagen werden. Auch Gummibuchsen las-

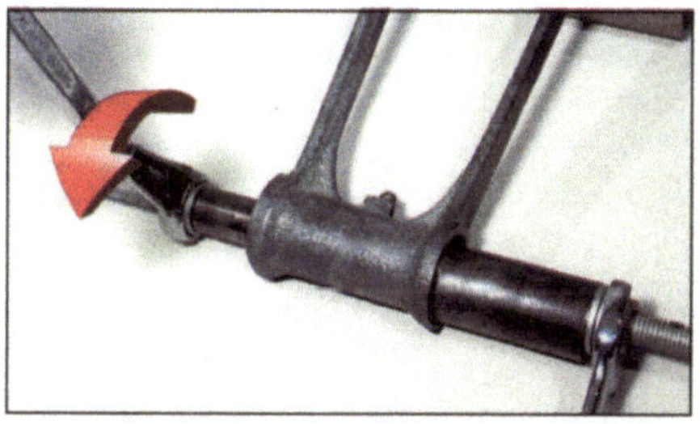

5.10 Hier wird die Lagerbuchse aus dem Hebel gezogen.

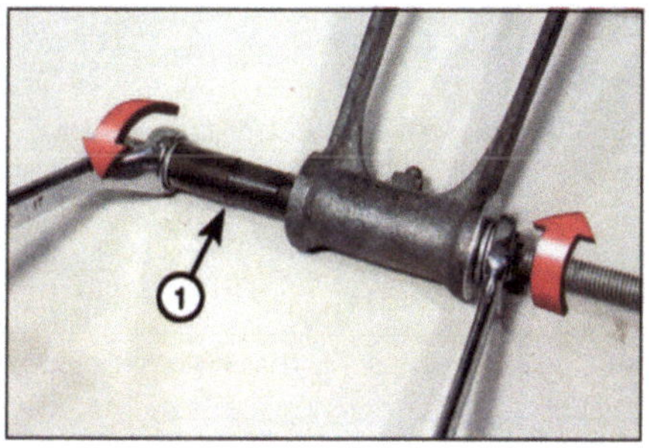

5.11 Die neue Lagerbuchse (1) wird in das Bauteil gezogen.

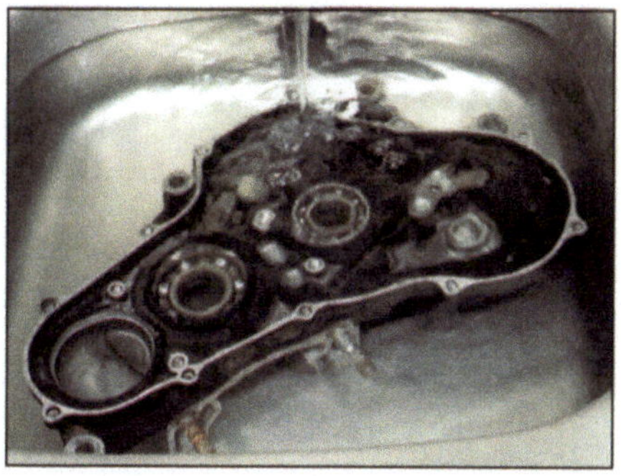

5.12 Wenn das Teil in einen Topf passt, kann es in kochendem Wasser erwärmt werden. Achten Sie danach bei Stahlteilen auf Rostschutz!

sen sich schlecht durch Schläge aus- und eintreiben. Wenn man Zugang zu einer maschinellen Presse hat, kann man hiermit arbeiten, falls nicht, muss zum Aus- und Einziehen von Buchsen ein Werkzeug angefertigt werden.

- Man benötigt eine lange Schraube mit Mutter (oder eine Gewindestange mit zwei Muttern, ein Stück Rohr, das einen größeren Innendurchmesser als die Buchse hat, ein weiteres Stück Rohr mit einem kleineren Außendurchmesser als die Buchse und eine Reihe verschiedener Scheiben (siehe Abbildungen 5.9 und 5.10). Die Rohre müssen länger sein als die Buchse.
- Das gleiche Werkzeug, ohne Rohre, kann man zum Einziehen der Buchse benutzen (siehe Abbildung 5.11).

Ausdehnung durch Erwärmung

- Wenn der Lageraußenring fest im Leichtmetallgehäuse steckt, kann dieses erwärmt werden, um das Lager zu lockern. Aluminium dehnt sich bei Erwärmung mehr aus als Stahl, also darf auch das Lager warm werden. Es gibt verschiedene Möglichkeiten der Erwärmung, doch sollte man auf offene Brennerflammen verzichten, da das Material sich verziehen oder sogar schmelzen kann.
- Man kann das Teil in einen auf nicht mehr als 100°C erwärmten Backofen oder kochendem Wasser erwärmen (siehe Abbildung 5.12). Eine gezielte Erhitzung ist mit einem Heißluftgebläse, wie es zum Abbeizen verwendet wird, oder einem Bügeleisen zu erreichen (siehe Abbildung 5.13).

5.13 Die Umgebung des Lagers kann mit einem Heißluftgebläse erwärmt werden. Schützen Sie Dichtungen vor direkter Hitze!

Warnung: Bei all diesen Methoden müssen zur Vermeidung von Verbrennungen Handschuhe getragen werden.

- Beim Erhitzen des ganzen Gehäuses muss darauf geachtet werden, dass Kunststoffteile, wie Leerlaufschalter, beschädigt werden könnten – bauen Sie sie vorher aus.
- Bauen Sie unverzüglich nach dem Erhitzen das Lager aus. Sie werden merken, dass es sehr leicht auszutreiben ist oder gar alleine herausfallen wird.
- Auch zur Erleichterung des Einbaus neuer Lager kann das Gehäuse erhitzt werden. Die Motorradhersteller haben oft die Gehäuse entsprechend konstruiert und benutzen diese Methode bei der Motormontage.
- Zur leichteren Montage kann man Lager auch über Nacht in die Kühltruhe legen, damit sie sich zusammenziehen. Empfohlen wird diese Methode z.B. bei den Lagerschalen, die in den Lenkkopf getrieben werden.

Lager-Typen und Markierungen

- An Motorrädern findet man Gleitlagerschalen und Wälzlager (Nadellager, Kegellager und Kugellager) in verschiedenen Größen (siehe Abbildungen 5.14 und 5.15) Die Rollen (Kugeln, Kegel oder Nadeln) der Wälzlager sitzen meistens in Käfigen, doch gibt es auch offene Lager.
- Gleitlager werden normalerweise bei Kurbelwellen und Pleuelfüßen verwendet, da sie hohe Druckbelastung aushalten, auch die Fertigung des Kurbeltriebs wird dadurch erheblich erleichtert. Sie benötigen konstanten Öldruck, da sie sonst schnell fressen. Sie sind zumeist aus gesinterter (selbstschmierender) Phosphor-Bronze, um beim Motorstart, wenn erst Öldruck aufgebaut wird, Notlauf-Eigenschaften zu besitzen.

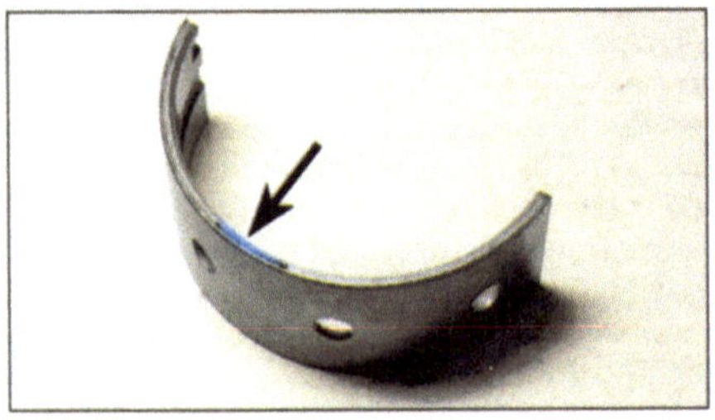

5.14 Gleitlager-Schalen gibt es glatt oder mit Nuten. Normalerweise sind sie mit Farb-Codes markiert.

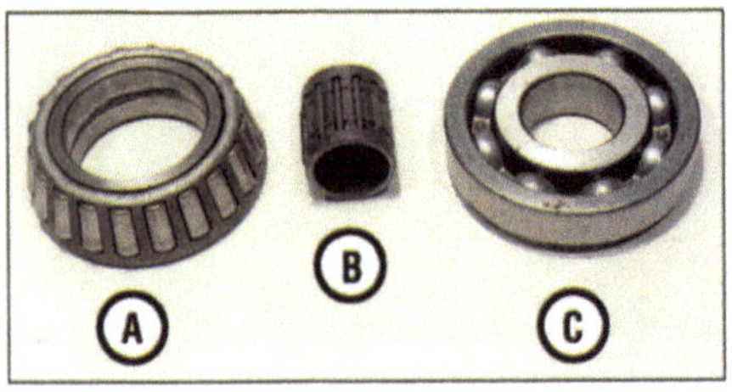

5.15 Kegelrollenlager (A), Nadellager (B) und Kugellager (C), alle mit Käfig

5.16 Typische Markierung eines Kugellagers

- Wälzlager besitzen einen inneren und einen äußeren Ring, zwischen denen Rollen oder Kugeln laufen. Sie benötigen konstante Schmierung, aber keinen Druck, und halten axiale Belastungen aus. Kugellager sind nur komplett als Bauteil zu montieren, die meisten Nadellager und Kegellager bestehen aus getrennt zu montierenden Innen- und Außenringen. Letztere halten hohe axiale Belastungen aus und werden deshalb oft in Lenkköpfen eingesetzt.
- Wälzlager sind im Gegensatz zu Gleitlagern Normteile, die bei bekannter Markierung (anhand derer das Maß, die Belastbarkeit und der Typ bestimmt werden können) im Fachhandel besorgt werden können (siehe Abbildung 5.16).
- Metallbuchsen bestehen üblicherweise aus Phosphorbronze, in Stoßdämpferaugen werden Gummibuchsen verwendet, in billigen Schwingenlagerungen fristen Plastikbuchsen ein kurzes Dasein.

Fehlersuche bei Lagern

- Wenn ein Lageraußenring sich im Lagersitz gedreht hat, ist das Gehäuse beschädigt. Wenn noch nicht allzu viel Material abgetragen ist, kann man das Lager mit Spezialkleber einsetzen.

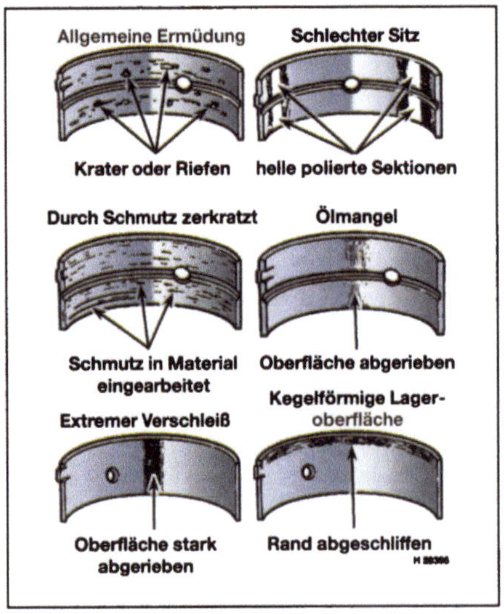

5.17 Typische Lager-Schäden

5.18 Diese Kugeln haben deutliche Abdrücke – das Lager ist defekt.

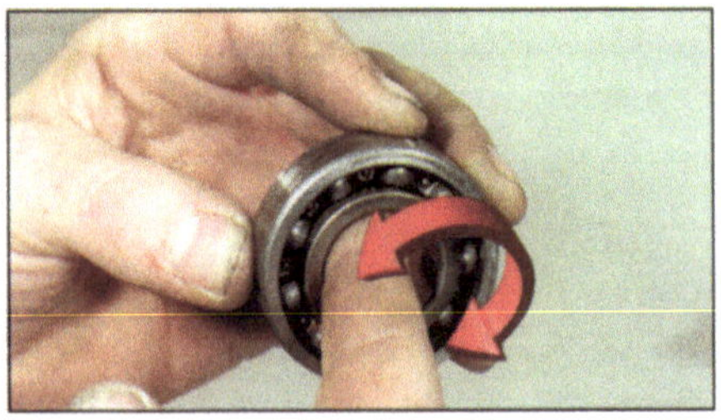

5.19 Halten Sie den äußeren Ring, und drehen Sie den inneren Ring dicht am Ohr.

- Gleitlagerschalen können durch Ölmangel, Korrosion oder Fremdteilchen im Öl beschädigt werden (siehe Abbildung 5.17). Kleine Teilchen werden in die Lageroberfläche eingearbeitet, während große Teile die Schale und die Welle zerkratzen. Wird das Motorrad viel auf Kurzstrecken eingesetzt, kann sich der Motor nur ungenügend erwärmen, und dadurch entstehendes Kondenswasser sorgt für mangelnde Schmierung und kann das Lager korrodieren lassen.
- Kugel- und Rollenlager können durch Überhitzung (bei Ölmangel) und eindringenden Schmutz zerstört werden, Kegelrollenlager drücken sich bei zu hoher Last ein. Wälzlager unterliegen auch bei vorschriftsmäßiger Benutzung einem gewissen Verschleiß. Wenn ein Wälzlager nicht auf beiden Seiten abgedichtet ist, kann es in Paraffin von alten Fettresten befreit und anschließend getrocknet werden, sodass bei einer Sicht-Inspektion die Kugeln, Käfige und Laufflächen kontrolliert werden können (siehe Abbildung 5.18).
- Ein Kugellager kann auf Verschleiß kontrolliert werden, wenn man sich seinen Rundlauf genau anhört. Geben Sie dünnes Öl in das Lager, und drehen Sie den Innenring dicht am Ohr (siehe Abbildung 5.19). Es sollten keine Laufgeräusche festzustellen sein. Wenn es hakt oder rau läuft, ist es verschlissen.

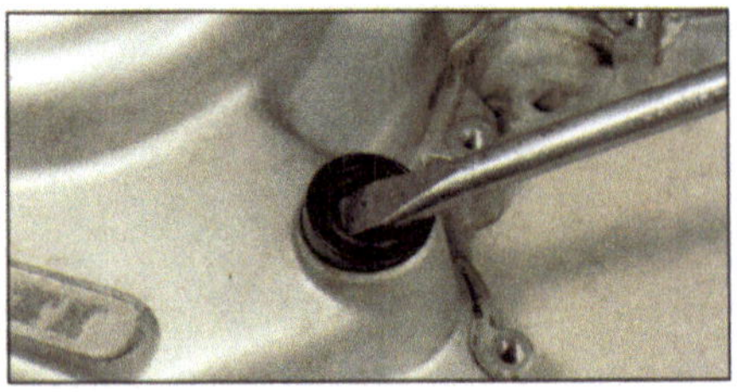

6.1 Alte Dichtringe werden beim Aushebeln zerstört, weiterverwenden darf man sie nicht.

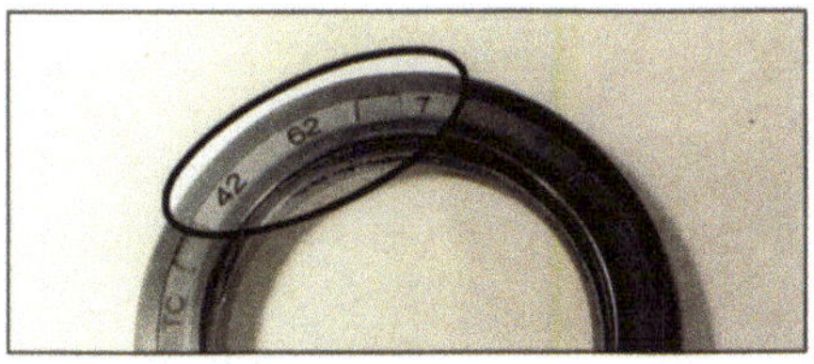

6.2 Diese Dichtring-Markierungen geben die Innengröße, die Außengröße und die Breite an.

6 Öl-Dichtringe

Aus- und Einbau

• Wellen-Dichtringe (auch »Simmerringe« genannt) sollten bei jeder Demontage der entsprechenden Baugruppe erneuert werden, da die Dichtlippen mit der Zeit verschleißen und das Material altert.

• Dichtringe können mit einem großen Schlitzschraubendreher aus ihrem Sitz gehebelt werden (siehe Abbildung 6.1). Achten Sie beim Ausbau darauf, dass der Dichtring nicht durch Seegerringe oder Draht gesichert ist.

• Neue Dichtringe werden normalerweise mit den markierten Seiten nach außen und der Federseite gegen die Flüssigkeit eingebaut. Sonderformen dichten z.B. Kurbelgehäuse von Zweitaktmotoren in beide Richtungen ab.

• Mit einem nur außen am Ring anliegenden Lagertreiber oder Steckschlüssel wird der neue Dichtring senkrecht an seinen Platz getrieben – Schläge auf die Dichtfläche zerstören den Ring.

Dichtring-Typen und Markierungen

• Dichtringe sind normalerweise mit einfachen Dichtlippen ausgerüstet. Doppeldichtungen werden verwendet, wenn beidseitig Flüssigkeit oder Gas gegeneinander abgedichtet werden müssen.

• Dichtringe härten nach langer Zeit aus. Wenn das Motorrad lange gestanden hat, hilft nur ein Auswechseln aller Dichtringe.

• Dichtringe sind meistens Normteile. Doch außer den angegebenen Maßen (siehe Abbildung 6.2) sind sie aus für ihre Einsatzzwecke entsprechendem Material konstruiert.

7 Dichtungen und Dichtmasse

Dichtungs- und Dichtmassentypen

• Um das Austreten von Flüssigkeiten und Überdruck zu verhindern, werden Gehäuseteile mit Dichtungen gegeneinander geschraubt. Aluminium- oder Kupfer-Dichtungen findet man häufig an Zylinderköpfen, die meisten Dichtungen sind aus Papier. Wenn die Dichtflächen der Gehäuse nicht beschädigt sind, können die Dichtungen trocken angesetzt werden, mit etwas Fett oder Dichtmasse können sie eventuell für die Montage in Position gehalten werden.

• Mit Silikondichtmasse können kleine Löcher oder Unregelmäßigkeiten ausgeglichen werden. Durch Zusammenziehen der Gehäuseteile wird Silikon zur Seite herausgepresst. Man kann zwar damit Papierdichtungen ersetzen, doch muss zuvor kontrolliert werden, ob die Dicke des Papiers nicht für bestimmte Bauteile wichtig ist. Silikon sollte nicht bei hohen Temperaturen oder Benzinberührung eingesetzt werden.

• Dauerelastische, anhärtende oder aushärtende Dichtmasse kann zusammen mit Dichtungen oder direkt zwischen Metall-Dichtflächen eingesetzt werden. Für bestimmte Zwecke werden bestimmte Dichtmassen benötigt: Dauerelastische Dichtmasse kann an fast allen Verbindungen eingesetzt werden, anhärtende Masse an rauen oder beschädigten Dichtungen, und aushärtende Dichtmasse wird an immer bestehenden Verbindungen oder bei hohen Temperaturen und hohem Druck verwendet.

Anmerkung: *Kontrollieren Sie zunächst, ob die verwendeten Papierdichtungen mit Dichtmasse imprägniert sind, bevor Sie zusätzliche Dichtmasse auftragen.*

• Überprüfen Sie, ob die ausgewählte Dichtmasse den Ansprüchen der Dichtung genügt, d.h. hohe Temperaturen oder Benzin aushalten. Einige Anbieter verkaufen Dichtmassen in verschiedenen Farben, sodass man für seinen Motor die unauffälligste aussuchen kann.

• Geben Sie nicht zu viel Dichtmasse auf die Flächen, da sie sich nicht nur nach außen, wo sie abgewischt werden kann, sondern auch nach innen drücken kann, wo abgefallenes Material im Extremfall Ölkanäle verstopfen kann.

7.1 Wenn Hebellaschen vorhanden sind, kann hier vorsichtig mit einem Schraubendreher auseinandergehebelt werden.

7.2 Klopfen Sie mit einem weichen Hammer die Dichtungs-Umgebung ab – zerstören Sie keine Kühlrippen.

Viele Bauteile werden mit einer oder zwei Passhülsen zwischen den Dichtflächen zusammengefügt. Wenn eine Passhülse sich nicht entfernen lässt, darf sie nicht mit Zangen gegriffen werden, da sie dabei verbogen und zerstört wird. Legen Sie zur Stabilisierung eine eng sitzende Steckschlüsselnuss oder einen passenden Kreuzschlitzschraubendreher hinein, und greifen Sie die Hülse dann mit der Zange.

Öffnen einer Dicht-Verbindung

• Alter, Hitze, Druck und die Verwendung aushärtender Dichtmasse können dafür sorgen, dass zwei zusammenhängende Bauteile alleine mit Fingerkraft kaum wieder auseinander zu

7.3 Dichtungsreste können mit einem Dichtungsschaber, . . .

7.4 . . . einer Messerklinge . . .

7.5 . . . oder einem Spachtel entfernt werden.

7.6 Mit um eine flache Feile gewickeltem feinen Schleifpapier kann die Dichtfläche gereinigt werden.

bekommen sind. Doch dürfen keine Hebel benutzt werden, wenn hierfür keine Hebelstellen vorgesehen sind (siehe Abbildung 7.1), da sonst die Dichtflächen beschädigt werden.

- Mithilfe eines Gummi- oder Kunststoffhammers (siehe Abbildung 7.2) oder aber eines Stahlhammers mit Holzstück wird in der Nähe der Dichtflächen gegen die Bauteile geklopft. Schlagen Sie nicht gegen filigrane Gussteile wie Kühlrippen, da sie abbrechen können. Zeigt diese Methode Erfolg, können die Gehäusehälften mit einem zwischengeschobenen Holzstück auseinandergedrückt werden.

Achtung: Wenn die Verbindung sich gar nicht lösen lässt, kontrollieren Sie, ob wirklich alle Schrauben gelöst sind.

Entfernen alter Dichtungen

- Papierdichtungen lassen sich zumeist relativ rückstandsfrei entfernen. Übrig gebliebene Reste müssen vor dem Auflegen einer neuen Dichtung gründlich entfernt werden.
- Kratzen Sie alle Dichtungsreste sorgfältig und vorsichtig ab, hobeln Sie dabei kein Aluminium ab, und kerben Sie es nicht ein (siehe Abbildungen 7.3, 7.4 und 7.5). Hartnäckige Rückstände können mit Dichtungsentferner aus der Sprühdose entfernt werden. Zum Schluss der Reinigung können die Dichtflächen mit sehr feinem Schleifpapier oder einem Topfschwamm gereinigt werden.
- Alte Dichtmasse kann je nach Typ abgekratzt oder abgepult werden. Beachten Sie, dass es chemische Dichtungsentferner gibt, die die Arbeit erleichtern, doch müssen sie für die vorhandene Dichtungsmasse ausgelegt sein.

8 Ketten

Trennen und Verbinden von Antriebsketten

- Antriebsketten für größere Motorräder sind endlos, d.h. sie haben kein Schloss zum Öffnen. Soll die Kette gewechselt werden, muss die alte mit einem Kettentrenner geöffnet, und die neue nach dem Aufziehen ordentlich vernietet werden. Federclip-Schlösser dürfen nur im Notfall verwendet werden. Zum Trennen und Vernieten gibt es neben den gezeigten Werkzeugen eine Vielzahl anderer – lesen Sie vor dem Arbeiten deren Gebrauchsanweisungen.
- Drehen Sie die Kette, und suchen Sie das Nietschloss. Im Gegensatz zu den anderen Bolzen, die am Rand abgeplattet sind, sind seine Bolzen durch zentrale Schläge aufgespreizt (siehe Abbildung 8.9). Positionieren Sie das Schloss zwischen die Ritzel, und setzen Sie an einen Bolzen die Trennvorrichtung an (siehe Abbildung 8.1). Drücken Sie den Bolzen durch die Kette (siehe Abbildung 8.2). Achten Sie bei einer O-Ringkette auf die entsprechenden Dichtungen (siehe Abbildung 8.3). Führen Sie die Prozedur am anderen Bolzen durch.

Warnung: Eine Antriebskette ist über lange Zeit und unter widrigen Umständen einer sehr hohen Belastung ausgesetzt. Nur mit einer korrekten Vernietung kann sie die gewünschte Lebensdauer erreichen. Eine abreißende Kette stellt für Mensch und Maschine eine große Gefahr dar!

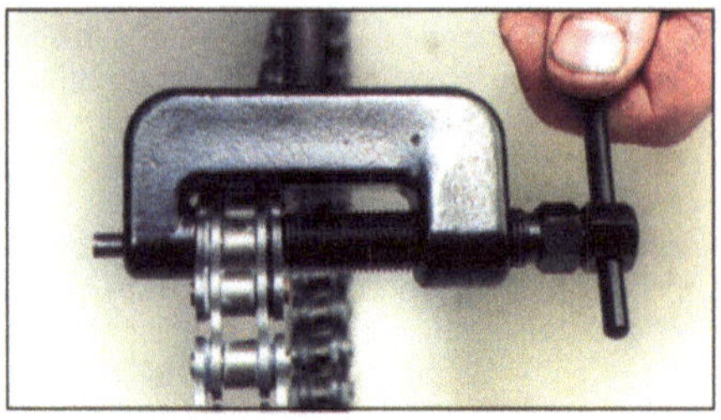

8.1 Drücken Sie mit dem Kettentrenner den Bolzen durch die Kette, . . .

8.2 . . . entfernen Sie den Bolzen, nehmen Sie das Werkzeug ab, . . .

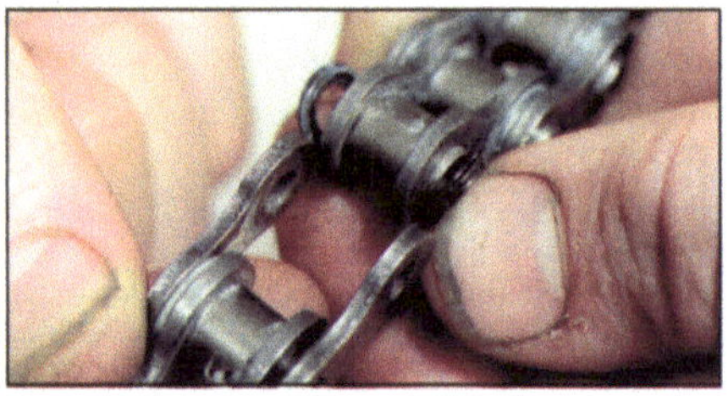

8.3 . . . und öffnen Sie die Kette.

8.4 Drücken Sie das neue mit O-Ringen bestückte Schloss durch die Enden der Kette, . . .

8.5 . . . legen Sie neue O-Ringe über die Bolzenenden, . . .

8.6 . . . und legen Sie die neue Lasche auf.

Achtung: Bei großen und sehr harten Ketten kann es nötig sein, die Vernietung der Bolzen abzufeilen oder abzuschleifen, bevor sie sich durch die Kette drücken lassen.

- Überprüfen Sie, ob das neue Schloss in der Größe und Stärke der Kette entspricht – verwenden Sie niemals das alte Schloss wieder. Die Größen und Ausführungen der Ketten sind auf den Gliedern eingestanzt (siehe Abbildung 8.10).
- Legen Sie die Enden der Kette über das hintere Kettenrad. Legen Sie bei einer O-Ringkette je einen neuen O-Ring auf die Bolzen des Schlosses, und schieben Sie das Schloss

8.7 Mit einer solchen Klemme lässt sich die Lasche leicht in ihre Position schieben.

8.8 Mit dem Ketten-Verniet-Werkzeug wird pro Arbeitsgang ein Bolzen vollständig vernietet.

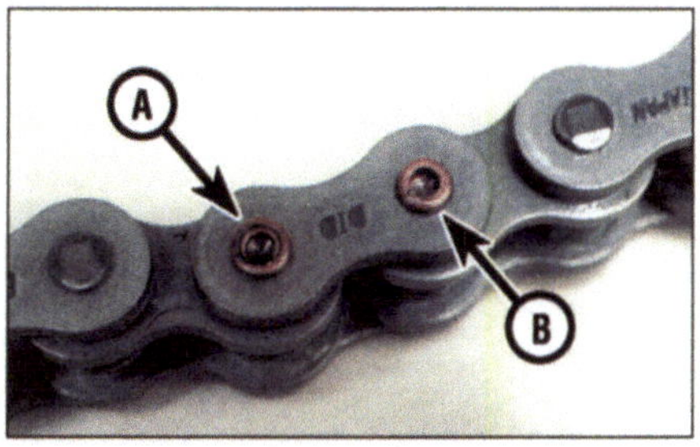

8.9 Korrekt vernieteter Bolzen (A), Bolzen noch nicht vernietet (B)

durch die beiden Kettenenden (siehe Abbildung 8.4). Legen Sie auf jedes Bolzenende einen neuen O-Ring und über beide die neue Lasche (siehe Abbildungen 8.5 und 8.6).

- Die Lasche lässt sich nicht mit der Hand aufschieben. Benutzen Sie entweder ein spezielles Werkzeug (siehe Abbildung 8.7), eine Zange oder Klemme, mit der Sie die Lasche über die Bolzen drücken können.
- Positionieren Sie das Verniet-Werkzeug der Anleitung entsprechend über dem Bolzen, und spreizen Sie ihn durch Einschrauben der Spindel auseinander (siehe Abbildungen 8.8 und 8.9). Wiederholen Sie die Prozedur am anderen Bolzen.

> ***Warnung: Kontrollieren Sie genau die Vernietung der Bolzen, und vergewissern Sie sich, dass die Lasche sich nicht lösen kann. Wenn die Bolzenenden reißen, muss ein neues Schloss verwendet werden.***

8.10 Typische Kettengröße und Typenmarkierung

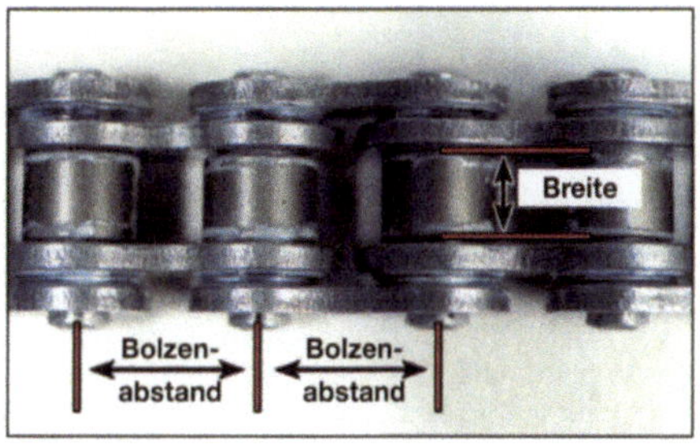

8.11 Maße zur Bestimmung der Kettengröße

Antriebsketten-Größen

- Die Kettengröße wird durch eine dreistellige Zahl angegeben, folgende Buchstaben stehen für den Kettentyp (siehe Abbildung 8.10). Die Typen sagen etwas über die Qualität und Stärke (Dicke der Laschen) aus, und ob es sich um eine O-Ring-Kette handelt.
- Die erste Ziffer gibt den Abstand der Bolzenmitten zueinander an (siehe Abbildung 8.11). Die Ziffer wird in einen Bruch über eine acht gesetzt, und dieser gibt den Abstand in Zoll an:

Beginnt die Größenangabe mit einer 4 (z.B. 428), haben die Bolzen einen Abstand von 4/8 Zoll = 12,7 mm

Beginnt die Größenangabe mit einer 5 (z.B. 520), haben die Bolzen einen Abstand von 5/8 Zoll = 15,9 mm

Beginnt die Größenangabe mit einer 6 (z.B. 630), haben die Bolzen einen Abstand von 6/8 Zoll = 19,1 mm

- Anhand der zweiten und dritten Ziffer kann die Breite der Rollen bestimmt werden, die ebenfalls in englischen Maßen angegeben ist, z.B. hat eine 525er Kette Rollen mit einer Breite von 5/16 Zoll (7,94 mm) (siehe Abbildung 8.11).

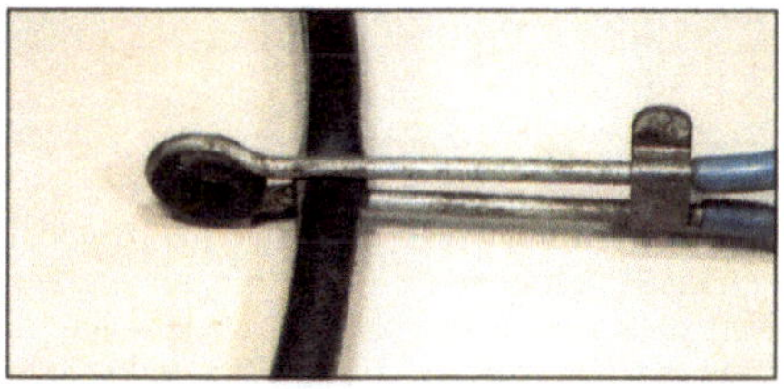

9.1 Schläuche können mit einer Bremsleitungsklemme, . . .

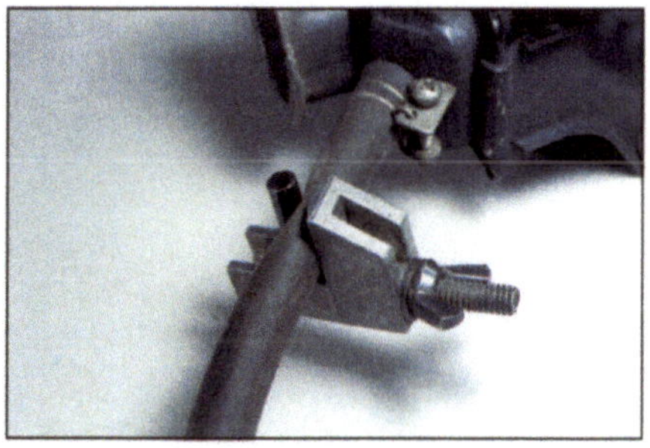

9.2 . . . einer Flügelmutter-Klemme, . . .

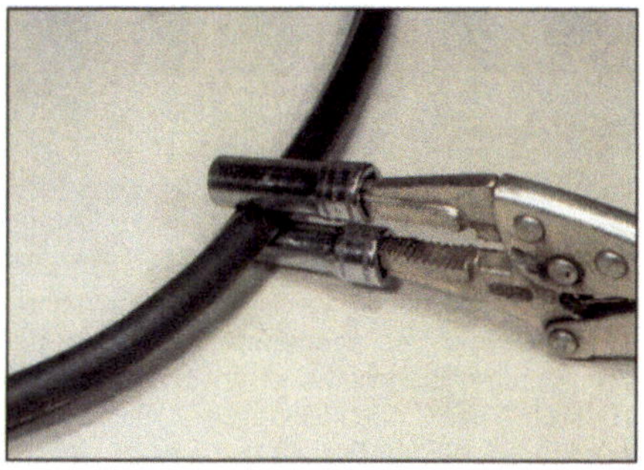

9.3 . . . auf einer Gripzange steckenden Nüssen . . .

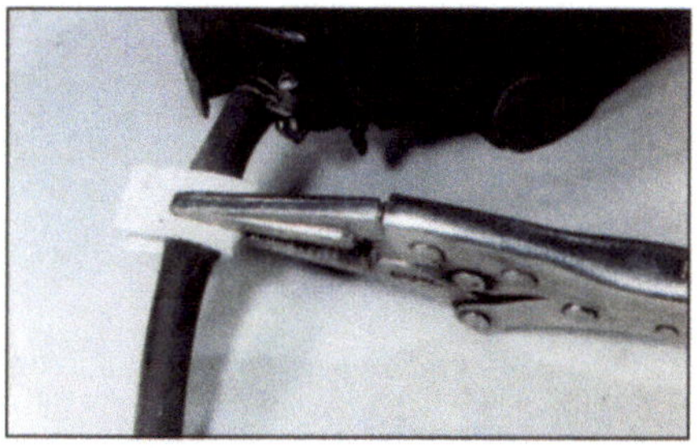

9.4 . . . oder unterlegter Pappe abgeklemmt werden.

9 Schläuche

Abklemmen zur Durchflussunterbrechung

- Dünne flexible Schläuche können abgeklemmt werden, damit man an bestimmten Bauteilen arbeiten kann. Welche Methode auch immer gewählt wird, das Schlauchmaterial darf nicht dauerhaft verbogen oder durch die Klemme beschädigt werden (vgl. Abb. 9.1–9.4).

Lösen und Aufschieben von Schläuchen

- Gehen Sie sicher, dass alle Klemmen und Schellen entfernt sind. Greifen Sie den Schlauch, und ziehen Sie ihn drehend vom Stutzen. Wenn der Schlauch im Laufe der Zeit ausgehärtet ist und sich nicht bewegt, schlitzen Sie ihn am Stutzen mit einem scharfen Messer längs auf, und ziehen Sie ihn dann ab.
- Widerstehen Sie der Versuchung, zur Erleichterung der Schlauchmontage die Anschlüsse mit Fett oder Seife einzuschmieren; es hilft zwar, doch kann dann am Stutzen auch Flüssigkeit leichter austreten. Es wird empfohlen, das Schlauchende ggf. in heißem Wasser oder anderen Flüssigkeiten zu erwärmen und damit geschmeidig zu machen.

Sicherheitscheck

Hauptuntersuchung

In Deutschland müssen Motorräder alle zwei Jahre zur Hauptuntersuchung nach § 29 der Straßenverkehrszulassungsordnung (StVZO). Diese Untersuchung wird im Volksmund als »TÜV« bezeichnet; das stammt noch aus der Zeit, als der Technische Überwachungsverein (TÜV bzw. TÜH) das Monopol auf Hauptuntersuchungen besaß. Das ist seit einigen Jahren nicht mehr der Fall. DEKRA und auch freie Sachverständige, die einer anerkannten Überwachungsorganisation wie KÜS oder GTÜ angeschlossen sind, dürfen die Hauptuntersuchung durchführen.

Gerade bei freien Sachverständigen hat dies seine Vorteile für den Fahrzeugbesitzer: Eine familiäre Atmosphäre, sehr kurze Wartezeiten und hohe Kompetenz unterscheiden diese kleinen Prüfbüros von den häufig anonymen und bürokratischen Prüfstellen der eingesessenen Organisationen.

TÜV/TÜH (alte Bundesländer) und DEKRA (neue Bundesländer) besitzen allerdings nach wie vor das Monopol für die Begutachtung von Änderungen am Fahrzeug, für die keine Gutachten vorliegen – etwa selbstgebaute Auspuffanlagen, Umbauten zum Gespann o.Ä.

Bei der Hauptuntersuchung werden Betriebs- und Verkehrssicherheit des Motorrades geprüft. Sachverstand des Prüfers vorausgesetzt – was leider nicht immer der Fall ist –, ist dies ein notwendiger Check im Interesse des Fahrzeugbesitzers. Doch unabhängig von dieser regelmäßigen Untersuchung sollte der Fahrer des Motorrades wissen, wo die sicherheitsrelevanten Baugruppen sitzen und sie selber prüfen können.

Praxis TiPP *Wenn Sie ein gebrauchtes Motorrad kaufen möchten, so ist ein kürzlich durchgeführte Hauptuntersuchung (HU) keinesfalls eine Gewähr für den einwandfreien Zustand des Fahrzeugs. Motor, Getriebe und wesentliche Teile der Elektrik werden bei der HU nicht geprüft, und selbst wichtige Baugruppen wie Bremsen und Rahmen können von einem inkompetenten Prüfer falsch beurteilt worden sein.*

Elektrik

Beleuchtung

Prüfen Sie die Funktion aller Leuchten am Motorrad: Stand-, Abblend-, Fern-, Rück- und Bremslicht, Letzteres bei Fuß- und Handbremse. Das gleiche gilt für die Blinker und eventuelle Zusatzleuchten wie Breit- oder Zusatzscheinwerfer, Nebelschlussleuchte oder Warnblinker. Häufig wird die Instrumentenbeleuchtung nicht beachtet (übrigens auch nicht bei der HU), doch auch bei einer Nachtfahrt möchte man doch wissen, wie schnell man fährt.

Scheinwerfereinstellung

Im Gegensatz zu Autos wird bei der HU die Scheinwerfereinstellung bei Motorrädern nicht überprüft. Tun Sie das daher selbst im eigenen Interesse; weder ist es angenehm, andere Verkehrsteilnehmer zu blenden, noch nachts lediglich das Vorderrad oder die Baumwipfel zu beleuchten.
Stellen Sie in einer Werkstatt, die ein Prüfgerät für PKW besitzt, den Scheinwerfer Ihres Motorrades ein. Achten Sie dabei darauf, dass Sie das Motorrad mit dem üblichen Fahrgewicht belasten (1).

Batterie

Auch der Zustand von Batterie, Sicherungen, Regler und Lichtmaschine ist sicherheitsrelevant. Stellen Sie sich beispielsweise vor, auf der Überholspur der Autobahn geht schlagartig der Motor aus, weil es an Zündfunken fehlt, oder nachts in der gleichen Situation bleibt plötzlich das Licht weg.

1

Prüfen der Scheinwerfereinstellung mit einem PKW-Prüfgerät

Auspuff und Antrieb

Auspuff

Auspuff und Schalldämpfer haben zugegebenermaßen wenig mit Sicherheit zu tun. Allerdings kann mit einer nicht genehmigten Änderung die Betriebserlaubnis des Fahrzeugs erlöschen, was bei einem Unfall – der noch nicht einmal selbstverschuldet sein muss – unangenehme Folgen haben kann: Fahren ohne Versicherungsschutz, eventuell Fahren ohne Führerschein (wenn das Motorrad serienmäßig leistungsbegrenzt und die Fahrerlaubnis darauf beschränkt war), Fahren ohne Betriebserlaubnis u.a. Stellen Sie also sicher, dass der angebaute Auspuff entweder serienmäßig oder eingetragen ist, dass die Anlage fest sitzt und keine Löcher oder Durchrostungen vorliegen.

Antrieb

Sehr viel mehr mit Sicherheit hat der Hinterradantrieb zu tun, obwohl er bei der HU nicht geprüft wird. Ist die Kette in ordentlichem Zustand und weist die richtige Spannung auf? Sind Ritzel und Kettenrad nicht übermäßig abgenutzt? Bei Kardanmaschinen: Ist der Hinterradantrieb öldicht? Ist die Mitnehmerverzahnung des Hinterrads in Ordnung? (Für diese Prüfung muss das Hinterrad ausgebaut werden.)

Steuerkopf und Federung

Steuerkopf

Entlasten Sie das Vorderrad, sodass es frei in der Luft steht. Schwenken Sie den Lenker langsam von Anschlag zu Anschlag. Ist der Lenker dabei schwergängig? Sind »Raststellen« zu spüren? Schlägt etwas am Tank an? Das alles darf nicht der Fall sein, andernfalls sind Lenkkopflager und/oder Anschläge neu zu justieren bzw. auszutauschen (2).
Fassen Sie die beiden Enden der Vorderachse mit den Fäusten und versuchen Sie, das Rad nach hinten und vorne zu drücken. Ein loses Lenkkopflager können Sie dabei an einem »Klacken« erkennen, wobei das Geräusch auch von einer ausgeschlagenen Telegabel kommen kann. Um sicher zu gehen, lassen Sie bei diesem Test eine zweite Person einen Finger an den Spalt zwischen Lenkkopf und unterer Gabelbrücke legen. Selbst ein kleines Spiel des Lagers lässt sich so feststellen (3).

Vorderradfederung

Bocken Sie das Motorrad ab und halten es mit der Vorderbremse fest. Drücken Sie nun mit dem Lenker die Telegabel zusammen. Sie darf dabei nicht stocken oder klemmen (4). Prüfen Sie die Enden der Tauchrohre auf Öldichtigkeit. Ölnebel oder gar -tropfen weisen auf undichte Simmerringe hin (5).
Prüfen Sie schließlich den Ölstand in den Telegabelrohren nach Anleitung.

Hinterradfederung

Lassen Sie das Motorrad in abgebocktem Zustand von einer zweiten Person festhalten. Drücken Sie das Heck nach unten. Die Hinterradfederung darf dabei nicht stocken oder klemmen. Das Heck darf nach dem Loslassen auch nicht nachschwingen (6).
Prüfen Sie das oder die hinteren Federbein/e auf Öldichtigkeit. Nur wenige Federbeine sind reparabel. Erkundigen Sie sich danach.
Fassen Sie das Hinterrad an, und versuchen Sie, es nach links und rechts zu drücken. Damit kann Spiel im Hinterradlager und im Schwingenlager festgestellt werden (9).
Bei Maschinen mit einem Zentralfederbein können die Lager der Anlenkhebel ausschlagen. Lassen Sie eine zweite Person das Hinterrad des Motorrads anheben, und beobachten Sie dabei mit einer Taschenlampe die Lagerstellen, um Spiel festzustellen (7, 8).

Um das Lenkkopflager zu prüfen, darf das Vorderrad nicht aufstehen, auch nicht so!

Prüfen von unzulässigem Spiel in Lenkkopflager und Telegabel

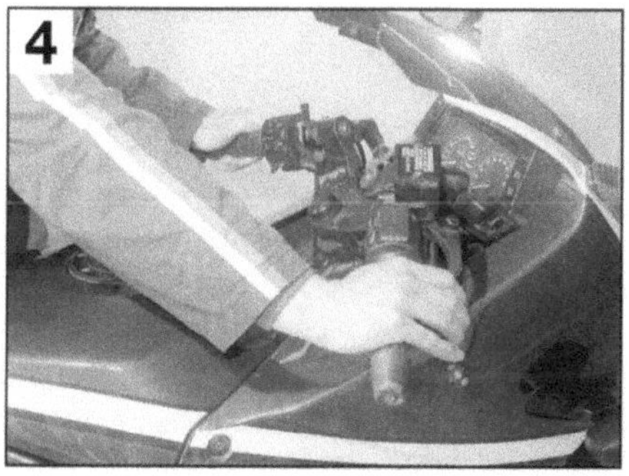

Bei gezogener Handbremse mit dem Lenker die Telegabel zusammendrücken.

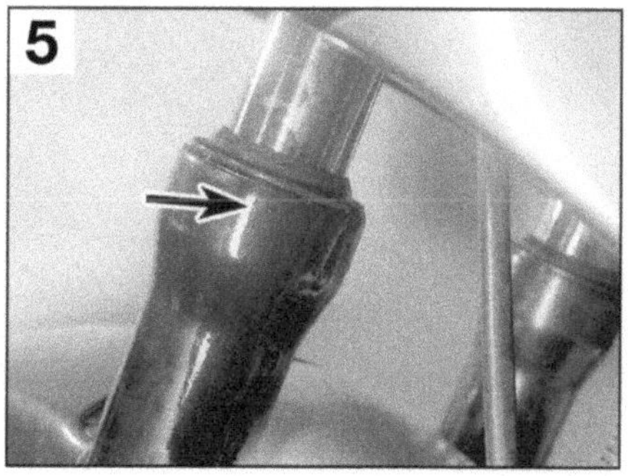

Bei undichten Simmerringen tritt Öl am oberen Ende des Tauchrohrs aus.

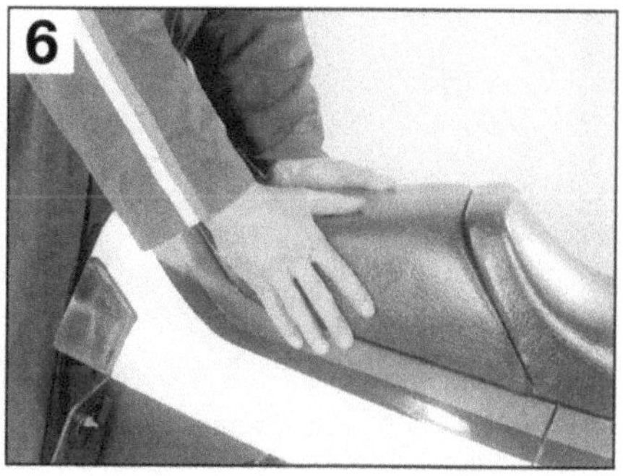

Herunterdrücken des Hecks zum Prüfen der Hinterradfederung

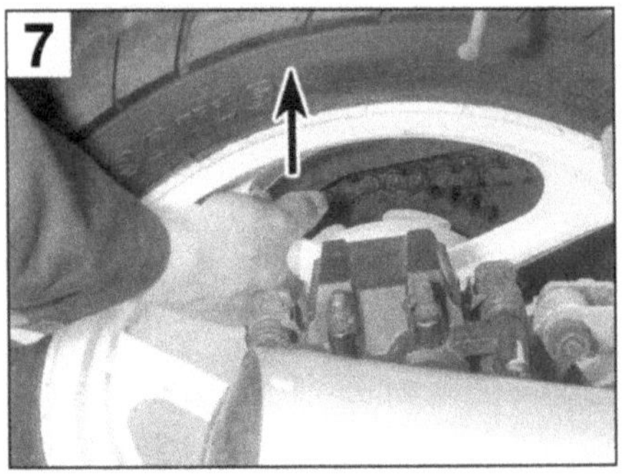

Anheben des Hinterrades, um Spiel . . .

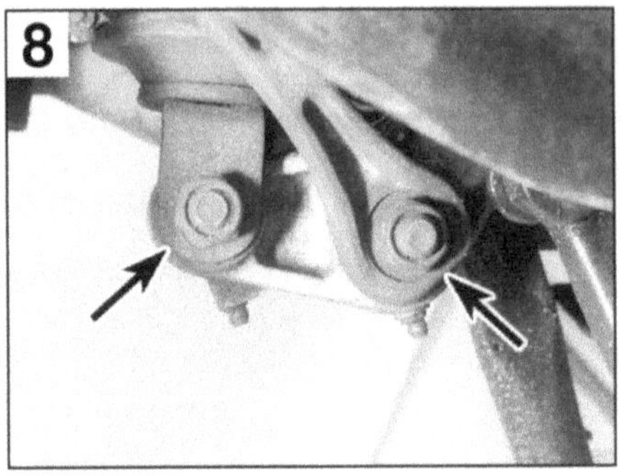

. . . in den Lagern der Federbein-Anlenkung aufzuspüren.

Hinterradschwinge nach links und rechts drücken, um unzulässiges Spiel in den Schwingenlagern festzustellen.

Bremsen, Räder und Reifen

Bremsen

Ziehen Sie bei angehobenem Rad die jeweilige Bremse, und lösen Sie sie wieder. Danach muss sich das Rad frei drehen lassen, ohne dass die Bremse klemmt. Leichte Schleifgeräusche dabei sind bei Scheibenbremsen normal.

Unterziehen Sie die Bremsscheibe einer Sichtprüfung. Sie darf im Bremsbereich keine Riefen und Absätze aufweisen, erst recht keine Risse.

Prüfen Sie die Belagstärke der Bremsbacken, wie im Handbuch beschrieben (10).

Betätigen Sie bei Trommelbremsen den Bremshebel bis zum Anschlag, und prüfen Sie den Winkel zwischen Bremsnockenhebel und Bremsstange bzw. -seilzug; er muss knapp unter 90° liegen (11).

Prüfen Sie bei hydraulischen Bremsen alle Schläuche und Leitungen bei betätigter Bremse auf Undichtigkeiten. Prüfen Sie den Pegel im Bremsflüssigkeitsvorratsbehälter.

Räder und Reifen

Prüfen Sie Gussräder auf Beschädigung und Risse, Drahtspeichenräder auf lose, verbogene und gebrochene Speichen. Lassen Sie das angehobene Rad frei drehen und prüfen es und den Reifen auf runden Lauf. Kontrollieren Sie, ob das Rad ausgewuchtet wurde und die Wuchtgewichte sich noch an ihren Plätzen befinden.

Fassen Sie das Rad, und versuchen Sie, es nach links und rechts zu drücken. Dabei darf kein Spiel der Radlager feststellbar sein (13).

Prüfen Sie den Reifen auf Risse, Beschädigungen und Profiltiefe. In Deutschland muss das Profil an allen Stellen mindestens 1,6 Millimeter tief sein (14).

Stellen Sie sicher, dass Reifen mit den vorgeschriebenen Maßen und Herstellerbindungen montiert sind (siehe Angaben im Fahrzeugschein). Beachten Sie Laufrichtungspfeile an den Reifen-Seitenwänden (15).

Prüfen Sie den Festsitz aller Achsen- und Klemmfaustmuttern und das Vorhandensein vorgesehener Splinte (16).

Die Radflucht (Spur) können Sie am besten mit einer Spurlatte feststellen (17, siehe Beschreibung vorne im Buch).

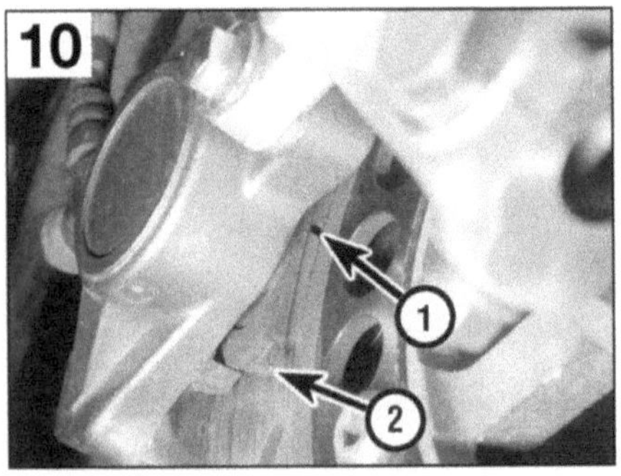

Der Verschleiß von Bremsbelägen kann meist ohne Abnahme der Bremssättel festgestellt werden. Die meisten besitzen Verschleißnuten (1) oder -markierungen (2).

Prüfen Sie an Trommelbremsen bei betätigter Bremse den Winkel zwischen Nockenhebel und Bremsstange bzw. -seilzug. Viele Bremsen besitzen einen Verschleißanzeiger.

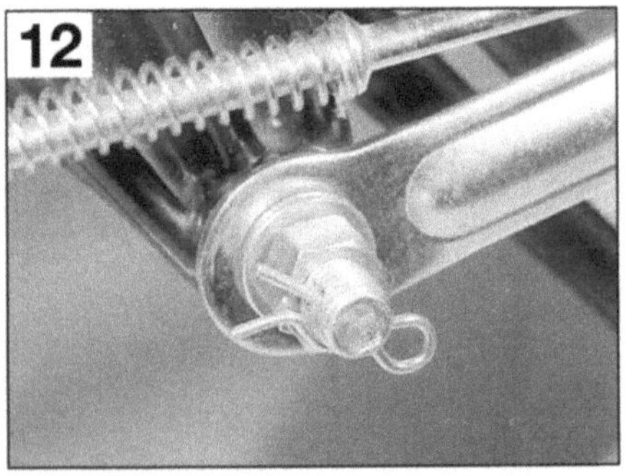

Die Verschraubung des Bremssattelhalters muss wie vorgeschrieben gesichert sein.

Prüfen Sie das Radlagerspiel, indem Sie das Rad nach links und rechts drücken.

Prüfen der Profiltiefe

Manche Reifen besitzen einen Laufrichtungspfeil an der Seitenwand.

Achsenmuttern, die als Kronenmuttern ausgeführt sind, müssen mit einem Splint gesichert werden.

Prüfen der Radflucht mit Spurstangen

Allgemeine Checks

Prüfen Sie den Festsitz aller wesentlichen Muttern von Verkleidung, Lenker, Sitzbank, Motor, Rahmen und Schutzblechen. Fußrasten und Haltegriffe dürfen nicht verbogen oder lose sein. An keiner Stelle darf der Rahmen Durchrostungen zeigen.

Stilllegen

Es sind einige Dinge zu beachten, bevor man das Motorrad für längere Zeit stilllegt, etwa über den Winter. Das Fahrzeug abzustellen, ohne die beschriebenen Arbeiten auszuführen, bringt erhöhten Verschleiß und Schwierigkeiten beim »Ausmotten« mit sich.

1. Waschen und reinigen Sie das Motorrad gründlich. Führen Sie notwendige Reparaturen jetzt durch, da Sie nach dem Winter ja doch keine Lust dazu haben werden

2. Fahren Sie das Motorrad warm. Legen Sie dazu an einem sonnigen Tag eine Tour von mindestens 20 Kilometer ein. Fahren Sie auf dem Rückweg an einer Tankstelle vorbei, tanken Sie randvoll und erhöhen Sie den Reifendruck um etwa 1 bar über den vorgeschriebenen Wert.

3. Stellen Sie das Motorrad an einem trockenen Platz ab, wo es längere Zeit stehen soll. Bocken Sie es so auf, dass kein Reifen den Boden berührt.

4. Führen Sie Motor-, Getriebe- und eventuell (bei Kardanmaschinen) Hinterradölwechsel durch. Das geht gut, weil der Motor jetzt noch warm ist. Altes Öl enthält aus Verbrennungsrückständen saure Bestandteile, die mit der Zeit Metall angreifen, daher sollte es nicht im Motorrad belassen werden.

5. Schmieren Sie die Antriebskette.

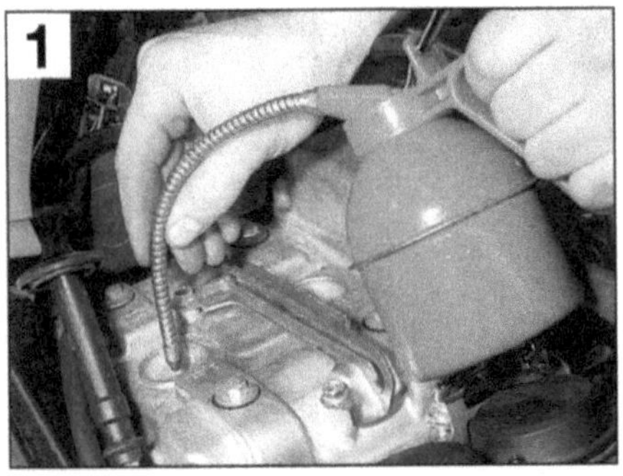

Etwas Motoröl in jedes Kerzenloch geben.

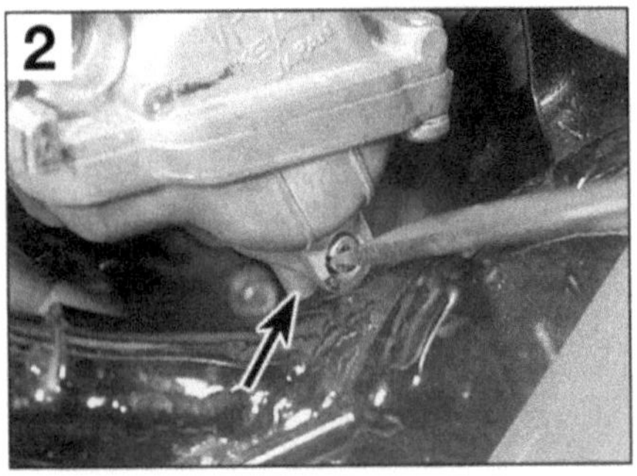

Die meisten Vergaser-Schwimmerkammern besitzen eine Schraube, mit der man das Benzin aus der Kammer ablassen kann.

6. Verschließen Sie die Auspuffrohre mit Plastiktüten, oder stopfen Sie Lappen hinein, um Kondenswasser und damit Innenrost zu vermeiden (3).

7. Drehen Sie alle Zündkerzen heraus und füllen in jedes Loch etwa 20 ml (1 Esslöffel) frisches Motoröl. Legen Sie danach den höchsten Gang ein und drehen den Motor ein paar Mal mit dem Hinterrad durch. Das verteilt das Öl an die Zylinderwände und verhindert Rost. Schrauben Sie die Kerzen wieder ein (1).

8. Ölen Sie alle Bowdenzüge mit einer alten Spritze und Nähmaschinenöl (Beschreibung siehe vorne im Buch).

9. Schließen Sie die Benzinhähne, und entleeren Sie die Schwimmerkammern aller Vergaser, um Verharzung des Benzins zu vermeiden und um beim späteren Start gleich frisches Benzin aus dem Tank zur Verfügung zu haben (2).

10. Bauen Sie die Batterie aus (4) und stellen sie an einen kühlen, frostfreien, trockenen Ort (z.B. Keller). Laden Sie sie etwa alle vier Wochen mit einem Steckerladegerät (5) einen Tag lang nach (Ladestrom max. 1/10 des Werts der Batteriekapazität). Noch besser ist es, die Batterie ins Auto einzubauen (Parallelanschluss zur Autobatterie).

11. Konservieren Sie leicht rostende und Chromstellen des Motorrades mit Sprühöl oder Wachs.

12. Reinigen Sie den Luftfiltereinsatz und bauen ihn wieder ein.

13. Bedecken Sie das Motorrad mit einem alten Laken oder einem anderen Stoff. Plastikfolie ist nicht geeignet, weil sich darunter Kondenswasser bildet und das Fahrzeug rostet.

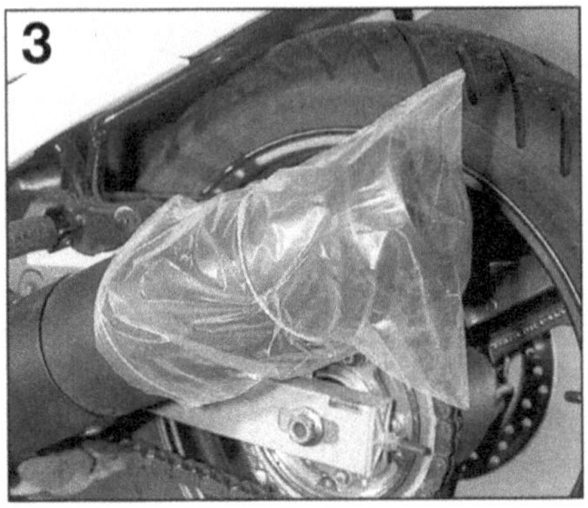

Auspuffenden mit Plastiktüte oder Lappen verschließen.

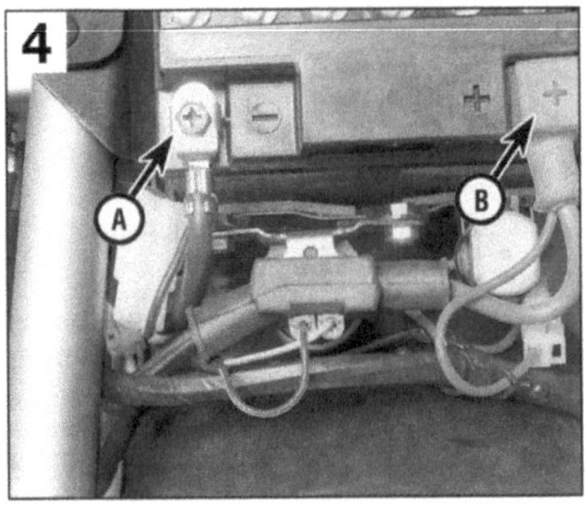

Batterie abklemmen, Minuspol (A) zuerst.

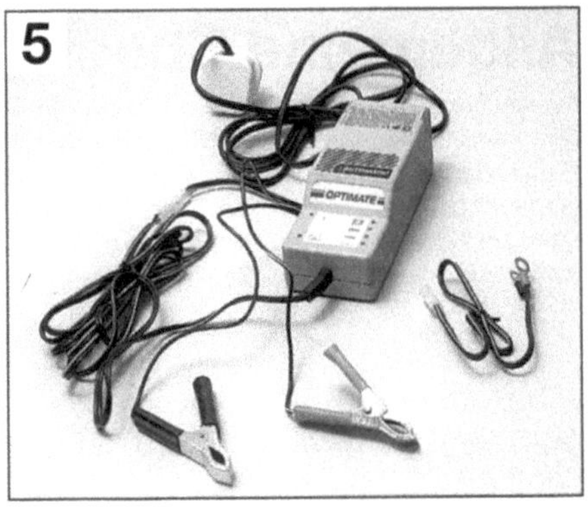

Batterieladegeräte dürfen klein sein, weil sonst der Ladestrom zu hoch wird.

Inbetriebnahme

Haben Sie das Motorrad wie beschrieben gewissenhaft »eingemottet«, so ist der Start in die neue Saison kein Problem.

1. Bauen Sie die geladene Batterie wieder ein (Pluspol zuerst anschließen, Kupferpaste an den Polen nicht vergessen).

2. Wischen Sie überschüssiges Konservierungsöl und -wachs ab.

3. Kontrollieren Sie den Reifen-Luftdruck.

4. Entfernen Sie Plastiktüten bzw. Lappen von den Auspuffrohren.

5. Stellen Sie die Benzinhähne auf »ON« (bei normalen Hähnen) bzw. auf »PRI« (bei Unterdruck-Benzinhähnen), damit die Schwimmerkammern mit frischem Benzin gefüllt werden.

6. Ziehen Sie die Kupplung und befestigen den Hebel mit einem Gummi am Handgriff. Nach längerer Standzeit können die Lamellen zusammenkleben (6).

7. Starten Sie den Motor und lassen ihn etwa eine Minute laufen. Stellen Sie dabei einen eventuellen Unterdruckbenzinhahn wieder auf »ON«.

8. Schalten Sie den Motor wieder aus und kontrollieren nach etwa einer Minute den Motorölstand. Bei Motoren mit Trockensumpf-Schmierung kann es nämlich sein, dass durch die lange Standzeit das Öl aus dem Öltank in den Motor gelaufen ist, sodass eine Kontrolle vor dem Laufenlassen ein falsches Ergebnis brächte. Lösen Sie den Kupplungshebel wieder.

9. Prüfen Sie die Funktion beider Bremsen. Vor allem müssen Sie nach dem Bremsen die Räder wieder freigeben.

Das Motorrad ist jetzt bereit zur ersten Fahrt. Lassen Sie es langsam angehen, denn auch die Reflexe müssen erst wieder sitzen. Gute Fahrt!

6

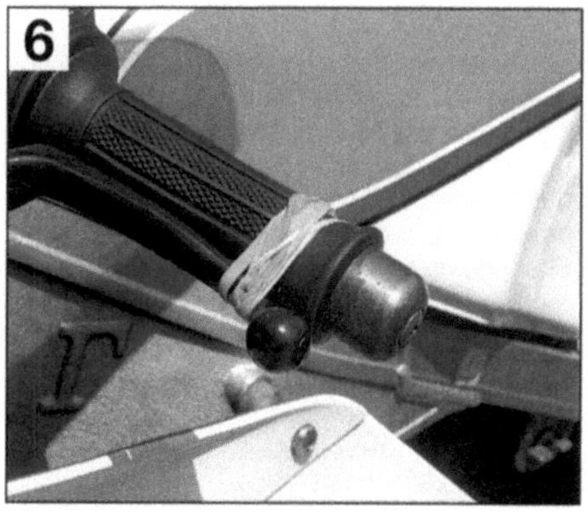

Der Kupplungshebel wird mit einem Gummi am Handgriff festgebunden.

A

Fehlersuche

(von Hans Hohmann)

In diesem Abschnitt sind die häufigsten Fehler am Motorrad zusammengestellt und ihre Behebung beschrieben. Dennoch kann es vorkommen, dass ausgerechnet die Ursache Ihrer Panne nicht beschrieben ist. Eine umfassende Darstellung der Technik aller Motorräder kann dieses Kapitel nicht leisten. Dazu sind eine Menge spezieller Bücher geschrieben worden.
Eine erfolgreiche Fehlersuche besteht aus etwas Grundwissen zusammen mit systematischer und logischer Vorgehensweise, nicht zu vergessen innerer Ruhe. Daher gibt es keine »mysteriösen Fehler«, sondern nur mangelnde Erfahrung oder mangelnde Systematik.
Beginnen Sie jede Fehlersuche mit der genauen Feststellung der Fehler-Symptome. Überlegen Sie, was es sein könnte; danach, was es noch sein könnte. Beginnen Sie dann mit systematischer Suche, Schritt für Schritt. Die beiden Schemata »Programmierte Fehlersuche« sollen Ihnen dabei helfen. Danach sind Baugruppe für Baugruppe mögliche Fehler erklärt.

Programmierte Fehlersuche:

Motorrad hat keine Leistung mehr

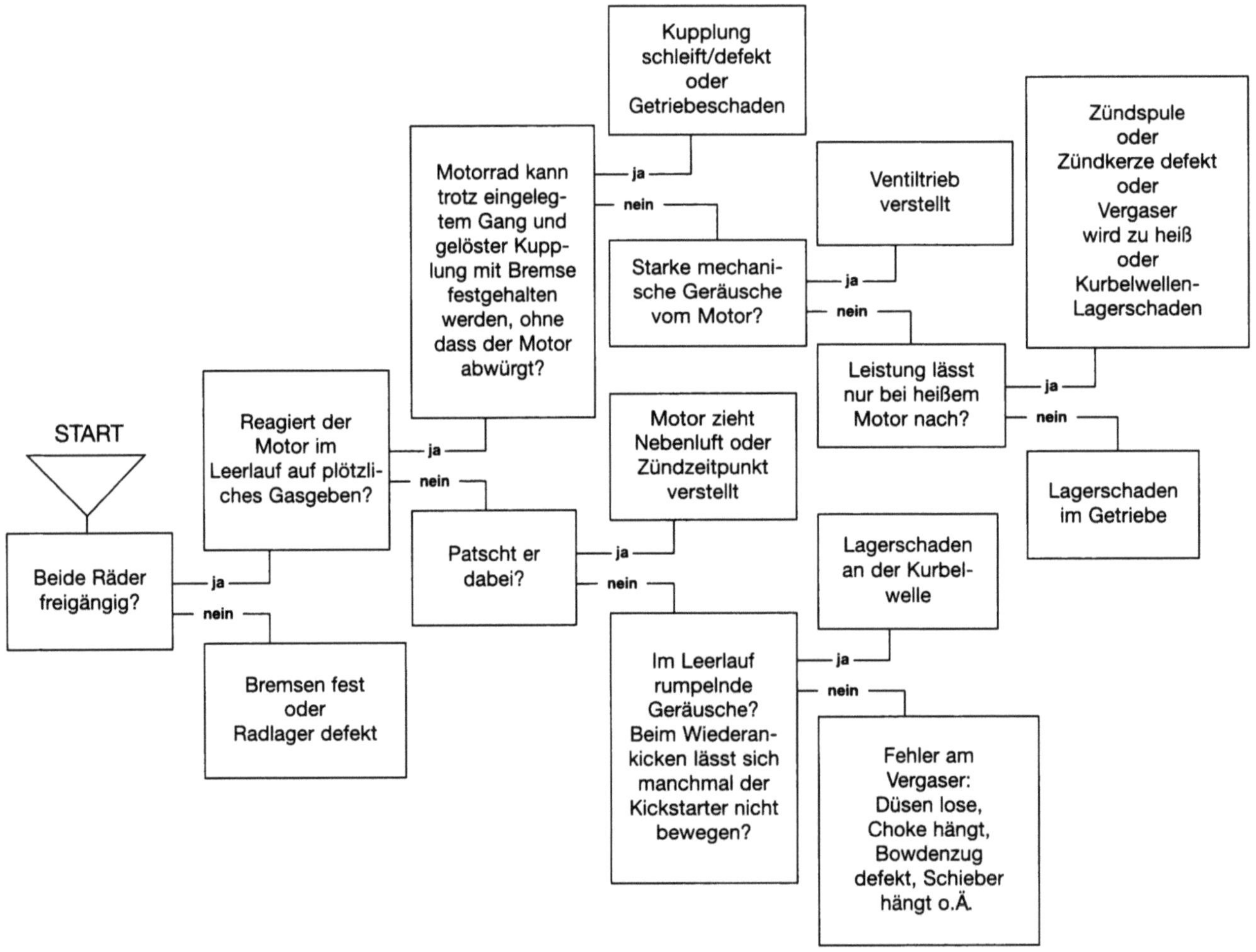

Programmierte Fehlersuche:

Motorrad springt nicht an

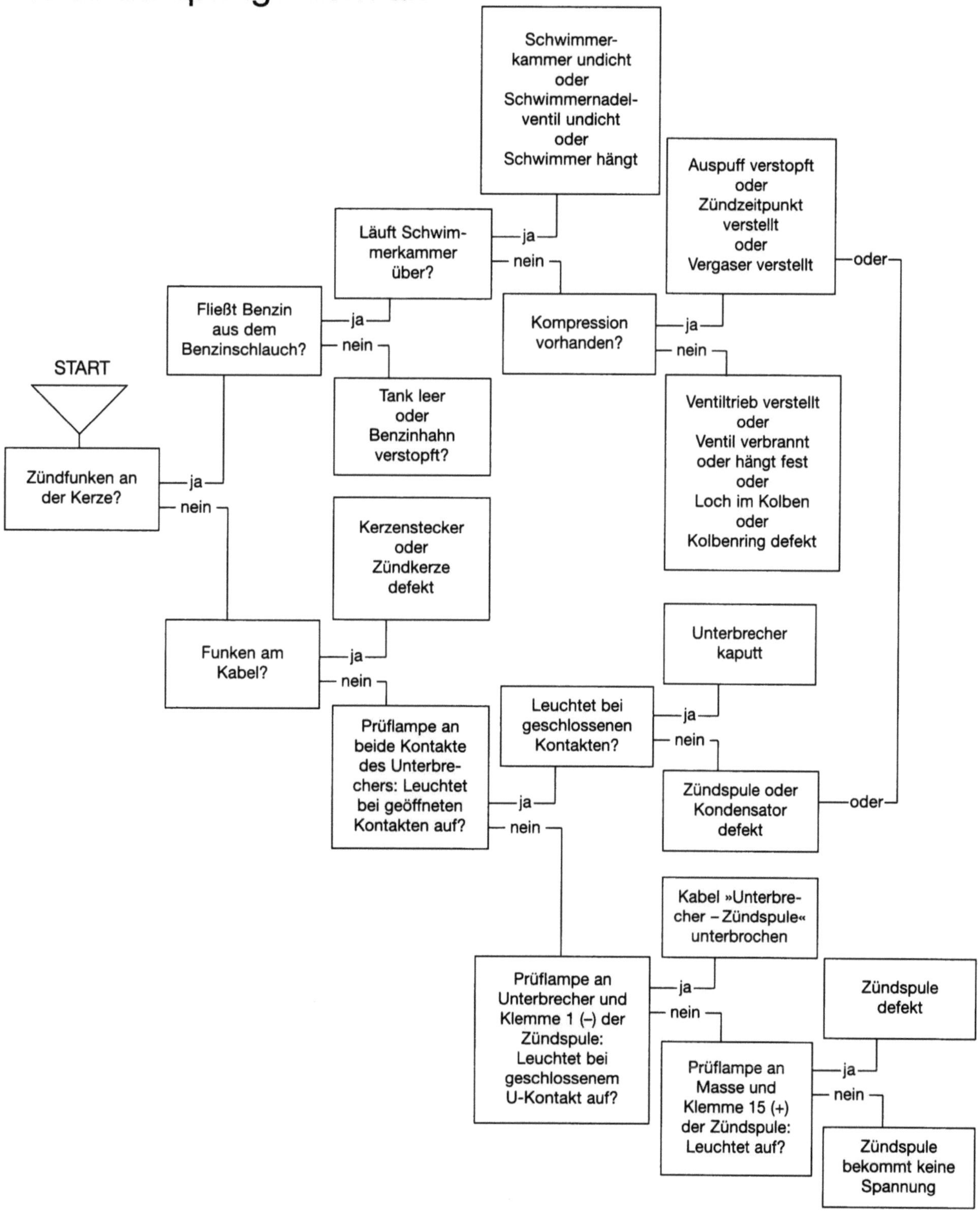

A

1 Anlasserprobleme

Anlasser dreht sich nicht:

- ☐ Killschalter umgelegt.
- ☐ Sicherung durchgebrannt. Prüfen Sie die Hauptsicherung am Anlasserrelais.
- ☐ Batterie leer. Prüfung: Zündung einschalten, Fernlicht an und Hupenknopf drücken. Funktioniert alles, so ist die Batterie voll. Wenn nicht, laden bzw. ersetzen.
- ☐ Leerlauf nicht eingelegt.
- ☐ Defekter Leerlauf-, Kupplungshebel- oder Seitenständerschalter. Schalter und Kabel prüfen.
- ☐ Zündschalter defekt. Mit Ohmmeter prüfen.
- ☐ Killschalter oder dessen Kabel defekt. Prüfen Sie beide auf elektrischen Durchgang in der »RUN«-Position.
- ☐ Anlasserknopf defekt. Mit Ohmmeter prüfen.
- ☐ Anlasserrelais defekt. Siehe Beschreibung vorne im Buch.
- ☐ Verkabelung gebrochen oder Kurzschluss. Prüfen Sie den Anlasserstromkreis mit einer Prüflampe durch.
- ☐ Anlasser defekt. Prüfen: Lösen Sie das Plus-Kabel vom Anlasser und schließen daran und an Masse eine Prüflampe an. Zündung einschalten und Anlasserknopf drücken. Leuchtet die Prüflampe auf, so ist der Anlasser defekt.

Anlasser dreht sich, aber Motor nicht:

- ☐ Anlasserfreilauf defekt. Ausbauen und reparieren.

Anlasser will sich drehen, Motor blockiert aber:

- ☐ Motorschaden. Hierfür kann einiges die Ursache sein: Kurbelwellenlager defekt, Kolbenklemmer, Steuerkette übergesprungen, Ventiltrieb defekt u.a.

2 Motor springt nicht an

Kein Benzinfluss zum Vergaser:

- ☐ Kein Benzin im Tank.
- ☐ Benzinhahn steht auf »OFF«.
- ☐ Bei Unterdruck-Benzinhahn: Unterdruck-Schlauch ist defekt oder nicht angeschlossen oder Membran im Hahn ist defekt. Benzinhahn als Notbehelf auf »PRI« stellen.
- ☐ Benzinfilter am Benzinhahn oder am Vergaser verstopft.
- ☐ Bei installierter Benzinpumpe: Pumpe defekt oder bekommt keine Spannung.
- ☐ Tankbelüftung verstopft. Die Belüftung befindet sich oft im Tankdeckel – freiblasen. Manchmal verschließen auch Tankrucksäcke die Belüftung.
- ☐ Benzinleitung verstopft. Das ist sehr unwahrscheinlich, weil ein Filter vorgeschaltet ist. Höchstens kann noch ein Stopfen von einer Reparatur darin stecken.

Kein Benzin im Brennraum:

- ☐ Schwimmerkammer ist leer und Schwimmer klemmt in oberer Stellung. Das kann nach langer Standzeit des Motorrads der Fall sein, wenn das Benzin aus der Schwimmerkammer verdunstet ist und harzige Rückstände zurückgeblieben sind.
- ☐ Düsen des Vergasers verstopft. Freiblasen.
- ☐ Wassertropfen vor der Hauptdüse. Das kann z.B. nach Wäschen oder langer Standzeit (Kondenswasser) vorkommen. Schwimmerkammer entleeren.
- ☐ Benzinpegel in der Schwimmerkammer zu niedrig. Schwimmer verbogen?

Motor »abgesoffen«:

- ☐ Schwimmernadelventil klemmt oder ist defekt. Freiblasen oder ersetzen.
- ☐ Schwimmer klemmt in unterer Stellung.
- ☐ Schwimmer verbogen.
- ☐ Choke-Mechanismus lässt sich nicht ausschalten. Prüfen und reparieren.
- ☐ Verstopfter Lufteinlass. Der Luftfiltereinsatz kann sehr dreckig oder nass sein, ein Lappen vor dem Lufteinlass liegen oder Ähnliches.

Kein Zündfunke:

- ☐ Zündschalter nicht an.
- ☐ Killschalter auf »OFF«.
- ☐ Sicherung durchgebrannt.
- ☐ Batterie leer.
- ☐ Anlasser verschlissen. Ein verschlissener Anlasser kann beim Starten so viel Strom ziehen, dass die Batteriespannung für einen genügenden Zündfunken nicht mehr ausreicht.
- ☐ Zündkerzen defekt. Dies kann sogar bei neuen Zündkerzen passieren.
- ☐ Zündkerzenkörper feucht und/oder dreckig. Der Zündfunken wandert dann draußen am Zündkerzen-Isolator gegen Masse. Kerze trocknen und säubern, auch den Stecker von innen.
- ☐ Kerzenstecker defekt. Haarrisse im Stecker lassen, vor allem bei feuchtem Wetter, den Funken im Stecker gegen Masse wandern.
- ☐ Zündkabel brüchig. Auch hier können Kriechfunkenstrecken gegen Masse entstehen.
- ☐ Zündkabel lose. Befestigen.
- ☐ Zündspule defekt. Bei einem Mehrzylindermotor ist es allerdings unwahrscheinlich, dass alle Zündspulen gleichzeitig kaputtgehen; er müsste dann zumindest auf einem oder zwei Zylindern zünden.
- ☐ Verkabelung im Zündstromkreis gebrochen oder Kurzschluss.
- ☐ Zündgeberspulen defekt. Spulen wie vorne beschrieben prüfen, evtl. ersetzen.
- ☐ Zündbox defekt. Prüfen – soweit möglich – und evtl. ersetzen.

Schwacher Zündfunke:

- ☐ Viele der vorgenannten Ursachen können auch einen zu schwachen Zündfunken hervorrufen. Beginnen Sie mit der Prüfung an den Kerzen: Elektrodenabstand korrekt?

Fehlende Kompression:

- ☐ Zündkerze(n) lose. Nachziehen bzw. defektes Gewinde im Zylinderkopf reparieren.
- ☐ Zylinderkopfdichtung defekt.
- ☐ Ventil schließt nicht. Das kann an einer falschen Ventileinstellung liegen, oder an einem verbrannten oder verklemmten Ventil. Die Steuerkette kann auch übergesprungen sein.
- ☐ Verschleiß von Zylinder, Kolben und Kolbenringen.
- ☐ Kolbenringe klemmen im Kolben (Ölkohle) oder sind gebrochen.
- ☐ Loch im Kolben. Das passiert bei einer falschen Zündkerze mit zu niedrigem Wärmewert oder zu heißem Motor, etwa durch abgemagertes Gemisch.

3 Motor geht nach dem Starten wieder aus

Ursachen:

- ☐ Choke defekt oder falsch justiert. Ohne Choke springt ein kalter Motor unter Umständen an, läuft jedoch nicht weiter. Umgekehrt mag ein warmer Motor mit Choke anspringen, dann aber wegen Überfettung wieder ausgehen.
- ☐ Fehlfunktion der Zündung. Siehe »schwacher Zündfunke«.
- ☐ Vergaser falsch eingestellt. Falsche Leerlaufdrehzahl oder schlecht justierte Leerlaufgemisch- bzw. Leerlaufluftschraube kann die Ursache sein.
- ☐ Motor zieht Nebenluft. Prüfen Sie Ansaugstutzen und Zylinderkopfdichtung auf Risse und lose Teile.
- ☐ Benzinzulauf schlecht. Verstopfte Benzinfilter, Nachrüstfilter oder Wasser können den Benzinzulauf verringern, sodass der Motor nach kurzer Zeit wegen Benzinmangels ausgeht.
- ☐ Lufteinlassquerschnitt stark verringert. Das kann durch einen verstopften Luftfiltereinsatz oder einen vergessenen Lappen geschehen. Das Gemisch überfettet, und der Motor stirbt ab.
- ☐ Tankbelüftung verstopft. Die Belüftung befindet sich oft im Tankdeckel – freiblasen. Manchmal verschließen auch Tankrucksäcke die Belüftung.

4 Schlechter Motorlauf bei Standgas

Schwacher Zündfunke oder Fehlzündungen:

- ☐ Batteriespannung zu schwach. Batterie laden bzw. ersetzen.
- ☐ Defekte Zündkerzen, siehe »kein Zündfunke«.
- ☐ Defekte Kerzenstecker oder Zündkabel.
- ☐ Falscher Wärmewert der Zündkerze. Wird eine Kerze zu heiß, kann es zu Glühzündungen kommen, was oft kapitale Motorschäden nach sich zieht. Achten Sie streng auf den vorgeschriebenen Wärmewert. Siehe auch Zündkerzen-Vergleichstabelle am Schluss des Buches.
- ☐ Falscher Zündzeitpunkt. Prüfen Sie statischen und dynamischen Zündzeitpunkt und die Verstellung bei höheren Drehzahlen.
- ☐ Defekte Zündspule(n). Ein Zündspulendefekt kann nicht nur in totalem Ausfall bestehen, sondern sich auch in Fehlzündungen bemerkbar machen.
- ☐ Defekte Zündgeberspulen. Prüfen Sie sie wie im Buch beschrieben.
- ☐ Defekte Zündbox. Prüfen durch Messen oder Austausch.

Benzin-Luft-Gemisch falsch:

- ☐ Motor zieht Nebenluft, siehe Punkt 3.
- ☐ Leerlaufgemisch falsch eingestellt. Leerlaufgemisch- bzw. Leerlaufluftschraube justieren.
- ☐ Vergaser nicht synchronisiert. Synchronisation wie vorne im Buch beschrieben.
- ☐ Leerlaufdüse oder Leerlaufsystem des Vergasers verstopft. Freiblasen.
- ☐ Luftfiltereinsatz fehlt oder ist beschädigt. Ersetzen. Achten Sie auch auf den korrekten Sitz des Luftfilterdeckels.
- ☐ Choke defekt oder falsch justiert. Prüfen Sie auch den Choke-Zug auf Leichtgängigkeit und nötiges Spiel.
- ☐ Schwimmerstand zu hoch oder zu niedrig. Einstellen.
- ☐ Benzintank-Belüftung verstopft. Reinigen.
- ☐ Ventilspiel falsch. Ventile neu einstellen (siehe vorne im Buch).

Niedrige Kompression:

- ☐ Siehe unter Punkt 2 »fehlende Kompression«.

5 Schlechte Beschleunigung

Ursachen:

- ☐ Siehe Ursachen unter Punkt 4.
- ☐ Vergaserschieber klemmt.
- ☐ Bremsen klemmen. Prüfen Sie die Freigängigkeit der Räder. Verbogene Radachsen und verzogene Bremsscheiben können die gleiche Wirkung hervorrufen.

6 Schlechter Motorlauf/ wenig Leistung bei hoher Geschwindigkeit

Schwacher Zündfunke oder Fehlzündungen:

- ☐ Siehe unter Punkt 4.
- ☐ Bei Motorrädern mit Unterbrecherkontaktzündung kann der Unterbrecherkondensator defekt sein. Prüfen durch Austausch.
- ☐ Isolierung von Zündkerzenstecker oder Zündkabel schlecht. Poröse Stecker und Kabel können bei hoher Drehzahl Kriechströme zur Masse leiten und damit Zündunterbrechungen bzw. Fehlzündungen hervorrufen.

Benzin-Luft-Gemisch falsch:

- ☐ Alle unter Punkt 4 beschriebenen Ursachen sind möglich außer der zweiten (Leerlaufgemisch falsch) und der vierten (Leerlaufsystem verstopft).
- ☐ Hauptdüse des Vergasers hat sich losvibriert oder fehlt ganz.
- ☐ Hauptdüse hat die falsche Größe. Vielleicht hat ein Vorbesitzer eine kleine eingebaut, um vermeintlich Benzin zu sparen. Oder die Hauptdüse ist nach dem Luftdruck im Flachland gewählt, und Sie fahren in den Bergen.
- ☐ Düsennadel und Nadeldüse sind ausgeschlagen. Ersetzen Sie sie als Satz.
- ☐ Belüftungsbohrungen des Vergasers verstopft. Reinigen.
- ☐ Benzinzulauf schlecht. Verstopfte Benzinfilter, Nachrüstfilter oder Wasser können den Benzinzulauf verringern.
- ☐ Tankbelüftung verstopft. Siehe oben.
- ☐ Gummimembran am Vergaserschieber eingerissen (nur bei Gleichdruckvergasern). Erneuern.

Niedrige Kompression:

- ☐ Siehe unter Punkt 2 »fehlende Kompression«.

7 Klopfen und Klingeln

Ursachen:

- ☐ Ölkohleablagerungen im Brennraum. Nach hoher Laufleistung oder bei defekten Kolbenringen oder Ventilschaftdichtungen kann es dazu kommen. Die Kohle beginnt zu glühen und verursacht unkontrollierte Zündungen. Klopfen, Klingeln und kapitale Motorschäden sind die Folge. Zylinderkopf demontieren und Brennraum reinigen.
- ☐ Schlechtes Benzin. Benzin mit zu niedriger Oktanzahl kann zu Klopfen und Klingeln führen. Tanken Sie Superbenzin oder – z.B. im Ausland – erhöhen Sie die Oktanzahl durch Zugabe von Benzol.
- ☐ Wärmewert der Zündkerze falsch. Wird eine Kerze zu heiß, kann es zu Glühzündungen (Klopfen und Klingeln) kommen, was oft kapitale Motorschäden nach sich zieht. Achten Sie streng auf den vorgeschriebenen Wärmewert. Siehe auch Zündkerzen-Vergleichstabelle am Schluss des Buches.
- ☐ Zu mageres Benzin-Luft-Gemisch. Fehlender Luftfilter(einsatz), Nebenluft, niedriger Schwimmerstand, falsche Nadeldüsenstellung und zu kleine Hauptdüse können das Gemisch mit gefährlichen Folgen abmagern.

8 Überhitzung

Falsche Zündeinstellung:

- ☐ Defekte Zündkerzen, siehe Punkt 2.
- ☐ Zündkerzen mit falschem Wärmewert. Wird eine Kerze zu heiß, kann auch der Motor selbst durch Glühzündungen zu heiß werden, was oft kapitale Motorschäden nach sich zieht. Achten Sie streng auf den vorgeschriebenen Wärmewert. Siehe auch Zündkerzen-Vergleichstabelle am Schluss dieses Buches.
- ☐ Falscher Zündzeitpunkt. Einstellen.

Falsches Benzin-Luft-Gemisch:

- ☐ Leerlaufgemisch- bzw. Leerlaufluftschraube verstellt. Neu justieren.
- ☐ Hauptdüse zu klein.
- ☐ Luftfilter beschädigt oder fehlt.
- ☐ Motor zieht Nebenluft. Lassen Sie den Motor im Standgas laufen und sprühen dabei Starthilfe-Spray auf die Stellen an Ansaugstutzen und Zylinderkopfdichtung, wo Sie Nebenluft vermuten. Läuft darauf der Motor mit höherer Drehzahl, so zieht er Nebenluft. Ist die Drehzahl unverändert, so sind die Stellen dicht.
- ☐ Benzinstand im Schwimmergehäuse zu niedrig. Schwimmer nachstellen.
- ☐ Benzintankbelüftung blockiert.

Mangelnde Schmierung:

- ☐ Motorölstand zu niedrig. Prüfen und nachfüllen.
- ☐ Motoröl zu alt. Sehr altes Motoröl verliert seine Schmier- und Kühlwirkung. Wechseln Sie rechtzeitig Öl und Ölfilter.
- ☐ Motoröl von schlechter Qualität oder falscher Viskosität. Wechseln gegen eines der richtigen Sorte.

Ungewöhnliche Ursachen:

- ☐ Rippen des Kühlers sind verdreckt. Sehr stark zugesetzte Kühlrippen beeinträchtigen den Wärmetausch zwischen Fahrtwind und Kühler. Das kann zu Überhitzungen führen.

9 Kupplungsprobleme

Kupplung rutscht durch:

- ☐ Kein Spiel am Kupplungshebel (bei Seilzug-Kupplungen). Einstellen.
- ☐ Kupplungszug schwergängig, weil zu stark geknickt oder Seele aufgefasert. Ersetzen.
- ☐ Ausrückmechanismus verschlissen oder defekt. Reparieren.
- ☐ Flüssigkeitsstand im Ausgleichsbehälter zu hoch (bei hydraulischer Kupplungsbetätigung). Ausgleichen.
- ☐ Reibscheiben stark verschlissen. Erneuern als Paket.
- ☐ Kupplungsfedern gebrochen oder ermüdet. Ausmessen und als Satz erneuern.
- ☐ Kupplungsmitnehmer und/oder -korb verschlissen: Reibscheiben und Lamellen haben sich in die Mitnehmernuten eingearbeitet, sodass sie nicht mehr in den Nuten gleiten können. Mit Schlüsselfeile glätten oder bei starkem Verschleiß Teile ersetzen.
- ☐ Falsches Schmiermittel (bei Nasskupplung). Auch nicht vorgesehene Zusätze wie Molybdändisulfit können die Kupplung zum Durchrutschen bringen. Schmiermittel gegen das vorgeschriebene tauschen. Unter Umständen sind die Reibscheiben der Kupplung durch falsche Zusätze unbrauchbar geworden und müssen ersetzt werden.

Kupplung trennt nicht:

- ☐ Zu viel Spiel am Kupplungshebel (bei Seilzug-Kupplungen). Einstellen.
- ☐ Ausrückmechanismus verschlissen oder defekt. Reparieren.
- ☐ Flüssigkeitsstand im Ausgleichsbehälter zu niedrig (bei hydraulischer Kupplungsbetätigung). Ausgleichen.
- ☐ Luft im Betätigungssystem (bei hydraulischer Kupplungsbetätigung). Entlüften.
- ☐ Kupplungs-Sekundärzylinder defekt (bei hydraulischer Kupplungsbetätigung). Ein beschädigter Kolben kann im Zylinder feststecken und die Kupplung nicht mehr betätigen.
- ☐ Kupplungsfedern unterschiedlich stark. Passiert bei einer oder mehreren gebrochenen Federn.
- ☐ Verbranntes Motoröl steckt zwischen Lamellen und Reibscheiben. Das kann passieren, wenn die Kupplung unter hoher Last lange geschliffen hat. Motoröl wechseln.
- ☐ Fremdkörper sitzen zwischen Reibscheiben und Lamellen. Kupplung auseinandernehmen und reinigen.
- ☐ Motoröl-Viskosität zu hoch. Öl wechseln.
- ☐ Kupplungsmitnehmer und/oder -korb verschlissen: Reibscheiben und Lamellen haben sich in die Mitnehmernuten eingearbeitet, sodass sie nicht mehr in den Nuten gleiten können. Mit Schlüsselfeile glätten oder bei starkem Verschleiß Teile ersetzen.
- ☐ Stahllamellen der Kupplung verzogen und wellig. Das kann bei zu langem Schleifenlassen geschehen.
- ☐ Lose Kupplungsmutter. Dadurch sind Mitnehmer und Kupplungskorb nicht mehr zentriert, was eine mangelhafte Trennung der Kupplung verursachen kann. Symptom: Das Kupplungsspiel am Hebel ändert sich ständig. Reparieren.

10 Schaltprobleme

Schalthebel kehrt nicht in Mittelstellung zurück:

- ☐ Gebrochene oder verschlissene Schaltfeder. Erneuern.
- ☐ Schaltwelle verbogen oder festgefressen. Verbogene Schaltwellen sind oft Folge eines Sturzes auf den Schalthebel. Leichte Beschädigungen können an der ausgebauten Schaltwelle gerichtet werden.

Getriebe lässt sich nicht oder schwer schalten:

- ☐ Kupplung trennt nicht, siehe Punkt 9.
- ☐ Schaltwelle verbogen. Siehe oben.
- ☐ Schaltmechanismus verschlissen oder defekt. Reparieren.
- ☐ Schaltgabeln verbogen oder verschlissen. Reparieren bzw. ersetzen.

Herausspringen eines Ganges:

- ☐ Schaltmechanismus verschlissen oder defekt. Reparieren.
- ☐ Schaltklauen und -fenster der Getrieberäder verschlissen. Die Klauen weisen gegen ein Herausspringen eine Hinterschneidung von etwa 5° auf. Nach langer Laufzeit oder durch Härtefehler können die Klauen verschleißen. Entsprechende Getrieberäder ersetzen.
- ☐ Getrieberäder, -gleitbuchsen und -wellen verschlissen. Erneuern.
- ☐ Schaltwelle verbogen. Siehe oben.

Überspringen eines Ganges:

- ☐ Schaltmechanismus verschlissen oder defekt. Reparieren.

11 Ungewöhnliche Motorgeräusche

Klopfen und Klingeln:

- ☐ Siehe Punkt 7.

Kolbenklappern:

- ☐ Kolbenspiel zu groß. Das kann mehrere Ursachen haben: Bei einer Reparatur wurden zu kleine Kolben eingesetzt; Verschleiß nach langer Laufzeit; Schrumpfung der Kolben durch Überhitzung. Kolbenklappern ist ein hohes Klappergeräusch, das bei leichter oder gar keiner Last auftritt, vor allem, wenn gerade Gas gegeben wird. Zylinder aufbohren und Übermaßkolben einsetzen.
- ☐ Pleuel verbogen. Mögliche Ursachen: Motor überdreht; Starten des Motors mit Flüssigkeit im Brennraum (übergelaufener Vergaser); Beschädigung der Kurbelwelle bei einer Reparatur. Bei einem verbogenen Pleuel muss die Kurbelwelle ausgebaut und das Pleuel ersetzt werden.
- ☐ Verschleiß von Kolbenbolzen, Bolzenbohrung im Kolben oder oberem Pleuelauge. Ursache: Mangelnde Schmierung oder hohe Laufleistung. Verschlissene Teile ersetzen.
- ☐ Kolbenringe verschlissen, gebrochen oder festgeklemmt. Erneuern nach gründlicher Prüfung von Kolben und Zylinderbohrung.

Ventilklappern:

- ☐ Ventilspiel zu groß. Einstellen.
- ☐ Ventilfeder ermüdet oder gebrochen. Erneuern.
- ☐ Nockenwelle oder Zylinderkopf verschlissen oder beschädigt. Die Lagerstellen der Nockenwelle sind sehr empfindlich gegen mangelnde Schmierung, die bei zu niedrigem Ölstand vorkommen kann, aber auch bei hohen Drehzahlen bei kaltem Motor.
- ☐ Schlepphebel verschlissen. Starker Verschleiß eines Hebels und schnelle Änderung des Ventilspiels weisen auf einen gebrochenen Schlepphebel bzw. auf einen Verschleiß der Oberflächenhärte hin. Meist ist auch der zugehörige Nocken verschlissen. Teile erneuern.
- ☐ Verschlissener Nockenwellenantrieb. Eine lose oder gelängte Steuerkette, verschlissene Zahnräder u.a. können sehr unangenehme Geräusche machen. Erneuern Sie die Teile, bevor größerer Motorschaden die Folge ist.

Andere Geräusche:

- ☐ Pleuelfußlager verschlissen. Ein deutliches Klopfen aus dem Kurbelgehäuse, das schnell lauter wird. Ursache: Mangelnde Schmierung oder sehr hohe Laufleistung. Bei Verdacht auf diesen Fehler sollte der Motor sofort abgeschaltet werden, um noch stärkeren Schaden zu vermeiden (z.B. Pleuel-Abriss).
- ☐ Kurbelwellen-Hauptlager defekt. Dieser Fehler macht sich durch rumpelnde Geräusche und starke Vibrationen bemerkbar. Die Lagerschalen müssen erneuert und die Kurbelwelle eventuell überdreht werden.
- ☐ Kurbelwelle stark unrund. Eine verbogene oder verschränkte Kurbelwelle kann die Folge von Überdrehzahlen oder Schäden im Zylinderkopf sein. Auch ein plötzlich blockierendes Getriebe oder Hinterrad kann Verursacher sein, ebenso wie ein Schlag auf ein Kurbelwellenende, etwa beim Umfallen der Maschine.
- ☐ Motorhalterungen lose. Alle Schrauben und Muttern festziehen.
- ☐ Zylinderkopfdichtung defekt. Das Geräusch ist ein hohes Pfeifen vom Zylinderkopf, es kann aber auch jedes andere Geräusch sein, dass man mit ausströmendem Gas in Verbindung bringt. Meist ist die Leckstelle auch von einem Ölnebel umgeben. Wenn die Dichtung nach innen defekt ist, kann ein Überdruck im Kurbelgehäuse die Folge sein, wodurch einiges Öl aus der Kurbelgehäuseentlüftung gepresst wird. Ursache einer defekten Zylinderkopfdichtung kann sein: sehr hohe Laufleistung; Überhitzung; ungleichmäßiges Anziehen der Zylinderkopfschrauben. Dichtung schnellstmöglich ersetzen.
- ☐ Undichter Auspuff.

12 Ungewöhnliche Getriebe- und Endantriebsgeräusche

Kupplungsgeräusche:

- ☐ Zuviel Spiel in einzelnen Komponenten der Kupplung. Vermessen und nötigenfalls erneuern.
- ☐ Zahnrad des Primärantriebs verschlissen oder beschädigt. Erneuern.

Getriebegeräusche:

- ☐ Lager oder Buchsen verschlissen oder beschädigt. Vermessen und erneuern.
- ☐ Getriebezahnräder verschlissen oder beschädigt. Erneuern.
- ☐ Fremdkörper im Getriebe. Das kann Dreck oder Sand sein, aber auch Metallstücke von beschädigten Motorteilen. Öl ablassen und auf Fremdkörper untersuchen, nötigenfalls Getriebe inspizieren.
- ☐ Getriebe-/Motorölstand zu niedrig. Auffüllen.
- ☐ Schaltmechanismus defekt. Reparieren.

Endantriebsgeräusche:

- ☐ Ritzel lose. Festziehen, wenn Innenverzahnung und Abtriebswellenprofil noch in Ordnung sind. Sonst ersetzen.
- ☐ Abtriebskette zu lose. Eine lose oder stark verschlissene Kette kann beim Lauf an Gehäuse und Hinterradschwinge schlagen. Kette spannen oder ersetzen.
- ☐ Ölstand im Winkeltrieb zu niedrig. Auffüllen. (Kardanantrieb)
- ☐ Kegelrad/Tellerrad schlecht justiert. Prüfen und einstellen. (Kardanantrieb)
- ☐ Kegelrad/Tellerrad beschädigt oder verschlissen. Stets paarweise auswechseln! (Kardanantrieb)

13 Starker Auspuffrauch

Weißer Rauch:

- ☐ Rein weißer Rauch deutet auf verdampfendes Kondenswasser und hört kurz nach dem Kaltstart auf.

Blauer Rauch durch verbranntes Öl:

- ☐ Kolbenringe verschlissen oder gebrochen. Besonders trifft dies auf den Ölabstreifring zu. Kolben, -ringe und Zylinder vermessen und nötigenfalls erneuern.
- ☐ Zylinder riefig oder verschlissen. Auf nächstes Übermaß aufbohren und Übermaßkolben mit neuen Ringen einsetzen.
- ☐ Ventilschaftdichtungen verschlissen, beschädigt oder verhärtet. Erkenntlich an blauem Rauch, wenn der Gasgriff nach dem Beschleunigen schnell geschlossen wird, etwa beim Gangwechsel. Ersetzen.
- ☐ Ventilführungen verschlissen. Vermessen und ersetzen.
- ☐ Ölstand im Motor zu hoch. Messen und ausgleichen.
- ☐ Zylinderkopfdichtung nach innen defekt. Ersetzen.
- ☐ Defektes Rückschlagventil in der Kurbelgehäuseentlüftung. Ventil ersetzen.

Schwarzer Rauch durch zu fettes Gemisch:

- ☐ Luftfiltereinsatz verstopft oder nass. Erneuern.
- ☐ Hauptdüse zu groß oder lose. Ersetzen bzw. festziehen.
- ☐ Choke-Mechanismus defekt: Choke lässt sich nicht ausschalten. Reparieren.
- ☐ Benzinstand im Schwimmergehäuse zu hoch. Schwimmer nachbiegen.
- ☐ Schwimmernadelventil undicht. Reinigen oder erneuern.

14 Öldrucklampe leuchtet auf

Schmierungsmangel:

- ☐ Ölmangel im Motor. Auffüllen.
- ☐ Öl-Viskosität zu niedrig. Ölwechsel.
- ☐ Ölpumpe defekt. Reparieren.
- ☐ Ölansaugleitung verstopft. Reinigen.
- ☐ Lagerstellen der Nockenwelle verschlissen. Bei zu großen Lagerspalten kann sich kein Öldruck mehr aufbauen, die Lampe leuchtet auf. Nockenwelle und/oder Zylinderkopf ersetzen bzw. reparieren.
- ☐ Kurbelwellenlager verschlissen. Siehe oben. Hier genügt es oft, neue Lagerschalen einzubauen.
- ☐ Rückschlagventil klemmt offen. Dadurch kann sich an den Lagerstellen kein genügender Öldruck aufbauen. Ventil reparieren bzw. erneuern.

Elektrischer Fehler:

- ☐ Öldruckschalter defekt. Durchmessen (siehe vorne) und nötigenfalls erneuern.
- ☐ Verkabelung defekt. Prüfen Sie den Öldruckschaltkreis auf Kurzschlüsse, aufgescheuerte oder geknickte Kabel.

15 Schlechte Fahreigenschaften

Schlechter Geradeauslauf:

- ☐ Lenkkopflager zu straff eingestellt. Das verursacht Pendeln bei niedrigen Geschwindigkeiten. Neu justieren.
- ☐ Lenkkopflager verschlissen oder beschädigt. Nach zu straffem Einstellen oder nach einem Unfall kann dies die Folge sein. Das ist auch der Fall, wenn Strom über die Lenkkopflager fließen muß, etwa Masseleitung der Scheinwerfer. Neue Lager sollten geschmiert werden.
- ☐ Reifenluftdruck zu niedrig. Grundsätzlich gilt: besser zu hoch als zu niedrig.
- ☐ Reifen vorne und/oder hinten verschlissen. Abgefahrene Reifen können sich in Pendeln, instabilem Geradeauslauf und Kippeln bemerkbar machen. – Hinterradschwingenlager verschlissen. Erneuern.
- ☐ Verzogene Hinterradschwinge. Dies wird normalerweise nur nach einem Unfall auftreten. Schwinge richten oder erneuern.
- ☐ Radlager verschlissen oder defekt. Erneuern.
- ☐ Falsche Reifen. Manche Reifentypen oder -kombinationen sind einfach ungeeignet für das Motorrad, auch wenn sie noch reichlich Profil haben.

Motorrad zieht nach links oder rechts:

- ☐ Hinterrad aus der Spur. Ungleichmäßiges Anziehen der Kettenspanner stellt das Hinterrad schräg. Die gleiche Wirkung kann eine verbogene Radachse haben.
- ☐ Räder fluchten nicht. Auch ein verbogener Rahmen, Telegabel oder Hinterradschwinge kann das gleiche Ergebnis haben.
- ☐ Verdrehte Gabelbrücken. Schlaglöcher oder schlechte Wegstrecken können die Gabelbrücken gegeneinander verdrehen. Klemmschrauben der Gabelbrücken, Vorderradachse und Schutzblechhalter lösen, Lenker und Vorderrad gerade stellen und alle Schrauben, von unten beginnend, wieder anziehen.

Lenker vibriert oder schlägt:

- ☐ Reifen abgefahren oder nicht ausgewuchtet.
- ☐ Reifen nicht ordentlich montiert. An den Reifenflanken sind Linien aufvulkanisiert, die bei richtiger Montage überall den gleichen Abstand zum Felgenhorn haben müssen. Wenn nicht, sitzt der Reifen nicht richtig auf der Felgenschulter. Bei Schlauchreifen kann auch der Schlauch eingeklemmt sein.
- ☐ »Bremsplatte«. Nach starken Bremsungen mit blockierendem (Hinter)Rad kann der Reifen am Aufstandspunkt abradiert sein. Er »hoppelt« dann und gehört ausgewechselt.
- ☐ Felgen verzogen oder beschädigt. Prüfen Sie sie auf Rundlauf.
- ☐ Hinterradschwingenlager verschlissen. Erneuern.
- ☐ Radlager defekt. Erneuern.
- ☐ Lenkkopflager zu lose. Neu einstellen bzw. erneuern.
- ☐ Lose Vorderradführung. Lose Schrauben und Muttern an Gabelbrücken, Schutzblech, Gabelstabilisator und Achse können zu Vibrationen im Lenker führen.
- ☐ Motoraufhängung lose. Ziehen Sie alle Muttern und Schrauben nach.

Schlechte Wirkung der Telegabel:

- ☐ Gabelöl-Pegel falsch. Bei zu geringem Ölstand ist mangelnde Dämpfung die Folge, das Rad schlägt nach. Zu viel Öl kann die Gabel steif machen und zu den Dichtringen herausdrücken.
- ☐ Falsches Gabelöl. Im Gegensatz zum Motoröl kommt es beim Gabelöl stark auf die Viskosität an. Wechseln Sie es im Zweifel gegen eines der vorgeschriebenen Sorte.
- ☐ Dämpfermechanik verschlissen. Dies passiert nur bei sehr hoher Laufleistung oder langer Fahrt mit verschlissenen Dichtringen. Die Gabel muss überholt werden.
- ☐ Weiche oder ermüdete Gabelfedern. Die Gabel taucht beim Bremsen extrem stark ein. Gabelfedern ersetzen.
- ☐ Verbogene oder korrodierte Standrohre. Beides kann zum Festklemmen der Gabel führen. Stand- und eventuell Tauchrohre müssen erneuert werden.
- ☐ Verkantete Gabel. Werden beim Festziehen der Vorderradachse die Gabelfäuste zusammengezogen, verkantet die Gabel und kann nicht mehr einfedern. Klemmfäuste lockern und mit gezogener Bremse Gabel ein paar Mal einfedern, damit sie sich wieder ausrichtet. Danach Klemmfäuste wieder anziehen.
- ☐ Defekt im Anti-Dive-Mechanismus, wenn vorhanden.

Telegabel stuckert beim Bremsen:

- ☐ Zu viel Spiel zwischen Stand- und Tauchrohren. Gabel überholen.
- ☐ Lose Lenkkopflager. Neu einstellen.
- ☐ Verzogene Bremsscheibe(n). Erneuern.

Schlechte Wirkung der Hinterradfederung:

- ☐ Federbeindämpfer verschlissen oder undicht. Erneuern.
- ☐ Weiche oder ermüdete Feder. Das Motorrad sinkt bei Beladung zu tief ein und verliert an Bodenfreiheit. Ersetzen durch stärkere bzw. neue Feder.
- ☐ Hinterradschwingenlager festgefressen. Erneuern.
- ☐ Lager der Umlenkhebel festgefressen. Erneuern.
- ☐ Verbogene Dämpferstange des Federbeins. Erneuern.

16 Ungewöhnliche Rahmen- und Federungsgeräusche

Geräusche von vorne:

- ☐ Gabelöl zu dünn oder zu wenig. Das kann ein »spritzendes« Geräusch verursachen und ist meist mit unkorrektem Gabelverhalten verbunden.
- ☐ Gabelfeder gebrochen. Dies macht ein klickendes oder schabendes Geräusch.
- ☐ Lenkkopflagerschalen gebrochen. Klickende Geräusche.
- ☐ Gabelbrücken lose. Festziehen.
- ☐ Zu viel Spiel zwischen Stand- und Tauchrohren. Klapperndes Geräusch.

Geräusch von hinten:

- ☐ Dämpferöl des Federbeins zu wenig. Das kann ein »spritzendes« Geräusch verursachen.
- ☐ Defektes Federbein mit innerer Beschädigung.

17 Bremsprobleme

Bremsen sind schwammig oder zeigen wenig Wirkung:

- ☐ Luft im Bremssystem. Entlüften.
- ☐ Bremsbeläge abgenutzt. Prüfen Sie die Stärke anhand der Verschleißmarken und erneuern Sie sie nötigenfalls.
- ☐ Verölte Beläge. Beläge können bereits verölen, wenn sie mit Fingern auf der Belagfläche angefasst werden. Verölte Beläge können nicht mehr entfettet werden, sind unbrauchbar und durch neue zu ersetzen.
- ☐ Verglaste Beläge. Schlechtes Belagmaterial kann bei bestimmten Reibpaarungen verglasen, d.h. es bildet sich eine glasharte Schicht darauf, die nicht mehr bremst. Notbehelf: mit grobem Schmirgel oder Feile Glasschicht entfernen. Besser: Beläge ersetzen.
- ☐ Wasser im Bremssystem. Da Bremsflüssigkeit wasseranziehend ist, enthält sie nach einigen Jahren einen relativ großen Wasseranteil. Das kann in Extremsituationen zu Dampfblasenbildung und damit nachlassender Bremsleistung führen. Bremsflüssigkeit erneuern.
- ☐ Manschette im Hauptbremszylinder verschlissen. Symptom: Bei leichtem Zug am Hebel ist zunächst ein Druckpunkt spürbar, doch dann gibt der Hebel nach und wandert langsam Richtung Griff. Hauptbremszylinder überholen.
- ☐ Kolbendichtung im Bremssattel undicht. Ersetzen und Sattel überholen.
- ☐ Hebel bzw. Bremspedal falsch eingestellt. Neu justieren.

Bremsen schleifen:

- ☐ Bremsscheibe(n) verzogen. Erneuern.
- ☐ Korrosion in den Bremssätteln: Kolben, Bohrungen, Bremsklötze. Überholen und reinigen.
- ☐ Kolbendichtung im Bremssattel beschädigt oder zu alt. Der Kolben kann klemmen und nicht mehr in die Ausgangsposition zurückkehren. Dichtung ersetzen.
- ☐ Bremsklotz beschädigt. Bruch oder abgelöster Belag verklemmen die Bremse. Erneuern.
- ☐ Radachse verbogen. Erneuern.
- ☐ Bremspedal/Hebel klemmt. Schmieren und leichtgängig machen.
- ☐ Bremse zu straff eingestellt. Das passiert nur bei gestängebetätigter hinterer Trommelbremse. Das Pedalspiel sollte bei normal beladenem Motorrad eingestellt werden, da sich bei Beladung die Bremse zuzieht.
- ☐ Bremssattelhalter verbogen. Das kann bei einem Unfall passieren. Gussteile austauschen, Schmiedeteile lassen sich wieder richten.
- ☐ Fehler im Anti-Dive-System (wenn vorhanden). Hier kann der zweite Hauptbremszylinder defekt oder die Kolbenstange zu lang sein.

Pulsierender Bremshebel/-pedal:

- ☐ Das Motorrad ist mit einem Antiblockier-System (ABS) ausgerüstet. Pulsieren ist dann normal.
- ☐ Bremsscheibe(n) verzogen. Erneuern.
- ☐ Radachse verbogen. Erneuern.

Scheibenbremsgeräusche:

- ☐ Bremsenquietschen. Mehrere Ursachen möglich: Schwingungsquietschen kann durch Benetzen der Rückseite der Bremsklötze mit Kupferpaste beseitigt werden; Reibpaarungsquietschen, liegt an der Art des Bremsbelages, neue Bremsklötze ausprobieren; verschmutzte Beläge durch Verglasung, Dreck, Öl u.Ä.
- ☐ Bremsscheibe verzogen. Das kann rhythmische Geräusche wie Quietschen, Schaben oder Klicken verursachen. Bremsscheibe erneuern.
- ☐ Bremsklötze zu klein. Es ist sehr unwahrscheinlich, dass falsche Bremsklötze eingebaut wurden, dennoch würde dies ein Klopfen beim Beginn jedes Bremsens hervorrufen.

Schütteln beim Bremsen:

- ☐ Ausgeschlagene Telegabeln und Lenkkopflager rufen ein Schütteln beim Bremsen hervor. Ursache prüfen und beseitigen.

18 Elektrikprobleme

Batterie schwach oder leer:

- ☐ Batterie zu alt und sulfatiert. Ersetzen.
- ☐ Batterie wurde lange nicht geladen. Tiefentladung, kurzfristig kann die Batterie zwar noch einmal zum Leben erweckt werden, aber ihre Lebensdauer ist drastisch verkürzt. Daher Batterien bei langer Stillstandszeit des Motorrads regelmäßig nachladen oder, noch besser, im PKW parallel zur PKW-Batterie anschließen.
- ☐ Säurestand zu niedrig. Destilliertes Wasser nachfüllen und Batterie nachladen.
- ☐ Pole korrodiert. Leitungen abnehmen, blank schaben, mit Kupferpaste benetzen und wieder anbauen.
- ☐ Batterie ständig entladen. Entweder liegt ein Kriechstrom vor, der auch bei ausgeschalteter Zündung die Batterie entlädt, oder Regler/Lichtmaschine sind defekt. Prüfen und Reparieren.
- ☐ Ständige Stadtfahrten. Bei häufigen Fahrten mit niedriger Drehzahl kann es sein, dass die Batterie nicht genügend geladen wird.
- ☐ Verkabelung defekt. Suchen Sie im Ladestromkreis systematisch nach gebrochenen oder gequetschten Kabeln.

Batterie überladen:

- ☐ Regler defekt. Eine überladene Batterie erkennt man an starkem Gasen. Regler prüfen und erneuern.

Totaler Ausfall:

- ☐ Sicherung durchgebrannt. Prüfen Sie die Hauptsicherung und die Ursache für ihr Durchbrennen.
- ☐ Batterie leer. Ursache feststellen und beseitigen.
- ☐ Massekabel der Batterie lose. Prüfen Sie die Befestigung am Batteriepol und am Motor bzw. Rahmen.
- ☐ Zündschalter defekt. Durchmessen und evtl. erneuern.
- ☐ Verkabelung gebrochen. Systematisch mit Prüflampe prüfen.

Starker Lampenverschleiß:

- ☐ Vibrationsverschleiß. Bei starken Vibrationen von Motor oder Fahrwerk leben Birnen nicht lange. Versuchen Sie, durch Aufhängung in Gummilagern die Schwingungen fernzuhalten.
- ☐ Wackelkontakt. Durch einen »Wackler« wird die Lampe ständig an- und ausgeschaltet, was ihre Lebensdauer verringert.
- ☐ Überspannung. Durch einen defekten Regler kann Überspannung entstehen, was die Birnen schnell durchbrennen lässt.
- ☐ Falsche Birne. Eine 6-Volt-Birne in einem 12-Volt-Bordnetz lebt nicht lange.

Ausrüstung zur Fehlersuche

Kompressionsprüfung

Niedrige Kompression hat Auspuffqualm, hohen Ölverbrauch, schlechtes Startverhalten und mangelnde Leistung zur Folge. Ein Kompressionstest liefert wichtige Informationen zum Zustand des Motors und kann, regelmäßig durchgeführt, frühzeitig Schadensgefahren anzeigen.

Ein Kompressionstester ist zum Einschrauben in das Zündkerzenloch gedacht, eventuell mit einem Adapter versehen. Einschraubtester sind denen mit Gummiadapter vorzuziehen.

Vor dem Test überprüfen Sie bitte das Ventilspiel und justieren es nötigenfalls.

1 Fahren Sie das Motorrad warm bis zur Betriebstemperatur, schalten dann den Motor aus und schrauben die Zündkerzen heraus. Verbrennen Sie sich dabei nicht!

2 Schrauben Sie Adapter und Kompressionstester in das Kerzenloch von Zylinder 1 (siehe Abbildung 1).

3 Stellen Sie bei Motorrädern mit Kickstarter den Killschalter auf »OFF«, drehen den Gasgriff ganz auf und treten dann den Motor einige Male durch, bis die Anzeige des Kompressionstesters nicht weiter steigt.

4 Bei Motorrädern mit elektrischem Anlasser hängt das Vorgehen von der Art der Zündung

Einschrauben des Adapters in das Kerzenloch, dann Aufschrauben des Kompressionstesters.

ab. Schalten Sie den Killschalter auf »OFF« und die Zündung an. Drehen Sie den Gasgriff ganz auf und drehen den Motor per Anlasser einige Sekunden durch, bis die Anzeige des Kompressionstesters nicht weiter steigt. Arbeitet der Anlasser nicht bei ausgeschaltetem Killschalter, schalten Sie die Zündung aus und machen bei Punkt 5 weiter.

5 Stecken Sie die Zündkerzen wieder in ihre Stecker und legen sie so auf den Motorblock, dass die Metallkörper der Kerzen Kontakt mit Masse haben (eventuell mit Blumendraht befestigen, siehe Abbildung 2). Das verhindert Beschädigung des Zündsystems, wenn der Motor durchgedreht wird. Platzieren Sie die Kerzen nicht in der Nähe der Kerzenlöcher, damit nicht unabsichtlich austretender Benzindampf entzündet wird.

Schalten Sie Zündung und Killschalter auf »ON«, drehen den Gasgriff ganz auf und drehen den Motor per Anlasser einige Sekunden durch, bis die Anzeige des Kompressionstesters nicht weiter steigt.

Alle Zündkerzen müssen beim Test gegen Masse geerdet sein.

6 Lesen Sie die Anzeige des Testers ab und notieren Sie. Wiederholen Sie bei Mehrzylindermotoren den Vorgang bei allen Kerzenlöchern.

7 Vergleichen Sie die Werte mit denen in den technischen Daten. Liegen sie im angegebenen Bereich und sind die Werte der verschiedenen Zylinder nicht sehr unterschiedlich, so ist der Motor in gutem Zustand. Andernfalls müssen Zylinderkopf und evtl. Kolben und Zylinder überholt werden.

8 Niedrige Kompression kann die Folge von zu viel Kolbenspiel, verschlissenen Kolbenringen, defekter Zylinderkopfdichtung oder undichten Ventilen sein.

9 Um zwischen undichten Ventilen und verschlissenen Kolben zu unterscheiden, geben Sie etwas Öl in das Kerzenloch, um kurzfristig die Kolbenringe abzudichten (siehe Abbildung 3). Führen Sie dann erneut den Kompressionstest durch. Erreicht er deutlich höhere Werte, so sind Kolben/Ringe/Zylinder verschlissen. Im anderen Fall prüfen Sie Ventile und Zylinderkopfdichtung.

10 Weniger häufig ist eine hohe Kompression, die die Werte in den *Technischen Daten* über-

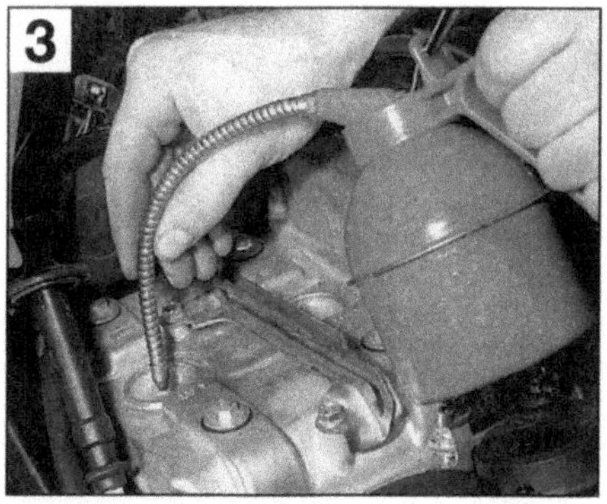

Verschlissene Kolbenringe können kurzfristig durch etwas Motoröl abgedichtet werden.

steigt. Entweder hat ein Vorbesitzer wegen Leistungssteigerung die Kompression erhöht, oder es hat sich viel Ölkohle im Brennraum abgelagert. In diesem Fall sollte der Zylinderkopf abgenommen und gereinigt werden.

Batterietest

⚠ ***Warnung: Batteriegase sind explosiv (Knallgas). Halten Sie Feuer, offene Flammen und Funken von der Batterie fern, vor allem, wenn sie geladen wird.***

Zur Prüfung brauchen Sie ein Voltmeter. Am besten ist eines mit Digitalanzeige (siehe Abbildung 4), da es auch zehntel Volt anzeigt. Halten Sie auch eine Stoppuhr bereit.

1 Die Batterie bleibt im Motorrad eingebaut. Sitzbank oder Seitendeckel abnehmen, damit Sie leicht an die Pole herankommen.

2 Messbereich am Voltmeter auf 20 Volt (Gleichspannung, DC) stellen. Prüfkabel an den Batteriepolen anklemmen. Die Anzeige wird nun je nach Ladezustand des Akkus zwischen 11 und 13,2 Volt betragen. Den abgelesenen Wert notieren.

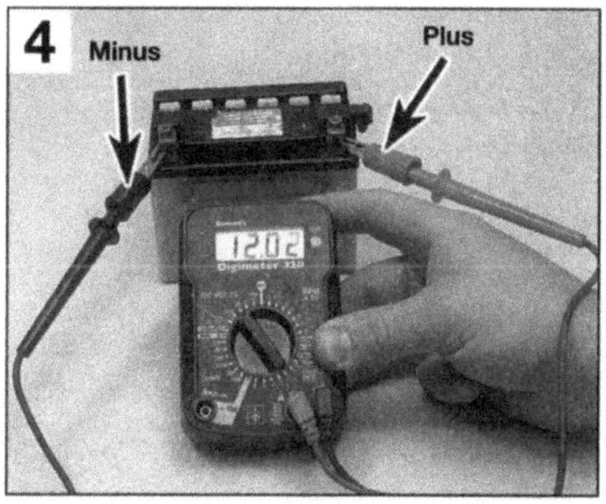

Digitalmultimeter, als Voltmeter geschaltet, beim Messen der Batteriespannung ohne Belastung.

3 Jetzt Zündung und Fernlicht anschalten (Motor bleibt aus!) und sofort das Messgerät beobachten. Die Spannung wird jetzt sinken, und es gibt drei Möglichkeiten:

- Die Voltzahl fällt um lediglich 0,3 bis 0,4 Volt ab und verändert sich dann kaum noch. Die Batterie ist intakt und geladen.
- Die Spannung sinkt stärker als 0,4 Volt innerhalb von fünf bis zehn Sekunden (Stoppuhr!). Die Batterie ist tiefentladen, kann aber noch gerettet werden.
- Die Spannung bricht sofort nach Einschalten von Zündung und Fernlicht zusammen, sinkt also um mehr als 2 Volt. Mindestens eine Zelle der Batterie ist defekt. Erneuern.

Durchgangsprüfung

»Durchgangsprüfung« meint den Test einer elektrischen Verbindung auf ungehinderten Stromfluss. Sie kann unterbrochene Kabel, korrodierte Stecker u.Ä. aufspüren. Durchgang kann mit einem Ohmmeter, Durchgangsprüfer oder einer Prüflampe mit Batterie getestet werden (siehe Abbildungen 5, 6 und 7). Alle diese Instrumente sind mit eigener Stromquelle ausgestattet, daher erfolgt der Test bei ausgeschalteter Zündung. Klemmen Sie grund-

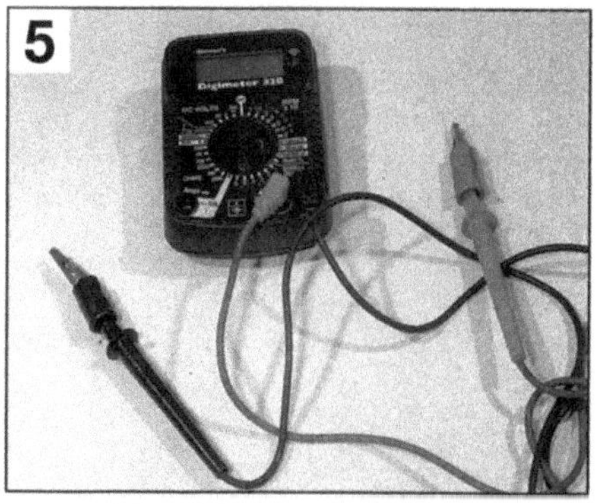

Ein Digitalmultimeter kann für alle elektrischen Test verwendet werden.

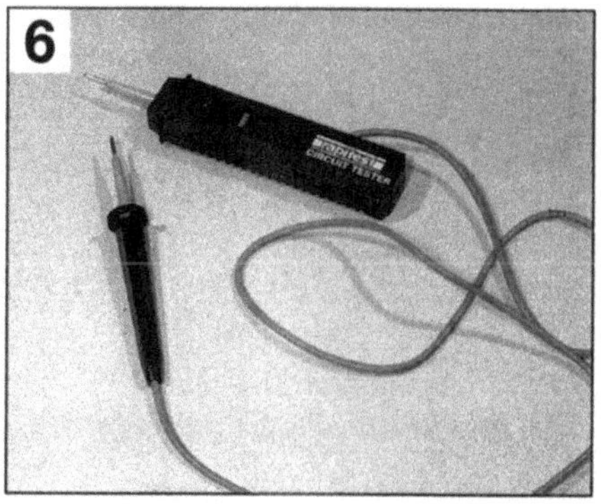

Durchgangsprüfer mit eigener Spannungsquelle

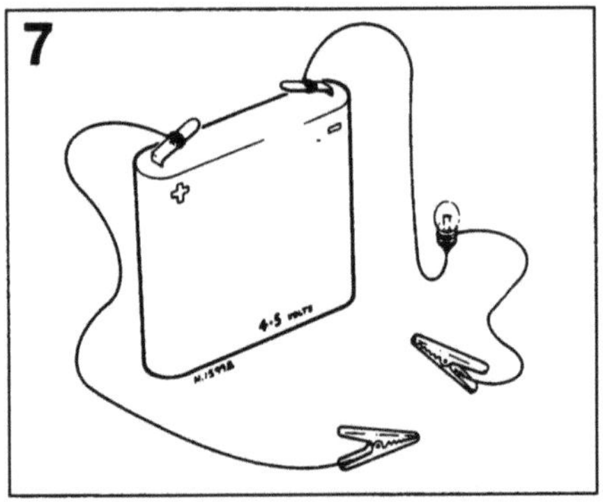

Selbstgebauter Durchgangsprüfer mit Batterie und Glühlampe in Reihenschaltung

sätzlich vor jeder Durchgangsprüfung den Minuspol der Batterie ab.
Verwenden Sie ein Ohm- oder Multimeter, so schalten Sie den korrekten Widerstandbereich ein und halten die Prüfspitzen aneinander. Die Anzeige muss Null sein. Bei getrennten Prüfspitzen muss das Gerät »unendlich« (bzw. bei manchen Geräten »1«, ohne Kommastelle) anzeigen.
Schalten Sie das Messgerät nach der Messung aus, um dessen Batterie zu schonen.

Schalter-Test

1 Verfolgen Sie die Kabel eines Schalters zurück bis zu den ersten Steckern. Trennen Sie die Stecker und untersuchen sie auf Zustand und Sauberkeit.

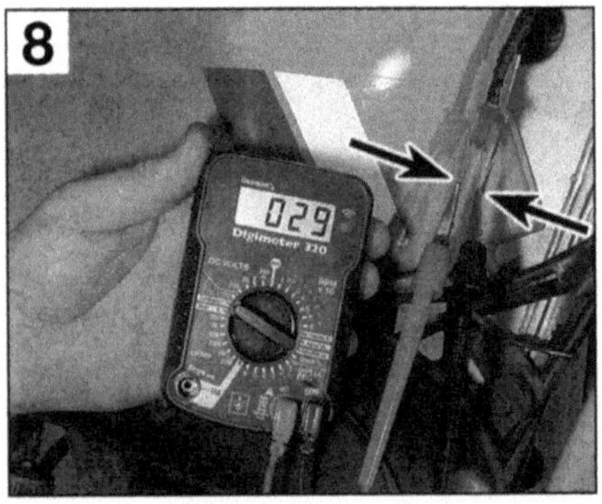

Durchgangsprüfer mit dem Ohmmeter am vorderen Bremsschalter

2 Stellen Sie das Multimeter auf »OHMs x 10« (Widerstand in Ohm x 10) und verbinden die Prüfspitzen mit den Steckern (siehe Abbildung 8). Einfache An/Aus-Schalter besitzen nur zwei Kabel, während Schalter mit mehreren Stellungen, z.B. Zündschalter, entsprechend viele Kabel haben. Prüfen Sie anhand des Schaltbildes die korrekten Verbindungen zwischen den Kabeln bei verschiedenen Schalterstellungen. Durchgang (0 Ohm) sollte bei geschlossenem, kein Durchgang (unendlicher Widerstand) bei geöffnetem Schalter vorhanden sein.
3 *Hinweis:* Die Polung der Prüfspitzen spielt bei dem Test keine Rolle. Anders ist es beider Prüfung von Dioden oder anderen Halbleitern.

4 Ein Durchgangsprüfer oder eine Batterie mit Prüflämpchen kann in gleicher Weise benutzt werden (siehe Abbildung 9). Bei Durchgang (Schalter an) muss das Lämpchen leuchten bzw. der Summer arbeiten.

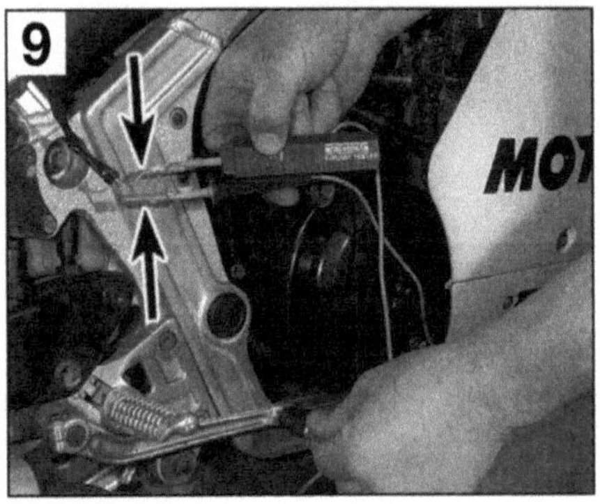

Test mit dem Durchgangsprüfer am hinteren Bremsschalter

Kabeltest

Viele elektrische Defekte werden von durchgescheuerten Kabeln oder losen Steckern verursacht. Auch korrodierte Anschlüsse oder Kabelklemmungen können Ursachen sein.

1 Ein Durchgangstest kann an einem Kabel durchgeführt werden, indem das Kabel anbeiden Enden vom Bordnetz getrennt und mit den Prüfspitzen verbunden wird (siehe Abbildung 10).

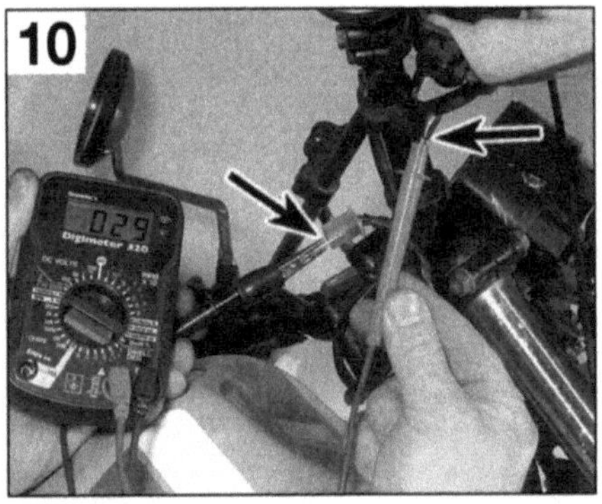

Durchgangsprüfer am vorderen Bremslichtschalter. Eine Prüfspitze durchsticht dabei den Isolationsmantel.

2 Die Prüfung erfolgt wie beim Schalter-Test (siehe oben).

Spannung messen

Oft muss festgestellt werden, ob die Bordspannung ein Bauteil überhaupt erreicht. Das kann mit einem Voltmeter erfolgen, einer Prüflampe oder einem Summer (siehe Abbildungen 11 und 12).

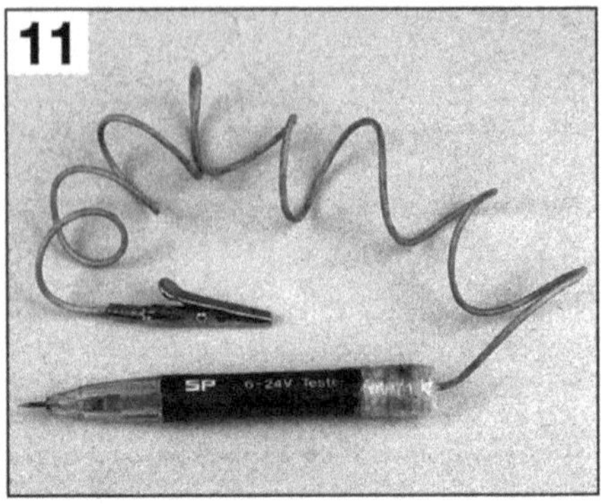

Eine einfache Prüflampe kann gut für Spannungsprüfung benutzt werden.

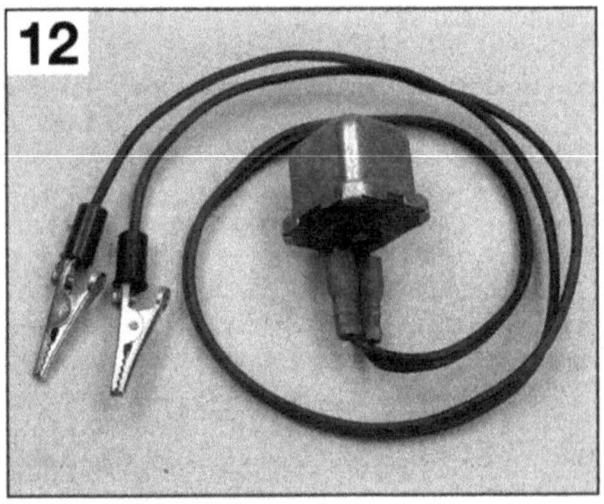

Summer statt Prüflampe

Ein Messgerät besitzt den Vorteil der genauen Spannungsmessung. Auch hier ist ein Digital-Voltmeter vorzuziehen, da es erstens Spannungswerte hinter dem Komma anzeigen kann und zweitens eine versehentlich falsche Polung der Prüfspitzen nicht durch Defekt des Gerätes, sondern lediglich durch ein Minus vor der Anzeige beantwortet. Bei Analog(Skala)-Geräten achten Sie dagegen peinlich auf die Polung der Prüfspitzen.
Spannung wird immer parallel zur Spannungsquelle gemessen, nie in Reihe.

1 Finden Sie zunächst den betreffenden Schaltkreis anhand des Schaltplans heraus. Sollten auch noch andere Bauteile von diesem Schaltkreis – d.h. von dieser Sicherung – betrieben werden, stellen Sie sicher, dass sie korrekt funktionieren. Trennen Sie sie nötigenfalls vom Schaltkreis, um Messergebnisse nicht zu verfälschen.
2 Stellen Sie das Multimeter auf Gleichspannung (DC), 20 Volt, und verbinden die schwarze negative) Prüfspitze mit Masse (Minus), etwa am Rahmen (siehe Abbildung 13). Nun können Sie mit der roten (positiven) Spitze Spannungstests durchführen, z.B. an Klemme 15 der Zündspule, an einem Stecker oder einer Lampe.
3 Verfahren Sie ähnlich, wenn Sie eine Prüflampe oder einen Summer benutzen (siehe Abbildung 14). Hier ist die Polung der Anschlüsse egal, lediglich bei einigen Summern ist sie vorgeschrieben. Beachten Sie, dass alte englische Motorräder meist nicht Minus, sondern Plus an Masse haben.

13

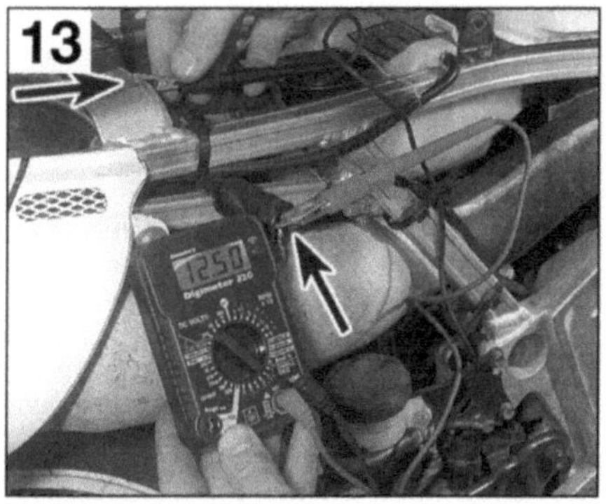

Spannungsprüfung mit dem Voltmeter an den Kabeln des Bremslichts

4 Können Sie keine Spannung feststellen, wo sie sein sollte, so arbeiten Sie sich systematisch den Schaltkreis zurück Richtung Sicherung. Erreichen Sie dabei einen spannungsführenden Punkt, so wissen Sie, dass zwischen diesem und dem Messpunkt davor die Unterbrechung liegen muss.

14

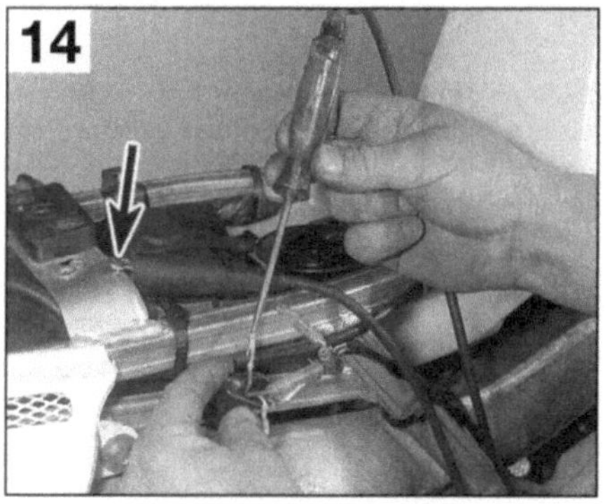

Spannungsprüfung an einem Kabel mit der Prüflampe – Lampe mit Masse verbunden

Masseverbindung prüfen

Masseanschlüsse sitzen entweder direkt am Rahmen oder Motor (z.B. Leerlaufschalter, Öldruckgeber u.a.) oder laufen über ein Massekabel, das seinerseits am Rahmen befestigt ist. Ursache schlechter Masseanschlüsse ist oft Korrosion, z.B. bei Birnen.

Bei Totalausfall der Elektrik prüfen Sie das Massekabel von der Batterie (Minuspol) zu Rahmen oder Motor. Lösen Sie nötigenfalls das Kabel, schaben Sie die Enden blank, streichen sie mit Kupferpaste ein und montieren es wieder.

1 Um den Masseanschluss eines Bauteils zu testen, benötigen Sie Messkabel mit Krokodilklemmen auf beiden Seiten (siehe Abbildung 15). Es ist gut, etwa fünf solcher Kabel in der Länge von je einem Meter in der Werkstatt zur Hand zu haben. Verbinden Sie mit diesem Kabel vorübergehend den Rahmen (Masse) des Motorrads mit dem Minusanschluss des Bauteils und prüfen seine Funktion.

2 Funktioniert das Bauteil nun, so ist sein Masseanschluss defekt. Prüfen Sie den Schaltkreis auf Unterbrechungen und korrodierte Anschlüsse.

15

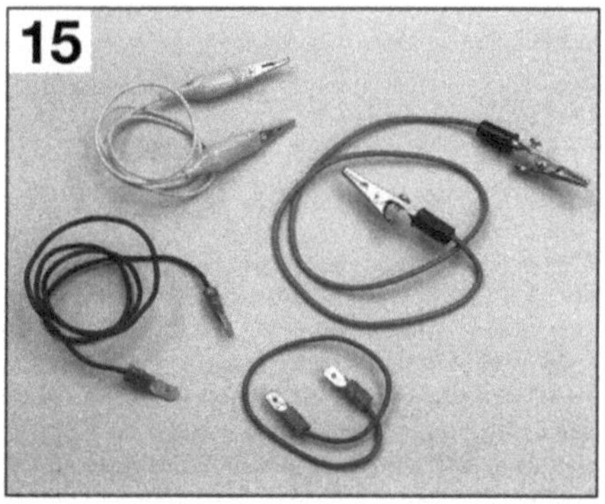

Einige Messkabel, die als Überbrückung verwendet werden können – oben zwei mit Krokodilklemmen.

Kurzschluss finden

Ein Kurzschluss besteht immer dann, wenn der Verbraucher in einem Stromkreis (Birne, Hupe o.Ä.) überbrückt wird und der Strom, ohne dessen Widerstand zu passieren, ungehindert nach Masse fließen kann. Üblicherweise brennt dabei die Sicherung des Stromkreises durch. Oft sind durchgescheuerte Kabel die Ursache, deren Scheuerstelle mit Masse (Rahmen, Motor o.Ä.) in Berührung kommt.

1 Bauen Sie alle Verkleidungsteile ab, die den Schaltkreis verdecken.

2 Schalten Sie alle Schalter des Schaltkreises aus und entfernen die Sicherung des Kreises. Verbinden Sie eine Prüflampe mit den beiden Anschlüssen der Sicherung. Sie darf nicht leuchten.

3 Bewegen Sie Schritt für Schritt alle Kabel des Schaltkreises, bis die Lampe aufleuchtet. So können Sie leicht die Stelle des Kurzschlusses feststellen.

Erklärung technischer Begriffe

A

ABE Allgemeine Betriebserlaubnis eines Fahrzeugs.
Asbest Natürliches Mineral in Faserform mit hoher Hitzebeständigkeit. Früher in Bremsbelägen und Dichtungen verwendet, heute wegen Krebsgefahr durch andere Materialien ersetzt.
ABS Antiblockier-System. Elektronisches oder mechanisches System, das das Blockieren von Rädern beim Bremsen verhindern soll.
Abzieher Spezialwerkzeug, das Lager oder Zahnräder von Wellen oder aus Gehäusebohrungen zieht.
Akkumulator Chemischer Stromspeicher, landläufig *Batterie* genannt.
Ampere (sprich: Ampehr) Einheit für Stromstärke. Abkürzung: A.
Amperestunden (Ah) Kapazität eines Akkumulators (Batterie)
Anlaufscheibe Unterlegscheibe zwischen zwei sich gegeneinander bewegenden Teilen auf einer Welle.
Anti-Dive Wörtlich: »Eintauch-Verhinderer«. In die Vorderradbremse integriertes System, das das Eintauchen der Telegabel beim Bremsen verhindern soll.
API American Petroleum Institute. Ein Qualitätsmaß für Viertakt-Motorenöle.
ATF Automatic Transmission Fluid. Dünnflüssiges Öl für Automatik-Getriebe, wird oft auch als Dämpferöl in Telegabeln verwendet.
Aufbohren Größerdrehen einer Bohrung, z.B. des Zylinders. Erfordert Übermaßkolben.
axial In Längsrichtung einer Achse wirkend.

B

bar Einheit für Luftdruck. Faustregel für Motorradreifen: 2,5 bar.
Batteriesäure Schwefelsäure bestimmter Dichte und Reinheit.
Benzin-Luft-Gemisch Das Gemisch aus Benzinnebel und Luft, das Vergaser oder Einspritzanlage erzeugen, und dessen Volumenverhältnis erfahrungsgemäß bei 1 : 14,7 liegen sollte, um optimal verbrennen zu können.
Blinkrelais Schalter, der unter Spannung automatisch und regelmäßig an- und ausschaltet. Mechanische und elektronische Bauformen.
Bowdenzug (Sprich: Baudenzug.) Flexibler Seilzug zur mechanischen Fernbetätigung. Beispiel: Gaszug, Kupplungszug, Chokezug. Besteht aus Hülle und Seele.
Buchse An beiden Enden offene Hülse, die im Maschinenbau meist als Lager dient.
Büchse An nur einem Ende offene Hülse, die im Maschinenbau als Verstärkung von Sacklöchern oder als Lager dient.

D

Diagonalreifen Reifen, bei dem die Karkassenfäden schräg zur Laufrichtung liegen.
Dichtring Wellendichtring für rotierende (manchmal auch lineare, siehe Telegabel) Bewegung. Auch: Simmerring (geschützte Bezeichnung der Firma Freudenberg).
Dichtung Flächendichtung zwischen Gehäusehälften, Deckeln oder anderen Maschinenbauteilen. Kann aus unterschiedlichen Materialien bestehen, je nach Einsatzzweck.
Diode Elektronisches Ventil. Lässt Strom nur in einer Richtung passieren. Halbleiterbauteil.
dohc (double overhead camshaft). Doppelte obenliegende Nockenwelle. Bauform der Ventilsteuerung.
Drehmoment Maß für die Kraft, mit der etwas (Kurbelwelle, Schraube) gedreht wird. Einheit: Newtonmeter (Nm), Kraft mal Hebelarm.

E

E-Starter Elektrischer Starter, Anlasser.
Einbereichsöl Öl mit nur einer Viskosität, z.B. SAE 50W.
Einspritzsystem Im Gegensatz zum Vergaser, der das Benzin durch Luftströmung passiv vernebeln lässt, spritzt die Einspritzung den Kraftstoff in exakter Menge in den Ansaugstutzen oder direkt in den Brennraum ein. Sehr aufwändig und teuer, aber genau und kraftstoffsparend.
Elektrodenabstand Spalt zwischen den Zündkerzenelektroden, der ab und zu nachgestellt werden muss. Meist 0,6 bis 0,8 mm breit.
Endloskette Antriebskette, deren Enden nicht zerstörungsfrei getrennt werden können.

F

Federkeil (Auch: Scheibenfeder.) Halbmondförmiger Metallkeil, der, in die Nut einer Welle gelegt, das darüber geschobene Bauteil (Zahnrad, Lichtmaschine) formschlüssig mit der Welle verbindet.
Federscheibe Gewellte Unterlegscheibe aus Federstahl, die Mutter bzw. Schraube am Losdrehen hindern soll.
Flüssige Schraubensicherung Flüssigkeit, von der ein paar Tropfen auf ein Gewinde gegeben und dann die Mutter/Schraube eingedreht wird. Die Flüssigkeit erhärtet unter Luftabschluss und sichert damit die Mutter/Schraube. Verbindung ist mit Schraubenschlüssel wieder lösbar.
Frostschutz Zusatz zum Kühlwasser, der den Gefrierpunkt senkt. Auf Alkohol- oder Glykol-Basis.
Fühlerlehre Auch: Ventillehre. Satz mit verschieden dicken Metallplättchen, die zur Bestimmung von kleinen Innenmaßen dienen.

G

Gabelbrücken Dreieckige Metallklemmen ober- und unterhalb des Lenkkopfs zur Aufnahme der Standrohre.
Gleichrichter Elektronisches Halbleiterbauteil (»Diodenplatte«) zum Umformen der von der Lichtmaschine gelieferten Wechselspannung in Gleichspannung.
Gleichstrom Stromfluss ohne Änderung der Polarität.
Gleitlager Lagerschalen aus bronzebeschichtetem Kupfer oder aus Sintermaterial. Funktioniert nur mit Öldruck: Die Welle gleitet auf einem dünnen Ölfilm in der Lagerbohrung ohne Materialberührung. Verwendung als Kurbelwellen- und Nockenwellenlager. Billig, schnell austauschbar und leise, aber empfindlich und mit hohem Reibwiderstand.

H

Halogenlampe Scheinwerferbirne besonderer Bauform, die mit Halogengas gefüllt ist, um den Niederschlag von verdampfendem Metall der Glühwendel an der Glaswand zu verhindern. Bauformen als H1-, H3- und H4-Birnen.

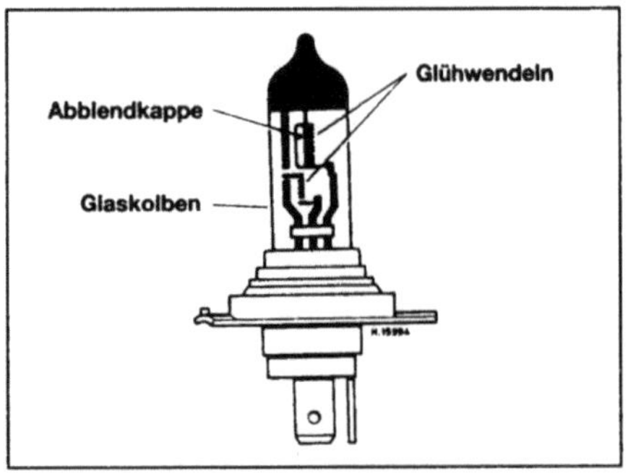

Halogen-Scheinwerferbirne

Hauptlager Lager der Kurbelwelle im Motorgehäuse.
Helicoil Spiralförmiger Gewindeeinsatz zur Reparatur ausgerissener Gewinde, wenn wenig Material vorhanden ist, sodass das Loch nur wenig ausgebohrt werden kann.

Einschrauben eines Helicoil-Gewindeeinsatzes in ein Zündkerzenloch

Hochspannung Spannung im Sekundärstromkreis des Zündsystems zur Produktion des Zündfunkens. Liegt zwischen 15.000 und 35.000 Volt bei sehr geringer Stromstärke. Unangenehm, aber nicht gefährlich.

Honen Überschleifen der Oberfläche eines Zylinders, wobei feine diagonale Riefen entstehen, in denen das Motoröl zur Kolbenschmierung haften kann.

Hydraulik Ein mit Flüssigkeit gefülltes System von Leitungen, um Druck zu übertragen. Üblich an (Scheiben)Bremsen und manchen Kupplungen.

hygroskopisch Wasseranziehend. Trifft auf Bremsflüssigkeit zu.

Hypoidverzahnung Bauform eines Kegeltriebes (siehe Kegelrad), bei der Antriebs- und Abtriebsachse nicht in einer Ebene liegen, sodass die Zähne von Kegel- und Tellerrad in speziellen Kurven (Hypoidkurven) geschliffen werden müssen. Aufwendig und teuer, aber leise und belastbar. Benötigt spezielles Schmieröl (Hypoidöl).

I

IC Integratet circuit, integrierter Schaltkreis. Halbleiterbauteil.

Inbusschlüssel Schlüssel für Innensechskantschrauben.

K

Kabelbaum Durch Schutzschlauch zusammengefasste Kabel, die entlang einer Strecke im Motorrad verlegt sind, z.B. am Rahmen entlang.

Kardanwelle Welle, die mit einem Kreuz- oder Gleichlaufgelenk ihre Drehrichtung um einige Winkelgrade ändern kann. Wurde bei Motorrädern mit Wellenantrieb mit Einführung der Hinterradfederung nötig.

Katalysator Mit Edelmetall beschichtetes Bauteil im Auspuff, das auf chemisch-katalytischem Weg schädliche Abgasbestandteile (Stickoxide, Kohlenwasserstoffe u.a.) in unschädliche umwandeln soll. Wirkung und Nebenwirkungen sind umstritten.

Kegelrad Zusammen mit dem Tellerrad bildet es ein Getriebe, das Drehbewegungen um 90° umlenkt (siehe Abbildung).

Kegel- und Tellerrad zum Umlenken einer Drehbewegung um 90°

Kegelrollenlager Lager mit Innen- und Außenring, Kegelrollen als Wälzkörper. Hohe axiale und radiale Belastbarkeit. Verwendung als Lenkkopf-, Schwingen- und Radlager. Lagerspiel muss eingestellt werden.

Kickstarter Fußbetätigter Hebel zum Durchdrehen des Motors, um ihn zu starten.

Killschalter Not-Aus-Schalter, bei den meisten Motorrädern am rechten Lenkerende. Funktioniert als Kurzschluss- oder Zündunterbrechungs-Schalter. In Deutschland nicht vorgeschrieben.

km Abkürzung für Kilometer.

km/h Abkürzung für Kilometer pro Stunde. Geschwindigkeitseinheit.

Kolbenbolzen (Hohler) Bolzen als Verbindung zwischen Kolben und Pleuelauge. Darf weder im Pleuelauge noch im Kolben Klemmsitz haben. Oberfläche poliert und gehärtet.

Kompression Verringerung des Volumens und Erhöhung des Drucks im Brennraum durch den aufwärtsgehenden Kolben. Kompression wird als Verhältniszahl genannt, z.B. 1 : 10 = zehn Volumenteile Benzin-Luft-Gemisch werden auf ein Volumenteil zusammengepresst.

Kontermutter Mutter, die fest gegen eine andere geschraubt wird, um durch die dadurch hervorgerufene Spannung im Gewinde die zweite am Losdrehen zu hindern.

Kronenmutter Mutter mit zinnenartigen Zacken an einem Ende. Zusammen mit einem Querloch im zugehörigen Gewinde kann die Mutter mit einem Splint gegen Aufdrehen gesichert werden.

Kugellager Lager mit Innen- und Außenring, Kugeln als Wälzkörper. Häufigste Ausführung: Radialrillen-Kugellager. Kann fast nur radiale Kräfte aufnehmen.

L

Lager Mechanische Verbindung zwischen zwei sich gegeneinander bewegenden Maschinenteilen.

Läppen Materialabtrag mit äußerst feinem Schmirgelleinen (Läppleinen). Kurz vor dem Polieren.

LCD Liquid crystal display. Flüssigkristall-Anzeige. Bekannt von Armbanduhren, setzt sie sich langsam auch in Kraftfahrzeug-Instrumenten durch.

LED Light emitting diode. Leuchtdiode. Wird als verschleißfreier und stromsparender Ersatz für Kontrolllämpchen verwendet.

Lenkkopfwinkel, auch Steuerkopfwinkel, Winkel zwischen der gedachten Verlängerung des Lenkkopfs (nicht der Telegabel!) und der Horizontalen (siehe Abbildung).

Lichtmaschine Stromgenerator im Kraftfahrzeug. Unterschiedliche Bauarten möglich.

M

Manschette Topfförmiger Gummiring, der in Bremszylindern für Dichtigkeit beim Betätigen sorgt.

Masse Bezeichnung des Minuspols am Kraftfahrzeug, der außer bei alten englischen Fahrzeugen am Rahmen (Masse) liegt.

Mehrbereichsöl Öl mit speziellen Legierungen, die die Schmierfähigkeit bei unterscheidlichen Temperaturen gewährleisten. Diese Eigenschaft wird in Viskositätsgrenzen ausgedrückt, z.B. SAE 20W50. D.h., dass das Öl bei niedrigen Temperaturen die Viskosität von 20, bei hohen von 50 besitzt.

Mikrometerschraube Messgerät für Längen, das durch feine Einteilung bis tausendstel Millimeter anzeigt. Verwendet zum Messen von Durchmessern, z.B. Kolben, Kolbenbolzen, Ventilschäfte u.a.

Multimeter Elektrisches Messinstrument, das Spannung, Widerstand, oft auch Stromstärke und Kapazität messen kann.

N

Nachlauf Strecke vom Aufstandspunkt des Vorderrads zur Kreuzung der Verlängerung des Lenkkopfs mit dem Boden. Der Nachlauf bestimmt wesentlich die Handlichkeit (geringer N.) bzw. die Spurstabilität (großer N.).

Nadellager Lager mit nadelähnlichen Wälzkörpern. Kann hohe, aber nur radiale Kräfte aufnehmen. Verwendung als Pleuellager.

Nasse Zylinderlaufbuchsen Bauform eines wassergekühlten Motors, bei dem die Zylinderlaufbuchsen nicht in den Block eingeschrumpft sind, sondern direkt vom Kühlmittel umspült werden.

Nm Newtonmeter. Maßeinheit für Drehmoment (Kraft mal Weg).

Nylstop-Mutter Mutter mit einem Nylonring in einem Ende. Der Ring wird mit auf das Gewinde geschraubt und sichert die Mutter. Solche selbstsichernden Muttern sind höchstens zweimal zu verwenden.

O

O-Ring-Kette Antriebskette, bei der die Rollen gegen die Laschen mit O-Ringen (Gummi-Dichtringen) abgedichtet sind.

ohc (overhead camshaft). Obenliegende Nockenwelle. Bauform der Ventilsteuerung.

Ohm Einheit für elektrischen Widerstand.

Ohmmeter Widerstandsmessgerät.

ohv (overhead valve). Obenliegende Ventile. Bauform der Gassteuerung beim Viertaktmotor.

Oktanzahl Maß für den Widerstand eines Kraftstoffs gegen Selbstentzündung.

OT Oberer Totpunkt. Höchster Punkt der Kolbenbahn im Zylinder.

P

Pferdestärken (PS) Veraltete Einheit für Leistung. Heute ersetzt durch Watt (W). 1 PS = 0,36 kW.

Plastigauge Dünner Plastikstreifen zum Messen von Gleitlagerspiel.
Pleuel (auch: Pleuelstange) Verbindungsstange zwischen Kolben und Kurbelwelle.
Pleuelauge Obere Bohrung im Pleuel, in der der Kolbenbolzen sitzt.
Pleuelfuß Untere Bohrung im Pleuel, in der der Hubzapfen der Kurbelwelle sitzt.
Primärantrieb Antrieb der Kurbelwelle zum Getriebe.
Primärspannung Spannung im Primärstromkreis des Zündsystems. Bei Batteriezündungen 12 Volt, bei Hochspannungskondensatorzündungen (CDI) etwa 400 Volt bei relativ hoher Stromstärke. CDI-Primärspannung daher gefährlich.
PTFE Polytetrafluorethylen. Markenname: Teflon (Firma Dupont). Extrem gleitfähiger und reaktionsarmer Kunststoff. Kann nur in sehr aufwändigen Verfahren mit Metall verbunden werden.

R

radial Senkrecht zu einer Achse wirkend.
Radialreifen Reifen, bei dem die Karkassenfäden in Laufrichtung liegen.
Radstand Abstand zwischen den Senkrechten durch die Radachsen.
Regler Mechanisches oder elektronisches Bauteil im Kraftfahrzeug, das die von der Lichtmaschine gelieferte Spannung im Netz konstant hält, die Lichtmaschine vor Überlastung schützt und den Ladezustand der Batterie regelt.
Relais (Sprich: Relee.) Elektromagnetischer, fernsteuerbarer Schalter. Wird zur Schaltung von hohen Strömen eingesetzt.
Ruckdämpfer Gummiteile in der Hinterradnabe, die den Ruck plötzlicher Lastwechsel zwischen Kettenrad und Nabe dämpfen (siehe Abbildung). Manchmal werden auch rein metallische Ruckdämpfer konstruiert, z.B. in der Kupplung oder am Getriebeausgang (Knagge).

S

SAE Society of Automotive Engineers. Standard für Flüssigkeits-Viskosität.
Schaltgabeln Gabelförmige Metallteile, die beim Schalten die Zahnräder auf den Getriebewellen hin und her schieben.

Gummi-Ruckdämpfer in der Hinterradnabe

Schaltklauen Radiale Verbindungszapfen zwischen Getriebezahnrädern. Die Zapfenflanken sind schräg gefräst (hinterschnitten), damit sich der Eingriff unter Last nicht lösen kann.
Schieblehre Messgerät für Längen, das durch feine Einteilung bis hunderstel Millimeter anzeigt.
Schraubenfeder Spiralförmig gewickelte Feder in Zylinderform. Verwendung als Gabel- und Ventilfeder.
Seegerring Radial federnder Ring, der zur Sicherung eines Bauteils in eine Nut gesetzt wird.
Shim Stahlplättchen spezifischer Stärke, das bei direkt auf die Ventile wirkender Nockenwelle (oft bei dohc-Motoren) als Scheibe dazwischengelegt wird und das Ventilspiel bestimmt.
Sicherung Feiner Draht (Schmelzsicherung) oder Automat, der bei zu hohem Strom in einem Stromkreis (z.B. durch Kurzschluss) den Stromkreis unterbricht.
Simmerring Siehe Dichtring.
Spiel Strecke, mit der sich zwei Bauteile voneinander wegbewegen können, ohne auf Widerstand zu stoßen.
Standrohr Teil der Telegabel, der verchromt und poliert ist und in das Tauchrohr eintaucht.
Steuerkette Antriebsmöglichkeit der Nockenwelle. Billig, aber relativ verschleißanfällig.
Steuerkettenspanner Mechanische Spannvorrichtung, die die Längenausdehnung der Steuerkette ausgleicht.
Stirnräder Antriebsmöglichkeit der Nockenwelle: Zahnradkaskade zwischen Kurbel- und Nockenwelle. Teuer, aber genau und verschleißarm.
sv (side valve). Seitliche Ventile. Bauform der Gassteuerung beim Viertaktmotor (sehr alt).

T

Tauchrohr Teil der Telegabel, in den das Standrohr eintaucht.
Teflon Siehe PTFE.
Telegabel Häufigste Bauart der Vorderradführung und -federung, die aus Stand- und Tauchrohren besteht.
Tellerrad Siehe Kegelrad.
Thyristor Halbleiterbauteil mit hoher elektrischer Belastbarkeit. Verwendung als elektronischer, verschleißfreier Schalter.
Torx Speziell geformtes, sechskantiges Schraubenkopfprofil.
Transistor Halbleiterbauteil, in Zündboxen, Reglern und elektronischen Blinkrelais verbaut.
TWI Treadwear Indicator. Reifenverschleißmarke.

U

U/min. Alte Abkürzung für »Umdrehungen pro Minute«, Drehzahl. Heute: 1/min oder min^{-1}
Unterdruckuhren Messinstrumente, mit denen der Unterdruck in den Ansaugstutzen zwischen Vergaser und Zylinderkopf gemessen werden kann. Erforderlich zum Synchronisieren von Vergasern bei Mehrzylindermotoren.
Unwucht Unterschiedliche Masseverteilung auf dem Umfang eines rotierenden Teils (Rad, Kurbelwelle u.a.). Kann durch Gegengewichte ausgeglichen werden.
Upside-down-Gabel »Umgedrehte« Telegabel, bei der die Standrohre unten und die Tauchrohre oben sind.
UT Unterer Totpunkt. Unterster Punkt der Kolbenbahn im Zylinder.

V

Ventillehre Siehe auch: Fühlerlehre.
Viskosität Fließfähigkeit von Schmierstoffen. Die Viskosität von SAE 5 ist sehr hoch (dünnflüssiges Öl), SAE 90 ist sehr dickflüssig.
Volt Einheit für elektrische Spannung.

W

Watt Einheit für Leistung (W).
Wechselstrom Ständig und regelmäßig die Polung ändernder Stromfluss.
Welle Runder, sich drehender Stab im Maschinenbau.
Widerstand Elektrische Größe, gemessen in Ohm.
Winkel-Anzugsmoment Drehmoment, ausgedrückt in Winkelgraden.
Winkelgradscheibe Messscheibe mit einem Winkelkreis von 360°, mit der sich, auf ein Kurbelwellenende montiert, die Kolbenstellung in Winkelgraden der Kurbelwelle angeben lässt.

Z

Zahnriemen Flacher Antriebsriemen, dessen Innenseite gezahnt ist und damit in entsprechende Zahnräder eingreifen kann. Verwendung als Nockenwellenantrieb und (seltener) als Hinterradantrieb.
Zündreihenfolge Die Reihenfolge, in der Mehrzylindermotoren ihre einzelnen Zylinder zünden. Wird ab Zylinder Nummer eins gezählt.
Zündzeitpunkt Punkt in der Kolbenbahn kurz vor Ende des Verdichtungstakts, bei dem der Zündfunke das Gemisch entzündet. Wird in »Millimeter vor OT« oder in Winkelgraden der Kurbelwelle gemessen.

Zündkerzen-Vergleichstabelle

Zündkerzen-Wärmewerte

Bosch			
alt	neu	alt	neu
50	12	170	7
60	12 – 11	180	7
70	11	190	6
80	10 – 11	200	6
90	10	210	6
100	9 – 10	220	5
110	9	230	5
120	9	240	4
130	8	250	4
140	8	260	3
150	8	270	3
160	7	280	3

Zündkerzen-Vergleichstabelle

Gewinde	Bosch alt	Bosch neu	Beru alt	Beru neu	Champion	NGK
18 x 1,5	M45T1	M12B	45/18	18-128		AB-2
18x1,5	M95T1	M10A	95/18	18-10A	D16 v D16Y	A-6
18x1,5	M145T1	M8A	145/18	18-8A	D14 v D15Y	A-6
18x1,5	M175T1	M7A	175/18	18-7A	K9 v D10	A-6
18x1,5	M225T1	M5A	225/18	18-5A	UK10	A-7
18x1,5	M240T1	M4AC	240/18	18-4A2	K9 v D9	A-7
18x1,5	M260T1	M4AC	260/18	18-4A1	K7 v K8G	A7
14x1,25	W95T1	W10A	95/14	14-10A		B-4H
14x1,25	W145T1	W8A	145/14	14-8A	H88	B5HS
14x1,25	W145T2	W8C	145/14/3	14-8C	N5 v N6	B5ES
14x1,25	W145T30	W8D	175/14/3	14-8D	N5	BP5ES
14x1,25	W145T35	W8B	145/14A	14-8B	L92Y v L95Y	BP5HS
14x1,25	W175T1	W7A	175/14	14-7A	L85 v H88	B6HS
14x1,25	W175T2	W7C	175/14/3	14-7C	N88	B6ES
14x1,25	W175T30	W7D	175/14/3	14-7D	N9Y	BP6ES
14x1,25	W175T35	W7B	175/14A	14-7B	L87Y	BP6HS
14x1,25	W175T7		D175/14	14-7B	L87Y	BP6HS
14x1,25	W190M11S	W6AS	190/14Z	14Z-6A2		B6HV
14x1,25	W200T27		D200/14/3	14-5D	N6Y	BP7ES
14x1,25	W200T30	W6DC	200/14/3A	14-7D	N9Y	BP6ES
14x1,25	W200T35	W6B	200/14A	14-6B		BP6HS
14x1,25	W215T28		D215/14/3		L6Y	BP6ES
14x1,25	W225T1	W5A	225/14	14-7A	L85 v H88	B7HS
14x1,25	W225T2	W5C	225/14/3	14-7C	N4	B7ES
14x1,25	W225T30	W5D	225/14/3A	14-5D	N6Y	BP7ES
14x1,25	W225T35	W5B	225/14/A	14-5B	UL82Y	BP7HS
14x1,25	W225T7		D225/14	14-7B	L87Y	BP6HS
14x1,25	W230T30	W5D1	230/14/3A	14-5D1	N6Y	BP7ES
14x1,25	W240T1	W4A2	240/14	14-5A	L81	B7HS
14x1,25	W240T2	W4C2	240/14/3	14-4CS1	N3	B7ES
14x1,25	W240T28		D240/14/3	14-5D	N6Y	BP7ES
14x1,25	W260T1	W3AC	260/14	14-4A1	L4G	B8HS
14x1,25	W260T2	W3CC	260/14/3	14-4CS1	N3	B8ES
14x1,25	W260T28		D260/14/3	14-4CS1	N3	B8EV

Motorrad-Schmierstoffe und -Chemie

Für Wartung, Pflege und Reparatur sind eine ganze Anzahl von Chemikalien und Schmierstoffen erhältlich. Wir wollen im Folgenden die einzelnen Gruppen vorstellen.

- **Unterbrecher/Zündkerzen-Reiniger**

Das Lösemittel soll Ölfilm, Schmutz und Oxidation von Unterbrecherkontakten und Zündkerzenelektroden beseitigen. Es ist fett- und rückstandfrei. Es kann ebenfalls zur Reinigung von Vergaserdüsen verwendet werden.

- **Vergaser-Reiniger**

ist dem Unterbrecher/Zündkerzen-Reiniger ähnlich, enthält aber ein stärkeres Lösemittel und hinterlässt in der Regel einen leichten Ölfilm. Der Reiniger eignet sich nicht für elektrische Komponenten.

- **Bremsen-Reiniger**

soll Öl, Fett und Bremsflüssigkeit von Bremsbauteilen entfernen, etwa bei Bremsscheiben. Er hinterlässt keinerlei Rückstände.

- **Schmiermittel auf Silikonbasis**

pflegen und schützen Teile aus Gummi (Schläuche, Stopfen u.a.) und werden zur Schmierung von Schlössern und Scharnieren verwendet.

- **Universal-Fett**

wird überall dort eingesetzt, wo Fett sinnvoller ist als Öl. Manche Ausführungen von Universal-Fett sind weiß und speziell legiert, um widerstandsfähiger gegen Wasser zu sein.

- **Getriebeöl**

ist ein spezielles zähes Öl, das in Getrieben und Hinterradantrieben (bei Kardanwellen) eingesetzt wird und überall dort, wo hohe Reibkräfte und Temperaturen herrschen. Es ist in verschiedenen Viskositäten erhältlich.

- **Motoröl**

wird üblicherweise in Motoren eingesetzt. Es enthält eine Menge Additive wie Schaum- und Korrosionsverhinderer, Verschleißminderer u.a. Die erhältlichen Viskositäten reichen von SAE 5 bis 80 und richten sich nach den zu erwartenden Temperaturen. Mehrbereichsöl (»Multigrade«) deckt verschiedene Viskositätsklassen ab (z.B. SAE 10W 40).

- **Benzinzusätze**

können unterschiedliche Funktionen erfüllen. Der bekannteste und neueste Zusatz ist für Motoren gedacht, die weiche Ventilsitze besitzen und daher eigentlich verbleites Benzin brauchten. Der Bleiersatz verwendet eine Natrium-Basis. Andere Zusätze sollen Ölkohle von Kolben und Ventilen lösen und damit den Motor »innen reinigen« oder die Klopffestigkeit von minderwertigem Benzin erhöhen. Vergaserreiniger-Zusätze sind auch erhältlich, aber in ihrer Wirkung zweifelhaft. Zusätze zu Benzin oder Öl, die laut Werbung Motor-Innenteile mit Teflon (PTFE) beschichten sollen, können dieses Versprechen nicht erfüllen und werden von einigen Motorenherstellern sogar als schädlich eingestuft.

- **Bremsflüssigkeit**

wird auch in hydraulischen Kupplungsbetätigungen eingesetzt und ist eine Hydraulik-Flüssigkeit, die einen sehr hohen Siede- und niedrigen Gefrierpunkt besitzt. Sie greift Gummi nicht, dafür aber Lack und Plastik stark an. Sie ist stark wasseranziehend (hygroskopisch) und altert daher durch Wasseraufnahme aus der Luft. Behälter sollten daher nicht offen stehen gelassen werden. Für den Rennsport ist Bremsflüssigkeit auf Silikonbasis erhältlich, auf die diese Eigenschaft nicht zutrifft, die aber Bremskomponenten aus anderem Material benötigt.

- **Ketten-Schmiermittel**

sind Fette, die extrem gut haften. In Sprayform enthalten sie auch Lösemittel, das sie dünnflüssig macht und in die Spalten der Kette eindringen lässt, wo das Lösemittel verdunstet und das zähe Fett zurücklässt. Das Spray sollte für O-Ring-Ketten geeignet sein, d.h. es enthält säurefreies Fett, das die Gummiringe nicht angreift.

- **Entfetter**

sind starke Lösemittel, um Fett und Ölschmiere zu entfernen. Sie sind in der Regel hochgiftig, können Lack und Kunststoffteile angreifen und sind entzündlich. Manche Lösemittel stehen im Verdacht, Krebs zu erregen. »Kaltreiniger« ist ein sanfter Entfetter auf Petroleumbasis, der wasserlöslich ist und daher abgewaschen werden kann, am besten über dem Ölabscheider einer Selbstwaschanlage.

- **Dichtpaste**

gibt es in verschiedenen Darreichungsformen und für unterschiedliche Einsätze. Verwenden Sie nur Pasten der vorgeschriebenen Art an den vorgeschriebenen Stellen, da es Unterschiede bezüglich der Hitze- und Benzinbeständigkeit, der Grundstoffe und der Konsistenz nach dem Aushärten gibt. Einzig Silikon-Kautschuk ist ein Notbehelf, um Lecks von außen abzudichten. Dabei müssen die Stellen zuvor gründlich entfettet werden.

- **Flüssige Schraubensicherung**

wird tropfenweise auf das entfettete Gewinde einer zu sichernden Schraube gegeben, härtet unter Luftabschluss aus und hindert die Schraube am Drehen durch Vibration. Mit Werkzeug ist die Schraube allerdings wieder lösbar.

- **Kriechöl**

wird oft fälschlich als »Kontaktspray« bezeichnet, weil es auch Wasser verdrängen kann. Es ist zum schnellen Schmieren kleiner Lagerstellen und Konservieren von Maschinenteilen geeignet.

- **Kontaktspray**

soll Oxidation von elektrischen Kontakten entfernen und sie gleichzeitig konservieren. Allerdings funktioniert das nicht, da Oxid nur mit Säure entfernt werden kann (solche Sprays gibt es), die Säure aber ihrerseits wieder das Metall angreift. Die üblichen sogenannten »Kontaktsprays« sind daher lediglich Kriechöle, von denen keine Reinigung der elektrischen Kontakte erwartet werden kann.

- **Wachse und Polituren**

reinigen und konservieren lackierte Teile. Da es unterschiedliche Lackarten gibt, muss ausprobiert werden, ob die jeweilige Politur bzw. das Wachs dazu passt. Für Schutz-Flüssigkeiten, die kein Wachs, sondern Silikon oder Polymere enthalten, verspricht die Werbung einen vielfach längeren Schutz gegenüber Wachsen. In Tests konnte die längere Dauer des Schutzes jedoch nicht nachgewiesen werden.

Zündkerzen-Gesichter

(siehe Kapitel 1 Zündkerzen-Wartung)

Kontrollieren Sie regelmäßig die Zündkerzen. Bei Motorproblemen können Kerzengesichter Aufschluss über die Ursache geben. Nach Sichtung einer überhitzten Zündkerze kann man Schritte unternehmen, die teure Motorschäden verhindern. Wechseln Sie auch scheinbar funktionierende Zündkerzen regelmäßig aus – Sie werden merken, dass der Motor besser anspringt, gleichmäßiger läuft und weniger Benzin verbraucht.

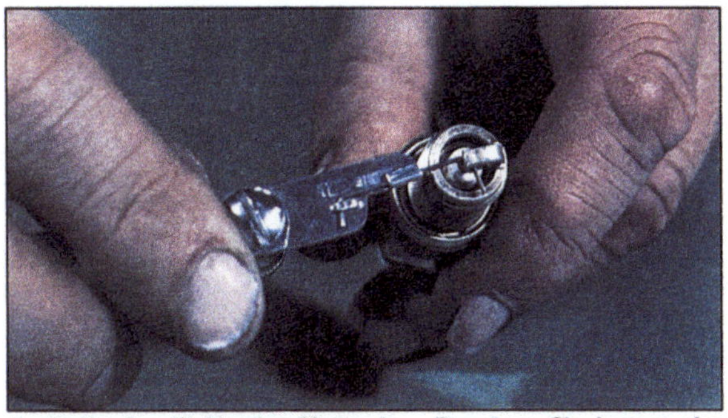

Kontrolle des Elektroden-Abstands – Benutzen Sie besser eine Drahtlehre als eine Fühlerlehre.

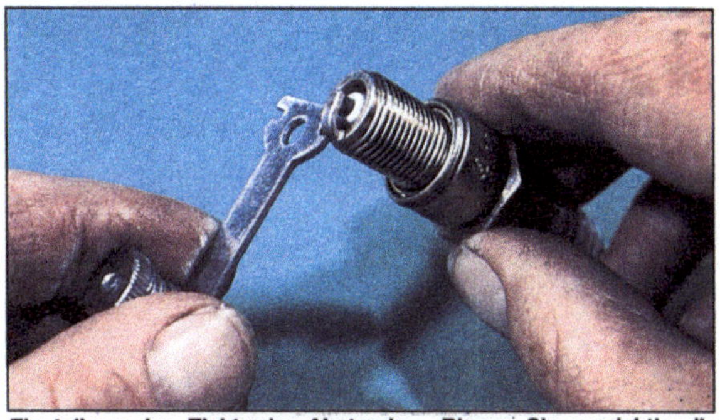

Einstellung des Elektroden-Abstands – Biegen Sie vorsichtig die Masse-Elektrode mit einem geeigneten Werkzeug nach.

Normaler Zustand – Eine hellbraune oder graue Färbung zeigt, daß der Motor in einem guten Zustand und die Zündkerze vom richtigen Typ ist. An den Elektroden ist kein Verschleiß festzustellen.

Asche-Ablagerungen – Hellbraune Ablagerungen an den Elektroden bewirken Fehlzündungen oder Zündaussetzer. Gründe: Eindringen und Verbrennen von Öl und schlechtes Benzin.

Kohleablagerungen – Schwarze, trockene und rußige Ablagerungen sorgen für Fehlzündungen und schwache Zündfunken. Gründe: falscher Wärmewert der Kerze, fettes Benzin/Luft-Gemisch, ein fehlerhaft arbeitender Choke oder ein stark verschmutzter Luftfilter.

Verölte Kerze – Nasse schwarze klebrige Ablagerungen führen zu Fehlzündung und einem schwachen Funken. Gründe: Undichte Kolbenringe oder Ventilführungen (bei Viertaktern) sowie zu fettes Öl/Benzin-Gemisch bei Zweitaktern.

Überhitzung – Weiß gefleckter Isolator und verglaste Elektroden. Gründe: Falscher Wärmewert der Kerze, falsch arbeitende Zündung, minderwertiges Benzin, Kühlprobleme des Motors.

Verschlissene Kerze – Abgebrannte und abgerundete Elektroden, Verschmutzung oder abgeplatzte Isolatoren sorgen für schlechtes Startverhalten, besonders bei schlechtem Wetter, sowie erhöhten Benzinverbrauch.